大数据

云计算
技术及性能优化

徐小龙 编著

电子工业出版社
Publishing House of Electronics Industry
北京·BEIJING

内 容 简 介

本书取材国内外云计算技术领域最新资料，并在认真总结作者团队相关科研成果的基础上，精心组织编写。本书分为四个部分：第一部分云计算基本知识介绍了云计算发展现状、云计算系统架构与组成部件；第二部分云计算安全保障机制介绍了可信虚拟私有云及执行体与执行点可信评估机制、云数据销毁机制、云存储隐私保护机制与保护模型以及多授权机构基于属性的密文访问控制方案；第三部分绿色云计算分析了云计算能耗问题，介绍了绿色云计算模型、节能型资源配置与任务调度机制、动态数据聚集机制与重复数据删除机制；第四部分云端融合计算重点介绍了云端融合计算模型、关键技术及其在知识系统、恶意代码防御、流媒体等领域的应用。本书集中反映了云计算技术的新思路、新观点、新方法和新成果；注意从实际出发，采用读者容易理解的体系和叙述方法，深入浅出、循序渐进地帮助读者把握云计算技术的主要内容，富有启发性。

本书既可作为计算机科学技术学科、电子信息学科，以及信息安全专业的大学高年级学生、硕士及博士研究生教材，对从事分布式计算、网络信息安全技术、信息网络应用系统研究和开发工作的科研人员也具有重要的参考价值。

未经许可，不得以任何方式复制或抄袭本书之部分或全部内容。

版权所有，侵权必究。

图书在版编目（CIP）数据

云计算技术及性能优化/徐小龙编著. —北京：电子工业出版社，2017.8
（大数据科学与应用丛书）
ISBN 978-7-121-32310-2

Ⅰ. ①云… Ⅱ. ①徐… Ⅲ. ①云计算—研究 Ⅳ. ①TP393.027

中国版本图书馆 CIP 数据核字（2017）第 181831 号

责任编辑：田宏峰
印　　刷：三河市良远印务有限公司
装　　订：三河市良远印务有限公司
出版发行：电子工业出版社
　　　　　北京市海淀区万寿路 173 信箱　邮编：100036
开　　本：787×1092　1/16　印张：30　字数：768 千字
版　　次：2017 年 8 月第 1 版
印　　次：2021 年 3 月第 4 次印刷
定　　价：88.00 元

凡所购买电子工业出版社图书有缺损问题，请向购买书店调换。若书店售缺，请与本社发行部联系，联系及邮购电话：（010）88254888，88258888。

质量投诉请发邮件至 zlts@phei.com.cn，盗版侵权举报请发邮件至 dbqq@phei.com.cn。
本书咨询联系方式：tianhf@phei.com.cn。

前　　言

　　现代网络计算与信息通信的核心目标之一就是消除一切信息孤岛，并最大限度地聚合计算、存储与信息等各种软硬件资源，以解决大规模计算和海量数据处理的需求。云计算（Cloud Computing）技术的提出为满足这类需求提供了一种高性价比的解决方案。

　　云计算是分布式计算（Distributed Computing）、并行计算（Parallel Computing）和网格计算（Grid Computing）的进一步发展，通过将计算任务均衡分布在由大规模集群服务器构成的资源池上，使各种应用系统能够根据按需、透明地获取高性价比的计算能力、存储资源和信息服务。目前云计算系统分为两种，一种是私有云，一种是公共云。私有云计算由政府、企事业等机构投资、建设、拥有和管理，仅限特定的本机构用户使用，提供对数据、安全性和服务质量的最有效控制，用户可以自由配置自己的服务。公共云则基于信息服务提供商构建并集中管理的面向公众的大型数据中心，与相对封闭的私有云不同，供多租客（Multi-Tenant）以免费或按需付费等方式使用。

　　云计算平台的易编程、高容错、方便扩展等特性，使得处理超大规模数据的分布式计算成为现实。云计算技术已经受到学术界和产业界的双重关注，与大数据（Big Data）和物联网（Internet of Things，IoT）同时成为当前信息技术领域的三大研究热点。事实上，云计算已经成为处理大数据的基础平台，也是物联网系统的处理核心。目前本领域的研究者和研究机构已经在云计算任务调度、资源管理、数据存储、网络结构及安全保障机制等方面已经取得不少重要的研究成果。Google、IBM、Amazon、百度、阿里巴巴、腾讯等商业机构均已经构建了各自的大规模云计算平台，并在平台上承载了信息检索、数据挖掘、商业信息处理、科学计算和电子商务等大规模的数据处理工作，终端用户通过合适的互联网接入设备即可获取各类计算和数据服务。Gartner 在近年来发布的《IT 行业十大战略技术报告》中每年均将云计算技术列入十大战略技术。《中国云计算产业发展白皮书》指出，云计算应用以政府、电信、教育、医疗、金融、石油石化和电力等行业为重点，在中国市场逐步被越来越多的企业和机构采用。

　　然而，目前的云计算系统还有提升的空间，普遍存在以下的内生性根本问题。

　　（1）基于集中建设、管理的数据中心的云计算系统广泛聚集了用户的应用和数据资源，虽然可以组织安全专家以及专业化安全服务队伍实现整个系统的安全管理，但也更方便黑客发动集中的攻击，带来了更大的安全风险事故，一旦发生则影响范围更广，后果严重。

　　（2）开放的公共云计算环境在系统的管理监控、计算安全可信性和服务质量保障机制的实现存在一系列问题。很多企业出于对云计算平台安全可信性的怀疑而望而却步，因为用户委托云计算平台处理的任务和存储的私密数据被云计算系统节点或其他用户窃取和破坏的可能性是显然存在的。如何有效增强用户的信心，提升云计算平台的资源利用率，是云计算进一步推广应用的首要前提。

　　（3）简单认为网络边缘的终端节点仅仅是服务的消费者，对于终端节点所蕴含的各种可利用的潜在资源考虑并不足够。事实上，大量的终端节点（PC 等非瘦客户端）本身也拥有一定的计算、存储等信息资源，且常常处于在线闲置状态，这些节点所拥有的、可被聚合的海量资源被浪费了。

（4）相较于传统的数据中心的能耗和性能不均衡问题，云计算系统所基于的数据中心有所改善，但产生能耗仍然非常惊人，并仍然会在服务的高峰期间出现服务质量（Quality of Service，QoS）难以保证和低谷期间资源浪费等一系列问题。

在学术界，云计算技术现已成为分布式计算及相关领域最活跃的研究领域之一，很多高校与研究部门针对云计算关键技术展开等多方面研究工作，重要的国际学术会议，如 Special Interest Group on Data Communication（SIGCOMM）、Operating Systems Design and Implementation（OSDI）、Special Interest Group on Management of Data（SIGMOD）、Conference on Computer and Communications Security（CCS）等，相继刊载了云计算领域的相关研究成果。各国政府也投入大量的人力、物力和财力进行云计算的战略部署。例如，美国政府利用云计算技术降低政府信息化运行成本；英国政府建立 G-Cloud 平台；我国政府也在五个城市开展云计算服务试点示范工作，并在石油石化、交通运输等行业启动了相应的云计算发展计划，以促进产业信息化。

本书作者在分布式计算（特别是云计算）、数据处理及信息安全技术领域进行了多年的研究，具有扎实的理论基础和实践经验。本书的内容主要源于作者所领导的科研团队承担了国家自然科学基金项目"面向绿色云计算的节能型资源整合和任务调度关键技术的研究"（编号：61472192）、国家自然科学基金项目"基于安全 Agent 的可信云计算与对等计算融合模型及关键技术的研究"（编号：61202004）、江苏省自然科学基金项目"公共云计算环境中可信虚拟私有云模型 VPC 及其关键技术的研究"（编号：BK2011754）、江苏省"六大人才高峰"高层次人才资助项目"节能优化的多数据中心的资源协同管理与任务动态调度关键技术"（编号：JNHB-012）及信息安全国家重点实验室开放课题"面向隐私保护的云数据安全及销毁机制的研究"（编号：2016-MS-18）等项目的研究工作和相关成果。

针对目前国内对云计算技术的研究需求，本书取材国内外最新资料，在认真总结作者主持的国家自然基金项目、江苏省自然科学基金项目等相关科研成果的基础上，精心组织编写。本书详细、深入地介绍了云计算发展现状、云计算系统架构与组成部件、云计算安全保障机制、绿色云计算关键技术、新型云端融合计算技术，集中反映了云计算技术的新思路、新观点、新方法和新成果，具有较高的学术价值和应用价值。本书分为四部分，首先深入分析云计算发展历程、关键技术，然后介绍了典型的云计算平台和应用系统。在此基础上，重点介绍我们在云计算安全保障领域的创新性研究成果，主要包括可信虚拟私有云及执行体与执行点可信评估机制、云数据销毁机制、云存储隐私保护机制与保护模型，以及多授权机构基于属性的密文访问控制方案。实现绿色云计算是我们的重要研究目标，本书重点分析了云计算能耗问题，然后介绍了作者领导的团队在绿色云计算模型、节能型资源配置与任务调度机制、动态数据聚集机制与重复数据删除机制等方面的研究成果。本书的最后一部分则重点阐述了作者领导的项目组提出的云端融合计算模型、关键技术及其在知识系统、恶意代码防御、流媒体等领域的应用。

本书注意从实际出发，采用读者容易理解的体系和叙述方法，深入浅出、循序渐进地帮助读者把握云计算技术的主要内容，富有启发性。与国内外已出版的同类书籍相比，本书选材新颖、学术思想新、内容新；体系完整、内容丰富；范例实用性强、应用价值高；表述深入浅出、概念清晰、通俗易懂。本书既可作为计算机科学技术学科、电子信息学科，以及信息安全专业的大学高年级学生、硕士及博士研究生教材，也对从事分布式计算、网络信息安全技术、信息网络应用系统研究和开发工作的科研人员具有重要的参考价值。

项目团队中的吴家兴、曹玲玲、周静岚、龚培培、邵军、李永萍、涂群等参与了本书的编写工作，并融合了他们的研究成果，张栖桐、谌运、胡楠、刘广沛、崇卫之、万富强等也参与了本书的编写工作。此外，本书还引用了国内外研究人员的诸多研究成果已经网络上的相关资料，在此一并衷心感谢！

由于编写时间仓促，加上作者水平有限，书中的错误及不妥之处在所难免，敬请读者批评指正。

作 者
2017 年 7 月

目　　录

第一部分　云计算基本知识

第1章　云计算产生与发展 ………… 2
- 1.1 云计算的产生 ………… 2
- 1.2 云计算发展历程 ………… 3
  - 1.2.1 计算模式演进 ………… 3
  - 1.2.2 云计算发展大事记 ………… 6
  - 1.2.3 云计算时代 ………… 9
- 1.3 云计算定义及特征 ………… 11
  - 1.3.1 定义 ………… 11
  - 1.3.2 典型特征 ………… 13
  - 1.3.3 计算模式对比 ………… 13
- 1.4 本章小结 ………… 15
- 参考文献 ………… 15

第2章　云计算关键技术 ………… 17
- 2.1 体系架构 ………… 17
  - 2.1.1 核心服务层 ………… 18
  - 2.1.2 服务管理层 ………… 18
  - 2.1.3 用户访问接口层 ………… 19
  - 2.1.4 云计算性能要求 ………… 19
  - 2.1.5 云平台运营方式 ………… 20
- 2.2 虚拟化技术 ………… 21
  - 2.2.1 技术定义及优势 ………… 21
  - 2.2.2 技术分类 ………… 22
  - 2.2.3 几种虚拟化软件介绍 ………… 30
  - 2.2.4 Docker技术 ………… 33
- 2.3 云存储 ………… 34
  - 2.3.1 基本概念 ………… 34
  - 2.3.2 网络架构与系统特征 ………… 35
  - 2.3.3 层次结构模型 ………… 38
  - 2.3.4 技术优势 ………… 39
  - 2.3.5 云存储文件系统 ………… 40
- 2.4 分布式计算 ………… 41
  - 2.4.1 分布式计算的基本概念 ………… 41
  - 2.4.2 典型的分布式计算技术 ………… 42
  - 2.4.3 存储整合 ………… 46
  - 2.4.4 技术分析与比较 ………… 46
- 2.5 安全机制 ………… 47
  - 2.5.1 安全挑战 ………… 47
  - 2.5.2 技术现状 ………… 48
  - 2.5.3 关键技术 ………… 50
- 2.6 资源调度与性能管理 ………… 53
  - 2.6.1 资源调度技术 ………… 53
  - 2.6.2 性能管理技术 ………… 54
- 2.7 本章小结 ………… 56
- 参考文献 ………… 56

第3章　云计算平台 ………… 62
- 3.1 Google云计算平台 ………… 62
  - 3.1.1 系统简介 ………… 62
  - 3.1.2 GFS文件系统 ………… 62
  - 3.1.3 MapReduce编程模型 ………… 64
  - 3.1.4 分布式数据库BigTable ………… 65
  - 3.1.5 典型应用 ………… 66
- 3.2 Amazon云计算平台 ………… 67
  - 3.2.1 系统简介 ………… 67
  - 3.2.2 分布式文件系统Dynamo ………… 68
  - 3.2.3 弹性计算云EC2 ………… 71
  - 3.2.4 简单存储服务S3 ………… 72
- 3.3 Microsoft云计算平台 ………… 75
  - 3.3.1 系统简介 ………… 75
  - 3.3.2 服务组件 ………… 75
- 3.4 阿里云计算平台 ………… 77
  - 3.4.1 系统简介 ………… 77
  - 3.4.2 弹性计算服务 ………… 78
  - 3.4.3 对象存储服务 ………… 79
  - 3.4.4 开放表格存储 ………… 81

3.4.5	云数据库 RDS	82	
3.4.6	大数据计算服务 MaxCompute	82	
3.4.7	阿里云数加平台	82	
3.4.8	阿里云盾系统	83	

3.5 开源云计算平台 … 84
- 3.5.1 OpenStack … 84
- 3.5.2 Hadoop … 88
- 3.5.3 Spark … 96

3.6 云计算仿真平台 … 110
- 3.6.1 CloudSim 简介 … 110
- 3.6.2 CloudSim 体系结构 … 111
- 3.6.3 CloudSim 应用 … 111

3.7 本章小结 … 112
参考文献 … 112

第 4 章 云计算应用 … 114

4.1 在电信领域的应用 … 114
- 4.1.1 云计算在电信行业的优势 … 114
- 4.1.2 应用模式 … 115

4.2 在医疗领域的应用 … 118
- 4.2.1 医疗信息化建设 … 118
- 4.2.2 医疗数据处理 … 120

4.3 在政务领域的应用 … 121
- 4.3.1 基于云计算的电子政务 … 121
- 4.3.2 基于云计算的智慧城市 … 122
- 4.3.3 智慧南京 … 125

4.4 在电子商务领域的应用 … 126
- 4.4.1 应用意义与前景 … 126
- 4.4.2 典型应用案例 … 127

4.5 本章小结 … 130
参考文献 … 130

第二部分 云计算安全保障机制

第 5 章 可信虚拟私有云 … 134

5.1 云计算安全分析 … 134
- 5.1.1 云安全问题及需求 … 134
- 5.1.2 云安全架构 … 137
- 5.1.3 云安全解决方案 … 140

5.2 可信虚拟私有云模型 … 141
- 5.2.1 可信虚拟私有云定义 … 141
- 5.2.2 安全 Agent 与 Agency 体系结构 … 142
- 5.2.3 基于安全 Agent 的可信虚拟私有云模型 … 144
- 5.2.4 SATVPC 的多租客隔离模型 … 144

5.3 执行体与执行点可信评估机制 … 145
- 5.3.1 基本思想 … 145
- 5.3.2 动态复合可信评估算法 … 146
- 5.3.3 可信判别策略 … 148

5.4 实验系统 … 149
- 5.4.1 原型系统 … 149
- 5.4.2 原型系统与工作流程 … 150
- 5.4.3 实验验证与性能分析 … 152

5.5 本章小结 … 154
参考文献 … 155

第 6 章 云数据销毁 … 157

6.1 概述 … 157
- 6.1.1 云数据销毁需求 … 157
- 6.1.2 数据销毁方式 … 158
- 6.1.3 数据销毁策略 … 159

6.2 基于多移动 Agent 的云数据销毁模型 … 160
- 6.2.1 多移动 Agent 技术 … 160
- 6.2.2 模型架构 … 163
- 6.2.3 销毁模式 … 164
- 6.2.4 基本流程 … 166

6.3 防御型销毁机制 … 171
- 6.3.1 模型架构 … 171
- 6.3.2 数据托管流程 … 172
- 6.3.3 数据检测 … 174
- 6.3.4 数据销毁 … 177
- 6.3.5 实验验证 … 181

6.4 云数据销毁原型系统 … 184
- 6.4.1 JADE 平台 … 184
- 6.4.2 关键类图 … 184
- 6.4.3 预处理 … 185
- 6.4.4 防御型监测 … 186

		6.4.5 性能分析……………186
6.5	本章小结…………………186
参考文献…………………………187

第7章 云存储数据隐私保护………189
- 7.1 数据安全隐私问题………………189
- 7.2 云数据隐私保护关键技术………191
  - 7.2.1 数据内容隐私保护………191
  - 7.2.2 数据属性隐私保护………195
- 7.3 云存储隐私保护机制……………198
  - 7.3.1 代表性方案………………198
  - 7.3.2 基于加密的隐私保护算法…200
  - 7.3.3 基于属性的访问控制策略…202
  - 7.3.4 代理重加密技术…………203
  - 7.3.5 安全隔离机制……………204
- 7.4 基于分割的云存储分级数据私密性保护模型………………205
  - 7.4.1 体系架构…………………205
  - 7.4.2 安全假设…………………206
  - 7.4.3 主要功能模块……………207
  - 7.4.4 工作流程…………………208
  - 7.4.5 安全性分析………………210

  - 7.4.6 性能开销…………………210
- 7.5 本章小结…………………………211
- 参考文献………………………………211

第8章 多授权机构基于属性的密文访问控制方案………………215
- 8.1 有中央机构的多授权机构基于属性的密文访问控制方案……215
  - 8.1.1 基本思想…………………215
  - 8.1.2 安全假设…………………218
  - 8.1.3 算法描述…………………219
  - 8.1.4 安全性分析………………221
  - 8.1.5 实验与验证………………224
- 8.2 无中央机构的多授权机构基于属性的密文访问控制方案……227
  - 8.2.1 基本思想…………………227
  - 8.2.2 安全假设…………………229
  - 8.2.3 算法流程…………………230
  - 8.2.4 安全性证明………………234
  - 8.2.5 实验验证与性能分析……236
- 8.3 本章小结…………………………239
- 参考文献………………………………239

第三部分 绿色云计算

第9章 云计算能耗分析………………242
- 9.1 能耗问题…………………………242
  - 9.1.1 当前状况…………………242
  - 9.1.2 原因分析…………………244
- 9.2 绿色计算…………………………246
  - 9.2.1 绿色计算定义……………246
  - 9.2.2 节能机制…………………247
- 9.3 绿色云计算………………………250
  - 9.3.1 绿色云计算定义…………250
  - 9.3.2 相关技术简介……………251
  - 9.3.3 绿色云计算模型…………255
- 9.4 本章小结…………………………258
- 参考文献………………………………258

第10章 节能型资源配置与任务调度…262
- 10.1 面向低能耗云计算任务调度的资源配置………………262

  - 10.1.1 资源配置模型……………262
  - 10.1.2 基于概率匹配的资源配置算法………………268
  - 10.1.3 基于改进型模拟退火的资源配置算法……………270
  - 10.1.4 实验验证与性能分析……272
- 10.2 基于动态负载调节的自适应云计算任务调度策略………279
  - 10.2.1 面向任务调度的多级负载评估方法………………279
  - 10.2.2 基于动态负载调节的自适应任务调度策略………283
  - 10.2.3 实验验证与性能分析……288
- 10.3 云环境下基于多移动Agent的任务调度模型……………292
  - 10.3.1 任务调度模型……………292

10.3.2 任务调度过程 …………296
10.3.3 基于优化缓存的 Agent
迁移机制 …………297
10.3.4 移动 Agent 的迁移缓存
机制 …………300
10.3.5 实验验证与性能分析 …………303
10.4 面向大规模云数据中心的
低能耗任务调度策略 …………305
10.4.1 基于胜者树的低能耗任务
调度算法 …………305
10.4.2 基于胜者树的单任务调度
策略 …………308
10.4.3 基于胜者树的多任务调度
策略 …………310
10.4.4 实验验证与性能分析 …………312
10.5 本章小结 …………314
参考文献 …………314

第 11 章 云计算环境下数据动态部署 …………317
11.1 云计算中的大数据 …………317
11.1.1 问题分析 …………317
11.1.2 典型的数据存储管理
技术 …………320
11.2 云环境下数据存储优化 …………325
11.2.1 云平台数据存储 …………325
11.2.2 云平台数据部署策略 …………326
11.2.3 数据迁移技术 …………330
11.3 数据聚集算法与实验分析 …………333
11.3.1 云数据模型 …………333
11.3.2 算法描述 …………334

11.3.3 仿真实验 …………337
11.3.4 算法性能分析 …………339
11.4 本章小结 …………340
参考文献 …………341

第 12 章 云存储中重复数据删除机制 …………345
12.1 云计算与大数据 …………345
12.1.1 大数据时代 …………345
12.1.2 冗余数据问题 …………347
12.2 重复数据删除 …………348
12.2.1 重复数据删除简述 …………348
12.2.2 方法分类 …………349
12.2.3 相关技术及成果 …………351
12.3 有中心云存储重复数据删除
机制 …………353
12.3.1 典型的有中心存储结构 …………353
12.3.2 系统结构模型 …………354
12.3.3 重复数据检测与避免 …………357
12.3.4 延迟重复数据删除 …………359
12.3.5 实验验证与性能分析 …………361
12.4 无中心云存储重复数据删除
机制 …………364
12.4.1 典型的无中心存储结构 …………364
12.4.2 系统架构 …………367
12.4.3 网络拓扑结构 …………368
12.4.4 重复数据检测与避免 …………372
12.4.5 实验验证与性能分析 …………374
12.5 本章小结 …………376
参考文献 …………377

第四部分 云端融合计算

第 13 章 云端融合计算模型 …………382
13.1 基本概念 …………382
13.1.1 云计算与对等计算 …………382
13.1.2 云端融合计算 …………383
13.2 体系架构 …………384
13.2.1 体系架构 …………384
13.2.2 数据存储 …………385
13.2.3 节点特征与属性 …………386

13.3 基于多移动 Agent 的云端
融合计算 …………388
13.3.1 问题分析 …………388
13.3.2 多移动 Agent 的引入 …………389
13.3.3 层次结构 …………390
13.3.4 可信云端计算 …………391
13.4 本章小结 …………393
参考文献 …………393

第 14 章 云端融合计算技术 394

14.1 计算任务部署机制 394
14.1.1 计算任务执行流程 394
14.1.2 cAgent 角色分配 395
14.1.3 作业分割与任务分配 395

14.2 任务安全分割与分配机制 396
14.2.1 安全问题分析 396
14.2.2 基于移动 Agent 的任务分割与分配 397
14.2.3 任务分配实例 400
14.2.4 实验验证与性能分析 400

14.3 任务执行代码保护机制 404
14.3.1 问题分析 404
14.3.2 基于内嵌验证码的加密函数的代码保护机制 404
14.3.3 节点遴选机制 405
14.3.4 安全性分析与验证 407

14.4 多副本部署机制与选择策略 408
14.4.1 问题分析 408
14.4.2 云端数据存储方法 409
14.4.3 数据副本数量确定机制 416
14.4.4 数据副本放置机制 419
14.4.5 副本部署机制实验验证与性能分析 420
14.4.6 数据副本选择策略 424
14.4.7 副本选择策略实验验证与性能分析 429

14.5 复合协同管理环机制 430
14.5.1 问题分析 430
14.5.2 基于多移动 Agent 的复合协同管理环机制 431
14.5.3 环状网络拓扑结构 435
14.5.4 实验验证与性能分析 437

14.6 本章小结 439

参考文献 439

第 15 章 云端融合计算应用范例 441

15.1 基于云端融合计算网络平台的泛知识云系统 441
15.1.1 问题分析 441
15.1.2 泛知识云模型 442
15.1.3 工作流程 443
15.1.4 服务质量保障机制 444
15.1.5 原型系统 446
15.1.6 系统性能分析 447

15.2 基于云端融合计算架构的恶意代码联合防御系统 448
15.2.1 问题分析 448
15.2.2 体系架构和基本功能 448
15.2.3 场景及工作流程 450
15.2.4 恶意代码报告评价和排序算法 452
15.2.5 原型系统 455
15.2.6 系统性能分析 457

15.3 云端流媒体系统 458
15.3.1 流媒体简介 458
15.3.2 体系架构 460
15.3.3 性能优化 460
15.3.4 原型系统 462

15.4 本章小结 465

参考文献 465

第一部分

云计算基本知识

第1章 云计算产生与发展

20 世纪，图灵奖得主、美国计算机科学家、认知科学家 John McCarthy 提出"计算迟早有一天会变成一种公用基础设施"的设想。计算技术、网络等信息技术的高速发展，尤其是近年出现的云计算（Cloud Computing）的技术和理念，将 JohnMcCarthy 的设想演变为现实。作为一种新兴的信息服务模式，云计算已经深入各个行业，并带来了巨大的效益。事实上，云计算已经深入到我们普通人生活的方方面面，不管我们是否已经意识到，我们已经离不开云计算。

本章主要向读者全面介绍云计算的产生与发展：首先介绍云计算的产生背景，然后描述了传统计算模式到云计算模式的发展历程，最后探讨了云计算的定义以及典型特征和与其他计算模式的区别。

1.1 云计算的产生

在传统模式下，企业建立一套信息服务系统不仅需要购买硬件等基础设施，还要买软件的许可证，并需要专门人员维护。当企业的规模扩大时又要继续升级各种软硬件设施以满足需求。对于企业来说，计算机硬件和软件本身只是他们完成工作、提供效率的工具而已，无须独占拥有。对个人来说，使用计算机也需要安装许多软件，而许多软件并不经常使用，常常处于闲置状态，对用户来说这显然浪费。能不能有一个这样一种服务或平台，给我们提供可以动态租用的软、硬件资源？云计算正是为满足这种需求而诞生的。

云计算的想法可以追溯到 20 世纪 60 年代，John McCarthy 曾经提到"计算迟早有一天会变成一种公用基础设施"，即计算能力可以像煤气、水电一样，取用方便、费用低廉。云计算最大的不同在于它提供的服务和资源是通过 Internet 进行传输的。从最根本的意义来说，云计算就是数据、应用和服务均存储在云服务器端，充分利用云数据中心（Cloud Data Centre）所拥有的规模庞大的服务器集群（Cluster）的强大计算能力和海量存储资源，实现用户业务系统的自适应性部署和高效运行。2007 年 10 月 IBM 和 Google 宣布在云计算领域的合作，以及 Google 一系列云计算技术论文发布后，云计算吸引了众多人的关注，并迅速成为产业界和学术界研究的热点[1]。

本世纪初，Web2.0 的流行让网络迎来了新的发展高峰。网络服务系统所需要处理的业务量快速增长，例如，在线视频或照片共享网站、社交网络平台需要为用户储存和处理大量的数据，这类系统所面临的重要问题是，如何在用户及服务数量快速增长的情况下快速扩展原有系统。随着移动终端的智能化和移动宽带网络的普及，越来越多的移动终端设备进入 Internet，这意味着与移动终端相关的信息系统会承受更多的负载，而对于提供数据服务的企业来讲，其信息系统需要处理更多的业务量。由于资源的有限性，其电力成本、空间成本、各种设施的维护成本快速上升，直接导致数据中心的成本上升，这就面临着如何有效地、更少地利用资源处理更多任务的问题。同时，处理器芯片和存储设备在性能增强的同时，价格也在变得更加低廉，拥有大规模服务器集群的数据中心，也具备了快速为大量用户处理复杂问题的能力。

技术上，分布式计算（Distributed Computing）技术的日益成熟和应用，特别是网络计算（Network Computing）的发展通过 Internet 把分散在各处的硬件、软件、信息资源连接成为一个巨大的整体，使得人们能够利用地理上分散于各处的资源，完成大规模、复杂的计算和数据处理任务。数据存储的快速增长产生了以谷歌文件系统（Google File System，GFS）、存储域网络（Storage Area Network，SAN）为代表的高性能存储技术。另外，服务器整合需求推动了虚拟化（Virtualization）技术的进步，此外多核技术的广泛应用，这些均为构建更强大的计算能力和服务平台提供了可能。随着对计算能力、资源利用效率、资源集中化的迫切需求，云计算应运而生[2]。

1.2 云计算发展历程

1.2.1 计算模式演进

云计算是在并行计算（Parallel Computing）、分布式计算、网格计算（Grid Computing）和效用计算（Utility Computing）的基础上发展起来的，经过持续演化和融合改进逐步形成目前流行的云计算模型，云计算的演化过程如下所述[3-5]。

1. 并行计算

在单核多线程的系统设计中，采用的算法均基于串行计算模式，即将任务分解成一串相互独立的命令执行流，每个命令执行流有自己的序号，串行计算要求所有的命令执行流按照顺序逐一执行，也就是说同一时间只有一个执行流在执行。

这种算法效率低下，无法满足大数据（Big Data）的分析和处理需求，而并行计算可以通过同时调用多个计算资源处理庞大、复杂的计算任务。这些计算资源可以是拥有多核 CPU 或者多个 CPU 的高性能服务器，也可以是多台服务器组成的集群系统。

任务可以分解成相互独立却可以同时运行的部分，每一部分再分解成相互独立的命令执行流。任务分解后，每部分的每个命令执行流都可以同时得以执行，如图 1.1 所示。

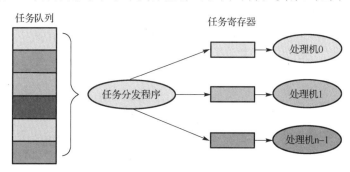

图 1.1　并行计算模型

行、基于流水线（Pipeline）技术的时间并行，以及基于优化算法……不管采用何种并行计算方法，都对串行计算的单指令流单数据流（Single Instruction Single Data，SISD）做出优化，以及通过采用多指令流多数据流（Multiple Instruction Stream Multiple Data Stream，MIMD）的并行计算大幅度提升系统的处理能力。

2．分布式计算

并行计算调动的计算资源可以是单个 CPU 的多个内核或单个服务器内的多 CPU，也可以是服务器集群提供的多 CPU。如果仅从这个角度上看，分布式计算和并行计算有相似之处。

MapReduce 等分布式计算模式在处理庞大的计算请求时，会将需要解决的问题分解成细小的组成部分，然后将这些组成部分散给众多的计算机进行处理，处理完成后将结果进行汇总，形成最终结果，如图 1.2 所示。分布式计算则可以汇集成千上万台计算机，甚至几百万、几千万的计算机资源。

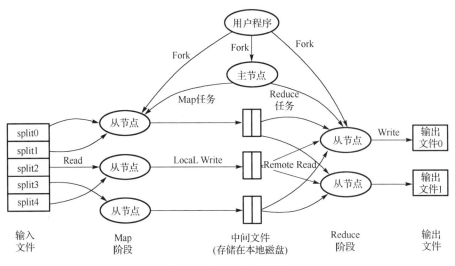

图 1.2 分布式计算模型

分布式计算的典型代表是对等计算（Peer-to-Peer Computing，P2P）。P2P 使得 Internet 用户可以提供其个人计算机上闲置的处理能力和存储资源，通过资源共享和计算能力的平衡负载来提供分布计算服务。目前众多机构发起了不同的 P2P 分布式计算项目，以解决复杂的数据难题、密码分析、生物科学、数据处理等大规模计算问题，如利用全球联网的计算机共同搜寻地外文明的 SETI@Home 项目、为大型强子计算机提供计算能力的 LHC@home 项目等。有兴趣的读者也可以关注伯克利开放式网络计算平台（Berkeley Open Infrastructure for Network Computing，BOINC）并搜寻自己感兴趣的项目。

3．网格计算

根据 Larry Smarr 的描述，网格计算系统是一种无缝、集成的计算和协作环境。按照网格提供的功能，网格可分为两类：计算网格（Computational Grid）和存储网格（Access Grid）。计算网格可以提供虚拟的、无限制的计算和分布数据资源，存储网格则提供一个合作环境。

网格计算系统一般具有如下特点。

（1）异构性：网格可以包含多种异构资源，包括跨越地理分布、不同管理域的计算系统的超级计算机有多种类型，不同类型的超级计算机在体系结构、操作系统及应用软件等多个层次上可能具有不同的结构。

（2）可扩展性：网格可以从最初包含少数的资源发展到具有成千上万资源的大网格。

（3）可适应性：在网格中，具有很多资源，资源发生故障的概率很高。网格的资源管理或应用必须能动态适应这些情况，调用网格中可用的资源和服务来取得最大的性能。

（4）不可预测性：在网格计算系统中，由于资源的共享造成系统行为和系统性能经常变化。

（5）多级管理域：由于构成网格计算系统的超级计算机资源通常属于不同的机构或组织并且使用不同的安全机制，因此需要各个机构或组织共同参与解决多级管理域的问题。

相比于分布式计算来说，网格计算不仅仅是一种计算模式，更是一套广泛的整合各种异构计算资源方式的方案和思想。一般的网格计算系统的架构如图 1.3 所示。

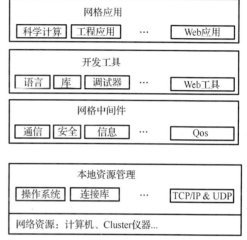

图 1.3　网格计算模型

网格计算系统的主要部件包括：

- 网格基础设施：包含网上可访问的所有资源，如运行 Windows、Linux 或 UNIX 的 PC 或工作站、运行 Cluster 操作系统的机群、存储设备、数据库，也可能是科学仪器。
- 网格中间件（Grid Middleware）：网格中间件提供核心服务，如远程进程管理服务、资源分配服务、存储访问服务、信息服务、安全控制服务、质量服务。
- 网格发展环境和工具：网格必须提供网格应用开发工具。
- 网格应用和网格门户：可以使用 PVM、MPI 等工具开发参数模拟等应用，这些应用通常需要相当多的计算资源以及远程数据访问。网格门户提供基于 Web 的应用服务，用户通过网络界面提交任务，并得到结果。

4．效用计算

为了解决传统计算机资源、网络及应用程序的使用方法变得越来越复杂，并且管理成本越来越高的问题，科学家们提出了效用计算这个概念。效用计算的具体目标是结合分散各地的服务器、存储系统及应用程序来立即提供需求数据的技术，使得用户能够像把电器插头插入插座取电一样来使用计算机资源。效用（Utility）这个词是指为客户提供个性化的服务，并且可以满足不断变化的客户需求，可以基于实际占用的资源进行收费。

按需分配的效用计算模型采用了多种灵活有效的技术，能够对不同的需求提供相应的配置与执行方案。效用计算使用户可以通过网络来连接资源并实现企业数据的处理、存储和应用，而企业不必再组建自己的数据中心。

效用计算模型中包括计算资源、存储资源、基础设施等众多资源，它的收费方式发生了改变，不仅仅对速率进行收费，对于租用的服务也需要缴纳一定的费用。这种按照实际使用进行收费计费方式在企业中变得越来越常见。从效用计算开始引入按需计算（Computing on Demand）的理念，不需要的额外服务不必为其支付任何费用。它的管理模块注重系统的性能，确保数据和资源随时可用，同时建立自动化（Automatization）模块，对服务器进行集群操控，促进服务器之间的自动化管理，保证服务之间可以自行分配。

可以看出，效用计算已经开始有了很多云计算的影子，云计算的很多理念也是在效用计算的基础上发展起来的。

5. 云计算

云计算强调所有资源均以服务的形态出现，包括基础设施即服务（Infrastructure as a Service，IaaS）、平台即服务（Platform as a Service，PaaS）、软件即服务（Software as a Service，SaaS）、数据即服务（Data as a Service，DaaS）、知识即服务（Knowledge as a Service，KaaS）、存储即服务（Storage as a Service，SaaS）、安全即服务（Security as a Service，SaaS）等。

企业对信息中心提出的要求会越来越高，企业首席信息官（Chief Information Officer，CIO）更加希望从基础设施、平台、软件中摆脱出来，转而关注业务流程的革新、办公效率的优化、业务成本的管控，这对于信息系统的交付和管理模式带来变化。中小企业则希望避免自行构建数据中心，而是将所有的服务迁移到公有云（Public Cloud）；大型企业则可以建立私有云（Private Cloud），将所有的资源整合，再以服务的形态呈献给企业内部员工和外部用户。而对于个人用户来说，理想的状态显然是通过一台能连网的设备来完成所有的办公、生活和娱乐需求，而不管身处何方，也不管使用的是笔记本电脑或者智能手机等移动终端。

简言之，云计算的发展历程如图 1.4 所示，云计算通过各种不同计算模式不断地演变、优化，形成我们现在所看到的云计算，它的发展不仅顺应当前计算模型，也为企业真正地带来效率和成本方面的诸多变革。

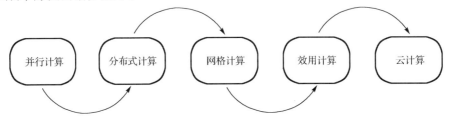

图 1.4　云计算的发展历程

1.2.2　云计算发展大事记

云计算被认为是科技界的一次巨大革新，已经带来工作方式和商业模式的根本性改变。那么，几十年来，云计算发展历程的里程碑事件列举如下[5-8]。

1959 年，Christopher Strachey 发表论文提出虚拟化概念，虚拟化目前已成为云计算的核心技术之一。

1961 年，John McCarthy 提出计算力和通过公用事业销售计算机应用的思想。

1962 年，Joseph Carl Robnett Licklider 提出"星际计算机网络（Intergalactic Computer Network）"设想并详细阐述了这一概念，"星际计算机网络"的概念包含了现代因特网几乎所有的特征。

1965 年，美国电话公司 Western Union 提出建立信息公用事业的设想。

1984 年，Sun 公司的联合创始人 John Gage 指出"网络就是计算机"，今天的云计算正在实践这一理念。

1996 年，开源网格计算平台 Globus 被推出，Globus 是基于开放结构、开放服务资源和软件库，并支持网格和网格应用，目的是为构建网格应用提供中间件服务和程序库。

1997 年，南加州大学教授 Ramnath K. Chellappa 首次提出云计算的学术定义，认为计算的边界可以不是技术局限，而是经济合理性（computing paradigm where the boundaries of computing will be determined by economic rationale rather than technical limits alone.）。

1998 年，VMware 公司成立并首次引入 x86 的虚拟化技术，即基于 x86 处理器架构的虚拟化技术，虚拟化之后可以在同一台服务器硬件上运行多个 Guest OS（Guest OS 是指虚拟机所用的操作系统）。

1999 年，Marc Andreessen 创建 LoudCloud，这是第一个商业化的 IaaS 平台。1999 年，Salesforce 公司成立，并以"软件终结（NO SOFTWARE）"为口号，目前 Salesforce 已成为全球最大的网络商用管理软件销售商。

2000 年，软件即服务（SaaS）开始被广泛接受，这意味着 SaaS 的兴起。

2004 年，在出版社经营者 O'Reilly 和 MediaLive International 之间的一场头脑风暴论坛中，Web2.0 的概念诞生，自此以后 Web2.0 成为技术流行词，Internet 发展进入新阶段；同年，Google 发布 MapReduce 论文，Google 在这篇论文中阐述了公司内部已经广泛采用的基于 Map 过程和 Reduce 过程的海量数据处理思想，这篇论文的发布在大数据兴起的历程中意义重大；Doug Cutting 和 Mike Cafarella 实现了 Hadoop 分布式文件系统（HDFS）和 MapReduce，Hadoop 目前已成为了非常优秀的分布式系统基础架构，Hadoop 主要由 HDFS、MapReduce 和 Hbase 组成。

2005 年，Amazon 宣布 AmazonWebServices（AWS）云计算平台。

2006 年，Amazon 相继推出在线存储服务（Simple Storage Service，S3）和弹性计算云（Elastic Compute Cloud，EC2）等云服务。同年，Sun 推出基于云计算理论的"BlackBox"计划。

2007 年，Google 与 IBM 在大学开设云计算课程；同年，Dell 成立数据中心解决方案部门，先后为全球著名云计算平台 Windows Azure、Facebook 和 Ask.com 提供云计算基础设施；亚马逊公司推出了简单队列服务（Simple Queue Service，SQS），通过这项服务，开发人员可以开发分布式的应用程序，并在它们中间以一种安全、灵活和可靠的方式进行通信；IBM 首次发布云计算商业解决方案，推出"蓝云（Blue Cloud）"计划。

2008 年，Salesforce 推出了随需应变平台 DevForce，这是世界上第一个 PaaS 应用；同年，IBM 宣布在无锡太湖新城科教产业园为中国软件公司建立云计算中心；Google 发布 PaaS 平台 Google AppEngine，该平台可以让开发者在 Google 提供的基础架构上运行自己的网络应用程序；Gartner 发布报告，指出云计算代表了计算的方向；Sun 在 JavaOne 开发者大会上宣布推出"Hydrazine"计划，在该计划中，Sun 计划利用其大多数核心技术提供一个功能齐全的解决方案，让开发人员可以利用 Sun 的平台创建应用程序和服务，并且可以利用这些应用程序和服务赚钱；EMC 公司中国研发中心启动"道里（Daoli）"可信基础架构联合研究项目；IBM 宣布成立 IBM 大中华区云计算中心；HP、Intel 和 Yahoo 联合创建云计算试验台 OpenCirrus；美国专利商标局网站信息显示，Dell 申请云计算商标，此举旨在加强对这一未来可能重塑技术架构的术语的控制权，Dell 在申请文件中称，云计算是"在数据中心和巨型规模的计算环境中,为他人定制制造计算机硬件";Google 公司推出 Chrome 浏览器,将浏览器彻底融入云计算时代;Oracle 和 Amazon 云平台(Amazon Web Services,AWS)合作,用户可在云中部署 Oracle 软件以及在云中备份 Oracle 数据库;Citrix 公布其云计算战略,并发布 Citrix 云中心(Citrix Cloud Center,C3)产品系列;Microsoft 发布其公开云计算平台 Windows Azure,由此开启了 Microsoft 的云计算战略;Gartner 指出十大数据中心关键性技术,虚拟化和云计算上榜;Amazon、Google 和 Flexiscale 的云服务相继发生宕机故障,引发业界对云计算安全的讨论。

2009 年,Cisco 发布其云计算服务平台——统一计算系统(UCS),并与 EMC、VMware 联合建立虚拟计算环境联盟,这是三大 IT 业界领袖企业的首次共同协作。该联盟的成立,旨在通过普适数据中心虚拟化和向私有云架构的转型,不断提高 IT 基础架构的灵活性,降低 IT、能源和空间成本,从而让客户能够快速地提高业务敏捷性;同年,Spark 大数据计算平台诞生于伯克利大学 AMPLab 实验室,并于 2010 年开源,2013 年 Spark 正式成为了 Apache 基金项目;阿里软件在江苏南京建立首个电子商务云计算中心;VMware 推出业界首款云操作系统 VMware vSphere;Google 宣布将推出操作系统 ChromeOS;中国首个企业云计算平台——中化企业云计算平台诞生;VMware 启动 vCloud 计划,构建全新云服务;中国移动的云计算计划——"大云(Big Cloud)"项目启动。

2010 年,HP 和 Microsoft 联合提供云计算解决方案;IBM 与松下达成当时全球最大的云计算交易;Microsoft 正式发布 Microsoft Azure 云平台服务;英特尔在英特尔开发者论坛(Intel Developer Forum,IDF)上提出互联计算,通过 X86 架构统一嵌入式计算、物联网和云计算领域;Microsoft 宣布其 90%员工将从事云计算相关研发工作;Dell 推出源于 DCS(Distributed Control System)部门设计的 PowerEdgeC 系列云计算服务器及相关服务。

2011 年,Amazon 位于美国弗吉尼亚州的云计算数据中心宕机,导致回答服务 Quora、新闻服务 Reddit 和 Hootsuite、位置跟踪服务 FourSquare 及为网络出版商提供游戏工具的 BigDoor 瘫痪,故障持续了 4 天,被认为亚马逊史上最为严重的云计算安全事件;开放式数据中心联盟(ODCA)发布了云计算应用模型路线图,涉及提升安全性、服务透明性、计算性能以及互操作性等一系列建议,这些建议将指导联盟内 300 多家会员的采购决策;Apple 发布在线数据存储服务 iCloud,能够将用户在 Mac、iPad 和 iPhone 上的文件自动存储到 Apple 的个人服务器上,用户可在不同介质里同步分享自己的文件;Microsoft 的 BPOS 云托管套件服务再次中断 3 小时,在北美的 Microsoft 用户都受到了影响;国家发改委下拨 7 亿元专项资金支持北京、上海、深圳、杭州和无锡开展 15 个云计算示范项目,获得这批扶持资金的企业包括联想、百度、腾讯、阿里巴巴、华胜天成和金蝶软件等;Oracle 首席执行官拉里·埃里森(Larry Ellsion)宣布将推出 Oracle 公有云(Oracle Public Cloud)服务,以及 Oracle 社交网络(Oracle Social Network)平台;Salesforce 宣布收购云平台社交管理公司 Rypple,Rypple 拥有包括 Facebook、网络音乐服务提供商 Spotify 在内的 350 个客户。

2012 年,百度召开了百度开发者大会,在大会上发布了其在云计算领域战略规划,并推出了开发者中心及四大服务体系,包括开发支持、运营支持、渠道推广以及商业变现;IBM 宣布加入 OpenStack 项目,并作为主要赞助商;我国科学技术部公布《中国云科技发展"十二五"专项规划》,以加快推进云计算技术创新和产业发展;Viacloud 互联云平台引入 OpenStack 项目,研制基于 OpenStack 的公有云和私有云平台。

2013 年，阿里巴巴集团宣布，旗下的阿里云与万网将合并为新的阿里云公司；IBM 在 IBM Pulse 大会上宣布将基于 OpenStack 提供私有云服务及相关应用。2013 年，Microsoft 在上海宣布 Azure 云服务即将进入中国；IBM 高调宣布与首都在线科技股份有限公司签署公有云长期战略合作协议；为成长型企业提供基础云服务的 Ucloud 获风险投资公司 DCM、贝塔斯曼集团的投资，超 1000 万美元；Amazon 宣布即将在中国推出云计算平台服务[6]。

2014 年，Microsoft 宣布 Microsoft Azure 在中国正式商用，用户熟悉的 Office 套件、即时通信、协作组件将首次作为云服务提供给中国企业用户及政府机构，由世纪互联负责运营；可信云服务大会公布了第一批通过"可信云服务认证"的名单，包括中国电信、中国移动、BAT、华为、京东、世纪互联等 19 家云服务商的 35 项云服务；阿里云启动"云合计划"，该计划拟招募 1 万家云服务商，为企业、政府等用户提供一站式云服务；小米 CEO 兼金山软件董事长雷军，宣布金山软件未来 3～5 年内将会向云业务进行规模超过 10 亿美元的投资，而金山云未来 3 年将执行"All in Cloud"的战略。

2015 年，云栖大会以"Internet、创新、创业"为本届主题，展现"互联网+"时代无处不在的云计算与各行各业的连接。

2016 年，Microsoft 宣布正式开放 Azure Container 服务；AWS 技术峰会在芝加哥举办，Amazon 宣布 AWS Snowball 能够以安全可靠的方式将企业的大量数据传输进入 AWS 或者从 AWS 提取出来；腾讯的"云+未来峰会"上马化腾宣布腾讯云开放生态体系资源；百度李彦宏在"2016 百度云计算战略发布会"宣布百度的"云计算+大数据+人工智能"的"三位一体"战略；Google 收购云市场平台创业公司 Orbitera，增强其在云计算服务领域与 Amazon、Microsoft 和 Salesforce 竞争的实力。

1.2.3 云计算时代

云计算引发了新的技术变革和带来了新的 IT 服务模式，目前已成为 IT 领域最令人关注的话题之一，也是各行各业正在考虑和投入的重要领域。

企业的云化 IT 设施建设过程可以分为三个阶段，如图 1.5 所示[9]。

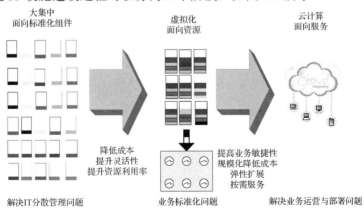

图 1.5　企业 IT 系统向云计算的演进路线图

第一个阶段：集中化

这一阶段将企业分散的计算、存储与数据等资源进行了集中，形成了规模化的数据中心基础设施。在数据集中过程中，不断实施数据和业务的整合，大多数企业的数据中心基本完成了自身的标准化，使得既有业务的扩展和新业务的部署能够规划、可控，并以企业标准进行 IT 业务的实施，解决了数据业务分散时期的混乱无序问题。在这一阶段中，很多企业在数据集中后期也开始了容灾建设，特别是金融行业的企业大部分建设高级别的容灾系统，以数据零丢失为目标。总体来说，第一阶段过程解决了企业 IT 资源分散管理和容灾的问题。

第二个阶段：虚拟化

在数据集中与容灾实现之后，随着企业的快速发展，数据中心 IT 基础设施扩张很快，但是系统建设成本高、周期长，即使是标准化的业务模块建设（如系统的复制性建设），软硬件采购成本、调试运行成本与业务实现周期并没有显著下降。标准化并没有给系统带来灵活性，集中的大规模 IT 基础设施出现了系统利用率不足的问题，不同的系统运行在独占的硬件资源中，效率低下而数据中心的能耗、空间问题逐步突显出来。因此，以降低成本、提升 IT 系统运行灵活性、提升资源利用率为目的的虚拟化机制开始在数据中心进行应用。虚拟化屏蔽了物理设备的异构性，将基于标准化接口的物理资源虚拟化成逻辑上完全标准化、一致化的逻辑计算资源和逻辑存储空间。虚拟化可以将多台物理服务器整合成单台，每台服务器上运行多种应用的虚拟机（Virtaul Machine，VM），实现物理服务器资源利用率的提升。由于虚拟化环境可以实现计算与存储资源的逻辑化变更，特别是虚拟机的克隆，使得数据中心 IT 系统部署的灵活性大幅提升，业务部署周期由数月缩小到一天以内。虚拟化后，应用以 VM 为单元部署运行，数据中心服务器数量大为减少且计算能效提升，使得数据中心的能耗与空间问题得到控制。

总体来说，第二阶段提升了企业 IT 架构的灵活性，数据中心资源利用率有效提高，运行成本降低。

第三个阶段：云计算

对企业而言，数据中心及其各种系统（包括软硬件基础设施）的部署常常需要高额的资金投入。新信息系统（特别是硬件部分）在建成后一般经历 3～5 年即面临逐步老化与更换，而软件技术则不断面临升级的压力。另一方面，IT 的投入难以匹配业务的需求，即使虚拟化后，也难以解决不断增加的业务对资源变化的需求，在一定时期内扩展性总是有所限制的。企业普遍期望 IT 资源能够弹性扩展、按需服务，将服务作为 IT 的核心，提升业务敏捷性，进一步大幅降低成本。云计算架构可以由企业自己构建，也可采用第三方云设施，但基本趋势是企业将逐步采取按需租用计算、存储、网络等资源的方式来满足业务扩展的需要，而无须自己建设。这意味着，云计算解决了 IT 资源的动态需求和成本问题，使得企业可以专注于业务运营与服务优化。

这三个阶段中，集中化面向数据中心物理组件和业务模块，虚拟化面向数据中心的计算与存储资源，云计算则面向最终服务。云计算从根本上改变了传统 IT 系统的服务结构，剥离了 IT 系统中与企业核心业务无关的因素，使企业 IT 服务能力与自身业务的变化相适应。在技术变革不断发生的过程中，网络逐步从基本 Internet 功能转换到 Web 服务时代，IT 也由企业网络互通性转换到提供信息架构全面支撑企业核心业务。

技术驱动力也为云计算提供了实现的客观条件，如图 1.6 所示，在关键领域云计算的技术储备已经就绪。

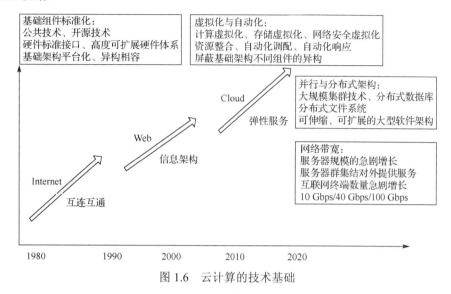

图 1.6 云计算的技术基础

基础组件标准化：信息技术的长期发展，使得基础组件的标准化非常完善，在硬件层面、操作系统层面的互通已经没有阻碍。

虚拟化与自动化：虚拟化技术不断纵深发展，软硬件资源均可以通过自动化架构提供全局动态调度能力，自动化提升了资源的利用率，以及 IT 架构的伸缩性和扩展性。

并行与分布式架构：大规模的计算与数据处理系统已经在分布式、并行处理架构上得到广泛应用，并行计算、分布式数据处理、大型数据存储技术成为云计算的实现基础，使得整个基础架构具有更高的弹性与扩展性。

网络带宽：大规模的数据交换需要超高网络带宽的支撑，网络系统平台在 40～100 Gbps 能力下可具备更加扁平化的结构，使得信息交互能以最短、快速路径执行。

总之，从传统计算服务向云计算服务发展已经具备技术基础，而传统 IT 架构演进到弹性的云计算服务也成为必然。

1.3 云计算定义及特征

1.3.1 定义

从计算模式的发展过程可以看到，云计算的出现并非是突然性的创新成果，而是信息技术，尤其是计算技术一步步发展的必然结果。目前的云计算也并非是计算方式的最终形态，未来还会有巨大的发展空间。本节着重讨论一下在云计算飞速发展的今天该怎样定义云计算，以及云计算的基本特征。专家、研究机构及企业从不同的研究视角给出了云计算的定义。

维基百科的定义[10,11]如下：云计算是通过 Internet 提供动态的、易扩展的、虚拟化的计算资源的一种计算方式，用户不需了解云中基础设施的细节，不必具有相应的专业知识，也无须进行直接控制。

伯克利发布的云计算白皮书[10]给出的定义是：云计算包括 Internet 上各种服务形式的应

用,以及应用所依托的数据中心的软硬件设施。应用即服务,而数据中心的软硬件设施即所谓的云。通过量入为出的方式提供给公众的云称为公开云,如 Amazon 的简单存储服务(Simple Storage Service,S3)、Google AppEngine 和 Microsoft Azure 等;而不对公众开放的基于组织内部数据中心的云称为私有云。

Foster 等[12]对云计算的定义是:规模经济驱动的大型分布式计算范式,通过 Internet 向外部用户提供抽象的、虚拟的、动态可扩展的,以及可管理的计算服务、存储服务及平台服务。

Buyyaa 等[13]对云计算的定义是:包括大量互相联系的虚拟机的并行分布式系统,基于服务水平协议(Service Level Agreement,SLA),一个或者多个虚拟机可作为统一的计算资源动态地提供和展示。

Vaquero 等[14]对云计算的定义是:易于利用和访问的大型的虚拟资源池,可根据变化的工作负载和任务规模对资源池中的资源进行动态的配置,采用按次计费的资源使用方式,云服务提供商通过 SLA 保证服务质量。

刘鹏[15]认为:云计算是一种商业计算模型,它将计算任务分布在大量的计算机构成的资源池上,用户能够按需获取计算力、存储空间和信息服务;云资源池是可以自我维护和管理的虚拟计算资源组,基于大型的服务器集群,包括计算服务器、存储服务器和网络资源等。

陈康等[16]认为:云计算用来同时描述一个系统平台或者一种类型的应用程序。云计算平台可按需进行动态部署、配置及取消服务等。云计算环境中的服务器可以是物理的,也可以是虚拟的。云计算应用是一种可以通过 Internet 访问的可扩展的应用程序,云应用使用大规模的数据中心,以及功能强大的服务器来运行网络应用程序和网络服务。任何一个用户通过核实的 Internet 接入设备,以及一个标准的浏览器都能够访问一个云计算应用程序。

Lin 等[17]认为:对于应用和 IT 用户来说,云计算即服务,计算能力、存储及应用等服务通过 Internet 从数据中心传递给用户;对于 Internet 应用开发者来说,云计算即基于 Internet 的软件开发平台;对于基础设施提供商和管理者来说,云计算即通过 IP 网络连接的分布式数据中心的基础设施。

以上对于云计算的定义各有侧重,从根本上说,云计算是以虚拟化机制为核心,以规模经济为驱动,以 Internet 为载体,以由大规模的计算、存储和数据资源组成的信息资源池为支撑,按照用户需求动态地提供虚拟化的、可伸缩的信息服务,包括公开云和私有云两种类型,如图 1.7 所示。

在云计算模式下,不同种类的信息服务按照用户的需求规模和要求动态地构建、运营和维护,用户一般以量入为出的方式支付其利用资源的费用。云计算的因素主要包括以下三个方面[18,19]:

(1)技术因素是云计算的技术使能支撑,包括虚拟化机制、Web Service 技术、分布式并行编程模式、全球化的分布式海量存储系统、网络服务,以及面向服务的体系架构、计费管理等。

(2)经济因素是云计算商业化使能的支撑,如合理的商业模式、清晰的产业结构等。

(3)政策因素是保证云计算服务质量和合法性的社会使能支撑,如政府的支持政策,以及各种健全的监管制度。

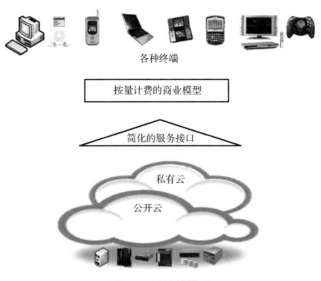

图 1.7 云计算模型

1.3.2 典型特征

一个信息系统可以被称之为云计算系统一般需具备以下的典型特征[20]。

（1）超大规模：云计算产生的规模经济效益就在于资源具有相当的规模，例如 Google、Amazon、IBM、Microsoft、Yahoo 等云数据中心均拥有以百万计的服务器集群。

（2）虚拟化：虚拟化是云计算中的主要支撑技术之一，云计算利用虚拟化技术将传统的计算、网络和存储资源转化成可以提供弹性伸缩服务的资源池。

（3）高可靠性：云计算系统使用了数据多副本容错、计算节点同构可互换等措施来保障服务的高可靠性，使用云计算系统可以达到 7×24 不间断运行和提供服务。

（4）通用性：云计算系统特别是公开云计算系统不局限于特定的应用，在同一云计算平台的支撑下可以运行千变万化的应用。

（5）高可扩展性：云计算系统规模可以动态伸缩，满足应用和用户规模增长的需要。

（6）按需服务：云计算系统提供的资源池，可以按需使用和计费。

（7）极其廉价：云计算系统的高效容错措施，使得系统可以采用廉价的计算设备作为数据节点；云计算自动化集中式管理使大量企业无须负担日益高昂的数据中心管理成本；云计算的通用性也使资源的利用率较之传统系统有大幅提升，用户可以免费或者低价获取高品质服务。

1.3.3 计算模式对比

网格计算[21]是非常重要的一种分布式计算模式，对于云计算的诞生和发展也起到了重要影响。Ian Foster 将网格定义为：支持在动态变化的虚拟组织（Virtual Organizations）间共享资源，协同解决问题的系统。

图 1.8 和图 1.9 分别为云计算及网格计算的系统结构示意图。如图 1.8 所示，云计算基于"生产者-消费者"模型，通常利用局域网络将若干集群连接在一起，用户通过 Internet 获取云计算系统提供的各种计算、存储、数据等服务。如图 1.9 所示，网格计算系统强调通过 Internet 将各地的资源会聚在一起共享使用，资源提供者亦可以成为资源消费者，网格计算侧重研究的是如何将分散的资源组合成动态虚拟组织[22]。

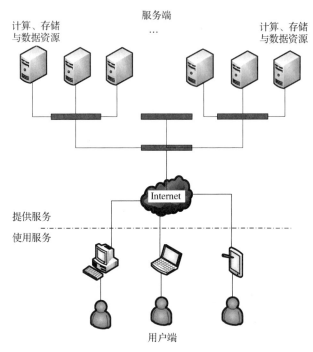

图 1.8 云计算系统结构图

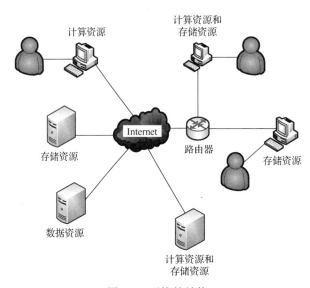

图 1.9 网格的结构

云计算和网格计算的另一项重要区别在于资源调度模式。云计算采用集群来存储和管理数据资源，运行的任务以数据为中心，即调度计算任务到数据存储节点运行。而网格计算，则以计算为中心,计算资源和存储资源分布在 Internet 的各个角落,不强调任务所需的计算和存储资源同处一地。受广域网络带宽的限制,网格计算系统中的数据传输时间占总运行时间的很大一部分。

网格将数据和计算资源虚拟化,而云计算则进一步将硬件基础设施也虚拟化。同时,和网格的复杂管理方式不同,云计算提供一种简单易用的管理环境。

Buyya[23]把集群计算定义为:集群是一种并行的、分布式的系统,它把有内在联系的但各自独立的计算机集结起来,使这些计算机能作为一个综合的计算资源进行计算处理。

云计算是从集群计算技术发展而来的,并且继承了集群计算中的许多关键技术,二者主要有以下区别。

(1) 分布范围不同:在集群计算中,计算机的资源位于单一的一个管理范围内,在集群计算发展的早期,有需求的企业会独自构建自己的计算集群,并自行管理和维护;而云计算是面向整个互联网的,可以为任何能够连接到网络的用户提供计算、存储等服务。

(2) 资源组成不同:集群计算往往采用安装同一种操作系统的大量服务器或 PC;而云计算可以整合大量的异构资源并将这些物理资源虚拟成资源池,以弹性的方式提供给用户使用。

(3) 安全保障级别:集群计算的安全性以传统的登录/密码为基础,安全水平取决于用户权限;而云计算则会采取一系列策略并提供专门的防护模块来实现高级别的安全、隐私保证。

云计算与传统超级计算也显然不同,超级计算机拥有强大的处理能力,特别是计算能力。从定期发布的全球超级计算 TOP 500 榜单对超级计算机的排名方式可以看出,超级计算注重运算速度和任务的吞吐率[24]。而云计算则以数据为中心,同时兼顾系统的运算速度。传统的超级计算机耗资巨大,远超云计算系统。

1.4 本章小结

本章主要介绍了云计算产生的背景,在 Internet 快速发展的今天,无论是 Internet 企业还是传统企业,对强大的计算能力和服务都有迫切的需求。接下来详述了云计算的发展历程,我们可以发现云计算是从并行计算、分布式计算、网格计算及效用计算一步步发展而来的。同时也向读者介绍了云计算的定义及其最主要的几个特征。

通过本章,读者能够对云计算有一个基本的概念,知道云计算的发展历史、云计算是什么,以及我们为什么如此迫切地需要云计算。接下来,本书将向读者介绍云计算的基本框架和云计算平台中使用到的关键技术。

参 考 文 献

[1] 张建勋, 古志民, 郑超. 云计算研究进展综述[J]. 计算机应用研究, 2010, 27(2):429-433.
[2] 刘晓乐. 计算机云计算及其实现技术分析[J]. 电子科技, 2009, 22(12): 100-102.
[3] 杨欢. 云数据中心构建实战:核心技术、运维管理、安全与高可用. 北京:机械工业出版社, 2014.
[4] Smarr L, Catlett C E. Metacomputing[J]. Communications of the ACM, 1992, 35(6): 44-52.
[5] 肖连兵, 黄林鹏. 网格计算综述[J]. 计算机工程, 2002, 28(3):1-3.
[6] 郭毅. 云计算发展历程大事记[J]. 数字通信, 2010,03:22.
[7] 2011 年云计算大事记[EB/OL]. [2012-02-24]. http://blog.sina.com.cn/s/blog_5fc550760100yep1.html.

[8] 2013 年云计算领域大事记[EB/OL].[2014-1-17].http://www.cstor.cn/textdetail_5906.html.

[9] 步入云计算[EB/OL].[2016-01-16].http://www.chinacloud.cn/show.aspx?id=22817&cid=17.

[10] Wikipedia Cloud computing [EB/OL].[2010-07-12].http://en.wikipedia.org/wiki/Cloud_computing.

[11] Armbrust, Michael, Fox, et al. Above the Clouds: A Berkeley View of Cloud Computing[J]. Eecs Department University of California Berkeley, 2015, 53(4):50-58.

[12] Foster I, Zhao Y, Raicu I, et al. Cloud Computing and Grid Computing 360-Degree Compared[J]. Grid Computing Environments Workshop Gce, 2009, 5:1-10.

[13] Buyya R, Yeo C S, Venugopal S, et al. Cloud computing and emerging IT platforms: Vision, hype, and reality for delivering computing as the 5th utility[J]. Future Generation Computer Systems, 2009, 25(6): 599-616.

[14] Vaquero L M, Rodero-Merino L, Caceres J, et al. A break in the clouds: towards a cloud definition[J]. ACM Sigcomm Computer Communication Review, 2008, 39(1):50-55.

[15] 刘鹏. 云计算[M]. 北京：电子工业出版社，2010.

[16] 陈康，郑纬民. 云计算：系统实例与研究现状[J]. 软件学报，2009(5): 1337-1346.

[17] Lin G, Fu D, Zhu J, et al. Cloud Computing: IT as a Service[J]. It Professional, 2009, 11(2):10-13.

[18] Wang L, Laszewski G V, Younge A, et al. Cloud Computing: a Perspective Study[J]. New Generation Computing, 2010, 28(2):137-146.

[19] 董晓霞，吕廷杰. 云计算研究综述及未来发展[J]. 北京邮电大学学报:社会科学版，2010, 12(5):76-81.

[20] 云计算的概念和内涵[EB/OL].[2014-02-24].http://www.chinacloud.cn/show.aspx?id=14668&cid=17.

[21] Foster I, Kesselman C, Tuecke S. The anatomy of te grid enabling scalable virtual organizations[J]. International Journal of High Performance Computing Applications, 2001, 15(3):200 -222.

[22] Buyya R. High Performance Cluster Computing: Architectures and Systems[J]. Architectures & Systems, 2002.

[23] Berman F, Fox G, Hey T. The Grid: Past, Present, Future[M]// Grid Computing: Making the Global Infrastructure a Reality. John Wiley & Sons, Ltd, 2003:9-50.

[24] Top500 supercomputingsites.Top500 list-November2008(1 -100)[EB/OL].(2008-11-17)[2009-03-05] . http://www.top500.org/list/2008 /11 /100.

第 2 章 云计算关键技术

云计算发展到今天,之所以能在各个领域发挥着巨大的作用,主要依赖其先进的体系架构和关键技术。本章重点介绍云计算系统的典型的体系架构,然后分别介绍虚拟化技术、云存储、分布式计算、安全机制、资源调度与性能管理机制等云计算关键技术。需要指出的是,本章介绍的是在云计算中得到广泛应用的技术和经典的解决方案,由于各个云服务提供商的商业模式不同,业务规则也有较大的差异,所以往往采用独具特色的创新性技术,限于篇幅,在本书将不一一详述。

2.1 体系架构

云计算的表现形式是按需提供弹性资源并提供一系列服务集合。云计算的体系架构可分为核心服务层、服务管理层和用户访问接口层,如图 2.1 所示。

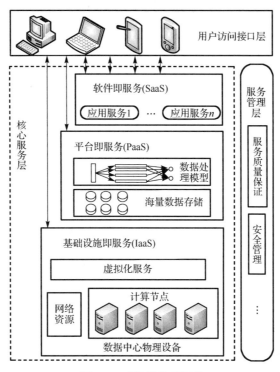

图 2.1 云计算体系架构

2.1.1 核心服务层

云计算核心服务可以分为 3 个子层：基础设施即服务层（Infrastructure as a Service，IaaS）、平台即服务层（Platform as a Service，PaaS）、软件即服务层（Software as a Service，SaaS）。这 3 个层次也是云计算的 3 种典型的服务方式。表 2.1 对 3 种服务方式的特点进行了比较。

表 2.1　IaaS、PaaS 和 SaaS 的对比

服务内容	服务对象	使用方式	关键技术	系统实例
IaaS 提供基础设施部署服务	需要硬件资源的用户	使用者上传数据、程序代码、环境配置	数据中心管理技术、虚拟化技术等	Amazon EC2、Eucalyptus 等
PaaS 提供应用程序部署与管理服务	程序开发者	使用者上传数据、程序代码	海量数据处理技术、资源管理与调度技术等	Google App Engine、Microsoft-Azure、Hadoop 等
SaaS 提供基于 Internet 的应用程序服务	企业和需要软件应用的用户	使用者上传数据	Web 服务技术、Internet 应用开发技术等	Google Apps、Salesforce CRM 等

IaaS 利用硬件基础设施部署服务，为用户按需提供实体或虚拟的计算、存储和网络等资源。通过这种方式，用户不必自己购置和建设这些基础设施，而只对所租用的资源付费即可。在使用 IaaS 服务的过程中，用户需要向云服务提供商提供基础设施的配置需求，以及运行于基础设施的程序代码和相关的用户数据。由于数据中心是 IaaS 层的基础，因此数据中心的管理和优化问题近年来成为研究的热点。另外，为了优化硬件资源的分配，IaaS 需要虚拟化技术，例如借助于 Xen、KVM（Kernel-based Virtual Machine）、VMware 等虚拟化工具，以提供可靠性高、可定制、灵活性强、规模可扩展的服务。

在 IaaS 之上是 PaaS 层，PaaS 基于计算、存储和网络基础资源，为面向企业或终端用户的应用及业务创新提供快速、低成本的开发平台和运行环境。通过 PaaS 层的软件工具和开发语言，应用程序开发者只需上传程序代码和数据即可使用服务，而不必关注底层的网络、存储、操作系统的管理问题。在处理大数据相关应用时，PaaS 需充分考虑对海量数据的存储与处理能力，并利用有效的资源管理与调度策略提高处理效率。

最上层是 SaaS 层，SaaS 层提供了完整可用的应用软件，不需要用户安装，软件升级与维护也无须终端用户参与。SaaS 是按需使用的，而不像传统的收费软件，SaaS 是灵活收费的，不使用就不付费。企业可以通过租用 SaaS 层服务解决企业信息化问题，如企业通过 GMail 建立属于该企业的电子邮件服务，该服务托管于 Google 的云数据中心，企业不必考虑服务器的管理、维护问题。对于普通用户来讲，SaaS 层服务将桌面应用程序迁移到 Internet，可实现应用程序的泛在访问。

云计算各层可独立提供云服务，下一层的架构也可以为上一层云计算提供支撑。以 Salesforce 提供的云端客户关系管理（Customer Relation Management，CRM）系统为例，由大型服务器群、高速网络、存储系统等组成的 IaaS 架构为内部的业务开发部门提供基础服务，而内部业务开发系统在 IaaS 上构建了 PaaS，并部署 CRM 应用系统，这样一个大型的系统对租用 CRM 服务的企业而言，就是一个大规模 SaaS 应用。

2.1.2 服务管理层

服务管理层为核心服务层的可用性、可靠性和安全性提供保障。服务管理层包括服务质量（Quality of Service，QoS）保证和安全管理等。

云计算需要提供高可靠、高可用、低成本的个性化服务，然而云计算平台规模庞大且结构复杂，难以完全满足用户的 QoS 需求。为此，云计算服务提供商需要和用户进行协商，并制定服务水平协议（Service Level Agreement，SLA），使得双方对服务质量的需求达成一致。当服务提供商提供的服务未能达到 SLA 的要求时，用户将得到补偿。

此外，计算及数据的安全性一直是用户较为关心的问题。云数据中心采用的资源集中式管理方式使得云计算平台存在单点失效问题。保存在云数据中心的关键数据会因为突发事件（如地震、断电）、病毒入侵、黑客攻击而丢失或泄露。根据云计算服务特点，研发云计算环境下的计算隔离、隐私保护、访问控制、冗余备份等安全技术是保证云计算得以广泛应用的关键。

除了 QoS 保证、安全管理外，服务管理层还包括计费管理、资源监控等管理内容，这些监管措施对云计算的稳定、高效运行同样起到重要的作用。

2.1.3　用户访问接口层

用户访问接口实现了云计算服务的泛在访问，通常包括命令行和 Web 门户等形式。命令行和 Web 服务的访问模式既可为终端设备提供应用程序开发接口，又便于多种服务的组合。Web 门户是访问接口的另一种模式，通过 Web 门户，云计算将用户的桌面应用迁移到 Internet，从而使用户随时随地通过浏览器就可以访问数据和程序，提高工作效率。虽然用户通过访问接口使用便利的云计算服务，但是由于不同云计算服务商提供接口标准不同，导致用户数据不能在不同服务商之间迁移。为此，在 Intel、Sun 和 Cisco 等公司的倡导下，云计算互操作论坛（Cloud Computing Interoperability Forum，CCIF）宣告成立，并致力于开发统一云接口（Unified Cloud Interface，UCI），以实现"全球环境下不同企业之间可利用云计算服务无缝协同工作"的目标[1]。

2.1.4　云计算性能要求

从本质上来说，云计算使得 IT 基础架构的运营专业化程度不断集中和提高，从而对基础架构层面提出更高的要求。如图 2.2 所示，云计算聚焦于高性能、虚拟化、动态性、扩展性、灵活性、安全性，简化用户的 IT 管理，提升 IT 运行效率，大幅节省成本。

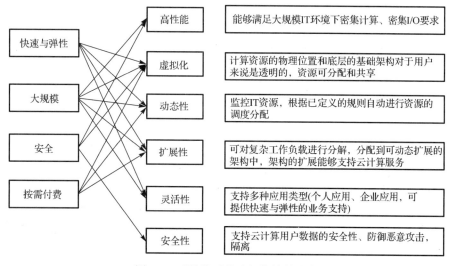

图 2.2　云计算对基础架构的关注点

云计算的基础架构主要由计算设备、存储设备及网络设备等构成，为满足云计算的上述要求，各基础架构层面都有自身的要求，如图 2.3 所示，对于计算设备，云计算要求其提供密集计算能力（如采用多路多核架构）、虚拟化能力（CPU 指令虚拟化、软件虚拟化、I/O 虚拟化等）、数据访问与存储的整合能力；对于网络，100 Gbps 的网络带宽以及扁平化、高度可扩展的架构是云计算的基本要求；对于存储，高速 I/O 将实现面向 TB～PB 级高度扩展的虚拟化海量存储访问服务。

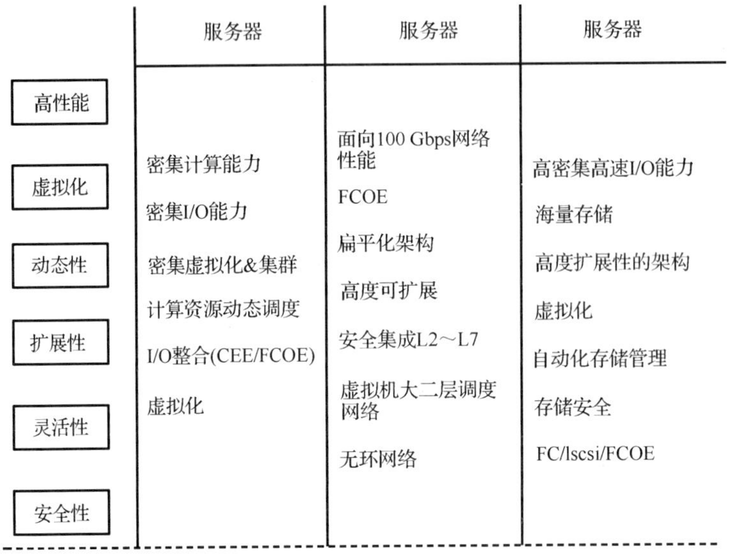

	服务器	服务器	服务器
高性能	密集计算能力	面向100 Gbps网络性能	高密集高速I/O能力
虚拟化	密集I/O能力	FCOE	海量存储
动态性	密集虚拟化&集群 计算资源动态调度	扁平化架构 高度可扩展	高度扩展性的架构 虚拟化
扩展性	I/O整合(CEE/FCOE)	安全集成L2～L7	自动化存储管理
灵活性	虚拟化	虚拟机大二层调度网络	存储安全
安全性		无环网络	FC/Iscsi/FCOE

图 2.3 云计算的基础架构要求

2.1.5 云平台运营方式

基于公共云和私有云，目前云平台的运营方式主要有 6 种[2]。

方式一：企业所有，自行运营。这是一种典型的私有云模式，企业自建自用，基础资源在企业数据中心内部，运行维护也由企业自己承担。

方式二：企业所有，运维外包，内部运行。这也是私有云，但是企业只进行投资建设，而云计算系统的运行维护外包给服务商，基础资源依然在企业数据中心。

方式三：企业所有，运维外包，外部运行。由企业投资建设私有云，但是云计算系统位于服务商的数据中心内，企业通过网络访问云资源，这是一种物理形体的托管型。

方式四：企业租赁，外部运行，资源独占。由服务提供商构建云计算基础资源，企业只是租用基础资源形成自身业务的虚拟云计算，但是相关信息资源完全由企业独占使用，这是一种虚拟的托管型服务。

方式五：企业租赁，外部运行，资源共享。由服务提供商构建，多个企业同时租赁服务提供商的云计算资源，资源的隔离与调度由服务提供商管理，企业只关注自身业务，不同企业在云架构内虚拟化隔离，形成一种共享的私有云模式。

方式六：公开云服务。由服务提供商为企业或个人提供面向 Internet 的公共服务（如邮箱、即时通信、共享容灾等），云架构与公共网络连接，由服务提供商保证不同企业与用户的数据安全。从更长远的周期来看，云的形态会不断演化，从孤立的云逐步发展到互联的云，如图 2.4 所示。

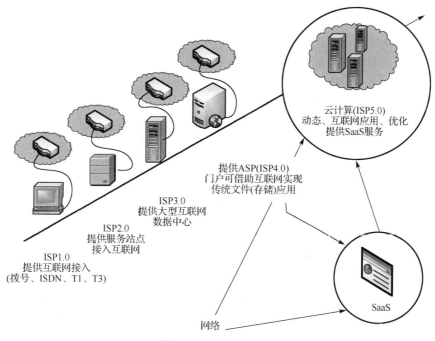

图 2.4　云的形态演变

在云计算建设初期，发展比较快的是公开云，第一阶段企业的数据中心依然是传统 IT 架构，但是面向 Internet 应用的公开云服务快速发展，不同的 ISP 会构建各自的云，这些云之间相互孤立，为 Internet 的不同用户需求集服务（如搜索、邮件等），企业数据中心与公开云之间存在公网互联（企业可能会采用公开云服务）。第二阶段企业开始构建自己的私有云，或租赁服务提供商提供的私有云服务，这一阶段是企业数据中心架构的变化，同时，企业为降低成本，采用公开云服务的业务会增加。第三阶段，企业为进一步降低 IT 成本，逐步过渡到采用服务提供商提供的虚拟私有云服务（也可能直接跨过第二阶段到第三阶段），存在企业内部云与外部云的互通，形成混合云模式。第四阶段，由于成本差异和服务差异，企业会采用不同服务提供商提供的云计算服务，因此，形成了一种不同云之间的互联形态，即互联云[3]。

云计算带来了计算及服务模式的变革，企业和用户只需要关注自己的数据，数据的计算存储方式、效率均采用云的服务来实现和提升，云的供应商则将核心业务重点放在 IT 架构的运营上，服务成为其核心内容。

2.2　虚拟化技术

2.2.1　技术定义及优势

虚拟化（Virtualization）[4]是指应用在虚拟而不是真实的基础上运行，以提高硬件的利用率，简化软件的重新配置过程，提高计算机的工作效率和安全可靠性。

在 20 世纪 60 年代的 IBM 大型机系统上出现了虚拟化技术，在 IBM System 370 计算机系统中虚拟化技术逐渐流行起来，系统通过虚拟机监控器（Virtual Machine Monitor，

VMM）在物理硬件之上生成许多可以运行独立操作系统软件的虚拟机实例。随着云计算日益广泛部署，虚拟化技术在商业应用上的优势日益体现，如降低了 IT 成本、增强了系统安全性和可靠性，虚拟化的概念也逐渐深入到人们日常的工作与生活中。虚拟化对于不同环境中不同主体来说，可能意味着不同的事物。在计算机科学领域中，虚拟化代表着对计算资源的抽象，而不仅仅局限于虚拟机的概念。例如，虚拟化机制使得单 CPU 可以模拟多 CPU 并行工作，允许在一个平台上同时运行多个操作系统，应用程序都可以在相互独立的空间内运行而互不影响；对物理内存的抽象，产生了虚拟内存技术，使得应用程序认为其自身拥有连续可用的地址空间，而实际上，应用程序的代码和数据可能是被分隔成多个碎片页或段，甚至被交换到磁盘、闪存等外部存储器上，即使物理内存不足，应用程序也能顺利执行。

在虚拟化方案中，处于最底层的是要进行虚拟化的计算设备，这些计算设备可能直接支持虚拟化，也可能不会直接支持虚拟化，那么就需要系统管理程序的支持。在某些情况中，系统管理程序就是一个操作系统。VM 基于相互隔离的操作系统，将底层硬件平台视为自己所有。

虚拟化带来的优势在于[5]：

（1）有效地利用服务器硬件。数据中心中的服务器常常利用率较低，利用虚拟化机制使一台服务器可以运行许多虚拟机实现服务器资源的多租客（Multi-tenant）共享，从而提高服务器利用率，显著减少硬件的总开销。

（2）实现更好的容错能力。虚拟机可以从一个节点迁移到另一个节点，实现不间断运行。如果一台服务器或者操作系统和应用程序出现运行故障，虚拟机能够迁移到另一物理服务器上继续运行。

（3）提高可用性。当 Web 服务、电子邮件服务、数据库服务程序运行于一台物理服务器之上时，会出现一个服务程序干扰另一个服务程序的可能性，甚至导致系统崩溃。利用不同的虚拟机承载不同的服务，就会减少应用程序之间的相互干扰，从而提高系统的可用性。

（4）简化服务器创建、测试迁移与管理。使用虚拟化，创建虚拟服务器仅需几分钟，不需要任何额外的硬件。相比之下，购买一台新的物理服务器是昂贵的，安装操作系统和应用程序非常耗费时间。管理几十个虚拟服务器比管理十几台物理服务器也更容易。

（5）节约系统能源消耗。云计算系统利用基于虚拟化技术将云数据中心拥有的各类资源整合为一个统一的虚拟资源池，又将一个个虚拟机部署在不同的物理机上，实现对大规模基础资源有效、统一的管理和利用。通过虚拟机在服务器上的合理部署，以及采用虚拟机动态迁移技术，将虚拟机聚集以便关闭空闲数据节点，从而在最小化所需物理节点数量的同时，满足当前负载的需求，实现降低数据中心的能耗的同时保证 QoS 和 SLA。

2.2.2　技术分类

虚拟化技术主要分为以下几个大类。

1. 平台虚拟化[6]

平台虚拟化是针对计算机和操作系统的虚拟化。事实上，通常所说的虚拟化主要是指平台虚拟化技术，通过虚拟机监控器隐藏特定计算平台的实际物理特性，为用户提供抽象的、统一的、模拟的计算环境，即虚拟机。虚拟机中运行的操作系统被称为客户机操作系统

（Guest OS），运行虚拟机监控器的操作系统被称为主机操作系统（Host OS）。某些虚拟机监控器可以脱离操作系统直接运行在硬件之上，如 VMWare 的 ESX 系统等。

平台虚拟化技术可以细分为如下几个子类。

（1）全虚拟化（Full Virtualization）：是指虚拟机模拟了完整的底层硬件，包括处理器、物理内存、时钟、外设等，使得为原始硬件设计的操作系统或其他系统软件完全不做任何修改就可以在虚拟机中运行。操作系统与真实硬件之间的交互可以看成通过一个预先规定的硬件接口进行。全虚拟化 VMM 以完整模拟硬件的方式提供全部接口，同时还必须模拟特权指令的执行过程。

（2）超虚拟化（Paravirtualization）：是一种修改客户机操作系统（Guest OS）部分访问特权状态的代码，以便直接与 VMM（Virtual Machine Monitor）交互的技术。在超虚拟化虚拟机中，部分硬件接口以软件的形式提供给客户机操作系统，这可以通过 Hypercall（VMM 提供给 Guest OS 调用，与系统调用类似）的方式来提供。例如，Guest OS 把切换页表的代码修改为调用 Hypercall 来直接完成修改影子 CR3 寄存器和翻译地址的工作。由于不需要产生额外的异常和模拟部分硬件执行流程，超虚拟化可以大幅度提高性能。

（3）硬件辅助虚拟化（Hardware-Assisted Virtualization）：是指借助硬件（主要是处理器）的支持来实现高效的全虚拟化。例如，有了 Intel-VT 技术的支持，Guest OS 和 VMM 的执行环境自动地完全隔离开，Guest OS 有自己的"全套寄存器"，可以直接运行在最高级别。在上面的例子中，Guest OS 能够执行修改页表的汇编指令，Intel-VT 和 AMD-V 是目前 x86 体系结构上可用的两种典型的硬件辅助虚拟化技术。

（4）部分虚拟化（Partial Virtualization）：VMM 只模拟部分底层硬件，因此客户机操作系统不做修改是无法在虚拟机中运行的，其他程序可能也需要进行修改。部分虚拟化最早出现在第一代的分时操作系统 CTSS（Compatible Time-Sharing System）和实验性操作系统 IBM M44/44X 中。

（5）操作系统级虚拟化（Operating System Level Virtualization）：在传统操作系统中，所有用户的进程本质上是在同一个操作系统的实例中运行的，因此内核或应用程序的缺陷可能影响到其他进程。操作系统级虚拟化是一种在服务器操作系统中使用的轻量级的虚拟化技术，内核通过创建多个虚拟的操作系统实例（内核和库）来隔离不同的进程。

2．资源虚拟化[7]

资源虚拟化是指针对特定的系统资源的虚拟化，目标是在 IaaS 层把众多的物理资源进行划分和重组，在云计算系统中，物理资源可以分为三大类：计算资源（CPU 加内存）、存储资源和网络资源。资源虚拟化示意图如图 2.5 所示。

从计算资源的角度来讲，IaaS 软件管理的最小的物理单元为一台物理服务器。根据需求，服务器上会被创建多个虚拟机。若干配置相同的物理服务器会组成集群（Cluster），要求配置相同的主要原因是因为需要支持虚拟机动态迁移。通常一些集群还会组成更大规模的区域（Zone）。某些 IaaS 软件，还能支持由若干 Zone 组成的地区（Region）。集群、区域的划分会体现在对网络和存储不同配置。例如，一个集群可以共享相同的网络主存储，以支持虚拟机的动态迁移。一个区域可以共享相同的网络备份存储，可用来存放共享的虚拟机镜像文件。

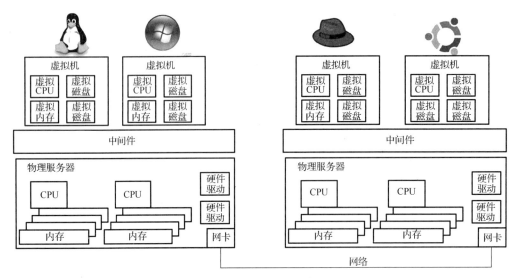

图 2.5 资源虚拟化示意图

用户主要是通过虚拟机来访问 IaaS 的资源，IaaS 依靠软硬件虚拟化技术在一个服务器上创建多个虚拟机。

IaaS 的基本资源的虚拟化包括：

（1）CPU 虚拟化，如图 2.6 所示。

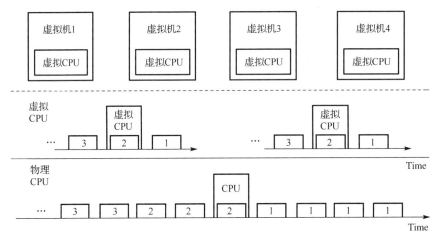

图 2.6 CPU 虚拟化

目前的服务器端 CPU 一般均具有极高的计算能力，在 1 s 内可以运算上千万条指令，大部分用户的程序功能可以在很短时间（毫秒级别）内完成。当计算完成或等待其他网络、硬盘等 IO 操作时，如果没有其他计算任务，CPU 便会进入空闲（IDLE）状态。经过统计，通常 CPU 繁忙的时间很短，例如 CPU 有 95%的时间都处于空闲状态。如果让 CPU 在等待的时候，也能给其他用户提供服务，便可以让资源利用率最大化，所以 CPU 的虚拟化技术的本质就是分时复用，让所有的虚拟机能够共享 CPU 的计算能力。因为 CPU 运算的速度非常快，而且这种分时的单元非常的小，以至于用户完全不会察觉到自己的虚拟机是在 CPU 上轮流运算的，所以从宏观的角度来看，这些虚拟机看起来就是在同时工作的。当然 IaaS 软件还需要通过一些手段保证每个虚拟机申请的 CPU 可以分到足够的时间片。

（2）内存虚拟化，如图 2.7 所示。

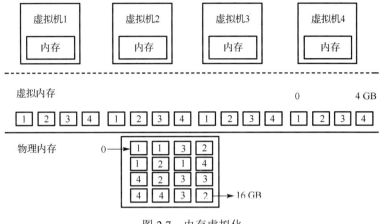

图 2.7　内存虚拟化

内存用来存放 CPU 要运行和计算的数据和代码。物理内存在计算机上通常是一段以零地址开始以全部内存空间为截止的地址空间。例如，4 个 8 GB 内存条组成的 32 GB 内存，它在物理服务器上看起来就是 0～32 GB 的空间（可以在 BIOS 和系统启动后看到）。内存地址就好比门牌号码，CPU 在访存的时候，只要提供对应的内存地址，就可以拜访对应地址内的数据。对于每个虚拟机来说，不论它分配了 512 MB 的内存，还是分配了 4 GB 的内存，它通常都是认为自己的内存是从零地址开始的一段空间。但是实际上，它们都会被映射到物理机上不同的空间段，有的可能是从 1 GB 开头的，有的可能是从 10 GB 开头的。而且不仅仅是内存的起始地址在物理机上不同，通常连虚拟机的内存在物理机内存上的分布也不是连续的，可能会被映射到不同的内存区间。虚拟机管理程序负责维护虚拟机内存在物理内存上的映射，当虚拟机访问一段自己的内存空间时，会被映射到真实的物理地址。这种映射对虚拟机的操作系统来说可以是完全透明而高效的。因为一台物理机上运行了多个虚拟机，所以虚拟机管理程序需要保证，不论在任何时候，来自虚拟机 A 的访存请求不能到达虚拟机 B 的内存空间，这也就是资源的隔离。现有的虚拟机管理程序甚至支持分配的虚拟机内存空间的总和大于物理内存，这种技术叫做超分技术（Overcommit）。KVM 里面使用内核同页合并技术（Kernel Same Page Merging）就可以让在不同虚拟机里使用相同数据的页共享一份内存来保存，这就是内存虚拟化带来的好处。

（3）存储虚拟化，如图 2.8 所示。

存储资源虚拟方法和内存虚拟化类似，通过把一个大的存储空间划分成多个小的存储空间分配给虚拟机使用。但是与内存虚拟化不同的是，存储虚拟化通常并不是直接发生在硬盘的寻址层面，也就是不会在具体访问硬盘驱动的时候才转化访问的地址。存储虚拟化是以文件为单位来进行资源的存储和隔离的，这个文件不是虚拟机里看到每个具体文件，而是在物理机上用于模拟虚拟机硬盘的一个超大文件，对硬盘地址的访问就是对文件的某个偏移量的访问。这点看似复杂，其实很容易理解。例如，一个大小为 20 GB 的独立文件，可以被看成一个 20 GB 的硬盘空间，当需要访问 0 地址的时候，也就是访问文件的开头，当须要访问 3 GB 这个地址的时候，也就是访问文件的 3 GB 偏移量的地方。使用这种灵活分配的方法，理论上可以让一个 2 TB 的物理硬盘，化身成接近 100 个 20 GB 或者接近 20 个 100 GB 的硬盘。需要说明的是，看似一个完整的 20GB 文件，它在硬盘上可能并不是连续存放的，这完全取决于虚拟机管理程序的文件系统是如何分配硬盘空间的。当然虚拟机本身并不会意识到这点，具体访问硬盘的时候，会由虚拟机管理程序的文件系统来保证访问的准确性。有些虚拟机管理程序用一个文件来模拟一个虚拟机硬盘，有些则支持多个文件合并模拟一个虚拟机硬盘，使用多个文件来模拟虚拟机硬盘的方法更加灵活，并且有利于实现硬盘快照功能。

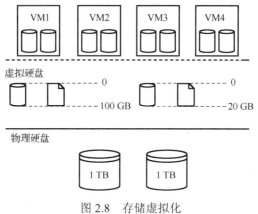

图 2.8　存储虚拟化

（4）网络虚拟化，如图 2.9 所示。

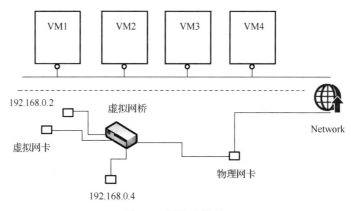

图 2.9　网络虚拟化

与处理器、内存、硬盘等物理资源相比较，网络虚拟化的内容和实现要相对复杂一些。什么是网络虚拟化呢？假如原本的物理计算机只有一个网卡，那么它有一个 MAC 地址，并且可以分配一个 IP 地址，其他机器就可以通过 IP 地址访问这个物理主机。当创建 N 个虚拟机后，每个虚拟机都需要有独立的网络配置，以便它们可以像物理机一样的处理各种网络连接。但是这个时候物理机上依然只有一个网卡，N 个虚拟机通过这一个物理网卡都能进行顺畅的网络连接的过程即网络虚拟化。

虚拟机上的网络概念和物理机一样。在一个物理机上创建多个虚拟机，就是要创建多份虚拟机的虚拟网卡，并且保证它们能够正确地连通到网络上。这是如何做到的呢?这主要是通过虚拟机管理程序在虚拟层面创建了一个虚拟的网桥（Bridge）。这个网桥就和我们看到的交换机一样，上面有很多"接口"，可以连接不同的虚拟网卡，当然物理机的真实网卡也需要连在这个网桥上，并且设置了一种特殊的混杂模式，不论该物理网卡是否为网络包的目的地址都能通过该网卡接收或者发送。在同一个网桥上的不同虚拟机之间进行的网络通信，只会在本网桥内发生。只有当虚拟机的网络通信的对象不在本机（如物联网上的其他主机）上时，它们就会通过物理机的网卡向外进行传输。由于物理机的网卡带宽能力是固定的，所以在一个网桥上的虚拟网卡也是分时共享相同的网络带宽。如果网络包的交换之发生在本网桥内，速度不会受到物理网卡的影响。虽然它们在自己传输的时间段内独占全部带宽（如 1 Gbps），但是同时会导致其他虚拟网卡暂时无法传输数据，以至于在宏观范围（秒）来看，虚拟机是没有办法在共享网络的时候占用全部带宽的。如果假设有 4 个虚拟机都在进行大规模的网络操作（如大文件的下载和上传），那么理论上它们的实际连接速度最多就只能达到 250 Mbps。由于网络速度对云计算中虚拟机的能力非常重要，芯片公司也在不断推出各种针对网络连接的硬件虚拟化解决方案（如 SR-IOV、VMDq 等）。

如果物理机只有一个物理网卡，那么不同的虚拟机的网络都是通过同一个网卡连接出去的，这会导致网络安全问题。例如，一个虚拟机可以监听整个网络上的所有数据包，并分析截获感兴趣的别的虚拟机的网络数据。为了解决这个问题，计算机网络提供了一种叫做 VLAN 的技术。通过对网络编辑指定的 VLAN 编号，一个物理网卡可以拓展多达 4095 个独立连接能力。例如，如果原本的物理网卡为 eth0，VLAN1 的网卡设备就变成 eth0.1，VLAN1000 的网卡设备就是 eth0.1000，eth0.1 和 eth0.1000 之间都无法看到对方的网络包。有了 VLAN 的支持，在相同物理机上的虚拟机就可以分配不同的 VLAN 编号的网络设备，从而实现了网络隔离。

有了计算资源、存储资源和网络资源的虚拟化，就可以管理起把整套虚拟化的资源，并且在客户需要的时候，把一部分资源划分给用户使用。例如，用户可以申请 2 个 CPU、2 GB 的内存、100 GB 的硬盘和 2 个网卡，或者可以申请 4 个 CPU、16 GB 的内存、2 TB 的硬盘和 1 个具有公网 IP 地址的网卡等不同的资源。由于虚拟机共享着物理机的资源，所以 IaaS 软件必须要做好资源的隔离，以保证数据的安全[6]。

3．应用虚拟化[8-9]

（1）基本概念及原理。SaaS 是一种以 Internet 为载体，以浏览器为交互方式，把服务端的程序软件传给远程用户来提供软件服务的云计算应用模式。基于浏览器的应用方式的限制，导致很多 SaaS 不能提供更为丰富的应用服务。应用虚拟化应运而生，用于提供对集中化应用资源的多用户远程访问，从而将应用作为一种服务交付给用户。其基本原理是：分离应用程序的计算逻辑和显示逻辑，即界面抽象化，而不用在用户端安装软件。当用户访问虚拟化后的应用时，用户计算机只需把用户端人机交互数据传给服务器端，服务器端就会为用户开设独立的会话来运行应用程序的计算逻辑，并把处理后的显示逻辑传回用户端，从而使得用户获得如同在本地运行应用程序一样的体验感受。应用虚拟化原理如图 2.10 所示。

IT 厂商也纷纷推出了各自的应用虚拟化产品，如 Vmware ThinApp、Cjtrix XenApp 和 Microsoft App_V 等，但总体宗旨都是将应用程序的应用界面和实际应用分开。当用户访问服务器发布的应用时，在服务器上会为用户开设独立的会话，占用独立的内存空间，应用程序的计算逻辑指令在这个会话空间中运行，应用程序的界面会通过协议传送到用户计算机上，用户计算机只需要通过网络把键盘、鼠标及其他外设的操作传送到服务器端，从服务器端接收变化的应用程序界面，并且在用户端显示出来就可以获得在本地运行应用一样的访问感受，最终实现用户客户端使用人员不受终端设备和网络带宽的限制，在任何时间、任何地点、使用任何设备、采用任何网络连接，都能够高效、安全地访问服务器上的各种应用软件。

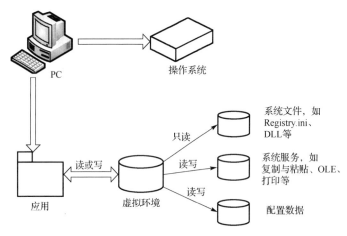

图 2.10　应用虚拟化原理

（2）技术优势。把应用程序从操作系统解放出来，使应用程序不受用户端计算机环境变换等带来的影响，极大地提高了机动性、灵活性、IT 效率、安全性和控制力。从用户角度而言，用户无须在自己的计算机上安装完整的应用程序，也不受自身有限的计算条件的限制即可获得极高的用户体验。应用虚拟化在云计算环境中的应用比基于浏览器的应用会更有效、快速，具有以下几点优势[8]。

① 应用虚拟化可以实现基于浏览器方式无法实现的应用，让应用服务更丰富，提供更多可选的应用给用户。

② 应用虚拟化可以以最快的速度实现 SaaS，比如要改写当前的成熟应用，使用浏览器编程，会遇到大量的问题，除了内在逻辑，还有大量的优化，而使用应用虚拟化，无须重写应用，就可以直接将现有应用转变为 SaaS 模式，这也是为什么运营商对使用应用虚拟化技术实现 SaaS 非常有兴趣的原因之一。

③ 虚拟的应用使用和操作都与原来应用没有任何差别，用户体验没有任何变化，所以更容易成功被接受。

④ 通过应用虚拟化，可以在同一台计算机上运行不同版本的应用程序，使用者可以在相同的机器上运行不同版本的相同软件。

⑤ 应用虚拟化对于终端的广泛支持也会进一步推动其成功，其需要满足一定条件的设备即可，包括电视、PC 和瘦客户端等，而并不需要终端必须运行浏览器[8]。

（3）应用虚拟化技术分析。当前存在多种具有不同设计目标和实现原理的应用虚拟化技术，例如，根据应用程序依赖的虚拟执行环境是否支持异构操作系统平台可分为同构或异构应用虚拟化，根据是否采用分布式架构可分为本地或远程应用虚拟化。下面将详细分析各种不同类型应用虚拟化的实现原理、实例及其特点。

① 同构应用虚拟化。同构应用虚拟化实现了应用程序与操作系统的解耦合，但并不支持应用程序在异构平台上运行。

在面向同构的本地应用虚拟化技术中，通常围绕两个问题进行研究：一是如何提取应用软件的依赖环境，如应用软件依赖的动态链接库、数据文件、环境配置等；二是如何创建应用软件的本地虚拟执行环境。前者可实现应用软件的免安装，便于应用软件的升级，增强应用软件的可移植性，有利于降低应用软件部署的难度。后者解决应用软件与本地底层操作系统环境的依赖问题。在面向同构的本地应用虚拟化中，本地虚拟执行环境的创建将通过注册表系统虚拟化、文件系统虚拟化、内核对象虚拟化等资源虚拟化技术实现[10]。当前已存在多个面向同构的本地应用虚拟化的实例,如 Windows 平台下的 VMwareThinApp 和 Linux 平台下的开源软件 CDE。VMwareThinApp 的体系结构见图 2.11,通过跟踪应用软件安装过程前后快照的变化,VMwareThinApp 将应用程序打包成一个自给自足的可执行文件[11]。

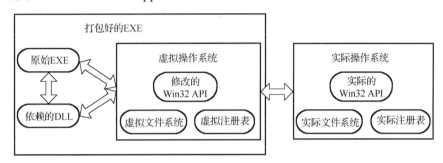

图 2.11　VMwareThinApp 的体系结构

采用分布式的体系结构,应用软件以服务的形式封装部署在服务器端,客户端通过远程桌面服务、浏览器方式或应用程序流技术(Application Streaming)[12]调用远程的应用程序服务。当采用远程桌面服务技术或浏览器方式时,客户端只负责程序的输入和输出,应用程序实际运行在服务器端,消耗服务器端的资源。这种方式在客户端资源受限的情况下极为适用,如客户端是手机、平板电脑等移动通信设备时。而当采用应用程序流技术时,服务器端将应用程序分成数量不多的段,并以流的方式将应用程序启动时所需的代码段推送到客户端,以提高应用程序在客户端执行时的启动速度。当客户端需要应用程序更多的功能时,服务器端再将所需的部分推送到客户端。结合缓存和预取技术,将进一步提高应用程序服务的响应速度。面向同构的远程应用虚拟化将使企业用户在软件分发和管理上带来更高的回报,降低总的软件所有权开销,因此成为当前各大 IT 企业力推的一种应用虚拟化类型,如 Microsoft 的 App-V,其工作原理见图 2.12。

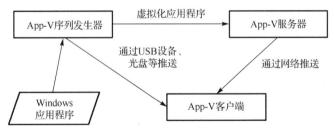

图 2.12　App-V 工作原理

② 异构应用虚拟化。异构应用虚拟化不仅实现了应用程序与操作系统的解耦合,而且也支持应用程序在异构平台上运行。

在面向异构的本地应用虚拟化技术中,首先必须解决应用程序在异构平台中运行这个基本问题。针对该问题,存在两种解决方案[13]:一是采用编程语言级虚拟化技术,如 Java 虚拟机;二是采用程序库级虚拟化技术,如开源软件 Wine。编程语言级虚拟化技术在支持应用程序跨平台运行方面存在局限性,限制了编写应用程序的高级语言,例如在 Java 虚拟机的支持下只有 Java 语言编写的应用程序才能跨平台运行。而程序库级虚拟化技术则支持绝大部分应用程序跨平台运行,如 Wine 支持 Windows 应用程序在 Linux、UNIX、MacOS 上运行,因此程序库级虚拟化技术更适合解决该问题。在解决应用程序在异构平台中运行这一问题后,面向异构的本地应用虚拟化技术即可开展提取应用软件的依赖环境,以及创建应用程序的本地虚拟执行环境的研究。提取应用软件的依赖环境可借鉴成熟的技术,如快照、动态监控等,而创建应用软件的本地虚拟执行环境则可在程序库级虚拟化技术的基础上实现。

面向异构的远程应用虚拟化技术与面向同构的远程应用虚拟化技术类似,存在的差异是前者将支持服务器端的应用程序以流的方式推送到基于异构平台的客户端,并在客户端中运行。当应用程序完全在服务器端运行时,面向异构的远程应用虚拟化技术可降低对客户端的限制,如 Citrix 的 XenApp。XenApp 的工作原理与 Microsoft 的 App-V 类似,但 XenApp 支持各种各样平台的客户端,如 Windows 7、Mac OS、Linux、Android、UNIX 等。当应用需要推送到本地客户端执行时,面向异构的远程应用虚拟化必须在本地客户端创建支持应用程序在异构平台中运行的虚拟执行环境[14]。

4. 桌面虚拟化[15]

桌面虚拟化是指对用户计算机的桌面进行虚拟化,以达到桌面使用的安全性和灵活性。用户可以通过任何设备,在任何地点、任何时间访问在网络上的属于我们个人的桌面系统。

服务器虚拟化和桌面虚拟化使用一种名为管理程序的软件内核在同一个物理服务器硬件上运行多个操作系统,每一个操作系统都是独立的,拥有所需要的专用资源。由于企业可以购买配置多个处理器、大量内存、存储和高带宽网络连接的现代化服务器,每一个操作系统都有单个服务器提供的同样强大的计算能力。操作系统和应用程序很少使用所有的可用资源,特别是在同一个时间内,因此,更多的操作系统和应用程序能够在一个硬件平台上共存,从而带来更好的资源利用率。

桌面虚拟化技术有以下优势。

(1) 保障业务数据的高安全性。业务数据不在用户终端进行处理与保管,避免了业务数据直接暴露带来的安全隐患(例如用户终端采用移动磁盘复制、邮件发送、硬盘拆卸等手段进行数据窃取)。业务数据集中在数据中心进行处理与保管,确保了各项抗风险措施(如高可用性、灾难恢复等)对数据的全面覆盖,避免了用户终端问题造成的数据丢失,例如,客户端设备丢失、设备损坏、OS 感染病毒、断电、系统崩溃等。

(2) 降低 IT 成本,提高 IT 工作效率。数据中心资源共享,充分利用资源,可利用管理平台集中、方便地管理数据中心,为用户或站点即时部署桌面、集中管理所有桌面、制定访问控制规则、随时(无须业务中断)进行打补丁和升级等维护工作,不需要在站点实地进行 IT 基础架构的部署与维护,低碳、节约。

(3) 提高业务的一致性及应变能力。通过标准化桌面配置成企业部署整齐划一的业务桌面,并且能够快速适应不断变化的企业业务需求,例如添加新桌面或新站点。

(4) 提供给用户良好的使用体验。随时随地以多种终端设备方便地进行(远程)桌面访问,接入过程简单快捷。数据中心按需为用户提供充足的资源,保证业务处理顺利进行,支持用户桌面的个性化配置。

2.2.3 几种虚拟化软件介绍

目前主流虚拟化软件有 RedHat KVM、VMware ESX、Citrix XenServer、Microsoft Hyper-V 等[15-23]。

1. RedHat KVM[17]

基于内核的虚拟机 KVM 技术，最初由 Qemuranet 公司开发，后来 Qemuranet 公司被 RedHat 收购，现在 KVM 的主要开发工作由 RedHat 公司与 KVM 社区负责。

KVM 是一款集成到 Linux 内核中的虚拟化软件，正是由于 KVM 集成于 Linux 内核之中，它可以直接利用内核提供的代码，例如，进程调度、内存管理等现有程序。KVM 的架构如图 2.13 所示。

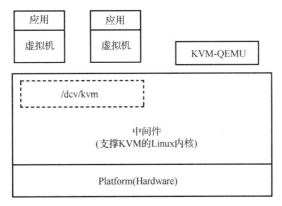

图 2.13　KVM 架构图

普通的 Linux 进程有两种执行模式：内核模式与用户模式。KVM 添加了一个新的模式——客户模式。客户模式也有其内核模式和用户模式。对于主机操作系统而言，每一个虚拟机都被内核看成一个标准的 Linux 进程，通过进程调度程序调度执行。KVM 在 Linux 内核中的角色是一个字符驱动程序，一般的 Linux 发行商在配置内核时都将 KVM 以模块的方式编译。在加载 KVM 模块之后，将会生成"/dev/kvm"设备文件，应用程序将通过系统调用 ioctl 对此文件操作来创建和运行虚拟机。

2. VMware ESX[18]

VMware ESX 是由 VMware 公司开发的一个企业级的、type-1 型的管理程序，用于部署和维护虚拟计算机。VMware ESX 具有高级资源管理功能，是一个高效、灵活的虚拟主机平台。

ESX 是一个基于 Linux 的操作系统，其框架由 VMware 虚拟层、资源管理器、硬件界面三部分构成，ESX 服务器的架构图如图 2.14 所示。VMware ESX 的服务器由资源管理器和服务控制台组成，其体系结构的核心思想是实现硬件资源在完全隔离的环境中部署，其中 VMware 虚拟层提供了理想的硬件环境和对底层物理资源的虚拟；资源管理器将 CPU、内存、网络带宽和磁盘空间等划分到每台虚拟机上；硬件界面组件包括设备驱动程序等。

ESX 本身就是一个 OS，可以直接安装，不需要其他的 OS 作为低层系统。VMware ESX 有良好的兼容性，它基于 Linux 系统平台，在 VMware ESX 基础上，可以安装任何虚拟化系统，具有良好的兼容性和稳定性。VMware ESX 可以使原有的信息平台服务器的系统方便地衔接并整合起来，如高校的教务管理系统、学工信息系统等能轻松、快捷地整合到同一虚拟平台上，可以有效地避免原有的资源无效利用和浪费，也可避免平时大量的维护工作。

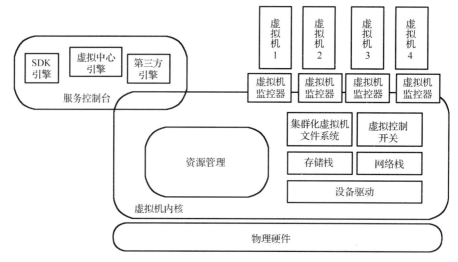

图 2.14 ESX 服务器架构图

3. Citrix XenServer[19]

Citrix XenServer 是由思杰系统公司开发的服务器虚拟化产品，可将静态的、复杂的数据中心环境转变成更为动态的、更易于管理的交付中心，从而降低数据中心成本。XenServer 是一款免费的企业级虚拟化基础架构解决方案，可实现实时迁移和集中管理多节点等重要功能，该系统于 2013 年 6 月从 6.2 版本开始宣布开源。

Citrix XenServer 提供的虚拟化方式包括半虚拟化、全虚拟化，以及硬件辅助虚拟化三种方式。

Xen 的架构如图 2.15 所示，可以看到，Xen 中间件直接运行于硬件之上，是 Xen 客户操作系统与硬件资源之间的访问接口。通过将硬件进行抽象，将相应的硬件 CPU、内存的资源调度给上层的客户机使用。目前 Xen 中间件并不直接操作 IO 硬件，不负责处理诸如网络、外部存储设备、视频或其他通用的 I/O 处理。

Xen Server 中还有一个重要的组件是 Domain 0，这个组件运行在 Xen 管理程序之上，具有直接访问硬件和管理其他客户操作系统的特权。Domain 0 在 Xen 中担任管理员的角色，负责管理其他虚拟客户机。Domain 0 之上运行 Xen 中间件 API 接口，是 XenServer 管理的核心，由一系列的 Xen 工具栈组成，并提供给 XenCenter 使用。

在 I/O 方面，Xen 选择了可维护这条道路，它将所有的 I/O 操作放到了 Domain 0 里面，重用 Linux 来做 I/O，Xen 的维护者就不用重写整个 I/O 协议栈了。但不幸的是，这样就牺牲了性能：每一个中断都必须经过 Xen 的调度，才能切换到 Domain 0，并且所有的活动都不得不经过一个附加层的映射。

4. Microsoft Hyper-V[20]

Hyper-V 是微软公司的一款虚拟化产品，是微软第一个采用类似 VMware 和 Citrix XenServer 一样的基于系统管理程序的技术的产品，能够实现桌面虚拟化，其架构如图 2.16 所示。

Hyper-V 的使用架构有两种，第一种是原生架构，直接在硬件上运行虚拟化管理层，性能比较好，相对稳定；第二种是寄居架构，虚拟化管理层寄居在主机操作系统之上，依靠主机操作系统来模拟相关的硬件设备。

图 2.15 Xen 架构图　　　　　　　图 2.16 Microsoft Hyper-V 架构图

Hyper-V 的主要特点是父分区（宿主机操作系统）的位置挪到了子分区（客户机操作系统）的旁边，宿主机操作系统和虚拟机操作系统是平级的，没有谁依附谁之上的关系。

2.2.4 Docker 技术[21]

Docker 是 PaaS 提供商 dotCloud 开源的应用容器引擎，让开发者可以打包他们的应用，以及依赖包到一个可移植的容器中，然后发布到任何流行的 Linux 机器上，也可以实现虚拟化。Docker 容器是完全使用沙箱机制，相互之间不会有任何接口。

Docker 自 2013 年以来备受关注，无论是从 github 上的代码活跃度，还是 Red Hat 在 RHEL6.5 中集成对 Docker 的支持，就连 Google 的云平台也开始支持 Docker。

Docker 使用客户端/服务器（C/S）架构模式，使用远程 API 来管理和创建 Docker 容器，Docker 容器通过 Docker 镜像来创建，容器与镜像的关系类似于面向对象编程中的对象与类。Docker 架构如图 2.17 所示。

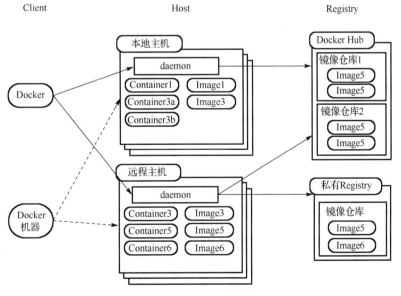

图 2.17 Docker 架构图

Docker 镜像（Images）：用于创建 Docker 容器的模板。
Docker 容器（Container）：是独立运行的一个或一组应用。

Docker 客户端（Client）：通过命令行或者其他工具使用 Docker API（https://docs.docker.com/reference/api/docker_remote_api）与 Docker 的守护进程通信。

Docker 主机（Host）：一个物理或者虚拟的 Docker 主机，用于执行 Docker 守护进程和容器。

Docker 仓库（Registry）：用来保存镜像，可以理解为代码控制中的代码仓库。Docker Hub（https://hub.docker.com）提供了庞大的镜像集合供使用。

Docker 机器（Machine）：是一个简化 Docker 安装的命令行工具，通过一个简单的命令行即可在相应的平台上安装 Docker，如 VirtualBox、Digital Ocean、Microsoft Azure 等。

除了 Docker，未来的虚拟化发展将会是多元化的，包括服务器、存储、网络等更多的元素，用户将无法分辨哪些是虚的，哪些是实的。虚拟化将改变现在的传统 IT 架构，而且将 Internet 中的所有资源全部连在一起，形成一个大的虚拟计算中心，而普通用户只需要关心提供给自己的服务是否正常，虚拟化技术未来将会进一步发展[22,23]。

2.3 云 存 储

2.3.1 基本概念

随着"互联网+"概念的普及，各大传统行业也逐渐与 Internet 中云计算、大数据、物联网等技术互相融合，信息存储的领域也随之变得广阔，云数据中心对存储容量的需求也越来越庞大。伴随着规模的扩展，中小型企业在购置、部署和维护存储服务器方面却面临着越来越昂贵的代价。云存储（Cloud Storage）[24]的诞生为中小型企业用户、个人用户等带来了低成本便捷的存储服务，在云存储系统中，用户可以根据需求购买并利用存储资源，而存储设备的购置、部署、维护由云存储服务提供商来负责，可有效地缓解用户所面临的数据存储压力，而云存储也成为各大云计算服务平台提供的重要服务之一。

云计算通过网络有效地聚合了被虚拟化的计算资源，为系统中的用户提供动态的、可扩展的各种计算、存储和应用服务。云存储是在云计算概念上发展起来的一种复杂存储资源池系统，它通过集群应用、分布式文件系统等，将网络中数量众多的不同种类的存储设备通过应用软件集中起来协同工作，并通过这些应用软件及其各自的接口，共同为用户提供密集数据存储和共享访问功能，所以云存储，实际上是以存储和管理数据为核心业务的一种云计算系统。从本质上说，云存储不是存储，而是一种服务，其核心是通过应用软件与存储设备的结合，实现存储设备向存储服务的转变[25]。

云存储系统系统是由多个存储设备组成的，通过集群功能、分布式文件系统或类似网格计算等功能联合起来协同工作，并通过一定的应用软件或应用接口，对用户提供一定类型的存储服务和访问服务。当使用某一个独立的存储设备时，必须非常清楚这个存储设备是什么型号、什么接口和传输协议，必须清楚地知道存储系统中有多少块磁盘，分别是什么型号、多大容量，必须清楚存储设备和服务器之间采用什么样的连接线缆。而云存储系统中，所有设备对使用者来讲都是完全透明的，在任何地方经过授权的使用者都可以接入云存储系统进行数据访问。

总之，云存储对使用者来讲，不是指某一个具体的设备，而是指一个由许多个存储设备和服务器所构成的集合体。使用者使用云存储，并不是使用某一个存储设备，而是使用整个云存储系统带来的一种数据访问服务[26]。

2.3.2 网络架构与系统特征

云存储由数量众多的不同种类的存储设备组成，通过对应的应用软件或应用接口向用户提供不同类型的数据存储和共享服务。在用户使用过程中，系统中的所有设备对用户来说都是完全透明的。图 2.18 为云存储的网络架构。

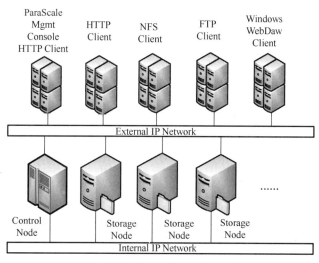

图 2.18　云存储的网络架构

其中，存储节点（Storage Node）用来存储文件，而控制节点（Control Node）则用来存放元数据，并控制各个存储节点间的负载均衡，这两部分共同构成一个云存储系统。从上层应用端的角度来看，云存储仅仅是基础文件系统，一般支持 HTTP、NFS、FTP、WebDav 等标准协议，所以可以方便地与已有的系统结合。

表 2.2 给出了云存储系统的主要特征。

表 2.2　云存储特征

特　　征	说　　明
可管理性	以最少的资源管理系统的能力
访问方法	公开云存储所用的协议
传输性能	根据网络带宽和延迟衡量的性能
多租户共享	支持多个用户安全共享访问
可扩展性	通过扩展满足更高要求或以合适的方式加载的能力
数据可用性	对一个系统的正常运行时间的衡量
控制	控制系统的能力，特别是为成本、性能或其他特征进行配置
存储效率	度量如何高效实用原始存储
成本	度量数据存储成本

1．可管理性

云存储的一个重点是成本。如果客户可以购买并在本地管理存储，而不是在云中租赁它，那么云存储市场就会消失。但是成本可划分为两个高级类别：物理存储生态系统本身的成本和管理它的成本。管理成本是隐式的，但却是总体成本的一个长期组成部分。为此，云存储必须能在很大程度上进行自我管理。云计算系统通过自动自我配置来容纳新的存储设备，在出现错误时可以实现快速定位和自我修复。在未来，诸如自主计算这样的概念将在云存储架构中起到关键的作用。

2．访问方法

云存储与传统存储之间最显著的差异之一是其访问方法（参见图2.19）。大部分提供商实现多个访问方法，但是 Web 服务 API 是常见的。许多 API 是基于 REST 原则实现的，即在 HTTP 之上开发的一种基于对象的方案。REST API 是无状态的，因此可以简单而有效地予以提供。许多云存储提供商实现 REST API，包括 Amazon S3、Windows Azure 和 Mezeo 云存储平台等。

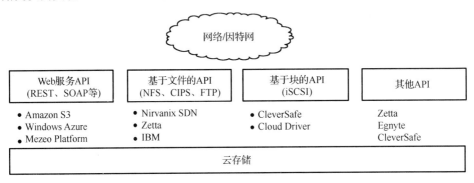

图2.19　云存储访问方法

对云存储可使用常见的访问方法来提供即时集成，例如 NFS/Common Internet File System（CIFS）或 FTP 等基于文件的协议，iSCSI 等基于块的协议。Nirvanix、Zetta 和 Cleversafe 等云存储提供商提供这些访问方法。

尽管上面提到的协议是最常用的，但也有适合云存储的其他协议，最有趣的一个是基于 Web 的分布式创作与版本控制（WebDAV）。WebDAV 也基于 HTTP，且将 Web 作为一种可读写的资源加以启用。WebDAV 的提供商包括 Zetta 和 Cleversafe 等。

此外，还有支持多协议访问的解决方案，例如，IBM Smart Business Storage Cloud 从同一存储虚拟化架构同时启用基于 NFS 或 CIFS 的协议和基于 SAN 的协议。

3．传输性能

在用户与远程云存储提供商之间移动数据的传输能力是云存储的最大挑战。常用的传输控制协议（Transfer Control Protocol，TCP）基于数据包确认从对等端点控制数据流，数据包丢失或延迟到达情况下将启用阻塞控制，进一步限制性能以避免更多全局网络问题。TCP 适用于通过全局 Internet 启用小量数据，但不适用于会增加往返时间（Round-Trip Time，RTT）的大型数据移动。

通过 Aspera，Amazon 解决了这个问题，方法就是开发了一个称为的新协议 FASP（Fast and Secure Protocol），如图2.20所示，以在 RTT 增加和数据包丢失情况下加速批量数据移动。数据报协议（User Datagram Protocol，UDP）允许主机管理阻塞，将这个方面推进到 FASP 的应用层协议中。

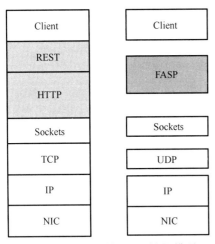

图2.20　Aspera 的 FASP 协议模型

4. 多租户共享

云存储架构同样有效支持多租客安全访问和共享数据资源。多租户应用于云存储堆栈的多个层，从应用层（其中存储名称空间在用户之间是隔离的）到存储层（其中可以为特定用户或用户类隔离物理存储）。多租户甚至适用于连接用户与存储的网络基础架构，向特定用户保证数据访问安全性、服务质量并优化带宽。

5. 可扩展性

可扩展性是云存储最具吸引力的地方。扩展存储需求可改善用户成本，提高云存储提供商的复杂性。不仅要为存储本身提供可扩展性（功能扩展），而且必须为存储带宽提供可扩展性（负载扩展）。云存储的另一个关键特性是数据的地理可扩展性，支持通过迁移使数据最接近于用户。对于只读数据，也可以使用内容传递网络进行复制和分布，如图 2.21 所示。

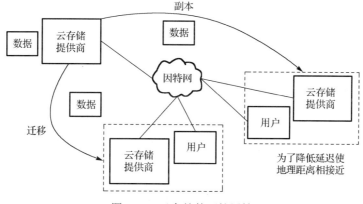

图 2.21 云存储的可扩展性

在内部，一个云存储架构必须能够扩展，服务器和存储必须能够在不影响用户的情况下重新调整大小。正如在可管理性部分所讨论的，自主计算是云存储架构所必需的。

6. 数据可用性

如果云存储供应商托管用户的数据，它必须能够确保将该数据顺利地提供给用户，因此需要解决存储故障、网络中断、用户错误和其他情况，从而以一种可靠而确定的方式提供数据服务。

提供私有云存储的 Cleversafe 公司使用信息分散算法（Information Dispersal Algorithm，IDA）来在发生物理故障和网络中断的情况下实现更高的可用性。IDA 是 Michael Rabin 最初为电信系统而创建的一种算法，它支持使用 Reed-Solomon 代码对数据进行切片处理，以便在数据丢失的情况下实现数据重建。此外，IDA 允许配置数据切片的数量，例如为 1 个可接纳故障将数据对象分割成 4 个切片，为 8 个可接纳故障分割成 20 个切片。与 RAID 类似，IDA 支持通过原始数据的子集重建数据，含有一定数量的代码错误开销（依赖于可接纳故障的数量），如图 2.22 所示。

有了数据切片的能力，以及 cauchy Reed-Solomon 纠错码，就可以将切片分发到地理上分散的站点进行存储。对于大量切片（p）和大量可接纳故障（m），最终开销是 $p/(p-m)$，如 $p=4$ 且 $m=1$ 的存储系统的开销是 33%。

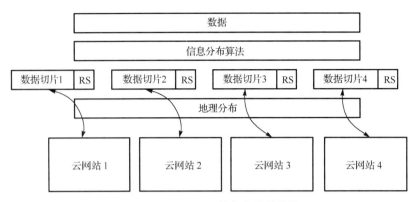

图 2.22　Cleversafe 的信息分散算法

7．控制

一名客户控制和管理其数据存储方式及其相关成本的能力很重要。许多云存储提供商实施控制，使用户对其数据有更大的控制权。

Amazon 实现去冗余储存（Reduced Redundancy Storage，RRS），为用户提供最小化总存储成本的一种方式。数据是在 Amazon S3 基础架构内复制的，但使用 RRS，数据复制次数较少，且存在丢失数据的可能性。这适用于可重新创建的或在其他地方有副本的数据。Nirvanix 还提供基于策略的复制来为如何以及在何处存储数据提供更细粒度的控制。

8．存储效率

云存储的存储效率重点放在总成本上，主要关注对可用资源的高效使用。要使一个存储系统更高效，必须存储更多数据。一个常见的解决方案就是数据压缩，即通过减少源数据来降低对物理空间的需求。实现这一点的两种方法包括压缩，即通过使用不同的表示编码数据来缩减数据，以及删除重复数据，即移除可能存在的相同的数据副本。虽然两种方法都有用，但压缩方法涉及重新编码数据的处理动作，而重复数据删除方法涉及计算数据签名以搜索副本。

9．成本

云存储最显著的特征是可以降低成本，包括购置存储的成本、驱动存储的成本、修复存储的成本，以及管理存储的成本。

2.3.3　层次结构模型

相较于传统的存储系统，云存储中不仅存在一系列的存储设备，还包括网络设备、接入网、应用软件、公共访问接口、客户端程序等。云存储的结构模型分为四层[25]，如图 2.23 所示。

1．存储层

存储层是云存储系统中最重要的部分。存储设备既包括 FC 光纤通道存储设备，也包括 NAS（Network-Attached Storage）、iSCSI（Internet Small Computer System Interface）等 IP 存储设备，还包括 SAS（Serial Attached SCSI）、SCSI（Small Computer System Interface）等 DAS（Direct-Attached Storage）存储设备。由于云存储系统是分布式的，存储设备大多分布于各个地域，众多设备之间通过网络连接。

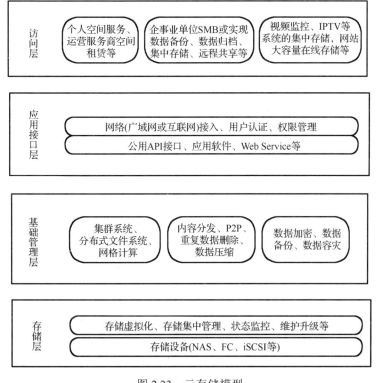

图 2.23 云存储模型

不同类型的存储设备之上,存在一个系统来统一管理存储设备,它除了对存储设备进行多链路冗余管理、逻辑虚拟化管理外,还负责监控硬件设备的状态并进行故障维护。

2.基础管理层

基础管理层是云存储系统中最难以实现的部分。通过集群系统、分布式文件系统等技术,基础管理层实现了云存储中大规模不同类型的存储设备之间的协同工作,并且数据访问的性能更为强大。

在基础管理层中,还有一些技术可保证系统的安全性和稳定性。例如,内容分发、数据加密等技术可防止云存储中的数据被未授权的用户访问,而数据备份、数据容灾等技术则确保云存储中的数据不会丢失。

3.应用接口层

应用接口层是云存储系统中最为灵活的部分。各个云服务提供商可以根据自己提供的业务的特点,实现不同的应用服务接口和权限管理策略,提供各具特色的应用服务。

4.访问层

所有云存储的合法用户都能通过公共的应用接口来接入云存储系统,使用云服务商提供的服务。不同云服务商提供的访问控制方案和数据共享功能各不相同。

2.3.4 技术优势

随着信息技术的发展,传统的存储系统在容量扩充和性能提高方面存在瓶颈,发展速度无法满足海量数据的存储需求。云存储技术具有大容量、高性能、易扩展的特点，相较于传统的集中式存储系统，分布式的云存储系统具有以下优势[26]。

1．易扩容、易管理

相较于传统存储系统的扩容方式，云存储采用的是分布式、并行的扩容方式，即在云存储中，当用户需要增加容量时，新加入系统的设备只需安装操作系统和云存储系统软件，接入云存储网络后，系统便会自动识别该设备，将其加入设备池中完成扩展，整个扩容过程十分简单。

管理人员在管理传统存储系统时，除了要熟悉不同厂商、类型的存储设备的管理界面，还要了解每个设备的容量、负载等使用状况，并且安装在设备上的软件需要不断升级。而在云存储中，对管理人员而言，不同厂商、类型的存储设备都只不过是一台服务器，可通过一个管理界面来统一管理，使用情况易于查询，操作和维护也变得简单，并且云存储提供 SaaS 服务，用户通过网络使用安装在云端的软件，本地无须再进行软件升级。

2．成本低廉

传统的存储系统大多采购同厂商、同规格的设备来构建系统，以降低管理的繁琐。但在当今设备更新换代较快的背景下，很难找到同型号的产品来更换旧设备或是扩容。而云存储可将网络中数量众多的不同种类的存储设备通过应用软件来协同工作，既能使用原有的硬件产品，又不妨碍新设备的加入和更新，便于用户通过选择高性价比的设备来控制成本，并充分利用系统资源。

3．可靠性更高、服务不间断

当硬件损坏时，传统存储系统的相关模块便会停止服务，甚至造成数据丢失。由于其集中式的系统架构，在传统存储系统中加入冗余的成本过高，并且会导致系统更为复杂、开销过大。当设备升级时，用新的设备替换旧设备时通常需要暂停服务。

云存储将用户的数据文件分块存储于不同的存储设备，本身就提供数据备份和容灾功能，某一个设备的损坏并不会造成数据不可用，而会自动找到存放在另一台存储设备上的数据。即使在系统更新设备时，系统先将待更换服务器上的文件转移至别的服务器上暂存，等到新的服务器加入系统后，再把文件转移回来，保证了服务的不间断。

2.3.5　云存储文件系统

面对海量数据的存储请求，众多 IT 公司和企业都在努力设计属于自己的云存储服务系统，如百度云盘、华为网盘等，而这些云存储系统所采用的代表性文件系统有 Google 文件系统（Google File System，GFS）和 Hadoop 分布式文件系统（Hadoop Distributed File System，HDFS）[27-37]。

1．GFS

GFS 是一个能够进行大数据量的分布式读写并且具有日志功能的分布式文件系统，GFS 包含管理中心（Master）、多个数据服务器（Chunkserver）及客户机（Client）[31,32]。GFS 系统的典型特征是数据文件全部以数据块的形式存储，并且这些数据块被分隔成固定大小，一般是 64 MB。GFS 通过增加数据块副本的数量来提高数据的可靠性。

Master 的功能包括以下三个方面：
- 管理 GFS 中包括文件的命名空间和访问控制信息在内的云数据信息。
- 管理 Chunkserver 与 Client 两者之间的数据传输。
- 负责系统的负载均衡、数据块的分发查找定位、Chunkserver 的监控等工作。

Client 即客户机，是所有用户获取 GFS 服务的入口，应用程序通过 Client 和 Master 与 Chunkserver 通信。

2．HDFS

HDFS 是 Hadoop 的三个核心组件之一，属于 Hadoop 的最底层，其上一层是 MapReduce。HDFS 具有高容错性的特点，能够部署在大量廉价的硬件设备上，适合那些具有海量数据集的应用。HDFS 与 GFS 一样都是基于块存储的，每个块大小为 64 MB，HDFS 能对数据进行可扩展的访问。HDFS 的设计以常态的硬件故障、流式访问（Streaming Access）、大数据集、可移植性等为前提[33-35]。

HDFS 采用的体系结构为主从式，一个 HDFS 系统包括一个 NameNode 和多个 DataNode。NameNode 作为中央元数据服务器，负责管理文件系统的命名空间和数据块的复制等工作，其主要功能概括如下。
- 管理元数据。
- 管理命名空间。
- 监听并处理请求。
- 进行心跳（Heartbeat）监测。

DataNode 是 NameNode 的管理对象，主要承担数据块的存储工作，是数据存储服务器[31]。在 NameNode 的管理下，DataNode 执行副本的创建、减少、增加、更改操作，其主要功能概括如下[37]。
- 数据块的读写。
- 向 NameNode 汇报工作状态。
- 数据的流水线式复制。

2.4 分布式计算

2.4.1 分布式计算的基本概念

随着云平台上数据规模的不断扩大，单机的计算能力已经无法满足数据计算的需求，如何将多台机器的计算能力联合起来以满足日益庞大的计算能力需求也是目前云计算领域的研究热点之一。

从用户的角度来看，云计算服务可以看成"云存储+云计算"。而基于大规模集群的分布式计算技术正是目前云计算平台的核心技术。

分布式计算是一种计算方法，和集中式计算是相对的。随着计算技术的发展，有些应用需要非常巨大的计算能力才能完成，如果采用集中式计算，需要耗费相当长的时间来完成。分布式计算将该应用分解成许多小的部分，分配给多台计算机进行处理，这样可以节约整体计算时间，大大提高计算效率。

分布式计算与其他算法相比具有以下几个优点：
- 稀有资源可以共享。
- 通过分布式计算可以在多台计算机上平衡计算负载。
- 可以把程序放在最适合运行它的计算机上。
- 与昂贵的并行超级计算机相比，价格便宜。

一个著名的分布式计算平台是伯克利（U.C.Berkeley）开放式网络计算平台（Berkeley Open Infrastructure for Network Computing，BOINC），它是一个不同分布式计算可以共享的分布式计算平台。不同分布式计算项目可以直接使用 BOINC 的公用上传下载系统、统计系统等，这样不仅可以发挥各个分布式计算之间的协调性，也能使分布式计算的管理、使用更加方便易用。

最近的分布式计算项目已经被用于使用世界各地成千上万位志愿者的计算机的闲置计算能力，通过因特网，可以分析来自外太空的电信号，寻找隐蔽的黑洞，并探索可能存在的外星智慧生命；可以寻找超过 1000 万位数字的梅森质数；也可以寻找并发现对抗艾滋病病毒的更为有效的药物。这些项目都很庞大，需要惊人的计算量，仅仅由单个的电脑或个人在一个能让人接受的时间内完成计算是绝不可能的。在以前，这些问题都应该由超级计算机来解决，但是，超级计算机的造价和维护非常的昂贵，而分布式计算则相对廉价的、高效的、维护方便。

2.4.2 典型的分布式计算技术

在过去的 20 多年间涌现出了大量的分布式计算技术，如中间件技术（Middleware）、网格技术、移动 Agent 技术、P2P 技术及 Web Service 技术，它们在特定的范围内都得到了广泛的应用，这些分布式技术经过融合、演进、剪裁后均可以用于云计算系统。

1. 中间件技术

中间件是一个基础性软件的一大类，属于可复用软件的范畴。顾名思义，中间件处于操作系统软件与用户的应用软件之间。中间件在操作系统、网络和数据库之上，应用软件之下，总的作用是为处于自己上层的应用软件提供运行与开发的环境，帮助用户灵活、高效地开发和集成复杂的应用软件。

在众多关于中间件的定义中，比较普遍被接受的是 IDC 表述的：中间件是一种独立的系统软件或服务程序，分布式应用软件借助这种软件在不同的技术之间共享资源，中间件位于客户机服务器的操作系统之上，管理计算资源和网络通信。

中国科学院软件研究所研究员仲萃豪形象地把中间件定义为：平台+通信。这个定义限定了只有用于**分布式系统中的此类软件才能被称为中间件**，同时此定义还可以把中间件与**支撑软件和实用软件**区分开来。

2. 网格计算技术

第 1 章已经介绍了网格的部分内容，这里做进一步探讨。在万维网诞生中起到关键性作用的欧洲核子研究组织对网格计算是这样定义的："网格计算就是通过 Internet 来共享强大的计算能力和数据存储能力。"

网格计算通过利用大量异构计算机的资源构成虚拟组织，为解决大规模的计算问题提供计算模型。网格计算的焦点放在支持跨管理域计算的能力,这使它与传统的计算机集群或传统的分布式计算相区别。网格计算包括共享异构资源,这些资源位于不同的地理位置,属于一个使用公开标准的网络上的不同的管理域。网格计算经常和另一种分布式计算模式——集群计算相混淆。二者主要的不同是集群是同构的,而网格是异构的;网格扩展包括用户桌面机,而集群一般局限于数据中心。

3. 移动 Agent 技术

Agent 可以翻译成代理或主体,比面向对象中对象的概念更深刻,粒度更粗。随着计算机网络和分布式人工智能技术的迅速发展,基于网络的分布式人工智能采用人工智能(Artificial Intelligence,AI)等技术,研究一组分散的、松散耦合的智能结构如何在分布式环境下实现群体间高效率地相互协作、联合求解,解决多种协作策略、方案、意见下的冲突和矛盾,由此提出了 Agent 思想。Agent 在虚拟的网络环境中模拟人类社会组织机构与社会群体解决问题等方面将发挥越来越重要的作用。在网络与分布式环境下,每个 Agent 都是独立自主的,能作用于自身和环境,能操纵环境的部分组件,能对环境的变化做出反应,更重要的是能与其他 Agent 通信、交互,彼此协同工作,共同完成任务。

多 Agent 系统(Multi-Agent System,MAS)是多个 Agent 所组成的系统,强调了 Agent 社会性特征。在 MAS 中,Agent 不是孤立存在的,Agent 的资源和能力都是有限的,多个 Agent 在交互时,需要考虑如何在多个可能的行为策略之间做出合理的选择。因此,MAS 可定义为:能进行问题求解,能随环境改变而修改自己的行为,并能通过网络与其他 Agent 进行通信、交互、协作、协同完成求解同一问题的分布式智能系统。这样的系统能模拟人类社会团体、大型组织机构的群体工作,并运用他们解决问题的工作方式,来解决共同关心的复杂问题。MAS 系统模型如图 2.24 所示。

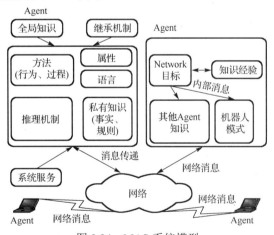

图 2.24 MAS 系统模型

多 Agent 之间在逻辑上彼此相互独立,通过共享知识、任务和中间结果,在工作中协同形成问题的解决方案。因此,MAS 中 Agent 之间的交互过程不是简单地交换数据,而是参与某种社会行为。

移动 Agent 的最初概念是在 20 世纪 90 年代初由 General 移动 Agentgic 公司在推出商业系统 Telescript 时提出的,它是分布式计算、人工智能技术和网络技术发展的必然结果,能够携带其代码和状态自主地从网络中一个节点移动到另一个节点上运行,寻找合适的计算资源和信息资源,完成特定的任务。移动 Agent 具有智能性和移动性,并根据服务需要协调多个 Agent 的行为,协作执行特定任务。

移动 Agent 能携带执行代码、数据和运行状态,能在复杂的网络中自治的、有目的地迁移,并能响应外部事件,在迁移过程中能保持状态的一致性。移动 Agent 是一个能在异构网络中自主地从一台主机迁移到另一台主机,并可与其他 Agent 或资源交互的程序。

移动 Agent 技术是分布式技术和 Agent 技术相结合的产物,它结合了分布式计算机技术和人工智能技术,除了具有智能 Agent 的最基本特性,如自主能力、社交能力、适应能力和一致主动性外,还具有移动能力、可靠性和安全性。移动 Agent 不同于基于过程的 RPC,也不同于面向对象的对象引用,其独特的对象传递思想和卓越的特性给分布式计算乃至开发系统带来了巨大的革新。

到目前为止,国内外已经涌现出很多优秀的移动 Agent 系统,如 Ottawa 大学的 SHIP-MAI、IBM 的 Aglet、General Magic 的 Odyssey、南京邮电大学的 SMMA、南京大学的 Mogent 和 IKV++的 Grasshopper 等。不同的移动 Agent 系统的体系结构各不相同,但几乎所有的移动 Agent 系统都包括两部分:Agent(包括静态 Agent 和移动 Agent)和移动 Agent 服务器(或称为移动 Agent 主机、移动 Agent 服务设施等)。移动 Agent 服务器基于 Agent 传输协议(Agent Transfer Protocol,ATP)实现了 Agent 在服务器间的转移,并为其分配执行环境和服务接口;Agent 在移动 Agent 服务器中执行,通过 ACL 相互通信,访问移动 Agent 服务器提供的服务,如图 2.25 所示。

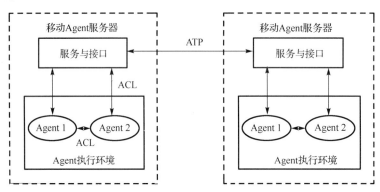

图 2.25 移动 Agent 系统结构图

移动 Agent 技术在实际中得到了广泛的应用,主要应用于电子商务、分布式信息检索、无线通信服务、入侵检测和网络管理等方面。

4.P2P 技术

P2P 技术起源于最初的联网通信方式,如在建筑物内 PC 通过局域网互联,不同建筑物间通过 Modem 远程拨号互联,其中建立在 TCP/IP 协议之上的通信模式构成了今日 Internet 的基础,所以从基础技术角度看,P2P 不是新技术,而是新的应用技术模式。今天,P2P 再一次被关注主要是由于 P2P 文件共享,以及即时通信类软件的出现。现在 Internet 是以 B/S 结构的应用模式为主的,这样的应用必须在网络内设置一个服务器,信息通过服务器才可以传递。信息或是先集中上传到服务器保存再分别下载(如网站),或是由服务器上专有软件处理后才可在网络上传递流动(如电子邮件)。

如今安装 P2P 文件共享，以及即时通信类软件的计算机就可以选择同样拥有此类软件的其他计算机不通过服务器直接互联，双方共享资源，协同完成某种行动。而拥有同一 P2P 软件的设备和用户，还可以形成一个为其自己所有基于 Internet 的 P2P 虚拟专用网。

Foster 等[38]认为 P2P 技术为加入 Internet 的各种资源的使用主体和提供主体提供了非中心化的、自组织的、所有的或大部分联系是对称的分布式环境，在广域的范围内实现对数据信息、存储空间、计算能力、功能组件、通信资源的充分利用。P2P 的技术优势体现在以下几个方面。

（1）非中心化：网络中的资源和服务分散在所有的 Peer 上，信息的传输和服务的实现都直接在 Peer 之间进行，而无须中间环节和服务器的介入，避免了可能的系统瓶颈。

（2）可扩展性：在 P2P 网络中，随着节点的加入，不仅服务的需求增加了，系统整体的资源和服务能力也在同步扩充，始终能较容易地满足用户的需要。整个体系是全分布的，不存在瓶颈，理论上其可扩展性几乎可以认为是无限的。

（3）健壮性：P2P 网络架构天生具有耐攻击、高容错的优点。由于信息存在冗余，且服务是分散在各个 Peer 之间进行的，部分节点或网络遭到破坏对其他部分的影响有限。很多 P2P 网络都是以自组织的方式建立起来的，并允许节点自由地加入和离开，在部分 Peer 失效时能够自动调整整体拓扑，保持其他 Peer 的连通性。P2P 网络能够根据网络带宽、节点数、负载等变化不断地做自适应调整。

（4）高性能/价格比：性能优势是 P2P 被广泛关注的一个重要原因。随着硬件技术的发展，计算机的计算和存储能力，以及网络带宽等性能依照摩尔定理高速增长。采用 P2P 架构可以有效地利用互联网中散布的大量普通节点，将计算任务或存储资料分布到所有节点上。利用其中闲置的计算能力或存储空间，达到高性能计算和海量存储的目的。通过利用网络中的大量空闲资源，可以用更低的成本提供更高的计算和存储能力。

可见，与传统的分布式系统相比，P2P 技术具有无可比拟的优势。P2P 理念及技术的发展影响整个计算机网络的概念和人们的信息获取模式。从狭义层次来理解，P2P 是一种技术、一种系统、一种网络结构；而从广义层次来理解，P2P 是由任何地位对等的实体构成的计算环境，是一种基于实体对等思想的计算模式。P2P 具有广阔的应用前景，Internt 上各种 P2P 应用软件层出不穷，用户数量急剧增加。尤其是 P2P 文件共享软件和即时通信软件的用户使用数量分布从几十万、几百万到上千万骤增，节点间互相交换的信息甚至给 Internet 带宽都带来巨大冲击。

5. Web Service 技术

近几年来，Internet 的迅猛发展使其成为全球信息传递与共享的巨大的资源库。越来越多的网络环境下的 Web 应用系统被建立起来了，利用 HTML（超文本链接标示语言，Hypertext Markup Language）、公共网关接口（Common Gateway Interface，CGI）等 Web 技术可以轻松地在 Internet 环境下实现电子商务、电子政务等多种应用。然而这些应用可能分布在不同的地理位置，使用不同的数据组织形式和操作系统平台，加上应用不同所造成的数据不一致性，使得如何将这些高度分布的数据集中起来并得以充分利用成为亟须解决的问题。

随着网络技术、网络运行理念的发展，人们提出一种新的利用网络进行应用集成的解决方案——Web Service，它是一种新的 Web 应用程序分支，可以执行从简单的请求到复杂商务处理的任何功能。Web Service 是一个平台独立的、低耦合的、自包含的、基于可编程的 Web 的应用程序，可使用开放的可扩展标记语言（Extensible Markup Language，XML）来描述、发布、发现、协调和配置这些应用程序，用于开发分布式的互操作的应用程序。一旦部署以后，其他 Web Service 应用程序可以发现并调用它部署的服务。因此，Web Service 是构造分布式、模块化应用程序和面向服务应用集成的最新技术和发展趋势。Web Service 使用标准技术，通过 Web Service 软件应用程序资源在各网络上均可用，它们也可以进行通信。

Web Service 使用的标准技术包括：通过 Web Service 描述语言（Web Services Description Language，WSDL）文件公开描述其自身功能；通过 XML 消息（通常使用 SOAP 格式）与其他应用程序进行通信；使用标准网络协议，如 HTTP 等。Web Service、其客户端软件应用程序及其使用的资源（包括数据库、其他 Web Service 等）之间的关系是：Web Service 通过使用标准协议交换 XML 消息来与客户端和各种资源进行通信。在 WebLogic Server 上部署 Web Service 后，由 WebLogic Server 负责将传入的 XML 消息路由到开发人员编写的 Web Service 代码。Web Service 将导出 WSDL 文件，以描述其接口，其他开发人员可以使用此文件来编写访问该 Web Service 的组件。

2.4.3 存储整合

分布式计算模式常常是每个部门选择各自不同的计算机系统，这样就会造成由于数据格式的不统一所导致的管理困难，其次管理分布式计算中所用的大量存储设备所需的费用也是一笔庞大的开支，这些都有悖于分布式计算技术的初衷，所以，存储整合对分布式计算技术的发展起着不可低估的作用。

存储整合是指多个异构型主机共享集中式存储，针对不同的环境和要求，有许多不同的整合方法，但主要有以下三种形式。

（1）从存储在多个服务器上转变为存储在单个服务器上：此模式可以降低管理工作的复杂性和对数据中心占地面积的要求。

（2）直接将多个异构型服务器附加到一个存储设备上：此模式极大降低了存储成本，同时也可以简化管理。

（3）整合到存储局域网上：此模式既有利于提高工作效率，降低管理工作的复杂性，同时还可以提高可扩展性、可用性和数据可访问性。

所以，在分布式计算技术越来越得到广泛应用的今天，存储整合技术也显示出它重要的地位。

2.4.4 技术分析与比较

Web Service 技术的体系结构与基于中间件分布式系统的体系结构相比，它们是非常相似的，可以把体系结构中的 Web 程序看成中间件。从结构上来看，Web 服务只是从侧面对中间件平台技术进行革新，虽然所有服务之间的通信都以 XML 格式的消息为基础，但调用服务的基本途径主要还是 RPC（Remote Procedure Call Protocol），而且具体实现并没有提供一种全新的编程模式。

与基于中间件的分布式计算技术相比较，网格计算依然以"中间件"为技术核心，在实现形式上并没有太大的改变。然而经过一系列的技术革新，网格系统中的技术内涵已经发生了深刻的变化：其一，基于中间件的分布式计算技术的资源主要是指数据和软件，而网格计算的资源已经延伸到所有用于共享的实体，包括硬件、软件，甚至分布式文件系统、缓冲池等；其二，在 Internet 上，网格中间件层提供了与 Web 服务一样优秀的扩展功能，打破了传统分布式计算技术的局限。

网格计算、Web Service 等技术在异构平台上构筑了一层通用的、与平台无关的信息和服务交换设施，从而屏蔽了 Internet 中千差万别的差异，使信息和服务畅通无阻地在计算机之间流动。网格计算与 Web Service 技术的共同载体是 Internet，但两者的不同之处在于，网格系统连接物理上分散的硬件资源，形成虚拟计算组织，从而使计算资源得到充分共享；而 Web 服务则是以商务应用为背景，是基于网格系统之上的。网格系统为 Web 服务提供一个与硬件无关的虚拟计算机，而 Web 服务是架构在虚拟计算机平台上，与环境、语言无关的应用集成平台。

尽管各种分布式计算技术在理念、规范和实现等方面有较大的差异，但它们之间并不矛盾，而是一种承上启下的关系，有时甚至是融合的。因此，各种分布式计算技术可以共同存在，它们的相互结合也是非常有意义和现实的。

通过上面对几种分布式计算技术的分析与比较，我们不难发现它们均存在着一些共同的问题[39]。

（1）标准问题：目前，几乎所有的分布式计算技术都没有完整的统一的标准，虽然已开始这方面的工作，标准的缺乏使得分布式计算技术研究分散，很难形成稳定的研究方向，从而在很大程度上制约了分布式计算技术的发展。

（2）软件方法问题：软件方法学是软件能够进行工业化生产的前提，但缺乏可行的软件方法学使得分布式计算软件的质量、开发进度等很难得到保证，没有工业化生产方式，分布式计算系统的普及将十分困难。

（3）异构问题：现在的网络是一个异构的环境，分布式计算技术首先需要解决异构环境的互操作问题，而要解决异构环境的互操作问题，首要的任务是如何互相识别。目前，既不可能要求所有的资源用同一种方式描述，又没有方法可智能地识别这些资源，这就导致任何一种分布式计算技术只能在一定的范围内使用。

（4）安全性问题：分布式计算技术面临的最大挑战就是不断增长的网络规模，整个平台的安全性方面的问题就会极为严重。

随着 Internet 上的硬件、软件、数据库等资源急速膨胀，其关联关系不断发生变化，到目前为止，这些资源的共享和社会化程度还很低，基本上是各自为政，相互间缺乏有效的交互、协作与协同能力。因此要创建大型的、松散的、健壮的分布式系统还必须以先进技术和大量劳动为基础，除了各种资源本身的技术和管理之外，关键的因素是标准的建立，从底层信号的传输到复杂业务的流程等各种不同的层次都要形成统一的标准。此外，到目前为止，所有的分布式计算技术都或多或少存在没有解决的问题，还没有哪一种技术被所有的研究者认同为分布式计算技术研究的方向，也没有哪一种技术能实现完全意义上的分布式计算，满足所有分布式计算的需求。

2.5 安 全 机 制

2.5.1 安全挑战

目前，大量的用户数据都托管在云平台上，尤其是公共云平台，如 Apple 公司的 iCloud、小米公司的云平台，以及百度云等都存储着大量的用户数据，而且还包含着通讯录、短信这样的私密数据。

如何保证云平台上的数据的安全性，使其免于他人的非法获取是目前所有云平台都必须考虑的问题。本节从目前云安全面临的挑战出发，向读者介绍目前国内外的安全技术现状，以及企业在保障云安全方面用到的关键性技术。

目前，关于云计算与安全之间的关系一直存在两种对立的说法。持有乐观看法的人认为，采用云计算会增强安全性。通过部署集中的云计算中心，可以组织安全专家及专业化安全服务队伍实现整个系统的安全管理，避免由于不专业导致安全漏洞频出而被黑客利用的情况。然而，更接近现实的一种观点是，集中管理的云计算中心将成为黑客攻击的重点目标。由于系统的规模巨大，以及前所未有的开放性与复杂性，其安全性面临着比以往更为严峻的考验。

2.5.2 技术现状

在 IT 产业界，各类云计算安全产品与方案不断涌现。例如，Sun 公司发布开源的云计算安全工具可为 Amazon 的 EC2、S3，以及虚拟私有云平台提供安全保护。工具包括：OpenSolaris VPC 网关软件，能够帮助客户迅速和容易地创建一个通向 Amazon 虚拟私有云的多条安全的通信通道；为 Amazon EC2 设计的安全增强的 VMI（Vendor Managed Inventory），包括非可执行堆栈，可在加密交换和默认情况下启用审核等；云安全盒（Cloud Safety Box），使用类 Amazon S3 接口，可以自动地对内容进行压缩、加密和拆分，简化云中加密内容的管理等。Microsoft 为云计算平台 Azure 筹备代号为 Sydney 的安全计划，帮助企业用户在服务器和 Azure 云之间交换数据，以解决虚拟化、多租户环境中的安全性。EMC、Intel、VMware 等公司联合宣布了一个"可信云体系架构"的合作项目，并提出了一个概念证明系统，该项目采用 Intel 的可信执行技术（Trusted Execution Technology）、VMware 的虚拟隔离技术、RSA 的 enVision 安全信息与事件管理平台等技术，构建从下至上值得信赖的多租户服务器集群。开源云计算平台 Hadoop 也推出安全版本，引入 Kerberos 安全认证技术，对共享商业敏感数据的用户加以认证与访问控制，阻止非法用户对 Hadoop Clusters 的非授权访问。

目前的云计算安全技术框架包括以下内容[40]。

1．云用户安全目标

云用户的首要安全目标是数据安全与隐私保护服务，主要防止云服务商恶意泄露或出卖用户隐私信息，或者对用户数据进行搜集和分析，挖掘出用户隐私数据。例如，分析用户潜在而有效的盈利模式，或者通过两个公司之间的信息交流推断他们之间可能有的合作等。数据安全与隐私保护涉及用户数据生命周期中创建、存储、使用、共享、归档、销毁等各个阶段，同时涉及所有参与服务的各层次云服务提供商。

云用户的另一个重要需求是安全管理，即在不泄露其他用户隐私且不涉及云服务商商业机密的前提下，允许用户获取所需安全配置信息及运行状态信息，并在某种程度上允许用户部署实施专用安全管理软件。

2．云计算安全服务体系

云计算安全服务体系由一系列云安全服务构成，是实现云用户安全目标的重要技术手段。根据其所属层次的不同，云安全服务可以进一步分为云基础设施服务、云安全基础服务及云安全应用服务 3 类，如图 2.26 所示。

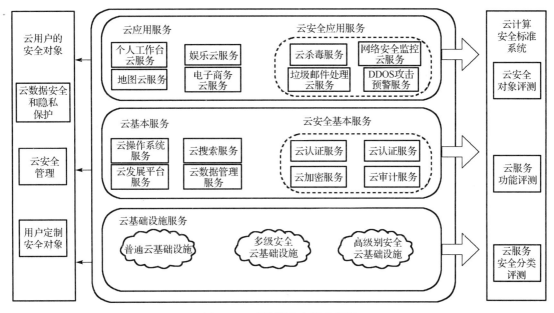

图 2.26　云计算安全技术框架

（1）云基础设施服务。云基础设施服务为上层云应用提供安全的数据存储、计算等 IT 资源服务，是整个云计算体系安全的基石。这里，安全性包含两个层面的含义：其一是抵挡来自外部黑客的安全攻击的能力；其二是证明自己无法破坏用户数据与应用的能力。一方面，云平台应分析传统计算平台面临的安全问题，采取全面严密的安全措施。例如，在物理层考虑厂房安全，在存储层考虑完整性和文件/日志管理、数据加密、备份、灾难恢复等，在网络层应当考虑拒绝服务攻击、DNS 安全、网络可达性、数据传输机密性等，系统层则应涵盖虚拟机安全、补丁管理、系统用户身份管理等安全问题，数据层包括数据库安全、数据的隐私性与访问控制、数据备份与清洁等，而应用层应考虑程序完整性检验与漏洞管理等。另一方面，云平台应向用户证明自己具备某种程度的数据隐私保护能力。例如，存储服务中证明用户数据以密态形式保存，计算服务中证明用户代码运行在受保护的内存中，等等。由于用户安全需求方面存在着差异，云平台应具备提供不同安全等级的云基础设施服务的能力。

（2）云安全基础服务。云安全基础服务属于云基础软件服务层，为各类云应用提供共性信息安全服务，是支撑云应用满足用户安全目标的重要手段。其中比较典型的几类云安全服务如下。

① 云用户身份管理服务。主要涉及身份的供应、注销以及身份认证过程。在云环境下，实现身份联合和单点登录可以支持云中合作企业之间更加方便地共享用户身份信息和认证服务，并减少重复认证带来的运行开销。但云身份联合管理过程应在保证用户数字身份隐私性的前提下进行。由于数字身份信息可能在多个组织间共享，其生命周期各个阶段的安全性管理更具有挑战性，而基于联合身份的认证过程在云计算环境下也具有更高的安全需求。

② 云访问控制服务。云访问控制服务的实现依赖于如何妥善地将传统的访问控制模型（如基于角色的访问控制、基于属性的访问控制模型，以及强制/自主访问控制模型等）和各种授权策略语言标准（如 XACML、SAML 等）扩展后移植入云环境。此外，鉴于云中各企业组织提供的资源服务兼容性和可组合性的日益提高，组合授权问题也是云访问控制服务安全框架需要考虑的重要问题。

③ 云审计服务。由于用户缺乏安全管理与举证能力,要明确安全事故责任就要求服务商提供必要的支持,因此,由第三方实施的审计就显得尤为重要。云审计服务必须提供满足审计事件列表的所有证据,以及证据的可信度说明。当然,若要该证据不会披露其他用户的信息,则需要特殊设计的数据取证方法。此外,云审计服务也是保证云服务商满足各种合规性要求的重要方式。

④ 云密码服务。由于云用户中普遍存在数据加、解密运算需求,云密码服务的出现也是十分自然的。除最典型的加、解密算法服务外,密码运算中密钥管理与分发、证书管理及分发等都能以基础类云安全服务的形式存在。云密码服务不仅为用户简化了密码模块的设计与实施,也使得密码技术的使用更集中、规范,也更易于管理。

(3) 云安全应用服务。云安全应用服务与用户的需求紧密结合,种类繁多。典型的例子如 DDOS 攻击防护云服务、Botnet 检测与监控云服务、云网页过滤与杀毒应用、内容安全云服务、安全事件监控与预警云服务、云垃圾邮件过滤及防治等。传统网络安全技术在防御能力、响应速度、系统规模等方面存在限制,难以满足日益复杂的安全需求,而云计算优势可以极大地弥补上述不足:云计算提供的超大规模计算能力与海量存储能力,能在安全事件采集、关联分析、病毒防范等方面实现性能的大幅提升,可用于构建超大规模安全事件信息处理平台,提升全网安全态势把握能力。此外,还可以通过海量终端的分布式处理能力进行安全事件采集,上传到云安全中心分析,极大地提高安全事件搜集与及时地进行相应处理的能力。

3. 云计算安全支撑服务体系

云计算安全标准及其测评体系为云计算安全服务体系提供了重要的技术与管理支撑,其核心至少应覆盖以下几方面内容。

(1) 云服务安全目标的定义、度量及其测评方法规范。帮助云用户清晰地表达其安全需求,并量化其所属资产各安全属性指标,清晰而无二义的安全目标是解决服务安全质量争议的基础。这些安全指标具有可测量性,可通过指定测评机构或者第三方实验室测试评估。规范还应指定相应的测评方法,通过具体操作步骤检验服务提供商对用户安全目标的满足程度。由于在云计算中存在多级服务委托关系,相关测评方法仍有待探索实现。

(2) 云安全服务功能及其符合性测试方法规范。该规范定义基础性的云安全服务,如云身份管理、云访问控制、云审计以及云密码服务等的主要功能与性能指标,便于使用者在选择时对比分析。该规范将起到与当前 CC 标准(The Common Criteria for Information Technology Security Evaluation)中的保护轮廓与安全目标类似的作用,而判断某个服务商是否满足其所声称的安全功能标准需要通过安全测评,需要与之相配合的符合性测试方法与规范。

(3) 云服务安全等级划分及测评规范。该规范通过云服务的安全等级划分与评定,帮助用户全面了解服务的可信程度,更加准确地选择自己所需的服务。尤其是底层的云基础设施服务,以及云基础软件服务,其安全等级评定的意义尤为突出;同样,验证服务是否达到某安全等级需要相应的测评方法和标准化程序。

2.5.3 关键技术

1. 可信访问控制

由于无法信赖服务商是否忠实实施用户定义的访问控制策略,所以在云计算模式下,研究者关心的是如何通过非传统访问控制类手段实施数据对象的访问控制[40]。其中得到关注最多的是基于密码学方法实现访问控制，包括基于层次密钥生成与分配策略实施访问控制的方法[41-42]；利用基于属性的加密算法，如密钥规则的基于属性加密方案（Key Policy Attribute Based Encryption，KP-ABE）[43]，或密文规则的基于属性加密方案（Ciphertext Policy Attribute Based Encryption，CP-ABE）[44]；基于代理重加密（Proxy Re-Encryption）[45]的方法；在用户密钥或密文中嵌入访问控制树的方法[46-49]等。基于密码类方案面临的一个重要问题是权限撤销，一个基本方案[50]是为密钥设置失效时间，每隔一定时间，用户从认证中心更新私钥。文献[51]对该基本方案加以改进，引入了一个在线的半可信第三方维护授权列表；文献[52]提出基于用户的唯一 ID 属性及非门结构，实现对特定用户进行权限撤销。但目前看，上述方法在带有时间或约束的授权、权限受限委托等方面仍存在许多有待解决的问题。

2．密文检索与处理

数据变成密文时丧失了许多其他特性，导致大多数数据分析方法失效。密文检索有两种典型的方法：基于安全索引的方法[53-54]通过为密文关键词建立安全索引，检索索引查询关键词是否存在；基于密文扫描的方法[55]对密文中每个单词进行比对，确认关键词是否存在，并统计其出现的次数。由于某些场景（如发送加密邮件）需要支持非属主用户的检索，Boneh 等人提出支持其他用户公开检索的方案[56]。

密文处理研究主要集中在秘密同态加密算法设计上。早在 20 世纪 80 年代，就有人提出多种加法同态或乘法同态算法，但是由于被证明安全性存在缺陷，后续工作基本处于停顿状态。IBM 研究员 Gentry 利用"理想格（Ideal Lattice）"的数学对象构造隐私同态（Privacy Homomorphism）算法[57]，或称为全同态加密，使人们可以充分地操作加密状态的数据，在理论上取得了一定突破，使相关研究重新得到研究者的关注，但目前与实用化仍有很长的距离。

3．数据完整性证明

由于大规模数据所导致的巨大通信代价，用户不可能将数据下载后再验证其完整性，因此，云用户需在取回很少数据的情况下，通过某种知识证明协议或概率分析手段，以高置信概率判断远端数据是否完整。典型的工作包括：面向用户单独验证的数据可检索性证明（Proofs Retrievability，POR）方法[58]、公开可验证的数据持有证明（Provable Data Possession，PDP）方法[59-60]。NEC 实验室提出的可证明数据完整性（Provable Data Integrity，PDI）[61]方法改进并提高了 POR 方法的处理速度及验证对象规模，且能够支持公开验证。其他典型的验证技术包括：Yun 等提出的基于新的树形结构 MAC Tree 的方案[62]；Schwarz 等[63]提出的基于代数签名的方法；Wang 等人提出的基于 BLS（Boneh-Lynn-Shacham）同态签名和 RS（Reed-Solomon）纠错码的方法[64]等。

4．数据隐私保护

云中数据隐私保护涉及数据生命周期的每一个阶段，Roy 等人将非集中信息流控制（Decentralized Information Flow Control，DIFC）和差分隐私保护（Differential Privacy）技术融入云中的数据生成与计算阶段，提出了一种隐私保护系统 Airavat[65]，防止 MapReduce 计算过程中非授权的隐私数据泄露出去，并支持对计算结果的自动除密。在数据存储和使用阶段，Mowbray 等人提出了一种基于客户端的隐私管理工具[66]，提供以用户为中心的信任模型，帮助用户控制自己的敏感信息在云端的存储和使用。

Munts-Mulero 等人讨论了现有的隐私处理技术，包括 K 匿名、图匿名及数据预处理等作用于大规模待发布数据时所面临的问题和现有的一些解决方案[67]。Rankova 等人则在文献[68]中提出一种匿名数据搜索引擎，可以使得交互双方搜索对方的数据，获取自己所需要的部分，同时保证搜索询问的内容不被对方所知，搜索时与请求不相关的内容不会被获取。

5. 虚拟安全技术

虚拟技术是实现云计算的关键核心技术，使用虚拟技术的云计算平台上的云架构提供者必须向其客户提供安全性和隔离保证。Santhanam 等[69]提出了基于虚拟机技术实现的 Grid 环境下的隔离执行机。Raj 等[70]提出了通过缓存层次可感知的核心分配，以及给予缓存划分的页染色的两种资源管理方法实现性能与安全隔离。这些方法在隔离影响一个 VM 的缓存接口时是有效的，并可整合到一个样例云架构的资源管理（RM）框架中。Wei 等[71]关注了虚拟机映像文件的安全问题，每一个映像文件对应一个客户应用，它们必须具有高完整性，且需要可以安全共享的机制；所提出的映像文件管理系统实现了映像文件的访问控制、来源追踪、过滤和扫描等，可以检测和修复安全性违背问题。

6. 云资源访问控制

在云计算环境中，各个云应用属于不同的安全管理域，每个安全域都管理着本地的资源和用户。当用户跨域访问资源时，需在域边界设置认证服务，对访问共享资源的用户进行统一的身份认证管理。在跨多个域的资源访问中，各域有自己的访问控制策略，在进行资源共享和保护时必须对共享资源制定一个公共的、双方都认同的访问控制策略，因此，需要支持策略的合成。这个问题最早由 Mclean[72]在强制访问控制框架下提出，他提出了一个强制访问控制策略的合成框架，将两个安全格合成一个新的格结构。策略合成的同时还要保证新策略的安全性，新的合成策略必须不能违背各个域原来的访问控制策略。为此，Gong 等[73]提出了自治原则和安全原则；Bonatti 等[74]提出一个访问控制策略合成代数，基于集合论使用合成运算符来合成安全策略；Wijesekera 等[75]提出了基于授权状态变化的策略合成代数框架；Agarwal 等[76]构造了语义 Web 服务的策略合成方案；Shafiq 等[77]提出了多信任域 RBAC 策略合成策略，侧重于解决合成的策略与各域原有策略的一致性问题。

7. 可信云计算

将可信计算技术融入云计算环境，以可信赖方式提供云服务已成为云安全研究领域的一大热点。Santos 等[78]提出了一种可信云计算平台 TCCP，基于此平台，IaaS 服务商可以向其用户提供一个密闭的箱式执行环境，保证客户虚拟机运行的机密性。另外，它允许用户在启动虚拟机前检验 IaaS 服务商的服务是否安全。Sadeghi 等[79]认为，可信计算技术提供了可信的软件和硬件，以及证明自身行为可信的机制，可以用来解决外包数据的机密性和完整性问题，同时设计了一种可信软件令牌，将其与一个安全功能验证模块相互绑定，以求在不泄露任何信息的前提条件下，对外包的敏感数据执行各种功能操作。

云计算是当前发展十分迅速的新兴产业，具有广阔的发展前景，但同时其所面临的安全技术挑战也是前所未有的，需要 IT 领域与信息安全领域的研究者共同探索解决之道。同时，云计算安全并不仅仅是技术问题，它还涉及标准化、监管模式、法律法规等诸多方面，因此，仅从技术角度出发探索解决云计算安全问题是不够的，需要信息安全学术界、产业界及政府相关部门的共同努力才能实现。

2.6 资源调度与性能管理

2.6.1 资源调度技术

云计算将计算任务调度到由大量计算和存储资源节点构成的资源池上,使用户能按需获取计算力、存储空间和信息服务。云计算本身是节能的,通过虚拟化技术,有效地整合资源,提高资源利用率;通过关闭/休眠技术,降低空闲能耗,实现能耗的降低。随着云计算技术的迅速发展,使得数据中心发生了巨大的变革,产生了新一代的云数据中心[80-83]。随着云计算技术的迅速发展,云数据中心的服务器规模每年都在不断地扩大,产生巨大的能源开销。使用合理的资源调度和性能管理手段,能够有效地降低云数据中心的运营成本[84]。

资源调度是指在特定的资源环境下,根据一定的资源使用规则,在不同的资源使用者之间进行资源调整的过程。不同的资源使用者对应着不同的计算任务,每个计算任务在操作系统中对应着一个或者多个进程。通常有两种途径可以实现计算任务的资源调度:在计算任务所在的机器上调整分配给它的资源使用量,或者将计算任务转移到其他机器上。图 2.27 是将计算任务迁移到其他机器上的一个例子,在这个例子中,物理资源 A(如一台物理服务器)的使用率远高于物理资源 B,通过将计算任务 1 从物理资源 A 迁移到物理资源 B,使得资源的使用更加均衡和合理,从而达到负载均衡的目的。

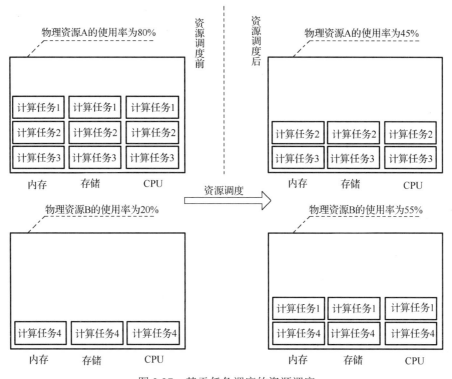

图 2.27 基于任务调度的资源调度

虚拟机的出现使得所有的计算任务都被封装在一个虚拟机内部。由于虚拟机具有隔离特性,因此可以采用虚拟机的动态迁移方案来达到计算任务迁移的目的。目前的技术已经实现了在几秒内将一个虚拟机实例从一台物理机迁移至另一台物理机,其间只需毫秒级别的停机时间,从而实现计算任务在不同物理机器之间的迁移。

云计算系统的海量规模为资源调度带来了新的挑战[85]。

首先,由于云计算环境中虚拟机的数量可能会很多,动态迁移在大规模环境下会遇到一些问题。第一,动态迁移要求迁移虚拟机的双方物理机共享使用一个存储服务,当虚拟机数量非常多时,存储服务可能会成为性能瓶颈,甚至无法提供服务。在这种场景下,需要动态迁移能够支持迁移双方分别使用自己的存储服务的场景。目前比较成熟的技术是 VMware 的 Storage vMotion 技术,它可以支持动态迁移时实现虚拟机镜像文件在不同存储服务之间的迁移。第二,当虚拟机迁移时,其网络配置是不变的,而在云计算环境中,网络配置需要灵活地进行调整,目前 VMware 已经意识到了这个问题,并在最新的 vMotion 中提供了对网络配置修改的支持。第三,目前动态迁移仅限于迁移虚拟机的双方物理机处于同一个广播域内。在云计算环境中,虚拟机的数量非常大时,可能导致广播域无法给所有的虚拟机分配地址。针对这个问题,VMware 推出了 vNetwork Distributed Switch 技术,将多个广播域整合成一个虚拟的广播域,并维护所有虚拟机的地址。但这样的场景下还会有新的问题,如广播风暴、安全问题等,目前业界还在努力解决这些问题。

其次,资源调度需要考虑到资源的实时使用情况,这就要求对云计算环境的资源进行实时监控和管理。云计算环境中资源的种类多、规模大,对资源的实时监控和管理就变得十分困难。在这方面,主要依赖于云计算平台层的技术提供者能够提供详尽的资源使用情况数据。此外,一个云计算环境可能有成千上万的计算任务,这对调度算法的复杂性和有效性提出了挑战,调度算法必须在精确性和速度之间寻找一个平衡点,或者提供给用户多种选择,是偏重精确性还是速度。对于基于虚拟化技术的云基础设施层,虚拟机的大小一般都在几个 GB 以上,大规模并行的虚拟机迁移操作很有可能会因为网络带宽等各因素的限制而变得非常缓慢。

最后,从调度的粒度来看,虚拟机内部应用的调度才是云计算用户更加关心的。如何调度资源满足虚拟机内部应用的服务级别协定也是目前待解的一个难题。以性能为例,一个应用资源调度系统需要监控应用的实时性能指标,如吞吐量、响应时间等。通过这些性能指标,结合历史记录及预测模型,分析未来可能的性能值,并与用户预先制定的性能目标进行比较,得出应用是否需要,以及如何进行资源调整的结论。目前,大多数虚拟化管理方案只能通过在虚拟机级别上的调度技术结合一定的调度策略来尝试为虚拟机内部应用做资源调度,普遍缺乏精确性和有效性。为了能够根据虚拟机内部应用的需求进行资源调度,需要有一套虚拟机内部应用的形式化记录方式;另外,需要一套形式化的方法能够将应用的服务级别协定映射为一组资源调度的需求或者规则,这样,资源调度程序才能实现针对虚拟机内部应用需求的资源调度。

2.6.2　性能管理技术

性能管理是云计算平台的重要组成部分,性能管理系统通过对云平台的监测和分析预测,实时了解云平台资源的运行情况,并为云平台的调度做依据。

云平台性能管理就是监测、分析并预测云计算平台的性能情况,维护云平台的运营状况,保证云平台的可靠性和服务质量,为用户提供高质量的服务。云平台中性能管理的主要目的是[86]:

（1）故障排除：通过对云平台性能数据的挖掘和分析，可以迅速找到故障节点和原因，而不是管理员凭借经验进行猜测。

（2）预防性管理：通过对云平台性能的分析和预测，可以增强云平台的预防能力，防止云平台出现问题。

（3）提高资源利用率：通过对云平台的实时监测，可以利用资源调度策率，优化配置现有的计算资源、网络资源和存储资源，提高云平台的利用率。

（4）有效的管理：提高云计算管理员的工作效率，方便云平台的规划。

云计算集群系统涉及的服务器众多，要支撑全网络的上千个节点的运行，云平台性能管理系统首先需要有一个好的监管架构，以实现集中的监控和管理方式，大大减少运维人员的工作和降低维护成本。为了对云平台进行可靠的管理，性能管理系统必须实时监测云资源的性能变化情况，通过对云平台历史数据的分析，可以得出云中基础设施的利用率趋势，这为云平台进行长久规划提供了依据。管理者可以根据云平台的需要，增加或者减少云平台中基础设施的数量，以满足云平台的弹性特性。

目前，代表性的性能监测系统体系结构主要两种，集中式体系结构和层次式体系结构[87]：

1. 集中式监测结构

如图 2.28 所示，在集中式体系结构中，在每台监控节点上部署监测代理，其功能主要是负责采集每个节点中监测信息，然后发送给监测服务器，同时还要监听监测服务器发送的命令并执行相应的操作。监测服务器部署在网络监测中心，其功能是接收各个监测代理发送来的监测信息，并且对发送来的监测信息进行分析处理，并存储到数据库中，同时还能给指定监测代理发送命令，对其动态配置和控制。

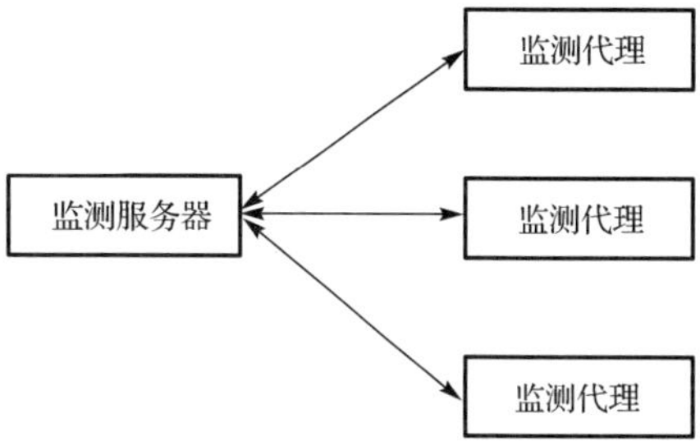

集中式监测结构具有的优点如下。

（1）延时小。能够快速更新被监测节点的监测信息，并且对节点故障感知速度快，以便采取相应的措施。

（2）容易管理。该系统可以采用统一的通信协议，能够对整个系统进行统一的管理，避免网络的异构性给管理带来的问题。

（3）易于部署。系统的进程类型只有两种，而且功能划分清晰，有利于对整个系统进行统一的配置，方便应对网络规模的变化。

图 2.28 集中式检测结构

集中式监测结构具有的缺点如下。

（1）存在单点失效的问题。监测服务器节点一旦失效，整个系统就瘫痪，可以采取双机备份的方法，在主监测服务器失效时，由副监测服务器进行接管。

（2）节点规模大的时候，监测服务器响应速度慢。当监测系统中节点达到一定的规模，大量监控代理同时发送大量的性能信息到监测服务器，会引起网络拥塞和系统吞吐量下降，因此该模型不能适用于云平台。

2. 层次式监测体系结构

面向现有的大规模分布式集群环境，集中式监测体系很难满足集群监测的需要，这个时候层次式监测体系可以很好地适用于云计算等大规模集群环境。层次式监测体系结构如图 2.29 所示。

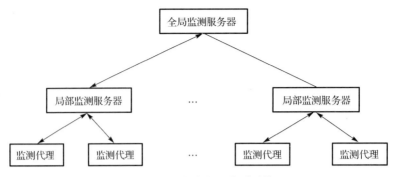

图 2.29 层次式监测体系结构

在层次式监测系统中，大量的监控代理被划分为若干区域，每个监测代理属于一定层次上相应节点的子分支，每个区域具有一定的自治能力，每个区域中的监测代理由局部监测代理管理。局部监测代理管理能独立处理本区域的内部事务，同时向全局监测节点发送少量汇集的性能信息。最上层的全局监测节点负责采集和分析下层局部监测节点上传的性能信息，同时还可以发送性能管理的相关命令到局部监测节点，局部监测再把命令转发到相应的监控代理上去。

层次式监测体系结构的优势如下。

（1）减少全局监测节点的负载。局部监测节点能够单独处理该区域的内部事务，只向上层节点发送少量的汇总信息，通信量小，可以降低全局监测节点的负载。

（2）单点故障隔离。从层次式监测体系可以看出，每个区域的监测相当于一个小型的集中式监测，当某个局部监测节点出现故障时，可以把故障局限在一定范围，不会影响到其他组局部监测节点的正常运行，降低监测系统崩溃的风险。

层次式监测体系结构的劣势如下。

（1）节点比较多时，区域的划分比较复杂。

（2）局部监测节点上的程序部署比较难度。

若层次较多，监测的延时比较大，容易导致监测不能实时。

2.7 本章小结

本章向读者介绍了目前云平台普遍使用的技术体系，可以看到，除了虚拟化、云存储和分布式计算等核心技术以外，为了保证云平台的高可用性，安全保障技术及资源调度技术也越来越被云服务提供商和用户所重视，目前这些技术还在进一步研究并向前发展。在后续章节中，我们将介绍我们在资源调度、性能管理、虚拟化、云存储、云安全方面的研究成果。

参 考 文 献

[1] 罗军舟，金嘉晖，宋爱波，等. 云计算：体系架构与关键技术[J]. 通信学报，2011, 32(7):3-21.

[2] 雷万云. 云计算企业信息化建设策略与实践[M]. 北京：清华大学出版社，2010.

[3] 云计算的发展史[EB/OL].[2012-10-31].http://blog.sina.com.cn/s/blog_99096bb001015as7.html.

[4] 虚拟化、（完）全虚拟化、半虚拟化和准虚拟化技术个人总结[EB/OL].[2014-11-17]. http://www.cnblogs.com/hsqdboke/p/4103415.html.

[5] 云桌面及桌面虚拟化的功能[EB/OL].[2014-12-16].http://virtual.51cto.com/art/201412/460345.htm.
[6] 平台虚拟化技术[EB/OL].[2014-08-15].https://www.douban.com/note/394890609/.
[7] 【深度】解析 IaaS 的基本资源及资源虚拟化[EB/OL].[2015-08-25]. http://cloud.51cto.com/art/201508/489295.htm.
[8] 雷万云. 云计算：技术、平台及应用案例. 北京：清华大学出版社，2011.
[9] 杨娴, 陈麟. 云计算环境下的应用虚拟化的研究[J].软件，2012,33(4):74-77.
[10] Sun H, Wo T. Virtual execution environment for windows applications[C]// IEEE International Conference on Cloud Computing and Intelligence Systems. IEEE, 2011:382 - 386.
[11] 金海. 计算系统虚拟化[M]. 北京：清华大学出版社，2008.
[12] 钟亮, 胡春明, 沃天宇, 等. 支持软件按需流式加载的预取机制[J]. 计算机研究与发展，2011, 48(7):1178-1189.
[13] Huang C, Chen J, Zhang L, et al. Performance Evaluation of Virtualization Technologies for Windows Programs Running on Linux Operating System[M]// Network Computing and Information Security. Springer Berlin Heidelberg, 2012:759-766.
[14] 陈靖, 黄聪会, 孙璐, 等. 应用虚拟化技术研究进展[J]. 空军工程大学学报:自然科学版, 2013(6):54-58.
[15] 顾敏, 吴俊. 桌面虚拟化在移动查房中的应用[J]. 中国数字医学, 2014(4):97-98.
[16] 谈圳. 云计算虚拟化技术研究[J]. 信息技术与信息化, 2012(1):54-57.
[17] 时卫东. 基于内核的虚拟机的研究[D]. 吉林大学, 2011.
[18] 冯文健. VMware ESX Server 的特色及应用分析[J]. 科技信息, 2012(24):19-19.
[19] Citrix XenServer 体系架构解析[EB/OL]. [2016-01-30].http://mp.weixin.qq.com/s?__biz=MjM5NTczODkyOA==&mid=401233872&idx=1&sn=c648336681264ed19ad28c06c437f7b6&scene=4.
[20] Hyper-V [EB/OL].[2016-8-28].https://en.wikipedia.org/wiki/Hyper-V.
[21] Docker [EB/OL].[2016-8-27].http://baike.baidu.com/view/11854949.htm.
[22] Docker 架构 [EB/OL].[2016-9-13].http://www.runoob.com/docker/docker-architecture.html.
[23] 云计算：虚拟化技术——介绍[EB/OL].[2013-07-10].http://www.enkj.com/idcnews/Article/201-30710/228.
[24] 马玮骏, 吴海佳, 刘鹏. MassCloud 云存储系统构架及可靠性机制[J]. 河海大学学报（自然科学版），2011, 39(3): 348-352.
[25] 周静岚. 云存储数据隐私保护机制的研究[D].南京邮电大学，2014.
[26] 宋凯, 耿义良. 云存储技术[J].才智, 2010(4):16-19.
[27] Hadoop. Hadoop homepage[EB/OL].(2014-12-12)[2015-01-04]. http://hadoop.apache.org/.
[28] Niu J, Bai S, Khosravi E, et al. A Hadoop approach to advanced sampling algorithms in molecular dynamics simulation on cloud computing[C] //Proceedings of 2013 IEEE International Conference on Bioinformatics and Biomedicine. Shanghai: IEEE, 2013: 452-455.
[29] Hua X Y, Wu H, Li Z, et al. Enhancing throughput of the Hadoop Distributed File System for interaction-intensive tasks[J]. JOURNAL OF PARALLEL AND DISTRIBUTED COMPUTING, 2014, 74(8): 2770-2779.
[30] Huang Q H. Research on Replica Management Strategy in Cloud Storage of Multi-Data Center[D]. Xiamen: XIAMEN University, 2014(in Chinese)（黄其华. 多数据中心云存储环境下多副本管理策略的研究[D]. 厦门：厦门大学，2014）

[31] Ghemawat S, Gobioff H, Leung S. The Google file system[C] //ACM SIGOPS Operating Systems Review. ACM, 2003, 37(5): 29-43.

[32] McKusick K, Quinlan S. GFS: Evolution on Fast-forward[J]. Communications of the ACM, 2010, 53(3): 42-49.

[33] 刘通. 基于 HDFS 的小文件处理与副本策略优化研究[D]. 青岛：中国海洋大学，2014.

[34] Hashen I A T, Yaqoob I, Anuar N B, et al. The rise of "big data" on cloud computing: Review and open research issues[J]. INFORMATION SYSTEMS, 2014, 47: 98-115.

[35] 吴贵鑫. 云计算中的 MapReduce 并行编程模式研究[D].郑州：河南理工大学，2010.

[36] 徐婧. 云存储环境下副本策略研究[D].合肥: 中国科学技术大学，2011.

[37] 邵军. 云端融合计算环境中的多副本管理机制研究[D].南京邮电大学，2015.

[38] Ripeanu M, Foster I, Iamnitchi A.. Mapping the Gnutella network: properties of large-scale Peer-to-Peer Systems and implications for system design. IEEE Internet Computing, 2002, 6(1): 50-57.

[39] 周晓峰，王志坚. 分布式计算技术综述[J]. 计算机时代，2004(12):3-5.

[40] 冯登国，张敏，张妍，等. 云计算安全研究[J].软件学报，2011, 22(1):71-83.

[41] Crampton J, Martin K, Wild P. On key assignment for hierarchical access control. In: Guttan J, ed, Proc. of the 19th IEEE Computer Security Foundations Workshop—CSFW 2006. Venice: IEEE Computer Society Press, 2006. 5-7.

[42] Damiani E, De S, Vimercati C, Foresti S, Jajodia S, Paraboschi S, Samarati P. An experimental evaluation of multi-key strategies for data outsourcing. In: Venter HS, Eloff MM, Labuschagne L, Eloff JHP, Solms RV, eds. New Approaches for Security, Privacy and Trust in Complex Environments, Proc. of the IFIP TC-11 22nd Int'l Information Security Conf. Sandton: Springer-Verlag, 2007. 385-396.

[43] Goyal V, Pandey A, Sahai A, Waters B. Attribute-Based encryption for fine-grained access control of encrypted data. In: Juels A,Wright RN, Vimercati SDC, eds. Proc. of the 13th ACM Conf. on Computer and Communications Security, CCS 2006. Alexandria:ACM Press, 2006. 89-98.

[44] Bethencourt J, Sahai A, Waters B. Ciphertext-Policy attribute-based encryption. In: Shands D, ed. Proc. of the 2007 IEEE Symp. on Security and Privacy. Oakland: IEEE Computer Society, 2007. 321-334. [doi: 10.1109/SP.2007.11]

[45] Chang YC, Mitzenmacher M. Privacy preserving keyword searches on remote encrypted data. In: Ioannidis J, Keromytis AD, Yung M, eds. LNCS 3531. New York: Springer-Verlag, 2005. 442-455.

[46] Malek B, Miri A. Combining attribute-based and access systems. In: Muzio JC, Brent RP, eds. Proc. IEEE CSE 2009, 12th IEEE Int'l Conf. on Computational Science and Engineering. IEEE Computer Society, 2009. 305-312.

[47] Ostrovsky R, Sahai A, Waters B. Attribute-Based encryption with non-monotonic access structures. In: Ning P, Vimercati SDC, Syverson PF, eds. Proc. of the 2007 ACM Conf. on Computer and Communications Security, CCS 2007. Alexandria: ACM Press, 2007. 195-203.

[48] Yu S, Ren K, Lou W, Li J. Defending against key abuse attacks in KP-ABE enabled broadcast systems. In: Bao F, ed. Proc. of the 5th Int'l Conf. on Security and Privacy in Communication Networks.Singapore: Springer-Verlag,http://www.linkpdf.com/ebook-viewer.php?url=http://www. ualr.edu/sxyu1/file/SecureComm09_AFKP_ABE.pdf.

[49] Hong C, Zhang M, Feng DG. AB-ACCS: A cryptographic access control scheme for cloud storage. Journal of Computer Research and Development, 2010,47(Supplementary issue I):259-265 (in Chinese with English abstract).

[50] Boneh D, Franklin M. Identity-Based encryption from the Weil pairing. SIAM Journal on Computing, 2003,32(3):586-615.

[51] Ibraimi L, Petkovic M, Nikova S, Hartel P, Jonker W. Ciphertext-Policy attribute-based threshold decryption with flexible delegation and revocation of user attributes. Technical Report, Centre for Telematics and Information Technology, University of Twente, 2009.

[52] Roy S, Chuah M. Secure data retrieval based on ciphertext policy attribute-based encryption (CP-ABE) system for the DTNs. Technical Report, 2009.

[53] Goh EJ. Secure indexes. Technical Report, Stanford University, 2003. http://eprint.iacr.org/2003/216/.

[54] Chow R, Golle P, Jakobsson M, Shi E, Staddon J, Masuoka R, Molina J. Controlling data in the cloud: Outsourcing computation without outsourcing control. In: Sion R, ed. Proc. of the 2009 ACM Workshop on Cloud Computing Security, CCSW 2009, Co-Located with the 16th ACM Computer and Communications Security Conf., CCS 2009. New York: Association for Computing Machinery, 2009. 85-90. [doi: 10.1145/1655008.1655020].

[55] Song D, Wagner D, Perrig A. Practical techniques for searches on encrypted data. In: Titsworth FM, ed. Proc. of the IEEE Computer Society Symp. on Research in Security and Privacy. Piscataway: IEEE, 2000. 44-55.

[56] Boneh D, Crescenzo G, Ostrovsky R, Persiano G. Public key encryption with keyword search. In: Cachin C, Camenisch J, eds. LNCS 3027. Heidelberg: Springer-Verlag, 2004. 506-522.

[57] Gentry C. Fully homomorphic encryption using ideal lattices. In: Mitzenmacher M, ed. Proc. of the 2009 ACM Int'l Symp. On Theory of Computing. New York: Association for Computing Machinery, 2009. 169-178.

[58] Juels A, Kaliski B. Pors: Proofs of retrievability for large files. In: Ning P, Vimercati SDC, Syverson PF, eds. Proc. of the 2007 ACM Conf. on Computer and Communications Security, CCS 2007. Alexandria: ACM Press, 2007, 584-597.

[59] Ateniese G, Burns R, Curtmola R. Provable data possession at untrusted stores. In: Ning P, Vimercati SDC, Syverson PF, eds. Proc. of the 2007 ACM Conf. on Computer and Communications Security, CCS 2007. Alexandria: ACM Press, 2007, 598-609.

[60] Di Pietro R, Mancini LV, Ateniese G. Scalable and efficient provable data possession. In: Levi A, ed. Proc. of the 4th Int'l Conf. on Security and Privacy in Communication Netowrks. Turkey: ACM DL, 2008. http://eprint.iacr.org/2008/114.pdf [doi: 10.1145/ 1460877.1460889].

[61] Zeng K. Publicly verifiable remote data integrity. In: Chen LQ, Ryan MD, Wang GL, eds. LNCS 5308. Birmingham: Springer-Verlag, 2008, 419-434.

[62] Yun A, Shi C, Kim Y. On protecting integrity and confidentiality of cryptographic file system for outsourced storage. In: Sion R, ed. Proc. of the 2009 ACM Workshop on Cloud Computing Security, CCSW 2009, Co-Located with the 16th ACM Computer and Communications Security Conf., CCS 2009. New York: Association for Computing Machinery, 2009, 67-76.

[63] Schwarz T, Ethan SJ, Miller L. Store, forget, and check: Using algebraic signatures to check remotely administered storage. In: Proc. of the 26th IEEE Int'l Conf. on Distributed Computing Systems. IEEE Press, 2006, 12-12. [doi: 10.1109/ICDCS.2006.80].

[64] Wang Q, Wang C, Li J, Ren K, Lou W. Enabling public verifiability and data dynamics for storage security in cloud computing. In: Backes M, Ning P, eds. LNCS 5789. Heidelberg: Springer-Verlag, 2009, 355-370.

[65] Roy I, Ramadan HE, Setty STV, Kilzer A, Shmatikov V, Witchel E. Airavat: Security and privacy for MapReduce. In: Castro M, eds. Proc. of the 7th Usenix Symp. on Networked Systems Design and Implementation. San Jose: USENIX Association, 2010, 297-312.

[66] Bowers KD, Juels A, Oprea A. Proofs of retrievability: Theory and implementation. In: Sion R, ed. Proc. of the 2009 ACM Workshop on Cloud Computing Security, CCSW 2009, Co-Located with the 16th ACM Computer and Communications Security Conf., CCS 2009. New York: Association for Computing Machinery, 2009, 43-54. [doi: 10.1145/1655008.1655015].

[67] Muntés-Mulero V, Nin J. Privacy and anonymization for very large datasets. In: Chen P, ed. Proc of the ACM 18th Int'l Conf. on Information and Knowledge Management, CIKM 2009. New York: Association for Computing Machinery, 2009, 2117-2118. [doi:10.1145/1645953.1646333].

[68] Raykova M, Vo B, Bellovin SM, Malkin T. Secure anonymous database search. In: Sion R,ed. Proc.of the 2009 ACM Workshop on Cloud Computing Security, CCSW 2009,Co-Located with the 16th ACM Computer and Communications Security Conf.,CCS 2009. New York: Association for Computing Machinery, 2009, 115-126. [doi:10.1145/1655008.1655025].

[69] Elangop S, Dusseauaetal A. Deploying virtual machines as sandboxes for the grid. In: Karp B, ed. USENIX Association Proc. of the 2nd Workshop on Real, Large Distributed Systems. San Francisco, 2005, 7-12.

[70] Raj H, Nathuji R, Singh A, England P. Resource management for isolation enhanced cloud services. In: Sion R, ed. Proc. of the 2009 ACM Workshop on Cloud Computing Security, CCSW 2009, Co-Located with the 16th ACM Computer and Communications Security Conf., CCS 2009. New York: Association for Computing Machinery, 2009, 77-84. [doi: 10.1145/1655008.1655019].

[71] Wei J, Zhang X, Ammons G, Bala V, Ning P. Managing security of virtual machine images in a cloud environment. In: Sion R, ed. Proc. of the 2009 ACM Workshop on Cloud Computing Security, CCSW 2009, Co-Located with the 16th ACM Computer and Communications Security Conf., CCS 2009. New York: Association for Computing Machinery, 2009, 91-96. [doi: 10.1145/ 1655008.1655021].

[72] Gong L, Qian XL. The complexity and composability of secure interoperation. In: Proc. of the ,94 IEEE Symp. on Security and Privacy. Washington: IEEE Computer Society, 1994, 190-200.

[73] Gong L, Qian XL. Computational issues in secure interoperation. IEEE Trans. on Software and Engineering, 1996,22(1):43-52. [doi: 10.1109/32.481533].

[74] Bonatti P, Vimercati SC, Samarati P. An algebra for composing access control policies. ACM Trans. on Information and System Security, 2002,5(1):1-35. [doi: 10.1145/504909.504910].

[75] Wijesekera D, Jajodia S. A propositional policy algebra for access control. ACM Trans. on Information and System Security, 2003, 6(2):286-325. [doi: 10.1145/762476.762481].

[76] Agarwal S, Sprick B. Access control for semantic Web services. In: Proc. of the IEEE Int'l Conf. on Web Services. 2004, 770-773.

[77] Shafiq B, Joshi JBD, Bertino E, GhafoorA. Secure interoperation in a multidomain environment employing RBAC policies. IEEE Trans. on Knowledge and Data Engineering, 2005,17(11):1557-1577. [doi: 10.1109/TKDE.2005.185].

[78] Santos N, Gummadi KP, Rodrigues R. Towards trusted cloud computing. In: Sahu S, ed, USENIX Association Proc. of the Workshop on Hot Topics in Cloud Computing 2009. San Diego, 2009. http://www.usenix.org/events/hotcloud09/tech/full_papers/ santos.pdf.

[79] Sadeghi AR, Schneider T, Winandy M. Token-Based cloud computing: Secure outsourcing of data and arbitrary computations with lower latency. In: Proc. of the 3rd Int'l Conf. on Trust and Trustworthy Computing. Berlin: Springer-Verlag, 2010, 417-429.

[80] Armbrust M, Fox A, Griffith R, et al. A view of cloud computing [J]. Communications of the ACM, 2010, 53(4): 50-58.

[81] Mell P, Grance T. The NIST definition of cloud computing (draft) [J]. NIST special publication, 2011, 800(145): 1-7.

[82] Cook G, Van Horn J. How dirty is your data [J]. A Look at the Energy Choices That Power Cloud Computing, 2011.

[83] 云计算发展与政策论坛. 数据中心能效测评指南. [EB/OL].(2013-08-17)[2013-12-08]. http://www.3cpp.org/achievement/89.shtml.

[84] 曹玲玲. 面向绿色云计算的资源配置及任务调度研究[D]. 南京邮电大学，2014.

[85] 云计算的关键技术——资源调度 [EB/OL].[2013-2-28]. http://www.jifang360.com/news/2013228/n995245566.html.

[86] 张棋胜. 云计算平台监控系统的研究与应用[D]. 北京交通大学，2011.

[87] 李阳. 云计算平台性能管理的研究[D]. 南京邮电大学，2013.

第 3 章 云计算平台

云计算的需求催生着云计算的快速发展,国外著名的 IT 公司 Google、Amazon、Microsoft 等都在大力发展自己的云计算业务,同时也构建了强大的云计算平台。国内近年来也涌现大量的云服务提供商,其中最具代表性的是阿里云。本章将对这些云服务提供商提供云平台做简要介绍。

3.1 Google 云计算平台

3.1.1 系统简介

Google 几乎所有著名的网络业务均基于其自行研发、设计、构建的云计算平台[1]。Google 利用其庞大的云计算能力为搜索引擎、Google 地图、Gmail、社交网络等业务提供高效支持。

Google 很早就着手考虑海量数据存储和大规模计算问题,而这些技术在诞生几年之后才被命名为 Google 云计算技术。时至今日,Google 的云计算平台不仅支撑着本公司的各种业务,还通过开源、共享等方式影响着全球的云计算的发展进程。

Google 的云计算技术一开始主要针对 Google 特定的网络应用程序而定制开发的。针对数据规模超大的特点,Google 提出了一整套基于分布式集群的基础架构,利用软件来处理集群中经常发生的节点失效问题。

Google 发表了一系列云计算方向的论文,揭示其独特的分布式数据处理方法,向外界展示其研发并得到有效验证的云计算核心技术。从其发表的论文来看,Google 使用的云计算基础架构模式包括四个相互独立又紧密结合在一起的系统,包括文件系统 GFS、计算模式 MapReduce、分布式的锁机制 Chubby,以及分布式数据库 BigTable。

3.1.2 GFS 文件系统

为了满足 Google 迅速增长的数据处理需求,Google 设计并实现了 Google 文件系统 GFS。GFS 与过去的分布式文件系统拥有许多相同的目标,如性能、可伸缩性、可靠性以及可用性,然而,它的设计还受到 Google 应用负载和技术环境的影响。主要体现在以下四个方面[1]。

(1)集群中的节点失效是一种常态,而不是一种异常。由于参与运算与处理的节点数目非常庞大,通常会使用上千个节点进行共同计算,因此,每时每刻总会可能有节点处在失效状态。需要通过软件程序模块,监视系统的动态运行状况,侦测错误,并且将容错和自动恢复系统集成在系统中。

（2）Google 系统中的文件大小与通常文件系统中的文件大小概念不一样，文件大小通常以 GB 甚至 TB 计。另外文件系统中的文件含义与通常文件不同，一个大文件可能包含大量数目的通常意义上的小文件。所以，设计预期和参数，如 I/O 操作和数据块尺寸，都要重新考虑。

（3）Google 文件系统中的文件读写模式和传统的文件系统不同。在 Google 应用（如搜索引擎）中对大部分文件的修改，不是覆盖原有数据，而是在文件尾追加新数据。对文件的随机写是几乎不存在的。对于这类巨大文件的访问模式，客户端对数据块缓存失去了意义，追加操作成为性能优化和原子性（即把一个事务看成一个程序，要么被完整地执行，要么完全不执行）保证的焦点。

（4）文件系统的某些具体操作不再透明，而且需要应用程序的协助完成，应用程序和文件系统 API 的协同设计提高了整个系统的灵活性。例如，放松了对 GFS 一致性模型的要求，这样不用加重应用程序的负担，就可大大简化文件系统的设计；引入了原子性的追加操作，这样多个客户端同时进行追加的时候，就不需要额外的同步操作了。

总之，GFS 是为 Google 应用程序本身而设计的。据称，Google 已经部署了许多 GFS 集群，有的集群拥有超过 1000 个存储节点，超过 300TB 的硬盘空间，被不同机器上的数百个客户端频繁访问着。

图 3.1 给出了 GFS 的系统架构，一个 GFS 集群包含一个主服务器和多个数据块服务器，被多个客户端访问。文件被分割成固定尺寸的数据块。在每个数据块创建的时候，服务器分配给它一个不变的、全球唯一的 64 位块句柄对它进行标识。数据块服务器把块作为 Linux 文件保存在本地硬盘上，并根据指定的块句柄和字节范围来读写块数据。为了保证可靠性，每个数据块都会复制到多个块服务器上，缺省保存 3 个备份。主服务器管理文件系统所有的元数据，包括名字空间、访问控制信息、文件到块的映射信息，以及块当前所在的位置。GFS 客户端代码被嵌入到每个程序里，它实现了 Google 文件系统 API，帮助应用程序与主服务器和块服务器通信，对数据进行读写。客户端跟主服务器交互进行元数据操作，但是所有的数据操作的通信都是直接和块服务器进行的。客户端提供的访问接口类似于 POSIX 接口，但有一定的修改，并不完全兼容 POSIX 标准。通过服务器端和客户端的联合设计，GFS 能够针对它本身的应用获得最大的性能和可用性效果。

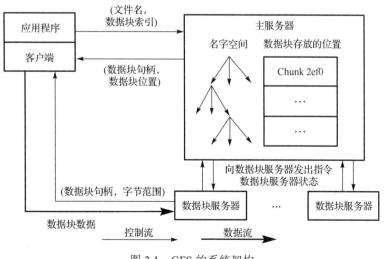

图 3.1　GFS 的系统架构

3.1.3 MapReduce 编程模型

MapReduce[2]编程模型是一种处理大数据集的计算模式。用户通过 Map 函数处理每一个键值（key/value）对，从而产生中间的键值对集；然后指定一个 Reduce 函数合并所有的具有相同 key 的 value 值，以这种方式编写的程序能自动在大规模的普通机器上并实现并行化。当程序运行的时候，系统的任务包括分割输入数据、在集群上调度任务、进行容错处理、管理机器之间必要的通信，这样就可以让那些没有分布式并行处理系统研发经验的程序员高效地利用分布式系统的海量资源。

MapReduce 程序运行在规模可以灵活调整的、由普通机器组成的集群上，一个典型的 MapReduce 计算任务可以处理几千台机器上的以 TB 计算的数据，每天都有上千个 MapReduce 程序在 Google 的集群上执行。

图 3.2 显示了 MapReduce 的工作流程，它将大规模数据集的操作任务分解后分发给主节点管理的各计算节点执行，最后将结果进行汇总。数据处理任务从读取一些来自输入流的数据分片开始，然后任务将读入的数据转换成一个键值对集合，每一个键值对可以记作 $<q_i,v>$，其中的 q_i 和 v 都可以是任意类型。

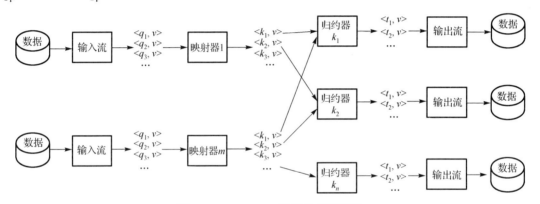

图 3.2　MapReduce 数据处理流程图

在图 3.2 中，输入的多个实例可以并行运行，并且同一个实例中已被分割的数据分片又可以并发地运行。来自同一个分片的键值对会一个接一个地送到同一个映射器（Mapper）处理，这个映射器将会对输入的键值对进行转换处理，将$<q_i,v>$转换成$<k_i,v>$，处理过程对其他键值对而言是透明且无序进行的。映射器的处理过程可以只有输入没有输出，所有的映射器都会将已处理过的数据中转到一个数据池中，然后经过一个"洗牌"的步骤，具有相同键的所有键值对$<k_i,v>$会被分到同一个组，继而派遣到同一个归约器（Reducer）。这样做能够确保同一个归约器处理的数据$<k_i,v>$都具有相同键值 k_i。为了清楚地说明任务的整个过程，我们假设每一个归约器实例都能准确无误地接收到具有相同键值的一组数据，任务接下来会利用每一个归约器实例分配到的键对其进行参数化处理。

与映射器的处理流程相反，归约器会立刻接收输入的键值对数据。归约器的任务是读入输入数据并产生一个最终的键值对结果集$<t_i,v>$。这个结果集中数据将通过一个标准输出流直接进行格式化。

在某些情况下，标准输入流和映射器、标准输出流和归约器可能会被融合成一个计算步骤。也假设 MapReduce 自身的定义有可能使任务在将数据传送给归约器前根据它们的值做出某种排序算法,尽管目前还没有在已发表的文献资料中找到根据。

目前有一些受欢迎的框架,比如 Apache 公司的推出的 Hadoop 平台,为开发者编写自己的 MapReduce 任务提供了环境和代码库。一般情况下,平台可以支持对 Java 和 Python 语言的处理、编译,并将代码分发到集群中的多个节点。

从以上的描述可以看到,一个任务产生的中间键值不一定与任务开始输入的键值和任务结束输出的键值保持一致,同理,对于任务开始阶段输入的键值对数量与任务结束后输出的键值对数量也是没有确定关系的,一个映射器实例或者一个归约器实例在处理了一批键值对后可能只输出零个、一个或者多于一个的键值对,都是有可能的。

此外,多个 MapReduce 任务之间是可以迭代进行的,归约器的输出可以作为子循环阶段中映射器的输入。Google 提出的 PageRank 算法就是由 3 个 MapReduce 迭代组成的,其中第 2 个 MapReduce 会重复进行直到某个阈值达到收敛为止,在这个算法中,每一个阶段的映射器和归约器都是不同的。

尽管 MapReduce 的架构设计在理论上与传统的架构设计方式相比显得不那么自然,但是对于一个没有经验的开发人员来说,这种架构仍然显示了一个关键的优势,一旦一个问题已经被正确划分成多个映射和归约任务后,就可以自然而然地将这些任务分配到云中的多个节点中去执行。实际上,输入数据的一个分块可以被多个输入流同时输入给 MapReduce,由于每一个映射步骤在处理键值对时是彼此透明的,那么任意数量的映射器实例就可以并行地对输入流产生的键值对进行处理。与此相似的是,每一批等待归约器处理的键值对只要保证有相同的键即可,这些键值对在归约器实例中也是被并行处理的。总而言之,整个计算流程需要执行的步骤将比顺序执行时大大减少。

3.1.4 分布式数据库 BigTable

BigTable[3]是一个分布式的结构化数据库系统,用来处理海量数据,通常是分布在数千台普通服务器上的 PB 级数据。Google 的很多项目使用 BigTable 存储数据,如搜索索引、Google Earth、Google Finance 等,这些应用对 BigTable 提出的要求无论是在数据量上(从 URL、网页到卫星图像),还是在响应速度上(从后端的批量处理到实时数据服务),均有很大的差异。尽管应用需求差异很大,但是,针对 Google 的这些产品,BigTable 还是成功地提供了一个灵活的、高性能的统一解决方案。

图 3.3 给出了在 BigTable 模型中的数据模型。数据模型包括行列及相应的时间戳,所有的数据都存放在表格中的单元里。BigTable 的内容按照行来划分,将多个行组成一个小表,保存到某一个服务器节点中,这一个小表就被称为 Tablet。

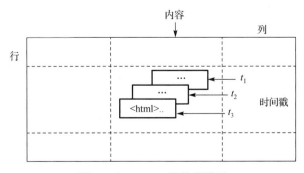

图 3.3 BigTable 的数据模型

GFS、MapReduce 和 BigTable 是 Google 内部云计算基础平台的三个主要部分，除了这三个部分之外，Google 还建立了分布式的任务调度器、分布式的锁机制等一系列相关模块。

3.1.5 典型应用

Google 在其云计算基础设施之上建立了一系列新型网络应用程序[4]。由于借鉴了异步网络数据传输的Web 2.0技术，这些应用程序给予用户全新的界面感受，以及更加强大的多用户交互能力，其中典型的 Google 云计算应用程序就是 Google 推出的与 Microsoft Office 软件进行竞争的 Google Docs 网络服务程序。Google Docs是一个基于 Web 的文档处理工具，具有和 Microsoft Office 相近的编辑界面，有一套简单易用的文档权限管理，而且它还记录下所有用户对文档所做的修改。Google Docs 的这些功能令它非常适用于网上共享与协作编辑文档，甚至可以用于监控责任清晰、目标明确的项目进度。当前，Google Docs 已经推出了文档编辑、电子表格、幻灯片演示、日程管理等多个功能的编辑模块，能够替代 Microsoft Office，如图 3.4 所示。值得注意的是，通过这种云计算方式形成的应用程序非常适合于多个用户进行共享及协同编辑，为一个小组的人员进行共同创作带来很大的方便性。

图 3.4 Google Docs 界面

Google 可以说是云计算的最大实践者，但是，Google 的云计算平台主要用于支持其自有的业务系统,其云计算基础设施主要通过提供有限的应用程序接口来开放给第三方,如GWT(Google Web Toolkit)及 Google Map API 等。Google 公开了其内部集群计算环境的一部分技术,使得全球的技术开发人员能够根据这一部分文档构建开源的大规模数据处理云计算基础设施,其中最有名的项目就是 Apache 基金会的 Hadoop 项目。

3.2 Amazon 云计算平台

3.2.1 系统简介

Amazon 依靠电子商务逐步发展起来,凭借其在电子商务领域积累的大规模基础处理设施、先进的分布式计算技术和巨大的用户群体,Amazon 很早就进入了云计算领域,并在云计算、云存储等方面一直处于领先地位。

Amazon 为外部的开发人员及中小公司提供了托管式的云计算平台 AWS,使得开发者能够在云计算的基础设施之上快速构建和发布自己的新型网络应用,用户可以通过远端的操作界面直接使用。在传统的云计算服务基础上,Amazon 不断进行技术创新,开发出了完整的云计算平台并推出一系列新颖、实用的云计算服务,如图 3.5 所示。

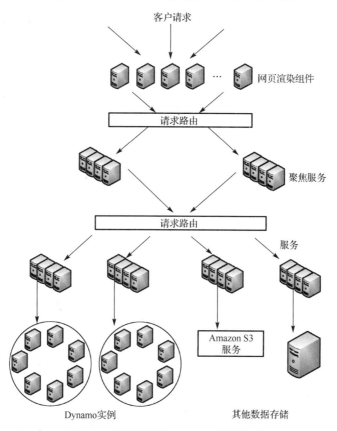

图 3.5 面向服务的 Amazon 平台架构

目前 Amazon 的云计算服务主要包括:Amazon 弹性计算云 EC2、简单存储服务 S3、简单数据库服务 SimpleDB、简单队列服务 SQS、分布式计算服务 MapReduce、内容推送服务

CloudFront、电子商务服务 DevPay 和 FPS 等[5]。这些服务涉及云计算的方方面面，用户完全可以根据自己的需要选取一个或多个 Amazon 云计算服务。所有的这些服务都是按需获取资源的，具有极强的可扩展性和灵活性。这里主要介绍 Amazon 的分布式文件系统 Dynamo、的弹性计算云 EC2 和简单存储服务 S3，并剖析这些服务背后涉及的重要技术、服务的基本架构和核心思想。

3.2.2 分布式文件系统 Dynamo

Dynamo[6]是 Amazon 于 2012 年发布的、具有良好的可用性和可靠性的、以 key-value 形式存储数据的一款 NoSQL 类型的分布式文件系统，目前，Dynamo 已经成为 Amazon 云平台基础组件之一。

一个面向实际应用的存储系统除了需要数据持久化相关的技术以外，还需要考虑负载均衡、冲突和故障检测、故障恢复、副本同步、过载处理、并发和工作调度等解决方案。表 3.1 列出了 Dynamo 设计时面临的主要问题及采取的解决方案。

表 3.1　Dynamo 需要解决的主要问题及相关技术

问　　题	采取的相关技术
数据均衡分布	改进的一致性哈希算法，数据备份
数据冲突处理	向量时钟（Vector Clock）
临时故障处理	Hinted Handoff（数据回传机制），参数（W, R, N）可调的弱 Quorum 机制
永久故障后的恢复	Merkle 哈希树
成员资格以及错误检测	基于 Gossip 的成员资格协议和错误检测

1．数据均衡分布

Dynamo 的重点设计要求之一是必须有很强的可扩展性，这就需要一个机制来将数据动态划分到系统中的节点上。Dynamo 使用改进后的一致性哈希算法解决这个问题。

一致性哈希算法（Consistent Hash）是目前主流的分布式哈希表（Distributed Hash Table，DHT）协议之一，该算法通过修正简单哈希算法解决了网络中热点问题，使得 DHT 可以真正应用于 P2P 环境中。

Dynamo 基于一致性哈希算法根据自己的业务需求做出如下改进：每个节点被分配到环上的多点而不是映射到环上的一个单点。为此，Dynamo 使用了虚拟节点的概念，系统中一个虚拟节点看起来像单个节点，但每个节点可对多个虚拟节点负责。实际上，当一个新的节点添加到系统中时，它将被分配到环上的多个位置，使用虚拟节点具有以下优点。

如果一个节点由于故障或日常维护而不可用，这个节点处理的负载将被均匀地分布到剩余的可用节点。当一个节点再次可用，或一个新的节点添加到系统中，新的可用节点接收来自其他可用的每个节点大致相当的负载量。一个节点负责的虚拟节点的数目可以根据其处理能力来决定，这样可以顾及物理基础设施的异质性。

2．数据冲突处理

Dynamo 提供数据的最终一致性保证，允许数据的更新操作异步传递到各个副本，但这种异步更新方式会导致一些问题，如在更新操作传递到所有副本之前执行 get 操作可能会得到一个"过时版本"的数据。

Dynamo 为了解决数据冲突问题，采用了最终一致性模型（Eventual Consistensy）。由于最终一致性模型不保证过程中数据的一致性,在某些情况下不同的数据副本可能会出现不同的版本,数据副本可能会以不同的顺序看到更新结果,而不同顺序的更新很可能会造成数据的不一致。为此,Dynamo 利用技术手段推断各个更新的实际发生次序,这种技术就是向量时钟,原理如图 3.6 所示。

Dynamo 中的向量时钟用一个(nodes,counter)对表示。其中 nodes 表示节点,counter 是一个计数器,初始值为 0,节点每发生一次时间就将计数器加 1。首先,Sx 对某个对象进行一次写操作,产生一个对象版本 D1([Sx,1]);接着 Sx 再次操作,由于 Sx 是第二次进行操作,所以 counter 值更新为 2,产生第二个版本 D2([Sx,2]);之后,Sy 和 Sz 同时对该对象进行写操作,Sy 将自身的信息加入向量时钟,产生了新的版本 D3([Sx,2],[Sy,1]),Sz 同样产生了新的版本信息 D4([Sx,2],[Sz,

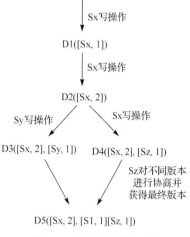

图 3.6　向量时钟原理图

1])。这时系统中就有了两个版本的对象,但是系统不会自行选择,会将这两个版本同时保存,等待客户端解决冲突。最后 Sx 再次对对象进行操作,这时它会同时获得两个数据版本,用户根据版本的信息,重新计算获得一个新的对象,记做 D5([Sx,2],[Sy,1],[Sz,1]),并将新的对象保存到系统中。需要注意的是,向量时钟的数量是有限制的,当超过限制时需根据时间戳(Time Stamp)删除最开始的一个。这种解决一致性问题的方式对 Amazon 购物网站来说非常有用,一种典型的应用就是对于用户购物车状态的存储。

3. 容错机制

(1)故障处理。Dynamo 如果使用传统的仲裁(Quorum)方式,将不能在服务器和网络出现故障的情况下保证可用性。为了弥补传统仲裁方式的缺陷,Dynamo 不严格执行仲裁,即使用了"弱仲裁(Sloppy Quorum)"方式,涉及三个参数:W、R 和 N,其中 W 代表一次成功的写操作至少需要写入的副本数,R 代表一次成功读操作需由服务器返回给用户的最小副本数,N 是每个数据存储的副本数,所有的读、写操作是由首选列表上的前 N 个正常节点执行的,此时执行节点并不限制为首选列表的前 N 个节点,而是限定为前 N 个正常节点。

使用隐射移交(Hinted Handoff),Dynamo 确保读和写操作不会因为节点临时故障或网络故障而失败。需要最高级别的可用性的应用程序可以设置 W 为 1,这确保了只要系统中有一个节点将 key 已经持久化到本地存储,一个写操作完成即意味着成功。因此,只有系统中的所有节点都无法使用时写操作才会被拒绝。然而,在实践中,大多数 Amazon 生产服务设置了更高的 W 来满足耐久性高级别的要求。

一个高度可用的存储系统具备处理整个数据中心的故障的能力是非常重要的。Dynamo 可以配置成跨多个数据中心地对每个对象进行复制,以应对数据中心由于断电、冷却装置故障及网络故障等导致的不可用情况。从本质上讲,一个 key 的首选列表的构造是基于跨多个数据中心的节点的,这些数据中心通过高速网络连接。这种跨多个数据中心的复制方案使 Dynamo 能够处理整个数据中心故障。

(2)副本同步。Hinted Handoff 在系统成员流动性(Churn)低,节点短暂的失效的情况下工作良好。有些情况下,在暗示(hinted)副本移交回原来的副本节点之前,hinted 副本是不可用的。为了处理这样的，以及其他威胁的耐久性问题，Dynamo 实现了反熵（Anti-Entropy，或叫做副本同步）协议来保持副本同步。

为了更快地检测副本之间的不一致性，并且减少传输的数据量，Dynamo 采用 MerkleTree[13]。MerkleTree 是一个哈希树（Hash Tree），其叶子是各个 key 的哈希值。树中较高的父节点均为其各自孩子节点的哈希。MerkleTree 的主要优点是树的每个分支可以独立地检查，而不需要下载整个树或整个数据集。此外，MerkleTree 有助于减少为检查副本间不一致而传输的数据的大小。例如，如果两树的根哈希值相等，且树的叶节点值也相等，那么节点不需要同步。如果不相等，它意味着一些副本的值是不同的，在这种情况下，节点可以交换 children 的哈希值，这种递归处理直到树的叶子节点，此时主机可以识别出不同步的 key。MerkleTree 减少为同步而需要转移的数据量，减少了在反熵过程中磁盘执行读取的次数。

（3）拓扑维护及错误检测。在 Amazon 环境中，节点中断（由于故障和维护任务）常常是暂时的，但持续的时间间隔可能会延长。一个节点故障很少意味着一个节点永久离开，因此应该不会导致对已分配的分区重新平衡（Rebalancing）和修复无法访问的副本。同样，人工错误可能导致意外启动新的 Dynamo 节点。基于这些原因，应当适当使用一个明确的机制来发起节点的增加和从环中移除节点。管理员使用命令行工具或浏览器连接到一个节点，并发出成员改变（Membership Change）指令指示一个节点加入到一个环或从环中删除一个节点。接收这一请求的节点写入成员变化，以及适时写入持久性存储。该成员的变化形成了历史，因为节点可以被删除、重新添加多次。一个基于 Gossip 的协议传播成员变动，并维持成员的最终一致性。每个节点每间隔一秒随机选择随机的对等节点，两个节点有效地协调它们持久化的成员变动历史。当一个节点第一次启动时，它选择它的 Token（在虚拟空间的一致哈希节点）并将节点映射到各自的 Token 集（Token Set）。该映射被持久到磁盘上，最初只包含本地节点和 Token 集。在不同的节点中存储的映射（节点到 Token 集的映射）将在协调成员的变化历史的通信过程中一同被协调。因此，划分和布局信息也是基于 Gossip 协议传播的，因此每个存储节点都了解对等节点所处理的标记范围，这使得每个节点都可以直接转发一个 key 的读/写操作到正确的数据集节点。

上述机制可能会暂时导致逻辑分裂的 Dynamo 环，例如，管理员可以将节点 A 加入到环，然后将节点 B 加入环。在这种情况下，节点 A 和 B 各自都将认为自己是环的一员，但都不会立即了解到其他的节点（也就是 A 不知道 B 的存在，B 也不知道 A 的存在，这叫逻辑分裂）。为了防止逻辑分裂，有些 Dynamo 节点扮演种子节点的角色。种子的发现（Discovered）是通过外部机制来实现的，并且所有其他节点都知道（实现中可能直接在配置文件中指定 Seed Node 的 IP，或者实现一个动态配置服务，Seed Register）。因为所有的节点，最终都会和种子节点协调成员关系，逻辑分裂是极不可能的。种子可从静态配置或配置服务获得，通常情况下，种子在 Dynamo 环中是一个全功能节点。

Dynamo 中，故障检测是用来避免在进行 get() 和 put() 操作时尝试联系无法访问节点，同样还用于分区转移（Transferring Partition）和暗示副本的移交。为了避免在通信失败的尝试，一个纯本地概念的失效检测完全足够了：如果节点 B 不对节点 A 的信息进行响应（即使 B 响应节点 C 的消息），节点 A 可能会认为节点 B 失败。在一个客户端请求速率相对稳定并产生节点间通信的 Dynamo 环中，节点 A 可以快速发现节点 B 不响应时，节点 A 则使用映射到 B 的分区的备用节点服务请求，并定期检查节点 B 后来是否复苏。在没有客户端请求推动两个节点之间流量的情况下，节点双方并不真正需要知道对方是否可以访问或可以响应。

去中心化的故障检测协议使用一个简单的 Gossip 式的协议,使系统中的每个节点可以了解其他节点到达或离开的情况。早期 Dynamo 的设计使用去中心化的故障检测器以维持一个失败状态的全局性的视图,后来认为,节点的显式加入和离开的方法排除了对一个失败状态的全局性视图的需要。这是因为节点可以通过显式加入和离开的方法知道节点永久性(Permanent)增加和删除,而短暂的(Temporary)节点失效是由独立的节点在它们不能与其他节点通信时发现的(当转发请求时)。

3.2.3 弹性计算云 EC2

Amazon 弹性计算云 EC2[5,7]可以让使用者租用 IaaS 资源来运行自己的应用系统。EC2 通过提供 Web 服务的方式让使用者可以弹性地运行自己的 Amazon 机器映像,使用者可以在这个虚拟机器上运行任何自己想要的软件或应用系统。EC2 提供可调整的云计算能力,它旨在使开发者的网络计算变得更为容易,也更加便宜。

EC2 具有以下的技术特性。

(1)灵活性:EC2 允许用户对运行的实例类型、数量自行配置,还可以选择实例运行的地理位置,可以根据用户的需求改变实例的使用数量。

(2)低成本:EC2 使得企业不必为暂时的业务增长而购买额外的服务器等设备,EC2 的服务按照使用时长来计费。

(3)安全性:EC2 向用户提供了一整套安全措施,包括基于密钥对机制的 SSH 方式访问、可配置的防火墙机制等,同时允许用户对它的应用程序进行监控。

(4)易用性:用户可以根据 Amazon 提供的模块自由构建自己的应用程序,同时 EC2 还会对用户的服务请求自动进行负载平衡。

(5)容错性:利用系统提供的诸如弹性 IP 地址之类的机制,在故障发生时,EC2 能最大限度地保证用户服务维持在稳定水平。

EC2 的基本架构如图 3.7 所示,包括以下组件。

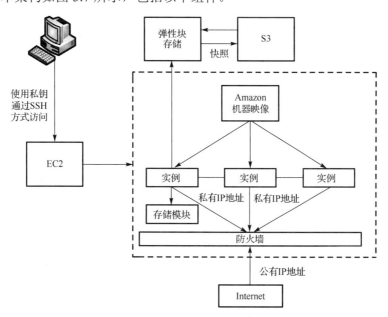

图 3.7 EC2 的基本架构

（1）弹性块存储。Amazon 弹性块存储（Elastic Block Store，EBS）为 EC2 实例提供持久性存储。Amazon EBS 卷需要通过网络访问，并且能独立于实例的生命周期而存在。Amazon EBS 卷是一种可用性和可靠性都非常高的存储卷，可用作 Amazon EC2 实例的启动分区，或作为标准块存储设备附加在运行的 Amazon EC2 实例上。将 Amazon EC2 实例作为启动分区使用时，实例可在停止后重新启动，因此用户可以仅支付维护实例状态时使用的存储资源。

由于 Amazon EBS 卷在后台会在单可用区内进行复制，因此 Amazon EBS 卷可以提高本地 Amazon EC2 实例存储的耐久性。想进一步提高耐久性的用户可以使用 Amazon EBS 创建存储卷时间点一致快照，这些快照随后将保存在 Amazon S3 中，并自动在多个可用区中复制。

（2）可用区域。可用区域（Zone）是 EC2 中独有的概念。Amazon EC2 可以将实例放在多个位置，Amazon EC2 位置由区域和可用区域构成。可用区域是专用于隔离其他可用区内故障的独立位置，可向相同区域中的其他可用区域提供低延迟的网络连接。通过启动独立可用区内的实例，可以保护用户的应用程序不受单一位置故障的影响。区域由一个或多个可用区域组成，其地理位置分散于独立的地理区域或国家/区域。

（3）通信机制。在 EC2 服务中，系统各个模块之间及系统和外界之间的信息交互是通过 IP 地址进行的。EC2 中的 IP 地址包括三大类：公共 IP 地址（Public IP Address）、私有 IP 地址（Private IP Address）和弹性 IP 地址（Elastic IP Address）。这里主要介绍一下弹性 IP 地址。

弹性 IP 地址是专用于动态云计算的静态 IP 地址，它与用户的账户而非特殊实例关联，用户可以自行设置该地址。与传统静态 IP 地址不同，使用弹性 IP 地址，用户可以用编程的方法将公共 IP 地址重新映射到账户中的任何实例，从而掩盖实例故障或可用区故障。Amazon EC2 可以将弹性 IP 地址快速重新映射到要替换的实例，这样用户就可以处理实例或软件问题，而不用等待数据技术人员重新配置或重新放置主机，或等待 DNS 传播到所有的客户。

（4）弹性负载平衡。弹性负载平衡（Elastic Load Balancing）能够实现在多个 Amazon EC2 实例间自动分配应用程序的访问流量，可以让用户实现更大的应用程序容错性能，同时持续提供响应应用程序传入流量所需要的负载均衡容量。弹性负载平衡可以检测出群体里不健康的实例，并自动更改路由，使其指向健康的实例，直到不健康的实例恢复为止。

（5）监控服务。Amazon 监控服务（Amazon Cloud Watch）是一种 Web 服务，用于监控通过 Amazon EC2 启动的 AWS 云资源和应用程序，可以显示资源利用情况、操作性能和整体需求模式，如 CPU 利用率、磁盘读取和写入，以及网络流量等度量值；用户可以获得统计数据、查看图表及设置度量数据警告；也可以提供自己的业务或应用程序度量数据。要使用 Amazon Cloud Watch，只需选择要监控的 Amazon EC2 实例即可，Amazon Cloud Watch 将开始汇集并存储监控数据，这些数据可通过 Web 服务 API 或命令行工具访问。

（6）自动缩放。自动缩放（Auto Scaling）可根据用户定义的条件自动扩展 Amazon EC2 容量，通过自动缩放，用户可以确保所使用的 Amazon EC2 实例数量在需求高峰期实现无缝增长，也可以在需求低谷期自动缩减，以最大程度降低成本。自动缩放适合每小时、每天或每周使用率都不同的应用程序，可通过 Amazon Cloud Watch 启用。

3.2.4 简单存储服务 S3

S3[8]为开发人员提供了一个高度扩展（Scalability）、高持久性（Durability）和高可用（Availability）的分布式数据存储服务，是一个完全针对 Internet 的云存储服务。应用程序通过一个简单的 Web 服务接口就可以通过 Internet 在任何时候访问 S3 上的数据；通过访问控制可以保障存放在 S3 上的数据安全性，并且支持读、写、删除等多种操作。S3 与网盘、云盘都属于云存储范畴，但是 S3 是针对开发人员、主要通过 API 编程使用的一个服务，而网盘这样的云存储服务则提供了一个给最终用户使用的服务界面。虽然 S3 也可以通过 AWS 的 Web 管理控制台或命令行使用，但是 S3 主要是针对开发人员，可以理解成云存储的后台服务。例如，云存储服务 Dropbox 基于 Amazon 云平台，其所有的数据就是保存在 S3 存储系统中。

1. S3 基本数据结构

S3 的数据存储结构非常简单，是一个扁平化的两层结构：一层是存储桶（Bucket），另一层是存储对象（Object），又称为数据元。存储桶是 S3 中用来归类数据的一个方式，是数据存储的容器，每一个存储对象都需要存储在某一个存储桶中。存储桶是 S3 命名空间的最高层，是用户访问数据的域名的一部分，因此存储桶的名字必须是唯一的，而且需要与 DNS 保持兼容，如采用小写、不能用特殊字符等。例如，创建了一个名为 data1 的存储桶，那么对应的域名就是 data1.s3.amazonaws.com，以后可以通过 http://data1.s3.amazonaws.com/ 来访问其中存储的数据。

由于数据存储的地理位置有时对用户来说会很重要，因此在创建存储桶时 S3 会提示选择区域（Region）信息。存储对象是用户实际要存储的内容，由对象数据内容再加上一些元数据信息构成，对象数据通常是一个文件，元数据是描述对象数据的信息，如数据修改的时间等。如果在 data1 存储桶中存放一个文件 picture.jpg，那么可以通过 http://data1.s3.amazonaws.com/picture.jpg 来访问这个文件。从这个 URL 访问可以看到，存储桶名称需要全球唯一，而存储对象的命名则需要在存储桶中唯一，只有这样才能通过一个全球唯一的 URL 访问指定的数据。S3 的数据存储结构如图 3.8 所示。

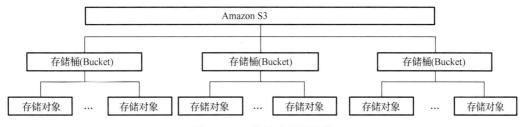

图 3.8　S3 的基本存储结构

S3 存储对象中的数据大小为 1 B～5 TB，在缺省情况下，每个 AWS 账号最多能创建 100 个存储桶。不过用户可以在一个存储桶中存放任意多存储对象。存储桶中的对象数在理论上是没有限制的，因为 S3 完全是按照分布式存储方式设计的。除了在容量上 S3 具有很大的扩展性，S3 的性能上也具有高度扩展性，允许多个客户端和应用线程并发访问数据。

可能有人会把 S3 的存储结构与一般的文件系统进行比较，要注意的是 S3 在架构上只有两层结构，并不支持多层次的树形目录结构，不过用户可以通过设计带 "/" 的存储对象名称来模拟出一个树形结构来。例如，有些 S3 工具提供的一个操作选项是 "创建文件夹"，其实际上是通过控制存储对象的名称来实现的。

2. S3 的特点

作为云存储的典型代表，S3 在可用性、扩展性、持久性和性能等几个方面有明显的特点。

（1）耐久性和可用性。保存在 S3 上的数据会自动地在选定地理区域中的多个数据中心和多个设备中进行同步存储，S3 存储提供了 AWS 平台中最高级别的数据持久性和可用性。除了分布式的数据存储方式之外，S3 还内置了数据一致性检查机制来提供错误更正功能。S3 的设计不存在单点故障，可以承受两个设施同时出现数据丢失，因此非常适合用于任务的关键型数据存储。实际上，Amazon S3 旨在为每个存储对象提供 99.999999999%的持久性和 99.99%的可用性。除了内置冗余外，S3 还可通过使用 S3 版本控制功能使数据免遭应用程序故障和意外删除造成的损坏。对于可以根据需要轻松复制的非关键数据（如转码生成的媒体文件、镜像缩略图等），则可以使用 Amazon S3 中的降低冗余存储（Reduced Redundancy Storage，RRS）选项，RRS 的持久性为 99.99%，当然它存储费用也更低。尽管 RRS 的持久性稍逊于标准的 S3，但仍高出一般磁盘驱动器约 400 倍。

（2）弹性和可扩展性。Amazon S3 能够自动提供高水平的弹性和扩展性。一般的文件系统在一个目录中存储大量文件时可能会遇到问题，但是 S3 能够支持在任何存储桶中无限量的存储文件。另外，与磁盘不同的是，磁盘大小会限制可存储的数据总量，而 Amazon S3 存储桶可以存储无限量的数据。在数据大小方面，目前 S3 的唯一限制是单个存储对象的大小不能超过 5 TB，但是可以存储任意数量的存储对象，S3 会自动将数据的冗余副本扩展和分发到同一地区内其他位置的服务器中，这一切完全是通过 AWS 的高性能基础设施来实现的。

（3）数据访问性能和吞吐量。S3 是针对 Internet 的一种存储服务，因此它的数据访问速度不能与本地硬盘的文件访问相比。但是，从同一区域内的 Amazon EC2 可以快速访问 Amazon S3。如果同时使用多个线程、多个应用程序或多个客户端访问 S3，那 S3 累计总吞吐量往往远远超出单个服务器可以生成或消耗的吞吐量。S3 在设计上能够保证服务端的访问延时比 Internet 的延时小很多。

为了加快相关数据的访问速度，许多开发人员将 Amazon S3 与 Amazon DynamoDB 或 Amazon RDS 配合使用，S3 存储实际信息，DynamoDB 或 RDS 充当关联元数据（如存储对象名称、大小、关键字等）的存储。数据库提供索引和搜索的功能，通过元数据搜索可以高效地找出存储对象的引用信息，用户可以借助该结果准确定位存储对象本身并从 S3 中获取它。当然，为提高最终用户访问 S3 中数据的性能，还可以使用 Amazon Cloud Front 这样的 CDN 服务。

（4）接口简单。Amazon S3 提供基于 SOAP 和 REST 两种形式的 Web 服务 API 来作为数据的管理操作，这些 API 所提供的管理和操作既包含存储桶，也包含存储对象。虽然直接使用基于 SOAP 或 REST 的 API 非常灵活，但是由于这些 API 相对比较底层，因此实际使用起来相对烦琐。为方便开发人员使用，AWS 专门基于 RESP API 为常见的开发语言提供了高级工具包或软件开发包（SDK），如可以使用 Java、.NET、PHP、Ruby 和 Python 等。另外，如果需要在操作系统中直接管理和操作 S3，可以使用 AWS 为 Windows 和 Linux 环境提供的集成 AWS 命令行接口，在这个命令行环境中可以使用类似 Linux 的命令来实现常用的操。最后，还可以通过 AWS 的 Web 管理控制台来简单地使用 S3 服务，包括创建存储桶、上传和下载数据对象等操作。当然现在也有很多第三方的工具能够帮助用户通过图形化的界面使用 S3 服务，如 S3 Organizer（Firefox 的一个免费插件）、CloudBerry Explorer for Amazon S3 等。

3.3 Microsoft 云计算平台

3.3.1 系统简介

Microsoft Azure[9]是 Microsoft 设计并构建的开放大规模云计算平台,其主要目标是为开发者提供一个 PaaS 平台,帮助开发可运行在云服务器、数据中心、Web 和 PC 上的跨平台应用程序。云计算的开发者能使用 Microsoft 全球数据中心的存储能力、计算能力和网络基础服务。Azure 服务平台包括 Windows Azure、SQL Azure 以及 Windows Azure AppFabric 等主要组件,如图 3.9 所示。

Azure 是一种灵活的、支持互操作的平台,可以用来创建云中运行的应用或者通过基于云的特性来加强现有应用,它开放式的架构给开发者提供了 Web 应用、互连设备的应用、个人电脑、服务器,或者提供最优在线复杂解决方案的选择。Windows Azure 以云技术为核心,提供"软件+服务"的计

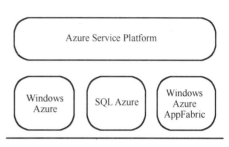

图 3.9 Microsoft Azure 的组成

算方法,它是 Azure 服务平台的基础。Azure 能够基于云平台将开发者个人能力同 Microsoft 全球数据中心网络托管的服务,如存储能力、计算能力和网络基础设施服务紧密结合起来。

3.3.2 服务组件

Windows Azure 是面向 Web 应用的操作系统平台,SQL Azure 是基于云计算的综合数据库,而 Windows Azure AppFabric 包含了服务总线或访问控制等模块。

下面具体介绍 Azure 服务平台各个组成部分。

1. Windows Azure

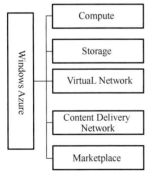

图 3.10 Windows Azure 概况

Windows Azure 可以让用户构建和运行云计算应用程序,它分为计算、存储和内容分发网络等几个部分。图 3.10 为 Windows Azure 的概况图。

Windows Azure Compute 可以让开发人员构建基于云的应用程序,有三个主要角色:Web 角色(Web Role)、工作者角色(Worker Role)和虚拟机角色(VM Role)。Web 角色是为了在 Windows Azure 上构建 Web 应用程序而设计的;工作者角色是为后台处理等高性能任务而设计的,工作者角色可用来处理来自网站(Web 角色)的任务,以便将应用程序分离开来;Windows Azure 虚拟机角色让用户可以将映像(即虚拟硬盘驱动器)上传到云端,这让企业能够在云端运行现有的服务器。

Windows Azure 的另一个主要部分是存储,存储包含三个部分:表存储器(Table Storage)、Blob 存储器(Blob Storage)和消息队列(Message Queue)。表存储器是一种 NoSQL 存储

器，企业可以将大量数据存储在表存储器中，又没有关系数据库的副作用；Blob 存储器旨在存储大型的二进制对象，如视频、图像或文档；消息队列旨在让组件之间能够传递消息，对于云端可扩展、分布式的应用程序来说很有用。

Windows Azure 虚拟网络（Windows Azure Virtual Network）包含一个名为 Windows Azure Connect 的子产品。Windows Azure Connect 让云和内部部署的数据中心之间可以实现直接 IP 连接，目的是为了现有平台与将来的云平台实现互操作性。Windows Azure Connect 的一个重要的功能是活动目录集成，用户可以将活动目录用于权限管理，这让基于云的解决方案有机会将现有的权限用于云端用户。

内容分发网络（Content Delivery Network，CDN）基本上在不同地区的离最终用户更近的地方复制数据。CDN 结合 Windows Azure Storage，是为不同地区的高性能内容分发而构建的。CDN 可用来流式传送视频或者将文件等内容分发到某个地区的最终用户。

Windows Azure Marketplace 可以让开发人员和开发商在网上通过应用程序市场（App Market）来销售其产品。Windows Azure Marketplace 的数据集市（Datamarket）可以让公司购买和销售应用广泛的原始数据。

2. SQL Azure

SQL Azure 是 Microsoft 的云端关系数据库，它基于 Microsoft 自有 SQL Server 产品。图 3.11 为 SQL Azure 的组成图。

SQL Azure 是 Microsoft 基于 SQL Server 技术而建，主要包括：

（1）SQL Azure Database（SQL Azure 数据库），这是云端关系数据库，该系统不需要维修或安装。SQL Azure 还可以满足扩展和分区的需要，并且提供了便利的成本计算方式。

（2）SQL Azure DataSync 是基于同步框架（Sync Framework）而建的，能够在不同的数据中心之间实现数据同步。

（3）SQL Azure Reporting 为 SQL Azure 增添了报告和商业智能（Business Intelligence，BI）功能。

3. Windows Azure AppFabric

Windows Azure AppFabric 是一款云中间件，用于集成现有的应用程序，并允许互操作；此外，它对混合云解决方案来说也非常有用。图 3.12 为 Windows Azure AppFabric 结构图。

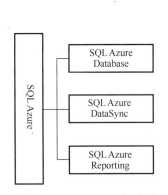

图 3.11　SQL Azure 组成图

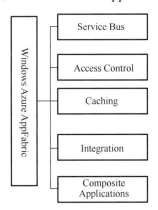

图 3.12　Windows Azure AppFabric 结构图

Windows Azure AppFabric 目前有五个不同的产品。AppFabric 服务总线（Service Bus）为云端的服务发现充当了一种可靠的消息传递方法。Windows Azure 访问控制（Access Control）可以让用户根据不同网站（如 Facebook、Google、Yahoo 和 Windows Live）的用户凭证，以及企业验证机制（如活动目录）来进行验证。如果应用程序需要扩展、涵盖更多实例，缓存（Caching）常常是个瓶颈，可能会引起一些负面影响。Windows Azure AppFabric 引入缓存就是为了解决这个问题。这个部分现在也集成到 Windows Azure 中，以解决 Windows Azure 和 SQL Azure 之间可能出现在大规模系统中的缓存问题。用户可以把现有的 BizTalk Server 任务集成（Integration）到 Windows Azure 中。组合式应用程序（Composite Applications）可用来部署基于 Windows Communication Foundation 和 Workflow Foundation 的分布式系统。

3.4 阿里云计算平台

3.4.1 系统简介

2008 年 9 月，阿里巴巴确定"云计算"和"数据"战略，决定自主研发大规模分布式计算操作系统——飞天[11]。2009 年 2 月飞天系统正式开始研发，同年的 9 月，阿里巴巴集团成立了子公司阿里云计算有限公司，主要负责阿里云的系统研发、维护和业务推广。

经过 8 年的发展，阿里云已经成长为国内最重要的云服务提供商之一，不但对外提供服务，还为阿里巴巴旗下的蚂蚁金服、淘宝和天猫提供数据存储、数据运算和安全防御等服务。目前，阿里云在国内外多个地区部署数据中心，并且拥有着极具竞争力的产品体系，如图 3.13 所示。

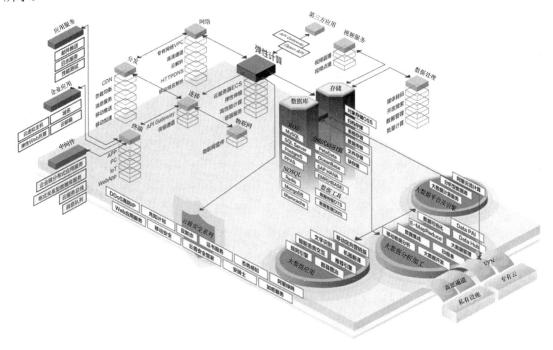

图 3.13 阿里云的产品体系

阿里云在发展过程中不仅吸收了很多开源的技术框架，如 Hadoop、Spark、Openstack 等，而且基于这些技术自主研发了更加贴合市场需求的阿里云飞天系统产品，如图 3.14 所示。

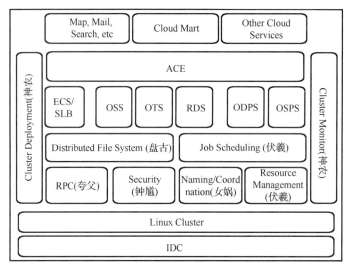

图 3.14　阿里云飞天系统产品架构

3.4.2　弹性计算服务

阿里云提供的弹性计算服务（Elastic Compute Service，ECS），支持大规模分布式计算，通过虚拟化技术整合 IT 资源，并提供自主管理、数据安全保障、自动故障恢复和抵御网络攻击等高级功能，如图 3.15 所示。

图 3.15　阿里云的 ECS

ECS 提供的基本功能包括：

（1）镜像管理：支持 Windows 及 Linux 等操作系统。

（2）远程操作：创建、启动、关闭、释放、修改配置、重置硬盘、管理主机名和密码、监控等。

（3）快照管理：创建、取消、删除、回滚、挂载。
（4）网络管理：管理公网 IP、IP 网段，设置 DNS 别名。
（5）安全管理：设置安全组、自定义防火墙、DDOS 攻击检测。

此外，ECS 还提供故障恢复、在线迁移、自定义 Image、弹性内存等高级功能。

阿里云提供了快照机制，通过为云盘创建快照，用户可以保留某一个或者多个时间点的磁盘数据拷贝，有计划地对磁盘创建快照，可以保证用户的业务可持续运行。快照使用增量的方式，两个快照之间只有数据变化的部分才会被拷贝，增量快照的机制如图 3.16 所示。

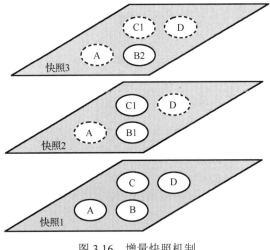

图 3.16 增量快照机制

图 3.16 中快照 1、快照 2 和快照 3 分别是磁盘的第一个、第二个和第三个快照。文件系统对磁盘的数据进行分块检查，当创建快照时，只有变化了的数据块才会被复制到快照中。

在该示例中，快照 1 是磁盘的第一个快照，会把这个磁盘上的所有数据都复制一份。而快照 2 只是复制了有变化的数据块 B1 和 C1，数据块 A 和 D 引用了快照 1 中的 A 和 D。同理，快照 3 复制了有变化数据块 B2，数据块 A 和 D 继续引用快照 1 中的，而数据块 C1 则引用快照 2 中的。当磁盘需要恢复到快照 3 的状态，快照回滚会把数据块 A、B2、C1 和 D 复制到磁盘上，从而恢复成快照 3 的状态。如果快照 2 被删除，快照中的数据块 B1 将被删除，但是数据块 C1 则不会被删除。这样在恢复到快照 3 时，仍可以恢复数据块 C1 的状态。手动创建一个 40 GB 的快照，一般需要几分钟的时间。

快照链是一个磁盘中所有快照组成的关系链，一个磁盘对应一条快照链。一条快照链会包括以下信息：

- 快照节点：快照链中的一个节点表示磁盘的一次快照。
- 快照容量：快照链中所有快照占用的存储空间。
- 快照额度：每条快照链最多只能有 64 个快照额度，包括手动创建及自动创建的快照，达到额度上限后，如果要继续创建自动快照，系统会自动将最早的自动快照删掉。

3.4.3 对象存储服务

对象存储服务（Object Storage Service，OSS）包含以下对象：

1. 存储空间（Bucket）

存储空间是用户用于存储对象的容器，所有的对象都必须隶属于某个存储空间。用户可以设置和修改存储空间属性用来控制地域、访问权限、生命周期等，这些属性设置直接作用于该存储空间内所有对象，因此用户可以通过灵活地创建不同的存储空间来完成不同的管理功能。

同一个存储空间内部的空间是扁平的，没有文件系统的目录等概念，所有的对象都是直接隶属于其对应的存储空间。每个用户可以拥有多个存储空间，存储空间的名称在 OSS 范围内必须是全局唯一的，一旦创建之后无法修改名称，存储空间内部的对象数目没有限制。

2．对象（Object）

对象是 OSS 存储数据的基本单元，也被称为 OSS 的文件。对象由元信息（Object Meta）、用户数据（Data）和文件名（Key）组成。对象由存储空间内部唯一的 Key 来标识，对象元信息是一个键值对，表示了对象的一些属性，如最后修改时间、大小等信息，同时用户也可以在元信息中存储一些自定义的信息。

根据不同的上传方式，对象的大小限制是不一样的，分片上传最大支持 48.8 TB，其他的上传方式最大支持 5 GB。

对象的生命周期是从上传成功到被删除为止，在整个生命周期内，对象信息不可变更。重复上传同名的对象会覆盖之前的对象，因此，OSS 不支持类似文件系统的修改部分内容等操作。OSS 提供了追加上传功能，用户可以使用该功能不断地在 Object 尾部追加写入数据。

3．区域（Region）

区域表示 OSS 的数据中心所在的物理位置。用户可以根据费用、请求来源等综合选择数据存储的区域。一般来说，距离用户更近的区域访问速度更快。

区域是在创建 Bucket 的时候指定的，一旦指定之后就不允许更改，该 Bucket 下所有的 Object 都存储在对应的数据中心，目前不支持 Object 级别的区域设置。

4．访问域名（Endpoint）

Endpoint 表示 OSS 对外服务的访问域名。OSS 以 HTTP REST API 的形式对外提供服务，当访问不同的区域时，需要不同的域名。通过内网和外网访问同一个区域所需要的 Endpoint 也是不同的。

5．访问密钥（AccessKey）

访问密钥指的是访问身份验证中用到的 AccessKeyId 和 AccessKeySecret。OSS 通过使用 AccessKeyId 和 AccessKeySecret 对称加密的方法来验证某个请求的发送者身份。AccessKeyId 用于标识用户，AccessKeySecret 是用户用于加密签名字符串和 OSS 用来验证签名字符串的密钥，其中 AccessKeySecret 必须保密。对于 OSS 来说，AccessKey 的来源有：

- Bucket 的拥有者申请的 AccessKey。
- 被 Bucket 的拥有者通过 RAM 授权第三方请求者的 AccessKey。
- 被 Bucket 的拥有者通过 STS 授权第三方请求者的 AccessKey。

Object 操作在 OSS 上具有原子性，操作要么成功要么失败，不会存在有中间状态的 Object。OSS 保证用户一旦上传完成之后读到的 Object 是完整的，OSS 不会返回给用户一个只上传成功了部分的 Object。

Object 操作在 OSS 上同样具有强一致性，用户一旦收到了一个上传（PUT）成功的响应，该上传的 Object 就已经立即可读，并且数据的三份副本已经写成功。不存在上传的中间状态，即 read-after-write 却无法读取到数据。对于删除操作也是一样的，用户删除指定的 Object 成功之后，该 Object 立即变为不存在。

强一致性方便了用户架构设计，可以像使用传统存储设备一样的逻辑使用 OSS，修改立即可见，无须考虑最终一致性带来的各种问题。

OSS 是一个分布式的对象存储服务，提供的是一个 Key-Value 对形式的对象存储服务。用户可以根据 Object 的名称（Key）唯一地获取该 Object 的内容。例如，虽然用户可以使用类似 test1/test.jpg 的名字，但是这并不表示用户的 Object 是保存在 test1 目录下面的。对于 OSS 来说，test1/test.jpg 仅仅只是一个字符串，和 a.jpg 并没有本质的区别。因此不同名称的 Object 之间的访问消耗的资源是类似的。

文件系统是一种典型的树状的索引结构。一个名为 test1/test.jpg 的文件，访问过程需要先访问到 test1 这个目录，然后在该目录下查找名为 test.jpg 的文件。因此文件系统可以很轻易地支持文件夹的操作，如重命名目录、删除目录、移动目录等，因为这些操作仅仅只是对目录节点的操作。这种组织结构也决定了文件系统访问越深的目录消耗的资源也越大，操作拥有很多文件的目录也会变得非常慢。

对 OSS 来说，可以通过一些操作来模拟类似的功能，但是代价非常昂贵。例如，重命名目录，希望将 test1 目录重命名成 test2，那么 OSS 的实际操作是将所有以 test1/开头的 Object 都重新复制成以 test2/开头的 Object，这是一个非常消耗资源的操作。在使用 OSS 的时候要尽量避免类似的操作。

OSS 保存的 Object 是不支持修改的（追加写 Object 需要调用特定的接口，生成的 Object 也和正常上传的 Object 在类型上有差别）。用户哪怕是仅仅需要修改一个字节也需要重新上传整个 Object。而文件系统的文件是支持修改的，如修改指定偏移位置的内容、截断文件尾部等，这些特点也使得文件系统拥有广泛的适用性。但另外一方面，OSS 能支持海量的用户并发访问，而文件系统会受限于单个设备的性能。

因此，将 OSS 映射为文件系统是非常低效的，也是不建议的做法。如果一定要挂载成文件系统的话，也尽量只做写新文件、删除文件、读取文件这几种操作。使用 OSS 应该充分发挥其优点，即海量数据处理能力，优先用来存储海量的非结构化数据，如图片、视频、文档等。表 3.2 是 OSS 与文件系统的概念对比。

表 3.2 OSS 与文件系统的概念对比

对象存储 OSS	文件系统	对象存储 OSS	文件系统
Object	文件	Bucket	主目录
Region	无	Endpoint	无
AccessKey	无	无	多级目录
GetService	获取主目录列表	GetBucket	获取文件列表
PutObject	写文件	AppendObject	追加写文件
GetObject	读文件	DeleteObject	删除文件
无	修改文件内容	CopyObject（目的和源相同）	修改文件属性
CopyObject	复制文件	无	重命名文件

3.4.4 开放表格存储

开放表格存储（Open Table Store，OTS）是构建在阿里云飞天系统之上的 NoSQL 数据存储服务，提供海量结构化数据的存储和实时访问。表格存储以实例和表的形式组织数据，通过数据分片和负载均衡技术，实现规模上的无缝扩展。应用通过调用表格存储 API / SDK 或者操作管理控制台来使用表格存储服务。

表格存储是一个即开即用，支持高并发、低延时、无限容量的 NoSQL 数据存储服务，具有很高的扩展性、可靠性、安全性等。

3.4.5 云数据库 RDS

云数据库 RDS（ApsaraDB for RDS）是一种稳定可靠、可弹性伸缩的在线数据库服务。基于飞天系统和全 SSD 盘存储，支持 MySQL、SQL Server、PostgreSQL 和 PPAS 引擎，默认部署主备架构且提供了容灾、备份、恢复、监控、迁移等解决方案。

3.4.6 大数据计算服务 MaxCompute

大数据计算服务 MaxCompute 是飞天平台之上的数据仓库解决方案。大数据计算服务向用户完善的数据导入方案，以及多种经典的分布式计算模型，能够更快速地解决用户海量数据计算问题，有效降低企业成本，并保障数据安全。

大数据计算服务采用抽象的作业处理框架，将不同场景的各种计算任务统一在同一个平台之上，共享安全、存储、数据管理和资源调度，为来自不同用户需求的各种数据处理任务提供统一的编程接口和界面，例如提供了数据上传下载通道、SQL、MapReduce、机器学习算法、图编程模型、流式计算模型多种计算分析服务。产品框架如图 3.17 所示。

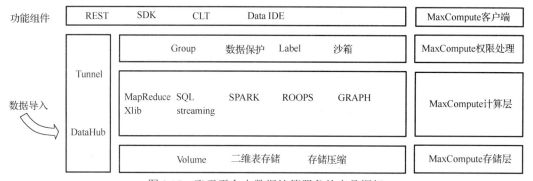

图 3.17 飞天平台大数据计算服务的产品框架

Tunnel 是向用户提供的数据传输服务。该服务水平可扩展，支持 TB/PB 级数据导入、导出，适于全量或历史数据的批量导入。

DataHub 主要是针对实时数据上传提供的服务，具有延迟低、使用方便的特点，适用于增量数据的导入并且支持多种数据传输插件[11]。

3.4.7 阿里云数加平台

阿里云数加平台是大数据领域平台级产品，提供一站式大数据开发、管理、分析、挖掘、共享、交换等端到端的解决方案，其利用 MaxCompute 实现快速的海量数据处理能力，产品架构如图 3.18 所示。

阿里云数加平台底层基于 MaxCompute（原 ODPS）的集成开发环境，包括数据开发、数据管理、数据分析、数据挖掘和管理控制台，其中数据分析和数据挖掘属于阿里云大数据开发平台高级组件。

阿里云大数据开发平台引入全新的工作流任务设计理念，较之前版本具有如下几大特性。

（1）拖拽式操作界面。系统数据开发模块提供丰富的可视化组件，包括 MaxCompute SQL、数据同步、MaxCompute MapReduce、机器学习、虚拟节点，用户可以通过向开发画布拖拽组件的方式来完成新建工作流任务，组件配置即开发。

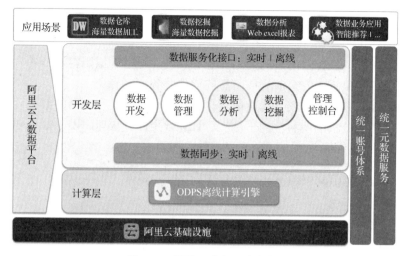

图 3.18 阿里云数加平台架构

（2）个性化数据收藏与管理。系统数据管理模块提供个性化的数据收藏与管理功能，使用户能够收藏所关注的数据表，同时可对数据表的生命周期、基本信息、负责人等信息进行管理，也可查看数据表存储信息、分区信息、产出信息、血缘信息等内容。

（3）一键式跨项目任务发布。数据开发模块提供一键式将开发环境项目空间中的任务发布至测试环境、预发环境或生产环境。

（4）可视化任务监控。运维中心提供可视化的任务监控管理工具，支持以 DAG 图的形式展示任务运行时的全局情况。异常管理便捷化，支持重跑、恢复、暂停和终止等操作。

3.4.8 阿里云盾系统

阿里云盾系统[12]是阿里云的安全产品，该系统部署在阿里云平台之上并使用阿里云的计算能力，同时也为阿里云提供一层安全屏障。目前阿里云盾系统提供的安全服务包括：

（1）DDoS 防护服务。针对阿里云服务器在遭受大流量的 DDoS 攻击后导致服务不可用的情况下，推出的付费增值服务，用户可以通过配置高防 IP，将攻击流量引流到高防 IP，确保源站的稳定可靠。免费为阿里云上客户提供最高 5 GB 的 DDoS 防护能力。

（2）安骑士。安骑士是一款免费云服务器安全管理软件，主要提供木马文件查杀、防密码暴力破解、高危漏洞修复等安全防护功能。

（3）阿里绿网。基于深度学习技术及阿里巴巴的海量数据支撑，提供多样化的内容识别服务，帮助用户降低违规风险。

（4）安全网络。一款集安全、加速和个性化负载均衡为一体的网络接入产品，用户通过接入安全网络，可以缓解业务被各种网络攻击造成的影响，提供就近访问的动态加速功能。

（5）DDoS 防御系统。DDoS 防御系统针对 Internet 服务器（包括非阿里云主机）在遭受大流量的 DDoS 攻击后导致服务不可用的情况下，让用户可以通过配置高防 IP，将攻击流量引流到高防 IP，确保源站的稳定可靠。

（6）网络安全专家服务。在云盾 DDoS 防御系统的基础上，推出的安全代维托管服务。该服务由阿里云盾系统的 DDoS 专家团队，为企业客户提供私家定制的 DDoS 防护策略优化、重大活动保障、人工值守等服务，让企业客户在日益严重的 DDoS 攻击下高枕无忧。

（7）服务器安全托管。为云服务器提供定制化的安全防护策略、木马文件检测和高危漏洞检测与修复工作。当发生安全事件时，阿里云安全团队提供安全事件分析、响应，并进行系统防护策略的优化。

（8）渗透测试服务。针对用户的网站或业务系统，通过模拟黑客攻击的方式，进行专业性的入侵尝试，评估出重大安全漏洞或隐患的增值服务。

（9）态势感知。专为企业安全运维团队打造，结合云主机和全网的威胁情报，利用机器学习进行安全大数据分析的威胁检测平台，可让客户全面、快速、准确地感知安全威胁。

3.5 开源云计算平台

3.5.1 OpenStack

OpenStack[13, 14]是由美国国家航空航天局（National Aeronautics and Space Administration，NASA）和 Rackspace 合作研发并发起的，是 Apache 许可证授权的自由软件和开源的云计算平台项目。

OpenStack 支持几乎所有类型的云环境，其目标是提供实施简单、可大规模扩展、丰富、标准统一的云计算管理平台。OpenStack 通过各种互补的服务提供 IaaS 解决方案，每个服务提供 API 以进行集成。

OpenStack 旨在为公开云及私有云的建设与管理提供软件，首要任务是简化云的部署过程并为其带来良好的可扩展性，帮助服务商和企业内部实现类似于 Amazon EC2 和 S3 的云基础架构服务。OpenStack 除了 Rackspace 和 NASA 大力支持外，还有包括 Dell、Citrix、Cisco、Canonical 等重量级公司的贡献和支持，发展速度非常快。

OpenStack 是一整套开源软件项目的综合，它允许企业或服务提供者建立、运行自己的云计算和存储设施。OpenStack 包含两个最主要的模块——Nova 和 Swift，前者是 NASA 开发的虚拟服务器部署和业务计算模块；后者是 Rackspace 开发的分布式云存储模块，两者可以一起用，也可以分开单独用。

具体而言，OpenStack 的重要构成组件包括计算服务 Nova、存储服务 Swift、镜像服务 Glance、认证服务 Keystone、UI 服务 Horizon 等，如图 3.19 所示。

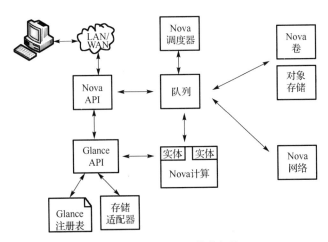

图 3.19 OpenStack 基本架构

图 3.20 展示了 Keystone、Horizon 与 OpenStack 其他组件的交互关系。

1. OpenStack 计算设施 Nova

Nova 是 OpenStack 计算的弹性控制器，在 OpenStack 系统中，计算实例生命期所需的各种活动都将由 Nova 进行处理和支撑，这就意味着 Nova 以管理平台的身份登场，负责管理整个云的计算资源、网络、授权及测度。虽然 Nova 本身并不提供任何虚拟能力，但它将使用 libvirt API 与虚拟机的宿主机进行交互。Nova 通过 Web 服务 API 来对外提供处理接口，而且这些接口与 Amazon 的 Web 服务接口是兼容的。

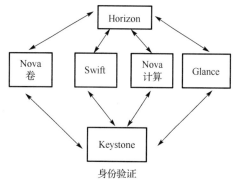

图 3.20 OpenStack 组件之间的交互关系

Nova 的功能包括：实例生命周期管理、计算资源管理、网络与授权管理、基于 REST 的 API、异步连续通信、支持各种宿主（包括 Xen、XenServer/XCP、KVM、UML、VMware vSphere、Hyper-V），以及 OpenStack 计算部件。

Nova 包含 API 服务器（Nova-API Server）、消息队列（Rabbit-MQ Server）、运算工作站（Nova-Compute）、网络控制器（Nova-Network）、卷管理（Nova-Volume）和调度器（Nova-Scheduler）等主要部分：

（1）API 服务器。API 服务器提供云设施与外界交互的接口，它是外界用户对云实施管理的唯一通道。通过使用 Web 服务来调用各种 EC2 的 API，API 服务器通过消息队列把请求送达至云内目标设施进行处理。作为对 EC2-API 的替代，用户也可以使用 OpenStack 的原生 API，我们把它叫做 OpenStack API。

（2）消息队列。OpenStack 内部在遵循 AMQP（高级消息队列协议）的基础上采用消息队列进行通信。Nova 对请求应答进行异步调用，当请求接收后便则立即触发一个回调。由于使用了异步通信，不会有用户的动作被长置于等待状态。例如，启动一个实例或上传一份镜像的过程较为耗时，API 调用就将等待返回结果而不影响其他操作，在此异步通信起到了很大作用，使整个系统变得更加高效。

（3）运算工作站。运算工作站的主要任务是管理实例的整个生命周期，它们通过消息队列接收请求并执行，从而对实例进行各种操作。在典型实际生产环境下，会架设许多运算工作站，根据调度算法，一个实例可以在可用的任意一台运算工作站上部署。

（4）网络控制器。网络控制器处理主机的网络配置，例如 IP 地址分配、配置项目 VLAN、设定安全群组，以及为计算节点配置网络。

（5）卷工作站。卷工作站管理基于 LVM 的实例卷，能够为一个实例创建、删除、附加卷，也可以从一个实例中分离卷。卷管理提供了一种保持实例持续存储的手段，当结束一个实例后，根分区如果是非持续化的，那么对其的任何改变都将丢失。可是，如果从一个实例中将卷分离出来，或者为这个实例附加上卷的话，即使实例被关闭，数据仍然保存其中。这些数据可以通过将卷附加到原实例或其他实例的方式而重新访问。重要数据务必要写入卷中。这种应用对于数据服务器实例的存储而言，尤为重要。

（6）调度器。调度器负责把 Nova-API 调用送达给目标。调度器以名为 Nova-Schedule 的守护进程方式运行，并根据调度算法从可用资源池中恰当地选择运算服务器。有很多因素都可以影响调度结果,如负载、内存、子节点的远近、CPU 架构等。Nova 调度器采用的是可插入式架构,目前 Nova 调度器使用了几种基本的调度算法:随机化,主机随机选择可用节点;可用化,与随机相似,只是随机选择的范围被指定;简单化,应用这种方式,主机选择负载最小者来运行实例,而负载数据可以从别处获得,如负载均衡服务器。

2. OpenStack 镜像服务 Glance

OpenStack 镜像服务器是一套虚拟机镜像发现、注册、检索系统,我们可以将镜像存储到以下任意一种存储:本地文件系统(默认)、OpenStack 对象存储、S3 直接存储、S3 对象存储(作为 S3 访问的中间渠道)和 HTTP(只读)。Glance 包括 Glance 控制器和 Glance 注册器。

3. OpenStack 存储设施 Swift

Swift 为 OpenStack 提供一种分布式、持续虚拟对象存储,类似于 Amazon Web Service 的 S3 简单存储服务,它具有跨节点百级对象的存储能力。Swift 内建冗余和失效备援管理,能够处理归档和媒体流,特别是对大数据(千兆字节)和大容量(多对象数量)的测度非常高效。

Swift 的功能包括海量对象存储、大文件(对象)存储、数据冗余管理、归档能力、处理大数据集、为虚拟机和云应用提供数据容器、处理流媒体、对象安全存储、备份与归档、良好的可伸缩性。

Swift 中的组件如下。

(1) Swift 代理服务器。用户都是通过 Swift-API 与代理服务器进行交互的,代理服务器正是接收外界请求的门卫,它检测合法的实体位置并路由它们的请求。此外,代理服务器也同时处理实体失效而转移时,故障切换的实体重复路由请求。

(2) Swift 对象服务器。对象服务器是一种二进制存储,它负责处理本地存储中的对象数据的存储、检索和删除。对象是文件系统中存放的典型的二进制文件,具有扩展文件属性的元数据(xattr)。xattr 格式被 Linux 中的 ext3/4、XFS、Btrfs、JFS 和 ReiserFS 所支持,但是并没有有效测试证明在 XFS、JFS、ReiserFS、Reiser4 和 ZFS 下也同样能运行良好。XFS 被认为是当前最好的选择。

(3) Swift 容器服务器。容器服务器将列出一个容器中的所有对象,默认对象列表将存储为 SQLite 文件,也可以修改为 MySQL。容器服务器也会统计容器中包含的对象数量及容器的存储空间耗费。

(4) Swift 账户服务器。账户服务器与容器服务器类似,将列出容器中的对象。

(5) Ring(索引环)。Ring 容器记录 Swift 中物理存储对象的位置信息,它是真实物理存储位置的实体名的虚拟映射,类似于查找及定位不同集群的实体真实物理位置的索引服务。这里所谓的实体指账户、容器、对象,它们都拥有属于自己的不同的 Ring。

4. OpenStack 认证服务 Keystone[13]

Keystone 为所有的 OpenStack 组件提供认证和访问策略服务,它依赖自身 REST(基于 Identity API)系统进行工作,主要对(但不限于)Swift、Glance、Nova 等进行认证与授权。事实上,授权通过对动作消息来源者请求的合法性进行鉴定,验证过程如图 3.21 所示。

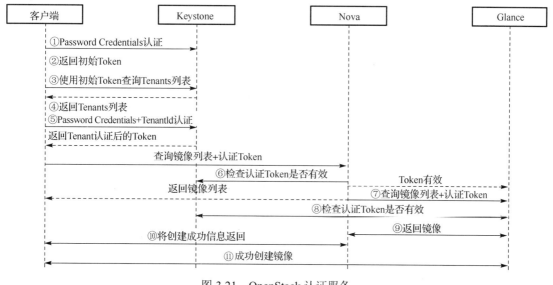

图 3.21 OpenStack 认证服务

Keystone 采用两种授权方式，一种基于用户名/密码，另一种基于令牌（Token）。除此之外，Keystone 提供以下三种服务。

- 令牌服务：含有授权用户的授权信息。
- 目录服务：含有用户合法操作的可用服务列表。
- 策略服务：利用 Keystone 具体指定用户或群组某些访问权限。

Keystone 提供的认证服务由如下组件构成。

（1）入口：如 Nova、Swift 和 Glance 一样，每个 OpenStack 服务都有一个指定的端口和专属的 URL，我们称其为入口（Endpoints）。

（2）区位：在某个数据中心，一个区位具体指定了一处物理位置。在典型的云架构中，如果不是所有的服务都访问分布式数据中心或服务器的话，则也称其为区位。

（3）用户：Keystone 授权使用者，代表一个个体，OpenStack 以用户的形式来授权服务给它们。用户拥有证书（Credentials），且可能分配给一个或多个租户。经过验证后，会为每个单独的租户提供一个特定的令牌。

（4）服务：总体而言，任何通过 Keystone 进行连接或管理的组件都称为服务。例如，我们可以称 Glance 为 Keystone 的服务。

（5）角色：为了维护安全限定，就云内特定用户可执行的操作而言，该用户关联的角色是非常重要的。一个角色是应用于某个租户的使用权限集合，以允许某个指定用户访问或使用特定操作。角色是使用权限的逻辑分组，它使得通用的权限可以简单地分组并绑定到与某个指定租户相关的用户。

（6）租间：租间指的是具有全部服务入口并配有特定成员角色的一个项目。一个租间映射到一个 Nova 的 Project-ID，在对象存储中，一个租间可以有多个容器。根据不同的安装方式，一个租间可以代表一个客户、账号、组织或项目。

5. OpenStack 管理界面 Horizon

Horizon 是一个用以管理、控制 OpenStack 服务的 Web 控制面板，它可以管理实例、镜像、创建密钥对,对实例添加卷、操作 Swift 容器等。除此之外,用户还可以在控制面板中使用终端(Console)或 VNC 直接访问实例。

Horizon 具有如下一些功能。

- 实例管理:创建、终止实例,查看终端日志,VNC 连接,添加卷等。
- 访问与安全管理:创建安全群组,管理密钥对,设置浮动 IP 等。
- 偏好设定:可对虚拟硬件模板进行不同偏好设定。
- 镜像管理:编辑或删除镜像,查看服务目录,管理用户、配额及项目用途。
- 用户管理:创建用户等。
- 卷管理:创建卷和快照。
- 对象存储处理:创建、删除容器和对象。

3.5.2 Hadoop

Hadoop[15]是 Apache 开源组织研发的一个可靠的、可扩展的分布式开源计算框架,用户可以在不了解分布式底层细节的情况下,借助 Hadoop 充分利用集群的能力实现高速运算和海量数据的存储。

Hadoop 的雏形始于 2002 年的 Apache 的 Nutch,Nutch 是一个开源的用 Java 实现的搜索引擎,它提供了我们运行自己的搜索引擎所需的全部工具,包括全文搜索和 Web 爬虫。随后在 2003 年 Google 发表了论文阐述了 Google 文件系统 GFS 的技术细节。2004 年 Nutch 创始人 Doug Cutting 基于 Google 的 GFS 论文实现了分布式文件存储系统名为 NDFS。2004 年 Google 又发表了一篇论文阐述了 MapReduce 计算模型。2005 年 Doug Cutting 又基于 MapReduce,在 Nutch 搜索引擎实现了该功能。2006 年,Yahoo 雇用了 Doug Cutting,Doug Cutting 将 NDFS 和 MapReduce 升级命名为 Hadoop,而且 Yahoo 还创建了一个独立的团队给 Goug Cutting 专门研究发展 Hadoop。不得不说,Google 和 Yahoo 对 Hadoop 的诞生与发展功不可没[16]。

1. Hadoop 基本框架

随着 Hadoop 的研发进展,Hadoop 从基于早期 Google 四大组件 GFS、MapReduce、BigTable 和 Chubby 的开源实现,逐步演化成一个生态系统,其基本框架如图 3.22 所示。

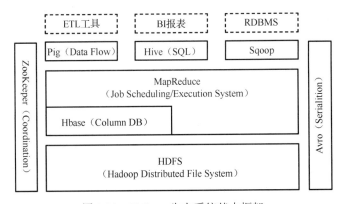

图 3.22 Hadoop 生态系统基本框架

除了最核心的 Hadoop 分布式文件系统（Hadoop Distributed File System，HDFS）和 MapReduce 编程框架外，Hadoop 还包括紧密相关联的 HBase 数据库集群和 ZooKeeper 集群[17]。

HDFS 是一个主/从（Master/slave）体系结构，可以通过目录路径对文件执行 CRUD（Create、Read、Update 和 Delete）操作，为整个生态系统提供了高可靠性的底层存储支持。

MapReduce 采用分而治之的思想，把对大规模数据集的操作分发给一个主节点管理下的各分节点共同完成，然后通过整合各分节点的中间结果得到最终的结果，可为系统提供高性能的计算能力。

Hbase[18]位于结构化存储层，是基于 Hadoop 的开源数据库，ZooKeeper 集群为 HBase 提供了稳定服务和 Failover 机制。Hadoop 最初被用来处理搜索等单一的应用，随着大数据时代的来临，Hadoop 可适应更广泛的应用。

ZooKeeper 是用于 Hadoop 的分布式协调服务。Hadoop 的许多组件依赖于 ZooKeeper，它运行在计算机集群上面，用于管理 Hadoop 操作。

Pig 是 MapReduce 编程的复杂性的抽象，Pig 平台包括运行环境和用于分析 Hadoop 数据集的 Pig Latin 脚本语言，其编译器将 Pig Latin 脚本翻译成 MapReduce 程序序列。

Hive 用于运行存储在 Hadoop 上的类 SQL 查询语句，让不熟悉 MapReduce 开发人员也能编写数据查询语句，然后将这些语句翻译为 Hadoop 上面的 MapReduce 任务。像 Pig 一样，Hive 作为一个抽象层工具，吸引了很多熟悉 SQL 而不是 Java 编程的数据分析师。

Sqoop 是一个连接工具，用于在关系数据库、数据仓库和 Hadoop 之间转移数据。Sqoop 利用数据库技术描述架构，进行数据的导入/导出；利用 MapReduce 实现并行化运行和容错技术。

值得一提的是，在 Hadoop2.0 版本以后，Hadoop 引入了 Yarn 平台。Yarn 平台作为运行于 Hadoop 之上的统一资源管理工具，为运行于 Hadoop 之上的应用提供计算、存储等资源的配给，大大促进了 Hadoop 生态圈的发展。

Hadoop 关键技术[19]主要包括分布式文件系统 HDFS、分布式并行计算模型 MapReduce，以及资源调度平台 Yarn，HDFS 和 MapReduce 分别是 Google 云计算最核心技术，GFS、MapReduce 的开源实现，分别完成云计算的数据存储、数据处理等功能。其中，HDFS、MapReduce 是 Hadoop 的两大核心，整个 Hadoop 的体系结构主要通过 HDFS 来实现对分布式存储的底层支持，通过 MapReduce 来实现对分布式并行任务处理的程序支持。

Yarn 是 Hadoop 在 2.0 版本以后引入的一种新的 Hadoop 资源管理器，它是一个通用资源管理系统，可为上层应用提供统一的资源管理和调度，它的引入为集群在利用率、资源统一管理和数据共享等方面带来了巨大的好处。

（1）分布式文件系统 HDFS。HDFS（Hadoop Distributed File System）默认的最基本的存储单位是 64 MB 的数据块（Block）。和普通文件系统相同的是，HDFS 中的文件是被分成 64 MB 一块的数据块存储的。不同于普通文件系统的是，HDFS 中，如果一个文件小于一个数据块的大小，并不占用整个数据块存储空间。

元数据节点（Namenode）用来管理文件系统的命名空间，其将所有的文件和文件夹的元数据保存在一个文件系统树中，如图 3.23 所示。这些信息也会在硬盘上保存成以下文件：命名空间镜像（Namespace Image）及修改日志（Log）。其还保存了一个文件包括哪些数据块，分布在哪些数据节点（Datanode）上。然而这些信息并不存储在硬盘上，而是在系统启动的时候从数据节点收集而成的。数据节点是文件系统中真正存储数据的地方，客户端或者元数据信息可以向数据节点请求写入或者读出数据块，其周期性地向元数据节点汇报其存储的数据块信息。

从元数据节点（Secondary Namenode）并不是元数据节点出现问题时候的备用节点，它和元数据节点负责不同的事情。其主要功能就是周期性地将元数据节点的命名空间镜像文件和修改日志合并，以防日志文件过大。这点在下面会详细叙述。合并过后的命名空间镜像文件也在从元数据节点保存了一份，以防元数据节点失败时可以恢复。

VERSION 文件是 Java Properties 文件，保存了 HDFS 的版本号；layoutVersion 是一个负整数，保存了 HDFS 的持续化在硬盘上的数据结构的格式版本号；namespaceID 是文件系统的唯一标识符，是在文件系统初次格式化时生成的；cTime 在此处为 0；storageType 表示此文件夹中保存的是元数据节点的数据结构，如图 3.24 所示。

```
${dfs.nam.dir}/current/Version
               /edits
               /fsimage
               /fstime
```

```
namespaceID=1232737062
cTime=0
storageType=NAME_NODE
layoutVersion=-18
```

图 3.23　元数据节点文件夹结构　　　　　图 3.24　VERSION 文件结构

文件系统命名空间映像文件及修改日志：当文件系统客户端进行写操作时，首先把它记录在修改日志中（Edit Log），元数据节点在内存中保存了文件系统的元数据信息。在记录了修改日志后，元数据节点则修改内存中的数据结构。每次的写操作成功之前，修改日志都会同步（Sync）到文件系统。

fsimage 文件，也即命名空间映像文件，是内存中的元数据在硬盘上的 checkpoint，它是一种序列化的格式，并不能在硬盘上直接修改。

同数据的机制相似，当元数据节点失败时，则最新 checkpoint 的元数据信息从 fsimage 加载到内存中，然后逐一重新执行修改日志中的操作。

从元数据节点就是用来帮助元数据节点将内存中 checkpoint 的元数据信息写入到硬盘上的，过程如下：首先从元数据节点通知元数据节点生成新的日志文件，以后的日志都写到新的日志文件中；从元数据节点用 http.get 从元数据节点获得 fsimage 文件及旧的日志文件；从元数据节点将 fsimage 文件加载到内存中，并执行日志文件中的操作，然后生成新的 fsimage 文件；从元数据节点将新的 fsimage 文件用 http.post 传回元数据节点；元数据节点可以将旧的 fsimage 文件及旧的日志文件，换为新的 fsimage 文件和新的日志文件（第一步生成的），然后更新 fstime 文件，写入此次 checkpoint 的时间；这样元数据节点中的 fsimage 文件保存了最新的 checkpoint 的元数据信息，日志文件也重新开始。

元数据节点和从元数据节点的交互如图 3.25 所示。

从元数据节点的目录结构如图 3.26 所示，数据节点的目录结构如图 3.27 所示。

blk_<id>保存的是 HDFS 的数据块，其中保存了具体的二进制数据。blk_<id>.meta 保存的是数据块的属性信息，如版本信息、类型信息和 checksum。当一个目录中的数据块到达一定数量时，则创建子文件夹来保存数据块及数据块属性信息。

数据节点的 VERSION 文件格式如图 3.28 所示。

图 3.25 元数据节点和从元数据节点的交互

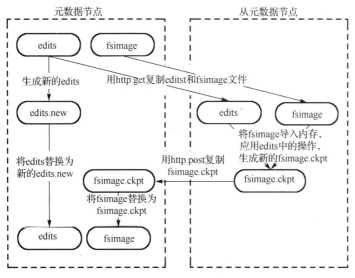

图 3.26 从元数据节点的目录结构　　图 3.27 数据节点的目录结构

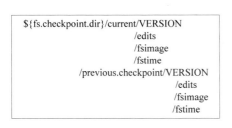

图 3.28 VERSION 文件格式

（2）数据流（Data Flow）。HDFS 的文件读取过程如图 3.29 所示，客户端用 FileSystem 的 open() 函数打开文件；DistributedFileSystem 用 RPC 调用元数据节点，得到文件的数据块信息；对于每一个数据块，元数据节点返回保存数据块的数据节点的地址；DistributedFileSystem 返回 FSDataInputStream 给客户端，用来读取数据；客户端调用 stream 的 read() 函数开始读取数据；FSDataInputStream 封装了 DFSInputStream 用于管理元数据节点和数据节点的 I/O；DFSInputStream 连接保存此文件第一个数据块的最近的数据节点 Data 从数据节点读到客户端；当此数据块读取完毕时，DFSInputStream 关闭和此数据节点的连接，然后连接此文件下一个数据块的最近的数据节点；当客户端读取完毕数据时，调用 FSDataInputStream 的 close() 函数；在读取数据的过程中，如果客户端与数据节点的通信出现错误，则尝试连接包含此数据块的下一个数据节点；失败的数据节点将被记录，以后不再连接。

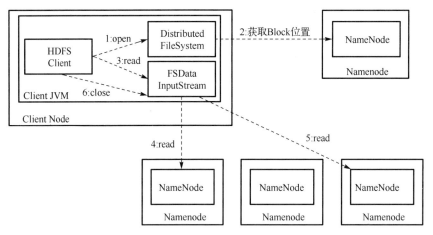

图 3.29　HDFS 的文件读取过程

写文件的过程包括：客户端调用 create()来创建文件；DistributedFileSystem 用 RPC 调用元数据节点，在文件系统的命名空间中创建一个新的文件；元数据节点首先确定文件原来不存在，并且客户端有创建文件的权限，然后创建新文件；DistributedFileSystem 返回 DFSOutputStream，客户端用于写数据；客户端开始写入数据，DFSOutputStream 将数据分成块，写入 Data queue；Data queue 由 Data Streamer 读取，并通知元数据节点分配数据节点，用来存储数据块（每块默认复制 3 块），分配的数据节点放在一个 pipeline 里；Data Streamer 将数据块写入 pipeline 中的第一个数据节点，第一个数据节点将数据块发送给第二个数据节点，第二个数据节点将数据发送给第三个数据节点；DFSOutputStream 为发出去的数据块保存了 ack queue，等待 pipeline 中的数据节点告知数据已经写入成功，如图 3.30 所示。

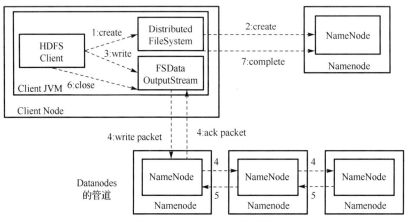

图 3.30　HDFS 写文件过程

如果数据节点在写入的过程中失败，则关闭 pipeline，将 ack queue 中的数据块放入 data queue 的开始。当前的数据块在已经写入的数据节点中被元数据节点赋予新的标识，则错误节点重启后能够察觉其数据块是过时的，会被删除。失败的数据节点从 pipeline 中移除，另外的数据块则写入 pipeline 中的另外两个数据节点。元数据节点则被通知此数据块是复制块数不足，将来会再创建第三份备份。

当客户端结束写入数据，则调用 stream 的 close()函数。此操作将所有的数据块写入 pipeline 中的数据节点，并等待 ack queue 返回成功，最后通知元数据节点写入完毕。

2. MapReduce

目前，Hadoop 中的 MapReduce 编程模型用于大规模数据集（大于 1 TB）的并行运算，其工作原理与 Google 公布的论文中描述的 MapReduce 有一定不同之处。MapReduce 中 Map（映射）和 Reduce（归约）思想，都是从函数式编程语言里借来的，还有从矢量编程语言里借来的特性，它极大地方便了编程人员在不会分布式并行编程的情况下，将自己的程序运行在分布式系统上。当前的实现是指定一个 Map 函数，用来把一组键值对映射成一组新的键值对，指定并发的 Reduce 函数，用来保证所有映射的键值对中的每一个共享相同的键组。

（1）MapReduce 运行机制，如图 3.31 所示。首先是客户端要编写好 MapReduce 程序，配置好 MapReduce 的作业（Job），接下来就是提交 Job 到 Jobtracker 上，这时 Jobtracker 就会构建这个 Job，具体就是分配一个新的 Job 任务的 ID 值，接下来它会做检查操作，这个检查就是确定输出目录是否存在，如果存在那么 Job 就不能正常运行下去，Jobtracker 会抛出错误给客户端，接下来还要检查输入目录是否存在，如果不存在同样抛出错误；如果存在，Jobtracker 会根据输入计算输入分片（Input Split），如果分片计算不出来也会抛出错误。这些都做好了 Jobtracker 就会配置 Job 需要的资源了。分配好资源后，Jobtracker 就会初始化作业，初始化主要做的是将 Job 放入一个内部的队列，让配置好的作业调度器能调度到这个作业，作业调度器会初始化这个 Job。初始化就是创建一个正在运行的 Job 对象（封装任务和记录信息），以便 Jobtracker 跟踪 Job 的状态和进程。

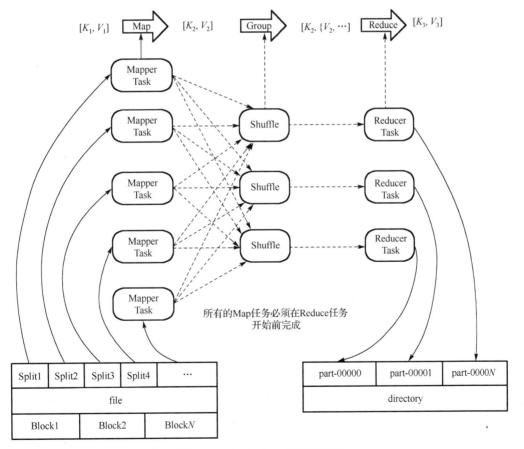

图 3.31　MapReduce 的运行机制

初始化完毕后，作业调度器会获取输入分片信息（Input Split），每个分片创建一个 Map 任务。接下来就是任务分配了，这个时候 Tasktracker 会运行一个简单的循环机制定期发送心跳给 Jobtracker，心跳间隔是 5 s，程序员可以配置这个时间。心跳就是 Jobtracker 和 Tasktracker 沟通的桥梁，通过心跳，Jobtracker 可以监控 Tasktracker 是否存活，也可以获取 Tasktracker 处理的状态和问题，同时 Tasktracker 也可以通过心跳里的返回值获取 Jobtracker 给它的操作指令。任务分配好后就是执行任务了，在任务执行时，Jobtracker 可以通过心跳机制监控 Tasktracker 的状态和进度，同时也能计算出整个 Job 的状态和进度，而 Tasktracker 还可以本地监控自己的状态和进度。当 Jobtracker 获得了最后一个完成指定任务的 Tasktracker 操作成功的通知时，Jobtracker 会把整个 Job 状态置为成功，当客户端查询 Job 运行状态时（这个是异步操作），客户端会查到 Job 完成的通知。如果 Job 中途失败，MapReduce 也会有相应机制处理，一般而言，如果不是程序员程序本身有 bug，MapReduce 错误处理机制都能保证提交的 Job 能正常完成。

（2）MapReduce 的运行细节。下面将从逻辑实体的角度讲解 MapReduce 运行机制，这些按照时间顺序包括输入分片（Input Split）、Map 阶段、Combiner 阶段、Shuffle 阶段和 Reduce 阶段。

① 输入分片（Input Split）：在进行 Map 计算之前，MapReduce 会根据输入文件计算输入分片，每个输入分片针对一个 Map 任务，输入分片存储的并非数据本身，而是一个分片长度和一个记录数据的位置的数组，输入分片往往和 HDFS 的 Block（块）关系很密切，假如我们设定 HDFS 的块的大小为 64 MB，如果我们输入有三个文件，大小分别是 3 MB、65 MB 和 127 MB，那么 MapReduce 会把 3 MB 文件分为 1 个输入分片，65 MB 则是 2 个输入分片而 127 MB 也是 2 个输入分片。换句话说我们如果在 Map 计算前做输入分片调整，例如合并小文件，那么就会有 5 个 Map 任务将执行，而且每个 Map 执行的数据大小不均，这个也是 MapReduce 优化计算的一个关键点。

② Map 阶段：就是程序员编写好的 Map 函数了，因此 Map 函数效率相对好控制，而且一般 Map 操作都是本地化操作，即在数据存储节点上进行。

③ Combiner 阶段：Combiner 阶段是程序员可以选择的，Combiner 其实也是一种 Reduce 操作，因此我们看见 WordCount 类里是用 Reduce 进行加载的。Combiner 是一个本地化的 Reduce 操作，它是 Map 运算的后续操作，主要是在 Map 计算出中间文件前做一个简单的合并重复 key 值的操作。例如，我们对文件里的单词频率做统计，Map 计算时候如果碰到一个 Hadoop 的单词就会记录为 1，但是这篇文章里 Hadoop 可能会出现 n 多次，那么 Map 输出文件冗余就会很多，因此在 Reduce 计算前对相同的 key 做一个合并操作，那么文件会变小，这样就提高了宽带的传输效率，毕竟 Hadoop 计算力宽带资源往往是计算的瓶颈也是最为宝贵的资源。但是 Combiner 操作是有风险的，使用它的原则是 Combiner 的输入不会影响到 Reduce 计算的最终输入，例如，如果计算只是求总数、最大值、最小值可以使用 Combiner，但是做平均值计算使用 Combiner 的话，最终的 Reduce 计算结果就会出错。

④ Shuffle 阶段：将 Map 的输出作为 Reduce 的输入的过程就是 Shuffle，这是 MapReduce 优化的重点地方。这里我不讲怎么优化 Shuffle 阶段，讲讲 Shuffle 阶段的原理，因为大部分的书籍里都没讲清楚 Shuffle 阶段。Shuffle 一开始就是在 Map 阶段做输出操作，一般 MapReduce 计算的都是海量数据，Map 输出时候不可能把所有文件都放到内存操作，

因为 Map 写入磁盘的过程十分的复杂，更何况 Map 输出时候要对结果进行排序，内存开销是很大的。Map 在做输出时会在内存里开启一个环形内存缓冲区，这个缓冲区专门用来输出的，默认大小是 100 MB，并且在配置文件里为这个缓冲区设定了一个阀值，默认是 0.80（这个大小和阀值可以在配置文件里进行配置），同时 Map 还会为输出操作启动一个守护线程，当缓冲区的内存达到了阀值的 80%时，这个守护线程就会把内容写到磁盘上，这个过程叫 Spill。另外的 20%内存可以继续写入要写进磁盘的数据，写入磁盘和写入内存操作是互不干扰的，如果缓存区被撑满了，那么 Map 就会阻塞写入内存的操作，让写入磁盘操作完成后再继续执行写入内存操作。前面我讲到写入磁盘前会有个排序操作，这个是在写入磁盘操作时候进行，不是在写入内存时候进行的，如果我们定义了 Combiner 函数，那么排序前还会执行 Combiner 操作。

每次 Spill 操作，也就是写入磁盘操作时候就会写一个溢出文件，也就是说，在做 Map 输出时有几次 Spill 就会产生多少个溢出文件，等 Map 输出全部完成后，Map 会合并这些输出文件。这个过程里还会有一个 Partitioner 操作，对于这个操作很多人都很迷糊，其实 Partitioner 操作和 Map 阶段的输入分片很像，一个 Partitioner 对应一个 Reduce 作业，如果 MapReduce 操作只有一个 Reduce 操作，那么 Partitioner 就只有一个，如果我们有多个 Reduce 操作，那么 Partitioner 对应的就会有多个，Partitioner 因此就是 Reduce 的输入分片。这个程序员可以编程控制，主要是根据实际 key 和 value 的值，根据实际业务类型或者为了更好的 Reduce 负载均衡要求进行，这是提高 Reduce 效率的一个关键所在。到了 Reduce 阶段就是合并 Map 输出文件了，Partitioner 会找到对应的 Map 输出文件，然后进行复制操作，这时 Reduce 会开启几个复制线程，线程的默认个数是 5 个（程序员也可以在配置文件更改复制线程的个数），这个复制过程和 Map 写入磁盘过程类似，也有阀值和内存大小，阀值一样可以在配置文件里配置，而内存大小是直接使用 Reduce 的 Tasktracker 的内存大小，复制时候 Reduce 还会进行排序操作和合并文件操作，这些操作完成后就会进行 Reduce 计算。

⑤ Reduce 阶段：和 Map 函数一样也是由程序员编写的，最终结果存储在 HDFS 上[20]。

3. 资源管理平台 Yarn

Yarn[21]的基本设计思想是将资源管理，以及 Job 的调度和监控功能拆分成两个单独的守护进程，如图 3.32 所示。

ResourceManager 和与 NodeManager 组成整个数据计算框架。ResourceManager 是系统中掌控所有应用的资源分配的最终决策者，NodeManager 是每台机器上的框架代理，它负责监测 Containers 的资源使用情况（CPU、内存、磁盘、网络），并向 ResourceManager 和 Scheduler 汇报。

每个应用程序的 ApplicationMaster 实际上是一个特定的框架库（Framework Specific Library），其任务包括：
- 与 ResourceManager 协商并获得资源；
- 和 NodeManager 合作，执行和监控 tasks。

ResourceManager 由调度器（Scheduler）和应用管理器（Applications Manager）两个组件构成。调度器根据容量、队列等之间的密切约束，将系统中的资源分配给各个正在运行的应用。这里的调度器仅负责资源的调度，它不再负责监控或者跟踪应用的执行状态，有些任务因为应用程序或者硬件错误而失败时，也不再为任务的重启提供授权。调度器基于各个应用的资源需求进行调度，这种调度基于 Resource Container 的抽象概念，Resource Container 将内存、CPU、磁盘、网络等资源封装在一起。

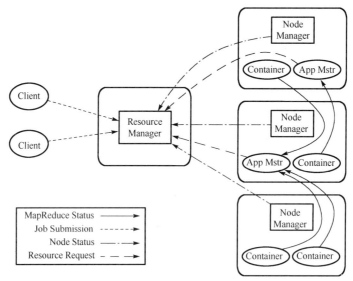

图 3.32　Yarn 的架构

调度器具有可插拔策略，主要负责将集群中得资源分配给多个队列和应用。Yarn 当前有多个资源调度器，如 Capacity Scheduler 和 Fair Scheduler 等，它们都以插件的形式运行。

ApplicationsManager 负责接收作业提交，协商并获取第一个 Container 用于执行这个应用程序的 ApplicationMaster，以及提供重启失败的 ApplicationMaster Container 的服务。每一个应用程序的 ApplicationMaster 的任务包括：

- 和调度器协商并获得合适数量的 Resource Containers；
- 跟踪 Containers 的状态和监控进展情况。

3.5.3　Spark

Spark[22]是加州大学伯克利分校的 AMP 实验室发布的开源类 MapReduce 的通用并行框架，拥 MapReduce 所具有的优点，但不同于 MapReduce 的是，Job 中间输出结果可以保存在内存中，从而不再需要读写硬盘等辅助存储器，因此 Spark 能更好地适用于数据挖掘与机器学习等需要迭代的 MapReduce 的算法。

Spark 与 Hadoop 相似，但是两者之间还存在一些不同之处，这些有用的不同之处使 Spark 在某些工作负载方面表现得更加优越。换句话说，Spark 启用了内存分布数据集，除了能够提供交互式查询外，还可以优化迭代工作负载。

Spark 是在 Scala 语言中实现的，它将 Scala 用作其应用程序框架。Spark 和 Scala 紧密集成，其中的 Scala 可以像操作本地集合对象一样轻松地操作分布式数据集。

尽管创建 Spark 是为了支持分布式数据集上的迭代作业，但是实际上它也可以看成 Hadoop 的补充，可以使用 Yarn 作为资源调度器并在 Hadoop 文件系统中并行运行。此外，Spark 也可以使用 Mesos 等框架为自身的资源调度器。

本节将介绍 Spark 的基本架构、设计思想，以及基于 Spark 核心的伯克利数据分析栈（Berkeley Data Analytics Stack，BDAS）。

1. Spark 基本架构

Spark 架构采用了分布式计算中的 Master-Slave 模型。Master 是对应集群中的含有 Master 进程的节点，Slave 是集群中含有 Worker 进程的节点。Master 作为整个集群的控制器，负责整个集群的正常运行；Worker 相当于计算节点，接收主节点命令与进行状态汇报；Executor 负责任务的执行；Client 作为用户的客户端负责提交应用；Driver 负责控制一个应用的执行，如图 3.33 所示。

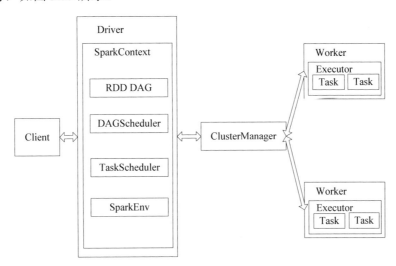

图 3.33　Spark 基本架构图

Spark 集群部署后，需要在主节点和从节点分别启动 Master 进程和 Worker 进程，对整个集群进行控制。在一个 Spark 应用的执行过程中，Driver 和 Worker 是两个重要角色。Driver 程序是应用逻辑执行的起点，负责作业的调度，即 Task 任务的分发，而多个 Worker 用来管理计算节点和创建 Executor 并行处理任务。在执行阶段，Driver 会将 Task 和 Task 所依赖的 file 和 jar 序列化后传递给对应的 Worker，同时 Executor 对相应数据分区的任务进行处理。

下面介绍 Spark 的架构中的主要组件。

- ClusterManager：在 Standalone 模式中为主节点（Master），控制整个集群，监控 Worker；在 Yarn 模式中为资源管理器。
- Worker：从节点，负责控制计算节点，启动 Executor 或 Driver；在 Yarn 模式中为 NodeManager，负责计算节点的控制。
- Driver：运行 Application 的 main() 函数并创建 SparkContext。
- Executor：执行器，在 Worker Node 上执行任务的组件，用于启动线程池运行任务，每个 Application 拥有独立的一组 Executors。
- SparkContext：整个应用的上下文，控制应用的生命周期。
- RDD：Spark 的基本计算单元，一组 RDD 可形成执行的有向无环图 RDD Graph。
- DAGScheduler：根据作业（Job）构建基于 Stage 的 DAG，并提交 Stage 给 TaskScheduler。
- TaskScheduler：将任务（Task）分发给 Executor 执行。
- SparkEnv：线程级别的上下文，存储运行时的重要组件的引用。

- MapOutPutTracker：负责 Shuffle 元信息的存储。
- BroadcastManager：负责广播变量的控制与元信息的存储。
- BlockManager：负责存储管理、创建和查找块。
- MetricsSystem：监控运行时性能指标信息。
- SparkConf：负责存储配置信息。

Spark 的整体流程为：Client 提交应用，Master 找到一个 Worker 启动 Driver，Driver 向 Master 或者资源管理器申请资源，之后将应用转化为 RDD Graph，再由 DAGScheduler 将 RDD Graph 转化为 Stage 的有向无环图并提交给 TaskScheduler，由 TaskScheduler 提交任务给 Executor 执行。在任务执行的过程中，其他组件协同工作，确保整个应用顺利执行[23]。

2. Spark 数据模型 RDD

在 Spark 系统出现之前，已有的分布式数据处理系统存在如下缺点。

（1）重复工作：各个专业系统需要各自重复解决分布式执行和容错等同样问题。例如，分布式 SQL 引擎或机器学习引擎都需要执行并行聚合。对于独立的系统，针对每个领域也需要解决这些问题。

（2）组合限制：不同系统的组合计算既昂贵也笨重，尤其是对于"大数据"应用，中间处理过程的数据集是庞大的且难以移动的。为了使得在各个计算引擎之间共享数据，当前的环境需要将数据导出到稳定且多备份的存储系统中，通常这比实际计算要多出更多的消耗。因此，相比于一站式的系统，由多个系统组成的管道常常是低效的。

（3）范围限制：如果应用程序不符合专业系统的编程模型，用户要不修改程序以适应当前的系统，要不就针对该程序写一个新的运行系统。

（4）资源共享：在计算引擎之间动态共享资源是很困难的，因为大多数引擎在应用程序运行期间都假定独自拥有一组机器。

（5）管理开销：相对单一的系统，独立的系统需要更多的工作用于管理和部署。对于用户来说，它们需要学习多种 API 和执行模型。

由于这些限制，集群计算的统一抽象在易用性和性能方面都有显著的好处，特别是对于复杂的应用程序和多用户环境。

Spark 系统在设计之初就考虑了这些问题，并引入了一个全新的数据抽象模型——弹性分布式数据集（Resilient Distributed Datasets，RDD）。在 Spark 中处理数据，无论是用 BDAS 中的哪一个数据分析模型，最终都会将数据转化成基础的 RDD，将通过各种 API 定义的操作，解析成对于基础的 RDD 操作。这样一来通过一个底层的 Spark 执行引擎就可以满足各种计算模式。

例如，在 Spark 集群中加载一个很大的文本数据，Spark 就会将该文本抽象为一个 RDD，这个 RDD 根据定义的分区策略（如 Hashkey）分为数个 Partiton，这样就可以对各个分区并行处理，从而提高效率。对于用户来说，不需要考虑底层的 RDD 究竟是怎样的，只需要像在单机上那样操作就可以了。

RDD 是一系列只读分区的集合，它只能从文件中读取并创建，或者从旧的 RDD 生成新的 RDD，RDD 的每一次变换操作都会生成新的 RDD，而不是在原来的基础上进行修改的，这种粗粒度的数据操作方式为 RDD 带来了容错和数据共享方面优势，但是在面对大数据集中频繁的小操作时，却显得效率低下。

Spark 采取这样的设计的理由在于：很多时候我们需要在多个计算模型间进行数据共享，通常是各个计算模型各自为政，缺乏高效的数据共享原语。例如，MapReduce 实现数据共享就是将数据序列化到磁盘上，这样就会引入数据备份、磁盘 I/O 及序列化，这就极大拖慢了数据处理的效率。而 Spark 由于采用了统一的 RDD 抽象模型，数据共享简单而直接。

容错机制是分布式系统中的一个很重要的概念，为了应对在数据处理过程中可能出现的各种数据丢失，一般的解决方案就是复制备份，这也是最简单粗暴的方案。在 RDD 中却通过一种名为血统（Lineage）的容错机制巧妙地避开了复制容错，具体的方案是：每一个 RDD 都要记住从初始数据到构建出自己的一系列操作，这一系列操作构成了一个有向无环图，这也是 Spark 中的数据处理机制。因此，在计算过程中任何一个环节出现数据丢失都可以通过血统快速进行恢复。

这些优势使得 RDD 拥有广泛的适用性，可以满足不同计算框架的需求[24]。

下面以图 3.34 为例说明在 Spark 中 RDD 的转换逻辑。

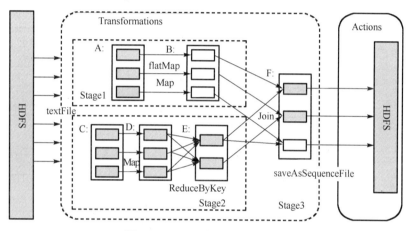

图 3.34 Spark 执行有向无环图

在 Spark 应用中，整个执行流程在逻辑上会形成有向无环图（DAG）。Action 算子触发之后，将所有累积的算子形成一个有向无环图，然后由调度器调度该图上的任务进行运算。Spark 的调度方式与 MapReduce 有所不同，Spark 根据 RDD 之间不同的依赖关系切分形成不同的阶段（Stage），一个阶段包含一系列函数执行流水线。图 3.34 中的 A、B、C、D、E、F 分别代表不同的 RDD，RDD 内的方框代表分区。数据从 HDFS 输入 Spark，形成 RDD A 和 RDD C，RDD C 上执行 Map 操作，转换为 RDD D，RDD B 和 RDD E 执行 Join 操作，转换为 F，而在 B 和 E 连接转化为 F 的过程中又会执行 Shuffle，最后 RDD 通过函数 saveAsSequenceFile 输出 F 并保存到 HDFS 中。

3．Spark 数据分析栈

随着 Spark 的不断发展，现在已经成为拥有众多子项目的云计算平台。加州大学伯克利分校（University of California-Berkeley，UCB）已将 Spark 整个生态系统称为伯克利数据分析栈 BDAS，其核心框架是 Spark，目前 BDAS 的整体结构如图 3.35 所示。

接下来，我们将对该数据分析栈的各个组件进行简要介绍。如果读者对相关内容感兴趣可以参阅 Spark 官方文档进一步了解。

（1）Spark SQL。Spark SQL[25]的前身是 Shark，为了熟悉 RDBMS 但又不理解 MapReduce 的技术人员提供快速上手的工具，Hive 应运而生，它是当时唯一运行在 Hadoop 上的 SQL-on-Hadoop 工具。但是 MapReduce 计算过程中大量的中间磁盘读写过程消耗了大量的 I/O 资源，会降低运行效率，为了提高 SQL-on-Hadoop 的效率，大量的 SQL-on-Hadoop 工具开始产生，其中表现较为突出的是 MapR 的 Drill、Cloudera 的 Impala 及 Shark。

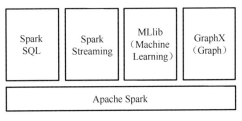

图 3.35　伯克利数据分析栈

其中 Shark 是伯克利实验室 Spark 生态环境的组件之一，它修改了图 3.36 所示的右下角的内存管理、物理计划、执行三个模块，并使之能运行在 Spark 引擎上，从而使得 SQL 查询的速度提升 10～100。

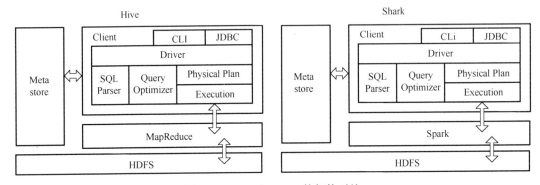

图 3.36　Hive 和 Shark 的架构对比

但是，Shark 对于 Hive 的太多依赖（如采用 Hive 的语法解析器、查询优化器等），制约了 Spark 的 One Stack Rule Them All 的既定方针，制约了 Spark 各个组件的相互集成，所以提出了 SparkSQL 项目。SparkSQL 抛弃原有 Shark 的代码，汲取了 Shark 的一些优点，如内存列存储（In-Memory Columnar Storage）、Hive 兼容性等，重新开发了 SparkSQL 代码。由于摆脱了对 Hive 的依赖性，SparkSQL 无论在数据兼容、性能优化、组件扩展方面都得到了极大的方便。数据兼容方面，不但兼容 Hive，还可以从 RDD、Parquet 文件、JSON 文件中获取数据，未来版本甚至支持获取 RDBMS 数据以及 Cassandra 等 NOSQL 数据；性能优化方面，除了采取 In-Memory Columnar Storage、Byte-code Generation 等优化技术外、将会引进 Cost Model 对查询进行动态评估、获取最佳物理计划等；组件扩展方面，无论是 SQL 的语法解析器、分析器还是优化器都可以重新定义，进行扩展。

2014 年 6 月 1 日 Shark 项目和 Spark SQL 项目的主持人 Reynold Xin 宣布：停止对 Shark 的开发，团队将所有资源放 SparkSQL 项目上，由此发展出 SparkSQL 和 Hive on Spark。其中 SparkSQL 作为 Spark 生态的一员继续发展，而不再受限于 Hive，只是兼容 Hive；而 Hive on Spark 是一个 Hive 的发展计划，该计划将 Spark 作为 Hive 的底层引擎之一，也就是说，Hive 将不再受限于一个引擎，可以采用 Map-Reduce、Tez、Spark 等引擎。

Shark 的出现，使得 SQL-on-Hadoop 的性能比 Hive 有了 10～100 倍的提高，如图 3.37 所示。

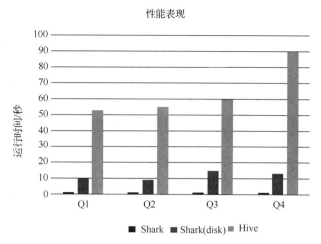

图 3.37　Shark 和 Hive 在 1.7 TB 真实数据集上的查询性能

摆脱了 Hive 的限制后，Spark SQL 的性能虽然没有像 Shark 对于 Hive 那样显著的提升，但也表现得非常优异，如图 3.38 所示。

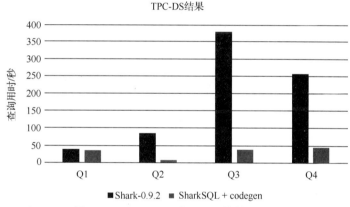

图 3.38　Spark SQL 和 Shark 的性能对比

类似于关系型数据库，SparkSQL 语句也是由 Projection（a1，a2，a3）、Data Source（tableA）、Filter（condition）组成的，分别对应 SQL 查询过程中的 Result、Data Source、Operation，也就是说 SQL 语句按 Result→Data Source→Operation 的次序来描述的，如图 3.39 所示。

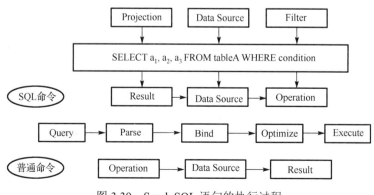

图 3.39　Spark SQL 语句的执行过程

执行 SparkSQL 语句的顺序为：

① 对读入的 SQL 语句进行解析（Parse），分辨出 SQL 语句中哪些词是关键词（如 SELECT、FROM、WHERE）、哪些是表达式、哪些是 Projection、哪些是 Data Source 等，从而判断 SQL 语句是否规范。

② 将 SQL 语句和数据库的数据字典（列、表、视图等）进行绑定（Bind），如果相关的 Projection、Data Source 等都存在的话，就表示这个 SQL 语句是可以执行的。

③ 一般的数据库会提供几个执行计划，这些计划一般都有运行统计数据，数据库会在这些计划中选择一个最优计划（Optimize）。

④ 计划执行（Execute），按 Operation→Data Source→Result 的次序来进行的，在执行过程有时候甚至不需要读取物理表就可以返回结果，如重新运行刚运行过的 SQL 语句，可能直接从数据库的缓冲池中获取返回结果。

SparkSQL 对 SQL 语句的处理和关系型数据库对 SQL 语句的处理采用了类似的方法，首先将 SQL 语句进行解析（Parse），然后形成一个 Tree，在后续的如绑定、优化等处理过程都是对 Tree 的操作，操作方法采用 Rule，通过模式匹配对不同类型的节点采用不同的操作。在整个 SQL 语句的处理过程中，Tree 和 Rule 相互配合，完成了解析、绑定（在 SparkSQL 中称为 Analysis）、优化、物理计划等过程，最终生成可以执行的物理计划。

SparkSQL 总体上由 Core、Catalyst、Hive、Hive-Thriftserver 四个模块组成，Core 处理数据的输入输出，从不同的数据源获取数据（RDD、Parquet、JSON 等），将查询结果输出成 schemaRDD；Catalyst 处理查询语句的整个处理过程，包括解析、绑定、优化、物理计划等，与其说是优化器，还不如说是查询引擎；Hive 对 Hive 数据进行处理；Hive-ThriftServer 提供 CLI 和 JDBC/ODBC 接口。

在这四个模块中，Catalyst 处于最核心的部分，其性能优劣将影响整体的性能。由于发展时间尚短，还有很多不足的地方，但其插件式的设计，为未来的发展留下了很大的空间。图 3.40 是 Catalyst 的架构设计图。

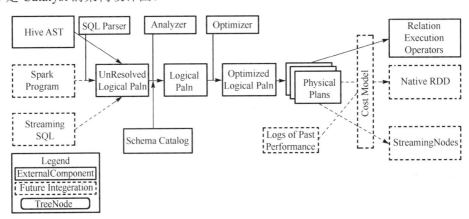

图 3.40　SparkSQL 查询引擎 Catalyst 的架构

其中虚线部分是以后版本要实现的功能，实线部分是已经实现的功能。从图 3.40 可知，Catalyst 主要的实现组件有：SQLParse，完成 SQL 语句的语法解析功能，目前只提供了一个简单的 SQL 解析器；Analyzer，主要完成绑定工作，将不同来源的 UnResolved Logical Plan 和数据元数据（如 Hive Metastore、Schema Catalog）进行绑定，生成 Resolved Logical

Plan；Optimizer 对 Resolved Logical Plan 进行优化，生成 Optimized Logical Plan；Planner 将 Logical Plan 转换成 Physical Plan；Cost Model 主要根据过去的性能统计数据，选择最佳的物理执行计划。

这些组件的基本实现方法为：先将 SQL 语句通过解析生成 Tree，然后在不同阶段使用不同的 Rule 应用到 Tree 上，通过转换完成各个组件的功能；Analyzer 使用 Analysis Rules，配合数据元数据（如 Hive Metastore、Schema Catalog），完善 UnResolved Logical Plan 的属性而转换成 Resolved Logical Plan；Optimizer 使用 Optimization Rules，对 Resolved Logical Plan 进行合并、列裁剪、过滤器下推等优化作业而转换成 Optimized Logical Plan；Planner 使用 Planning Strategies，对 Optimized Logical Plan 进行处理。

查询优化是传统数据库中最为重要的一环，这项技术在传统数据库中已经很成熟。除了查询优化，Spark SQL 在存储上也进行了优化，下面介绍 SparkSQL 的一些优化策略。

① 内存列式存储与内存缓存表。Spark SQL 可以通过 cacheTable 将数据存储转换为列式存储，同时将数据加载到内存缓存。cacheTable 相当于在分布式集群的内存物化视图，将数据缓存，这样迭代的或者交互式的查询不用再从 HDFS 读数据，直接从内存读取数据大大减少了 I/O 开销。列式存储的优势在于 Spark SQL 只需要读出用户需要的列，而不需要像行存储那样每次都将所有列读出，从而大大减少内存缓存数据量，更高效地利用内存数据缓存，同时减少网络传输和 I/O 开销。由于数据类型相同的数据连续存储，数据按照列式存储，能够利用序列化和压缩减少内存空间的占用。

② 列存储压缩。为了减少内存和硬盘空间占用，SparkSQL 采用了一些压缩策略对内存列存储数据进行压缩，其压缩方式要比 Shark 丰富很多，支持 PassThrough、RunLengthEncoding、DictionaryEncoding、BooleanBitSet、IntDelta、LongDelta 等多种压缩方式，这样能够大幅减少内存空间占用、网络传输和 I/O 开销。

③ 逻辑查询优化。SparkSQL 在逻辑查询优化上支持列剪枝、谓词下压、属性合并等逻辑查询优化方法。列剪枝为了减少读取不必要的属性列、减少数据传输和计算开销，在查询优化器进行转换的过程中会优化列剪枝。

④ Join 优化。SparkSQL 深度借鉴传统数据库的查询优化技术的精髓，同时在分布式环境下调整和创新特定的优化策略。现在 SparkSQL 对 Join 进行了优化，支持多种连接算法，现在的连接算法已经比 Shark 丰富，而且很多原来 Shark 的元素也逐步迁移过来，如 BroadcastHashJoin、BroadcastNestedLoopJoin、HashJoin、LeftSemiJoin 等。

下面介绍其中的一个 Join 算法——BroadcastHashJoin，将小表转化为广播变量进行广播，这样避免 Shuffle 开销，最后在分区内做 Hash 连接。这里使用的就是 Hive 中 Map Side Join 思想，同时使用 DBMS 中的 Hash 连接算法做连接[23]。

（2）Spark Streaming。随着大数据的发展，人们对大数据的处理要求也越来越高，原有的批处理框架 MapReduce 适合离线计算，却无法满足实时性要求较高的业务，如实时推荐、用户行为分析等。Spark Streaming[26]是建立在 Spark 上的实时计算框架，通过它提供的丰富的 API、基于内存的高速执行引擎，用户可以结合流式、批处理和交互试查询应用。本节将详细介绍 Spark Streaming 实时计算框架的原理与特点、适用场景。

① 计算流程。Spark Streaming 是将流式计算分解成一系列短小的批处理作业。这里的批处理引擎是 Spark，也就是把 Spark Streaming 的输入数据按照 Batch Size（如 1 s）分成一段一段的数据（Discretized Stream），每一段数据都转换成 Spark 中的 RDD（Resilient Distributed

Dataset），然后将 Spark Streaming 中对 DStream 的 Transformation 操作变为针对 Spark 中对 RDD 的 Transformation 操作，将 RDD 经过操作变成中间结果保存在内存中。整个流式计算根据业务的需求可以对中间的结果进行迭加，或者存储到外部设备。图 3.41 为 Spark Streaming 整个流程。

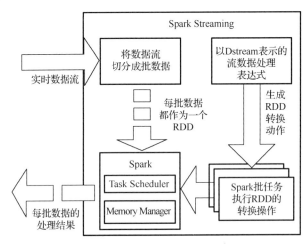

图 3.41 Spark Streaming 整个流程

② 容错性。对于流式计算来说，容错性至关重要。这里简单说明一下 Spark 中 RDD 的容错机制，每个 RDD 都是一个不可变的分布式可重算的数据集，其记录着确定性的操作继承关系（Lineage），所以只要输入数据是可容错的，那么任意一个 RDD 的分区（Partition）出错或不可用，都是可以利用原始输入数据通过转换操作而重新算出的。

③ 双备份。对于 Spark Streaming 来说，其 RDD 的传承关系如图 3.42 所示，图中的每一个椭圆形表示一个 RDD，椭圆形中的每个圆形代表一个 RDD 中的一个 Partition，每一列的多个 RDD 表示一个 DStream（图中有三个 DStream），而每一行最后一个 RDD 则表示每一个 Batch Size 所产生的中间结果 RDD。可以看到图中的每一个 RDD 都是通过 Lineage 相连接的，由于 Spark Streaming 输入数据可以来自于磁盘，例如 HDFS（多份拷贝）或是来自于网络的数据流（Spark Streaming 会将网络输入数据的每一个数据流拷贝两份到其他的机器）都能保证容错性。所以 RDD 中任意的 Partition 出错，都可以并行地在其他机器上将缺失的 Partition 计算出来。这个容错恢复方式比连续计算模型（如 Storm）的效率更高。

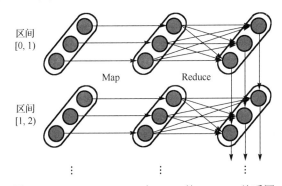

图 3.42 Spark Streaming 中 RDD 的 Lineage 关系图

④ 实时性。对于实时性的讨论，会涉及流式处理框架的应用场景。Spark Streaming 将

流式计算分解成多个 Spark Job，对于每一段数据的处理都会经过 Spark DAG 图分解，以及 Spark 的任务集的调度过程。对于目前版本的 Spark Streaming 而言，其最小的 Batch Size 的选取在 0.5～2 s（Storm 目前最小的延迟是 100 ms 左右），所以 Spark Streaming 能够满足除对实时性要求非常高（如高频实时交易）之外的所有流式准实时计算场景。

⑤ 扩展性与吞吐量。Spark 目前在 EC2 上已能够线性扩展到 100 个节点（每个节点 4Core），可以以数秒的延迟处理 6 GB/s 的数据量（60 Mrecord/s），其吞吐量也比流行的 Storm 高 2～5 倍，图 3.43 是 Berkeley 利用 WordCount 和 Grep 两个用例所做的测试，在 Grep 这个测试中，Spark Streaming 中的每个节点的吞吐量是 670k records/s，而 Storm 是 115k records/s。

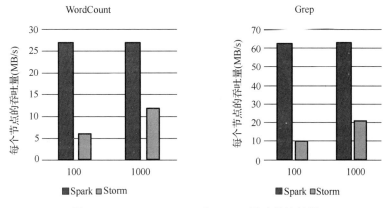

图 3.43　Spark Streaming 与 Storm 吞吐量比较图

（3）Spark GraphX。GraphX[27]是一个新的 Spark API，用于图和并行图（Graph-parallel）的计算。GraphX 通过引入 Resilient Distributed Property Graph、带有顶点和边属性的有向多重图来扩展 Spark RDD。为了支持图计算，GraphX 公开一组基本的功能操作及 Pregel API 的一个优化。另外，GraphX 包含了一个日益增长的图算法和图 Builders 的集合，用以简化图分析任务。

从社交网络到语言建模，不断增长的规模和图形数据的重要性已经推动了许多新的 Graph-parallel 系统（如 Giraph 和 GraphLab）的发展。通过限制可表达的计算类型和引入新的技术来划分及分配图，这些系统可以高效地执行复杂的图形算法，比一般的 Data-parallel 系统快很多。

在了解 GraphX 之前，需要先了解关于通用的分布式图计算框架的两个常见问题：图存储模式和图计算模式。

图存储模式：巨型图的存储总体上有边分割和点分割两种存储方式，如图 3.44 所示。2013 年，GraphLab2.0 将其存储方式由边分割变为点分割，在性能上取得重大提升，目前基本上被业界广泛接受并使用。

边分割（Edge-Cut）：每个顶点都存储一次，但有的边会被打断分到两台机器上。这样做的好处是节省存储空间；坏处是对图进行基于边的计算时，对于一条两个顶点被分到不同机器上的边来说，要跨机器通信传输数据，内网通信流量大。

点分割（Vertex-Cut）：每条边只存储一次，都只会出现在一台机器上。邻居多的点会被复制到多台机器上，增加了存储开销，同时会引发数据同步问题；好处是可以大幅减少内网通信量。

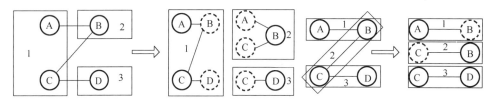

图 3.44 边分割与点分割

虽然两种方法互有利弊,但现在是点分割占上风,各种分布式图计算框架都将自己底层的存储形式变成了点分割。主要原因有两个:一是磁盘价格下降,存储空间不再是问题;二是内网的通信资源没有突破性进展,集群计算时内网带宽是宝贵的,时间比磁盘更珍贵。这点就类似于常见的空间换时间的策略。

在当前的应用场景中,绝大多数网络都是"无尺度网络",遵循幂律分布,不同点的邻居数量相差非常悬殊。而边分割会使那些多邻居的点所相连的边大多数被分到不同的机器上,这样的数据分布会使得内网带宽更加捉襟见肘,于是边分割存储方式被渐渐抛弃了。

目前的图计算框架基本上都遵循块同步并行(Bulk Synchronous Parallell,BSP)计算模式,如图 3.45 所示。BSP 将计算分成一系列的超步(Superstep)的迭代(Iteration)。从纵向上看,它是一个串行模型,而从横向上看,它是一个并行的模型,每两个 Superstep 之间设置一个栅栏(Barrier),即整体同步点,确定所有并行的计算都完成后再启动下一轮 Superstep。

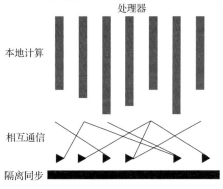

图 3.45 BSP 计算模式

每一个超步(Superstep)包含三部分内容。

① 计算 Compute,每一个 Processor 利用上一个 Superstep 传过来的消息和本地的数据进行本地计算。

② 消息传递,每一个 Processor 计算完毕后,将消息传递个与之关联的其他 Processors。

③ 整体同步点,用于整体同步,确定所有的计算和消息传递都进行完毕后,进入下一个 superstep。

Pregel 借鉴 MapReduce 的思想,采用消息在点之间传递数据的方式,提出了"像顶点一样思考"(Think Like a Vertex)的图计算模式,采用消息在点之间传递数据的方式,让用户无须考虑并行分布式计算的细节,只需要实现一个顶点更新函数,让框架在遍历顶点时进行调用即可。

常见的代码模板如下。

```
void Compute(MessageIterator* msgs){
    //遍历由顶点入边传入的消息列表
    for(;!msgs->Done(); msgs->Next())
    doSomething()
    //生成新的顶点值
    *MutableVertexValue() = ...
    //生成沿顶点出边发送的消息
    sendMessageToAllNeughbors(...);
}
```

图 3.46 为 Pregel 的计算模型。

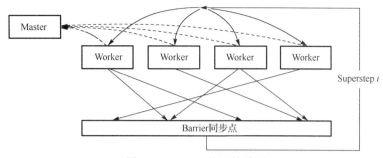

图 3.46 Pregel 的计算模型

① Master 将图进行分区，然后将一个或多个 Partition 分给 Worker。

② Worker 为每一个 Partition 启动一个线程，该线程轮询 Partition 中的顶点，为每一个 Active 状态的顶点调用 Compute 方法。

③ Compute 完成后，按照 Edge 的信息将计算结果通过消息传递方式传给其他顶点。

完成同步后，重复执行②、③操作，直到没有 Active 状态顶点或者迭代次数到达指定数目为止。

这个模型虽然简洁，但很容易发现它的缺陷。对于邻居数很多的顶点，它需要处理的消息非常庞大，而且在这个模式下，它们是无法被并发处理的，所以对于符合幂律分布的自然图，这种计算模型下很容易发生假死或者崩溃。

作为第一个通用的大规模图处理系统，Pregel 已经为分布式图处理迈进了不小的一步，但也存在一些缺陷。

① 在图的划分上，采用的是简单的 Hash 方式，这样固然能够满足负载均衡，但是 Hash 方式并不能根据图的连通特性进行划分，导致超步之间的消息传递开销可能会是影响性能的最大隐患。

② 简单的 Checkpoint 机制只能向后式地将状态恢复到当前 S 超步的几个超步之前，要到达 S 还需要重复计算，这其实也浪费了很多时间，因此如何设计 Checkpoint，使得只需重复计算故障 Worker 的 Partition 的计算，节省计算甚至可以通过 Checkpoint 直接到达故障发生前一超步 S，也是一个很需要研究的地方。BSP 模型本身有其局限性，整体同步并行对于计算快的 Worker 长期等待的问题无法解决。

③ 由于 Pregel 目前的计算状态都是常驻内存的，对于规模继续增大的图处理可能会导致内存不足，如何解决尚待研究。

如同 Spark 本身，每个子模块都有一个核心抽象。GraphX 的核心抽象是 Resilient Distributed Property Graph，是一种点和边都带属性的有向多重图，它扩展了 Spark RDD 的抽象，有 Table 和 Graph 两种视图，如图 3.47 所示，而只需要一份物理存储。两种视图都有自己独有的操作符，从而获得了灵活操作和执行效率。

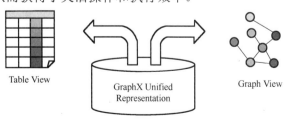

图 3.47 图的两种视图

对 Graph 视图的所有操作，最终都会转换成其关联的 Table 视图的 RDD 操作来完成。这样对一个图的计算，最终在逻辑上等价于一系列 RDD 的转换过程。因此，Graph 最终具备了 RDD 的 3 个关键特性：Immutable、Distributed 和 Fault-Tolerant，其中最关键的是 Immutable（不变性）。逻辑上，所有图的转换和操作都产生了一个新图；物理上，GraphX 会有一定程度的不变顶点和边的复用优化，对用户透明。

两种视图底层共用的物理数据，由 RDD[Vertex-Partition]和 RDD[EdgePartition]这两个 RDD 组成。点和边实际都不是以表 Collection[tuple]的形式存储的，而是由 VertexPartition/EdgePartition 在内部存储一个带索引结构的分片数据块，以加速不同视图下的遍历速度。不变的索引结构在 RDD 转换过程中是共用的，降低了计算和存储开销。

图的分布式存储采用点分割模式，而且使用 partitionBy 方法，由用户指定不同的划分策略（Partition Strategy）。划分策略将边分配到各个 EdgePartition，顶点 Master 分配到各个 VertexPartition，EdgePartition 也会缓存本地边关联点的 Ghost 副本。划分策略的不同会影响到所需要缓存的 Ghost 副本数量，以及每个 EdgePartition 分配的边的均衡程度，需要根据图的结构特征选取最佳策略。目前有 EdgePartition2d、EdgePartition1d、RandomVertexCut 和 CanonicalRandomVertexCut 这四种策略。

GraphX 借鉴 PowerGraph，使用的是 Vertex-Cut（点分割）方式存储图，用三个 RDD 存储图数据信息。

- VertexTable（id, data）：id 为 Vertex id，data 为 Edge data。
- EdgeTable（pid, src, dst, data）：pid 为 Partion id，src 为原定点 id，dst 为目的顶点 id。
- RoutingTable（id, pid）：id 为 Vertex id，pid 为 Partion id。

点分割存储实现如图 3.48 所示。

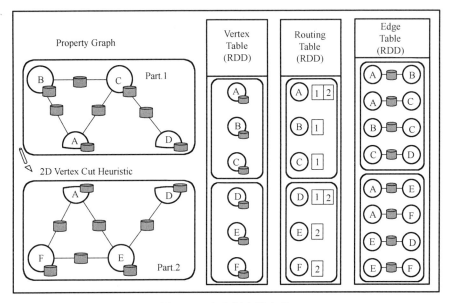

图 3.48　点分割存储实现

GraphX 提供了丰富的图运算符，大致结构如图 3.49 所示。

① 图的 cache。每个图是由 3 个 RDD 组成，所以会占用更多的内存，相应图的 cache、unpersist Vertices 和 checkpoint，更需要注意使用技巧。出于最大限度复用边的理

念,GraphX 的默认接口只提供了 unpersistVertices 方法。如果要释放边,调用 g.edges.unpersist()方法才行,这给用户带来了一定的不便,但为 GraphX 的优化提供了便利和空间。参考 GraphX 的 Pregel 代码,对一个大图,目前最佳的实践是:

```
var g=...
var prevG:Graph[VD, ED] = null
while(...){
    prevG = g
    g = doSomething(g)
    g.cache()
    prevG.unpersistVertices(blocking=false)
    prevG.edges.unpersist(blocking=false)
}
```

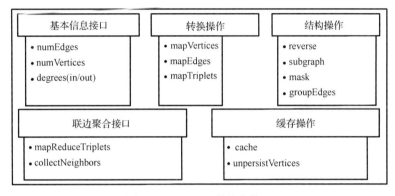

图 3.49　GraphX 的编程接口

大体之意是根据 GraphX 中 Graph 的不变性,对 g 做操作并赋回给 g 之后,g 已不是原来的 g 了,而且会在下一轮迭代使用,所以必须 cache。另外,必须先用 prevG 保留住对原来图的引用,并在新图产生后,快速将旧图彻底释放掉。否则,十几轮迭代后,会有内存泄漏问题,很快耗光作业缓存空间。

② mrTriplets(mapReduceTriplets)是 GraphX 中最核心的一个接口。Pregel 也基于它而来,所以对它的优化能很大程度上影响整个 GraphX 的性能。

它的计算过程为:Map,应用于每一个 Triplet 上,生成一个或者多个消息,消息以 Triplet 关联的两个顶点中的任意一个或两个为目标顶点;Reduce,应用于每一个 Vertex 上,将发送给每一个顶点的消息合并起来。

mrTriplets 最后返回的是一个 VertexRDD[A],包含每一个顶点聚合之后的消息(类型为 A),没有接收到消息的顶点不会包含在返回的 VertexRDD 中。

在最近的版本中,GraphX 针对它进行了一些优化,对于 Pregel 以及所有上层算法工具包的性能都有重大影响,主要包括以下几点。

Caching for Iterative mrTriplets & Incremental Updates for Iterative mrTriplets:在很多图分析算法中,不同点的收敛速度变化很大;在迭代后期,只有很少的点会有更新。因此,对于没有更新的点,下一次 mrTriplets 计算时 EdgeRDD 无须更新相应点值的本地缓存,大幅降低了通信开销。

Indexing Active Edges:没有更新的顶点在下一轮迭代时不需要向邻居重新发送消息。

因此，mrTriplets 遍历边时，如果一条边的邻居点值在上一轮迭代时没有更新，则直接跳过，避免了大量无用的计算和通信。

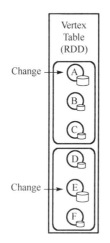 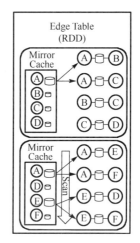

图 3.50　图的 Triplets 的操作

Join Elimination：Triplet 是由一条边和其两个邻居点组成的三元组，操作 Triplet 的 Map 函数常常只需访问其两个邻居点值中的一个。例如，在 PageRank 计算中，一个点值的更新只与其源顶点的值有关，而与其所指向的目的顶点的值无关。那么在 mrTriplets 计算中，就不需要 VertexRDD 和 EdgeRDD 的 3-way Join，而只需要 2-way Join。

所有这些优化使 GraphX 的性能逐渐逼近 GraphLab。虽然还有一定差距，但一体化的流水线服务和丰富的编程接口，可以弥补性能的微小差距。

（4）Spark Mllib。Spark MLlib 是一个机器学习库，它提供了为大规模集群计算所设计的分类、回归、聚类和协同过滤等机器学习算法。其中一部分算法也适用于处理流式数据，如普通线性二乘回归估计和 k 均值聚类算法。由于 Spark 的内存计算的特点，机器学习中常用的迭代式计算在 Spark 中能获得优秀的性能表现。

值得注意的是，Apache Mahout（Hadoop 的机器学习算法软件库）已经脱离 MapReduce 阵营转而投向 Spark MLlib 中，Spark MLlib 拥有大量的开源贡献者不断丰富 MLlib 的算法库。关于 Spark MLlib 的详细使用方式，读者可以参阅 Spark 的官方文档的 MLlib 部分（http: //spark.apache.org/docs/latest/ml-guide.html）。

3.6　云计算仿真平台

3.6.1　CloudSim 简介

CloudSim 是由澳大利亚墨尔本大学的网格实验室和 Gridbus 项目共同推出的开源云计算仿真平台[28-30]，基于 Java 语言开发，可实现跨平台运行。CloudSim 是在 GridSim、SimGrid、OptorSim 和 GangSim 的基础上开发和改进的。CloudSim 平台有助于加快面向云计算的算法设计与测试的速度，降低开发的成本。用户可以通过 CloudSim 提供的众多核心类来进行大规模的云计算基础设施的建模与仿真，包括云数据中心的创建、云任务的提交、服务代理人的模拟、调度策略的仿真设计等。CloudSim 核心类主要包括以下几种。

- Cloudlet 类：云任务，用于构建云端用户提交的任务。
- DataCenter 类：数据中心，提供虚拟化的资源服务。
- DataCenterBroker 类：服务代理人，用于隐藏虚拟机的管理等。
- Host 类：主机资源，一台主机可以对应多个已创建的虚拟机，该类扩展了主机对虚拟机的众多参数分配策略，如带宽、存储空间、内存等。
- VirtualMachine 类：虚拟机类，运行在 Host 上，与其他虚拟机共享资源，每台虚拟机由一个拥有者所有，可提交任务，并由 VMScheduler 类制定该虚拟机的调度策略。
- VMScheduler 类：虚拟机的调度策略，制定相应类型的虚拟机调度策略。
- VMAllocationPolicy 类：虚拟机资源配置策略类，定义创建的虚拟机在主机资源上的调度策略。

3.6.2　CloudSim 体系结构

CloudSim 软件框架的多层体系结构包括 SimJava、GridSim、CloudSim、UserCode 四个层次[29]，如图 3.51 所示。

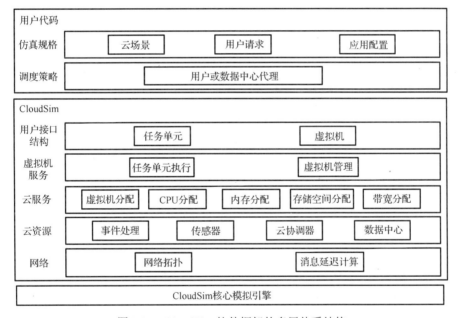

图 3.51　CloudSim 软件框架的多层体系结构

CloudSim 仿真层为云计算的虚拟数据中心环境的配置和仿真提供支持，包括虚拟机、内存、容量及带宽的接口，该层用于主机分配到虚拟机的策略研究，并通过扩展核心的虚拟机调度函数实现。CloudSim 最上层是用户代码层，该层提供一些基本的实体（如主机、应用、虚拟机）。用户数和应用类型，以及代理调度策略等。通过扩展这些实体，云应用开发人员可以在该层开发各种用户需求分布、应用配置、云可用性场景等应用调度技术，并执行 Cloudsim 支持的云配置的 Robust 测试[30]。

3.6.3　CloudSim 应用

（1）CloudSim 共享策略[31]。CloudSim 提供的虚拟化引擎可以帮助用户建立和管理数据中心节点。因为虚拟机对主机资源存在竞争，以及各个任务单元对虚拟机资源同样存在竞争，所以 CloudSim 对创建的虚拟机和提交的任务单元提供了灵活的时间和空间共享策略，用户可以根据不同的共享策略组合来开发相应的调度算法，从而实现调度算法的模拟。

（2）CloudSim 仿真步骤[32]。仿真过程主要包括以下步骤。
- 初始化 CloudSim 的工具包；
- 创建数据中心 DataCenter；
- 创建代理 DataCenterBroker；
- 创建虚拟机列表 VmList，然后将虚拟机列表提交到数据中心代理；
- 创建云任务列表 CloudletList，然后将云任务列表提交给数据中心代理；
- 开始模拟 StartSimulation；
- 结束模拟 StopSimulation，输出结果。

（3）CloudSim 资源调度相关研究[24]。CloudSim 的资源调度是指通过选择满足条件（内存、CPU（MIPS）、带宽）的 Host 创建执行任务所需求的虚拟机的过程，这个过程由创建的数据中心（DataCenter）负责。抽象类 VMAllocationPolicy 代表资源调度的过程，可以通过继承该类实现自己的调度策略。在 CloudSim 中，实现了一种简单的调度策略——VMAllocationPolicySimple，它实现了从数据中创建的主机列表中选择一台合适的主机，并在其上创建需求的虚拟机。主要实现过程的描述如下：

① 从所有主机中选出可用 CPU 核数最多的一台主机，并在其上创建虚拟机。
② 如果①失败且还有主机没有被试过，就排除当前选定的这台主机，重做①。
③ 如果最后该虚拟机创建成功，返回 True，否则返回 False。

3.7 本章小结

本章向读者介绍了目前经典的云计算平台的实现案例，对从平台架构到采用的核心技术均作了说明，希望读者通过本章能够了解目前云平台的主要实现方式及业务特点。

参 考 文 献

[1] Ghemawat S. The Google file system[J]. ACM Sigops Operating Systems Review, 2003, 37(5):29-43.

[2] Dean, Jeffrey, Ghemawat, Sanjay. MapReduce: Simplified Data Processing on Large Clusters.[C]// Conference on Symposium on Opearting Systems Design & Implementation. USENIX Association, 2004:107-113.

[3] Chang, Fay, Dean, Jeffrey, Ghemawat, Sanjay, et al. Bigtable: a distributed storage system for structured data[C]// Usenix Symposium on Operating Systems Design and Implementation. USENIX Association, 2006:15-15.

[4] 云计算平台：Google 和 Amazon[EB/OL].[2011-7-17]. http://www.360doc.com/content/11/0717/-11/6913722_134064179.shtml.

[5] 刘鹏. 云计算. 北京：电子工业出版社，2010.

[6] Decandia G, Hastorun D, Jampani M, et al. Dynamo: amazon's highly available key-value store[J]. ACM Sigops Operating Systems Review, 2007, 41(6):205-220.

[7] Amazon EC2 – 虚拟服务器托管[EB/OL].[2016-9-13].https://aws.amazon.com/cn/ec2/.
[8] 亚马逊 S3 服务介绍 [EB/OL].[2013-11-12]. http://blog.csdn.net/awschina/article/details/15-502205.
[9] Windows Azure [EB/OL].[2015-06-17].http://baike.baidu.com/view/1953318.htm.
[10] 微软 Windows Azure Platform 技术解析 [EB/OL].[2010-09-03]. http://cloud.51cto.com/art/201009/223832_2.htm.
[11] https://www.aliyun.com/.
[12] 阿里云 [EB/OL].[2010-9-12].http://baike.baidu.com/view/2817287.htm.
[13] 池亚平, 王慧丽, 元智博, 等. OpenStack 身份认证机制研究与改进[J]. 吉林大学学报（信息科学版）,2015, 33(6):700-706.
[14] OpenStack 及其构成简介[EB/OL].[2013-08-01]. http://www.linuxidc.com/Linux/2013-08/88186.htm.
[15] Hadoop [EB/OL].[2014-12-22].http://baike.baidu.com/view/908354.htm.
[16] 特金顿. Hadoop 基础教程. 北京：人民邮电出版社，2014.
[17] Apache. ZooKeeper. [EB/OL].[2013-09-05]. http://zookeeper.apache.org/.
[18] 董新华, 李瑞轩, 周湾湾, 等. Hadoop 系统性能优化与功能增强综述[J]. 计算机研究与发展，2013, 50(S2).
[19] 夏大文，荣卓波. Hadoop 关键技术的研究与应用[J]. 计算机与现代化，2013(5):138-141.
[20] Hadoop 学习笔记：MapReduce 框架详解[EB/OL].[2015-02-15].http://blog.jobbole.com/84089/.
[21] http://hadoop.apache.org/docs/current/hadoop-yarn/hadoop-yarn-site/YARN.html.
[22] Spark [EB/OL].[2016-08-08].http://baike.baidu.com/item/SPARK/2229312.
[23] 高彦杰. Spark 大数据处理：技术、应用与性能优化. 北京：机械工业出版社，2014.
[24] Zaharia M. An Architecture for Fast and General Data Processing on Large Clusters[M]. Association for Computing Machinery and Morgan & Claypool, 2016.
[25] Spark 入门实战系列——6.SparkSQL（上）——SparkSQL 简介[EB/OL].[2015-08-26]. http://www.cnblogs.com/shishanyuan/p/4723604.html?utm_source=tuicool.
[26] http://spark.apache.org/streaming/.
[27] GraphX: 基于 Spark 的弹性分布式图计算系统 [EB/OL].[2014-08-19]. http://lidrema.blog.163.com/blog/static/20970214820147199643788/.
[28] Calheiros R, Ranjan R, Beloglazov A, et al. CloudSim: a toolkit for modeling and simulation of cloud computing environments and evaluation of resource provisioning algorithms [J]. Software: Practice and Experience, 2011, 41(1): 23-50.
[29] Calheiros RN, Ranjan R, Beloglazov A, et al. CloudSim: A toolkit for modeling and simulation of cloud computing environments and evaluation of resource provisioning algorithms. Software: Practice and Experience, 2011, 41(1): 23-50.
[30] 韩珂, 蔡小波, 容会, 等. 云计算仿真平台的构建与改进[J]. 计算机系统应用，2016(1):24-30.
[31] 刘鹏. 云计算（第 2 版）. 北京：电子工业出版社，2011.
[32] 曹玲玲. 面向绿色云计算的资源配置及任务调度研究[D]. 南京：南京邮电大学，2014.

第 4 章 云计算应用

云计算从 Internet 行业的发展中诞生,最终却推动 Internet 深入各行各业。随着云计算技术产品、解决方案的不断成熟,云计算理念的迅速推广普及,云计算必将成为未来各个行业领域的主流 IT 应用模式,为重点行业用户的信息化建设与 IT 运维管理工作奠定核心基础。本章我们将探讨云计算在电信、医疗、电子政务、电子商务等领域的应用模式及前景。

4.1 在电信领域的应用

4.1.1 云计算在电信行业的优势

电信网络发展到今天,已经日益复杂和庞大,但电信网的建设模式却没有根本的变化,各个电信设备厂商根据业务需求设计自己的解决方案,采用专用的软硬件和管理系统,不同厂家设备之间通过标准协议互通。在这种模式下,形成了开放标准下封闭的产品体系。随着电信网络的发展和社会环境的变化,这种模式的弊端日益显现[1]。

(1) 资源利用率低,建设成本高。无论是设备初始建设还是系统扩容,运营商都要根据预期的最大业务容量来进行规划。由于不同厂商的硬件设备不能共用,导致每一类设备都有相当大的冗余,设备和机房空间浪费严重。

(2) 能耗居高不下,节能减排压力大。按传统电信设备的设计方式,无论电信业务量有多大,设备始终运行,导致其设备始终按最大容量耗电。

(3) 维护复杂,升级扩容代价大。电信设备的升级扩容比较复杂,需要专业人员参与,也会对业务运行产生影响,而且厂商软硬件的差异,给设备维护带来很大工作量。

(4) 新业务开发代价较大,业务创新困难。电信业务开发过程中需要考虑硬件开发、业务逻辑开发、协议互通、可靠性和扩展性,整个过程周期长、投入大。另外,电信网原有的一些成熟的业务能力不能复用,许多开发工作不得不重复进行,制约了业务创新的步伐。

近几年 Internet 发展十分迅猛,许多优秀的互联网企业在探索中逐渐找到自己的解决办法,这就是云计算。云计算在 Internet 的成功给电信领域带来了新的思路和机遇。云计算相对于传统的信息技术而言有灵活性以及虚拟性等诸多属性,这些特点在在电信行业的运用中拥有广泛的优势[2]。

(1) 超凡的计算能力。出众的计算能力是云计算一个非常鲜明的属性,这一特点也是它能够在通信行业展开运用的一个重要原因。随着近些年来的计算机技术的发展及网络化步伐的加快,使得使用者对于通信及计算的需求水平有所提升,但是因为计算机本身的局限性使得这种需求不能够得到非常好的满足，进而导致网络通信业的发展也受到了一定的限制。云计算的出现就很好地解决了这个问题，因为其出众的计算能力，受到了用户的喜爱，但是计算能力的增强，主要还是因为它能够对众多的计算机建立一种连接，使其资源可以进行整合，进而进行统一的分配，在这种联合作用的支持下，才能够使得其计算量可以与超级计算机相媲美。

（2）可靠的信息存储。云计算相对于以往存储信息的渠道更加安全，为用户提供了一个非常可靠的信息存储系统，能够非常有效地对使用者的信息安全进行保护，为使用者免去了后顾之忧，使其不用再顾虑会出现计算机损坏或者出现病毒而导致整个信息丢失的状况。在云计算系统中，有着近乎苛刻的管理方案，这种权限管理可以使用户的信息资料的存储、查阅等都会拥有绝对的安全，同时在信息的共享时都会面向指定的用户群体。因为云计算的重要基础就是虚拟化技术，网络服务器及一些基础的硬件设施都被虚拟化了。云计算运用这种虚拟化的技术又进一步地为信息的安全提供了一层保障，同时这也为云计算的运用提供了一个优势。

（3）方便的信息共享。云计算在电信行业中的运用，可以在不同的设备之间非常轻松方便地就达到各种形式资源的共享。云计算模式下，使用者的各种信息资源都被存放在云计算之中，只要用户的终端设备可以和网络相连接，输入验证身份的账号密码之后就能够对所存储的信息资源进行访问。在虚拟环境下的资源信息库中，使用者能够按照自己的要求把需要共享的信息传播出去。同时云计算对资源的调配是自动的，这就使得整个系统能够处于非常高效的运转状态，并且当连接中的其中一台设备出现故障时，可以自动调整，让其他的计算机来接收服务，并且对这些数据进行备份处理，这样就能够保障用户的信息安全，不容易丢失。

（4）客户端要求低。在云计算中对使用者的客户端没有过高的要求，通常使用的移动终端都能够随时随地地接收处理云计算的信息。同时，在客户端的浏览器中，使用者也能够对已经保存在云计算中的信息直接进行操作处理，而不需要安装额外的应用。随着我国移动终端设备的逐渐成熟完善，云计算的运用规模也不断扩大，并且相对应地也使得移动终端的功能进一步丰富。随着计算机技术的不断发展，云计算对服务终端变得不那么敏感，同时接入云计算的接口也更加简单，在一些比较复杂的计算过程中，云计算能够在各种终端及浏览器中进行实现。

4.1.2 应用模式

云计算支持按需服务、广泛的网络接入、弹性资源池、快速响应和服务的可度量[3]，符合电信网的需求，电信网采用云计算技术的动力。

云计算架构中有 3 种角色[4]：服务提供者、服务开发者和服务消费者[4]。电信网的主要角色是作为服务提供者为客户提供云计算服务。另外，服务开发者也是非常重要的角色，运营商本身、独立开发商和个人都可以成为服务开发者。

对于电信运营商来说，根据不同的目的和需求可以采用或组合云服务提供商的 IaaS、PaaS、SaaS 中不同的云计算服务类型。下面从三种服务类型的角度来讲述云计算在电信领域的应用模式。

1. 基础设施的云化改造

电信基础设施包括服务器、存储系统、网络设备等。基础设施云化改造就是通过云计算技术，将这些基础设施由独立的硬件设备转化为资源池，从而能够被多个上层业务共享，由统一的管理平台管理，这就是 IaaS 的概念。

将物理设备转化为资源池主要通过虚拟化技术，虚拟化技术对 CPU、内存、存储、网络带宽等物理资源进行统一管理，使资源能够按需分配到各个虚拟机上。每台虚拟机就像一台独立的物理服务器，操作系统和应用程序运行在虚拟机上，用户感知不到虚拟机与物理机的差别。据相关资料统计，采用虚拟化技术后，设备利用率能够从 10%提升到 40%～60%，总成本下降 52%，同时系统故障率和维护时间也大大下降[5]。成本下降主要来源于以下几个方面。

（1）资源利用率的提高使物理设备投资降低。原有电信网中每台设备都有固定用处，如数据库服务器就不能用于会话服务器，即使 CPU 利用率不到 10%，也只能空闲。采用虚拟化技术后，管理系统将多个虚拟机迁移到同一台物理上运行，资源利用率明显提高，物理服务器实际需求量就会减少。

（2）高效的资源调度使电力成本下降。由于虚拟机具有在线迁移能力，电信业务也有着明显的周期性，当业务量下降时，管理系统会将更多的虚拟机调度到一台物理机上运行，其他物理机可以停机以节省能耗。

（3）虚拟资源与物理设备隔离，使设备维护成本下降。资源池的维护管理要比管理各种不同的硬件设备简单得多，而且资源池的扩容和维护对业务也没有影响。电信网的云化改造收益明显，但改造的过程并不是简单地将应用迁移到云计算上。由于目前电信设备的整体架构还是比较封闭的系统，设备厂商提供的整套设备软硬件是不能分割的，设备无法共享，软件也不能迁移，这些条件都与云计算资源池的概念相悖。因此，电信基础设施的云化改造必将伴随着电信设备架构的变革。

图 4.1 是传统电信设备和云化改造后电信设备的比较，明显的区别是传统电信设备的物理设备由统一的资源池代替。

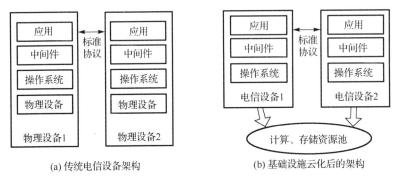

图 4.1　基础设施云化改造前后电信设备的比较

为了适应基础设施的云化改造，电信系统的设计和部署将会有如下变化。

（1）软件的功能分配、主备关系不依赖于硬件设备。传统设备一般会确定每块处理板的功能、板卡之间的主备关系，甚至软件模块间通信也是以板卡位置为依据的。这些依赖于硬件的因素都必须改造，取代软件功能模块间的逻辑关系。

（2）系统的管理范围和方式发生变化。硬件资源将不再分别管理，而是由云计算平台统一管理。云计算平台会屏蔽某些物理设备的变化，如升级、扩容、故障切换等，在必要时，云计算平台会将资源池的事件上报给上层应用，上层应用会做出适当的响应。

（3）系统的部署方式发生变化。由过去安装、配置、调试和运行的过程，变成资源申请和虚拟机映像载入的过程。虚拟机映像是包含操作系统和已经安装调试好的应用软件的映像文件，能够直接在虚拟机中运行，省掉了复杂的中间过程。

（4）业务调度模式发生变化。业务量调度的模式不再由固定数量的处理板分担任务，实际承担任务的虚拟机个数可以动态变化，调度器可随时根据需要申请资源。正是由于这些变化，电信基础设施的云化改造是一个渐进的过程，需要运营商和设备商通力合作，共同解决改造中的问题，逐步推进云计算的应用。

2．利用云计算提供业务创新平台

对于业务创新平台，从智能网开始，电信领域就已经探索过多年，目前开发一个新业务依然比较困难。相对来说，Internet 业务的开发更简洁一些，有许多成熟的框架和工具，接口协议也比较灵活。云计算 PaaS 的概念就更进一步地将开发平台作为服务提供，开发人员只需购买相应的服务就可以进行业务开发和部署。Google 的 App Engine 是比较典型的 PaaS 平台，开发者可以用 Python 或 Java 语言开发 Web 应用，并直接部署在 App Engine 上，App Engine 能够支持自动扩展和负载均衡。因此，一个 Web 应用最复杂的部分由平台来解决，开发者只需按业务需求开发业务逻辑即可。

实际上，大多数电信业务本身逻辑并不复杂，难点主要是信令和协议的复杂性、高可用性和扩展性的处理，以及昂贵的部署平台等。而依照 PaaS 的观点，这些问题都应由云计算平台来解决，并以服务的形式提供给开发者。一种典型的 PaaS 架构的主要组成部分有：

（1）基础服务：提供业务开发基本的支撑功能，如分布式数据库[6]、分布式文件系统[7]、分布式计算框架[8]和分布式缓存等，这些服务具有专用的应用程序编程接口（API），开发者通过调用 API 来访问具体的功能。基础服务本身也提供高可用性和扩展性。

（2）业务支撑服务：提供业务相关的支撑功能，如用户管理、计费认证、日志功能、业务路由、策略控制等，这些服务提供了电信业务通用的功能模块。

（3）业务组件服务：提供基本的业务组件，如语音、会议、短信、彩信、位置等，Internet 业务也可以作为业务组件提供，如搜索、地图、社区等。这些组件通过开发语言编程进行组合生成新业务，业务相关的信令和协议都由 API 屏蔽，开发者完全可以不关心。

（4）业务开发和运行环境：为开发者提供完整的业务开发环境，业务开发完成后可直接部署在平台上。开发者可免去购买硬件设备的费用，平台保证业务运行时有着充分的资源保障。

（5）运营支撑和监控管理功能：提供对整个平台业务的运营支撑能力，也为开发者提供监控管理自身业务的能力。

在电信网中采用 PaaS 模式，使开发电信业务的入门成本大大降低，大量的开发人员可以进入电信业务的开发队伍中。Internet 业务的成果和创新能力也能融入到平台中，使电信网络成为一个开放的和融合的网络。

3．以 SaaS 的形式提供多样化服务

电信业务发展到现在，能选择的业务主要还是语音、视频、短信、彩信，以及一些衍生出来的业务。而技术的发展给电信业务提供了广阔的发展空间，从通信终端来看，电话机发展到智能手机，终端的能力有了质的提升，智能终端已经成为集通信、娱乐、办公于一体的设备。智能终端潜力的发挥需要网络的支持，借助 SaaS 的思想，电信网络就能够提供比传统电信业务更多样化的服务。

图 4.2 是以 SaaS 模式提供电信业务的逻辑框图。它的特点是应用软件由 SaaS 平台提供和管理，数据也存储在平台上。终端不安装软件，也不保存数据，而是通过客户端来使用软件和访问数据，客户端可以是浏览器或小应用程序（Widgets）。由于终端只用作呈现界面，不做业务处理，所以对处理能力要求不高，娱乐、办公、生活各方面的软件都可以在终端上流畅使用。客户端可以设计成与运行平台无关，用户可以在普通电脑上使用同样的客户端，这样用户就可以在普通电脑和移动终端上使用同一个软件，实现无缝切换，给办公生活带来很大便利和乐趣。

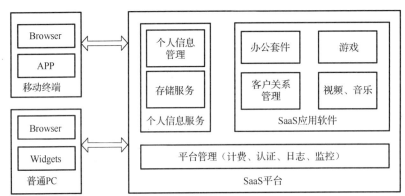

Browser：浏览器； SaaS：软件即服务； Widgets：小应用程序

图 4.2 以 SaaS 模式提供多样化业务

SaaS 模式提供的软件费用低、免维护，而且用户数据由平台保护，安全性也得到提高，是未来软件应用模式的一个发展方向。SaaS 平台与 PaaS 平台有着密切的关系，完善的 PaaS 平台能够吸引大量的开发人员参与 SaaS 软件的开发。只有软件丰富多彩了，才能推动电信多样化服务走向成熟。

4.2 在医疗领域的应用

4.2.1 医疗信息化建设

2011 年以来，基于云计算的医疗信息系统[9]得到了广泛的应用，其发展的动力已经从政策指引变成了市场带动，从技术指引转为应用导向，从单一的应用模式转为平台创建模式，用户可以在任何地点利用 Internet 客户端向医疗机构管理人员求助，而医疗服务体系中的管理人员马上就可以提供相应的服务，为医疗机构赢得巨大的经济效益。

确定全新的医患关系，在云医疗体系下，患者不需要排队等候急诊，工作人员可以利用网络与患者进行沟通和交流，并提供相应的服务，确保医疗体系高效展开。因此，为了保障患者得到更为贴心的服务，为了医患的关系更加和谐，并促进医疗机构的经济收益，医院必须依靠 Internet 技术，才能确保做好医疗信息化建设。

云计算在医疗信息化建设中的功能包括：

（1）存储功能：医疗信息不只是提供一些药物方面的信息，而且还可以提供多年以来已经整理好的用户的信息，当用户越来越多时，他们需要存储和使用的虚拟资源就越来越多，特别是在资源更新换代的时期，用户需要去平台上接收最新的医疗信息。而云计算的存储功能可以大大地满足用户的需求。

（2）管理功能：海量的医疗信息不但要存储起来，而且还需要进行智能化的分类和使用，云计算的数据管理功能就可以解决信息存储的安全问题，并针对不同的科室进行分门别类。云医疗可以针对数据进行整理、处理和分析，按照不同的种类把医疗信息进行分类和归档，而且还可以创立搜索引擎，输入关键字，就可以马上找到需要用到的患者信息，可以确保医疗行业的工作有序、规范进行，极大地提高医疗行业的管理水平，与此同时，还可以节省大量的人力、物力和财力。

（3）开发功能：现代网络购物已经成为人们最为常见的一种生活状态，云医疗可以实时24小时在线服务，而且突破地域的限制，为全网的所有用户提供方便快捷的医疗服务。云医疗的运营模式可以让不想去实体药店买药、不想去医院诊疗的客户，直接利用远程服务，只要客户需要，打开手机或者电脑，输入关键信息，就可以马上获得医院或药店提供的实时服务。所以，在 Internet 上，此类型的客户必然会越来越多，云医疗行业所要服务的对象也会越来越多，而客户资源也会得到极大的开发。

以上三种功能为云计算在医疗信息化建设中常用功能，图 4.3 为基于云计算的医疗信息化系统功能设计图。

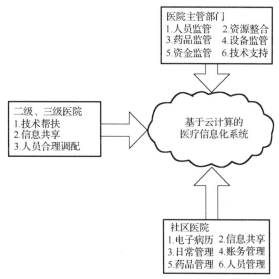

图 4.3　基于云计算的医疗信息化系统设计图

从整体来看，云计算领域还不是很成熟，云计算的标准也不是很完善，在医疗卫生建设中，基于云计算的医疗信息化建设不管是从应用角度上，还是从技术角度上来看，都关联到很多复杂的生态系统环节。例如，卫生局、运营商、医院、专业协会、硬件供应商、医疗设施供应商、开发商和服务咨询商等，各个方面都需要积极配合，才能保证这个系统有序运行，针对这些问题，有以下几点应对措施[10]。

（1）确定医疗行业的标准。把云和云连接起来，尤其是把公有云和私有云连接起来，这必须确定一个行业标准，而且在云计算的每一个层次都要确定好一个行之有效的标准。另外，对于医疗机构中的服务流程和业务流程也要确定一个标准，而标准的制定者必须是云计算相关专家、网络运营商和医疗机构的管理层。

（2）政策支持。政府应该针对云计算和医疗行业中的领头羊加以重点扶持，尽快成立一个卫生云和医疗云的基础工程，深入推动医疗的改革，促进云计算产生的发展，鼓励医疗机构与云服务供应商密切合作，积极推动医疗信息化建设。

（3）制定相关法律。政府应尽快为医疗行业和 Internet 行业，就云计算的应用颁布相关法律，让卫生云和医疗云的商业活动做到有法可依。法律应该有针对性地规定云服务供应商必须遵纪守法，维护用户的隐私权，国家应该强化其监管机制的功能，对于网络犯罪要严厉打击，确保网络的安全问题没有漏洞。

（4）采用技术外包策略。在医疗机构自身承担不起医疗信息化建设的具体情况下，把云技术外包出去是一个不错的选择，这样可以降低内部 IT 员工的压力，可以缩短医疗信息化建设的时间，但采用这种方式，需要做好足够的防范措施，防止外包技术的诚信风险[11]。

4.2.2 医疗数据处理

随着大数据在医疗与生命科学研究过程中的广泛应用和不断扩展，其数量之大和种类之多令人难以置信。例如，一个 CT 图像含有大约 150 MB 的数据，而一个基因组序列文件大小约为 750 MB，一个标准的病理图接近 5 GB。如果将这些数据量乘以人口数量和平均寿命，仅一个社区医院或一个中等规模制药企业就可以生成和累积达数 TB 甚至数 PB 级的结构化和非结构化数据。

区域医疗信息系统中的医疗数据是典型的大数据，符合大数据的 4V（Volume、Velocity、Variety、Value）特征。

（1）更大的容量：区域医疗数据通常来自拥有上百万人口和上百家医疗机构的区域，并且数据量持续增长。按照医疗行业的相关规定，一个患者的数据通常需要保留 50 年以上。

（2）更快的生成速度：医疗信息服务中可能包含大量在线或实时数据分析处理的需求。例如，临床决策支持中的诊断和用药建议、流行病分析报表生成、健康指标预警等。

（3）更高的多样性：医疗数据通常会包含各种结构化数据表、非（半）结构化文本文档（XML 和叙述文本）、医疗影像等多种多样的数据存储形式。

（4）更多的价值：医疗数据的价值不必多说，它不仅与我们个人生活息息相关，更可用于国家乃至全球的疾病防控、新药研发和顽疾攻克。

大数据分析技术将使临床决策支持系统更智能，这得益于对非结构化数据分析能力的日益加强。例如，可以使用图像分析和识别技术识别医疗影像数据，或者挖掘医疗文献数据建立医疗专家数据库，从而给医生提出诊疗建议。此外，临床决策支持系统还可以使医疗流程中大部分的工作流向护理人员和助理医生，使医生从耗时过长的简单咨询工作中解脱出来，从而提高诊疗效率。

根据医疗服务提供方设置的操作和绩效数据集，可以进行数据分析并创建可视化的流程图和仪表盘，促进信息透明。流程图的目标是识别和分析临床变异和医疗废物的来源，然后优化流程。仅仅发布成本、质量和绩效数据，即使没有与之相应的物质奖励，往往也可以促进绩效的提高，使医疗服务机构提供更好的服务，从而更有竞争力。公开发布医疗质量和绩效数据还可以帮助病人做出更明智的健康护理选择，这也将帮助医疗服务提供方提高总体绩效，从而更具竞争力。

医学图像（如 CT、MRI、PET 等）是利用人体内不同器官和组织对 X 射线、超声波、光线等的散射、透射、反射和吸收的不同特性而形成的。它为人体骨骼、内脏器官疾病和损伤的诊断、定位提供了有效的手段，医学领域中越来越多地使用图像作为疾病诊断的工具。

随着人类基因组计划的开展产生了巨量的基因组信息，区分 DNA 序列上的外显子和内含子成为基因工程中对基因进行识别和鉴定的关键环节之一。使用有效的数据挖掘方法从大量的生物数据中挖掘有价值的知识,提供决策支持。目前已有大量研究者努力对 DNA 数据分析进行定量研究,从已经存在的基因数据库中得到导致各种疾病的特定基因序列模式。一些 DNA 分析研究的成果已经得到许多疾病和残疾基因,以及新药物、新方法的发现[12]。

大数据挖掘可以改善公众健康监控。公共卫生部门可以通过覆盖全国的患者电子病历数据库快速检测传染病,进行全面的疫情监测,并通过集成疾病监测和响应程序快速进行响应。这将带来很多好处,包括医疗索赔支出减少、传染病感染率降低,卫生部可以更快地检测出新的传染病和疫情等。通过提供准确和及时的公众健康咨询,可大幅提高公众健康风险意识,同时也将降低传染病感染风险[13]。

基于云计算的智慧医疗通过打造以电子健康档案为中心的区域医疗信息平台,实现患者与医务人员、医疗机构、医疗设备之间的互动。智慧医疗将打破传统的医学思维方式,改变医疗服务繁杂的现状,确立以患者为核心的医疗服务方式,规范、简化医疗环节。智慧医疗可以整合现有医疗机构的设施,形成统一的"医疗云",并收集医疗机构的号源统一存储在"云端",使公众可以通过网络、电话、移动终端 APP 等各种渠道进行预约挂号,解决"一号难求"的问题;公众可按预约的时间前往医院就医,免去了医院排队的时间;智慧医疗还可以推出"市民健康卡",市民通过"健康卡"进行自助挂号、自助缴费、自助打印检查结果等自助操作,市民更可以通过"健康卡"进行诊间缴费,在医生开出检查单的同时就可完成缴费,之后患者便可直接去做检查或者拿药,可极大地优化就医流程,提高医疗行业的效率;远程医疗可使病人在普通医院享受到大医院专家医生的诊疗服务。

4.3 在政务领域的应用

4.3.1 基于云计算的电子政务

我国传统电子政务建设,各级政府和各部门一般都是自行建设机房,导致大量硬件设备的利用率不高,各部门累计的运行维护成本费非常高的现象。如果政府部门能建设统一的大机房,根据各部门业务量统一采购服务器、存储、交换机等硬件设备,建立政府电子政务云平台[14],统一进行运维,这样就可以大大提高硬件设备的利用率,降低硬件设备的运维成本,而且便于管理。基于云计算技术的电子政务平台通过引入虚拟化技术、云计算技术,统一建立政府电子政务私有云,可以使大机房成为政府云计算中心,为各个部门按需提供服务和应用,避免各个部门在电子政务硬件投入的重复建设。

随着政府部门电子政务的全面实施,如政府门户网站用户数量不断增加、电子协同办公系统的全面铺开、视频会议系统视频在线收看服务、政务信息公开、政务信息资源开发利用与共享、电子政务绩效评估、便民政务服务网的打造、网上审批等都需要处理海量数据,以上所有应用都需要电子政务系统的存储量尽可能大而且能扩展。基于云计算技术的电子政务平台的规模可以动态伸缩,满足海量存储应用和用户规模不断增长的需要。随着移动终端的普及和 3G、4G 等大容量移动通信技术的发展,移动办公将是未来电子政务发展的主趋势,未来会有越来越多的移动设备和移动办公系统进入电子政务应用平台,电子政务应用平台需要处理的数据将比以前承受更多的负载,这也需要云计算技术帮助电子政务应用平台处理海量数据,缩短响应时间。

在电子政务平台运行和用户使用的过程中，会采集和产生出大量的电子政务信息、用户私密数据等，而这些信息都需要高强度的安全性保障，来防止信息丢失、信息外泄或被非法访问等造成的安全问题。基于云计算技术的电子政务平台的数据保护安全措施可以对所有的数据通过结构化、非结构化和半结构化的方式进行存储，提供全面的保护功能，对存放为完全不同的存储格式中的数据进行发现、归类、保护和监控。存储在电子政务云平台的数据，可采取快照、备份和容灾等重要保护手段保证客户重要数据的安全，即使电子政务系统受到黑客、病毒等逻辑层面的攻击或者地震、火灾等物理层面的灾害，也可确保电子政务平台的数据的安全[14]。

云计算运用于电子政务系统，首先就必须保证其安全性，只有安全性能提高才能真正为电子政务公共平台使用。因此，在建设电子政务公共平台时，需要建立一个全面的安全结构框架方案。在政务公共平台框架中主要由业务表现层、应用管理层、虚拟层及资源层四个部分构成。在业务表现层中，主要起到计算与存储的功能，为用户提供一站式的电子政务服务平台；应用管理层作为核心部分主要提供相关的容量规划、动态调度，提供更加安全的服务；虚拟层主要提供虚拟的服务器与虚拟网络；资源层主要由资源池层与物理资源层构成。四个部分相互协调，有效服务于电子政务系统[15]。

（1）基础设施设计。以云计算基础为平台的电子政务公共服务平台过程中，设计了全新的结构框架，即基础设施，这是区别于其他政务平台的重要标志。在该基础设计下，云计算体系的政务公共平台要充分重视相关软件的日常管理与分配，只有这样才能发挥出云计算在电子政务中的作用。云计算的基础设施主要通过虚拟的技术来集成政务工作的全部资源，改变传统的构建方式，通过云计算的形式使得管理工作更为高效，提供的一些的存储与虚拟主机等多样化的服务，在强化基础设施设计的同时提高服务水平。

（2）平台服务设计。在建设云计算的电子政务系统中，为了提高政务公共平台的业务效率，节约相关的建设成本，这需要在建设中摒弃那些在建设之初的错误思想，全面引用云计算在电子政务公共服务平台的建设。在平台服务建设中，应重视每一级的服务平台建设，为后续的开发提供服务，建设时应考虑到方方面面，提升服务效率，降低相关的建设成本，从而有效推进政务公共平台展开。

（3）应用服务设计。应用服务设计作为云计算体系政务公共服务平台的关键部分，应采用服务的模式来有效解决用户在使用过程中对相关硬件与浏览器的服务要求，不断更新相应设备，使其得出的数据信息更为准确科学。在以往的政务公共服务平台中，用户通常都需要大量的资金来购买相应的服务，有时得出的数据信息还不够准确，用户使用资金之后还不能享受日后的升级维护，给政务工作带来了诸多不变。但是如果通过云计算建设的政务公共服务平台，只需要采用相关的云计算当中的服务模式就可以高效地解决政务工作中遇到的问题，为用户节省了大量的时间同时还能提供更多的服务。

4.3.2 基于云计算的智慧城市

云计算平台以其空前强大的数据分析计算能力，成为智慧城市的"大脑"，全面协调城市生活的各个方面，实现对城市中海量数据的计算及存储，并可提高城市中各种资源利用率，节约智慧城市建造成本。智慧城市包含城市生活的各个方面，是一个多应用、多行业、多系统组成的复杂的综合体。在智慧城市的建设中，累积了大量数据信息，并且在城市的多个应用系统之间存在资源共享与信息交互的需求。智慧城市的各个应用系统均需要存储在云计算中的各种数据，用于实现各自功能。如此众多而繁复的系统需要多个强大的信息处理中心来进行各种信息、各种数据的处理，所以说，云计算的特点能满足智慧城市建设的要求。

云计算作为一种新的计算模式和服务模式，以其海量的存储能力和可变化的计算能力著称，并且它以服务的方式提供给用户，使用户能够在不同地点、不同时间、不同平台上使用，极大地发挥网络资源的价值和优势，减少对终端平台的依赖性。云计算对智慧城市的各类应用做出了有力支撑，以建设云计算为核心，打造各类不同的云技术，如电子政务云、医疗云、市政云、交通云、教育云、安全云、社区云、旅游云等，已经成为智慧城市建设较为广泛的应用模式。这将改革整个城市的发展模式，极大提高城市的智慧程度，促进城市各个方面健康快速发展。

城市各个领域之间是一种"相互依赖"的网状关系。智慧城市的建设需要充分了解城市中的信息，分析城市各个领域之中改的网状关系。智慧城市将城市中的人才流、物资流、信息流、资源流、资金流等信息储存在云端，全面整合城市的信息资源。

融合是智慧城市的本质所在，它将信息技术与传统产业相融合，在融合过程中将产生一系列的新型行业，如快递、网络运维管理、高端网站建设等，这些行业将间接推动城市传统支柱产业的发展。在构建基于云计算平台的智慧城市的过程中，需要先一步建立智慧政府，再以智慧政府为核心，解决交通、医疗、教育、居民生活等一系列社会管理服务问题。云计算为智慧城市的发展提供了更加广阔的发展空间。

智慧城市需要各方协力推进，更需要注重整合相关信息资源。智慧城市建设要高度重视信息的挖掘、整合与再应用。而云计算作为一种新兴的计算模式，其重要功能就是整合资源，为应用提供强大的支撑，使信息能够全方面地共享，为预测和决策提供有力的智慧参考，从而提升政府的行政能力。例如，城市在多年的建设中已经开发了多个电子政务、电子商务等应用平台，这些系统积累了大量有价值的资源。但这些平台是相互独立的，彼此之间没有信息交互与资源共享。同时，大量而重复的系统平台使得各行业出现了设备利用率低、管理成本高等问题。云计算中心的建设，能够有效整合设备硬件资源和信息数据，支撑更大规模的应用，处理更大规模的数据，并且能够对数据进行更深度的挖掘，从而为政府决策、企业发展、公众服务提供更好的平台。

云计算的突出特点，在于实现资源共享。采用云计算方案构建的智慧城市将提高城市基础资源的利用率，有效降低城市基础设施的投资规模。此外，云计算还可以有效节约能源，设备资源在夜间负载低时，可以将业务转移到部分物理资源上，而将其他空闲的物理资源关机或转入节能模式。云计算数据中心通过集中的资源管理，可降低日常维护工作量，大量的工作都转移到后台由专业人员完成，从而降低管理维护成本，提高管理效率。云计算数据中心通过资源整合、统一管理可以有效降低信息资源共享的成本，降低信息化的门槛，使更多的单位和企业走进信息化时代，提高工作效率。

信息是现代城市发展的基础，人们对信息服务的要求不断提高。相对于各行业混杂的公众云，行业云能够提供更丰富、更有层次、更专业的信息服务，能够深度挖掘行业数据信息，推动智慧城市的建设。例如，针对医疗设备、医务人员、患者信息、电子病例等的医疗云，针对道路信息、车流量、天气、温度等的交通云，针对商业组织的市场情报与服务的商业云等。多个不同层次、不同大小的行业云形成了一套有机的城市生态系统，支撑起智慧城市的建设，推进智慧城市的发展。

庞大的基础软、硬件资源将造成巨大的能源消耗，绿色而节能地使用这些资源是每个行业的必然追求，也是云计算发展的初衷之一。

云计算数据中心的模式是将公共资源池租给多个用户使用,将多个硬件资源集中起来,使用专业合理的方式维护设备,降低能耗。同时,按需分配资源可有效提高资源利用率,在夜间数据中心整体负载降低的情况下,可将空闲资源转入休眠模式或直接关闭机器,从而在最大程度上实现数据中心绿色、低碳的节能运行。

基于云计算的智慧城市的应用范例包括[16]:

(1) 智慧政府。智慧政府是智慧城市发展的核心动力,政府信息资源可通过政务管理平台实现资源的优化配置和高效利用,而其功能的实现也依赖于云计算的支持。传统的基于设备的资源共享系统具有很多局限性,如文件传送、公共数据中心运维管理等无法实现高效率的使用与共享。基于云计算的政务管理平台不仅向公众提供了可参与的网络平台,还可保证公众的诉求有良好的回应。通过政务管理平台,公民可以自助满足对政府服务的各种需要,这些服务以开放公用的方式集中在云端,公众可通过网站、APP 等各种手段享受智慧政府的各种服务。因此,智慧政府可通过云计算这个大平台来改善自身运作能力和运作效率,为智慧城市的建设提供核心动力。

(2) 智慧交通。交通堵塞已经成为影响城市和谐健康发展的重大问题,传统的交通管理手段面临大量的信息孤岛问题,已经不适合如今的城市。结合目前城市交通现状和需求,打造一套基于云计算的城市交通支撑平台将是交通事业发展的必然选择,也是实现智慧交通的必经之路。智慧交通是交通信息系统、通信网络、定位系统和智能化分析与选线的交通系统的总称。智慧交通依靠城市交通基础设施中的传感器,可以将整个城市的车流量、道路状况、天气、温度、交通事故等大数据量的信息实时收集起来存储在云端,通过云计算中心动态地分析并计算出最优的交通指挥方案和车行路线,并将这些信息通过无线通信、有线广播、电子显示屏、Internet、车载器等方式向出行者、驾驶员发布,从而保障人与车、路、环境之间的信息交互,进而提高交通系统的效率。

(3) 智慧教育。智慧是教育永恒不变的追求,教育的目的就在于启迪人们的智慧,新一代信息技术的发展使教育有了新特征,教育本身被赋予了智慧的内涵,以智慧的教育启迪智慧,是教育信息化的必然之路,也是现代教育发展的新阶段。智慧教育并不是信息技术与传统教育的简单累加,它需要以智慧学习环境为技术支撑、以智慧教学方法为催化促导,以智慧学习为根基。我国教育信息化发展到现在仍然不能实现智慧教育主要是因为教学方法单一,不能很好利用各种教育资源丰富教育手段,改善教育方法;教学环境孤立,优质教育资源共享困难;学生学习仅仅局限于教师教授,不能很好地利用 Internet 上的各种资源进行自主学习。云计算的出现为智慧教育带来了希望与可能,是智慧教育实现智慧的所在。云计算的核心在于计算与存储功能的虚拟化、集中化,可实现教学资源的快速统整与共享,改善教育现状。基于云计算的教育支撑平台将全面整合教育系统中的各种优质教学资源、平台、应用等,构建一个统一的智能开放架构的云计算平台,为用户提供租用或免费服务,满足用户通过各种终端应用完成教学、学习、管理、科研、社会交往等各方面的需求,实现发布教育信息、获取教学资源、开展教学互动、统计教育信息与数据、形成科学决策、实施教育评价、开展协同科研等系列教育活动。

(4) 智慧社区。智慧社区可实现社区内的充分连通,达到人与物、人与人的全方位交流,有助于解决民生问题,以及日渐复杂的城市管理问题。

云计算技术将全面整合社区内的物业、家居、监控、医疗、教育等各种资源,集成物业服务、家居服务、医疗服务、教育服务、安保服务等业务,集中智能化处理社区中的各种资源信息,向社区居民提供各种信息和应用服务,实现社区服务的高效运行,为住户提供一种安全、舒适、方便、快捷和开放的信息化生活空间,全面提高居民生活水平,打造最优秀的城市单元,解决城市管理难题[16]。

4.3.3 智慧南京

"南京智慧城市"简称"智慧南京"(http://nj.smartjs.cn),作为江苏智慧城市门户中的一个重要组成,成为政府、企业乃至个人开展创新的实用平台,为城市发展提供智力支持,创造优质的创业服务环境。智慧南京作为江苏省智慧城市 13 个市分站当中的一个重要分站,是智慧门户在南京进行本地化应用的落地。其本身不仅仅是一个网站,还是一个基于云计算技术搭建的开放应用平台、电子商务平台、信息发布平台,智慧南京的主页面如图 4.4 所示。

图 4.4 智慧南京主页面

南京智慧城市包括如下特点。
- 全网服务:无论是电信、移动还是联通的用户都能享受到智慧江苏平台的各种贴身服务。
- 内容丰富:涵盖政务、旅游、民生、产业等。
- 体验至上:整合优化分散的政府和企业资源,并结合位置、短信、邮件、站内信等功能为用户提供简单、便捷的一站式服务。
- 多屏融合:PC、手机、iTV、Pad 等多种终端均可使用。
- 灵活定制:用户可自行定制自己的界面和需要的服务。

目前智慧南京已经开通了智慧政务、智慧交通、智慧便民、智慧生活、智慧娱乐、智慧旅游等,涵盖政务、旅游、民生、产业等,整合优化分散的政府和企业资源,并结合位置、短信、邮件、站内信等功能为用户提供简单、便捷的一站式服务。

4.4 在电子商务领域的应用

4.4.1 应用意义与前景

云计算能够解决企业在发展电子商务业务过程中所遇的很多难题。随着云计算的普及，电子商务企业可以使用云计算技术打造具有企业自身特色的电子商务平台，不仅能够有效为用户提供服务，同时也能够降低电子商务平台的运维成本，提高电子商务平台安全性，体现电子商务平台的特色，提升电商企业的竞争力。

云计算不仅能大大减少前期的基础构架建成的成本，也可减少后期的运营成本。在关于物流体系的信息化方面，云计算可以帮助企业运行转型。利用云计算，电子商务企业可以实现更加智能化的物流供应链，能够高效地管理物流链，节约企业管理成本，提供高质量的查询业务，实时监控物流链[17]。

可见，云计算在电子商务企业的应用有很高的可行性，也是电子商务发展过程中必定会采用的技术。

利用云计算基础设施可为电子商务行业的业务运行带来以下支撑。

（1）提供数据存储服务。云计算提供商负责维护共享的基础设施，这些基础设施具备计算、存储和应用等能力，电子商务企业的许多需求和问题都可以通过这些基础设施提供的能力来解决。企业的应用程序运行在云端，无须在企业本地运行，同时根据企业的自定云服务，云端提供了相应的数据处理能力和数据存储空间，因此企业不需要资金投入购买高性能的服务器设备，企业只需要通过云端服务，来实现企业自身电子商务的业务需求。

从安全方面来说，云计算的数据集中更容易监控，而云计算基础设施，能够确保监测数据，控制安全，改变安全和物理安全等。

（2）提供信息共享和业务协作。云计算平台能够为企业提供信息资源整合共享，并且能根据企业的需求变化提供业务协作和扩展。信息资源共享和业务协作是电子商务企业非常重要的中间环节，电子商务企业最关心的问题是，云计算平台怎样帮助它们优化和改进信息资源共享及业务协作。信息资源高度灵活的云计算能够很轻松地帮助电子商务企业实现和各级用户之间，以及企业内部之间的信息资源共享和业务协作。当地域和时空的限制不存在时，相互协作会更紧密而有效率；而无处不在的云大大增加了电子商务企业和外部供应商、客户、政府机构之间的沟通，提高业务的发展速度和扩展性，并且能够给各级用户传递价值。这就是基础云服务层应用在电子商务企业的目的。

（3）扩展业务和客户群。近年来，随着 Internet 技术的不断发展，电子商务行业的发展也变得多样化和复杂化，同时电子商务行业面向的客户群体也变得的庞大。电子商务行业的发展已经成为信息处理与数据挖掘的发展方向。而云计算提供方便的数据处理能力和数据的存储空间等资源，能够为电子商务企业提供智能的数据处理、分析及处理能力。电子商务企业通过基于云计算的服务，能够有效地节约发展成本，分析客户的购买行为和偏好，预测风险。

4.4.2 典型应用案例

1. Netflix

Netflix 是一家在线影片租赁提供商，公司能够提供超大数量的 DVD，而且能够让顾客快速方便地挑选影片，同时免费递送。Netflix 已经连续五次被评为顾客最满意的网站，可以通过 PC、TV 及 iPad、iPhone 收看电影、电视节目，可通过 Wii、Xbox360、PS3 等设备连接 TV。

Netflix 在美国和加拿大等国家目前已经有超过 2000 万的注册用户，是在线观看电影和 TV 领域世界领先的 Internet 订阅服务提供商。2009 年和 2010 年，Netflix 在技术上做了彻底的变动，几乎将其所有的运维从一个独立的数据中心，迁移到使用 Amazon 的公开云上。同时，Netflix 的软件和运维架构重新进行了设计，以便能在云中高效地运行，并能够水平扩展，可用性和开发效率也能更高，终端用户也能得到更快速的响应。

Netflix 使用了 Amazon 的 EC2 和 S3 两项云计算服务，用于不断增长的视频内容的转码和存储。Netflix 的"即时看"（Watch Instantly）网络视频服务目前提供了超过 1.7 万部视频，而且数量还在不断增长，能浏览这些视频的电子设备数量也在不断增长。今年一季度共有 55%的 Netflix 付费用户使用了该服务，而上年同期这一数字仅为 36%。预计今年年内 Netflix 将支持多达超过 100 种消费电子设备，包括三大主流游戏主机平台、Pad、Roku 宽带机顶盒、数款蓝光播放器，以及 LG、三星、索尼等消费电子厂商生产的高清电视。每种设备都需要不同的编码和文件格式，这意味着每种新设备都需要全新的内容。Netflix 将借助亚马逊提供的云计算服务来完成数字文件的转码和存储。

2. Zynga

Zynga 是一个社交游戏公司，于 2007 年 6 月成立。Zynga 开发的游戏多半是网页游戏，发布于 Facebook 及 MySpace 一类的社交网站。

速度是 Zynga 成功的关键。与传统的游戏公司（如爱跳票的暴雪）比起来，Zynga 似乎更符合这个"快速"的社会。Zynga 把游戏产品当做 Internet 产品快速经营：快速推出产品并以更快速度对产品进行维护和更新。尽管大多数公司都知道需要维护更新游戏、修复漏洞、保持用户新鲜感，但鲜有公司像 Zynga 一样，每周对游戏进行数次更新。

随着社交网络 Facebook 和 Myspace 的蓬勃发展，社交游戏也正在经历一个黄金增长期。

Zynga 是云计算基础设施的最大运营商之一，该设施旨在支持其当前超过 2.81 亿的月活跃用户。在成立四年的大部分时间里，Zynga 依赖 Amazon 的 IaaS 为其基于服务器的游戏提供硬件基础设施。2010 年 6 月发布"开心农场"（Farmville）游戏时，Zynga 认为两个月后日活跃用户数只要超过 20 万就是成功之作，然而不到两个月该游戏的受欢迎程度就超过了 Zynga 过去两年最热门的游戏。"开心农场"发布前半年里，差不多每周新增 100 万玩家，目前该游戏月活跃玩家超过 7000 万人。

刚发布"开心农场"时，由于 Zynga 的数据中心已经没有富余空间，因此该公司不得不考虑 Amazon 的 EC2 和 S3 云服务。

图 4.5 显示了 Amazon 的 EC2 平台所能提供的服务，而 Zynga 主要租用了 EC2 的平台

来进行业务的扩展。自"开心农场"之后，Zynga 改变了游戏发布模式。通常不到一天，Zynga 就能通过亚马逊 EC2 为新游戏分配足以支撑 1000 万日活跃玩家的计算能力。

现在，Zynga 的每款游戏都首先在 EC2 平台上发布，并持续观察三到六个月，如果游戏增长乏力或者前景可预期，Zynga 就会把游戏从 Amazon 的云平台迁回自己的数据中心。

由于 Zynga 为移动平台等不同平台提供游戏，因此其下一个重要目标是保持其基础架构的统一性。目前，Zynga 在每个社交网络的每款游戏都拥有自己的独立基础架构，但 Zynga 日益重视为玩家提供统一且同步的游戏体验，不管玩家是在哪个网站或平台上玩这些游戏。Amazon 所提供的服务使得 Zynga 的有效用户持续增长，并可以得到云计算所带来的弹性运算服务能力的帮助。

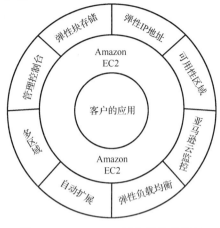

图 4.5　Amazon EC 平台提供的服务

3．TVR 通信公司

TVR 通信系统公司是一个拥有 400 余名员工，服务于高度竞争性的医疗保健行业的技术驱动型公司。公司的许多员工需要经常出差，奔波于各个客户现场之间安装技术领先的病人视频教育和娱乐服务，并给用户提供相关培训，员工、同事及客户之间需要时时保持沟通和协作。

TVR 要发挥出一个虚拟化公司的那种高度灵活性就必须要有相应的技术平台作为支撑，然而，公司现有的技术基础却不足以发挥这种支撑作用，员工只能主要依靠电话进行联系和协作。

由于 Microsoft 邮件系统的升级费用较为昂贵，TVR 公司考虑换用目前市场上正日益盛行的云计算应用。在对 Google Apps 和市场上其他一些类似应用做了详尽的调查之后，得出的结论是采用 Google Apps 应用，原因有二：一是 Google 应用的申请成本相对其他应用来说较低，二是 Google 公司的规模和信誉将使公司应用云计算的风险降到最低。因此，从 2008 年 1 月开始，TVR 开始实施 Google Apps 应用，并对员工进行相应培训，公司的 150 名员工很快用 Google Apps 来收发邮件、管理时间、进行协作，甚至分享文档。另外，员工还使用 Google Sites 快速地开发网站，供短期项目之用，并作为与新老客户进行沟通的另一种方式。

全球知名调查技术和咨询服务提供商 Nucleus 对 TVR 通信使用 Google Apps 应用的效果进行了评估，得出的主要结果如下[19]。

第一，在使用了 Google APPs 以后，TVR 员工即使在不同地方工作也能很方便地共享信息，并且员工访问相关工作信息不再受到时间和地点的限制，这都极大地提高了员工的工作效率。

第二，无论是老客户还是潜在客户，都能通过访问 Google Sites 获取相关信息，这使得 TVR 与新老客户的沟通更及时，也更具互动性。

第三，Google Apps 提高了 TVR 员工的工作效率，并且极大地降低了购买硬件和获取软件许可证的成本。

第四，Google Apps 提供的随需应变的计算资源降低了 TVR 在业务量低潮时的风险。

另外，Nucleus 调查公司还进行了相关的成本/收益分析，表 4.1 为 TVR 应用 Google Apps 的收益计算。

表 4.1　TVR 公司应用 GoogleApps 的收益计算

项　　目	金额（单位：美元）/比率	项　　目	金额（单位：美元）/比率
三年总投入（软件、培训和人力成本）	50787	三年总收益	284000
投入收益比率	459%	收益期	1 个月

4．淘宝网

淘宝网成立于 2003 年 5 月，当年全站的成交总额为 3400 万元，2006 年就超过国内所有的竞争对手成为亚洲最大的购物网站。从 2012 年 11 月 11 日开始，淘宝成功地开创了"双 11 购物节"，并在当天淘宝、天猫的一天交易金额达到 191 亿元。此后，淘宝每年"双 11"的交易额都迅猛增长，2015 年"双 11"全天交易额达到 912 亿元[20]。淘宝"双 11"历年交易额如图 4.6 所示。

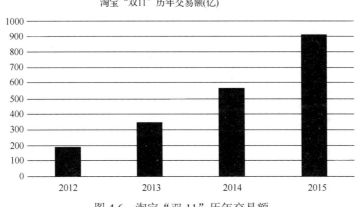

图 4.6　淘宝"双 11"历年交易额

在"双 11"这场商业史上规模最大、参与人数最多、交易最频繁的电商狂欢节的背后是阿里云计算技术的支撑[21]。

OceanBase 是由阿里巴巴自主研发的首个应用在金融业务的分布式关系型数据库。在 2015 年的"双 11"中承载了 100%的交易流量，支付宝的核心链路运行在 OceanBase 之上，并实现了每秒 14 万的订单创建，每秒 8.59 万笔的支付，以交易系统为例，在"双 11"一天写进数据库的数据量有 10 TB。

除了 OceanBase，为了支撑起电商平台在"双 11"产生的惊人交易量，阿里巴巴的工程师们搭建了全球最大规模的混合云架构，将淘宝、天猫核心交易链条和支付宝核心支付链条的部分流量，直接切换到了阿里云的公共云计算平台，通过公共云和专有云的无缝连接支撑起了"双 11"的天量交易量，成就了一场全球最大规模的混合云弹性架构实践。混合云弹性架构真正实现了云计算能力的"削峰填谷"，极大地降低了 IT 采购成本，检验了阿里各系统软件间的兼容性问题，为未来整体计算能力的输出奠定基础。当然，混合云的架构也是"逼"出来的，它是基于"双 11"峰值的特性和电商交易各环节的特性催生出的"标准化"产品，正如阿里的技术人员所讲，阿里不可能为了"双 11"当天的峰值而无限地采购 IT 资源。

"异地多活"作为阿里的主要创新技术，在 2015 年"双 11"实现首秀。数据显示：阿里"双 11"订单创建峰值指标从 2009 年每秒 400 笔飙升至 14 万笔，支付峰值从每秒 200 笔提高到 8.59 万笔，从 2009 年到 2015 年，"双 11"订单创建峰值增长了 350 倍，支付峰值增长了 430 倍。在交易和支付峰值不断攀高的情况下，要做到平稳度过峰值，就必须要求阿里进一步提升容灾能力和计算水平的伸缩能力，而传统的"两地三中心"做法已经无法满足要求。可以根据业务需要，在多个数据中心之间调度流量，弹性利用服务器资源的"异地多活"技术将成为未来主流技术。

阿里自主研发的数据库 OceanBase，能够满足互联网海量数据处理的需求，可以支撑复杂、高可靠的金融级业务。在 2015 年 4 月开始助支撑淘宝、天猫和聚划算的所有日常交易。铁路售票官方网站 www.12306.cn 同样采用了阿里云技术构建起了庞大的混合云平台，它所面临的问题和"双 11"是一样的，即峰值负载的考验和 IT 成本的平衡。2014 年春运售票高峰期，阿里云公共计算平台分流了 12306 高达 75%的余票查询流量。12306 采用的混合云架构是完全基于阿里云官网在售的标准化产品搭建的，也就是说，基于阿里云标准化产品，完全可以搭建起像淘宝、天猫、12306 专业的万亿级的企业应用，让中小企业和创业者可以从容应对各种极端业务场景的挑战。

4.5 本章小结

本章从电信、医疗、电子政务及电子商务等领域介绍了云计算所能带来的优势，以及具体的应用模式和思路。目前云计算在电子商务领域的应用十分广泛，如淘宝在阿里云上部署了自己的服务来支撑"双 11"这样的突然暴涨的计算需求，而且由于云计算在安全可靠性上的优势，云计算在电子政务等需要保障数据安全的领域也有着广阔的应用前景。

参 考 文 献

[1] 马苏安．云计算在电信领域的应用[J].中兴通讯技术，2010, 16(04):44-47.

[2] 张菲．关于云计算在电信行业的应用分析[J], 通讯世界, 2015(13):11-12.

[3] MELL P, GRANCE T. The NIST definition of cloud computing[J]. Communications of the ACM, 2011, 53(6):50-50.

[4] Cloud Computing Use Case Discussion Group. Cloud Computing Use Cases [R]. White Paper, V2.0. 2009.

[5] GILLEN A, GRIESER T, PERRY R. Business Value of Virtualization: Realizing the Benefits of Integrated Solutions [R]. White Paper, IDC.2008.

[6] CHANG F, DEAN J, GHEMAWAT S, et al. Bigtable: A Distributed Storage System for Structured Data [C]// Proceedings of the 6th USENIX Symposium on Operation Systems Design and Implementation（OSDI'06）, Nov 6-8,2006, Seattle, WA, USA. New York, NY, USA: ACM, 2006.

[7] GHEMAWAT S, GOBIOFF H, LEUNG S T. The Google File System [C]//Proceedings of the 19th ACM Symposium on Operating Systems Principles （SOSP' 03）, Oct 19 - 22, 2003, Bolton Landing, NY, USA. New York, NY, USA: ACM, 2003.

[8] DEAN J, GHEMAWAT S. MapReduce: Simplified Data Processing on Large Clusters [C]//Proceedings of the 7th USENIX Symposium on Operation Systems Design and Implementation （OSDI'04）, Dec 6-8, 2004, San Francisco, CA USA. New York, NY, USA: ACM, 2004.

[9] 赵碾．基于云计算的医疗信息化改革趋势[J]．网络与信息工程，2013(16)．

[10] 李悦，孙超，吴杰．浅谈基于云计算技术的医疗信息化[J]．电脑知识与技术：学术交流，2012, 08(3):504-505．

[11] 周渝霞，李源，刘道践，等．云计算技术在医疗信息化建设中的作用[J]．中国数字医学，2013(9):10-11．

[12] 程国建，赵斐，吴晓怡．神经网络在基因序列预测中的应用研究[J]．微计算机信息，2008, 24(33):264-265．

[13] 高汉松，肖凌，许德玮，等．基于云计算的医疗大数据挖掘平台[J]．医学信息学杂志，2013, 34(05):7-12．

[14] 蓝永浩．浅谈基于云计算技术的电子政务建设[J]．中国新通信，2015, 17(10):28-29．

[15] 王春平．云计算在电子政务系统中的应用研究[J]．信息与电脑：理论版，2014(12)．

[16] 阮晓龙，赵振营．浅谈云计算在智慧化城市建设中的应用[J]．电脑知识与技术，2014,32:7783-7785+7793．

[17] 马宝军．基于云计算的电子商务平台搭建方案与分析[J].信息通信技术，2014,38(1):2-4．

[18] 焦运涛，王冠宇，周晶．基于云计算的电子商务应用与研究[J]．自动化技术与应用，2014, 33(9):18-20．

[19] 叶周芹．中小型电子商务企业的云计算战略[D]．上海交通大学，2012．

[20] 百度百科：淘宝网[EB/OL].[2016-9-20].http://baike.baidu.com/view/1590.htm．

[21] "双11"背后的云计算技术奇迹[EB/OL]．[2015-11-18].http://it.sohu.com/20151118/n426858076.shtml．

第二部分

云计算安全保障机制

第 5 章 可信虚拟私有云

开放的公共云计算环境在系统的管理监控、计算安全可信性和服务质量保障机制的实现存在一系列问题，很多企业出于对云计算平台安全可信性的怀疑而望而却步，因为用户委托云计算平台处理的任务和存储的私密数据被云计算系统节点或其他用户窃取和破坏的可能性是显然存在的。本章首先对云系统存在的安全问题进行分析并研究现有的解决方案，然后介绍基于安全 Agent 的可信虚拟私有云模型（Secure-Agent-based Trustworthy Virtual Private Cloud，SATVPC），该模型面向开放的混合云计算环境，通过引入安全 Agent 技术，为系统中的多租客（Multi Tenant）提供相互独立的、安全可信的虚拟私有云计算平台；为了使任务执行体 Agent 和执行点彼此能够建立符合彼此安全策略设置的信任关系，以进一步满足 SATVPC 的可信性的需求，本章提出了一种动态的执行体与执行点复合可信评估机制，并分别设计了任务执行体 Agent 和任务执行点的可信指数计算方法及可信判别策略。

5.1 云计算安全分析

5.1.1 云安全问题及需求

随着云计算的发展与应用，云计算技术的进一步广泛应用面临的主要问题就是安全。目前云计算服务面临的三大问题分别是服务安全性、稳定性和性能表现。权威调查表明，半数企业认为，安全性和隐私问题是他们尚未使用云服务的最主要原因。ACM 计算与通信安全会议（ACM Conference on Computing and Communication Security）自 2009 年开始设立云计算安全专题讨论会（Cloud Computing Security Workshop），专门讨论云计算所面临的安全问题及其解决方案。在 2009 年 RSA 大会上，云安全联盟（Cloud Security Alliance）宣布成立，这是一个跨行业、跨地区的交流合作平台，旨在为云计算环境下的企业提供最佳的安全方案。同年云计算安全联盟发布了《云计算关键领域安全指南》[1]，从云用户角度阐述了可能存在的商业隐患、安全威胁，并提供了云计算的技术架构、安全控制模型，以及推荐采取的安全措施建议。

云计算简化了服务交付、降低了资金和运营成本、提高了效率，具有诸多的优势和好处，但是也面临着安全、互操作性和可迁移性等问题和挑战，安全已经成为阻碍云计算应用的主要因素之一。从相关研究看，云计算安全问题主要是来自以下四个方面[2]。

1. 安全攻击问题

因为云计算具有开放特性和资源共享特性，针对云计算的新型攻击方式已经出现，如基于共用物理机的旁通道攻击和基于共驻子网的拒绝服务攻击等，需要设计新的防御措施以抵抗这些攻击。在多租客的云基础设施中，一台物理服务器上面通过运行多台虚拟机来同时为多个用户进行服务，理论上来说这些虚拟机之间是完全隔离并独立的，但由于共用相同的物理设备，这些虚拟机并不是完全独立的。针对虚拟机之间的物理依赖关系能够对其进行攻击，目前这些攻击主要包括拒绝服务攻击[3]和旁通道攻击[3-4]。

（1）拒绝服务攻击。Liu[3]提出了一种针对多租客云基础设施的拒绝服务攻击，当攻击者与正常的云用户被分配到同一个子网内时，如果攻击者发送大量数据包将该子网与外界相连的瓶颈链路堵塞，那么就会对正常用户造成网络服务的拒绝服务攻击。

（2）旁通道攻击。Ristenpart 等[4]利用共享同一台物理机的虚拟机之间存在的旁通道进行攻击，旁通道攻击包括两个阶段，一是判断两个虚拟机是否同在一台物理机上；二是通过缓存级旁通道窃取数据。通过挖掘 Amazon EC2 的虚拟机安置方法，构建判断两台虚拟机是否在同一台物理机上的算法；通过暴力攻击或实例泛洪的方法使攻击者实例与目标实例被安置在同一台物理机上面。Okamura 和 Oyama[5]在 Xen 虚拟机监督程序下，提出了一种利用 CPU 负载进行虚拟机之间旁通道通信的方法，在理想环境下，该旁通道通信可达到 0.49 bps 的带宽和较高的准确率。

根据云计算应用的全生命周期，云计算安全机制可分为上线前、使用中、故障修复三个阶段。下面分别从安全测试机制、认证与授权机制、安全隔离机制、安全监控机制、安全恢复机制 5 个方面展开分析[6]。

（1）安全测试机制：测试与验证是及时发现安全隐患与缺陷的有效手段之一，常应用于服务上线前或运行中。传统软件的安全测试是极具挑战性的问题，云计算环境的复杂性更加剧了测试的难度，测试也越来越受到工业界与学术界的关注。

（2）认证与授权机制：它是避免服务劫持、防止服务滥用等安全威胁的基本手段之一，也是云计算开放环境中最为重要的安全防护手段之一。该类机制从使用主体的角度，包括服务和租户，给出一种安全保障方法。

（3）安全隔离机制：隔离一方面保证租户的信息运行于封闭且安全的范围内，方便提供商的管理；另一方面避免了租户间的相互影响，减少了租户误操作或受到恶意攻击对整个系统带来的安全风险。

（4）安全监控机制：监控是租户及时知晓服务状态，以及提供商了解系统运行状态的必要手段，可以为系统安全运行提供数据支撑，常见的监控机制包括软件内部监控和虚拟化环境监控。

（5）安全恢复机制：是保证服务可靠性和可用性的重要手段，是典型的事后反应机制。根据其涉及的范围可以分为整体恢复机制和局部恢复机制。

2．可信性难题

如前文所述，目前云计算平台分为两种：一种是私有云，一种是公共云。私有云计算由企事业等机构投资、建设、拥有和管理，仅限特定的本机构用户使用，提供对数据、安全性和服务质量的最有效控制，用户可以自由配置自己的服务；公共云则是基于信息服务提供商构建并集中管理的面向公众的大型数据中心，与相对封闭的私有云不同，供多租客通过互联网接入设备以按需付费等方式并行使用。

开放的公共云计算环境由大规模集群服务器节点构成的数据中心被不同的机构共享。共享数据中心资源的多租客向系统提交服务请求来共享计算与存储基础设施,这就为计算安全可信性和服务质量保障机制的实现带来困难。

- 任务的代码和数据在网络的传输过程被恶意节点攻击或窃取;
- 任务的代码和数据被恶意内部人员攻击或窃取;
- 任务包含的病毒和恶意代码对执行环境及网络系统进行攻击、破坏或信息窃取;
- 多租客提交的任务的执行代码互相攻击和窃取对方的信息。

对于传输中的代码和数据保护问题,可以依靠传统的网络安全技术加以解决,目前已经有了很多成熟、有效的解决方案。对于任务包含的病毒对终端节点的执行环境及主机系统的攻击问题,目前已经有了一系列研究成果,提出了一些有效可行的方法,如沙盒模型、签名、认证、授权和资源分配、携带证明码、代码检验和审计记录等技术[7~10]。而对于任务代码和数据的保护,即避免被恶意员工控制执行环境及主机攻击则比较困难。因为任务被传输并部署到目的主机执行时,任务的发起者就完全失去了对子任务的控制,任务的每一行代码都要被任务执行主机系统解释、执行,代码完全暴露在执行系统中。任务执行者可以很容易地孤立、控制任务代码,对其进行攻击。例如,恶意主机可以窃取任务的代码或者数据,从而了解任务整体的执行策略;修改子任务的数据;窥探任务的控制流,篡改任务的代码,使任务按节点自己的意愿执行[10]。这对于有计算私密性需求的任务(如商业中的调查、统计、分析等计算项目)具有特别重要的意义。总之,开放的公共云计算环境使系统存在的安全可信性隐患。

为了增强云计算和云存储等服务的可信性,可以从两个方面入手[11]:一方面是提供云计算的问责功能,通过记录操作信息实现对恶意操作的追踪和问责,如 Li 等[12]提出基于云环境下信任模糊综合评价和云信任管理机制,Song 等[13]提出基于服务调用和反馈信息云服务的可信模型;另一方面是构建可信的云计算平台,通过可信计算、安全启动、云端网关[14]等技术手段达到云计算的可信性。

3. 多租户隐患

多租户技术是 PaaS 云和 SaaS 云用到的关键技术,在基于多租户技术系统架构中,多个租户或用户的数据会存放在同一个存储介质上甚至同一数据表中[15]。尽管云服务提供商会使用一些数据隔离技术(如数据标签和访问控制相结合)来防止对混合存储数据的非授权访问,但通过程序漏洞仍然可以进行非授权访问,如 Google Docs 就发生过不同用户之间文档的非授权交互访问。

(1)多租户云中的网络访问控制:网络访问控制指云基础设施中主机之间彼此互相访问的控制。Popa 等[16]提出了多租客云中的网络访问控制问题,认为在云基础设施中,虚拟机监督程序控制了消息传输的两个端点,因此访问需要在虚拟机监督程序处强制实施访问控制策略,其访问控制策略包括租客隔离、租客间通信、租客间公平共享服务和费率限制等。

在公用云中,大量用户都可以在云中租赁资源,并且可以租赁基础设施向其他用户提供服务,这些用户之间不可避免地要进行通信或数据共享等。因此在云的多用户之间需要设计安全的网络访问控制机制[17]。

(2)多租户云中的防火墙配置安全:防火墙是网络安全的核心部分且日趋复杂,防火墙能够分析网络流量行为、协议及应用层数据。在多租客的云基础设施中,软件服务提供商可以同时租用多个虚拟机,每个虚拟机上各有一个防火墙,通过防火墙对该虚拟机的通信进行过滤。然而，Bleikertz 等[18]指出计算机中防火墙的配置非常复杂，很容易出错，而如果防火墙配置出现问题，很可能导致数据或服务的暴露。

在基础设施云，例如 Amazon 弹性计算云中，云中的虚拟机需要进行通信，这些通信分为虚拟机之间的通信，以及虚拟机与外部的通信。通信的控制可以通过防火墙来实现，因此防火墙的配置安全性非常重要。如果防火墙配置出现问题，那么攻击者很可能利用一个未被正确配置的端口对虚拟机进行攻击，因此，在云计算中，需要设计对虚拟机防火墙配置安全性进行审查的算法。

4．虚拟化安全

虚拟化是 IaaS 云采用的关键技术，是资源能动态伸缩和充分利用的关键。通过对 CPU、内存等硬件资源的虚拟化，同一台物理机上可以同时运行多台虚拟机。尽管这些共享着相同硬件资源的虚拟机在虚拟机监控器（Virtual Machine Monitor，VMM）的控制下彼此隔离，但是攻击者通过虚拟机逃逸、流量分析、旁路攻击等手段，仍然可以从一台虚拟机上获取其他虚拟机上的数据。虚拟机面临着两方面的安全性：一方面是虚拟机监督程序的安全性，另一方面是虚拟机镜像的安全性。在以虚拟化为支撑技术的基础设施云中，虚拟机监督程序是每台物理机上的最高权限软件，因此其安全的重要性毋庸置疑。

（1）虚拟机监督程序安全性。在云基础设施中，虚拟机监督程序对于运行在物理机上的虚拟机进行监督，是物理机上具有最高权限的软件，因此，虚拟机监督程序的安全性非常重要。基于虚拟机监督程序的数据保护技术可能带来新的问题，它能有效防止一个用户的内存和外存数据外泄给其他用户，但却不能防止控制着虚拟机监督程序的云服务提供商获得数据。另外，在虚拟层添加加/解密和相关的其他功能，也会增加虚拟层的复杂性和出现漏洞概率。一旦虚拟机监督程序本身被攻破，所有用户的数据，无论是否加密，都会泄露[15]。

（2）虚拟机镜像安全。Bugiel 等[19]提出了针对亚马逊机器镜像（Amazon Machine Image，AMI）的攻击方法，能够从中获取到一些具有高敏感度的信息，如口令、密钥和证书等。在对 1225 个亚马逊机器镜像进行分析之后，能够从其中获取到许多 Web 服务提供商的源代码库、管理员口令和证书等敏感信息。另外，从欧洲和美东地区的 1100 个公开的亚马逊机器镜像中，发现三分之一存在 SSH（Secure Shell）后门，这些后门使得镜像发布者可以登入使用该镜像创建的实例。Bugiel 等还发现，通过镜像的 SSH 主机密钥对可以对使用该镜像创建的实例进行识别，由此可能会引发伪装攻击、中间人攻击和钓鱼攻击等。

5.1.2 云安全架构

针对 5.1.1 节所述云计算所面临的安全问题和需求，下面介绍现有的代表性云计算安全服务框架[6]。

1．基于可信根的安全架构

保证云计算使用主体之间的信任是提供安全云计算环境的重要条件，也是该类安全架构的基本出发点，尽可能地避免安全威胁得逞、及时发现并处理不可信的事件是该架构的设计目的。一方面要求包括云计算提供商在内的各主体，在时间和功能上只有有限的权限，超过权限的操作能够被发现并得到妥善处理；另一方面要求主体的使用权限在具有安全保证的前提下可以便捷地变更。该架构的典型代表为基于可信平台模块（Trusted Platform Module，

TPM）的云计算安全架构。可信根是能够保证所有应用主体行为可信的基本安全模块，其不仅可以判断行为结果的可信性，还能够杜绝一切非授权行为的实施，被认为是构建可信系统的基础。TPM 作为目前普遍认可的可信计算模块，被广泛应用为可信计算系统的可信根[20]。针对云计算环境，文献[21]提出了一种基于 TPM 的可信云计算平台架构（Trusted Cloud Computing Platform，TCCP），其实施协议如图 5.1 所示。

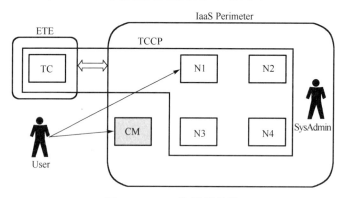

图 5.1　TCCP 协议示意图

在 TCCP 中，云计算用户的使用空间是基于 TPM 的封闭虚拟环境，用户通过设置符合要求的密钥等安全措施保证其运行空间的安全性；云计算管理者仅负责虚拟资源的管理和调度。用户私密信息交由使用 TPM 的可信计算管理平台保管，实现了与云计算管理者的分离，从而利用 TPM 实现了防止管理者非法获取用户数据、篡改软件功能的行为。TCCP 主要包含两个模块：可信虚拟机监控模块（Trusted Virtual Monitor Module，TVMM）和可信协同模块（Trusted Coordination，TC）。每台主机需安装 TVMM 模块，并且嵌入 TPM 的 TVMM 可以不断验证自身的完整性，提供了屏蔽恶意管理者的封闭运行环境，而 TPM 则可以通过远程验证功能，使用户确定主机上运行着可信的 TVMM 模块。TC 主要功能是管理可信节点的信息，保证可信节点嵌入了 TPM，并将认证信息通知给用户。

2．基于隔离的安全架构

将租户的操作、数据等限制在相对独立的环境中，不仅可以保护用户隐私，还可以避免租户间的相互影响，是建立云计算安全环境的必要方法。目前，基于隔离的云计算安全架构研究主要集中在软件隔离和硬件隔离两个不同的层面上，目标是为租户提供由底至顶的云计算隔离链路。基于软件协议栈的隔离是一种针对云计算硬件资源的分布性和多自治域的特点，采用虚拟化的方法，实现网络、系统、存储等逻辑层上的隔离。但是，由于隔离机制涉及的环节较为分散，目前并没有达成统一的协作规范，设备和技术的差异导致无法形成高效的端到端隔离。相对于通过软件实现逻辑层隔离的架构，硬件支撑的隔离方案具有更好的安全效果，并随着硬件功能的提升，也使之逐步成为了可能。其中典型的代表为以 Cisco 为首的公司提出的安全云架构，如图 5.2 所示。

该方案由 NetApp、Cisco、VMWare 三个公司联合提出，并针对不同的层次给出了各自的解决方案。其中，NetApp 的 Multistore 在独立的 NetApp 存储系统上快速划分出多个虚拟存储管理域，每个虚拟存储管理域都可以设置不同的性能及安全策略，从而实现租户在牺牲最少私有性的前提下安全地共享安全即服务的安全架构同一存储资源。为了实现与隔离网络的高效对接，NetApp 的虚拟局域网（Virtual Local Area Network，VLAN）接口可以创立私有的网络划分，每个接口绑定一个 IP 空间，IP 空间是独立且安全的网络逻辑划分，代表一个私有的路由域。

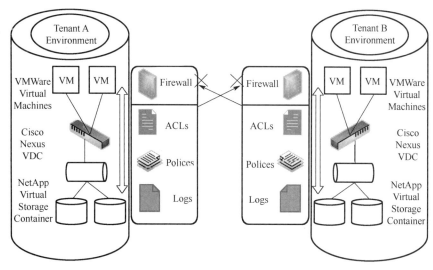

图 5.2　Cisco 安全云架构

Cisco 在网络隔离方面也提供了硬件支持，其交换机有能力把一台物理交换机分成至多四台虚拟交换机，每台虚拟交换机和独立交换机一样，具有独立的配置文件、必要的物理端口，以及分离的链路层和网络层服务。

在应用层，VMWare 的 vShield Zones 技术提供了对网络活动更强的可视性和管理能力，在虚拟服务层建立了覆盖所有物理资源的逻辑域，实现了租户之间不同粒度的信任、隐私及机密性管理。与传统架构相比，该架构在硬件支持的基础上，实现了对存储、网络、虚拟机、服务器各个环节的高效隔离，以及高效连接，保证了多租户环境下数据的安全性以及系统的高效性，避免了以大幅度降低效率为代价的多租户隔离。但是，由于该方案具有较强的硬件依赖性，尽管可以实现高效的链路隔离，但较高的成本使其在已有云计算环境下难以推广。

3．安全即服务的安全架构

租户业务的差异性使得需要的安全措施也不尽相同，单纯地设置统一的安全配置不仅会导致资源的浪费，也难以满足所有租户的要求。目前，借鉴面向服务架构（Service Oriented Architecture，SOA）理念，把安全作为一种服务，支持用户定制化的安全即服务的云计算安全架构得到了广泛的关注。

云计算平台上运行着不同的服务，需要数据库、网络传输、工作流控制，以及用户交互等多种功能的支持。由于执行环境和执行目的的不同，必然面临不同的安全问题。其中，数据库面临数据存放、加密、恢复及完整性保护等问题，网络传输面临外部通信及云环境内部通信的安全问题，工作流控制面临访问控制等问题。因此，云计算安全架构除了需要上述讨论的可信根与隔离链路保证之外，还需要在此之上构建基于 SOA 的安全服务。

SOA 旨在通过将结构化的软件功能模块（也称为服务）整合在一起，以提供完整的功能或者复杂软件应用的设计方法，主要体现了服务可以被设计为具有专门功能，并且可以在不同应用之间复用的思想。SOA 希望实现服务与系统之间的松散耦合，将整体功能分为独立的功能模块，并设计模块之间规范的数据交互模式，以满足用户通过不同服务组合的方式实现定制化服务的需求。SOA 是一种可以用于搭建可靠分布式系统的体系结构风格，以服务的形式实现各种功能，并且强调松散的服务耦合。借鉴 SOA 的理念，把安全机制（或策略）看成独立的服务模块，IBM 针对云计算给出了通用的安全架构，如图 5.3 所示。上述架构强调云计算的各种服务模式，由于执行环境和执行目的的不同，必然面临不同的安全问题，并需要一系列具有针对性的安全机制来应对。通过把安全机制设计为安全服务模块，可以实现不同管理域或者安全域内租户的通用性。通过租户的选择，可以形成一个独立的云计算安全服务体系，满足租户在安全方面的个性化需求。

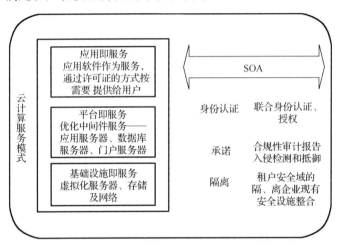

图 5.3　IBM SOA 通用安全架构

该通用架构的主要优势在于可以轻松整合来自不同云计算提供商的安全服务。IBM 的安全架构不限制用户使用特定的安全协议或者机制，充分给予了用户灵活的选择空间，这也增加了租户对云计算提供商的信任。

5.1.3　云安全解决方案

1. 亚马逊弹性云（Amazon Elastic Compute Cloud，EC2）

亚马逊是云计算的最早推行者，2006 年 8 月发布了弹性计算云受限版本。EC2 使用户可以在任何时候根据需要简便地创建、启动和供应虚拟实例，用户无须建立自己的云计算平台，EC2 提供了一系列的安全机制。

安全机制包括宿主机操作系统安全、客户机操作系统安全、防火墙和 API 保护。宿主机操作系统安全基于堡垒主机和权限提升。客户机操作系统安全基于客户对虚拟实例的完全控制，利用基于 Token 或 Key 的认证来获取对非特权账户的访问，此外，要求客户对于每个用户建立带有日志的权限提升机制，并能够生成自己独一无二的密钥对。在防火墙方面，使用缺省拒绝模式，使得网络通信可以根据协议、服务端口和源 IP 地址进行限制。API 保护指所有 API 调用都需要 X.509 证书或客户的 Amazon 秘密接入密钥的签名，并且能够使用 SSL 进行加密。此外，在同一个物理主机上的不同实例通过使用 Xen 监督程序进行隔离，并提供对抗分布式拒绝服务攻击、中间人攻击和 IP 欺骗的保护机制[11]。

2. IBM "蓝云"

2007 年 11 月 IBM 推出了"蓝云"计算计划,"蓝云"建立在 IBM 的大规模计算技术的基础上,结合了 IBM 自身的软、硬件系统以及服务技术,支持开放标准与开放源代码软件。IBM 认为保障云计算的安全性迫在眉睫,在云计算环境下,客户有一些新的安全需求需要满足[2]。一是用户与身份,客户需要确保授权用户可以访问所需数据和工具,并可在需要时阻止未授权的访问。二是数据与信息,大部分客户将数据保护作为他们最重要的安全因素考虑,主要包括数据如何存放及访问、法规遵从及审计要求、数据丢失对企业业务影响等问题。三是应用与流程,客户通常会考虑云应用的安全需求即镜像安全,过去传统的应用安全需求同样适用于云中的应用,但它们延伸到承载这些应用的镜像,云提供商需要遵循及支持安全的开发过程。四是网络,服务器及终端在共享的云环境中,客户需要确定每个独立的域之间是相互隔离的,且数据和交易不会从一个域泄漏到另一个,客户需要能够配置可信任的虚拟域或基于策略的安全域。五是物理基础架构,云的基础架构包括服务器、路由、存储设备、电力设备及其他支持运维的组件,需要从物理层面上得到安全保管。

3. 微软 Windows Azure

Windows Azure 的主要目标是为开发者提供一个 PaaS 平台,即"平台即服务"类型的云计算,帮助开发可运行在云服务器、数据中心、Web 和 PC 上的应用程序。微软注重从技术层面提高安全性,相应措施包括:强化了底层安全技术性能,对云计算平台操作系统内核进行了改进,采用全新的安全模式,使资源既有连续性又有相对独立性;推出了全新的安全机制 Sydney,把用户的云资源与网络虚拟化分隔开来,提供企业内部数据中心设备和云中设备之间的安全连接,同时 Sydney 安全机制能够聚合任意两个终端,以创建高效安全的虚拟网络覆盖结构;在硬件层面提升访问权限安全,采用比用户名、密码更为可靠身份认证机制,例如在针对美国联邦政府发布的云计算产品中,微软采用了后台指纹验证和其他生物特征识别技术。此外微软还建立基于风险的信息安全管理控制框架,通过全面的信息安全方案和采取成熟的方法、经常性的内外部评估,以及跨越所有服务层的强大的安全控制来确保客户的数据和业务;引入第三方安全服务提供商,通过获取第三方认证、信息披露等措施增强客户的信任[2]。

5.2 可信虚拟私有云模型

5.2.1 可信虚拟私有云定义

云计算特有的数据和服务外包、虚拟化、多租户和跨域共享等特点,带来前所未有的安全挑战。虚拟化技术以其所提供的强隔离、易维护、节约成本和支持跨平台应用等良好特性,成为云计算的核心技术应用和研究的热点问题。实现对云计算的安全控制机制的很多研究目前都采用基于虚拟机的方式,当前主要采用强制访问控制机制实现虚拟机之间的通信隔离[22]。sHype[23]在 Xen 虚拟机管理器中实现了强制访问控制模块,IBM 提出了可信虚拟域(Trusted Virtual Domain,TVD)[24]技术。多租户技术是 SaaS 云模型采用的关键技术,该技术使云中的同一个应用进程(如 Google Docs)可以同时为多个租户使用,这些租户的数据一般存放在同一张数据表,采用标签进行区别。访问控制技术确保每个租户只能访问自己的数据而不能访问其他租户的数据，不过，恶意租户采用漏洞攻击、旁路攻击等方法仍然可以获得其他用户的数据。

构建的可信的云计算执行环境对于保护用户任务的安全执行非常重要。IBM 提出可信环境构建架构 IMA[25]，提供远程认证和安全存储的功能，并使信任链可以扩展到应用程序层；斯坦福大学研发的基于虚拟机架构的可信计算平台 Terra[26]，在具有防篡改功能的硬件平台上通过可信的虚拟机监视器实现多个相互独立的虚拟计算节点；Intel 提出的可虚拟化完整性服务（Virtualization Enabled Integrity ServicesVIS）[27]，利用 Xen 虚拟机监控器实现内存中进程的相互隔离，避免进程被其他进程窃密和篡改。为了实现对基于虚拟技术的云计算环境中进程执行的安全监控，基于蜜罐原理（Honeypot）的 Vmscope[28]采用在虚拟机外部部署感应器来分析系统内部行为；Vmwtcher[22]则基于硬件虚拟化实现对恶意进程的行为分析。

为了保障云计算系统中服务访问的通信安全，确保用户访问云服务时通信信息的安全性，必须完成密钥分配、数据加密和信道加密等基础设施。EC2 基于公共密钥加密技术并将公私密钥绑定到虚拟机，同时基于安全哈希算法（Secure Hash Algorithm，SHA）或哈希运算消息认证码（Hash-based Message Authentication Code，HMAC）的消息签名机制来保护用户和虚拟机之间的通信服务安全。在国内，EMC 中国实验室与复旦大学、华中科技大学、清华大学、武汉大学联合开展"道里（Daoli）可信虚拟基础设施"研究项目[22]，该研究项目致力于在云计算这样多租户的计算环境中，实现租户之间的隔离，并且保护平台提供者不受恶意租户的攻击。

可信计算组织（Trusted Computing Group，TCG）从主体行为的角度来定义可信："当一个实体始终沿着预期的方式（操作或行为）达到既定目标，则它就是可信的"。即强调计算机系统中的软硬件实体行为的结果可预测和可控性，以防御抗恶意代码和物理干扰造成的破坏。沈昌祥院士等信息安全专家等认为"可信计算系统是能够提供系统的可靠性、可用性、信息和行为安全性的计算机系统"[29]。遵循上述可信原则，对可信虚拟私有云作了以下定义。

定义 5.1 可信虚拟私有云（Virtual Private Cloud，VPC）是在不安全的开放计算环境中构建安全、可信、可靠的虚拟私有计算综合体，可以用以下 5 元组表示：

$$VPC=(Source, Executor, Tasks, Resources, Regions) \quad (5.1)$$

式中，Source 指 VPC 中的任务来源，Executor 指 VPC 中的任务执行者，Tasks 是分割而成的任务集合，Resources 是 VPC 所蕴含的软硬件资源，Regions 是 Executor 所属的各个组织域集合，且满足以下需求。

- 每个 VPC 在物理上共同分享系统资源池中的软硬件资源。
- 用户及其任务与 VPC 具有一一对应关系，每个 VPC 在逻辑上彼此隔离。
- 每个用户的执行代码和数据在自己的虚拟私有云上下文空间中独立运行。
- 代码和数据将演变为多个物理子任务，封装后分布到多个执行点上并行执行。
- VPC 提供多租客大规模信息处理、传输和存储的私密性、完整性、可用性保障措施。

5.2.2 安全 Agent 与 Agency 体系结构

Agent 有广义和狭义两种定义，广义的 Agent 可泛指人类、物理世界中的机器人，以及信息世界中的软件、机器人等一切实体，而此处则是 MASIF 和 FIPA 规范的基础上对 Agent 做了以下的特指定义。

定义 5.2　Agent 是一种与对象（Object）相比粒度更大的软件实体，封装了方法、数据、属性和状态等信息，具有一定的自主性（Autonomy）、社会性（Sociality）和迁移性（Mobility）。

Agent 运行在 Agency 中，Agency 是 Agent 的运行容器，为 Agent 的运行提供通信服务、注册服务、管理功能、迁移功能、持久化机制（Persistence）和安全可信保障机制。引入 Agent 机制之后，所有物理子任务都被封装为一个个独立的 Agent。而实现可信虚拟私有云的安全基础显然就转变为保障 Agent 的执行、存储与通信的安全可信性，即构建安全的 Agent。安全的 Agent 与 Agency 的体系结构如图 5.4 所示。

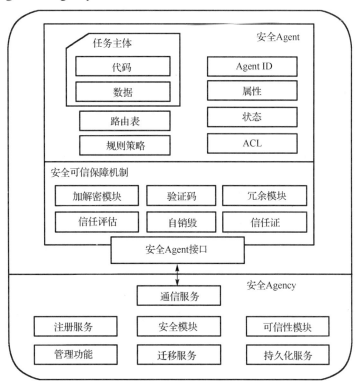

图 5.4　安全 Agent 与 Agency 体系结构图

安全 Agent 分为三个部分：①任务主体模块，指安全 Agent 承担的任务处理工作，封装了任务代码和数据，包括 Agent 的初始化程序和事件处理程序，产生实际执行动作；②属性状态等附属模块，包含了 Agent ID、属性（包括 Agent 创建者、创建时间等信息）、状态（记录了 Agent 执行过程中的当前状态，保存所获取的知识和任务求解结果，实现持久支持跨平台的持续运行）、Agent 通信语言（Agent Communication Language，ACL）、路由表（Agent 在网络节点之间的迁移路径）和规则策略集；③安全可信保障模块，包括加/解密模块、验证码（保障执行结果的安全可信性）、冗余模块、信任评估（负责评估节点与执行可信性）、自销毁（负责将本地任务执行代码与数据等私密信息销毁）、信任证（负责进入 Agency 时提供身份认证与执行代码对本地资源说明等情况），以及安全 Agent 接口（Agent 与外界通信的中介，防止外界对 Agent 的非法访问）。

5.2.3 基于安全 Agent 的可信虚拟私有云模型

为了满足 5.2.1 节所述需求，本节介绍一种基于安全 Agent 的新型可信虚拟私有云模型 SATVPC。基于安全 Agent 的可信虚拟私有云模型如图 5.5 所示，模型将各个公共云与私有云融合构建为一个虚拟资源池，联合为各种应用提出基础设施。模型中设立的系统管理与监控层包含三个部分：面向任务的执行监管模块（任务分割、任务调度、组件管理等），面向资源的节点管理模块（性能监控、故障监控、策略管理等），以及面向安全的系统管理模块（安全管理、信任管理等）。

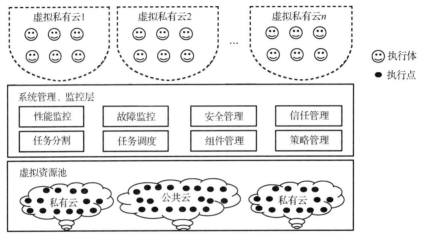

图 5.5　基于安全 Agent 的可信虚拟私有云 SATVPC 模型图

在实际的运行过程中，每个节点是一个最小的任务执行点，VPC 中的每个 Agent 则作为最小粒度的任务执行体。一个完整的作业被系统自动分割为多个任务时，Agent 即携带着各自的任务迁移到某个任务执行点上运行。系统中的任务执行点并行工作，每个执行点上的任务执行体 Agent 则并发运行，共享执行点上的 CPU、内存、硬盘、I/O 设备，以及信息数据和软件组件。在一个 VPC 内部，任务执行体 Agent 彼此协作并秘密通信，而在分属于不同 VPC 的 Agent 则在物理上共享资源，但在逻辑上完全隔离，Agent 的执行代码和数据在自己所属的虚拟私有云上下文空间中独立运行，彼此不能交互。

5.2.4 SATVPC 的多租客隔离模型

SATVPC 的多租客隔离模型结构如图 5.6 所示，整个云计算系统内的服务器被网络隔离（Network Isolation）机制分隔为数个不同安全等级的区域，如高安全区域（High Security Domain，HSD）、中安全区域（Medium Security Domain，MSD）及低安全区域（Low Security Domain，LSD）。区域还可进一步细化隔离，如按照用户的利益冲突情况，再将某一安全等级的区域分为若干无利益冲突区域（Non-Conflict Sector，NCS），以避免诸如竞争对手彼此之间可能的攻击行为的发生。不同用户提交的任务所产生的任务执行体 Agent 将会被派遣到不同区域的服务器上去执行，相同安全等级的任务执行体 Agent 将会被部署到同一区域甚至同一服务器节点上运行，对于任务执行体 Agent 安全等级的确定则应综合考虑提交任务的用户身份、任务类型等因素。

具体到每个云系统的物理服务器节点而言，节点系统的最底层为硬件设施（Hardware）

层，其上为操作系统（Operating System）层。由于目前的云系统和 Agent 大都采用 Java 技术，因此系统中设置了 Java 虚拟机（Java Virtual Machine，JVM）层，JVM 之上是云系统中间件（Cloud Middleware）层。Agency 成为 Agent 运行最为直接的主容器，Agency 将为源于同一任务的执行体 Agent 创建同一个容器实例，作为 Agent 的运行上下文（Context）空间；在每个上下文容器之间设置了可选的软件防火墙（Software Firewall），避免不同上下文容器内的 Agent 之间的彼此攻击或入侵。

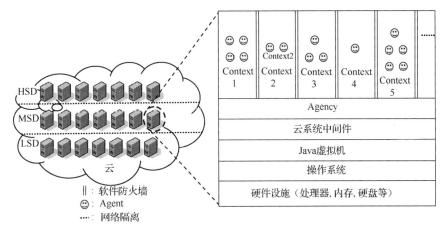

图 5.6　SATVPC 的多租客隔离模型结构

5.3　执行体与执行点可信评估机制

5.3.1　基本思想

定理 5.1　绝对可信定理：系统在某一状态时可信，是指当且仅当系统中所有的执行体与执行点都是可信的，任何一个不可信的主体都将使系统处于不可信状态。

而这种状态是难以达到的，本章的工作目标是使系统能够不断地演化并趋于这种状态。在动态的开放公共计算环境中，用户向系统提交作业后，SATVPC 系统如何将合适的执行体调度到合适的执行点上运行是需要重点解决的关键问题。任务执行体与执行点来源于不同安全域，彼此陌生，它们之间的信任关系是动态的。要满足可信性的需求，就需要任务执行体 Agent 和执行点彼此能够建立符合彼此安全策略设置的信任关系。任务执行体 Agent（Task Agent）的可信指数主要取决于以下几个因素。

- 任务执行体 Agent 的来源（即任务提交者）的可信程度；
- 任务执行体 Agent 包含的代码、执行逻辑的安全可信程度；
- 任务执行体对执行点本地软硬件资源的使用程度和范围情况。

而任务执行点（Task Node）的可信指数则主要取决于以下几个因素。

- 任务执行点所有者的可信程度；
- 任务执行点历史表现记录；
- 任务执行点安全可信保障措施设置情况；
- 任务执行点上运行的其他任务执行体 Agent 的可信指数。

之所以在考虑任务执行点的可信指数时需要考虑运行于其上的其他任务执行体 Agent 的可信指数,是因为在多租客计算环境下,多个任务执行体运行于同一执行点上,若其中包含恶意任务执行体,其具备攻击其他任务执行体的可能性,这显然会降低执行点的可信指数。因此任务执行点的可信指数是动态变化的,这种动态性主要取决于当前运行的任务执行体的情况。

5.3.2 动态复合可信评估算法

在一个作业执行周期里,某一个任务执行体 Agent 是否能够迁移到某一个的执行点上运行,取决于双方各自的安全策略。简言之,彼此的当前可信指数是否满足双方的安全策略中的规定。因此,计算出能够客观反映彼此安全程度的、量化的、可操作的可信指数是解决问题的关键。

1. 任务执行体 Agent 的可信指数

首先需要评估任务执行体 Agent 的来源的可信程度,而衡量的标准应按照来源的身份信誉(Source Reputation)、历史行为记录来综合确立。假设一份任务执行体来源于某个信誉良好的权威机构,该机构为了继续维护其良好的信誉,通常提交的任务及其执行代码是可信的,不会对系统和其他用户带来损坏(当然并非一定的);假设一份任务执行体的来源之前的行为表现是一贯良好的,从未提交过包含恶意代码的任务,则其今后的行为也是大概率可信的。这里仍需要对执行体所含代码的恶意程度进行细化分析,如表 5.1 所示。

表 5.1 执行体所含代码的恶意程度

执行体代码行为	恶意程度
正常代码,无任何恶意行为	0
代码对资源使用轻微过量,但对节点运行和其他任务基本没有影响	0.1
代码对资源使用过度,且对节点运行和其他任务产生影响	0.3
代码使节点产生类似于拒绝服务(Denial of Service,DoS)的效果	0.5
代码试图窥探其他执行体的数据和执行逻辑	0.7
代码试图攻击其他执行体,篡改执行逻辑和执行结果	0.9
代码试图攻击整个计算环境,使整个系统大规模瘫痪并造成重大损失	1.0

对任务来源可信程度的量化评价计算方法如式(5.2)所示。

$$\text{SourceCredit}_i = \sum_{k=1}^{m} s_{k,i}(-t_{k,i}) \tag{5.2}$$

式中,SourceCredit_i 是指来源 i 的可信程度;$t_{k,i}$ 是某一次任务执行体的代码恶意程度;$s_{k,i}$ 指任务计算规模,对于恶意代码来说,大规模的执行显然会带来格外严重的损失;m 是来源 i 提交的任务次数。

仅依赖基于历史行为的任务来源可信程度难以完全保障当次任务代码的安全可信性,因此还需要对任务执行体 Agent 包含的代码、执行逻辑的安全可信程度,以及本地软硬件资源的使用程度和范围进行考察。由于在图 5.1 中的 Agent 信任证应包含对其代码执行情况的一个说明。

$$\text{CodeCredit}_i = <\text{CPUCost}_i, \text{MemCost}_i, I/O_i, \text{APICall}_i> \tag{5.3}$$

式中，CodeCredit$_i$ 指迁移到当前执行点的 Agent$_i$ 的代码可信度；CPUCost$_i$ 指 Agent$_i$ 的代码时间复杂度；MemCost$_i$ 指 Agent$_i$ 的代码空间复杂度；I/O$_i$ 指 Agent$_i$ 的输入输出情况；APICall$_i$ 指 Agent$_i$ 调用的本地组件集合。执行点以此作为是否接纳 Agent$_i$ 的依据，若接纳并执行，则以此作为衡量执行情况是否可信的审计凭证。

综上所述，任务执行体 Agent 的可信指数 AgentCredit 设定为

$$\text{AgentCredit}=(\text{SourceReputation}，\text{SourceCredit}，\text{CodeCredit}) \quad (5.4)$$

2. 任务执行点的可信指数

任务执行点的可信指数主要取决于任务执行点所有者的可信程度、任务执行点历史表现记录、任务执行点安全可信保障措施设置情况、其上运行的其他任务执行体 Agent 的可信指数。开放的计算环境的公共云与私有云中包含的任务执行点及其计算、存储与数据资源分属于不同的所有者主体，不同的主体的可信程度显然也各不相同。评价任务执行点所有者的可信程度的标准可按照节点所有者的身份信誉（Executor Reputation）、历史行为记录来综合确立。假设一份任务执行点属于某个信誉良好的权威机构，该机构为了继续维护其良好的信誉，其节点的行为一般是可信的，不会对用户提交的任务代码和数据进行窃取和攻击破坏（当然也并非一定的）；如果一个任务执行点及其所有者所属其他节点的行为表现是一贯良好的，从未有过恶意的行为表现，则其今后的行为也将是大概率可信的。这里对执行点的行为进行细化分析如表 5.2 所示。

表 5.2 执行点行为的恶意程度

执行点行为	恶意程度
正常节点，无任何恶意行为，稳定完成承诺完成的任务	0
正常节点，但不够稳定，发生未执行完任务即离线的情况	0.1
节点未遵守事先协定，如执行完任务即销毁代码和数据等	0.3
节点安全措施低，其中存在执行体 Agent 试图窥探节点上的其他执行体的代码和数据	0.5
节点安全措施低，其中存在执行体 Agent 试图攻击其他执行体，篡改执行逻辑和结果	0.7
恶意节点，试图窥探节点上的其他执行体的代码和数据	0.9
恶意节点，试图攻击节点上的执行体，篡改执行逻辑和结果	1.0

对基于行为记录执行点历史可信度的量化评价计算方法如式（5.5）所示。

$$\text{HistoryCredit}_j = \sum_{k=1}^{n}(-x_{k,j}) \quad (5.5)$$

式中，HistoryCredit$_j$ 是指节点 j 的历史可信度；$x_{k,j}$ 是某一次执行点行为的恶意程度；n 是执行点执行的任务次数。假设节点 j 上当前运行着 w 个任务执行体 Agent，则该执行点的当前可信度的量化评价计算方法如式（5.6）所示。

$$\text{CurrentCredit}_j = \begin{cases} \sum_{k=1}^{w}\text{AgentCredit}_k, & w \geq 1 \\ (0,0,0), & w = 1 \end{cases} \quad (5.6)$$

式中，CurrentCredit$_j$ 是执行点 j 的当前可信度向量。如果当前节点上没有其他的任务执行体 Agent（即 $w=0$），则 CurrentCredit$_j$ 值为 $(0,0,0)$，这意味着如果一个执行点上的多个任务执行体 Agent 的可信指数都是高的，在多租客的情况下，该执行点的可信程度显然也会提高。

任务执行点安全可信保障措施设置情况主要体现在：如果迁移过来的任务执行体 Agent 是恶意的，该任务执行点没有能够检测出来，并向系统管理节点报告的话，该任务执行点的安全可信保障措施显然是不完善的，则该执行点的安全度的量化评价计算方法如式（5.7）所示。

$$\text{SecurityCredit}_j = \frac{u_j - w_j - \mu f_j}{\sum_{k=1}^{n} u_k} \tag{5.7}$$

式中，SecurityCredit_j 是执行点 j 的安全度；u_j 是执行点 j 提交的真实安全告警报告数；w_j 是执行点 j 应提交但并未提交安全告警报告数；f_j 是执行点 j 提交的虚假安全告警报告数；μ 作为节点提交虚假安全告警报告的惩罚因子。

综上所述，任务执行点的可信指数 ExecutorCredit 设定为：

$$\text{ExecutorCredit}=(\text{ExecutorReputation},\text{HistoryCredit},\text{CurrentCredit},\text{SecurityCredit}) \tag{5.8}$$

5.3.3 可信判别策略

具体到对于某一个任务发起者来说，不同任务执行体 Agent 的重要性和对于安全可信需求是不相同的；对于所有者的各个执行点来说，其对于达到什么可信指数的任务执行体 Agent 能够迁移到本地来执行也取决于自身的安全策略。

本节设计了与任务执行体 Agent 和执行点主体行为相关的模态算子，主要包含了：

（1）信任算子 Tru。$\text{Tru}_x\varphi$ 表示主体 x 信任当前某一个客体达到标准 φ；

（2）能力算子 Obt。$\text{Obt}_x\varphi$ 表示主体 x 具备条件 φ。

基于上述的动态复合可信评估算法，本节定义了以下两种可信判别策略。

定义 5.3 任务执行体 **Agent** 的可信判别策略（EtoATrust）是任务执行点认定任务执行体 Agent_i 是否可信的标准，需同时考虑 Agent 来源的身份信誉、可信程度和代码可信度。

$$\begin{aligned}\text{EtoATrust} = &\text{Tru}_{\text{Executor}}(\text{Obt}_{\text{Agent}_i}(f(\text{SourceReputation}_i) = \text{true})\\ &\wedge (\text{SourceCredit}_i \geq \alpha) \wedge (g(\text{CodeCredit}_i) = \text{true}))\end{aligned} \tag{5.9}$$

式中，$f()$ 是 Agent 来源的身份信誉的判别函数；α 是执行点对 Agent 来源可信度的预设可信阈值；$g()$ 是代码可信度的判别函数。

定义 5.4 任务执行点主体的可信判别策略（AtoETrust）是任务执行体 Agent 认定任务执行点 j 是否可信的标准，同时考虑节点所有者的身份信誉、执行点的历史可信度、当前可信度和安全度。

$$\begin{aligned}\text{AtoETrust} = &\text{Tru}_{\text{Agent}}(\text{Obt}_{\text{Exector}_j}(h(\text{ExecutorReputation}_j) = \text{true}) \wedge (\text{HistoryCredit}_j \geq \beta))\\ &\wedge (\text{CurrentCredit}_j \geq \lambda) \wedge (\text{SecurityCredit}_j \geq \delta)))\end{aligned} \tag{5.10}$$

式中，$h()$ 是执行点主体所有者身份信誉的判别函数；β 是 Agent 对执行点历史可信度的预设可信阈值；λ 是执行点当前可信度的预设可信阈值；δ 是执行点安全度的预设可信阈值。

上述的策略可以满足大部分应用的需求，然而这种基于可信评估的宽松策略，对于对安全可信程度特别高的应用来说并不一定能够满足其需求，可以附属一些自有的严格要求。

（1）独占性要求：为彻底防止其他任务执行体 Agent 对极高安全可信度需求的任务的窃

密与攻击，要求执行点上当前没有其他运行的任务执行体 Agent。

（2）细粒度要求：为高度保障任务执行体 Agent 的代码和数据不被恶意 Agent 窃密与攻击，要求执行点上的每一个租客的任务执行体 Agent 都具备高度的可信指数。

5.4 实 验 系 统

5.4.1 原型系统

本节描述的原型系统是基于 JADE（Java Agent Development Framework）平台，并采用 Java 开发工具 Netbeans 构建。JADE 是一项旨在开发符合 FIPA（Foundation for Intelligent Physical Agents）Agent 标准的多 Agent 系统或程序的软件开发框架[30]。主机上运行的远程管理 Agent（Remote Manage Agent，RMA）包括 Agent 管理系统（Agent Management System，AMS）、目录服务（Directory Facilitator，DF）、Agent 通信信道（Agent Communication Channel，ACC）三部分。

基于安全 Agent 的可信虚拟私有云原型系统的关键类图如图 5.7 所示。

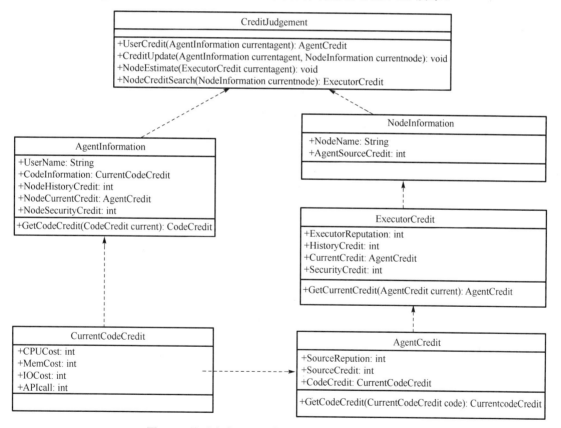

图 5.7 基于安全 Agent 的可信虚拟私有云关键类图

（1）CurrentCodeCredit 为基本的数据结构，用以表示 Agent 信任证中为其自身代码的说明并为其余各类提供接口。其中，CPUCost 表示本次任务代码的时间复杂度；MemCost 表示本次任务代码的空间复杂度；IOCost 表示本次代码的 I/O 使用情况（如量与次数）；

APIcall 表示本次代码对本地组件的调用情况（如次数等）。

（2）AgentCredit 类为表示 Agent 可信指数的数据结构，作为信任证的一部分。其中 SourceReputon 表示 Agent 来源的身份信誉指数；SourceCredit 表示来源的可信程度（由 CreditJudgement 类来对其进行初始化）；CodeCredit 表示对 Agent 自身代码的说明，由 GetCodeCredit()方法对其进行初始化。

（3）ExecutorCredit 类为表示任务执行点可信指数的数据结构。其中，ExecutorReputation 表示节点所有者的身份信誉；HistoryCredit 表示节点的历史可信度（由 CreditJudgement 类来对其进行初始化）；CurrentCredit 是该执行点当前可信度向量（由 CreditJudgement 类来对其进行初始化）；SecurityCredit 该执行点的安全度（由 CreditJudgement 类来对其进行初始化）。

（4）NodeInformation 类为表示某节点信息的数据结构。其中，NodeName 是节点在 MasterNode 中注册的名字，是该节点区别于其他节点的唯一标识；AgentSourceCredit 是该节点对 Agent 来源可信度的预设阈值。

（5）AgentInformation 类为表示 Agent 信息的数据结构。其中，UserName 表示该 Agent 提交用户的标识，是该用户区别于其他用户的唯一表示；CodeInformation 表示此次 Agent 可信指数；NodeHistoryCredit 表示 Agent 对执行点历史可信度的预设阈值；NodeCurrentCredit 对执行点当前可信度的预设阈值；NodeSecurityCredit 表示对执行点安全度的预设阈值。

（6）CreditJudgement 为进行迁移匹配的主类，用以调用存储在本地数据库的用户和节点信誉历史来进行初始化工作，并在 Agent 与节点匹配成功后将执行任务切分为若干执行体 Agent 发送到其匹配的节点上，最终将 Agent 和节点反馈回来的信息存入数据库为下一次调用提供初始化。其中，UserCredit()方法用以读取 Agent 的自带信息，按照 Agent 的提交者的名称查询本地数据库，返回一个 AgentCredit 向量；NodeCreditSearch()方法用以读取节点的信息，按照节点的名称查询本地数据库，返回一个 ExeCutorCredit 向量；NodeEstimate 向量用以将 Agent 派遣至相应节点后，更新该节点存储在本地数据库的 CurrentCredit；CreditUpdate 用以在接收到 Agent 和节点的报告后，更新数据库中对应的用户和节点的历史信誉值。

5.4.2 原型系统与工作流程

从功能与角色来看，系统中主要包含三类节点：用户节点（User Node）、主服务器节点（Master Node）和任务执行点（Task Node），工作流程与执行步骤的时序如图 5.8 所示。

（1）User Node 向主节点 Master Node 提交承载任务的 Task Agent。

（2）Master Node 接收到 Task Agent 后调用 UserCredit()方法，读取 Task Agent 的 AgentInformation 类中的信息（Username，CodeInformation），查询 Master Node 自身数据库中该用户的 SourceReputation 和 SourceCredit，并生成一个 AgemtCredit 向量。

（3）Master Node 向所有可承载任务的 Task Node 发送 AgentCredit 向量。

（4）Task Node 接收到该向量后，调用 Agentestimate()方法，对该 Agent 进行评估，并向 Master Node 返回一个 Bool 值，若为 1 表示愿意接收该 Agent，若为 0 则表示不愿意接收该 Agent。

（5）Master Node 接收到该 Bool 值后，调用 NodeCreditSearch()方法，对查询所有 Bool 值为 1 的节点在 Master Node 数据库中的相关数据返回一个包含 ExecutorReputation、HistoryCredit、CurrentCredit、SecurityCredit 在内的 ExecutorCredit 向量给 Task Agent。

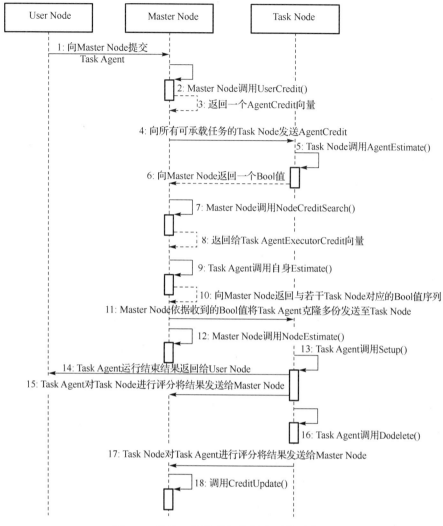

图 5.8 系统工作流程与执行步骤的时序图

（6）Task Agent 接收到该向量后，调用自身的 NodeEstimate 方法，对 Task Node 进行评估，并向 Master Node 返回一个 Bool 序列，值为 1 表示愿意迁移至对应的某 Task Node，值为 0 表示拒绝迁移至某对应的 Task Node。

（7）Master Node 依据 Task Agent 反馈的结果将 Task Agent 发送至相应的 Task Node。

（8）Master Node 调用 NodeEstimate()方法，更新接收 Task Agent 节点的 CurrentCredit。

（9）Task Agent 到了目标 Task Node 后，调用 Setup()方法进行初始化并执行自身携带的任务。

（10）Task Agent 任务完成后，向 User Node 返回任务执行得到的结果，向 Master Node 返回它对本次任务中 Task Node 的表现情况的评分，并调用 Dodelete()方法删除自身代码和携带的数据。

（11）Task Node 向 Master Node 返回该 Task Agent 的表现情况的评价。

（12）Master Node 接收到 Task Node 和 Task Agent 的报告后，调用 CreditUpdate()方法，更新数据库中对应的任务来源和执行节点的评价。

5.4.3 实验验证与性能分析

针对本章提出的 VPC 中的执行体与执行点可信评估机制及动态复合可信评估算法，我们展开了一系列仿真实验，并对实验结果进行性能分析，实验中共设置了 10 个任务来源，每个节点提交了 10^3 数量级次数的任务。

首先对任务执行体 Agent 的可信指数 AgentCredit 的计算方法进行验证。对于 AgentCredit 包含的 SourceReputation 和 CodeCredit 两个部分来说：SourceReputation 是由可信第三方提供的，一般是相对稳定的；CodeCredit 是要针对具体代码的复杂度进行具体分析的。因此，本章重点对其中动态性较强的来源可信程度 CodeCredit 计算方法进行实验。表 5.3 所示的内容是来源 i 曾发布的一部分任务的相关数据（表中摘取了其中 10 项任务），其中执行规模是指该承载任务的执行节点占网络中节点总数的百分比。

表 5.3　单个来源提交的部分任务情况

任务序列号	1	2	3	4	5	6	7	8	9	10
执行规模	86.9%	70.1%	69.8%	30.3%	69.0%	15.7%	49.0%	99.9%	31.5%	89.2%
代码恶意程度	0.5	0.7	0.9	0.5	0.3	0	1	0.5	0.7	0.9

以来源 i 为例，共提交了 1000 次任务，其 $SourceCredit_i$ 为 -164.2365。而 10 个执行体来源的平均任务执行规模如表 5.4 所示。

表 5.4　10 个来源执行体历史代码平均执行规模

来源序列号	1	2	3	4	5	6	7	8	9	10
平均执行规模	25.5%	25.8%	24.2%	85.0%	85.0%	85.2%	0.0%	49.5%	51.3%	49.2%

10 个不同执行体来源可信程度 SourceCredit 如图 5.9 所示，图中来源 1~6 为随机选择的普通来源，历史执行过的代码在恶意程度上是平均分布的；而来源 7 为没有历史记录的来源，恶意程度为 0；来源 8 为偶尔发放过恶意程度为 0.1 任务的执行体来源；来源 9 为发放过恶意程度 0.3、0.5 和 0.7 的执行体来源；来源 10 为发放过恶意程度 0.9 和 1 的执行体来源。

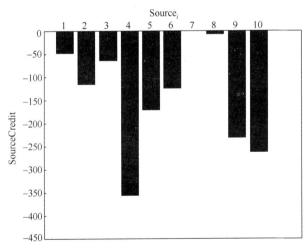

图 5.9　执行体来源 SourceCredit 实验结果

从实验结果可以发现，当执行体来源总是发放包含恶意执行体代码的 Agent 时，执行体来源的 SourceCredit 将呈现为较低的数值。另外，对于来源 1~6 来说，来源 1~3 主要发布小执行规模的代码执行体，来源 4~6 发布的代码执行规模较大。从图 5.9 可以看出，即使平时执行的代码恶意程度相同或相似，倘若每次执行的规模危害的节点较多，执行体来源的 SourceCredit 也会低于平均水平。

进一步实验结果如图 5.10 所示，执行体来源的 SourceCredit 与任务代码平均恶意程度和任务执行规模是负相关的。

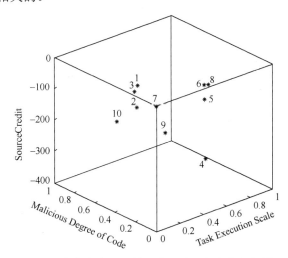

图 5.10 SourceCredit 与任务代码平均恶意程度和任务执行规模关系实验结果

下面对任务执行点的可信指数 ExecutorCredit 的计算方法进行验证。同样，ExecutorReputation 是由可信第三方提供的，一般是相对稳定的；CurrentCredit 受制于节点上运行的执行体的 AgentCredit 情况，AgentCredit 计算方法和性能已做说明，因此本节重点对执行点安全度 SecurityCredit 和执行点历史可信度 HistoryCredit 的计算方法的性能进行实验验证。

本节对 200 个执行点的 SecurityCredit 进行了实验，其中部分执行点的详细参数如表 5.5 所示。

表 5.5 部分执行点的详细参数

执行点序列号	12	22	34	42	122	137	170	180	196	200
真实安全告警报告数	9936	535	237	9935	459	4703	9429	9848	3876	477
未提交真实报告数	70	1190	1080	80	2020	2910	530	180	950	1200
虚假安全告警报告数	50	200	400	50	400	200	0	50	250	0
SecurityCredit	9.4	−2.7	−4.9	9.4	−5.6	−0.20	8.9	9.2	0.43	−0.72

对于 200 个执行点的安全度 SecurityCredit 实验结果如图 5.11 所示。

由表 5.6 和图 5.12 的数据可以看出，任务执行点安全度与执行点提交报告的质量是直接关联的：当任务执行点较为诚实，即大部分时候提交的是真实报告时，执行点的 SecurityCredit 将会处于一个较高的数值（参照执行点 12 和执行点 42）；当执行点经常未提交真实报告时，它的可信度将无法累积上升（参照执行点 200）；当执行点经常提交恶意的虚假安全告警报告，它的可信度将会处于较低水平（参照执行点 34 和执行点 122），这是符合实际的。

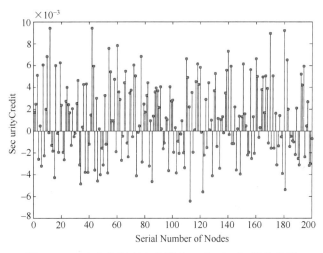

图 5.11 200 个执行点安全度 SecurityCredit 实验结果

执行点历史可信度 HistoryCredit 是由执行点的历史行为恶意程度决定的，图 5.12 是 1000 个任务执行点的 HistoryCredit 实验结果图，从图中可以发现：执行点的历史可信度 HistoryCredit 随着执行过任务的项数增加而减少；如果执行点多次执行恶意程度较低的任务，也会因为次数的累加降低其 HistoryCredit；而执行点即使只执行过少量的恶意程度较大的任务，其 HistoryCredit 也会受影响大幅度降低。可见，执行点的历史可信度与历史任务的平均恶意程度，以及历史任务项数分别呈负相关。

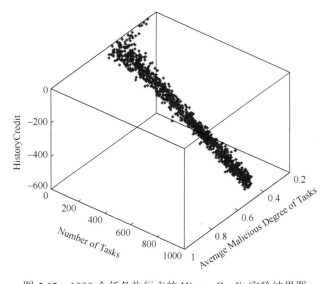

图 5.12 1000 个任务执行点的 HistoryCredit 实验结果图

5.5 本章小结

本章面向开放的云计算环境，提出一种基于安全 Agent 的可信虚拟私有云模型 SATVPC，通过引入安全 Agent 技术，为系统中的多租客提供相互独立的、安全可信的虚拟私有云计算平台；为了使任务执行体 Agent 和执行点彼此能够建立符合彼此安全策略设置的信任关系，以进一步满足 SATVPC 的可信性的需求，提出了一种动态的执行体与执行点复合可信评估机制，并分别设计了任务执行体 Agent 和任务执行点的可信指数计算方法及可信判别策略。

本章提出对开放计算环境中基于安全 Agent 的可信虚拟私有云模型及其动态复合可信评估算法进行研究，目的是在 Internet 这样开放的、分布式的计算环境中，为更广泛的资源共享、能力聚集等各种基于云计算技术的应用提供一个可信赖的计算平台。相较目前的国内外在该领域的研究，本章主要集中于软件行为的安全性和可依赖性问题，且主要面向封闭或同一管理域内展开，本章的研究具有原创性和突破性。当然，本章的研究成果仅解决了跨组织和管理域的开放计算环境的一部分安全可信问题，后续将重点针对基于安全 Agent 的可信虚拟私有云模型中的计算任务私密性保护、自销毁机制，以及多租客环境下的计算与数据隔离技术展开进一步深入的研究。

参 考 文 献

[1] 云安全联盟 CSA．云计算关键领域安全指南 V3.0[R]．2009.12．

[2] 闫晓丽．云计算安全问题[J]．信息安全与技术，2014, 5(3):3-5．

[3] Liu H. A New Form of DOS Attack in a Cloud and Its Avoidance Mechanism[C] //Proc of the 2010 ACM Workshop on Cloud Computing Security Workshop. New York: ACM Press, 2010: 65-76.

[4] Ristenpart T, Tromer E, Shacham H, et al. Hey, You, Get off of My Cloud: Exploring Information Leakage in Third-party Compute Clouds[C] //Proc of the 16th ACM Conference on Computerand Communications Security. New York: ACM Press, 2009: 199-212.

[5] Okamura K, Oyama Y. Load-based Covert Channels Between Xen Virtual Machines[C] //Proc of the 2010 ACM Symposium on Applied Computing. New York: ACM Press, 2010: 173 -180.

[6] 林闯，苏文博，孟坤，等．云计算安全：架构、机制与模型评价[J]．计算机学报，2013, 36(9):1765-1784．

[7] Hohl F. Time limited blackbox security: Protecting mobile agents from malicious hosts[M]. In: Vigna, Giovanni ed.. Mobile Agents and Security, LNCS 1419, Springer-Verlag, 1998.

[8] Sander T, Tschudin CF. Protecting Mobile Agents Against Malicious Hosts. Mobile agents and security[C] // Lecture Notes in Computer Science. New York: Springer-Verlag, 1998, 1419: 44-60.

[9] 赵丽，王凤先，刘振鹏，等．计算机免疫系统中沙盒主机的构建[J]．大连理工大学学报，2003, 43(s1): 9-11．

[10] 王汝传，赵新宁，王绍棣，等．基于网络的移动代理系统安全模型的研究和分析[J]．计算机学报，2003, 26(4): 478-483．

[11] 俞能海，郝卓，徐甲甲，等．云安全研究进展综述[J]．电子学报，2013, 41(2): 371-381．

[12] Li W J, Ping L D. Research on Trust Management Strategies in Cloud Computing Environment[J]. Journal of Computational Information Systems, 2012, 8(4): 1757-1763.

[13] Song H, Zhang B, Li S. A Credibility Model of Web Service on Internet[J]. Advances in Intelligent and Soft Computing, 2012, 136: 533-540.

[14] Groβ S, Schill A. Towards User Centric Data Governance and Control in the Cloud[J]. Lecture Notes in Computer Science, 2012, 7039: 132-144.

[15] 冯朝胜，秦志光，袁丁．云数据安全存储技术[J]．计算机学报，2015, 38(1):150-163．

[16] Popa L, Yu M, Steven Y, et al .Cloud Police: Taking Access Control out of the Network[C] //Proc of Hotnets' 10. ACM 2010. New York: ACM, 2010: 1-6.

[17] Hao F, Lakshman T, Mukherjee S, et al. Secure Cloud Computing with a Virtualized Network Infrastructure[C] //Proc. of the 2nd USENIX Conference on Hot Topics in Cloud Computing. Boston, Massachusetts, 2010:1-7.

[18] Bleikertz S, Schunter M, Probst C W, et al. Security Audits of Multi-tier Virtual Infrastructures in Public Infrastructure clouds[C]//Proc of the 2010 ACM Workshop on Cloud Computing Security Workshop. New York: ACM Press, 2010: 93-102.

[19] Bugiel S, Nǜrnberger S, Pöppelmann T, et al. AmazonIA: When Elasticity Snaps Back[C] //Proc of the 18th ACM Conference on Computer and Communications Security. New York: ACM Press, 2011: 389-400.

[20] Garfinkel T, Pfaff B, Chow J, et al. Terra: A Virtual Machine-based Platform for Trusted Computing[J]. ACM SIGOPS Operating Systems Review, 2003, 37(5): 193-206.

[21] Santos N, Gummadi K P, Rodrigues R. Towards Trusted Cloud Computing[C] //Proc of the 2009 Conference on Hot Topics in Cloud Computing. Berkeley, USA, 2009.

[22] 金海，吴松，廖小飞，等．云计算的发展与挑战[M]．2009 中国计算机科学技术发展报告．北京：机械工业出版社，2010．

[23] Saikr R, Jaeger T, Valdez E, et al. Building a MAC Based Security Architecture for the Xen Open Source Hypervisor[C] //Proc of the Annual Computer Security Applications Conference. Washington, DC, USA. 2005:285．

[24] Griffin J L, Jaeger T, Perez R, et al. Trusted Virtual Domains: Toward Secure Distributed Services[C] //Proc of the Workshop on Hot Topics in System Dependability, Jun. 2005.

[25] Sailer R, Zhang X, Jaeger T, et al. Design and Implementation of a TCG-Based Integrity Measurement Architecture[C] //Proc of the 13th Conference on USENIX Security Symposium, San Diego, USA, Aug. 2004: 223-238.

[26] Garfinkel T, Pfaff B, Chow J, et al. Terra: A Virtual Machine-Based Platform for Trusted Computing[C] //Proc of the 19th ACM Symposium on Operating Systems Principles (SOSP2003), Oct. 2003: 193-206.

[27] Sahita R, Savagaonkar U R, Dewan P, et al. Mitigating the Lying-Endpoint Problem in Virtualized Network Access Frameworks[C] //Lecture Notes in Computer Science, Springer, 2007, 4785: 135-146.

[28] Jiang X, Wang X. Out-of-the-Box Monitoring of VM-Based High-Interaction Honeypots[C] //Proc of the 10th International Symposium on Recent Advances in Intrusion Detection(RAID'07), Queensland, Australia, Sept. 2007: 198-218．

[29] 沈昌祥，张焕国，王怀民，等．可信计算的研究与发展[J]．中国科学：信息科学，2010, 40(2): 139-166．

[30] Telecom Italia SpA. Jade - Java Agent Development Framework [EB/OL]. http://jade.tilab.com/, 2009．

第6章 云数据销毁

有效的数据销毁机制对于保障云计算系统数据隐私至关重要。本章将分析云数据销毁需求、销毁方式和销毁策略；然后提出基于多移动 Agent 的云数据远程销毁机制，不再完全依赖于云提供商这一"不完全"可信的第三方，使得云用户对托管至云的数据具有管理权和可控权。在此基础上，提出严格区分正常修改和非法篡改的策略，在云数据被非法篡改时或者有被非法篡改可能的情况下，对云用户数据进行及时有效的处理。针对某个具体节点上的数据销毁，探讨了"数据折叠"这一新型的数据覆写方法，使得数据销毁不再需要提前生成覆写序列，而是直接利用数据自身的存储序列进行数据覆写，从而大大缩短数据销毁的时间，而且数据覆写次数变得灵活可变，在云数据进行有效的远程销毁的同时，缩短数据销毁的时间，降低数据销毁的复杂度。

6.1 概　　述

6.1.1 云数据销毁需求

云存储是在开放的分布式环境中进行数据处理和共享的，服务提供商应在制定灵活、可扩展的访问控制策略基础上，注意到用户日益重视的安全问题。由于云提供商自身设备，非法访问、篡改等原因造成用户信息泄露或非法删除的问题长期存在，不管是云提供商还是云用户自身都希望在这些突发状况发生时，甚至是发生之前能对用户数据进行相应的保护。因此，云计算环境下数据的安全销毁[1]也就成了云提供商和云用户的迫切需求，尤其是对下列几种情况下数据的销毁。

（1）过期数据：包括长期没有任何访问需求的、超过生存时间戳的、因删除不尽造成的数据残留等。

（2）过多的备份：云存储一般都是冗余存储的，云存储环境中有大量的用户数据备份，尤其是对于那些存储时间较长的数据，会产生过多的不必要的数据备份。

（3）被恶意攻击的数据：指那些正在遭受恶意攻击或者有可能受到恶意攻击的用户数据，甚至合法访问者的非授权请求的数据。

（4）失效节点上的数据：失效节点指那些因为硬件问题或者网络问题而脱离网络的存储节点，对于这些存储节点上的用户数据，会造成大量用户的信息泄露。

云数据存储系统中蕴含的节点及可用资源范围广、数量大，更易满足用户日益增加的存储需求、消除性能瓶颈、实现负载平衡和多副本冗余备份等,同时,云存储模式也给云数据销毁带来了一些问题。

(1) 节点的动态性导致用户发出销毁指令时,存储用户数据的节点不在线。

(2) 用户存储在云节点的数据被多个客户访问共享,而这些租客对数据的操作(如下载等)都会对数据销毁造成影响,例如,租客 A 在下载云数据 B 的一段时间后再次向云上传该数据,而在这之前数据拥有者已经通知云销毁该数据,类似这样的场景会造成云数据销毁得不彻底。

(3) 数据节点上数据销毁的不确定性。例如,当数据拥有者发出销毁指令之后,云提供商返回假消息,即在节点数据没有完全删除的情况下,告知销毁指令发出者"销毁成功";甚至恶意租客发出销毁指令要求销毁云数据,而数据上传者并不希望该数据被销毁。

(4) 用户资源的操作失控导致删除了不该删除的数据,即用户需要确保销毁的数据是自己的数据及副本,不能将存储在同一节点上的其他用户数据销毁,这个问题也是值得思考的。

6.1.2 数据销毁方式

数据销毁[2]是指通过一定手段将指定的待删除数据进行有效删除,使其被恢复的可能性足够小甚至是不可被恢复。针对某个具体节点上具体数据的销毁,现有的数据销毁方法[3]主要分为硬销毁和软销毁两种,硬销毁通常用于保密等级比较高的场合,如国家机密、军事要务等;而软销毁则通常用于保密等级相对而言不是很高的场合,如一般的企业、个人文件等,存储空间可以重复使用。

数据硬销毁[4]是指采用物理、化学方法直接销毁存储介质,从而彻底销毁存储在其中的用户数据。物理破坏方法有焚烧、粉碎等,但是磁盘的碎片仍然可以被恶意用户所利用,而且物理破坏方法需要特定的环境和设备;化学破坏方法是指用特定的化学物来熔炼的方法。然而,不管是物理破坏方法还是化学破坏方法,被销毁的存储介质不能重复使用,造成了一定的浪费,并且有着一定的污染,所有基本上没有得到广泛的应用。

软销毁即逻辑销毁,是采用数据覆盖等一系列软件方法进行数据销毁的手段。目前为止数据覆写是既经济又有效的数据软销毁方法。数据覆写[5]的基本原理是将无规则、无意义的"0"、"1"序列写入原数据位,从而使得数据变得无效、没有意义。现有典型的数据覆写标准[6]如表 6.1 所示。

表 6.1 典型的数据覆写标准

覆写标准	覆写次数	描述
全"0"覆写	1 次	• 以"0"为覆写序列元素
DOD5220.22-M	3 次	• 一次全写"0" • 一次随机码 • 一次全写"1"
DOD5220.22-MECE	7 次	• 一次 DOD5220.22-M • 一次随机码 • 一次 DOD5220.22-M
Gutmann	35 次	• 4 次随机码 • 分别写入 0x00-0xAA 共 16 次 • 0x92、0x49、0x24 组成两次排列组合共 6 次 • 0x6D、0xB6、0xDB 排列组合共 3 次 • 0x55 和 0xAA 各一次 • 4 次随机码

除了表 6.1 所示的几个典型的数据覆写标准，还有 RCMPTSSITOPS-Ⅱ、CanadianOPS-Ⅱ、RussianGOST 等数据销毁标准，不同覆写标准的覆写次数不同、覆写序列不同、覆写的程度不同，被恢复的概率也不同，适用于不同的场景。

6.1.3 数据销毁策略

纵观学术界的研究，为了保证网络数据的安全销毁，不少学者已经投入大量的精力并取得了一定的成果。现有的研究大致可以分为基于存储设备和基于存储网络两个方面的研究，其中，文献[7~30]基于存储网络的研究如下。

2007 年，Perlman[7]提出了基于第三方可信机制的可信删除（Assured Delete）机制，以"用户操作"或"时间"作为删除条件，在超过规定的时间后自动删除数据密钥，从而使得任何人都无法解密出数据明文，以达到数据销毁的目的。

FADE[8,9]系统在以"时间"为条件的单一模式的基础上，设计了一种基于策略的文件删除方法，以实现云存储系统中节点数据及其副本的确定性销毁，基本思想是每个文件都对应一条或多条访问策略[10~11]（如"Alice 可以访问"和"2013 年和 2014 年之间可以访问"是两条不同的策略），不同的访问策略之间可以通过一个或者多个逻辑关系组成混合策略，只有当文件的访问请求符合访问策略的所有条件时才能解密出数据明文。

然而，FADE 系统方案中有第三方参与，是一种集中式的管理，存在因密钥第三方不可信而出现误删、错删或漏删的安全隐患。Vanish 系统[12,13]从销毁密钥的角度提出了一种基于分布式哈希表（Distributed Hash Table，DHT）网络的数据销毁机制，即在上传数据之前将数据进行加密，然后将密钥经门限密码处理后随机分发到 DHT 网络中，数据授权访问者只有获得超过 k（$k≤n$）份密钥才能够正常地解密。当授权时间到达时，所有的密钥将自动销毁，使得在超过预设时间后任何人都无法恢复数据明文。

然而，Vanish 系统下，攻击者可以通过嗅探攻击或跳跃攻击获取到足够的密钥分片重构出密钥。为了解决这些问题，文献[14]改进了 Shamir 秘密共享算法[15]，通过增加密钥份数长度的方式来抵抗跳跃攻击，通过公钥加解密的方法来抵抗嗅探攻击。

文献[16,17]在 Vanish 系统的基础上，从销毁密钥和数据的角度将密钥和部分密文数据一起分发到 DHT 网络中，增加了非法访问者破解这部分密文数据所需的密钥空间，从而加大了攻击的代价和难度。

熊金波等[18,19]利用身份加密技术对用户数据或者网络数据进行加密耦合，将密钥和部分密文分散在 DHT 网络中，利用 DHT 网络的动态性将超过生命期限的密文和密钥销毁掉，从而得到数据自毁的功能。然而，这些方案中同时将部分密文分发到网络中，网络通信开销也随之增加。

此外，文献[12,15]都只对少量数据、单个密钥的确定性销毁进行了研究，不符合海量数据存储系统的要求，仅用单个密钥加密整个文件不能对文件进行细粒度的操作和管理，不能按需提供服务。

文献[13,17]对存储前的用户数据加密及密钥管理进行了研究，借鉴结构化层次密钥管理的思想，提出了一种适于云存储系统的数据销毁方法，采用基于 hash 函数的密钥派生树生成和管理密钥，从而使得数据拥有者所需维护的密钥数量及暴露在外部的密钥数量大大减小。

文献[19~24]在此基础上，对大数据进行分块加密处理，将全部密钥和部分数据密文存储在云系统，同样利用 DHT 网络的动态变化特性使得密钥在预设时间到达后自动从网络中消失，从而达到数据销毁的目的。

上述研究都是基于存储网络层面上的数据销毁方法，除此之外，学者们还对存储数据的各种介质本身进行研究，从而根据具体介质的特质研究不同的数据销毁方法，文献[29~34]是基于存储设备的数据安全销毁方案。

其中，文献[30]分析了 NAND 闪存的存储原理特性及其存储数据的逻辑销毁方法，即现有的安全文件销毁工具多指向文件写入随机、无意义的数据，使它们变形达到不能恢复的效果，而 NAND 闪存结合了 EPROM 的高密度和 EEPROM 结构的变通性，编程速度快，擦除时间短，但是该方案只是针对 NAND 闪存文件而言，对于高容量的存储，文件安全销毁效果没有那么明显。

文献[31]针对采用 DRAM 作为存储介质的固态硬盘 SSD，提出一种数据覆盖策略，抑制数据碎片和多层 NAND 的过度使用，从而降低覆写 DRAM 的读写延迟。

文献[33]提出基于闪存的页面使用研究，即从编码的角度对已使用的"页面"进行回收利用，通过跨页编码技术使得回收的"页面"仍可以写入其他技术，这实质上就是一种覆写过程。

基于数据存储系统接口，文献[34]提出一种安全数据销毁方案，调查总结了现有数据存储系统接口的物理介质，对不同的接口、物理介质、属性方法等情况的数据销毁进行对比，得出数据安全销毁的效率与数据存储系统的接口、物理介质等有一定的关系。

从上述的研究成果来看，关于网络存储数据的安全删除能力一直在不断地改进和提升中，但是数据销毁仍停留在不可访问的层面上，忽略了对那些占用着大量空间的大量过期、无效数据销毁的研究。

6.2 基于多移动 Agent 的云数据销毁模型

6.2.1 多移动 Agent 技术

第 5 章已经介绍过 Agent 技术的部分内容，本章进一步介绍 Agent 技术的相关特征。Agent 技术是人工智能领域的飞跃发展，具有超强的适应性、协作性、开放性和灵活性。不同于传统技术的是，Agent 技术具有如下主要特征[35]：它具有自治能力、智能性和目标驱动属性，能够自动追求目标，能够通过各种社交、学习、推理等方法认识和适应复杂多变的环境。

- 自治性：Agent 可以在没有人或其他个体第三方的直接介入或干预下运作，且对自身的行为和内部状态有一定的控制能力，但不否认在 Agent 启动或者运作过程中，需要从人或者其他第三方获取必要的输入。
- 智能性：Agent 具有一定层面上的智能，可以从预定义规则或者自学习推理获取特定信息。
- 能动性：Agent 具有适应环境的能力，能够对变化的环境做出相应、及时的反应，也可以通过接收外部消息做出具有一定目标的反应。
- 开放性：Agent 之间的交互语言具有强大的功能，可以实现 Agent 与人类或者非人类的其他 Agent 之间进行交互。
- 从属性：即一方代表另一方的意愿而从事活动。例如，一个 Agent 依据用户的意愿完成某项具有一定目的的任务或者活动。当然,"委托"的一方不仅仅指人类,也可以是某些软件、硬件或者其他的 Agent。

不同 Agent 系统的主要功能不同,根据这一点,可以将 Agent 系统分为以下几类[36]。
- 协同 Agent 系统:在一个开放的环境中,多个 Agent 协同完成任务,且这多个 Agent 之间可以达到一种可相互接受的一致性。
- 框架 Agent 系统:该系统提供一种主动性的协助,这种协助有利于那些使用了复杂应用系统的用户,强调自治性和自学性。其实质是一个系统助理,可以与其所在工作环境中的用户之间进行合作。
- 移动 Agent 系统:该系统是一种软件程序,作为其所有者的代表在广域网上迁移,以完成某项特定的任务,并在完成任务之后返回至原来的位置,赋予其职责的可以是人类也可以是非人类的 Agent。
- 搜索 Agent 系统:该系统起到一个信息管理者的角色,对多分布资源中的信息进行管理、操作和搜索,具有自主性、适应性和互操作性。
- 能动 Agent 系统:该系统中,Agent 不需要知道其环境的内在状态,相反,以"刺激-反应"的模式对所处环境状态进行分析和判断,从而做出相应的反应。

上述不同的 Agent 系统都具有各自的优点和缺点,一般地,基于 Agent 的复杂应用可由一种或者多种类型的系统组成,多个相同类型的 Agent 系统构成混合 Agent 系统,不同类型的 Agent 系统构成异构 Agent 系统。

通常,移动 Agent 可被狭义地定位为一种用于分布式系统的粗粒度软件实体;Agent 有效地封装了方法、数据、属性和状态等信息,可以自主地在网络各节点间迁移,并通过原语性操作与其他软件实体进行社会性交互和协同,并完成特定的任务。这里,移动 Agent 是指能够有效实现保障自身携带的代码、数据和状态私密性、完整性、迁移性等安全需求的 Agent。

如图 6.1 所示,节点 $Node_A$ 上的 $Agent_1$ 可以孵化(Spawn)出另一个 Agent(称为 $Agent_2$),之所以称之为"孵化"而不是"创建",是因为 $Agent_2$ 是 $Agent_1$ 的一份拷贝,继承了 $Agent_1$ 的许多特性,具有与 $Agent_1$ 完全相同的代码、数据和属性构成的上下文环境。$Agent_1$ 称之为 $Agent_2$ 的父 Agent,$Agent_2$ 称之为 $Agent_1$ 的子 Agent,即 $Agent_1$ 和 $Agent_2$ 构成一种父子关系。同一个父 Agent 创建的多个子 Agent 之间则构成兄弟关系,成为兄弟 Agent。节点系统初始化时本地用户创建的第一个 Agent,本章称之为根 Agent(Root Agent,RA)。

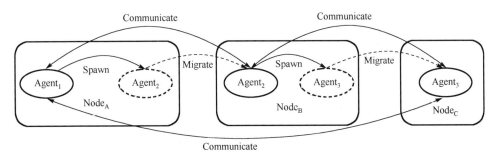

图 6.1 Agent 孵化、迁移及通信示意图

$Agent_2$ 被孵化后,可按一定的策略自主迁移(Migrate)到节点 $Node_B$ 上;$Agent_2$ 在节

点 $Node_B$ 上完成相关的任务后,可进一步孵化它的子 Agent(称为 $Agent_3$),并将 $Agent_3$ 迁移到节点 $Node_C$ 上。Agent 的迁移本质上是将迁移前所在节点上的 Agent 序列化后基于 ATP 协议(Agent Transfer Protocol,Agent 传输协议)发送到目标节点上,并将迁移前所在节点上的 Agent 销毁。

同一节点上的 Agent 之间、不同节点上的 Agent 之间均可基于 Agent 通信语言(Agent Communication Language,ACL)进行通信以传输消息、数据和进行协作。

移动 Agent 与其执行容器 Agency 相互配合,可有效保障 Agent 及其代码和数据等信息,以及所处的节点的双重安全。Agency 为 Agent 的运行提供通信功能(Communication)、注册服务(Registration Service)、管理功能(Management)、迁移服务(Migration Service)、持久化机制(Persistence Service)和安全保障模块(Security Module)。引入 Agent 机制之后,所有数据的传输和处理都可由 Agent 来协作完成。云计算环境中的移动 Agent 与 Agency 在图 5.4、图 5.6 的基础上进一步融合细化为如图 6.2 所示的体系结构。

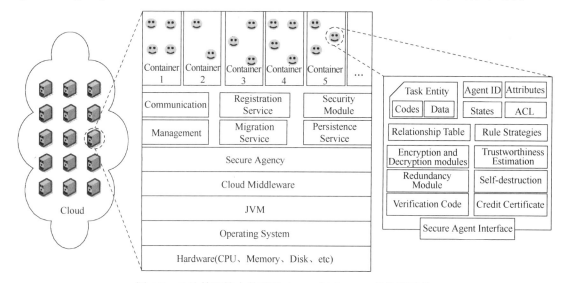

图 6.2 云计算环境中的移动 Agent 与 Agency 的体系结构

对于云计算环境中每个计算节点而言,节点系统的最底层为硬件设施层,其上为操作系统层;由于目前的云系统和 Agent 大多采用 Java 技术,因此系统中设置了 Java 虚拟机(Java Virtual Machine,JVM)层;JVM 之上的是云系统中间件(Cloud Middleware)层;Agency 将为源于同一用户的 Agent 创建同一个容器(Container)实例,作为 Agent 的直接运行空间,这将不同用户的 Agent 有效隔离,避免相互干扰甚至攻击。

移动 Agent 分为三个部分。

(1)服务 Agent 模块:指移动 Agent 承担的数据处理工作,封装了服务代码和数据,包括 Agent 的初始化程序和事务处理程序,产生实际执行动作。

(2)属性状态等附属模块:包含了 Agent ID(Agent 系统标识)、属性(Attributes)(包括 Agent 来源、创建时间等信息)、状态(States)(记录了 Agent 执行过程中的当前状态,保存数据处理结果,实现跨平台的持续运行)、ACL、关系表(Relationship Table)(Agent 与其父、子、兄弟 Agent 的链接图)和规则策略集(Rule Strategies)。

(3)安全可信保障模块:包括加/解密模块(Encryption and Decryption modules)、验证

码（Verification Code）（负责保障 Agent 本身在传输或运行过程中的自身完整性）、冗余模块（Redundancy Module）、信任评估（Trustworthiness Estimation）（负责评估节点与执行可信性）、自销毁（Self-destruction）（负责将 Agent 自身任务执行代码与数据等私密信息完全销毁）、信任证（Credit Certificate）（负责进入 Agency 时提供身份认证与对本地资源说明等情况）和安全 Agent 接口（Secure Agent Interface）（Agent 与外界通信的中介，防止外界对 Agent 的非法访问）。

系统中的所有 Agent 及其所在的运行容器均需要进行标识。Agent 的全局唯一性标识可由其创建者标识和创建时赋予的本地局部唯一序列号联合构成，即 OwnerID|AgentID；Agent 运行容器的全局唯一性标识可由节点标识和节点 Agency 创建容器时赋予的本地局部唯一序列号联合构成，即 NID|ContainerID。这种设计使得系统易于追踪定位任何迁移到异地的 Agent。

6.2.2　模型架构

为了实现云存储系统中高效的数据存储与处理，并解决系统中数据的自主销毁问题，本章引入多移动 Agent 技术来完成系统中的安全、稳定、可靠的数据传输、存储与处理等任务。基于多移动 Agent 的云数据存储模型架构如图 6.3 所示。

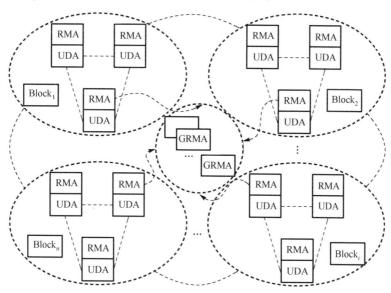

图 6.3　基于多移动 Agent 的云数据存储模型架构

该云数据存储模型架构中，云每个节点都驻守着一个本地资源管理 Agent（Resource Manager Agent，RMA），RMA 负责代理节点设定、管理和监控本地节点信息，并基于 ACL 将信息发送给 MS 节点上的全局资源管理 Agent（Global Resource Manager Agent，GRMA）以实现资源登记，GRMA 负责管理、维护云存储系统全局的资源目录（Resource Directory，RD）。

用户用自定义 Agent（User Defined Agent，UDA）用来封装待上传数据，负责携带数据、代码策略上传至云存储。用户数据存储至云节点之后，每个数据块（Block）生成两个备份，同时 UDA 孵化出两个子 Agent 携带这两个备份存储至相应的云节点上。相同 Block

的三个 UDA 之间相互继承、相互通信，同一文件的不同 Block 之间的主 UDA 之间可相互通信，组成一个存储区域。

6.2.3 销毁模式

云数据销毁应遵循一定的原则、标准，即在何时选择怎样的手段销毁哪一个数据，简称 2W1H 原则，即 Which（选择哪一个销毁）、When（何时销毁）、How（如何销毁）。该原则的详细规则如下。

1. Which

第一大类：过期数据。云存储系统中的过期数据主要包括到达预先设定生命周期的数据、访问频率在一定时间内低于一个预先设定值的冷门数据、更新失败的数据、冗余副本数据等。

第二大类：遭到恶意攻击的数据。恶意攻击主要包括未授权访问、恶意篡改、服务提供商有意泄露、黑客攻击等。除了数据拥有者自身和授权用户之外的所有用户（包括服务提供商）之外的 Agent 均可能成为恶意攻击者。

第三大类：数据残留。节点数据过多的副本、删除不彻底、待删数据所在的存储节点暂时离线等都会造成云存储系统中的数据残留。残留数据中仍可能包含用户不希望他人获知的私密信息，同时可能影响存储空间的有效利用，用户和系统本身都有全面清除残留数据的需求。

2. When

云存储数据销毁的时间会影响用户数据的安全，以及云空间资源的充分利用。对于那些有预设时间的节点数据，当预设时间到达时即调用销毁策略进行销毁。一旦节点数据发生存储环境异常或者被未授权访问者恶意攻击时，立即销毁该节点数据，然后将与该节点数据相关的其他节点上的数据块或者副本迁移甚至删除。此外，对于那些没有预设时间的、过期的、信息陈旧的、残留的数据，云定期进行轮询，发现上述分类的数据立即销毁。

3. How

对于过期数据、多余副本、残留数据等数据销毁，我们希望它能实现主动销毁，这样就不需要额外的人力、技术去干涉执行销毁操作；对于那些有预设值的节点数据销毁，我们希望它能很好地完成定时销毁；对于被恶意攻击、欺骗等数据，我们希望其在被攻击、欺骗的"萌芽"阶段就能实现防御型销毁，这样能够避免用户数据的泄露，从而保证用户数据的安全性。

云数据自身、副本放置、安全等级等都是多样的，没有统一的标准，授权访问者需求更是多变的，以及恶意攻击者能力的不确定性，往往使得在某一时刻单单一种销毁方式是不能完全完成任务的，一定的复合销毁方式也是必要的。本章提到的销毁模式主要有主动销毁、定时销毁和防御型销毁三种。

定义 6.1 主动销毁：指不受任何外力所干预，只根据其存储系统的内在设置对存储数据进行合理的自销毁。

例如，基于 DHT 网络的动态性，超过 8 个小时的数据就会主动销毁，不能被任何方式获取；当一个用户数据的副本数大于该系统的最上限时，主动销毁最先设置的副本或者销毁所有副本，等等。用户上传数据至云之前先对该云服务器进行一定的了解，比如，一般形成几份数据副本、销毁机制等内部设置。一般遇到以下情况时使用主动销毁模式，如表 6.2 所示。

表 6.2 使用主动销毁模式的几种情况

问题描述	解决办法
数据备份过多	销毁那些超过限额的副本
过期数据	销毁原数据和所有副本
存储数据节点不在线	仅销毁本节点数据

（1）数据备份过多：即数据副本远远超出系统规定备份数，此时驻留在该节点上的 Agent 应调用销毁指令对原数据和所有副本章件进行整合，销毁那些超出系统规定的备份数。

（2）过期数据：即那些长期存储在云，并在某一长时间段内没有任何价值的用户数据，对于这类数据，节点上的 Agent 应调用销毁指令将该节点原数据及其所有副本一并删除。

（3）存储数据节点不在线：并不是所有的云服务器都是永久在线的，对于那些短暂不在线的服务器，存储在其上的用户数据很容易因为不在线而不受控制，以致用户数据泄露，此时，我们希望驻留在该节点上的 Agent 仍能调用销毁指令对该不在线节点进行永久删除。

定义 6.2 定时销毁：指预先设定一个阈值，一旦到达这个阈值就销毁该阈值作用的节点数据，无论节点是否在线。

云用户隐私安全保护一直备受大家关注，现在很多研究都基于 DHT 网络的动态性，通过 DHT 网络的动态性，利用其限定时间来保护云用户数据不被泄露。但是，有时用户刚将数据上传至云就"后悔"了，这时 DHT 网络的限定时间还没有到，该用户数据不能按用户的需求立即被删除；同样，DHT 网络限定时间到达时，用户仍希望存储在云的数据再保留一段时间，可是，此刻 DHT 网络中的数据都会被销毁。这时，我们就需要一个定时机制，让其根据用户的需求，这个时间可长可短甚至可以动态变化，这也就是我们定时销毁机制所要实现的功能。

用户可以在上传数据之前设置好生命周期，然后利用 UDA 携带用户数据及该定时器上传数据，这个定时器的设置完全由用户控制，可长可短，并且可以不告诉云提供商，保证只有授权用户可见。当用户想要改变这个定时器的时长时，可向存储在数据节点上的 UDA 发送指令，UDA 调用定时模块更新这个时间。

定义 6.3 防御型销毁：指在用户数据面临潜在危险的情况下或者具有面临潜在危险可能的情况下，即对节点上的数据进行销毁。

主动销毁和定时销毁两种方式都是基于一个"阈值"的，具有滞后性；而防御型销毁是在节点数据处于不安全情况下或者具有可能不安全的情况下对节点数据进行销毁，具有一定的超前性。云数据防御型销毁的整个流程如图 6.4 所示。

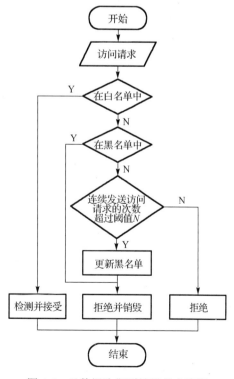

图 6.4 云数据防御型销毁整个流程

用户在上传数据之前自定义"白名单"(White List,WList)和"黑名单"(Black List,BList),当一个存在于 BList 中的访问者发出请求(Access Request,AR)时,则拒绝访问并立即调用销毁指令对该节点数据进行删除;若发现该访问者既不在 Wlist 中也不在 BList 中,则仅仅拒绝该次访问,无须对节点数据作任何操作。但是,如果该访问者在拒绝访问之后仍多次通过类似伪造身份的方式强制访问该节点上的数据,当达到访问次数(Visit Times,VTimes)时,将该访问者写入 BList,并立即销毁该节点上的数据。

6.2.4 基本流程

该系统是基于多移动 Agent 的云数据的远程销毁,Agent 在销毁的整个过程中起到了承上启下的作用,贯穿用户数据的整个生命周期。下面将详细介绍 Agent 在云数据整个生命周期中扮演的角色,以及最终是如何实现云数据远程销毁的。

1. 存储

(1) Agent 注册。

定义 6.4 节点(Node):云存储系统中的节点向 MS 节点进行 Agent 注册,被定义为以下的 9 元组。

$$\text{Node} = (\text{NID, Type, Location, tStorage, aStorage, Performance,} \\ \text{Contribution, Policy, Status}) \tag{6.1}$$

式中,NID 是系统中节点的唯一标识;Type 是节点类型;Location 是指节点的地址位置,用以定位节点;tStorage 指节点愿意提供的存储空间总量;aStorage 指节点愿意提供的存储总量中还剩余可用的空间;Performance 指节点的平均性能表现;Contribution 指节点从开始到现在累计的贡献值,由节点提供的数据服务量(包括提供的存储空间大小、服务成功完成数等)综合计算得到,以此作为回报激励机制的依据;Policy 是节点自身指定的服务提供策略集,节点以此作为什么样的用户、在什么时间、提供何种类型、数量及质量的服务依据;Status 是节点的实时状态,包括当前是否在线、可否提供服务,以及实时资源利用率,其中,Status=1 表示正常状态,Status=0 表示异常状态。

Node.Performance 与节点的数据存储、处理和传输相关的硬件本性能及其平均资源利用率相关:

$$\text{Node.Performance} = < P_{\text{cpu}} \cdot (1 - \text{Rate}_{\text{cpu}}), P_{\text{memory}} \cdot (1 - \text{Rate}_{\text{memory}}), \\ P_{\text{network}} \cdot (1 - \text{Rate}_{\text{network}}), P_{\text{harddisk}} \cdot (1 - \text{Rate}_{\text{harddisk}}) > \tag{6.2}$$

式中,P_{cpu} 为 CPU 的处理速度;Rate_{cpu} 为节点为自身工作时的 CPU 的资源利用率;P_{memory} 为内存的大小及 I/O 速度,$\text{Rate}_{\text{memory}}$ 为节点为自身工作时的内存的资源利用率;P_{network} 为网络传输速率;$\text{Rate}_{\text{network}}$ 为节点为自身工作时的网络带宽利用率;P_{harddisk} 为硬盘的访问速度(由硬盘转速、内部传输速率和外部传输速率等决定);$\text{Rate}_{\text{harddisk}}$ 为节点为自身工作时的硬盘的利用率。一般而言,硬件本身性能越强,如 CPU 处理速度越高或硬盘访问速度越快,则节点在为其他节点提供数据服务时的性能表现越好;而在硬件条件一定的情况下,节点在为自身工作时的资源利用率越高,则可提供给其他节点的可用资源越少。

定义 6.5 文件(File):云存储系统中,用户向 MS 节点进行待上传文件 Agent 注册,用户提交系统托管的数据以文件为单位,文件被定义为以下的 9 元组。

$$\text{File} = (\text{FID}, \text{Fname}, \text{OwnerID}, \text{Content}, \text{Size}, \text{BlockSet}, \text{Policy}, \text{WList}, \text{BList}) \quad (6.3)$$

式中，FID 是文件的用户局部唯一标识，但并非是全局唯一标识；Fname 是用户赋予的文件名；OwnerID 是文件所有者系统全局唯一性标识，以 OwnerID｜FID 可作为文件在系统中的全局唯一标识；Content 是文件 Agent；Size 是指该文件的大小，即存储单份该文件所需消耗的存储空间；BlockSet 为用户对该文件进行切分所得到的系统标准大小的数据块集合，BlockSet=\{$\text{Block}_1,\text{Block}_2,\cdots,\text{Block}_i,\cdots,\text{Block}_n$\}；Policy 是 Owner 所制定的数据操作权限、生命周期等策略集；WList 存放文件拥有者自定义的授权用户，相反地，BList 则存放文件拥有者自定义的非授权用户。

其中，WList 以 $n\times 3$ 的矩阵形式存放，即如式（6.4）所示，UID 和 UPassword 成对出现，是用户注册的用户名和密码，UID｜UPassword 作为用户的唯一标识，UPolicy 是该用户所具有的访问权限，如读、写等权限；BList 以 $1\times m$ 的一行矩阵存放，即 BList=$[\text{UID}_1,\text{UID}_2,\cdots,\text{UID}_i,\cdots,\text{UID}_m]$，同样地，UID 唯一标识非法授权用户。

$$\text{WList} = \begin{bmatrix} \text{UID}_1 & \text{UPassword}_1 & \text{UPolicy}_1 \\ \text{UID}_2 & \text{UPassword}_2 & \text{UPolicy}_2 \\ \cdots & \cdots & \cdots \\ \text{UID}_i & \text{UPassword}_i & \text{UPolicy}_i \\ \cdots & \cdots & \cdots \\ \text{UID}_n & \text{UPassword}_n & \text{UPolicy}_n \end{bmatrix} \quad (6.4)$$

定义 6.6 数据块（Block）：云存储系统中，数据存储以数据块为单位，数据块被定义以下的 4 元组。

$$\text{Block} = (\text{BID}, \text{FID}, \text{OwnerID}, \text{ReplicaSet}) \quad (6.5)$$

式中，BID 是标识为 FID 的文件局部的数据块唯一标识，但并非是全局唯一标识；FID 是数据块所属文件的标识；OwnerID 是数据块所属文件的所有者标识，以 OwnerID｜FID｜BID 可作为数据块在系统中的全局唯一标识；ReplicaSet 为数据块所对应的数据副本（Replica）的集合，ReplicaSet=\{$\text{Replica}_1,\text{Replica}_2,\cdots,\text{Replica}_j,\cdots,\text{Replica}_m$\}，数据副本数应大于或等于 1，若为 0，则表明该数据块已经在系统中删除。

定义 6.7 副本（Replica）：云存储系统中，数据实际的存储对象是数据副本，数据副本被定义以下的 7 元组。

$$\text{Replica} = (\text{RID}, \text{BID}, \text{FID}, \text{OwnerID}, \text{CTime}, \text{UTime}, \text{Node.Location}) \quad (6.6)$$

式中，RID 是文件标识为 FID 中标识为 BID 的数据块局部的数据副本唯一标识，但并非是全局唯一标识；与式（6.5）相同，BID 是数据副本所属的数据块唯一标识；FID 是数据块所属文件的标识；OwnerID 是数据块所属文件的所有者标识，以 OwnerID｜FID｜BID｜RID 可作为数据副本在系统中的全局唯一标识；CTime 是该副本的创建时间；UTime 是副本的更新时间；Node.Location 是副本所在的存储节点地址。

（2）存储。基于移动 Agent 的云数据存储流程如图 6.5 所示。

当用户（文件 File 的所有者）准备将 File 提交云存储系统托管时，首先由用户本地的文件处理 Agent（File Process Agent，FPA）将 File 切分为若干系统标准大小的数据块，并按照用户设定的 File.Policy 信息对数据块进行加工，如利用哈希（Hash）算法计算数据块指纹，以及对数据块进行加密。用户本地的资源请求 Agent（Resource Request Agent，RRA）与 MS 节点上的 GRMA 交互，目的是申请并获取符合自身需求且当前可存储 File 数据块的节点信息。

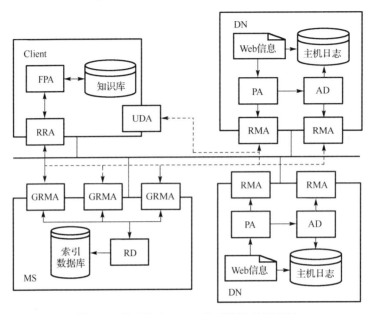

图 6.5　基于移动 Agent 的云数据存储流程

GRMA 根据 RD 列表记录信息，并按照负载均衡、保障服务质量，以及充分利用 EN 节点资源等原则来选定存储节点，其中最为重要的是 Node.aStorage、Node.Policy 和 Node.Status 信息，其中，Node.aStorage 决定可存储的数据块数量；Node.Policy 决定存储节点是否愿意存储该用户的文件 File；Node.Status 指明节点当前是否在线、可否提供服务。

GRMA 将当前可存储 File 的数据块的节点信息返回给用户 RRA，同时向用户发放若干经过 MS 节点签名的本次存储许可证（License），许可证包含以下信息<File.OwnerID, Node.NID, Node.Type, Node.Location, Space>，其中 Space 指其中某一个存储节点本次可提供的存储空间），许可证的份数与被选中的存储节点数相等。GRMA 同时将<File.OwnerID, Space>发给选定的存储节点。

用户根据 GRMA 返回的信息由本地的 RA 孵化若干个用以携带数据块迁移到目标节点的 Agent。每个 Agent 将携带 $File_x$ 数据块集合的子集（设为 B⊂File.BlockSet）、事务处理程序、本次存储许可证并基于 Agency 提供的迁移服务和 ATP 协议漫游到指定的存储节点上。目标存储节点上设置了 Agent 管理者（Personnel Agent，PA），PA 基于 Agency 的注册服务、管理功能实现对 Agent 的管理 PA 在验证 Agent 的合法性和完整性后，将 Agent 装载到 Agency 的一个容器中，并进一步验证数据块的完整性，然后将 Agent 程序及其携带数据块进行持久化操作，即写到本地硬盘上指定的云存储资源区中，接着将存储成功和容器的 NID|ContainerID 标识信息发回给用户，并将 Agent 相关信息登记到节点上的 Agent 目录（Agent Directory，AD）中，同时汇报给 MS 节点。MS 节点收到信息后立即修改 RD 列表中的对应记录，如需要修改记录中的 Node.aStorage 信息，用户则获得并继续维护以下的对应

信息<B, File.Policy, Node.Location, OwnerID|AgentID|ContainerID>。需要指出的是，列表 AD 中维护的 Agent 信息包括本地创建的并驻守在本地的静态 Agent 和迁移到其他节点的 Agent，以及其他节点迁移到本地的 Agent，即<OwenerID|AgentID, NID>。

2．访问

（1）认证。

定义 6.8　访问者（Visitor）：对于第一次访问云数据的用户，事先都必须向 MS 节点进行注册申请，访问者被定义为以下的 4 元组。

$$Visitor = (UID, UPassword, FID, URequest) \qquad (6.7)$$

式中，UID|UPassword 是用户向 MS 注册时提供的用户唯一标识；FID|URequest 是指该用户所需访问的文件，以及对该文件的读、写或者其他需求。

（2）授权访问。MS 节点从接收到用户的访问需求开始，对该用户，以及其发出的请求进行验证和授权，首先判断该用户所访问的文件是否存在，若存在且 UID∈Wlist，则判断 URequest 是否属于相应的 UPolicy 集合，若属于，则授权，即将存储该被访问数据的节点信息返回给该用户；否则，拒绝该次访问请求，整个授权访问过程如图 6.6 所示。

3．销毁

定义 6.9　数据销毁：指在适当的时间及时销毁那些需要被销毁数据。实现云数据的远程数据销毁是本章研究的最终目的，这个销毁指令可以由数据提供者、授权访问者或者云服务提供商发出。

场景一：数据生命周期到达之前销毁数据。无论是数据提供者、授权访问者，还是云提供商发出销毁指令，都必须通过"访问-验证"的全过程。然后在获得所需销毁数据所在云节点信息之后，对驻留在该节点上的 UDA 发出一个销毁指令，让其调用事先用户自定义的销毁方法销毁相应的数据。

场景二：数据生命周期到达之后销毁数据。正常情况下，数据生命周期到达之后，该数据也就被自动销毁了，但是难免会有遗留的数据信息被残留了下来，这个时候就需要定期对云数据进行轮询，将这些残留数据逐一销毁以释放云的存储空间。

但在这些销毁情况下，一定要对提出销毁指令的那一方进行严格的认证，确保发出指令者是合法的。同时，必须确保删除的是待删除数据，而不能把别人的数据销毁。云数据销毁的基本流程如图 6.7 所示：

（1）认证。对于数据提供者发出的销毁指令，必须验证其身份的真实性。数据提供者在发出销毁指令之前是知道云数据所在节点信息的，所以可以直接向节点上驻留的 UDA 发出销毁指令，由该 Agent 通过事先自定义的规则对该指令发出者进行身份验证。

对于授权用户发出的销毁指令，一定是通过了访问认证的。该用户向云 MS 节点注册认证，首先该用户必须在所需数据的"白名单"中，其次该用户具有销毁权限。

（2）销毁。通过认证的销毁指令发出者调用策略 Agent 中提供的销毁策略或直接调用本节点的销毁模块对该节点数据进行销毁。同时，可以根据数据保密等级的不同，选择不同的销毁方式对节点数据进行有效销毁。最后根据需求将主服务器、节点、用户终端的注册信息和副本一并删除。

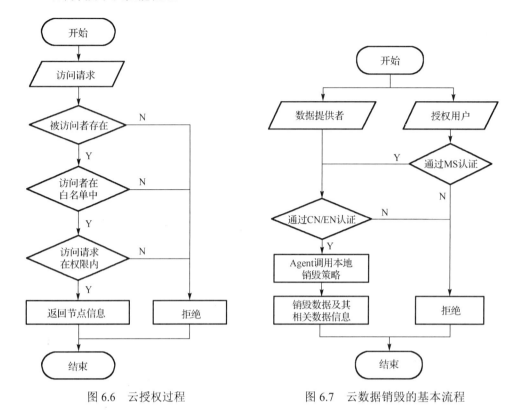

图 6.6　云授权过程　　　　图 6.7　云数据销毁的基本流程

4．验证

因为基于多移动 Agent 技术的云数据销毁机制不完全依赖于云提供商，整个过程都由移动 Agent 完成，容易造成 Agent 的"瓶颈"。在数据的整个生命周期中，如果用户创建的移动 Agent 被恶意篡改，Agent 返回的"成功销毁"的消息将不再可靠。而且，对于那些 Agent 发出一次销毁的时候不在线的节点，Agent 此刻返回的"成功销毁"也是不完全的。

所以，引入一个验证机制，即在创建携带用户数据上传的 Agent 的时候（即上述 UDA），创建一个与其配对的 Agent，即 Agent 守护 Agent（Agent Guard Agent，AGA）。AGA 和 UDA 之间存在锁和钥匙的关系，即 UDA 携带用户数据和对应数字证书上传至云存储时，AGA 驻留在用户本地，一方面 UDA 定期向本地驻留的 AGA 发送消息，让用户了解托管数据的状态；另一方面，本地驻留的 AGA 定期向云 UDA 发送消息，查看 UDA 发送的状态。当存储在节点上的数据和携带其上传的 UDA 都被销毁之后在预设的时间期限内对云发送查询命令，看是否仍存在用户隐私数据及其残留，完成验证销毁成功的功能。一次数据销毁验证全过程如图 6.8 所示。

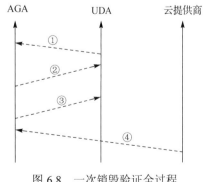

图 6.8　一次销毁验证全过程

① 反馈：用户创建的 UDA 携带用户数据和相应数字证书上传至云之后，将用户数据存储的节点信息反馈给驻留在用户本地的 AGA 上，让用户了解托管数据的状态。

② 事先轮询：用户本地驻留的 AGA 在数据销毁

之前主动、定期向云对应的 UDA 发送查询指令，了解存储在云的用户的存储状态（包括是原数据还是副本、存储节点有没有改变、有无恶意攻击等潜在危险等）。

③ 事后轮询：在 UDA 反馈数据安全销毁之后，AGA 在预设时间内定期向云发送轮询指令，查看是否仍存在本该销毁的数据或其他数据残留；并在云提供商强制反馈之后对云再次进行查询，一定确保云已不存在本该销毁的用户数据。

④ 强制反馈：若事后轮询仍发现用户数据残留，则通过与云服务提供商交涉的办法，强制云服务提供商销毁该数据残留，并保证在之后的轮询中不会再发现该数据残留。

6.3 防御型销毁机制

6.3.1 模型架构

本章着重阐述云数据的防御型销毁机制，通过区分正常修改和非法篡改来对云存储数据进行及时，甚至提前的处理，从而对云数据进行合法合理的销毁。基于移动 Agent 的云数据防御型销毁机制的架构模型如图 6.9 所示。

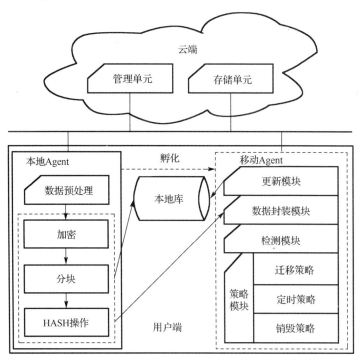

图 6.9 基于移动 Agent 的云数据防御型销毁机制的架构模型

基于移动 Agent 的云数据防御型销毁机制的架构模型由云和用户端两个部分组成。云系统由管理单元和存储单元组成，其中，管理单元由主管理节点 MS 构成，负责对云各类存储节点进行注册与管理；存储节点必须事先向 MS 节点进行注册，负责存储用户上传的数据。

用户端由用户待上传文件 f、本地 Agent 和本地库三个部分组成，其中 Agent 具有孵化的功能，在对 f 进行预处理之后，孵化出一个移动 Agent，对经过预处理后的文件 f' 进行封装，携带 f' 一同上传至云存储；因此，可以形象地将 Agent 分为本地 Agent 和移动 Agent 两类。其中，本地 Agent 驻留在用户本地，对 f 进行一些预处理，如加密、分块、HASH 操作等，并且在 f' 上传之后为 Agent 之间的交互提供运行环境。移动 Agent 包括更新、数据封装、检测和策略四个模块，其中，更新模块在云数据通过移动 Agent 正常修改的情况下，对云数据和用户端本地库进行更新操作；数据封装模块用于对 f' 进行封装，和移动 Agent 形成一体；检测模块则是在用户数据托管至云后脱离了用户管理的情况下对用户数据进行检测；策略模块包括迁移、定时和销毁三个策略，给云检测提供策略。迁移策略可以让受安全威胁的数据及时得以撤离；定时策略保存的是用户在上传文件之前设置的时间戳 T，为云的检测提供准确的时间点；销毁策略可以对具体节点上的具体数据进行覆写操作，使其得到充分的删除，从而到达销毁的功能。

在用户本地创建一个数据库 UPLOAD_TO_CLOUD，在该数据库中创建 hash 和 hash_block 两张表，hash 表存储 f 的相关信息，hash_block 存储 f' 的相关信息，对应的字段如表 6.3 和表 6.4 所示。

表 6.3　hash 表中的相关字段

FILE_NAME_ID	HASH	LEVEL	FILEPATH	CREATE_TIME	UPDATE_TIME

hash 表中，FILE_NAME_ID 用来唯一标识 f；HASH 存储的是对 f 的 HASH 值 H_s；LEVEL 存储的是该 f 上传至云所在节点的等级；顾名思义，FILEPATH 指的是 f 的位置；CREATE_TIME 指的是 f 首次写入数据库的时间；UPDATE_TIME 指的是最近一次更新的时间。

表 6.4　hash_block 表中的相关字段

BLOCK_ID	FILE_NAME_ID	HASH	LEVEL	CREATE_TIME	UPDATE_TIME

hash_block 表中，BLOCK_ID 用来唯一标识 f'；FILE_NAME_ID 为外键，用来关联 hash 表；HASH 指的是每个 f' 的 HASH 值 H_s；LEVEL 存储的是该 f' 上传至云所在节点的等级，CREATE_TIME 指的是 f' 首次写入数据库的时间；UPDATE_TIME 指的是最近一次更新的时间。

6.3.2　数据托管流程

首先用户提交文件 f；然后在用户本地动态创建本地 Agent，对 f 进行预处理；接着本地 Agent 向 MS 申请云存储节点，最后本地 Agent 在接收到云相应存储节点信息之后，根据用户需求孵化出一个移动 Agent，携带 f' 一同上传至该云存储节点上。具体步骤如下：

（1）提交 f：用户提交待上传数据 f。

（2）创建 Agent：用户根据 f 需求动态创建本地 Agent，并利用所创建的本地 Agent 对 f 进行预处理。上传数据预处理方法要根据移动 Agent 所采用的数据篡改检测策略而定，本章所述的预处理包括对上传文件 f 依次进行加密、分块、HASH 操作，具体如下：

① 加密：根据用户数据的敏感程度选择合适的加密方法对 f 进行加密，即 $C=E(f)$。

② 分块：将密文 C 切分为至少两个数据块，具体的切分方法可根据实际情况灵活选择，本节将步骤①加密所得的密文 C "向上取整"切分成 n 份长度为 M 的数据块 B_i，即

$$C=\{C(B_1), C(B_1), \cdots, C(B_i), \cdots, C(B_n)\}$$

所得的数据块的数量 n 如式（6.8）所示，且前 $n-1$ 个数据块的长度等于 M，而最后一个数

据块的长度不长于 M。

$$n = \left\lceil \frac{L(C)}{M} \right\rceil \quad (6.8)$$

式中，$L(C)$ 表示密文 C 的长度，$\lceil \ \rceil$ 表示向上取整。

特别地，对于较小的上传文件 f，由于其加密后的密文 C 也较小，此时也可以跳过分块的步骤，直接对其进行 HASH 运算。

③ HASH 运算：对步骤②分块产生的 n 个密文数据块 $C(B_i)$ 分别进行 HASH 运算，即 $H_a=H(C(B_i))$，并将所得的 n 个 H_a 值分别拼接到相应密文数据块的后面，即 f' 形式，如表 6.5 所示。

表 6.5 预处理后上传数据序列

密文数据块 $C(B_i)$	对应 HASH 值 H_a

④ 写入本地库：根据用户自定义数据库 UPLOAD_TO_CLOUD 的属性字段，将步骤①、②、③中的相关信息存储在数据库中。

（3）Agent 迁移：在迁移之前本地 Agent 向 MS 申请可存储 f' 的云节点的相关信息，MS 将符合要求的云存储节点的相关信息返回给本地，本地 Agent 孵化出一个移动 Agent 来封装 f'，并根据实际需要建立相应的检测模块和策略模块，然后移动 Agent 携带着 f' 和各模块一起迁移至云存储节点上。

数据托管流程依赖移动 Agent，在整个过程中，用户数据在上传之前的"预处理"相当重要，"预处理"的伪代码如下。

```
ALGORITHM 1: Preprocessing Algorithm
INPUT: f
OUTPUT: f'
01  Define: CiphertextSequence->CS,
            BlockCiphertextSequence->BCS,
            HashSequence->HS,
            ComboPooledDataSource->CPDS;
02  Initial: L = strlen(CS), N, M, I;
Begin:
03  N = Math.ceal(L/M);
04  DS = Encrypt(f);
05  For(i=0;i<N;i++){
06      BCS = input.read(f);
07      HS = MD5(BCS);
08      f'= BCS + HS;
09  }///End For()
10  Connection conn;
11  CPDS.setDriverClass("com.mysql.jdbc.Driver");
12  CPDS.setJdbcUrl("jdbc:mysql://localhost:3306/ TableName");
13  CPDS.setUser("UserName");
14  CPDS.setPassword("Password");
15  conn = CPDS.getConnection();
```

```
16  sql_insert="insert into hash (HASH, LEVEL, FILEPATH, CREATE_TIME,
    UPDATE_TIME)values('"+code+"','"+level+"','"+filePath+"',
    '"+datetime+"','"+datetime+"');";
17  boolean flag =statement.execute(sql_insert);
18  sql_block_insert = "insert into hash_block (FILE_NAME_ID,
    HASH, LEVEL, CREATE_TIME, BACKUP) values(" +fileNameId+",
    '"+md5(sub)+"', "+level+", '"+datetime+"',"+backup+");";
19  statement.executeUpdate(sql_block_insert);
End
```

下面对预处理算法作进一步说明。

（1）预处理算法 1~2 行：初始化内容。其中第 1 行定义加密后的数据 CS、分块后的数据 BCS、HASH 操作后的数据 HS，以及所用到的数据库名称 CPDS；第 2 行初始化了待处理文件的长度 L、数据块长度 M，以及经过预处理之后的数据块数量 N。

（2）预处理算法 3~9 行：加密分块及拼接操作。其中第 3 行对待上传数据 f 整体进行加密，得到密文 DS；第 4 行在给定数据块长度 M 的基础上，对待上传数据的分块数，数据块的数量 N 向上取整；第 5~9 行的循环中，是对密文 DS 进行分块、HASH 操作，最终将密文数据块 BCS 和相应 HASH 值 HS 进行拼接，得到一个完整的经过预处理的数据块 f'。

（3）预处理算法 10~19 行：数据库操作。其中第 10~15 行是连接数据库操作；第 17~19 行定义了 hash 和 block_hash 两张表，并将相应数据信息插入至这两张表中存储。

6.3.3 数据检测

数据防御型检测及处理，是指基于 HASH 值的自主检测，并对没有通过检测的云数据进行及时处理的过程。利用对云数据修改流程的不同来区分云数据的正常修改和非法篡改，从而起到防御型检测的功效，最终及时地对云已经被篡改或者有被篡改可能的节点数据进行处理（如销毁或者向用户报警）。这里，云数据的正常修改和非法篡改的区分依据为：

（1）正常修改：用户本地 Agent 与上传至云的移动 Agent 进行交互，申请存储在云的数据，云移动 Agent 将其管理的数据发送至本地 Agent，用户将该数据序列进行分离操作，并对该序列分离出的数据段进行修改，修改之后对其进行 HASH 操作得到新的 HASH 值 H_t，并用 H_t 更新分离出的 HASH 值，同时对用户本地数据库相关字段进行更新，最后再将该数据用同样的方法上传至云。

（2）非法篡改：非授权用户对数据块的任何修改都视为非法篡改，可能是对密文数据段的修改，也可能是对 HASH 值段的修改，还可能是对两者共同的修改，但因为不是通过移动 Agent 完成的，所以不会向用户返回一个 HASH 值来对数据库进行更新。

具体的防御型销毁机制的伪代码如下所示。

```
ALGORITHM 2: Controlling and Detecting Algorithm
INPUT: f'
OUTPUT: ROD
01  Define: BlockAfterProcessed->BAP,
        BlockAfterSeparated->BAS,
        HashAfterSeparated-> Ha,
        NewHashSequence->Ht,
```

```
                ResultOfDetecting->ROD,
                Timer->T;
02  Initial: H_s = hash_block(HASH), Δt ;
Begin:
03  While(Δt = T){
04      H_a= Separate(BAP);
05      BAS = BAP -H_a;
06      H_t = MD5(BAS);
07      If(H_t != H_a){
08          Return ROD = false;
09          Delete(BAS);
10          Domove(other BAS);
11      }Else{
12          ACLMessage msg = new ACLMessage(ACLMessage.INFORM);
13          msg.addReceiver(new AID("Agent_q",AID.ISLOCALNAME));
14          msg.setContent("H_t");
15          send(msg);
16      }Else If(H_t != H_s){
17          ACLMessage msg = new ACLMessage(ACLMessage.INFORM);
18          msg.addReceiver(new AID("Agent_p",AID.ISLOCALNAME));
19          msg.setContent("Delete BAS'");
20          send(msg);
21          Domove(other BAS);
22          }Else{
23              Return ROD = true;
24          }//End IF()
25      }//End If()
26  }//End Else
27  }//End While()
End
```

下面对 Agent 迁移之后对存储节点上用户数据的控制和检测算法做进一步说明。

（1）控制检测算法 1~2 行：定时器。Agent 根据用户预先设置好的定时器 T 对存储节点上的相应数据进行定时检测；第 1 行定义了被检测数据块 BAP、分离之后的数据段 BAS、分离之后的 hash 值段 H_a、分离之后的 BAS 的 HASH 值 H_t，以及检测所得结果 ROD；第 2 行初始化 H_s 为本地数据库中存放的相应数据块的 HASH 值，Δt 用来判断检测时刻。

（2）控制检测算法 3~5 行：分离操作。当检测时刻 T 到达时，根据用户策略对节点存储数据进行分离，即从节点存储数据的末尾分离出一个 HASH 值 H_a，剩余的为数据段 BAS。

（3）控制检测算法 6~27 行：检测并处理。其中，第 6~10 行对 BAS 进行 MD5 运算，如果所得的值 H_t 和 H_a 不一致，则返回 false，将该被检数据进行删除，并将该节点上与其相关的数据进行迁移；第 11~15 行是比对 H_a 和 H_t 一致的情况，Agent$_p$ 将该 H_t 值发送至用户本地 Agent$_q$；第 16~21 行，Agent$_q$ 将其与数据库中的相应 HASH 值 H_s 进行比较，若不一致，则 Agent$_q$ 向 Agent$_p$ 发送销毁指令，Agent$_p$ 将该节点数据删除，并将该节点上与其相关的数据进行迁移；第 22~27 行，若 H_t、H_a 和 H_s 三者两两相等，则返回 true，并视本次检测为通过。

1. 检测

移动 Agent 封装着用户数据、属性、策略等上传至云之后，即基于预设的检测周期对该用户数据进行定时检测，从 CREATE_TIME 起，每隔 T 个时间单位对云存储的用户数据进行检测，第 1 次检测时刻的不同，给攻击者破解检测时刻造成了一定的难度，检测时间点如图 6.10 所示。

图 6.10　移动 Agent 对云数据进行非法篡改检测的时序示意图

首先将存储在云的待检测数据序列进行分离，分离成数据段和 HASH 值段；对分离出的数据段进行 HASH 操作，将所得 HASH 值 H_t 与分离出的 HASH 值段的 H_a 进行比较，如不一致，则视为被非法篡改，并向云管理该数据的移动 Agent 返回 false；否则，将该 H_t 值返回至用户端并与用户本地存储的数据库中相应 HASH 值 H_s 进行比较，如不一致，则视为被非法篡改，并向云管理该数据的移动 Agent 返回 false；否则视为没有修改或者被正常修改，并向云管理该节点的移动 Agent 返回 true，检测流程如图 6.11 所示。

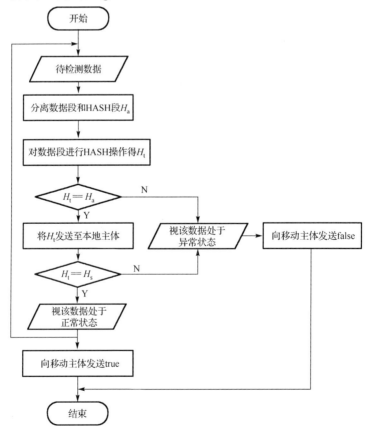

图 6.11　移动 Agent 对云数据进行非法篡改检测的流程示意图

2. 处理

云管理数据的移动 Agent 接收到 false 时，即基于策略模块的处理策略对该数据进行处理，本章将该数据块销毁，并且将与其相关的其余正常数据块或副本进行迁移，并且迁移的优选路径遵循 Value 值最优原则，Value 值与节点注册时的 aStorage、tStorage、Performance、Contribution 等参数相关，如式（6.9）所示。

$$Value=(aStorage/tStorage)\times Performance\times Contribution \tag{6.9}$$

综上，移动 Agent 对被非法篡改的封装后数据进行处理的流程示意图如图 6.12 所示。

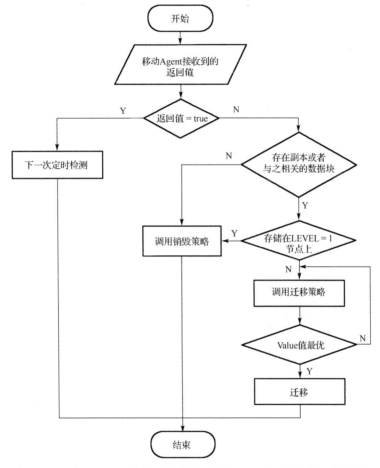

图 6.12　移动 Agent 对被非法篡改的封装后数据进行处理的流程示意图

6.3.4　数据销毁

针对某个具体节点上数据的销毁调用数据销毁模块，这里的数据销毁模块指的是具有用户意志的销毁策略，根据用户需求对节点数据进行覆写的模块。

1. 销毁

现有的数据软销毁方法不是基于某种特定的存储介质就是基于某种特定的网络，没有共通性，并且存在以下问题。

(1) 在覆写之前都需要事先、一次性生成多种满足自身标准的覆写序列。

(2) 利用现有标准开发的数据销毁软件一旦选定了覆写标准，覆写次数也就选定了，不能根据待销毁数据的安全等级、大小等灵活地改变覆写次数。

(3) 覆写序列具有一定的规律性，容易被攻击者"破译"。

针对具体节点上存储数据的销毁，本节提出了一种基于数据折叠的新型数据销毁方法，主要内容包括：

(1) 提出了"数据折叠"的思想，一种面向数据销毁的方法，即利用待销毁数据自身的存储序列进行覆写。

(2) 给出了基于数据折叠的数据销毁算法流程，包括数据定位、数据覆写、数据再定位和数据再覆写等一系列流程。

定义 6.10 数据折叠：指的是直接利用数据自身存储序列进行覆写的数据销毁算法。

2．工作流程

该算法不需要事先生成覆写序列，而是自己覆写自己，即待覆写序列根据数据折叠算法进行数据覆写从而对数据进行有效销毁。基于数据折叠的数据销毁算法的一般流程如图 6.13 所示。

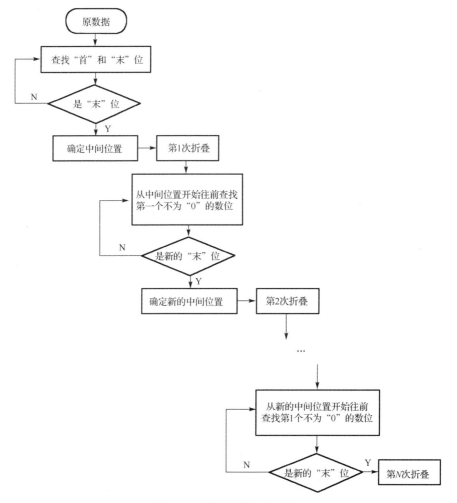

图 6.13　数据折叠一般流程

上述数据折叠流程的关键在于待折叠数据存储序列的"首"位、"末"位和中间点的确定。第 1 次数据折叠和之后的折叠有所区别，即只有第 1 次不需要通过从"末"位开始第 1 个不为"0"的方法来确定"末"位。之后的折叠都需要通过这种方法来确定"末"位。第 1 次折叠的不同、每次折叠"末"位的不确定大大加大了数据恢复的难度。例如，对于一段 128 bit 存储数据，原数据如图 6.14 所示。

1	0	0	0	1	1	0	1	0	0	0	1	1	0	1	0
0	0	1	1	0	1	1	1	0	1	0	0	1	0	1	0
1	0	1	0	1	0	0	1	0	1	1	0	0	1	1	0
1	0	1	0	0	1	1	1	0	0	1	1	0	1	1	0
0	0	0	1	1	0	1	0	0	0	1	1	1	0	0	1
0	1	0	1	0	0	0	1	0	1	1	0	1	0	1	1
0	1	1	0	0	1	1	0	0	1	0	1	0	1	1	0
1	0	1	0	1	1	0	1	0	1	0	1	0	1	0	0

图 6.14　原数据存储序列图

图 6.14 中阴影部分为这段数据的"首"位和"末"位，经过第 1 次折叠后的结果如图 6.15 所示。

1	1	0	1	1	0	0	0	0	1	0	1	1	1	1
0	1	0	1	1	1	0	1	0	0	1	0	1	0	0
0	1	1	1	1	1	1	1	1	1	1	1	1	0	0
0	0	1	1	0	1	0	0	1	1	1	0	0	1	0
1	1	0	1	1	0	0	0	0	0	1	0	1	1	1
0	1	0	1	1	0	1	1	0	0	0	1	1	0	0
0	1	1	1	1	1	1	1	0	1	0	1	1	0	0
0	0	1	1	0	1	0	1	0	0	1	1	0	1	0

图 6.15　第 1 次折叠后数据存储序列图

图 6.15 中阴影部分为第 2 次折叠的"首"位和"末"位，经过第 2 次折叠后的结果如图 6.16 所示。

0	1	0	0	0	1	0	1	1	0	0	1	0	1	1	1
0	0	1	1	0	0	1	0	1	1	0	1	0	0	0	0
0	1	0	0	0	0	1	0	1	0	0	1	0	1	1	1
0	0	0	0	1	0	1	0	0	1	0	1	0	0	0	0
0	1	0	0	0	1	0	1	1	0	0	1	0	1	1	1
0	0	1	1	0	0	1	0	1	1	0	1	0	0	0	0
0	0	1	0	0	1	0	1	0	1	0	1	0	0	0	0
0	0	1	0	0	1	0	1	0	1	0	1	0	1	1	1

图 6.16　第 2 次折叠之后数据存储序列图

此外，该算法的优势还包括数据折叠次数的无限性，即出现的数据"首"位和数据"末"位位置相同时，可以将此刻的数据序列状态作为初始状态，按照数据折叠一般流程再次进行数据覆写。

3. 算法描述

数据折叠算法实现，涉及的变量和方法如表 6.6 所示。

表 6.6　数据折叠算法相关变量和方法说明

变　　量	
This_file	待折叠文件 File
File_length	存放 File 的长度
ListDatafirst	存放 File 的折叠"首"位
Data_Mid	存放 File 的折叠中间位
ListDatalast	存放 File 的折叠"末"位
Times	存放 File 的折叠次数
T_Start	记录折叠开始时系统运行时刻
T_End	记录折叠结束时系统运行时刻
方　　法	
GetDlgItemText()	获取文件名
MsgOfData.Format()	显示前 5 个数据，可供查询
Data.FoldFun()	执行数据折叠算法
Data.FileWrite()	将折叠结果写入文件
Data.Repeat()	将折叠结果取反依次写入未折叠的数位
Data.FindCalEnd()	寻找最后一个不为"0"的数位

数据折叠的算法具体描述如下。

（1）数据"首"定位（Data Position）。即数据首次定位，获取目标数据序列的长度，确定目标数据序列的数据"首"位和"末"位，并根据长度、数据"首"位和数据"末"位确定目标数据序列的中间位置，以该中间数据位置将目标数据序列分为前半段数据序列和后半段数据序列，具体方法如式（6.10）所示。

$$\text{param} = \{\text{array\_of\_data}_{\{0\}}, N\} \xrightarrow{\text{set}} \{\text{ListData}_{\text{first}}^{0}, \text{Data\_Mid}_{\{0\}}, \text{ListData}_{\text{last}}^{0}\} \quad (6.10)$$

初始输入值 param = {array_of_data$_{\{0\}}$, N}，其中，array_of_data$_{\{0\}}$ 表示待覆写原数据序列，N 表示待覆写原数据序列长度。输出值 {ListData$_{\text{first}}^{0}$, Data_Mid$_{\{0\}}$, ListData$_{\text{last}}^{0}$}，其中，ListData$_{\text{first}}^{0}$ 表示原始数据序列的"首"位，ListData$_{\text{last}}^{0}$ 表示原始数据序列的"末"位，Data_Mid$_{\{0\}}$ 表示原始数据"首"位和"末"位的中间位置。

（2）数据"首"写入（Data Writing）。即将前半段数据序列中的各数据和后半段数据序列中的各数据，按数据位一一对应规则分别进行"模 2 加"运算，并将运算结果数据序列中的各数据按数据位顺序分别写入前半段数据序列的数据位上和后半段数据序列的数据位上，实现目标数据序列的本次数据覆写，具体方法如式（6.11）所示。

$$\{\text{ListData}_{\text{first}}^{0}, \text{Data\_Mid}_{\{0\}}, \text{ListData}_{\text{last}}^{0}\} \xrightarrow{\text{mod}\,2} \{\text{array\_of\_data}_{\{1\}}\} \quad (6.11)$$

输入值是步骤（1）中产生的原数据首位 ListData$_{\text{first}}^{0}$、原数据的中间位置 Data_Mid$_{\{0\}}$、原数据的末位 ListData$_{\text{last}}^{0}$，按数据位一一对应规则分别进行"模 2 加"运算，输出新的数据序列 array_of_data$_{\{1\}}$。

（3）数据"重"定位（Data Relocation）。即获取上一次数据覆写过程中的中间数据位置，从该中间数据位置起，向所述目标数据序列的数据"首"位方向依顺序查找第一个数据不为"0"的数据位，若不存在该数据位，则数据折叠结束；若存在该数据位，则将该数据位作为新数据"末"位,数据"首"位不变;判断数据"首"位是否等于新数据"末"位,是则数据覆写结束;否则进入步骤(4),具体方法如式(6.12)所示。

$$\{\text{array\_of\_data}_{\{i\}}, \text{Data\_Mid}_{\{i\}}\} \xrightarrow{\text{seek}} \{\text{ListData}_{\text{first}}^{i}, \text{ListData}_{\text{last}}^{i}\} \quad (6.12)$$

输入值为经过 i 次折叠之后的数据序列 array_of_data$_{\{i\}}$ 及此刻的"中间位置" Data_Mid$_{\{i\}}$,从该中间数据位置起,向所述目标数据序列的数据"首"位方向依顺序查找第一个数据不为"0"的数据位,从而确定第一个输出值数据"末"位 ListData$_{\text{last}}^{i}$,第二个输出值数据"首"位不变,记作 ListData$_{\text{first}}^{i}$。

(4) 数据"再"定位(Data Reposition)。即根据数据首位和新数据末位,确定该数据首位和新数据末位之间数据序列的中间数据位置,作为本次数据覆写的中间数据位置;该中间数据位置将数据首位和新数据末位之间数据序列分为前半段数据序列和后半段数据序列,具体方法如式(6-13)所示。

$$\{\text{ListData}_{\text{first}}^{i}, \text{ListData}_{\text{last}}^{i}\} \xrightarrow{\text{set}} \{\text{Data\_Mid}_{\{i\}}\} \quad (6.13)$$

输入值为新数据首位 ListData$_{\text{first}}^{i}$、新数据末位 ListData$_{\text{last}}^{i}$,确定新的中间位置,即输出值 Data_Mid$_{\{i\}}$。

(5) 数据"再"写入(Data Rewriting)。将步骤(4)中数据首位和新数据末位之间数据序列的前半段数据序列中的各数据和后半段数据序列中的各数据,按数据位一一对应规则分别进行"模2加"运算,并将运算结果数据序列中的各数据从所述目标数据序列的数据首位起,按数据位顺序依次写入所述目标数据序列的各个数据位上,实现目标数据序列的本次数据覆写,具体方法如式(6.14)所示。

$$\{\text{ListData}_{\text{first}}^{i}, \text{Data\_Mid}_{\{i\}}, \text{ListData}_{\text{last}}^{i}\} \xrightarrow{\text{mod}2} \{\text{array\_of\_data}_{\{i+1\}}\} \quad (6.14)$$

输入值为上一步骤中确定的新数据序列的首位 ListData$_{\text{first}}^{i}$、此时的中间位置 Data_Mid$_{\{i\}}$ 和新数据的末位 ListData$_{\text{last}}^{i}$,经过一一对应的"模 2 加",即得到输出值新的数据序列 array_of_data$_{\{i+1\}}$。

该算法可以根据用户需求对数据进行可控次数的数据折叠操作,从而对用户数据进行有效的覆写。

6.3.5 实验验证

下面从以下几个指标来衡量本章提出的基于数据折叠的数据销毁算法。

(1) 灵活性:本算法可以根据用户数据敏感程度来灵活设置覆写次数,从而降低不必要的资源浪费。

(2) 时间开销:用于数据覆写的序列由待覆写数据序列自身组成,不需要事先产生覆写序列,减少了一部分时间开销。

(3) 恢复率:由于第 1 次折叠与之后的折叠算法上有所区别,并且每次参与折叠的数据序列的长度是不确定的,大大减小了数据恢复的可能性。

首先用 C/C++编写数据折叠算法,对指定文件进行一定次数的折叠后,用经典的恢复软件 EasyRecovery 对被折叠数据进行恢复操作,然后用文件内容比较软件 UltraCompare Professional 对原文件和被恢复后的文件进行比较,最后利用 MATLAB 对实验数据进行仿真。其中，EasyRecovery 是一款应用很广泛的数据恢复软件，具有强大的磁盘诊断、数据恢复、文件修复功能，它能够恢复由于误操作删除的、被覆写的或者被格式化造成丢失的数据，以及重建文件系统。而 UltraCompare Professional 是一款文件内容比较工具，由著名 UltraEdit 公司出品，可对文本模式、文件夹模式及二进制模式进行比较，并且可以对比较的文件进行合并、同步等操作。

将本节提出的基于数据折叠的数据覆写方法与现有的典型数据覆写标准 DOD5220.22-MECE、Gutmann 覆写标准进行如下比较。

1. 时间开销

分别用数据折叠、DoD5220.22-M（ECE）和 Gutmann 三种覆写方法对相同文件进行覆写，所消耗的时间如图 6.17 和图 6.18 所示。

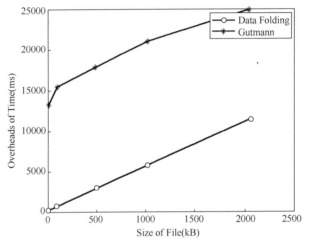

图 6.17　数据折叠和 Gutmann 覆写方法的消耗时间

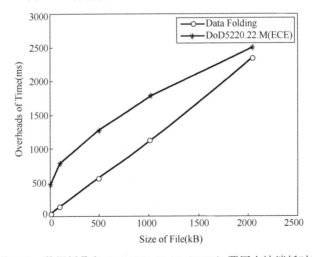

图 6.18　数据折叠和 DoD5220.22-M（ECE）覆写方法消耗时间

2. 数据恢复率

用数据恢复软件 EasyRecovery 对被上述方法进行覆写的文件分别进行恢复操作，用

UltraCompare Professional 文件比较软件对覆写前的文件、恢复之后的文件进行比较，恢复率如图 6.19 和图 6.20 所示。

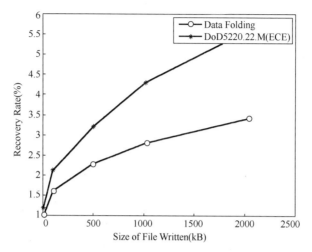

图 6.19　被数据折叠和 DoD5220.22-M（ECE）覆写的文件的恢复率

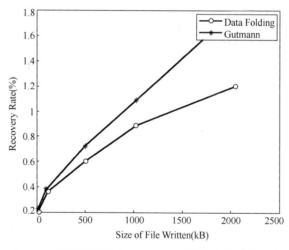

图 6.20　被数据折叠和 Gutmann 覆写的文件的恢复率

从图 6.19 和图 6.20 中可以看出，随着文件大小的增大，在相同的覆写方式和覆写次数的前提下，文件被恢复的可能性逐渐加大。当文件大小小于 1000 kB 时，DoD5220.22 和数据折叠被恢复的概率相差不大，但是大于 1000 kB 的文件，DoD5220.22 被恢复的概率的增长速度明显比数据折叠的来得快，Gutmann 覆写也是如此。

下面对基于数据折叠的数据销毁方法从灵活性、安全性、时间开销等方面进一步进行分析。

（1）灵活性。基于数据折叠的数据销毁方法的折叠次数具有灵活性，可以根据用户要求、数据需求等灵活变动。现有的应用比较广泛的文件销毁软件（如 DPWipe），虽然可以同时支持 Gutmann、US DoD 5220.22-M、US DoD 5220.22-M（ECE）等数据销毁标准，但是一旦选定覆写标准也就意味着选定了覆写次数，不能根据需要灵活变动覆写次数，这样会造成不必要的浪费，如对于一个数据敏感等级不是很高的用户数据选择 Gutmann 覆写标准，即对其进行 35 次覆写，而该数据折叠两三次也就达到了用户销毁数据的需求。

（2）安全性。首先，基于数据折叠的数据销毁算法不需要事先生成覆写序列；其次，该方法从头至尾不需要外来数据的参与，不依赖于人为操作，避免了第三方人为的销毁不尽造成数据泄露的现象。更重要的是，每次参与折叠的数据长度是不确定的，数据折叠的关键是"中间点"的查询，而每次折叠"中间点"也是不确定的，这就加大了数据恢复的难度。

（3）时间开销。从上述实验可以看出，随着文件大小的加大，数据折叠方法消耗的时间增长速度比 DoD5220.22-M、Gutmann 覆写方法增长速度来得快，但是在一定文件大小范围内，相同的折叠次数，DoD5220.22-M、Gutmann 覆写方法事先产生序列的时间大大影响了数据覆写的速度。

6.4 云数据销毁原型系统

6.4.1 JADE 平台

为了构建基于多移动 Agent 的云数据销毁系统，首先需要在基本的云计算平台上安装 JADE 平台[37]，用来给 Agent 提供运行环境。JADE 版本 jade-3.5，通过命令行输入"java jade.Boot –gui"来启动 JADE 平台，如图 6.21 所示，实验中需要保证 JADE 处于启动状态。

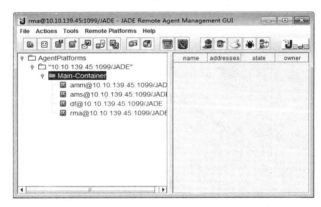

图 6.21 JADE 主容器

6.4.2 关键类图

基于多移动 Agent 的云数据销毁系统的关键类图如图 6.22 所示。

下面对系统涉及的关键类进行描述。

（1）Agent 类：该类用于封装 JADE 开发平台的相关方法，包括 setMessageQueue()、getContainerController()、getAMS()、getDefaultDF()、getLocalName()、addPlatformAddress() 等方法，可以在 JADE 平台上直接调用，无须自定义。

（2）beforeMove 类：该类用于对用户待上传数据 Data 进行预处理，包括 encryptionOfData()、dividedCiphertext()、hashOfBlock()、joinBlockAndHash() 这四种方法，分别对应加密、分块、HASH 操作、拼接四个概念。

（3）setup 类：该类封装着用户自定义的 Agent 迁移方法 doMove() 方法，用来执行 Agent 的迁移操作。

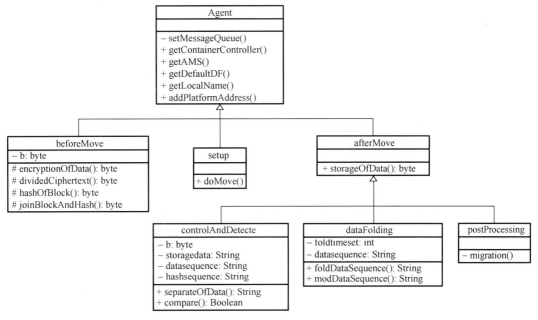

图 6.22 系统涉及的关键类

（4）afterMove 类：该类中包括 storageOfData()方法，用于存储接收到的用户上传数据 Data。

（5）controlAndDetecte 类：该类主要是为了对存储节点的用户数据进行管理和检测，涉及 storagedata、datasequence、hashsequence 三个参数，分别表示存储数据、数据序列、hash 序列；包括 separateOfData()、compare()这两种方法，用于对存储数据进行分离和检测。

（6）dataFolding 类：该类用于对存储节点上用户数据 Data 进行"覆写"（这里指的是数据折叠方法），其中，参数 foldtimeset 表示数据折叠的次数，参数 datasequence 是所需通过数据折叠来销毁的用户数据；并且，方法 foldDataSequence()和方法 modDataSequence()为数据折叠的具体算法步骤描述。

（7）postProcessing 类：该类是对与被销毁数据有关的其他用户数据进行的后置处理，方法 migration()将这类用户数据按照一定原则进行迁移。

6.4.3　预处理

预处理算法写在 beforeMove()这个类中。首先用 encryptionOfData()方法封装了加密算法，即对用户待上传文件进行加密，加密算法可以由用户根据自身存储数据需求进行自定义；然后 divideCiphertext()方法对经过加密之后的用户文件密文进行分块，这里的数据块数量给定，所得数据块大小向上取整；接着 hashOfBlock()方法分别对所得切分的数据块进行 HASH 运算；最后 joinBlockAndHash()方法将上述所得的数据块密文和响应数据块 HASH 值进行拼接，这里将所得 HASH 值拼接在数据块密文的最后。

另外，setup 类封装了 doMove()方法，该方法由用户自定义，设计了用户数据的迁移策略；而 afterMove 类封装了 storageOfData()方法，当经过预处理后的用户数据到达指定节点时对其进行放置和存储。

6.4.4 防御型监测

防御型检测主要由 controlAndDetecte、dataFolding 和 postProcessing 这三个类实现。其中，controlAndDetecte 类实现对远程数据的检测，涉及待检测存储数据块 storagedata，首先通过 separateOfData()方法将 storagedata 分离成数据块序列 datasequence 和 HASH 值序列 hashsequence 两部分；而方法 compare()则真正用于检测用户数据块，首先对分离出的 datasequence 进行 HASH 运算，然后将结果与 hashsequence 比较，若一致，则将结果发送给用户本地，否则调用 dataFolding()将该被检测数据块进行销毁，同时调用 postProcessing 类将与该检测数据相关的数据块进行迁移。

此外，dataFolding 类通过数据折叠算法对未通过检测的数据块进行销毁。输入为待销毁数据块序列 datasequence 和折叠次数 foldtimeset，然后通过方法 foldDataSequence()对 datasequence 进行相应位置对齐，最后用方法 modDataSequence()对这些已经对齐的位进行模 2 操作，并将结果写入相应数位上，根据 foldtimeset 的值完成指定次数的折叠，从而使得待销毁数据块被恢复的可能性足够小，甚至不能被恢复。postProceesing 类则主要对那些与被销毁数据块相关的数据块进行处理，migration()方法就是在一数据块被销毁时，对与之相关的其他数据块进行迁移操作。

6.4.5 性能分析

下面对防御型销毁机制从检测的准确性、安全性、时间开销等方面进行分析。

（1）准确性。在一次完整的模拟攻击中，只要存储数据被非法篡改了，Agent 所携带的检测策略就能在检测时间点到达时检测出异常结果并返回给数据本地，但是模拟攻击这种情况往往会造成检测结果的误判，这是由于全量检测时间带来的误判，可以通过实时检测来完善。

（2）安全性。当 Agent 检测出存储节点上的用户数据发生异常时，即会调用销毁策略将该存储数据块进行销毁，并调用迁移策略将与之相关的其他数据块进行迁移，这不仅可以避免节点数据块被再次攻击，也能提前对用户的其他数据块进行防护措施，从而保障用户托管数据的安全性。

（3）时间开销。该原型系统中，检测的时间开销与存储节点的性能和存储的文件大小有关，存储节点的性能越好、节点越稳定，传输消息所消耗的时间越短；所存储的文件越大，传输消息所消耗的时间越长。

6.5 本章小结

本章主要介绍了基于多移动 Agent 的云数据防御型销毁机制。首先介绍了基于多移动 Agent 的云数据防御型销毁机制的模型架构；然后介绍了该机制下数据的托管流程；接着主要针对云数据的正常修改和非法篡改，对云数据检测方法进行了研究，主要包括云数据的检测，以及对检测结果的处理；紧接着针对具体某个节点上的数据销毁，提出了数据折叠的新型数据软销毁方法，主要包括数据折叠的概念、基本工作流程以及算法描述；最后通过实验验证和性能分析来证明该数据销毁方法的优势。第 7 章将给出一个基于多移动 Agent 的云数据远程销毁机制的原型系统模拟云存储环境，基于 JADE 开发平台给 Agent 提供迁移环境，实现云数据的自主销毁。

最后，主要给出了一个基于 JADE 平台的实验环境。首先介绍了实验环境，包括硬件和软件；然后介绍了系统中涉及的关键类图；接着分别通过对涉及的主要类和方法的讲述来介绍预处理和防御型检测的实现形式；最后通过场景模拟和攻击模拟进行测试和分析。

参 考 文 献

[1] 李晖，孙文海，李凤华，等．公共云存储服务数据安全及隐私保护技术综述[J]．计算机研究与发展，2014, 51(7): 1397-1409.

[2] 百度百科．信息销毁[EB/OL]．(2013-05-01)[2013-11-06]．http://baike.baidu.com/link?url= q7Mevb0O47ao73K3LR6n5- VVkUyP3wad5g0D64TsVsHurFP801IU-1pJTZxNeAYSLrRYDr6HiCbB.

[3] Qin J, Zhang Y P, Zong P. Research on Data Destruction Mechanism with Security Level in HDFS[C] //Proc of 3rd International Conference on Materials and Products Manufacturing Technology. China, 2014: 1795-1802.

[4] 百度百科．数据销毁方式及安全性分析.关于电子数据销毁方式的讨论[EB/OL].(2011-04-17)[2013-06-27]. http://baidu.com/link?url=IU6eLQH6.

[5] 唐迪，魏英．存储介质数据销毁技术研究[J]．信息安全与技术，2012, (1): 8-9.

[6] 侯丽波．硬盘客体重用的安全等级保护覆写机制研究[J]．信息网络安全，2012, (4): 64-66.

[7] Perlman R. File System Design with Assured Delete[C] //Proc of the 3rd IEEE International Security in Storage Workshop. San Francisco: IEEE, 2007: 83-88.

[8] Tang Y, Lee P C, Lui J S, et al. FADE: Secure Overlay Cloud Storage with File Assured Deletion[C] //Proc of 6th International Conference on Security and Privacy in Communication Networks. Singapore, 2010: 380-397.

[9] Mei S Z, Liu C, Yong C, et al. TETPA: A Case for Trusted Third Party Auditor in Cloud Environment[C] //Proc of Conference Anthology, China: IEEE, 2013: 1-4.

[10] Zhou M, Mu Y, Susilo W, et al. Privacy-Preserved Access Control for Cloud Computing[C] //Proc of 10th International Conference on Trust, Security and Privacy in Computing and Communications, Changsha: IEEE, 2011: 83-90.

[11] Chiou, Shin Y. A Secure Cloud Storage System with Privacy, Integrity and Authentication[J]. ICIC Express Letters, 2014, 5（3）: 843-849.

[12] Geambasu R, Kohno T, Levy A A, et al. Vanish: Increasing Data Privacy with Self-Destructing Data[C] //Proc of USENIX Security Symposium. Berkeley: USENIX Association, 2009: 299-316.

[13] Wolchok S, Hofmann O S, Heninger N, et al. Defeating Vanish with Low-Cost Sybil Attacks Against Large DHTs[C] //Proc of Proceeding of NDSS. Berkeley, 2010.

[14] Anitha E, Malliga S. A Packet Marking Approach to Protect Cloud Environment Against DDoS Attacks[C] //Proc of 2013 International Conference on Information Communication and Embedded Systems. Chennai: IEEE, 2013: 367-370.

[15] Zeng L F, Shi Zh, Xu Sh J, et al. SafeVanish: An Improved Data Self-Destruction for Protecting Data Privacy[C] //Proc of 2010 IEEE Second International Conference on Cloud Computing Technology and Science. Indianapolis: IEEE, 2010: 521-528.

[16] 王丽娜，任正伟，余荣威，等．一种适于云存储的数据确定性删除方法[J]．电子学报，2012, 40(2): 266-272.

[17] Xu R H, Wang Y, Lang B. A Tree-Based CP-ABE Scheme with Hidden Policy Supporting Secure Data Sharing in Cloud Computing[C] //Proc of 2013 International Conference on Advanced Cloud and Big Data. Nanjing: IEEE, 2013: 51-57.

[18] 熊金波. 云计算环境中文档安全访问与自毁研究[D]. 西安：西安电子科技大学，2013.

[19] 熊金波，姚志强，马建峰，等. 面向网络内容隐私的基于身份加密的安全自毁方案[J]. 计算机学报，2014, 37(1): 139-150.

[20] Chonka A, Abawajy J. Detecting and Mitigating HX-DoS Attacks against Cloud Web Services[C] //Proc of 2012 15th International Conference on Network-Based Information Systems. Melbourne: IEEE, 2012: 429-434.

[21] 岳凤顺. 云计算环境中数据自毁机制研究[D]. 长沙：中南大学，2011.

[22] 张逢喆. 公共云计算环境下用户数据的隐私性与安全性保护[D]. 上海：复旦大学，2010.

[23] 张逢喆，陈进，陈海波，等. 云计算中的数据隐私性保护与自我销毁[J]. 计算机研究与发展，2011, 48(7): 1155-1167.

[24] 邓谦. 基于Hadoop的云计算安全机制研究[D]. 南京：南京邮电大学，2013.

[25] Yu X J, Wen Q Y. Design of Security Solution to Mobile Cloud Storage[C] //Proc of 4th International Conference on Knowledge Discovery and Data Mining. CHINA, 2012: 255-263.

[26] Vanitha M, Kavitha C. Secured Data Destruction in Cloud Based Multi-tenant Database Architecture[C] //Proc of 2014 International Conference on Computer Communication and Informatics. Coimbatore: IEEE, 2014: 1-6.

[27] Al-Hasan M, Deb K, Rahman M O. User-authentication Approach for Data Security Between Smartphone and Cloud[C] //Proc of 2013 8th International Forum on Strategic Technology. Ulaanbaatar: IEEE, 2013: 2-6.

[28] Bhatkalkar B J, Ramegowda. A Unidirectional Data-flow Model for Cloud Data Security with User Involvement during Data Transit[C] //Proc of 2014 International Conference on Communications and Signal Processing. Melmaruvathur: IEEE, 2014: 458-462.

[29] Jian M, Yong M L, Min L. Research for Data Erasure Based on EEPROM[C] //Computer Science and Education （ICCSE）, International Conference on IEEE, 2010: 1377-1379.

[30] Shin I. Implementing Secure File Deletion in NAND-based Block Devices with Internal Buffers[J]. Consumer Electronics, Transactions on IEEE. 2012, 58(4): 1219-1224.

[31] Sun C, Fujii H, Miyaji k, et al. Over 10-times High-speed, Energy Efficient 3D TSV-integrated Hybrid ReRAM/MLC NAND SSD by Intelligent Data Fragmentation Suppression[C] //Proc of Design Automation Conference, 2013 18th Asia and South Pacific on IEEE. Yokohama: IEEE, 2013: 81-82.

[32] Yan G Q, Xue M Q, Xu Z M. Disposal of Waste Computer Hard Disk Drive: Data Destruction and Resources Recycling[J]. WASTE MANAGEMENT & RESEARCH, 2013, 6(31): 559-567.

[33] Berman A, Birk Y. Retired-page Utilization in Write-once Memory—A coding perspective[C] //Proc of 2013 IEEE International Symposium on Information Theory Proceedings. Istanbul: IEEE. 2013: 1062-1066.

[34] Reardon J, Basin D, Capkun S. Sok: Secure data deletion[C] //Proc of 2013 IEEE Symposium on Security and Privacy. Berkeley: IEEE, 2013: 301-315.

[35] 张云勇. 移动Agent及其应用. 北京：清华大学出版社，2006.

[36] 姜凤敏. 普适计算环境下基于Agent的数据流处理机制研究[D]. 南京：南京邮电大学，2010.

[37] 于卫红. 基于JADE平台的多Agent系统开发技术. 北京：国防工业出版社，2011.

第 7 章 云存储数据隐私保护

数据一旦托管到云存储系统中,用户就失去了直接管理权,对数据进行的操作都将由云服务器来处理。由于云服务提供商内部人员监守自盗和外部黑客的入侵等原因,云存储系统并不是完全可信的。此外,用户云数据的操作和通信同样会被监听。因此,数据隐私保护不但包括数据内容的隐私保护,还包括对数据属性的隐私保护。

本章将介绍云存储在应用过程中遇到的问题和已有的隐私保护机制,目前对于电子数据安全存储的解决方案,大多是依赖加密存储的方式实现的,而实现方法的差异主要体现在加解密的位置和时机。随着分布式系统的应用,数据被分散存储于若干不相关联的存储设备,数据安全性也随之提高,并提供了安全恢复数据的策略,但是对于隐私数据的保护过于薄弱。随后,改进的分离存储方法被提出,即真实的数据在客户端分块后加密传输到网络上的文件存储服务器,而数据文件的目录信息则保存于本地。这种方式实现了文件数据与其元数据的分离,具有管理员权限的服务商无法获得元数据,解决了来自内部人员的安全问题,并且提出一种基于分割的云存储分级数据私密性保护模型,在加密上传文件前分割该文件,提高了上传过程中,以及上传到云端后文件数据的安全性。

7.1 数据安全隐私问题

近几年,由于云计算技术迅猛发展,其提供的云存储服务也广受市场的欢迎。企业与个人用户也渐渐愿意向云中存放一些重要的数据。但是,近几年大量的数据安全隐私相关事件被曝光[1,2]。

2010 年,Google 员工 David Barkadale 利用职权查看了多个用户的隐私数据,造成隐私数据泄露;Amazon 云服务平台 AWS 的 2010 年用户协议就明确指出 AWS 不能保障用户数据的安全性;12 月,Microsoft 商务办公在线套件发生了数据泄露事故,致使许多企业对员工提出强制规定,这包括多重密码验证和文档加密等。

2011 年 3 月,Google 邮箱爆发大规模用户数据泄露事件;5 月,Sony 的 PlayStation Network 发生用户数据泄密事件;6 月,黑客成功入侵韩国知名的在线云存储系统 SimDisk,替换了客户端软件 SimDisk.exe,并利用自动更新机制部署到所有用户端,致使这些用户端沦为"肉鸡";8 月,数家日本企业的内部文件在百度搜索引擎的文件共享服务中被泄露;10 月,Adobe 的数十 GB 的源代码及 290 万用户信息失窃;同年,国内知名程序员网站 CSDN 的 600 多万用户数据信息被黑客窃取并外泄,进一步加深了产业界对云应用的安全性、可靠性和可信性的担忧。与云计算和虚拟化相关的企业股票市值大幅缩水，云计算行业开始反思行业前景。

2014年2月，eBay遭到黑客的攻击，海量用户的电邮地址、密码、生日和其他信息被盗；9月，黑客借助漏洞攻击苹果iCloud云存储系统，造成众多好莱坞明星私密照片外泄；同年，小米科技的云系统数据泄露涉及约800万小米论坛注册用户，通过这些泄露的数据可进入小米云服务系统进一步得到用户手机号和设备信息，导致严重的安全隐患问题。

2015年1月5日，就在机锋科技二度易主仅半月后，机锋科技旗下机锋论坛被曝出存在高危漏洞，多达2300万用户的信息遭遇安全威胁。这也成为2015年国内第一起网络信息泄露事件。

2015年2月11日，据漏洞盒子白帽子提交的报告显示，知名连锁酒店桔子、锦江之星、速8、布丁，高端酒店万豪（丽思卡尔顿酒店等）、喜达屋（喜来登、艾美酒店等）、洲际（假日酒店等）网站存在高危漏洞，房客开房信息大量泄露。

2015年3月，美国大型医疗保险商CareFirst表示，该公司去年六月发现有黑客入侵，约有110万医疗保险客户的个人信息遭泄露，证据显示公司遭到水平极高的专业黑客攻击，攻击者可能窃取了客户姓名、生日、邮箱地址、医疗保险号码等信息。

2015年3月，企业版云端服务Google Apps for Work的信息隐私系统漏洞导致28万多名用户资料外泄，这一系列安全事故加深了人们对云计算数据安全问题的忧虑。

2015年4月22日，据报道，目前重庆、上海、山西、沈阳、贵州、河南等超30个省市卫生和社保系统出现大量高危漏洞，数千万用户的社保信息可能因此被泄露。

2015年5月21日，在补天漏洞响应平台上观察发现，有专业级别的网友披露中国人寿广东分公司系统存在高危漏洞，10万客户信息存在随时大面积泄露的可能性，保单信息、微信支付信息、客户姓名、电话、身份证、住址、收入多少、职业等敏感信息一览无余。

2015年8月初，武汉警方接到举报，称有人利用渠道不明的高考生信息进行招生，并培训了一批大学生兼职充当话务员与这些考生沟通。民警接报后在一民房内清查出约5公斤重的纸质高考生信息，包括考生姓名、高考考分、学校、详细家庭地址和联系电话等重要内容。

2015年8月27日，乌云漏洞报告平台发布报告显示，线上票务营销平台大麦网再次被发现存在安全漏洞，600余万用户账户密码遭到泄露。

2015年9月2日，有媒体称内蒙古自治区192211名高考考生信息遭到泄露。这些信息中包括考生的姓名、身份证号码及其父母姓名、电话，名单覆盖了内蒙古自治区的12个盟市，数量最多的地方达4万多条。

2015年9月14日苹果系统程序编写软件XCode曝出被黑客植入恶意代码，已有微信、滴滴打车、高德地图、网易云音乐等近350款APP被感染，可致用户私密信息泄露，腾讯发布报告称受影响用户可能超过1亿。

2015年10月19日，乌云漏洞报告平台接到一起惊人的数据泄密报告后发布新漏洞，漏洞显示网易用户数据库疑似泄露，影响到网易163、126邮箱过亿数据，泄露信息包括用户名、密码、密码密保信息、登录IP及用户生日等。

2015年11月27日年世界最大的电子玩具生产商伟易达集团（VTech）于指出，11月14日黑客入侵了Learning Lodge的客户资料库，但在接受报章查询时不肯透露实际人数，只表示有香港客户受影响；然而国外媒体Motherboard表示，他收到黑客入侵VTech的客户资料，当中有大约 500 万个家长和超过 20 万个儿童的资料，包括姓名、电邮地址、密码和个人住址。

2015 年 11 月黑客利用申通快递公司的管理系统漏洞，侵入该公司服务器，非法获取了 3 万余条个人信息，之后非法出售。

2016 年 4 月 23 日，山东省济南市的 20 万名儿童的个人信息，包括他们父母的手机号码和家庭住址被泄露。

2016 年 5 月 13 日根据《彭博社》报道，数十位中共官员和工商界领袖的个人信息出现在 Twitter 上，包括阿里巴巴董事会主席马云、万达集团董事长王健林及其儿子王思聪、腾讯控股董事会主席马化腾、小米公司创始人兼 CEO 雷军等互联网或商界巨头的个人身份证信息被一位 Twitter ID 为 "shenfenzheng" 的用户泄露，目前该用户已经被 Twitter 冻结。

2016 年 7 月 11 日有网友在 56 视频网站上看到众多新生儿的视频，视频数目有 5767 个。有视频中婴儿的家属接受媒体采访时表示，视频中的孩子都是在安徽妇幼保健院出生的。记者调查发现，这些视频的上传时间跨度接近两年，大部分视频中有孩子的出生卡，上面有姓名、出生日期、诊断结果等信息。

这些案例不仅增加了用户对自己云中隐私数据泄露的担心，而且阻碍了云存储服务的发展。国际知名研究机构 ITGI 对 21 个国家 10 个行业的 834 名首席执行官进行调查后的调查报告显示，49.6%的人对云数据的隐私性担忧，47.2%的人对云安全担忧。出于对数据安全和隐私方面的考虑，很多公司在控制云计算方面的投资或延缓云的部署。这些安全事件反映了如今云存储安全机制的不完善，也时刻提醒着安全方面研究的学者和从业人员需要尽快解决数据安全隐私方面的难点与关键技术。

7.2 云数据隐私保护关键技术

7.2.1 数据内容隐私保护

云计算系统数据安全问题的核心根源是数据管理权和所有权的分离。用户所属的数据被外包给云服务提供商后，云服务提供商就获得了该数据的优先访问权。事实证明，由于存在内部人员失职、黑客攻击及系统故障导致安全机制失效等多种风险，云服务提供商没有充足的证据让用户确信其数据被正确地存储和使用。例如，用户数据没有被盗卖给其竞争对手，用户使用习惯等数据隐私没有被提取或分析，用户数据被正确存储在其指定的国家或区域，数据严格按用户要求被彻底地销毁、删除等。

1. 隐私保护的密文搜索

由于云服务器的不可信，用户可以在上传数据之前对数据进行加密。但是随之带来的问题是云服务器不能直接对数据进行有效操作。因此，采用传统的加密方案在不解密的条件下，用户也就无法对远程数据进行有效的操作，比如按关键字检索需要的文件等。

为了解决加密数据的远程可操作问题，基于不同技术，针对不同应用场景的解决方案相继出现。基于可搜索加密技术（Searchable Encryption），可以解决加密文件的检索问题；基于同态加密技术（Homomorphic Encryption），可以实现加密数字的数学运算（主要为加法、乘法）；基于私有信息检索技术（Private Information Retrieval，PIR），用户可以对明文或加密数据进行隐秘获取；基于保序加密技术（Order Preserving Encryption，OPE），可以解决加密数字大小的远程比较问题。

（1）可搜索加密技术。可搜索加密算法[3]可分为对称可搜索加密算法和非对称可搜索加密算法，对称可搜索加密算法的基本功能之一是对搜索结果进行排序并返回最佳匹配文件。为使该功能在非对称可搜索加密算法中实现，将非对称加密结构转换为对称加密结构，并结合保序加密算法，提出一种在非对称可搜索加密算法上实现排序查询功能的方案，进行混合加密密文的检索。实验结果表明，与传统的只支持对称可搜索加密结构排序方法相比，该方法支持非对称加密，具有较好的检索效率，并且应用性强。

排序功能组件可以先记录加密的相关分数，并构造一个索引记录<令牌，分数>数据对，从而使得功能组件可以在计算时间复杂度为 $O(1)$ 的条件下获取分数并比较大小进行排序。

为了存储索引记录，本书采用基于稀疏矩阵的间接寻址方案构造一个二维索引表 A，记录数据对<关键字，相关性分数>，所有数据均加密。当查询时，服务器查找所有匹配文档的相关性分数，并找出最佳 k 个文档。为了安全地使用保序加密算法，加密数据前需要一个预处理过程，构造一个保序加密表（OPE Table）来预处理所有的明文。

可排序非对称可搜索加密算法包括构造算法（Build）与过滤算法（Filter）两部分，分别用于加密时的功能结构的构造与检索时的文件查询。

构造算法的主要流程是从文档中抽取关键字，并基于保序加密方案，结合非对称可搜索加密算法的数据结构构造索引表。过滤算法的主要流程是根据每个加密文档对应的加密索引表，对查询结果进行排序并返回排序结果，从而返回最匹配用查询的文档。

（2）同态加密技术。同态加密技术[4]是基于数学难题的计算复杂性理论的密码学技术，对经过同态加密的数据进行处理得到一个输出，将这一输出进行解密，其结果与用同一方法处理未加密的原始数据得到的输出结果是一样的。简单地说，就是密文操作可以等价于明文操作之后再加密。同态加密由于其特殊的性能，可以解决上述中存在的计算复杂度、通信复杂度及安全性问题，以至于越来越受学者的关注。至今，已出现一些成熟的同态加密方案，有些已经广泛应用到安全协议的设计中，从中可以总结出其特殊的自然属性：首先，同态加密技术同一般的加密技术一样对加密方消息实施加密操作，未经授权的参与方无法窃取秘密，满足了隐私保护的安全性需求；其次，同态加密技术具有一般加密技术不具备的自然属性，一般加密状态的数据直接计算便会破坏相应明文，而利用同态加密的密文数据可直接运算而不会破坏对应明文信息的完整性和保密性，计算的中间数据也是加密的，可以寄存在任何参与方，剔除冗余数据，降低对通信要求，提高执行效率。

随着网络技术的发展，传统的单一计算模式已经不能满足用户需求，云计算成为计算时代主题。用户希望通过云提供的服务进行一些复杂的运算，但又不想让云知道相关的隐私信息，这时同态加密技术就可以发挥出重要作用。云只负责计算，而用户只需要处理计算的结果。用户数据安全需求的不断提高，同态加密机制存在的问题和缺陷，也会限制其应用的范围。现有的高效率和高安全性的同态加密方案大多是半同态的，即方案只在执行单一计算操作时具备同态性。例如，RSA 算法只满足乘法同态性，Paillier 算法只对加法同态，而 IHC 算法和 MRS 算法也只能对加同态和标量乘同态。这些方案限制了运算种类，实用性上受到严峻的挑战。另外，也有少数几种同态加密方案同时对两种运算同态，如 Rivest 算法。但这些方案要么因为安全性低，要么因为工作效率低而未能带来实际应用价值。因此，发展、完善同态加密机制，意义重大。

公钥密码体制下的同态加密算法可描述如下。

定义 7.1 同态加密算法体制 是满足下列条件的一个六元组 $\{M,C,K,E,D,\oplus\}$；

① M 是明文空间。

② C 是密文空间。

③ K 是公私钥对集合。

④ $\oplus$ 是同态运算符。

⑤ 对于任意的 $(PK,SK)\in K$（PK 称为公钥，SK 称为私钥），对应一个加密算法 $E_{PK}\in E$（E 是加密算法集合，$E:M\to C$）和解密算法 $D_{SK}\in D$（D 是解密算法集合，$D:C\to A$），且对任意的 $m\in M$，满足 $C=E_{PK}(m)$，$m=D_{SK}(C)=D_{SK}(E_{PK}(m))$，其中 E_{PK}，D_{SK} 都是多项式时间内可执行的。

⑥ 对于所有的 $(PK,SK)\in K$，由 E_{PK} 推出 D_{SK} 在计算上是不可能的。

⑦ 对任意的 $x,y\in M$，$E_{PK}(x)\oplus E_{PK}(y)=E_{PK}(x\oplus y)$。

根据运算符 $\oplus$ 的不同，可分为加同态算法和乘同态算法，满足加同态加密算法可表述为 $E_{PK}(m_1)\oplus E_{PK}(m_2)=E_{PK}(m_1+m_2)$，而乘同态性的算法可表述为 $E_{PK}(m_1)\oplus E_{PK}(m_2)=E_{PK}(m_1 m_2)$。以此，我们可以对同台加密进行分类，仅仅能实现一种同态性的算法称为半同态加密算法；满足所有的同态性质的算法称为全同态加密算法。另外根据 Gentry 的定义，全同态加密算法还应具有自举性，同态加密算法可以同态处理解密电路和扩展电路。

（3）私有信息检索技术。1995 年，Chor B.、Goldreieh O.、Kushilevitz E.和 Sudan M. 首次提出了私有信息检索（Private Information Retrieval，PIR）的概念[5]，其目的是为了解决这样一类问题：用户向数据库服务器提交查询时，在用户的查询信息不被泄露的前提下完成查询。作为安全多方计算的一个分支，私有信息检索的应用十分广泛。例如，以下几个私有信息检索的应用场景[6]。

① 患有某种疾病的病人想通过一个专家系统查询其疾病的治疗方法，如果以该疾病名为查询条件，专家系统服务器将会得知该病人可能患有这样的疾病，从而病人的隐私被泄露，这是病人所不希望的。

② 在股票交易市场中，某重要用户想查询某个股票信息，但又不能将自己感兴趣的股票公之于众从而影响股票价格。

③ 在命名申请应用中（如专利申请、域名申请等），用户需要首先向相关数据库查询自己申请的专利名或域名是否已存在，但又不想让服务器方知晓自己的申请名称从而能够抢先注册或申请。

私有信息检索问题一般涉及两方，即用户方与数据库服务器方。研究者通常把该问题形式化以方便研究：将数据库抽象成 n bit 的二进制字符串 x，即 $x\in\{0,1\}^n$，用户查询第 i 个字符 x_i（$x_i\in\{0,1\}$）的信息，但是不希望数据库知道具体的隐私信息 i。大多数研究均基于这样的问题抽象，提出各自的 PIR 协议，目前的协议研究主要可分为两大类。

- 信息论的私有信息检索协议（Information-Theoretic PIR）：采用多个数据库副本，通过编码技术将查询信息隐藏，从而实现私有信息检索。
- 计算性的私有信息检索协议（Computational PIR）：基于数学上的困难假设，使得数据库服务器无法在多项式时间内获得查询信息，从而实现私有信息检索。

（4）保序加密算法。数据进行加密之后，如何对加密数据库进行操作（例如查询操作）

是一个重要的问题。一种常用方法是首先对加密数据进行解密，然后对解密数据进行操作。但由于要对整个数据库进行加/解密操作，开销巨大，在实际操作中是不可行的；另一种方法手直接对加密数据进行操作，即首先对操作语句的条件进行相同的加密处理，然后与数据库中的加密数据比较，但由于数据加密后一些固有的属性（如数据有序性、相似性、可比性等）遭到破坏，该方法的适用范围非常有限。

2004年，在SIGMOD会议上，Rakesh Agrawal提出的保存顺序的加密方法（OPS-Order Preserving Encryption for Numeric Data，OPES）很好地解决了系统性能这一瓶颈问题，加密后不影响系统的原有功能，并能直接操作加密数据。但是OPES只是基于数值型数据，存在数据库本身性质和算法的局限性。

虽然OPEART算法较好地解决了密文上的关系运算问题，但是它不能隐藏原始数据分布，加密后的密文与原始数据呈现相同的数据分布，因此不能很好地抵挡统计型攻击。

经典的改进方案[7]如下。

① 经典抗统计保序加密方案。文献[8]提出的保序加密算法，加密后的密文数据集的分布与明文数据集的分布无关，因此在对抗统计分析攻击的方案中具有代表性。该方案一次性加密所有明文数据集 P，其思路是将明文数据集 P 映射到一个指定的具有目标分布的样本空间（该样本值事先生成）。同时，方案记录一些额外的信息 K。通过该额外信息，数据库管理系统可以加密新数据或者解密数据，因此，该信息可以视为加密/解密的密钥，该方案的基本过程如下。

建模：输入的数据分布与目标数据分布建模为分段柱状图，所有的数据均属于柱状图的一节，柱状图的高度为数据的密集程度，因此，通过该方法，可以将数据转化为规则的数据。输入的明文数据定义为 P。

平面化：将明文数据库 P 转化为一个一维的平数据库 F，使得数据库 F 的数据分布为均匀分布。该方法的本质上是将柱状图映射到一维坐标上，柱状图的高度等价于坐标的长度，因此达到均匀分布的目的。平面化的函数定义为 f。

目标转化：该过程将平数据库 F 转化为指定的具有特定分布的数据库。由于该平数据库 F 的数据是均匀分布的，因此转化过程即将一维直线段映射到目标分布的曲线上。输出的目标数据为 c。

显然，只要保证 $p_i < p_j \Rightarrow f_i < f_j \Rightarrow c_i < c_j$，即可以达到保序加密的目的，且达到抗统计分析的目的（注意敌手无法通过密文分布推断明文分布）。该模型有多种方法实现，这里不再赘述。

② 经典抗选择明文攻击保序加密方案。在密码学中，一般而言要求加密算法具有抗选择明文攻击安全性，然而，大多数保序加密算法无法达到该要求。文献[9]基于传统的对称加密算法，提出了抗选择明文攻击的保序加密方案，在该方案中，安全性定义为交托抗选择明文攻击安全性（Committed Chosen Plaintext Attack，CCPA），该方案的思路如下。

令 M 表示一个明文数据集，h 表示一个严格的单调最小的完美哈希函数（Monotone Minimal Perfect Hash Function，MMPHF），即哈希函数将 M 中第 i 个最大元素映射为 i，其中 $i = 0, 1, \cdots, |M|-1$。可见，MMPHF 在任意给定的定义域 M 中都是唯一的。令一个索引标签方案 (κ, τ) 为一对算法。其中 κ 的输入为定义域 M，输出为一个安全的密钥 K_M，使得 $\tau(K_M, \cdot)$ 为一个唯一的 MMPHF。其中，当且仅当 $m \notin M$ 时，$\tau(k, m) = \bot$。

该保序加密方案为两部分的组合：一个 MMPHF 标签方案和任意具有 CPA 安全性的对称加密算法。令 (k_t, τ) 为索引标签方案。固定一个全集 D，且令 $SE = (\kappa', Enc', Dec')$ 为 D 上的任意对称加密算法。令保序加密算法 (κ', Enc, Dec, W) 定义为（其中 W 为密文比较算法）：

（1）密钥生成。K 输入为定义域 $M \subset D$，运行 $K_t \leftarrow \kappa_t(M)$ 与 $K_e \leftarrow \kappa'$，得到 $K = K_t \| K_e$。

（2）加密数据。输入密钥 $K = K_t \| K_e$ 与消息 M，计算 $i = \tau(k_t, m)$。如果 $i = \perp$ 则 Enc 返回 $\perp$，否则返回 $i \| Enc'(K_t, m)$；

（3）解密数据。输入密钥 $K = \kappa_t \| K_e$ 与密文 $c = i \| c'$，返回 $Dec'(K_e, c')$；

（4）比较大小。输入密文 $c_0 = i_0 \| c_0'$ 与 $c_1 = i_1 \| c_1'$，如果 $i_0 < i_1$ 返回 1，如果 $i_0 = i_1$ 返回 0，如果 $i_0 > i_1$ 返回 -1。

2. 数据的安全共享

用户数据以动态共享的方式存储在不可控的云存储资源池中，对其私有数据失去了控制能力，数据面临泄露、滥用风险，需要研究相应的数据加密技术保护用户隐私数据的机密性。由于云存储使用虚拟化技术实现各类资源的逻辑共享，不同用户的数据仍可能存储在相同的物理设备中，需要设置有效的访问机制实现用户数据的逻辑隔离。云存储环境中，数据的安全性完全依赖于云存储服务商使用的安全保护机制，不可避免地带来第三方信任依赖问题。需要研究合理的数据安全保护机制解决云存储环境下的信任依赖问题。

访问控制机制可授权合法用户访问特定资源，同时拒绝非法用户的访问。授权方法一般分为两类：访问控制模型和密文机制。访问控制模型就是按照特定的访问策略建立若干角色，通过检查访问者的角色，控制对数据或系统的访问。密码机制通过加密数据使得只有具备相应密钥的授权人员才能解密密文。密文访问控制技术可在服务器端不可信的环境中保证数据的机密性，数据所有者在数据进行存储之前预先对其进行加密，通过控制用户对密钥的获取来实现访问控制目标，这要求加密密钥必须由数据所有者自己生成并管理。目前，最热门的技术是基于密文属性加密的访问控制机制（CP-ABE），意思是密文对应于一个访问结构，而密钥对应于属性集合，解密当且仅当属性集合中的属性能够满足此访问结构。第 8 章将结合 CP-ABE 策略提出两种改进访问控制的详细方案。

7.2.2 数据属性隐私保护

1. 数据发布隐私保护

用户隐私信息分为：个人身份信息，包括姓名、地址等；个人敏感信息，如种族、宗教等；可用数据，包括用户的视频、音乐、文本文件等。隐私是与个人相关的一些特定信息，当这些隐私与某些个人发生明确关联，也就是在明确涉及个人身份信息（Personal Identifiable Information，PII），如姓名、手机号、身份证号、电子邮箱、住址等时，称其为显性隐私信息。但很多情况下，隐私呈现隐蔽的形式并不与任何 PII 联系在一起，只是涉及模糊的用户相关信息，如年龄、性别、公司、职业等。这类准标识符（Quasi-Identifier）信息虽然不能直接标识一个用户，但把这些条件组合在一起，还是有相当的隐私风险，为此，一些学者提出了数据发布隐私保护技术。

一次数据的使用过程包括数据收集与数据发布，如图 7.1 所示。数据收集是指数据发布方收集数据拥有者的个体信息,一般来说,数据发布方对于数据拥有者来说是值得信任的。数据发布是指数据发布方对外向数据接收方发布数据,而这里数据接收方对于数据拥有者来说是不信任的,所以数据发布方有义务、有责任对发布的数据进行隐私保护。

图 7.1　数据使用基本模型

一般来说,在数据发布方到数据接收方这个过程当中,此时的数据接收方就是数据挖掘工作者,数据发布方发布的数据一般都存在公共的数据库或者面向数据挖掘任务的数据仓库中。

目前,国内外的相关研究认为,对数据发布的个人隐私信息处理方法主要有三类。

(1)数据扰动技术:对原有的敏感属性值添加其他数据,改变其值以保护隐私,如数据阻塞、数据交换等。

(2)数据加密技术:采用信息加密技术针对敏感属性数据进行加密处理,数据挖掘者无法获知完整的个体记录,如针对分布式数据集的安全多方计算方法(Secure Multiparty Computation)。

(3)数据限制发布技术:根据隐私保护要求有选择性地针对属性进行限制发布,如泛化和抑制技术。

2. 云环境下数据传输过程数据属性的隐私保护

(1)地址隐私及相应方案。假设数据按照安全套接层(Secure Sockets Layer,SSL)安全传输,数据包经过加密,就算监听者截获数据包,也无法分析出包头里的源地址与目的地址。但是,监听者可以通过俘获传输路径上的路由器来侦听传输中的数据包,监听者可以分析路由器中记录的经过的数据包的信息,来逐跳找到数据源地址,同样也按此方法可以找到目的地址。一旦目的地址被找到,那么怀有恶意的监听者可以用拒绝服务攻击(Denial of Service,DoS)这样的攻击使网路服务瘫痪,所以一些路由算法被提出来,以减轻流量分析攻击。

在 2005 年,邓景和他的同事[10]提出了几种方法来隐藏传输模式,其中包括基于随机步长的思想的方法。当一个节点收到一个信息,它会以概率 p 将信息发送给其中的一个父亲节点,同时,会以概率 $1-p$ 使用随机前进算法,此前进算法以相同概率选择一个邻居节点传送消息。同时他们也提出了分形传播算法,这个算法提出节点在网络中产生和传输假的消息,目的是为了模糊真的消息。具体是,当一个节点听到其邻居节点在传递真的数据时,它会以概率 p_f 产生假数据并传递给其中的一个邻居节点。将这两种算法结合起来,可以大大减少监听者在网络中获取的信息。但是,这个算法也有它的缺点,比如,传输真数据节点的邻居节点产生假数据时,提高了系统的开销;并且提高了汇聚节点处的流量,导致包的丢失率提高。潜在的解决方案是节点根据端口流量数,动态地调整产生假数据的概率。

(2)时态隐私及相应方案。时态隐私是指将用户请求访问数据时产生数据包的时刻记录下来,然后通过分析这些数据了解用户隐私,如果这个用户处于一个公司的网络中,那么敌手可以通过此用户的活动时间来判断公司的工作时间,那么此公司所有的活动都处在监视之下。

在 2007 年,Kamat 等[11]提出在靠近路由路径的中间节点处一个缓冲队列,目的是为了增加延迟和对敌手隐藏每个消息创建的时间,因此攻击者无法提取源节点触发的事件的确切时间,从而有效防止泄露关于目标的许多关键信息。

此方案考虑了一个简单的网络,它包括一个发送节点 S、一个接收节点 R 和一个对手节点 E,E 主要监控 S 与 R 之间的交互信息。保护时态隐私的目的就是使敌手不能轻易猜测到具体的数据包的产生时间,假设发送节点 S 在 X 时间点创建了一个数据包,为了模糊数据包创建的时间,S 可以在传输数据包之前将其在本地的缓冲区暂放一个随机的时间段 Y。所以,R 和 E 双方都会得到数据包到达目的地 R 的时间 $Z=X+Y$,合法的用户可以解密有效负载。有效负载包括一个时间戳来记录数据包创建的时间,而敌手因为不能解密有效负载,那么它要猜测数据包创建时间 X 只能依靠已知的 Z 和已知源节点 S 使用了缓存策略。E 从 Z 中推断 X 的能力由下面的两个分布控制:第一个是先验分布 $f_X(x)$,描述了在先于观察 Z 敌手对消息创建可能性方面知识的了解程度;第二,延迟分布 $f_Y(y)$ 是源节点用来模糊 X。在传统的安全与隐私中,E 可以从 Z 推断的关于 X 信息量有交互信息度量。

$$I(X;Z) = h(X) - h(X|Z) = h(Z) - h(Y) \tag{7.1}$$

式中,$h(X)$ 是 X 的微分熵。因为交互信息和均方误差之间的关系[10],$I(X;Z)$ 暗示了好的设计从 Z 中估计 X 将有很小的 MSE。我们直接计算 $I(X;Z)$。对于一般的分布,熵不等式给出了一个下界

$$I(X;Z) \geq \frac{1}{2\ln 2}(2^{2h(X)} + 2^{2h(Y)}) - h(Y) \tag{7.2}$$

总的来说,X 的分布是固定的,由被感应节点控制的物理现象决定。由于提高时态隐私缓存的对象是用来隐藏 X 的,我们指定时态隐私问题为 $\min_{f_Y(y)} I(X;Z) = h(X+Y) - h(Y)$,或者以其他方式选择一个延迟分布 f_Y,以致敌手几乎不能从 Z 中学习到 X。

(3)数据包大小及相应方案。用户向数据中心请求访问时产生的数据包大小,可能会给云监听者泄露很多有价值的信息,如用户现在的活动(看电影、发邮件……)、网络的拓扑和数据的接收方,监听者甚至可以根据传输中数据包的大小来判定用户使用应用软件的类型。

在 2009 年,Suhas Mathur 和 Wade Trappe 等[12]提出了两种策略来保护数据大小隐私:一种是规定数据包大小为常量,主要思想是同网络中的数据包大小一致,而这需要将所有数据包填充为那个最大的数据包大小;另一种是随机化数据包大小,这个方法依靠随机设置每个数据包的大小,从而使数据包的大小和相关事件不确定化。

为了防止敌手对数据包大小的分析而将数据包全部填充成同样大小,当数据包的变化量不大时,这个方案还是很合适的。但是如果数据包变化量很大,而数据包都要填充成最大数据包的大小,这将明显增加带宽的使用。进一步考虑,向数据包填充比特会增加无用数据的量,从而间接增加了接收双发节点的能量消耗。结合分割技术,不按照云中最大方案数据包大小进行填充,而是将过大的数据包分割成合适大小,同样也能做到使传递的数据包大小一致,但这将提高云中数据的通信量,更有利于敌手的分析。另外,接收节点需要与发送方提前制定好协议,即接收方能够将分割了的数据包再重新组装起来。但是敌手可以累加数据包的大小并减去已知的数据包头,同样可以知道数据包的真实大小,所以填充手段不能有效地保护数据大小的隐私。

第二种策略是除了填充技术之外，结合缓存技术，在发送端设置一个缓冲队列，将要发送的数据包放入缓冲队列中，提前设置好延迟时间。一种可能在延时时间内队列满了，那么将队列中的数据包整合成一个数据包并发送给接收节点；另一种可能是过了规定的延时时间，缓冲队列没有满，那么就往里面填充比特，直至与前者情况发送的数据包长度一致。这个策略可以根据网络流量有效控制延迟大小，并且大大减少了仅仅通过填充技术而需要的填充的比特，所以间接降低了通信带宽的消耗。

（4）频率隐私及相应方案。通过监听用户通信过程中传输的数据包的频率，可以预测用户特定活动频率。为便于理解，假设有一个购物超市，通过观察数据包产生的频率可以知道营业员与云中数据库的交互次数，从而间接判断这个店的商品的销售情况，那么监听者就知道了主要的市场分布；若监听者只知道数据包产生的频率，那么通过分析这些数据可以反过来预测数据源的信息。针对频率隐私问题，Shafiei、Khonsari[13-14]等提出了两种解决方案。

① 确定性消息生成：每个节点持续感知通信链路，但是它生成的回应消息仅仅在特定的时间间隔，如每 10 分钟。这个方法不适应实时感知事件，通过确定回应时间间隔来保护频率隐私

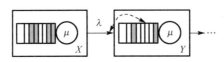

图 7.2　一个路由路径上的感应节点例子

② 随机的假消息：当每个节点阶段性地产生假消息，这个方法会增加能量的消耗。

针对上面方案的缺点，Shafiei、Khonsari[13]等做出了相应的改进，假设每个节点匹配一个 q 大小的缓存，而且每个消息都缓存在中间节点。中间节点沿着路由路径从源节点到基站，改变了原来缓存先进先出的方案，而用一个合适的分布，如均匀分布使缓存规则改为随机出队。在这个方案中，不是把接收到的消息放在队列的尾部，而是把它放在其中随机缓冲区间隙空的位置。每个节点在一个随机的延迟后检索缓存中的第一个消息，这个随机的延迟遵循参数为 μ 的指数分布。图 7.2 展现了这个方案的一个例子，节点 X 感应区域，以 λ 的速率产生报告消息，并且让它们朝着基站穿过它们的邻居节点 Y，一旦被接收，Y 将被接收的节点以 $1/(q-i)$（i 表示占用卡槽的数量）的几率放置在空的卡槽当中。这个方法不仅保护了网络的时态隐私（因为它延迟了每个消息），而且保护了数据频率。

7.3　云存储隐私保护机制

7.3.1　代表性方案

纵观存储系统中隐私保护方案的发展，最早是采用文件系统来保护数据的安全性的[15]。数据加密系统是一个独立的系统，可运行于其他文件系统的上层，加密保护用户的文件和文件名。以此为基础，可信的第三方密钥管理机构被引入数据加密系统，存储系统不参与密钥的分发，降低了用户数据泄露的风险。随后，多重加密的方式广泛运用于安全要求较高的存储系统，即分别加密各个数据文件后，再用一个主密钥对文件密钥进行加密，进一步提高数据

安全性。其他相关技术不断满足着用户对于存储系统多样化的需求，如锁盒子机制被用于用户的分组管理，懒惰撤销权限的思想可降低系统开销，等等。

存储系统发展到网络化阶段，至少可分为客户端、服务器两个部分。客户端为用户提供的功能包括数据加解密、完整性验证、访问控制等，服务器仅存储数据及对应的元数据，不能操作用户数据。Kallahalla[16]首次将存储系统的架构拓展至网络存储架构，客户端不仅负责分发、管理密钥，还在用户进行数据共享时保证其私密信息的完整性和安全性。Xue[17]引入了可信第三方服务器，在保证数据完整性和安全性的同时，还可细粒度地区分对文件的读写访问权限，使得用户数据安全性不再依赖底层文件系统的安全性，尤其适合网络环境不可信的情况。

在云存储中，用户仅拥有数据所有权而无数据管理权，下面介绍一些国内外已有的隐私保护方案。

Kamara[18]等在云服务提供商不完全可信环境中，构建了安全的云存储系统，该系统用数据加密的方式保护数据机密性，还为用户提供细粒度的访问控制，并通过审计的方式对数据进行持久性保护。

Mahajan[19]等设计并实现了一种给予云存储最小可信度的系统，即在云存储中只要存在一个安全且正常工作的服务器存储着用户申请访问的数据，用户即可访问。系统中的节点具有持久性、可恢复性，系统保证所有更新可被节点正确地检测，提高了数据可靠性。

Shraer[20]等提出一种保护用户与不可信的云存储交互的安全系统，当应用程序访问基于密钥的对象的存储服务时，系统验证用户数据的完整性和一致性，只要违反了完整性或一致性，系统将通知应用程序，系统中无须存在可信组件，也不必对云存储的服务提供方式进行改变。

Roy[21]等提出了一种可保护分布式计算中数据安全和私密性的 MapReduce 系统，该系统提供访问控制和隐私鉴别的功能，数据提供者绑定私密性数据的安全策略，其他用户可对这些私密性数据进行处理，但系统根据安全策略对用户的处理进行限制，防止用户敏感数据在分布式计算过程中被非法窃取。

Yan[22]等将全局身份的概念引入云计算系统，采用联合身份管理和分层身份加密，实现了用户身份的统一管理，加强了对用户私密信息的保护。云计算中密钥分发和相互认证得以简化，同时可以更加灵活地应用门限加密算法。

Wang[23]等将可信第三方审计机构引入云计算基本模型，以验证存储在云端数据的完整性，尤其在保证远程数据具有公开可验证性的同时，可以支持对其进行动态的数据操作。在保障加密方法安全性的同时，降低了云存储用户的性能开销。

Damiani[24]等提出了一种隐私保护方案，将私密性数据上传至分布式数据库时，部分数据存储于完全分布式的云数据库，部分存储于客户端。方案使用关系数据库管理系统和行级数据加密来提供细粒度的数据共享访问控制。

毛剑[25]等针对已有的隐私保护方案大多注重于保护用户的数据安全，而忽视了用户身份信息私密性的问题，提出了一种基于二次混淆的隐式数据分割机制，并在可信云存储架构下实现了用户上传数据与个人身份信息的隔离，以保护用户身份信息的私密性。

黄汝维[26]等提出了一种适用于云环境可计算加密方案，可有效保护用户数据私密性。方案针对常规加密算法无法进行有效数据操作的问题，通过矩阵和各类向量运算的运用，在加密数据后，还能对加密结果进行四则算术运算，并支持对加密字符串的模糊检索功能。

张逢喆[27]等设计并实现了一个对用户上传到云服务器数据进行可靠保护与按时彻底销毁的系统，该系统以可信计算技术作为硬件基础，利用虚拟机来监控和保障用户数据在云端整个生命周期的私密性，并在用户要求的时间内彻底删除数据，包括云端系统管理员在内，都不能绕过此系统接触到受保护的用户数据。

7.3.2 基于加密的隐私保护算法

1. TEA 加密算法

TEA（Tiny Encryption Algorithm）[28]是一种小型的分组对称加密算法，最初由 David Wheeler 和 Roger Needham 于 1994 年设计，其特点是速度快、效率高、实现简单，用 C 语言实现仅需 26 行代码。尽管算法十分简单，但它具有很强的抗差分分析能力。相比其他算法，它的安全性相当好，可靠性不是通过算法的复杂度而是通过加密轮数保证的。加密过程中，密钥不变，主要的运算是移位和异或。TEA 使用长度为 64 位的明文分组和 128 位的密钥，进行 64 轮迭代，每轮数据经过 Feistel 结构模块进行处理，它使用一个来源于黄金比率的神秘常数 δ 作为倍数，保证每轮加密都不同。

随后，针对 TEA 的攻击不断出现，TEA 被发现存在一些缺陷，几个升级的版本被提出，分别是 XTEA、Block TEA 和 XXTEA。这些算法降低了加密过程中密钥混合的规律性，提高了安全性，但降低了处理速度[29-30]。

2. 基于数据染色的隐私保护

数据染色（数据混淆）是将数据经过若干函数变换后，其表现形态发生很大改变的一种方法。由于数据是模糊化后上传的，这种方法能保证非授权用户在没有获得函数的模糊化参数情况下，即使得到模糊化后的数据，也无法在多项式时间内还原得到原始数据。

李德毅院士提出了正态云模型的概念[31]，云是用来将定性概念转换为定量的不确定性的转换模型，其数字特征由期望值 E_x、熵 E_n、超熵 H_e 三个值来表示，把随机性和模糊性完全结合起来。其中，期望 E 指空间内最能代表某个定性概念的点；熵 E_n 反应定性概念的不确定性；超熵 H_e 用来度量熵的不确定性。在云模型中，"模糊"的概念被定义为一个边界弹性不同、收敛于正态分布函数的云。云是由一系列的云滴构成的，每个云滴是定性概念映射到一维、二维或多维空间的一个点；云模型同时给出这个点代表此定性概念的确定度，以反映其不确定性。

黄铠教授基于正态云模型设计了一种通过数据染色实现隐私保护的方法，该方法使用正态云模型的三个特征值生成颜色：期望 E_x 的值决定于用户数据的内容，熵 E_n 和超熵 H_e 则是独立于数据内容的、只有数据所有者知道的随机值，可作为数据所有者的私钥。使用这三个特征值经过云发生器生成一组云滴，这组云滴是云存储服务提供商，以及其他用户无法获得的。使用这组云滴对数据进行模糊化后上传，可降低用户数据隐私被非法用户窃取后泄露的风险。数据上传过程如下：

- 用户端上传的文件通过哈希后得到参数 E_x 的值，生成独立于数据内容、只有数据所有者才知道的关键参数值 E_n、H_e，并将哈希值和 E_n、H_e 的值保持在本地。
- 由 E_x、E_n、H_e 通过正态云发生器算法得到一组云服务提供者和其他用户不能获得的云滴。

- 使用生成的云滴对上传数据进行数据染色。
- 通过服务器身份认证后将模糊化序列送到云端,由分布式文件系统进行分块,将数据块存储到分布式数据服务器,将数据分块信息和数据块存储位置信息存储到主控服务器。

数据下载过程如下。
- 通过身份认证后,用户登录服务器,透明地选择需要下载的文件。
- 分布式文件系统根据标识查询对应的模糊化文件,并向主控服务器查询数据分块信息及数据块存储位置。
- 根据数据块分块信息和存储位置,从分布式数据服务器取出所有数据块,并组装成模糊化数据序列。
- 将模糊化数据序列安全下载到本地,根据模糊数据和只有数据所有者知道的关键参数 E_n、H_e 得到去模糊化函数。
- 用去模糊化函数对模糊数据序列进行去模糊化,得到原始数据,对该数据序列进行 HASH,与本地存储的 HASH 值比对,若相同,则说明数据完整且未被篡改。

使用数据染色的方法保护图像、软件、视频、文档及其他类型数据的隐私性,其开销远远低于传统加密解密计算。

3. 椭圆曲线加密算法

在实数系中,椭圆曲线[32]可以定义成所有满足方程式 $E: y^2 = x^3 + ax + b$ 的点 (x,y) 所构成的集合,若方程式 $x^3 + ax + b$ 没有重复的因式或 $4a^3 + 27b^2 \neq 0$,则 $E: y^2 = x^3 + ax + b$ 构成一个群。例如,椭圆曲线 $E: y^2 = x^3 - 7x + 3$ 的图如图 7.3 所示。若 $4a^3 + 27b^2 \neq 0$ 则此曲线将会形成退化(即某些数的逆元将不存在)。

椭圆曲线密码系统在模 p(或 f_p)下定义为椭圆曲线 $E: y^2 = x^3 + ax + b$,其中 $4a^3 + 27b^2 \neq 0$;在模 f_2 下定义为椭圆曲线 $E: y^2 + xy = x^3 + ax + b$,其中 $b \neq 0$,此曲线称为非奇异的。椭圆曲线有一个特殊的点,记为 O,它并不在椭圆曲线 E 上,此点称为无穷远的点。$E(K)$ 为 K 之下的椭圆曲线 E 上的所有点所构成的集合,点 $P=(x,y)$ 对 x 坐标轴反射的点 $-P=(x,-y)$,而称 $-P$ 为点 P 的负点。若 $np=0$ 且 n 为最小的正整数,则 n 为椭圆曲线 E 上点 P 的阶。除了无穷远的点 O 之外,椭圆曲线 E 上任何可以生成所有点的点都可视为 E 的生成元,但并不是所有在 E 上的点都可以视为生成元。

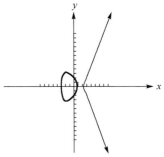

图 7.3 椭圆曲线的图形

椭圆曲线在代数与几何方面的研究已经超过了百年,积累了丰富的理论成果,但椭圆曲线被应用于密码学,最早则是 Koblitz 和 Miller 于 1985 年分别提出的。椭圆曲线加密方案(Elliptic Curve Cryptography,ECC)属于公钥机制,它的安全性依赖于解决椭圆曲线离散对数问题(Elliptic Curve Discrete Logarithm Problem,ECDLP)的困难性。ECC 将椭圆曲线中的加法运算、乘法运算分别与离散对数中的模乘运算、模幂运算相对应,建立了相应的基于椭圆曲线的密码体制。

ECC 的优点之一是用很短的数字就可以表示一个可观的存储,相当于比其他加密方法

（如 RSA），使用更小的密钥提供相当的或更高的安全级，被广泛认为是在给定密钥长度时最强大的非对称加密算法[33]。ECC 的另一个优点是可以定义群之间的基于 Weil 对或 Tate 对的双线性映射，双线性映射在密码学领域中被大量应用，如基于身份的加密、密钥协商协议等。

但是双线性对的计算非常费时，导致了 ECC 加密和解密操作的实现比采用其他机制需要花费更长的时间。在此基础上，Barreto 提出了改进的方案[34]，使双线性对的计算可在多项式时间内完成；随后又有一些加速双线性对计算的算法被提出[35-36]。

7.3.3 基于属性的访问控制策略

访问控制机制，是指在授权合法用户访问特定资源的同时，拒绝非法用户的访问。授权方法可分为访问控制模型和加密机制：访问控制模型指根据访问策略建立角色，在用户申请访问时检查其对应的角色，判断其是否具有访问特定资源的权限；加密机制在加密数据后对用户发放密钥，使得只有拥有密钥的人才能解密在其权限范围内的密文。

1. 属性加密算法（Attribute Based Encryption，ABE）

传统的访问控制普遍采用公私钥加密算法，明文经过公钥加密后，只能由唯一的私钥解密。随着企业级用户的发展，此方式已不能满足多用户环境对于不同数据存取权限的需要。基于任务和基于角色的模型是最早被提出用于改进访问控制的。随后，基于身份的密码体制[55]被提出，Sahai 在与 Waters 提出基于模糊身份加密后，又引入了属性[56]的概念。Goyal 等以模糊身份加密为基础，提出了基于属性的加密方案 ABE，将密文和私钥分别与一组属性集关联，只有两个属性集相交的属性个数达到或超过指定的门限值时，此用户才能解密密文；2006 年，基于属性的加密方案又发展成基于密钥策略（Key Police Attribute Based Encryption，KP-ABE[57]）和基于密文策略（Ciphertext Policy Attribute Based Encryption，CP-ABE[58]）两类。KP-ABE 将密文与属性集关联，密钥与访问策略关联；CP-ABE 则将密文与访问策略关联，密钥与属性集关联，当属性满足访问策略时，两种方式下密文均可被解密[5]。

实际应用中，KP-ABE 由服务器负责公开系统公钥并生成对应于访问策略的用户私钥，用户解密时也从服务器得到密钥，因此，整个算法的实现依赖可信的服务器。CP-ABE 算法将密文与访问控制关联的好处在于，用户加密数据后，就已经确定具有某些相关属性的用户能对此密文解密，所以不需要可信服务器。CP-ABE 这一特点在云存储环境下具有很大优势，可以实现不同用户对于存储在服务提供商提供的不可信服务器上的特定数据的不同权限的访问和处理。

CP-ABE 可从如下方面保证数据隐私安全。

（1）全管理访问权限。将服务商提供的存储服务器认为是不可信的，由于数据加密密钥的产生和分发与用户本身的属性设置有关，服务提供商均未参与，增强了访问权限管理的安全性。

（2）客户端加密控制。数据上传前在客户端进行加密，使得传输过程中和存储时文件是以密文形式存在的，保证了数据机密性。

（3）混合加密密钥管理。先使用对称密钥加密数据，然后用公钥密码体制对此密钥进行加密，保证了密钥的安全性。

（4）防止非授权用户窃取、篡改合法用户存储在云端的数据。通过身份认证阻止非授权用户访问，实现数据的共享分层次访问；即使非授权用户能够破解得到加密数据，由于不知道数据所有者的签名密钥，所以被篡改的数据在传到云存储服务器时也会被拒绝。

2. 多属性授权机构 ABE 算法

CP-ABE 算法不要求授权机构完全可信，所以适用于分布式、多用户、云服务提供商不完全可信的云存储环境。但是若由单个授权机构来管理这些属性，使得机构的负担较大，易成为整个系统的性能瓶颈。

多属性机构 ABE 系统中，存在多个属性授权机构。用户申请访问系统中某文件时，需向每个属性授权机构请求该机构对应的解密密钥，而此机构通过验证用户是否具有申请访问的文件对应的、此机构管辖的属性，来决定是否向用户发放解密密钥。多属性授权机构 ABE 系统将管理的整个属性集分成不同的属性域，由多个属性授权机构监管，可分摊单个属性授权机构被入侵造成的安全风险。

现有的基于多属性授权机构 ABE 的研究大部分基于基本的 ABE 机制，以系统结构分类，可分为有中央机构的多属性机构 ABE 机制和无中央机构的多属性机构 ABE 机制。

（1）有中央机构的多属性机构 ABE 机制。Chase[37]首先引入用户全局身份标识（Global Identifier，GID）、伪随机函数（Pseudo Random Function，PRF）来解决多属性机构 ABE 机制中的问题，提出了存在中央可信机构的多属性机构 ABE 机制，各个属性授权机构均独立为用户生成、发放解密密钥，相互之间并不联系，仅与可信授权机构交互；而可信中央授权机构仅参与用户解密私钥的授予，并不参与系统中属性的管理和用户属性的验证工作。

有可信中央授权机构的多属性授权机构 ABE 机制的缺点在于，可信中央授权机构必须完全可信，因为它能够获得用户完整的解密私钥，从而解密存储在系统中的密文获得明文。为了解决此问题，Bŏzovíc[38]等提出了一种将可信授权机构的安全性设置为半可信（也称为 Honest But Curious）的方案，即可信授权机构诚实地根据协议设置来执行算法，同时会好奇地试图解密存储的密文。

（2）无中央机构的多属性机构 ABE 机制。为了避免系统中因为存在可信授权机构带来的安全隐患，Lin[39]等在多属性授权机构机制中引入了密钥分发技术，以及联合零秘密共享技术，提出了一种多无可信授权机构的多属性授权机构 ABE 机制，形成(t, N)门限秘密共享，申请访问的用户需要从至少 $t+1$ 个诚实的属性授权机构得到解密密钥，才能最终计算出主密钥来解密密文。

无中央机构的多属性授权机构 ABE 机制的缺点在于，系统中的可信授权机构被移除，则各个属性授权机构需要两两交互，才能保证用户得到完整且正确的解密私钥。在此情况下，若干属性授权机构可能串谋，根据用户申请访问时提供的 GID，恢复出用户具有的完整属性集，危害用户隐私信息。Chase[40]等提出了一种多属性授权机构机制，以解决文献[39]所提方案能防止的串谋用户数存在限制的问题。

7.3.4 代理重加密技术

代理重加密，即由一个得到若干额外信息（如重加密密钥）的半可信的代理者 Proxy，把根据用户 Alice 的公钥加密某明文得到的密文，经过重加密转换，得到对应于用户 Bob 的公钥加密此明文得到的密文。在此过程中，除了重加密密钥，这个代理者并没有获得关于此明文的任何信息。代理重加密的概念早在 1998 年由 Blaze[41]等于欧洲密码学年会上提出，但他们并未给出代理重加密的规范的形式定义，代理重加密的技术发展较为缓慢[42]。Ateniese 等在 2005 年的网络和分布式系统安全研讨会（Network and Distributed System

Security Symposium, NDSS）[43]，以及 2007 年的美国计算机协会计算机与通信安全会议（ACM Conference On Computer And Communications Security, ACMCCS）[44]上，给出了代理重加密的规范的形式化的定义。此后，代理重加密技术的各类方案和应用被广泛提出[45-47]。根据密文被重加密转换的方向划分，代理重加密技术分为单向重加密和双向重加密，其中，单向代理重加密仅允许代理者将用户 Alice 公钥对应的密文转化成用户 Bob 公钥对应的密文，而双向代理重加密既允许代理者将用户 Alice 公钥对应的密文转化成用户 Bob 公钥对应的密文，也允许代理者将用户 Bob 公钥对应的密文转化成用户 Alice 公钥对应的密文。文献[40]提出的方案为双向代理重加密，文献[42]为首个单向代理重加密方案，而文献[47]所提方案解决了之前方案仅能抵御选择明文攻击（Chosen Plaintext Attacks, CPA）的难题，在标准模型下证明可抵御选择密文攻击（Chosen Ciphertext Attacks, CCA）。

在基于属性的加密算法中，属性被关联到私钥的加密体制，用户权限的变化会带来访问控制属性条件的变化，这些属性对应的私钥需要重新被计算、发放，从而造成巨大的性能开销，所以用户权限的频繁变更是基于属性的加密方案中一个十分棘手的问题。将代理重加密技术运用于云存储，假定云端代理具有一定的可信度，通过代理来处理撤销用户权限的操作，可大大降低系统开销。

7.3.5 安全隔离机制

隔离机制使得用户信息运行于封闭、安全的环境中，从服务提供商的角度来看，便于他们管理用户；从用户的角度来看，避免了不同用户间的相互影响，降低了受到非法用户攻击的安全风险。应用较为广泛的隔离机制有网络隔离机制和存储隔离机制。

1. 网络隔离机制

网络隔离在提供层次化的网络支持基础上，可以对网络进行基础的安全保障，同时分配较高的网络带宽。当前的网络隔离机制还提供细化的计费规则，对于用户需求较为复杂的云存储系统，有很强的适用性。

在云存储中，网络隔离主要是在物理层和逻辑层实现的[48]。物理层的隔离主要是通过网络设备实现的，如 CiscoNexus 1000v 交换机具有虚拟化功能，可实现通信隔离功能，并且具有访问控制管理等安全保障[49-50]。逻辑层的隔离主要是通过逻辑隔离器实现的，逻辑隔离器是一种可隔离不同网络的组件，被隔离的两端仍存在物理上的数据连接，但通过协议转换的手段保证信息在逻辑上是隔离的。对于不同的网络协议，逻辑层隔离具有多种实现方式[51]。

虽然已有的网络隔离机制大多已实现基本的安全保障，但较少考虑来自于网络内部或是网络用户之间的攻击，故将网络隔离机制应用于云存储还需进一步研究。

2. 存储隔离机制

云存储中的存储隔离机制是由于云计算环境具有多用户共享的特点而产生的。云计算环境中的底层模块是由多个用户共享并且可重配置的，却没有设计可靠的安全保障机制。在存储过程中，云存储环境中的存储设备不断地进行资源的再分配。当内存、硬盘等存储的内容发生变化时，现有的存储机制并不要求云服务提高商销毁它们原来存储的信息，则后来的用户就有可能恢复出前面的用户在同一硬件上存储的内容，使得用户数据私密性被侵犯，因此制定合理的存储逻辑在云存储中十分重要。除了安全因素，数据库的隔离机制还要综合考虑资源、操作、容错等各方面因素，因此在云存储环境中的多用户模式下，应选择合适的数据库存储模式，并对每个用户的数据进行合理隔离，以保护用户数据的私密性。显然，为每个用户分配独立的数据库并定制个性化的存储模式是最为安全的，但这种方案必然带来高昂的成本，不能充分利用云存储资源。NIST[52]提出了两种存储隔离机制，并从 SaaS 服务的角度定性的分析了其效率。文献[53]提出了一种数据库数据的隔离技术，以解决数据库数据的误隔离问题。文献[54]总结了云数据库的特点、安全模型，以及未来发展方向。

7.4 基于分割的云存储分级数据私密性保护模型

7.4.1 体系架构

数据分块和恢复算法的实现，以密钥分解理论为基础，将一个文件分解成 n 个分块，完全具备其中任意至少 k（$k \leqslant n$）个分块时，才能恢复原文件。这种设计方法使得任意 $n-k$ 个分块丢失或损坏时仍能恢复原文件，提高了可靠性和可用性；且任意不足 k 个分块被窃取时不能还原成原文件，提高了安全性。但是由于完整数据即使被分块加密，每一分块被解密后，非法用户仍可从分块中分析获得部分隐私数据；且客户端对文件进行分块后加密，对于客户机性能提出了很大要求。

本章提出了一种新的数据分割方案，在文件上传前，将该文件分割为大、小数据块，将小块数据保存在本地，仅将大块数据加密上传至云端；加密系统提供分级加密方案，用户可按需选择加密等级，充分发挥云存储的灵活性。用户文件上传至云端后，云存储系统会对文件进行分块操作和分布式存储，将分块操作从客户端转移至云端，充分利用了云端丰富的计算资源，大大缓解了客户端的压力。

基于分割的云存储分级数据私密性保护模型是基于客户端/服务器的模型构建的，客户端包括分割模块和分级加密模块；服务器是指云端处理系统，包括分块模块和存储模块，系统架构如图 7.4 所示。

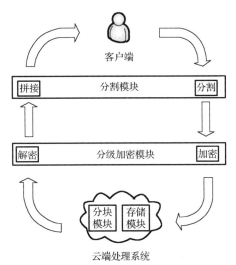

图 7.4　基于分割的云存储分级数据私密性保护模型系统架构图

1. 分割模块

数据所有者在客户端上传数据文件时，客户端系统首先计算此数据文件的 HASH 值并存储，便于下载时的完整性和有效性验证；然后客户端系统的数据分割模块将文件分割成大、小块数据，分割方法可按需设置固定大小分割或非固定大小分割方案，小块数据被保存于本地，大块数据被送至客户端系统的分级加密模块。

云存储用户从云端下载数据文件时，数据密文通过客户端系统的分级加密模块，被解密成大块数据明文送至分割模块。分割模块根据绑定的文件、加密策略映射表，将大块数据和保存于本地的小块数据拼接，并对得到的数据文件进行 HASH，验证 HASH 值与本地保存的是否一致。

2. 分级加密模块

普通的存储系统加密方式是固定的，即按照固定的算法产生密钥，并按照固定的步骤对用户数据文件进行加密。在云存储中，存储的数据文件种类繁多，用户的需求也是多样的。用户出于便于共享的目的存储在云端的共享类数据文件，如视频、演示文档等，若采用高强度的加密，会造成较大的时间开销，影响用户体验；用户出于长期保存的目的存储于云端的私密类数据文件，如图片、文档等，若采用低强度的加密，其私密性存在严重的安全隐患。采用分级加密系统，提供不同安全级别的加密策略供用户选择，即云存储用户可根据上传文件的类型及安全性需求，个性化地选择加密等级，其余的操作对于用户都是透明的，从而得到更好的用户体验。

3. 分块模块

集中式的存储系统将某一数据文件完整地存放于一台服务器，而分布式存储系统将文件数据分为固定大小的数据块后冗余存储于不同的服务器。目前云存储均采取分块存储模式，用户通过客户端上传的数据文件到达云端，分块模块将数据文件分块，保存元数据，并将各个数据块送至存储模块。

4. 存储模块

存储模块由一系列的存储服务器构成。在云存储中，存储服务器集群可以是异构的、位于不同地理位置，与分块模块通过网络相连。通过分块模块后，用户上传的数据文件成为相同大小的数据块，根据元数据的位置信息，被送至对应的存储服务器保存，同一数据块的多个副本存储于不同的存储服务器，以保证数据在云端的可靠性。

7.4.2 安全假设

1. 可信客户端

由于云存储用户上传文件时，在客户端进行分割和分级加密；下载文件时，在客户端解密并恢复文件，还要进行文件有效性验证。因此要求客户端是可信的，用户需要保证自己客户端存储的所有信息是安全有效的。

2. 半可信云端处理系统

云存储中可能存在多个数据中心，文件服务器分布于不同地理位置，而用户数据在云端被分块存储于不同的文件服务器，由系统管理员而非用户对其管理。系统管理员或其他非法用户有可能试图根据数据块窃取用户信息,因此存储服务器不是完全可信的;而实际应用中,不会有用户选择将自己的数据文件托管于完全不可信的云存储,因此云端处理系统的安全性限定为半可信。

7.4.3 主要功能模块

基于分割的云存储分级数据私密性保护模型主要通过分割模块和分级加密模块来保护用户信息的私密性,因此下面仅讨论这两个模块。

1. 分割模块

数据分割模块在上传文件前将文件分割成大、小数据块,有固定大小分割和非固定大小分割两种方案。

(1) 抽取固定大小的小块数据。例如,将小块数据大小固定为 1 KB,则抽取 1024 B,流程如图 7.5 所示。

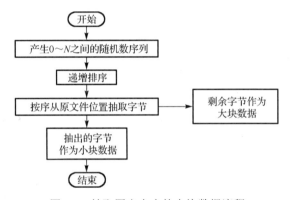

图 7.5 抽取固定大小的小块数据流程

- 产生 0~N(N 为文件大小)之间的随机数序列,序列长度等于小块数据的大小。
- 将随机数序列从小到大排列,就得到了要从文件中抽取字节的位置。
- 将对应位置的字节从原文件中分割出来,与顺序排列的随机数序列一起保存,作为小块数据;被分割后的文件作为大块数据。

采用此种分割方案的优点是小块数据大小固定,便于本地存储管理;缺点是产生的随机数可能不均匀,可能有大段的连续数据存在,被解密后可以从中分析出一些信息。

(2) 抽取非固定大小的小块数据。分割后的小块数据大小不是固定的,由原文件大小决定,流程如图 7.6 所示。

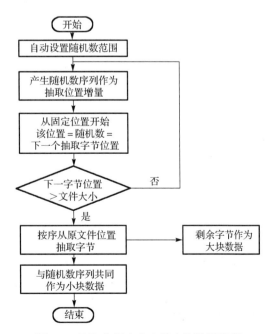

图 7.6 抽取非固定大小的小块数据流程

- 文件大小自动设置随机数范围（如 1～10）。
- 产生一组在设置的范围内的随机数作为抽取位置增量。
- 从固定位置开始抽取字节，该位置加上随机数得到下一个抽取字节位置，直到下一个字节位置大于待上传数据大小为止。
- 将对应位置的字节从原文件中分割出来，与顺序排列的随机数序列一起保存，作为小块数据；被分割后的文件作为大块数据。

采用此种分割方案的优点是抽取的字节位置比较均匀；缺点是小块数据大小不固定，不便于本地存储管理；随机数位置增量范围不好设置，若分得过细使得算法繁琐，若分得较粗又会加大分割的小块数据大小的差距，加重本地存储管理小块数据的负担。

2．分级加密模块

分级加密系统提供三种不同安全级别的加密策略供用户选择，三种不同安全级别的加密策略如下。

- 高级：采用基于椭圆曲线的加密算法，安全程度最高，但处理速度较慢，适合用于保护对隐私要求极高的数据。
- 中级：采用基于数据染色的加密方案，安全程度适中，计算复杂度远低于传统加解密计算，适合用来保护对隐私安全要求普通的数据。
- 低级：采用基于 TEA 算法的加密方案，安全程度低，但处理速度很快，适合用来保护对隐私安全要求不高的数据。

用户上传文件时分级加密系统工作流程如图 7.7 所示，用户选择上传文件，经过分割得到大块数据，分级加密系统负责绑定用户数据与选择的安全策略，根据用户的选择用相应的算法对待上传数据进行处理，并负责维护用户文件与选择的安全策略的映射表，将加密相关参数保存于本地，然后上传文件。下载文件过程如图 7.8 所示，密文被下载到本地后，分级加密系统查找文件、加密策略映射表，并提取加密算法相关参数，然后解密密文得到大块数据。

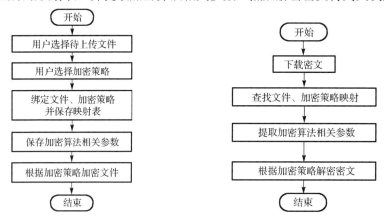

图 7.7 分级加密系统上传处理过程　　图 7.8 分级加密系统下载处理过程

其中，加密算法的相关参数可由本地保存的小块数据生成。直接使用对该数据块进行 HASH 后生成 128 位数值作为 TEA 的密钥，数据染色方案中的关键参数也由小块数据中提取。

7.4.4　工作流程

客户端上传文件过程如图 7.9 所示。

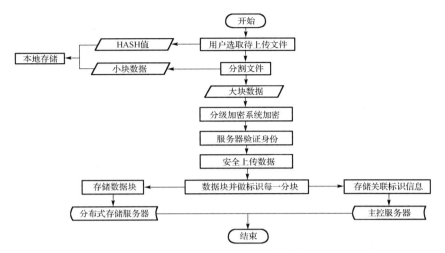

图 7.9 基于数据分割存储思想的云存储分级安全方案上传过程

- 用户选取待上传文件，计算 HASH 值，并取源文件一小块字节，与 HASH 值一起存储在本地。
- 将剩余数据内容，即大块数据经过分级加密系统进行加密，通过身份认证后安全上传至云端。
- 分布式文件系统对数据进行分块，将数据块存储到分布式数据服务器，将数据分块信息和数据块存储位置信息存储到主控服务器。

下载文件过程如图 7.10 所示。

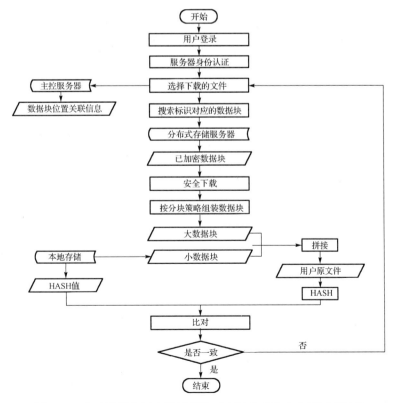

图 7.10 基于数据分割存储思想的云存储分级安全方案下载过程

- 通过身份认证后，用户登录服务器，透明地选择需要下载的文件。
- 分布式文件系统根据标识向主控服务器查询数据分块信息及数据块存储位置。
- 根据数据块分块信息和存储位置，从分布式数据服务器取出所有数据块。
- 将所有数据块安全下载到本地，根据分割策略将数据块组装成大块数据，经过分级加密系统解密。
- 从本地取出保存的小块数据，与大块数据拼接，得到源文件。对该数据序列进行HASH处理，与本地存储的HASH值比对，若相同，则说明数据完整且未被篡改。

7.4.5 安全性分析

1. 攻击方式分析

结合云存储多用户的特点，对云内部攻击方式可分为两个级别：第一级是非授权恶意用户，第二级是系统管理员甚至是云存储服务提供商本身。而云存储外部攻击者可通过系统入侵等操作，达到与第一级攻击者相近程度的威胁。攻击者可通过以下方式破坏用户数据的隐私与安全。

（1）第一级攻击者：能够通过攻击系统内部漏洞绕过访问控制权限限制，获得更高权限；或运行间接恶意程序获得加密密钥及其他运行时信息。

（2）第二级攻击者：假设他们对于用户数据是好奇的，由于他们已具有对于数据处理的最高权限，故可以从主控服务器系统得到用户的元数据信息，访问存储于服务器系统中的任意用户的数据，并进行窃取、篡改等操作。

2. 数据保密性

安全的云存储要求云存储服务提供商无法得到与用户数据有关的任何信息，用户的私密数据在云端是以密文形式存储的，因而具有密码学上的安全性。第一级攻击者由于无法直接接触硬件，无法直接得到用户的数据块，而是通过除物理攻击以外的手段试图获取内存上的用户私密数据。由于云存储中数据是分块存放的，故第一级攻击者并不能获取完整的元数据信息并同时得到所有的数据块恢复出云端存储的大块数据。数据文件分割后上传进一步保证了云端数据隐私安全，这样，即使是拥有管理员权限的第二级云服务提供商也无法恢复原始数据，只能获取被分块的加密后的不完整数据。本方案使用分级加密系统，加密策略选择信息保存于本地，处于云端的攻击者并不知道数据用何种方式进行加密，故无法从加密后的不完整数据获取用户的私密信息。

3. 数据完整性和可用性

由于本方案中，用户上传文件前对其计算HASH值并保存于本地，并将小块数据保存于本地，故每次用户下载大块数据后都要与本地小块数据拼接后才能得到完整数据，拼接后都要进行HASH计算，与保存在本地的原文件的HASH值进行比对。这样如果第一级攻击者对云端部分数据块进行篡改，或第二级攻击者对存储在云端的恢复出的大块数据进行篡改，或者文件本身部分丢失，则无法通过完整性验证，从而有效保证了数据完整性和可用性。

7.4.6 性能开销

本方案与传统的云存储隐私保护方案相比，增加了数据分割的操作，产生了一定的额外时间开销。

若采用分割方案 1，由于小块数据大小为定值，产生随机数序列及从文件中抽取对应的字节的时间复杂度为 $O(1)$；若采用分割方案 2，数据大小块分割的时间开销为 $O(n)$，其中 n 为小块数据大小，与待上传文件大小及设置的随机数范围有关，不是定值，但可通过设置策略将其控制在合理的范围。

本方案将待上传数据分割为大、小数据块后上传，将用户数据处理的过程分为两个阶段，确实带来了一定的系统开销，但分割数据的操作大大增强了数据隐私的安全性，而分级加密系统的引入又平衡了安全性与性能开销的矛盾。用户使用云存储应用时的数据隐私要求大多处于中强度和低强度，本方案中应用的中、低强度加密算法的时间开销远低于传统公钥加密算法，而经过数据大、小块分割后上传，安全性可达到甚至超过公钥加密算法。而对于选择高强度加密策略的用户，本身对于高私密性的要求高于低数据开销的要求，本方案可有效防止不可信服务器的安全威胁，因此在这样的安全性前提下，上传前数据分割至多造成 $O(n)$ 的时间开销是可以接受的。

7.5 本章小结

云存储中的隐私保护问题已经成为了云存储应用的发展的瓶颈。在数据所有权与管理权的分离的情况下，既要保证数据所有者的隐私，又要兼顾客户端的性能开销。本章先主要介绍了云存储的基础知识，包括系统结构、技术优势等，然后介绍了云存储中现有的隐私保护机制，可见实现隐私保护的方式主要是加密和访问控制，最后介绍了适合云存储的加密算法和访问控制策略。第 8 章将结合已有的加密算法，提出新的隐私保护模型，以提高云存储用户数据的私密性。本章还总结了实现数据隐私保护的普遍方案，分析了其优势和不足，提出了一种适用于云存储的基于数据分割的隐私保护模型，并引入分级隐私保护方案。该方案可在服务器不可信的云存储环境下防止恶意用户和拥有管理员权限的系统管理员非法窃取、篡改用户隐私数据，并便于用户根据偏好设置数据在云端存储时的安全等级，兼顾了安全性与性能开销，增加了云存储应用的灵活性。

参 考 文 献

[1] 王保兵. 电子数据分离存储与安全恢复系统的研究及实现[D]. 南京：南京邮电大学，2009: 18-20.
[2] 2015 年至 2016 年网络信息泄露事件盘点[EB/OL].[2016-07-12]. http://www.bbaqw.com/wz/32662.htm.
[3] 林楠，费益军，王宇飞，等. 云环境下一种排序非对称的可搜索加密方案[J]. 计算机工程，2015，41(11):190-193.
[4] 夏超. 同态加密技术及其应用研究[D].安徽：安徽大学，2013.
[5] Proceedings of the 36th Annual Symposium on Foundations of Computer Science[C]// Symposium on Foundations of Computer Science. IEEE Computer Society, 1995.
[6] 汪志鹏. 私有信息检索技术研究[D]. 武汉：华中科技大学，2013.
[7] 彭凝多. 云计算环境下隐私与数据保护关键技术研究[D]. 成都：电子科技大学，2014.
[8] General Chair-Valduriez P, Program Chair-Weikum G, Nig A C. Proceedings of the 2004 ACM SIGMOD international conference on Management of data[M]// Proceedings of the eighth International Conference on Soil Mechanics and Foundation Engineering =. The Conference, 1973:11-21.

[9] Boldyreva A, Chenette N, O'Neill A. Order-preserving Encryption Revisited: Improved Security Analysis and Alternative Solutions[C]// Advances in Cryptology - CRYPTO 2011 -, Cryptology Conference, Santa Barbara, Ca, Usa, August 14-18, 2011. Proceedings. 2011:578-595.

[10] Deng J, Han R, Mishra S. Countermeasures Against Traffic Analysis Attacks in Wireless Sensor Networks[C]// International Conference on Security and Privacy for Emerging Areas in Communications Networks. IEEE Computer Society, 2005:113-126.

[11] Kamat P, Xu W, Trappe W, et al. Temporal Privacy in Wireless Sensor Networks[C]// International Conference on Distributed Computing Systems. IEEE, 2007:23-23.

[12] Mathur S, Trappe W. BIT-TRAPS: Building Information-Theoretic Traffic Privacy Into Packet Streams[J]. IEEE Transactions on Information Forensics & Security, 2011, 6(3):752-762.

[13] Kumar S, Lobiyal D K. Rate-Privacy in Wireless Sensor Networks[C]// Computer Communications Workshops（INFOCOM WKSHPS）, 2013 IEEE Conference on. IEEE, 2013:67-68.

[14] Guo D, Shamai S, Verdù S. Mutual Information and Minimum Mean-square Error in Gaussian Channels[J]. IEEE Transactions on Information Theory, 2005, 51(4): 1261-1282.

[15] 傅颖勋，罗圣美，舒继武. 安全云存储系统与关键技术综述[J]. 计算机研究与发展，2013, 50(1):136-145.

[16] Kallahalla M, Riedel E, Swaminathan R, et al. Plutus: Scalable Secure File Sharing on Untrusted Storage[C]//Proceedings of USENIX Conference on File and Storage Technologies(FAST), Berkley: USENIX Association, 2003, 3: 29-42.

[17] Xue Wei, Shu Jiwu, Liu Yang, et al. Corslet: A Shared Storage System Keeping Your Data Private [J]. Science China Information Sciences, 2011, 54(6): 1119-1128.

[18] Kamara S, Lauter K. Cryptographic cloud storage[C]// Proceedings of Financial Cryptography and Data Security. Berlin: Springer, 2010: 136-149.

[19] Mahajan P, Setty S, Lee S, et al. Depot: Cloud Storage With Minimal Trust [J]. ACM Transactions on Computer Systems (TOCS), 2011, 29(4): 1-38.

[20] Shraer A, Cachin C, Cidon A, et al. Venus: Verification for Untrusted Cloud Storage[C]//Proceedings of the 2010 ACM workshop on Cloud computing security workshop. New York: ACM, 2010: 19-30.

[21] Roy I, Setty S T V, Kilzer A, et al. Airavat: Security and Privacy for MapReduce[C]//Proceedings of the 7th USENIX conference on Networked systems design and implementation, 2010, 10: 297-312.

[22] Yan Liang, Rong Chunming, Zhao Gansen. Strengthen Cloud Computing Security with Federal Identity Management Using Hierarchical Identity-based Cryptography[C]//Proceedings of First International Conference. Springer Berlin Heidelberg, 2009: 167-177.

[23] Wang Qian, Wang Cong, Li Jin, et al. Enabling Public Verifiability and Data Dynamics for Storage Security in Cloud Computing[C]// Proceedings of Computer Security–ESORICS 2009. Berlin: Springer, 2009: 355-370.

[24] Damiani E, Pagano F, Pagano D. iPrivacy: A Distributed Approach to Privacy on the Cloud[J].International Journal on Advances in Security, 2011, 4(3):185-197.

[25] 毛剑，李坤，徐先栋. 云计算环境下隐私保护方案[J]. 清华大学学报（自然科学版），2011, 51(10):1357-1362.

[26] 黄汝维，桂小林，余思，等. 云环境中支持隐私保护的可计算加密方法[J]. 计算机学报，2011,34(12):2391-2402.

[27] 张逢喆，陈进，陈海波，等. 云计算中的数据隐私性保护与自我销毁[J]. 计算机研究与发展，2011,48(7):1155-1167.

[28] Shepherd S J. The Tiny Encryption Algorithm[J]. Cryptologia, 2007, 31(3): 233-245.

[29] Lu Jiqiang. Related-key Rectangle Attack on 36 Rounds of the XTEA Block Cipher[J]. International Journal of Information Security, 2009, 8(1): 1-11

[30] Chen Jiazhe, Wang Meiqin, Preneel B. Impossible Differential Cryptanalysis of the Lightweight Block Ciphers TEA, XTEA and HIGHT[C]//Progress in Cryptology-AFRICACRYPT 2012. Berlin: Springer, 2012: 117-137

[31] 刘常昱，李德毅，潘莉莉. 基于云模型的不确定性知识表示[J]. 计算机工程与应用，2004，6(8):28-34

[32] 蒋睿，胡爱群，陆哲明. 网络信息安全理论与技术[M]. 武汉：华中科技大学出版社，2007.

[33] Gura N, Patel A, Wandcr A, et al. Comparing Elliptic Curve Cryptography and RSA on 8-bit CPUs[C]//Proceedings of Cryptographic Hardware and Embedded Systems-CHES 2004. Berlin: Springer, 2004: 119-132.

[34] Barreto P, Galbraith S, Eigeartaigh C, et al. Efficient Pairing Computation on Supersingular Abelian Varieties[J]. Des Codes Cryptograp, 2007, 42(3): 239-271.

[35] Koblitz N, Menezes A. Pairing-based cryptography at high security levels[M]. Berlin: Springer Berlin Heidelberg, 2005.

[36] Zhang Xusheng, Wang Kunpeng, Lin Dongdai. On Efficient Pairings on Elliptic curves over Extension Fields[C]//Pairing-Based Cryptography–Pairing 2012. Berlin: Springer, 2013: 1-18.

[37] Chase M. Multi-authority attribute based encryption[C]//Proceedings of Theory of Cryptography Conference. Berlin: Springer, 2007: 515-534.

[38] Božović V, Socek D, Steinwandt R, et al. Multi-authority attribute-based encryption with honest-but-curious central authority[J]. International Journal of Computer Mathematics, 2012, 89(3): 268-283.

[39] Lin Huang, Cao Zhenfu, Liang Xiaohui, et al. Secure Threshold Multi Authority Attribute Based Encryption without A Central Authority[J]. Information Sciences, 2010, 180(13): 2618-2632.

[40] Chase M, Chow S S M. Improving Privacy and Security in Multi-authority Attribute-based Encryption[C]//Proceedings of the 16th ACM conference on Computer and communications security. New York: ACM, 2009: 121-130.

[41] Blaze M, Bleumer G, Strauss M. Divertible Protocols and Atomic Proxy Cryptography[C] //Proceedings of International Conference on the Theory and Application of Cryptographic Techniques Espoo. Springer Berlin Heidelberg, 1998: 127-144.

[42] 邵俊. 代理重密码的研究[D]. 上海：上海交通大学，2007.

[43] Ateniese G, Fu K, Green M, et al. Improved Proxy Re-encryption Schemes with Applications to Secure Distributed Storage[J]. ACM Transactions on Information and System Security (TISSEC), 2006, 9(1): 1-30.

[44] Canetti R, Hohenberger S. Chosen-ciphertext Secure Proxy Re-encryption[C]//Proceedings of the 14th ACM conference on Computer and communications security. New York:ACM, 2007: 185-194.

[45] Libert B, Vergnaud D. Unidirectional Chosen-ciphertext Decure Proxy Re-encryption[J]. Information Theory, IEEE Transactions on, 2011, 57(3): 1786-1802.

[46] Shao Jun, Liu Peng, Zhou Yuan. Achieving Key Privacy without Losing CCA Security in Proxy Re-

encryption[J]. Journal of Systems and Software, 2012, 85(3): 655-665.

[47] Liu Qin, Wang Guojun, Wu Jie. Time-Based Proxy Re-encryption Scheme for Secure Data Sharing in a Cloud Environment[J]. Information Sciences, 2014,258:355-370.

[48] Bari M, Boutaba R, Esteves R, et al. Data Center Network Virtualization: A survey[J].IEEE Communications Surveys & Tutorials, 2012,15(2):909-928.

[49] 宋风龙，刘志勇，范东睿，等．一种片上众核结构共享 Cache 动态隐式隔离机制研究[J].计算机学报，2009,32(10): 1896-1904.

[50] 温研，王怀民．基于本地虚拟化技术的隔离执行模型研究[J]．计算机学报，2008, 31(10): 1768-1779.

[51] 李小庆，赵晓东，曾庆凯．基于硬件虚拟化的单向隔离执行模型[J]．软件学报，2012, 23(8):2207-2222.

[52] Badger L, Grance T, Patt-Corner R, et al. Cloud computing synopsis and recommendations [EB/OL].2012, http://www.newhorizonstraining.com/pdf/cloud/us_nist_cloud_rec.pdf.

[53] 戴华，秦小麟，郑吉平，等．基于 CTMO 模型的数据库损坏数据隔离技术[J]．计算机学报，2011, 34(2): 275-290.

[54] 林子雨，赖永炫，林琛，等．云数据库研究[J]．软件学报，2012, 23(5): 1148-1166.

[55] Shamir A. Identity-based Cryptosystems and Signature Schemes[C]//Proceedings of CRYPTO 84. Berlin: Springer, 1985: 47-53.

[56] Sahai A, Waters B. Fuzzy Identity-based Encryption [C]//Proceedings of Cryptology– EUROCRYPT 2005. Berlin: Springer, 2005: 457-473.

[57] Goyal V, Pandey O, Sahai A, et al. Attribute-based Encryption for Fine-grained Access Control of Encrypted Data[C]//Proceedings of the 13th ACM conference on Computer and communications security. New York: ACM Press, 2006: 89-98.

[58] Bethencourt J, Sahai A, Waters B. Ciphertext-policy Attribute-based Encryption[C]// Proceedings of 2007 IEEE Symposium on Security and Privacy. Washington: IEEE Computer Society, 2007: 321-334.

第 8 章 多授权机构基于属性的密文访问控制方案

第 7 章讨论了云存储环境下隐私保护的相关技术，提出了基于分割的分级隐私保护模型。本章将以第 7 章的模型为基础，介绍一种适用于云存储的多机构密文策略的基于属性的隐私保护算法[1]。首先基于数据分割的思想，抽取固定大小的小块数据，将剩余数据块作为大块数据，用小块数据作为密钥明文对称加密大块数据；接着选择等级为高级的加密算法，在有可信机构的基于 CP-ABE 的代理重加密方案基础上，引入多属性机构的架构。每个属性机构为自己监管属性域内的用户分发属性私钥部件，分摊了属性授权机构被入侵的安全风险，提高了私钥产生的效率。用改进的多机构代理重加密算法加密对称密钥后，将密钥密文和文件密文一同上传至云端，降低了用户访问权限被撤销时的系统开销。然后给出了在安全模型下的安全证明，最后进行了性能分析。整个方案的访问控制结构灵活、高效，可在云存储中实现细粒度的访问控制。由于系统中存在一个可信中央授权机构，本方案较适用于私有云存储系统。本章还介绍一种基于 CP-ABE 的无中心多机构隐私保护算法；优化了带权访问控制结构，使得用户可对云存储中的文件进行不同等级的操作；引入身份染色概念，进一步提高用户信息私密性；改进了代理重加密算法，使得用户权限的撤销方式更为灵活。由于系统中不存在可信中央授权机构，本方案较适用于公有云存储系统。

8.1 有中央机构的多授权机构基于属性的密文访问控制方案

8.1.1 基本思想

在第 7 章提出的基于分割的隐私保护模型中，通过将文件在上传前分割为大、小数据块，提高了数据私密性。本章采用第 7 章提出的固定小块文件大小的分割方案，云存储用户首先在客户端将待上传的文件分割为小块数据和大块数据，小块数据大小固定为 168 bit，然后用该小块数据对称加密大块数据，再选择第 7 章提出的分级加密模型中的高级加密算法，用多机构基于属性的代理重加密算法加密小块数据得到密钥密文，最后将大块数据密文和密钥密文上传至云端处理系统存储。当系统中用户权限被撤销时，多机构基于属性的代理重加密算法能够高效地为未被撤销权限的用户重新生成、分发私钥。

由于基本的 CP-ABE 算法并不适用于代理重加密技术[2]，故本方案先改进了基本的 CP-ABE 算法的访问控制结构表示方法，使之适合代理重加密算法的结构，然后将代理重加密技术运用于存在可信中央授权机构的多机构 CP-ABE 算法，保证系统中用户权限撤销时不必更新所有用户的整个私钥，只需对其变化的部分进行更新，大大降低了访问控制权限发生变化时的开销。

在这个系统中，云存储由 4 种实体组成：k 个云端属性授权机构、1 个云端中央授权机构、云端存储模块、云存储用户。图 8.1 反映了基于多机构代理重加密的云存储中 4 种实体的交互过程。

（1）属性授权机构。整个属性集被分为 k 个不相交集，由 k 个授权机构分别管理。属性授权机构需要强大的计算能力，在初始化阶段单独计算他们自己的主密钥，在文件共享阶段分别为每个用户计算生成该机构的属性私钥部件，并根据重加密结果直接发放给中央授权机构和用户。

（2）中央授权机构。中央授权机构不管理任何属性，但会得到各个属性授权机构向用户发送的该用户的属性私钥部件簇，并为用户计算发送中央私钥部件，以保证拥有访问权限的用户能够正确合成私钥，解密密钥密文。

（3）云端处理模块。云端处理模块具有强大的处理能力和存储容量，进行数据文件及相关信息的接收、文件存储、验证签名、代理重加密等操作。

（4）云存储用户。云存储用户包括系统中的数据所有者和数据消费者，一个用户可以同时既是数据所有者又是数据消费者。数据所有者在客户端将待上传文件分为大、小两块后，从任意一个授权机构得到公钥，并用其在上传文件至云服务提供商前加密数据；数据消费者想要访问某个文件时，向所有的属性授权机构和中央授权机构请求私钥部件，得到所有的私钥部件后，在客户端合成私钥。

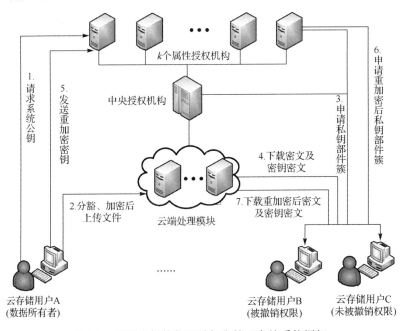

图 8.1 基于多机构代理重加密的云存储系统框架

1. 存储列表

方案包括 4 种存储列表，如表 8.1 所示。

表 8.1　MA-CPABE 相关存储列表

ARKL	文件编号 Num_F；属性 i；版本号 n；代理重加密密钥 rk_i
RUL	文件编号 Num_F；撤销访问权限的用户{GID}
UL	文件编号 Num_F；用户 GID；属性授权机构 k；属性私钥部件簇{$D_{k,i}$}
WASL	属性 i；父节点 FatherNo、门限编号 ThrNo、秘密值 SecVa、门限值 ThrVa

- 文件属性重加密密钥列表（Attribute Re-encryption Key List，ARKL）：各个属性授权机构分别维护一张 ARKL 表，存储文件的访问结构树中任意属性 i 的代理重加密密钥历次版本变更历史。
- 用户撤销列表（Revocation User List，RUL）：各个属性授权机构分别维护一张 RUL 表，存储对某文件撤销访问权限的用户列表。
- 用户列表（User List，UL）：中央授权机构维护一张 UL 表，用来存储各个属性授权机构发来的关于某个用户对某文件的属性私钥部件簇。
- 带权访问控制结构表（Weighted Access Structure List，WASL）：数据所有者在生成访问控制树后，由此访问控制树生成的一张用来表示指定的属性集中各个属性之间关系的列表，由 hidden 属性的属性私钥对称加密后包含于密钥密文中。

2. 带权访问控制结构

定义 8.1　带权访问控制结构 WAS：若一个访问控制结构包含 and、or、n of m 关系，每个 and 节点的度至多为 2，n of m 节点的度为 m，为每个非叶节点分配如表 8.2 所示权值，分配、记录门限编号，并记录其父节点的门限编号，则称该结构为带权访问控制结构。

表 8.2　关系运算符及其门限值

运 算 符	含 义	门 限 值
and	1 of 1	1/2
or	1 of m（$m>1$）	1
n of m	n of m	$1/n$

任意访问控制结构都能转换为带权访问控制结构，只需将每个度大于 2 的 and 节点，自左向右优先嵌套即可将度降低到 2。并在根节点的孩子节点中引入 hidden 属性，这个属性被要求包含于所有上传的数据文件的属性集，不由任何属性授权机构管理，且不论系统中其他属性版本如何更新，hidden 属性都不更新，如图 8.2 所示。

定义 8.2　带权访问控制结构表 WASL：对所有节点进行编号，根节点编号为 0，为所有的叶子节点随机选择 $s_j \in Z_p$ 作为其秘密值，即对任意叶子节点 j 的秘密值 $q(j)=s_j$，非叶子节点 y 的秘密值 $q(y) = \sum_{\text{chriden}(y)} q(x) \cdot \text{ThrVa}$，其中 chriden($y$) 返回 y 的所有孩子节点 x。如此递归计算，最后保存根节点秘密值 $s = q(0)$ 在云端处理模块。

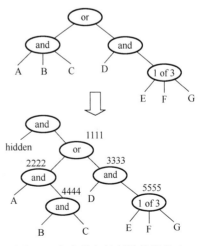

图 8.2　任意访问控制结构转换为带权访问控制结构示意图

根据数据所有者指定的访问控制结构,系统生成带权访问控制列表以表征访问控制结构。图 8.2 对应的带权访问控制结构列表如表 8.3 所示,建表过程如下。

表 8.3 带权访问控制结构列表

$T_{k,i}$	FatherNo	GateNo	SecVa	ThrVa
A	1111	2222	q_1	1/2
B	2222	4444	q_2	1/2
C	2222	4444	q_3	1/2
D	1111	3333	q_4	1/2
E	3333	5555	q_5	1/1
F	3333	5555	q_6	1/1
G	3333	5555	q_7	1/1

(1)为所有非叶子节点指定门限编号。

(2)将同一父节点的所有孩子节点的 FatherNo 值设置为其父节点的门限编号,并根据父节点的门限类型,设置相应的门限值 ThrVa。

用户申请访问某文件时,根据该文件对应的带权访问控制结构,计算决定是否授予解密权限。验证过程如下。

(1)根据是否满足该节点对应的属性条件,为每个节点指定判定值 D_a,若满足,则判定值为 1;否则判定值为 0。

(2)对于带权访问控制结构表中 FatherNo 相同的叶子节点,分别计算验证值 $V_a=\sum D_a \times ThrVa$,若 $0 \leqslant V_a<1$,令 $V_a=0$;若 $V_a>1$,令 $V_a=1$。

(3)除去(2)中计算过的节点,对剩余节点根据带权访问控制结构表,对于 FatherNo 相同的节点,分别计算验证值 $V_a=\sum D_a \times ThrVa$,若 $0 \leqslant V_a<1$,令 $V_a=0$;若 $V_a>1$,令 $V_a=1$。

(4)重复(3),依次向根节点递归。

(5)若根节点 $V_a=1$,接受访问请求;若 $V_a<1$,则说明不满足访问控制树,拒绝访问。

8.1.2 安全假设

(1)可信客户端。由于数据所有者在客户端选择待上传文件,将其分割成大、小两块,并用小块文件对大块文件进行对称加密后上传;数据消费者得到所有的属性私钥部件和中心授权私钥部件后,在客户端合成私钥。因此要求客户端是可信的,用户需要保证自己客户端私密信息的安全性。

(2)可信中央授权机构。本方案构建的多机构系统中,除了各个属性授权机构,还包括一个中央授权机构,用于保证用户私钥的正确生成。由于中央授权机构能够得到并保存各个属性授权机构对任一用户发放的属性私钥部件,因此要求其也是可信的。

(3)半可信的属性授权机构。本方案中的 k 个属性授权机构是"honest but curious",即半可信的,意味着它们将按照算法要求计算并分发用户私钥部件,同时好奇地试图尽可能多地得到用户的信息,甚至猜测用户的身份,但并不会与其他用户或属性授权机构进行串谋。

(4)半可信云端处理模块。云存储中可能存在多个数据中心,文件服务器分布于不同地理位置,而用户数据在云端被分块存储于不同的文件服务器,由系统管理员而非用户对其管理,文件服务器不是完全可信的;而实际应用中,完全不可信的服务器是无法委托其进行重加密等操作的,本方案要求云端处理模块按照预设步骤处理数据接收、重加密等操作,能容忍上传的数据密文在云端被窥探的可能性,但实际结果不会将任何数据明文信息泄露给云端服务器,故将云存储服务器的安全性限定为半可信。

8.1.3 算法描述

本节介绍 MA-CPABE 算法的整体方案。为方便描述,分别从算法和系统两个层次来描述本方案,算法层次用于描述被系统处理时调用的低层次基本算法;系统层次描述系统处理流程和对基本算法的调用。

1. 算法层次

MA-CPABE 算法由初始化、密钥生成、分割、加密、解密和重加密 6 个算法组成。

(1)初始化。中央授权机构执行系统初始化操作,系统选择阶为素数 p 的乘法循环群 G、G_T,满足双线性映射 $e:G \times G \to G_T$,g 为 G 的一个生成元。定义属性空间 $u=\{1,2,\cdots,n\}$,k 表示属性授权机构个数,n 表示每个属性授权机构最多能够管理的属性数,u_k 表示属性授权机构 k 管理的属性集合。各属性授权机构由其私钥种子 $\{s_1, s_2, \cdots, s_n\}$ 生成伪随机函数簇 $\{F_{s_i}\}_{i=1,\cdots,k}$,中央授权机构随机选择 y_0,$\{t_{k,i}\}_{k=1,\cdots,k, i=1,\cdots,n} \in Z_p$,令 $Y_0 = e(g,g)^{y_0}$ 为系统公钥。

(2)密钥生成。密钥生成算法由两个算法组成,一个是属性授权机构运行的密钥生成算法,另一个是中央授权机构运行的密钥生成算法。

① 属性授权机构运行属性密钥部件生成算法:输入该属性授权机构的私钥 $\{s_k, t_{k,i}, \cdots, t_{k,n}\}$,用户身份标识 GID,以及与此属性授权机构有关的多个属性,计算 $y_{k,\text{GID}} = F_{s_i}(\text{GID})$,属性授权机构给用户产生属性私钥部件簇 $\{D_{k,i} = g^{t_{k,i}}\}_{i \in u_k}$;

② 中央授权机构运行中央密钥生成算法:输入用户的身份标识 GID,得到各个属性授权机构发来的对该用户的属性私钥部件后,输入系统公钥,中央授权机构给用户产生中央私钥部件 $D_{\text{CA,GID}} = g^{y_0 - \sum_{k=1}^{k} y_{k,\text{GID}}}$。中央授权机构维护 UL 表,每行对应一个用户,用来保存 $Y_{k,\text{GID}} = e(g,g)^{y_{k,\text{GID}}}$,最后一列放入 $D_{\text{CA,GID}} = e(g,g)^{y_0 - \sum_{k=1}^{k} y_{k,\text{GID}}}$。

(3)分割。数据所有者在上传文件 F 前,首先在客户端产生 $0 \sim N$(N 为文件大小)之间的随机数序列,序列长度等于小块数据的大小,即固定为 168 bit,然后将随机数序列从小到大排列,就得到了要从文件中抽取字节的位置,再将对应位置的字节从原文件中分割出来,作为小块数据 F_s,被分割后的文件与顺序排列的随机数序列一起保存,作为大块数据 F_l,接着用该小块数据对称加密大块数据得到文件密文 C_F,该小块数据则作为对称密钥。

(4)加密。输入待加密密钥明文 F_s,先用 D_H 对称加密 hidden 属性得到 ATT_H,然后根据数据所有者指定属性集 A,输出密钥密文

$$C_k = \{\tilde{E} = Y_0^S \cdot F_s, E_{\text{CA}} = g^s, \{E_{k,i} = T_{k,i}^s\}_{i \in u_k, k=1,\cdots,k}, ATT_H, \text{WASL}\}$$

(5)解密。数据消费者从云端处理模块下载得到密钥密文 C_k,并从各个属性授权机构及中央授权机构得到自己的私钥部件后,当且仅当自己拥有的属性集满足数据所有者对于该文件规定的访问结构时,才能从数据所有者处得到 hidden 属性私钥 D_H,能够解密 ATT_H,并根据从各个属性授权机构及中央授权机构得到自己的私钥部件,合成自己的私钥,可以解密得到密钥明文 $F_s = C_k / Y_0^s$。再用密钥明文解密下载的文件密文得到文件原文,即大块数据 F_l,然后将 F_l 和 F_s 拼接可得到需要访问的完整文件。

（6）重加密。代理重加密算法由三个算法组成：重加密密钥簇产生算法、密钥密文重加密算法、私钥组件重加密算法。

① 重加密密钥簇产生算法：云端处理模块根据输入需要更换版本的属性集合 R_A，生成相应的代理重加密密钥簇 $\{rk_{i \to i'}\}$。输入需要更换版本的属性集合 R_A，对每个 $i \in R_A$，随机选择 $x'_i \in Z_p$，计算 $rk_{i \to i'} = x'/x$；而对于 $i \notin R_A$，令 $rk_{i \to i'} = 1$，将 $rk_{i \to i'}$ 加入重加密密钥集，最后输出 $\{rk_{i \to i'}\}$，并将系统版本号加 1。

② 密钥密文重加密算法：各个属性授权机构根据数据所有者规定的访问结构树对应的属性集 u_F 和代理重加密密钥簇 $\{rk_{i \to i'}\}$ 重加密密钥密文。输入密钥密文 C_k、代理重加密密钥簇 $\{rk_{i \to i'}\}$ 和 C_k 对应的带权访问控制结构中出现的属性集 u_F。首先检查 C_k 和 $\{rk_{i \to i'}\}$ 的版本号是否一致，如果一致，对于每个 $i \in R_A$ 计算 $E'_{k,i} = (E_{k,i})^{rk_{i \to i'}}$，得到新的密钥密文 C'_k；若版本号不一致则 $E_{k,i}$ 不变。

③ 私钥部件重加密算法：当访问控制权限发生变化时，若用户 U_B 没有被撤销权限，则各属性授权机构使用该算法重新加密管理的属性集的私钥部件，以生成最新版本。首先检查当前密钥密文 C_k 中包含的各个属性对应的版本号与分配给用户的属性私钥部件的版本号是否一致。若一致，则说明 C_k 未经过重加密或分配给用户的属性私钥部件已更新至最新版，无输出；若 $n < l$，则计算 $rk_{i^{(n)} \to i^{(l)}} = rk_{i^{(n)}} \times rk_{i^{(n+1)}} \times \cdots \times rk_{i^{(l)}}$，$t_{k,i^{(l)}} = (t_{k,i^{(n)}})^{rk_{i^{(n)} \to i^{(l)}}}$，其中 n 代表分配给用户的属性私钥部件的版本号，l 代表当前 C_k 中包含的各个属性对应的版本号，最后每个属性授权机构输出更新后的属性私钥部件簇 $\{D'_{k,i} = (D_{k,i})^{rk_{i^{(n)} \to i^{(l)}}}\}$。

2．系统层次

（1）系统初始化

① 云端中央授权机构输入安全参数，输出各个属性授权机构的公私钥对和中央授权机构的主密钥，令 $Y_0 = e(g,g)^{y_0}$ 为系统公钥。各个属性授权机构由其私钥种子 $\{s_1, s_2, \cdots, s_k\}$ 生成伪随机函数簇 $\{F_{s_i}\}_{i=1,\cdots,k}$。

② 用户注册时产生用户标识 GID，发送其属性集 W 及其签名到各个属性授权机构。

③ 各属性授权机构将 ARKL 表中用户标识为 GID 的每个属性 j 的值设为初始值 1。

（2）文件创建

① 数据所有者将待上传文件分割成大、小两个数据块，用固定长度为 168 bit 的小块数据 F_s 作为对称密钥加密大块数据 F_1，得到文件密文 C_F。

② 数据所有者为待上传文件 F 定义一个访问结构，客户端系统将该访问控制结构转化为规范的带权访问控制结构 WAS，以带权访问控制列表 WASL 的形式存储，随机选择 $t_H \in Z_p$，将 hidden 属性发送到任意属性授权机构，计算 $D_H = g^{t_H}$。

③ 数据所有者用 MA-CPABE 算法加密对称密钥明文 F_s 得到密钥密文 C_k。

④ 数据所有者将 D_H 通过安全信道发放给具有访问权限的用户。

⑤ 数据所有者将文件密文 C_F、密钥密文 C_k 及用户签名绑定后发送至云端处理模块。

⑥ 云端处理模块收到 $\{C_F, C_k\}$ 和数据所有者的签名后，验证签名，若正确，就生成文件编号 Num_F 用以标识 C_F，将 $\{C_F, C_k\}$ 存储在存储模块。

（3）文件共享。用户标识为 GID_B 的数据消费者 U_B 请求访问文件 F 时，中央授权机构执行中央密钥生成算法,各属性授权机构执行密钥生成算法或属性私钥部件重加密算法。

① 中央授权机构查找有效列表 U_L,若对应于文件编号 Num_F 存在用户 U_B,说明用户 U_B 曾访问过该文件,已为其生成了属性私钥部件簇,则各个属性授权机构执行私钥部件簇重加密算法;若对应于文件编号 Num_F 不存在用户 U_B,说明 U_B 为首次访问该文件,则各个属性授权机构执行属性密钥部件生成算法。

② 如果步骤①的私钥部件簇重加密算法有输出 $D'_{k,j}$,各个属性授权机构用 $D'_{k,j}$ 替换 $D_{k,j}$ 后发送属性私钥部件簇 $\{D_{k,j}\}'_{j \in u_k}$ 给数据消费者 U_B 和中央授权机构;若无输出,则发送原属性私钥部件簇 $\{D_{k,j}\}_{j \in u_k}$ 给 U_B 和中央授权机构。

③ 中央授权机构执行密钥生成算法,发送中央私钥部件给 U_B。

④ 数据消费者 U_B 从云端处理模块下载申请访问的文件密文 C_F 和对应的密钥密文 C_k,如果在数据所有者创建文件时拥有访问权限,应该已得到 hidden 属性私钥,能够解密密钥密文中的 ATT_H。从所有属性授权机构收到私钥部件簇 $\{D_{k,j}\}_{i \in u_k}$、中央授权机构的私钥部件 $D_{\text{CA,GID}} = g^{y_0 - \sum_{k=1}^{k} y_{k,\text{GID}}}$ 后,根据 MA-CPABE 解密算法计算 $Y_0^s = Y_{\text{CA,GID}}^s \times \prod_{k=1}^{k} Y_{k,\text{GID}}^s$。如果此用户 U_B 未被撤销权限,就能正确解密得到对称加密密钥明文 F_s,用它解密数据密文 C_F 可得大块数据明文 F_l;若此用户 U_B 已被撤销权限,其收到的属性私钥部件均为代理重加密前的历史版本,故无法正确解密得到对称加密密钥明文 F_s,也无法解密数据密文 F_l。

⑤ 有权限的用户得到小块文件 F_s、大块文件 F_l 后,按照 F_l 中的随机数序列,将 F_s 按位拼接至 F_l 中的相应位置,即得到完整的文件。

(4) 权限撤销。当数据所有者 U_A 要撤销某用户 U_B 对某个文件的访问权限时,若 U_B 曾访问过此文件,认为 U_B 曾解密得到旧版本的对称密钥 F_s 并解密旧版本文件密文 C_F,有可能将此旧版本密文保存于其客户端,故容忍 U_B 继续用旧版本的私钥部件簇解密旧版本的文件密文的可能性,权限撤销操作仅取消 U_B 解密新版本的密钥密文的权限;若 U_B 即使曾经具有权限却未曾请求访问过此文件,U_B 不拥有该文件密钥明文的任何版本。基于以上分析,在撤销权限时,仅更新得到文件对应的新版密钥密文 C'_k,而不重新生成对称密钥并重新加密文件明文。

① 在客户端确定更换版本的最小更新属性集 R_A。

② U_A 执行代理重加密密钥产生算法,生成代理重加密密钥簇 $\{rk_{i \to i'}\}$。

③ U_A 发送 R_A、$\{rk_{i \to i'}\}$ 及自己的签名至云端处理模块,发送 $\{rk_{i \to i'}\}$、GID_B、R_A 给各个属性授权机构。

④ 云端处理模块收到 R_A、$\{rk_{i \to i'}\}$ 后,验证 U_A 的签名,若正确,则根据密钥密文重加密算法重加密生成新的密钥密文 C'_k,取代原来保存的密钥密文。

⑤ 各属性授权机构将被撤销权限的用户标识 GID_B 添加至用户撤销列表,修改文件版本属性版本列表,对所有满足更换版本的最小属性集 RA 的属性,将其 ARKL 表中对应的属性版本号值加 1,然后修改并存储属性的代理重加密密钥。

8.1.4 安全性分析

1. 安全模型

定义 8.3 在以下游戏(Game)中,当所有的多项式敌手都有不可忽略的优势,我们的方案就能抵御 CPA 攻击。

定理 8.1 如果不存在任何概率多项式时间计算能力的敌手能以不可忽略的概率猜测出挑战者随机的掷币情况,那么构造的基于多机构代理重加密方案在构造的安全模型中语义安全。

证 首先构造安全模型。

我们证明如果所有概率多项式敌手在游戏中具有可忽略的优势,那么方案能够抵御 CPA 攻击。

Setup:敌手公开他要攻击的访问控制结构 T,对应每个授权机构分管的属性集 u_k 和带权访问控制结构表 WASL,并公开已受到攻击的授权机构,由于中央授权机构要求是可信的,故被攻击的授权机构不包括中央授权机构;挑战者运行系统初始化算法产生系统公钥 Y_0、被攻击的属性授权机构私钥种子 $\{s_1, s_2, \cdots, s_n\}$,然后发送给敌手。

Phase 1:敌手向中央授权机构和各属性授权机构分别询问对应于访问控制结构 T 的各个属性私钥部件,挑战者首先通过密钥生成算法计算私属性私钥部件 $\{D_{k,i} = g^{t_{k,i}}\}_{i \in u_k}$,要求对任一 GID,每次询问时至少有一个属性授权机构的属性不被 T 满足,则询问得到的属性私钥部件不能直接用于解密使用要攻击的属性集合来加密的密文。

Challenge:敌手随机输出两个长度相等的消息明文 M_0、M_1 和用户身份 GID,挑战者随机掷币 b ($b \in \{0,1\}$),在根据属性集和带权访问控制结构加密 M_b 得到相应的密文 C,然后将密文 C 发送给敌手。

Phase 2:重复 Phase 1,敌手可继续询问其他相关的属性私钥部件。要求询问的密文和相应的身份 GID^* 与挑战密文不完全一样,即 GID^* 不等于任何已经询问过私钥的 GID,这样,敌手不能在同一授权机构查询同一个用户两次或以上。

Guess:敌手猜测挑战者加密的是哪个消息明文。敌手输出自己的猜测 b',如果 $b' = b$,则称攻击者猜测成功。攻击者的优势为 $\left| \Pr(b' = b) - \dfrac{1}{2} \right|$。

定义 8.4 DBDH(Decisional Bilinear Deffie-Hellman)难题:给定 p 阶的素数群群 G_0 和 G_1,双线性映射 $e: G_0 \times G_0 \to G_1$,$g$ 为其生成元,随机选择 $a,b,c \in Z_p$,输入 g、g^a、g^b、$g^c \in G_0$,以及 $e(g,g)^\theta = e(g,g)^{abc} \in Z_p$,计算 $\theta = abc$ 或 θ 是一个随机元素。

定理 8.2 假设游戏中,一个敌手能够破坏以上安全模型中的方案,那么必然至少存在一个概率多项式时间算法能够以不可忽略的优势解决 DBDH 难题[3]。

Proof:假设存在一个概率多项式时间敌手 A,能够以 ε 的优势在以上安全模型中攻破我们的方案,我们证明下面的 DBDH 游戏能以 $\dfrac{\varepsilon}{2}$ 的优势被解决。

双线性映射 $e: G_0 \times G_0 \to G_T$ 中,G_0 是一个 p 阶的素数循环群,g 是它的生成元。首先,DBDH 游戏中的挑战者投掷硬币 $\mu: \mu \in \{0,1\}$,如果 $\mu = 0$,设 $(g,A,B,C,Z) = (g, g^a, g^b, g^c, e(g,g)^{abc})$;否则如果 $\mu = 1$,设 $(g,A,B,C,Z) = (g, g^a, g^b, g^c, e(g,g)^\theta)$,其中 $a,b,c,\theta \in Z_p$ 是被随机挑选的。挑战者给出模拟器 $(g,A,B,C,Z) = (g, g^a, g^b, g^c, Z)$。在下面的 DBDH 游戏中,模拟器 β 扮演挑战者的角色。

Init:敌手 A 生成挑战访问控制树 T_0^*,其中 T_0^* 的各个节点均由 A 设定,然后将 T_0^* 转化为对应的带权访问控制结构表 $WASL^*$。

Setup:β 为 A 生成版本号为 1 的公钥参数,设置参数 $Y = e(A,B) = e(g^a, g^b) = e(g,g)^{ab}$,并将公开参数发送给 A。

Phase 1:敌手 A 根据需要询问尽可能多的私钥,这些私钥对应于属性集 $A_1, \cdots, A_q$,但没有一个完全满足 T_0^*。β 接收到密钥查询请求后,计算这些属性私钥部件以答复 A 的询问。β 随机挑选 $\{t_{k,i}\}_{k=1,\cdots,k,i=1,\cdots,n} \in Z_p$,各个属性授权机构计算属性私钥部件簇 $\{D_{k,i} = g^{t_{k,i}}\}_{i \in u_k}$,并将其属性版本号存储为初始值 1,然后中央授权机构计算中央私钥部件 $D_{\text{CA,GID}} = g^{y_0 - \sum_{k=1}^{k} y_{k,\text{GID}}}$,最后 β 把生成的私钥部件簇发给 A。

Challenge:敌手 A 提交两个明文消息 m_0、m_1 给挑战者。挑战者随机掷币 $\gamma(\gamma \in \{0,1\})$,然后发送密文 C_K^* 给 A,$C_K^* = \{\tilde{E} = Z \cdot m_\gamma, \{E_{\text{CA}} = g^s, E_{k,i} = T_{k,i}^s\}_{i \in \text{WASL}}, ATT_H\}$。如果 $\mu = 0$,那么 $Z = e(g,g)^{abc}$,设 $ab = y_0$,$c = s_0$,有 $Z = (e(g,g)^{ab})^c = (Y)^c = Y^{s_0}$,因此 C_K^* 是消息 m_γ 的确定密文;如果 $\mu = 1$,那么 $Z = e(g,g)^\theta$,$\tilde{E} = m_\gamma \cdot e(g,g)^\theta$,其中 $\theta \in Z_p$ 是随机值,所以对于 A,E_0 是 G_T 上的随机值,C_K^* 不包含关于 m_γ 的任何信息。

Phase 2:敌手 A 向 β 提交第 l 版本的私钥请求,设在第 l 版重加密后,A 不在被撤销权限用户列表中。β 按照 **Phase 1** 步骤执行,对于属性 $i \in R_A$,其中 R_A 为需要更换版本的属性集合,根据 A 属性集对应的版本号 $n(n<l)$,为其生成属性重加密密钥 $rk_{i \to i}$,并回答 $l-n$ 个代理重加密密钥生成请求。随机选择 $x_i' \in Z_p$,计算 $\{rk_{i^{(y)}} = x'/x\}_{y \in \{n, n+1, \cdots, y, \cdots, l\}}$,然后返回第 l 版本的重加密密钥 $rk_{i^{(n)} \to i^{(l)}} = rk_{i^{(n)}} \times rk_{i^{(n+1)}} \times \cdots \times rk_{i^{(l)}}$,最后 β 执行属性私钥重加密算法,计算 $t_{k,i^{(l)}} = (t_{k,i^{(n)}})^{rk_{i^{(n)} \to i^{(l)}}}$。

Guess:A 提交对 γ 的猜测 $\gamma' \in \{0,1\}$,如果 $\gamma' = \gamma$,β 输出 $\mu' = 0$,表明给出了一个确定的 DBDH 元组 $\langle g, A, S, Z \rangle$;否则输出 $\mu' = 1$,表明给出了一个随机的五元组 $\langle g, A, B, C, Z \rangle$。

如上所示,模拟器 β 用和我们所提方案相同的方式计算公开参数和私钥。当 $\mu = 1$ 时,敌手 A 无法得到关于 γ 的任何信息,所以 $\Pr[\gamma \neq \gamma'|\mu=1] = \frac{1}{2}$,因为当 $\gamma = \gamma'$ 时挑战者猜测 $\mu' = 1$,可得 $\Pr[\mu' \neq \mu|\mu=1] = \frac{1}{2}$;当 $\mu = 0$ 时,敌手 A 得到 m_γ 的一个确定密文,根据定义,A 在这种情况下的优势为 ε,所以 $\Pr[\gamma \neq \gamma'] = \frac{1}{2} + \varepsilon$,因为当 $\gamma = \gamma'$ 时挑战者猜测 $\mu' = 0$,可得 $\Pr[\mu' \neq \mu|\mu=1] = \frac{1}{2} + \varepsilon$,所以在这个 DBDH 游戏中的总体优势为

$$\frac{1}{2}\Pr[\mu' \neq \mu|\mu=0] + \frac{1}{2}\Pr[\mu' \neq \mu|\mu=1] - \frac{1}{2} = \frac{1}{2} \cdot \left(\frac{1}{2} + \varepsilon\right) + \frac{1}{2} \cdot \frac{1}{2} - \frac{1}{2} = \frac{\varepsilon}{2}$$

综上所述,在我们的安全模型中,当一个多项式时间敌手的优势为 ε 时,在这个 DBDH 游戏中的多项式时间敌手的优势为 $\frac{\varepsilon}{2}$。由于以上安全模型中的 ε 是一个不可忽略的优势,因此,如果一个敌手能攻破我们定义的方案,那么多项式时间敌手用于解决 DBDH 难题的优势 $\frac{\varepsilon}{2}$ 也是不可忽略的。

我们的方案基于没有概率多项式算法能以不可忽略的优势解决 DBDH 难题这个假设，可以推断没有敌手能在我们定义的安全模型中攻破我们的方案。

2. 方案安全性

（1）抗绕过密钥暴力破解。本方案首先将待上传文件分割成大、小两个数据块，其中小块数据为从整个文件中根据产生的随机数对应位置抽取出，故抽离小块数据后，剩余的大块数据为不完整的文件，其可读性大大降低甚至无法读取。然后用小块数据对称加密大块数据，再用多机构基于属性的代理重加密算法加密小块数据。这样对于试图绕过高开销的解密对称密钥密文而采取暴力破解的方式得到文件明文的非法用户，得到的是不完整的、可读性极差的大块数据，无法得到完整的文件。解密时必须先解密出对称密钥明文，才能最终得到完整的文件，从而提高了数据安全性。

（2）抗属性授权机构合谋攻击。由于本方案的多机构架构中存在中央授权机构，最终解密算法计算

$$Y_0^s: Y_0^s = Y_{CA,GID}^s \times \prod_{k=1}^{k} Y_{k,GID}^s$$

时需要拥有中央私钥部件，即使敌手能攻破 k 个属性授权机构，也仅能得到对应于同一用户 GID 的属性私钥部件，而中央授权机构是可信的，不会对非法入侵的敌手发放中央私钥部件，故敌手不能解密恢复有效的 Y_0^s。

（3）抗用户合谋攻击。本章方案中，能否解密对称密钥密文得到密钥明文的关键在于能否通过获得的私钥部件簇恢复计算出

$$Y_0^s: Y_0^s = Y_{CA,GID}^s \times \prod_{k=1}^{k} Y_{k,GID}^s$$

而私钥部件簇是与每个用户的唯一身份标识 GID 相关的，只有当同一 GID 的用户拥有了请求访问的文件对应的足够多的属性时，才能得到足够多的属性私钥部件，且在中央授权机构验证用户的有效性并发放中央私钥部件后，才能计算出 Y_0^s。不同用户拥有不同的 GID，即使对于同一属性，属性授权机构发放给用户的属性私钥部件也是不同的，故不法用户无法合谋通过分别掌握密文要求部分属性来解密密文。

本方案通过引入带权访问控制结构，在多属性授权机构的架构下实现了对于门限操作的细粒度的访问控制，不仅要验证用户是否拥有请求访问文件对应的足够多的属性集，还要验证用户属性集的关系是否满足该文件对应的带权访问结构，使得文件对应的属性访问控制结构更为灵活复杂，共谋的非法用户不能通过简单的配对私钥的方式来解密无权限的文件对称加密密钥。

8.1.5 实验与验证

实验设备为 Intel Core 2.5 GHz、4 GB 内存，实验在 VMWare Workstation 虚拟机的 ubuntu10.10 环境中进行，为其分配 1 GB 内存，开发语言为 C++。其中原始代码采用 cpabe-0.11 库，对称加密采用 168 位的 3DES 加密算法，密钥生成算法采用 Cloudsim 平台进行仿真实验，创建一个数据中心，通过创建不同数目的虚拟机来模拟不同数量的属性授权机构，创建不同数量的云任务并绑定至各个虚拟机来模拟系统管理的不同属性个数。代理重加密算

法基于 JHU-MIT 的 Proxy Re-cryptography Library（PRL）[57]进行改进。

由于本方案是将明文对称加密后上传，仅对密钥明文用本方案提出的算法进行加密，因此不讨论不同大小的文件用本方案提出的算法进行加密的效果。

图 8.3 表示管理不同个数的属性与不同属性授权机构个数的关系，其中，单机构的情况指在基本的 CP-ABE 算法中实测值，2 个机构和 5 个机构的情况仅测算管理的属性个数为属性授权机构个数整数倍的情况，即每个属性授权机构管理相同个数的属性。可见，随着系统中属性总个数的增多，密钥分发的时间开销随着属性授权机构数的增加而大大降低。

图 8.4 表示包含不同属性授权机构个数的系统执行初始化算法的时间开销情况，因为初始化算法不涉及属性的管理操作，故与整个系统管理的属性个数无关，只与属性授权机构的个数有关。与单机构的情况（即属性授权机构个数为 1 的情况）相比，属性授权机构个数越多，时间开销越大，但初始化算法仅在系统建立时执行一次，所以造成的线性规模的时间开销是可以容忍的。

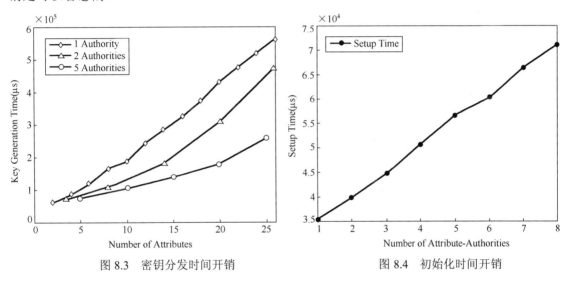

图 8.3　密钥分发时间开销　　　　　图 8.4　初始化时间开销

图 8.5 表示文件所有者指定待上传文件对应的访问控制结构，MA-CPABE 算法将其转化成带权访问控制结构并用其加密对称密钥明文 key 的过程。带权访问控制结构支持 and、or、n of m 门限操作，可对用户的访问控制权限进行细粒度管理。加密算法最终输出对称密钥密文 mw.txt。

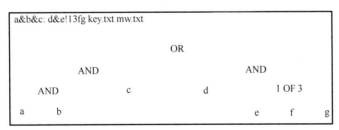

图 8.5　用含有 7 个属性的带权访问控制结构加密对称密钥明文

图 8.6 表示待上传文件对应的不同个数的属性与加密该文件对应的对称密钥明文的时间关系。由于加密操作在文件上传前执行，不涉及属性私钥部件的生成和分发，故加密时间与

系统中属性授权机构的个数无关，仅与文件所有者上传文件时指定的属性集包含的属性个数有关。与基本的 CP-ABE 算法相比，MA-CPABE 算法采用带权访问控制结构来表达访问控制树的形式，整个加密过程造成的时间开销略低于基本的 CP-ABE 算法。

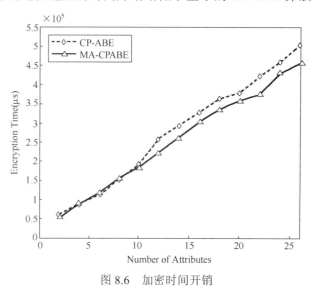

图 8.6 加密时间开销

图 8.7 表示用户从云端下载文件密文、对称密钥密文后，从各个属性授权机构得到自己与该文件相关的属性对应的属性私钥部件簇，并用其通过验证是否满足带权访问控制结构判定是否能够解密该文件对应的对称密钥密文。若满足，输出密钥明文"mingw.txt"，如图 8.7(a)所示；若不满足，则拒绝请求，如图 8.7(b)所示。

图 8.7 用持有的属性私钥部件解密对称密钥密文

图 8.8 表示上传文件对应的不同个数的属性与解密该文件对应的密钥密文的时间关系。由于解密操作是在用户下载文件密文和对称密钥密文后，将得到的属性私钥部件组合成解密私钥并解密对称密钥密文的过程，不涉及属性私钥部件的生成和分发，故解密时间与系统中属性授权机构的个数无关，仅与文件所有者上传文件时指定的属性集包含的属性个数有关。与基本的 CP-ABE 相比，MA-CPABE 算法在解密前需要将从各个属性授权机构得到的属性私钥部件组合成解密私钥，从实验结果可见，这个额外的操作没有造成很大的时间开销，能耗与基本 CP-ABE 算法持平。

图 8.9 表示采用和不采用代理重加密算法在撤销单个用户访问权限时的情况。设平均每个用户属性个数为 5，撤销属性时，平均要更换的属性个数为 3，文件访问控制结构相关联的属性个数为 5~25。由于不采用代理重加密算法时，重新加密密钥密文所花费的时间与文件对应的属性集有关，而采用代理重加密算法时，所花费的时间仅与用户相关的需要更新的属性集有关。可见，采用代理重加密算法大大降低了撤销单个用户访问权限时的时间开销，除此之外还考虑了多机构的情况。由于本方案在撤销用户访问权限时不更新对称加密密钥明

文,仅对密钥密文进行重加密,密钥密文较小,故在此实验中,系统中设置 5 个属性授权机构的情况与设置单个属性授权机构的情况相比,代理重加密的效果不明显,降低了部分时间开销。

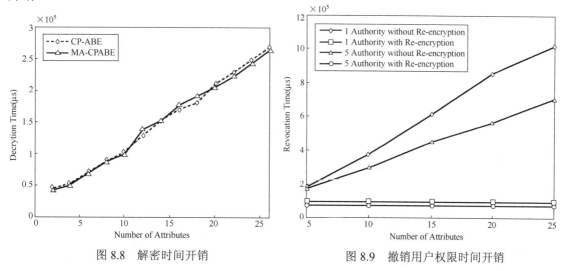

图 8.8　解密时间开销　　　　　　图 8.9　撤销用户权限时间开销

为验证本方案的性能开销,对 MA-CPABE 算法各个阶段的代价进行了实验测试,并与基本 CP-ABE 算法各阶段的性能开销做了比较,从以上分析可以看出:

(1) 在系统中设置多个属性授权机构的结构,能大大降低用户生成和分发属性私钥部件的时间开销。因为多个属性授权机构并行地为用户生成和发放属性私钥部件,尽管每个属性授权机构与中央授权机构之间通信造成了一定的开销,但随着同时访问的用户数和用户请求的属性私钥部件数量的增加,多属性授权机构系统的性能更为优越。

(2) 相比单机构的架构而言,多属性授权机构的架构在初始化、加解密阶段会造成额外的系统开销,其中加解密阶段的额外开销不显著,而初始化阶段的额外开销随着系统中属性授权机构的个数呈线性增长。但是初始化操作仅在系统建立时执行一次,且系统中属性授权机构的个数是固定的,不会造成系统性能的瓶颈,故这种线性增长的额外开销是可以容忍的。

(3) 采用代理重加密算法,能降低撤销用户访问权限时对密钥密文重新加密的开销。若不采用代理重加密算法,需要更新的属性数与文件对应的访问控制结构有关;采用代理重加密算法后,需要更新的属性数仅与被撤销用户对应的与文件相关的属性个数有关。

8.2　无中央机构的多授权机构基于属性的密文访问控制方案

8.2.1　基本思想

本章采用固定小块文件大小的分割方案,采用多机构基于属性的代理重加密算法加密小块数据得到密钥密文,整个云存储系统采用无中央机构的架构。在这个系统中,云存储由 3 种实体组成:k 个云端属性授权机构、云端存储模块、云存储用户。

(1) 属性授权机构。整个属性集被分为 k 个不相交集,由 k 个授权机构分别管理。属性授权机构需要强大的计算能力,在初始化阶段单独计算各自的主密钥,在文件共享阶段分别为每个用户计算生成该机构的属性私钥部件,并根据重加密结果直接发放给中央授权机构和用户。

（2）云端处理模块。云端处理模块具有强大的处理能力和存储容量，进行数据文件及相关信息的接收、文件存储、验证签名、代理重加密等操作。特别的是，在本方案中，云端处理模块还保存每个文件对应的操作验证集，以实现云存储中用户操作权限的细粒度管理。

（3）云存储用户。云存储用户包括系统中的数据所有者和数据消费者，一个用户可以既是数据所有者又是数据消费者。数据所有者从任意一个授权机构得到公钥，并用其在上传文件至云服务提供商前加密数据；数据消费者想要访问某个文件时，向所有的属性授权机构和中央授权机构请求私钥部件，得到所有的私钥部件后，在客户端合成私钥。

云存储中，采用有中央机构和无中央机构架构的比较如下。

（1）有中央机构的架构实现较为简单，但中央机构易成为安全和性能的瓶颈，适用于用户数量适中、以数据存储为主要需求的私有云存储系统；无中央机构的架构较为复杂，机构间通信开销较大，但不存在可信中央机构，能有效降低大量用户同时访问时的系统开销，适用于用户数目巨大、以数据共享为主要需求的公有云存储系统。

（2）有中央机构的架构中，用户直接使用自己的用户身份标识 GID 与各个属性授权机构及中央授权机构交互，若多个属性授权机构串谋，可能根据同一 GID 得到此用户拥有的足够多的属性，从而窃取用户身份相关信息；无中央机构的架构采取身份染色的方式，用户与各个属性授权机构交互时使用有色名而非直接使用 GID，可以防止多个属性机构串谋窃取用户身份相关信息。

（3）有中央机构的架构提出了带权访问控制结构，用来验证用户是否拥有解密云端存储的某文件的权限；无中央机构的架构改进了带权访问控制结构，可对用户不同等级的操作权限进行验证，即使用户拥有解密权限（即读权限），若需对文件进行进一步操作（如修改、删除），还需进一步验证其操作等级，这有利于在云存储中实现灵活的文件共享机制。

无中央机构的多授权机构基于属性的密文访问控制方案由初始化、身份染色、分割、密钥生成、加密、解密和重加密 7 个算法组成。图 8.10 反映了基于无中心多机构代理重加密的云存储中的算法流程。

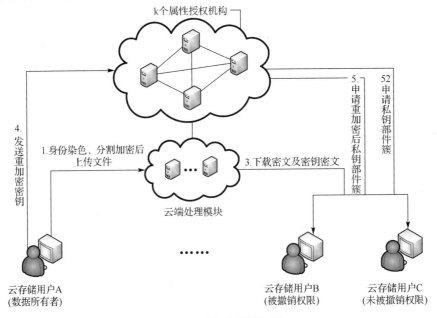

图 8.10　系统流程框架图

（1）初始化：Setup→PK,MK_k。各个属性授权机构执行初始化算法，首先共同计算出整个系统的公钥 Y 并发布公开参数 PK，然后分别计算各自的主密钥 MK_k。

（2）分割：Part(F)→F_s,F_l。云存储用户选择待上传文件 F，执行分割算法，将文件分割成小块数据 F_s 和大块数据 F_l。

（3）身份染色：Dye(GID_u)→$color_{(u,k)}$。云存储用户输入自己的全局身份标识 GID_u，多次执行身份染色算法，输出不同的有色名 $color_{(u,k)}$。

（4）密钥生成：KeyGen(PK,MK_k,A^u,$color_{(u,k)}$)→$\{D_i^{(1)}\}_{i \in A^k \cap A^u}, D_i^{(2)}$。各个属性授权机构执行密钥生成算法，根据云存储用户输入的有色名 $color_{(u,k)}$、用户属性集 A^u，以及系统公开参数 PK 和此机构的主密钥 MK_k，输出发放给此用户的属性私钥部件簇 $\{D_i^{(1)}\}_{i \in A^k \cap A^u}$ 和机构部件 $D_i^{(2)}$，其中 A^k 表示用户请求访问的文件 F 对应属性集由机构 k 分管的部分，对应于自己全局身份标识 GID_u 的私钥 SK_u。

（5）加密：Encrypt(PK,F_s,WASL)→(C_k,O_V)。云存储用户在上传文件前用小块数据 F_s 作为对称密钥对大块数据文件进行对称加密，然后执行本方案的加密算法。输入系统公钥 PK、对称密钥 F_s，以及根据自身要求设置的可区分不同操作等级的带权访问控制结构表 EASL，输出对称密钥密文 C_k 和操作验证集 O_V，用以限制用户对该对称密钥对应文件的不同操作等级的操作权限。

（6）解密：Decrypt(PK,$\{D_i^{(1)}\},D_i^{(2)},C_k$)→$(F_s,p_{OV})$。对于存储于云端的任一文件密文，所有用户均可下载，但只有满足带权访问控制操作树的特定操作等级的用户，才能解密对应的对称密钥并以之解密密文得到数据明文。解密算法分为两个步骤：

① 用户私钥聚合：用户户 u 收到所有的 $D_i^{(1)}$ 和 $D_i^{(2)}$ 后，聚合得到他的用户私钥 SK_u。

② 解密并验证权限等级：用户输入系统公钥 PK、密钥密文 C_k 和该用户的 SK_u，输出小块数据 F_s 和根节点秘密参数 p_{OV}。用户对该文件进行不同等级的操作时，向云端处理模块请求 O_V 中该操作等级对应的门限编号，则需要按照该带权访问控制操作树进行递归计算，递归到此编号时门限值为 1 且得到的根节点秘密参数 p_{OV} 与 O_V 中保存的一致时，说明具有此操作权限。

（7）权限撤销：本方案采用混合撤销模式[4]。如果文件所有者想要撤销若干个特定用户的访问控制权限，则采用直接撤销模式；如果想要更改与某个或某些属性相关用户的访问控制权限，则采用间接撤销模式。

① 直接撤销：将待撤销用户的全局身份标识 GID_{ru} 进行身份染色，然后分别发送到各个属性授权机构。

② 间接撤销：ReEncrypt(PK,C_k,WAT,SK_u)→(C_k',O_V')。采用代理重加密的方式进场间接撤销。首先产生重加密密钥簇 $\{rk_{i \to i'}\}$，然后将密钥密文进行重加密，最后更新未被撤销访问控制权限的用户的私钥部件簇 $\{D_{k,i}' = (D_{k,i})^{rk_{(n) \to (l)}}\}$。

8.2.2 安全假设

（1）可信客户端。由于数据所有者在客户端选择待上传文件，将其分割成大、小两块，并用小块文件对大块文件进行对称加密后上传；数据消费者得到所有的属性私钥部件和中心授权私钥部件后，在客户端合成私钥，因此要求客户端是可信的，用户需要保证客户端存储的信息的私密性。

(2) 半可信的属性授权机构。本方案构建的多机构系统中，移除了可信中央授权机构，k 个属性授权机构是 "honest but curious"，即半可信的，这意味着它们将按照算法要求计算并分发用户私钥部件，同时试图好奇地尽可能多地得到用户的信息，甚至猜测用户的身份，但并不会与其他用户或属性授权机构进行串谋。

(3) 半可信云端处理模块。云存储中往往存在多个数据中心，文件服务器分布于不同的地理位置，而用户数据在云端被分块存储于不同的文件服务器，由系统管理员而非用户对其管理，因此文件服务器不是完全可信的。而实际应用中，完全不可信的服务器是无法委托其进行重加密等操作的，本方案要求云端处理模块按照预设步骤处理数据接收、重加密等操作，能容忍上传的数据密文在云端被窥探的可能性，但实际结果不会将任何数据明文信息泄露给云端服务器，故将云存储服务器的安全性限定为半可信。

8.2.3 算法流程

1. 初始化

系统中的所有属性授权机构都要完成初始化，以属性授权机构 A_m 为例说明初始化阶段处理过程。

(1) A_m 选择一个 p 阶的双线性群 G_0，g_1、g_2 为其生成元。

(2) A_m 挑选 $v_m \in Z_p$，并发送 $Y_m = e(g_1, g_2)^{v_m}$ 给其他授权机构，它们都各自单独计算 $Y = \prod Y_m = e(g_1, g_2)^{\sum_{m \in \{1, \cdots, k\}} v_m}$。

(3) A_m 和属性授权机构 A_n 共享机构间种子对 $(s_{mn} \in Z_p, s_{nm} \in Z_p)$ 且 $s_{mn} \neq s_{nm}$，只有这两个属性授权机构知道这个种子对。A_m 在收到与系统中其他 $k-1$ 个属性授权机构共享的机构间种子对 $(s_{mn}, s_{nm})_{n \in \{1, \cdots, k\} \setminus \{m\}}$ 后，计算该机构的机构参数 $x_m = g^{\sum_{n \in \{1, 2, \cdots, k\} \setminus \{m\}}(s_{mn} - s_{nm})}$。

(4) 对于每个属性 $i \in \{1, \cdots, n_m\}$，属性授权机构 A_m 随机挑选 $t_{m,i} \in Z_p$，计算 $T_{m,i} = g_2^{t_{m,i}}$，并存储 $\langle x_m, \{s_{mn}, s_{nm}\}_{n \in \{1, \cdots, k\}}, \{t_{m,i}\}_{i \in \{1, \cdots, n_m\}} \rangle$。

(5) 属性授权机构 A_m 的主密钥为 $\mathrm{MK}_m = \{v_m, x_m\}$，系统公开发布的公钥为

$$\mathrm{PK} = \{G_0, Y = \hat{e}(g_1, g_2)^{\sum v_m}, \{T_{m,i} = g_2^{t_{m,i}}\}_{i \in \{1, \cdots, n_m\}, m \in \{1, \cdots, k\}}\}$$

2. 分割

(1) 数据所有者在上传文件 F 前，首先在客户端产生 $0 \sim N$（N 为文件大小的 bit 数）之间的随机数序列，序列长度等于小块数据的大小，即固定 168 bit。

(2) 然后将随机数序列从小到大排列，就得到了要从文件中抽取字节的位置。

(3) 再将对应位置的字节从原文件中分割出来，作为小块数据 F_s，被分割后的文件与顺序排列的随机数序列一起保存，作为大块数据 F_l。

(4) 用该小块数据对称加密大块数据得到文件密文 C_F，该小块数据则作为对称密钥。

3. 身份染色

云存储用户 u 加入系统时，系统首先为其生成全局身份标识 GID_u，然后多次执行身份染色算法，输出不同的与此 GID 相关的有色名 $\mathrm{color}_{(u,m)}$，用各不相同的有色名与各个属性授权

机构交互，以防止多个属性授权机构串谋，窃取用户身份信息，有色名的生成过程如图 8.11 所示。

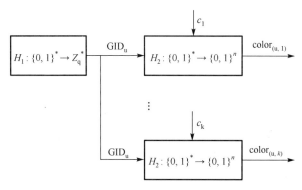

图 8.11　用户生成不同的有色名

（1）选择单向抗碰撞哈希函数 $H_1:\{0,1\}^* \to Z_q^*$，为用户 u 生成全局唯一身份标识 GID_u。

（2）生成包含 k 个不同元素的随机数序列 $\{c_1, c_2, \cdots, c_k\}$，其中 k 为属性授权机构个数，c_y 为机构 y 对应于用户 u 的色子。

（3）分别将 c_y 连接到 GID_u 后面，得到 $\{GID_u \| c_y\}_{y \in \{1,2,\cdots,k\}}$，其中符号"$\|$"表示数据的串联。

（4）将 $H_2:\{0,1\}^* \to \{0,1\}^n$ 分别作用于 $\{GID_u \| c_y\}_{y \in \{1,2,\cdots,k\}}$，输出 k 个有色名 $\{color_{(u,y)}\}_{y \in \{1,2,\cdots,k\}}$，其中 n 为指定的有色名的长度。

4．密钥生成

设全局身份标识为 GID_u 的用户 u 的属性集为 A^u，当他第一次加入系统时，分别用生成的 k 个有色名分别向所有的 k 个属性授权机构请求私钥部件以得到与其属性相匹配的私钥。以属性授权机构 A_m 为例，说明各个属性授权机构密钥生成阶段处理过程。

（1）A_m 发起 $k-1$ 个独立的匿名密钥分发协议与其他属性授权机构交互，随机选择 $R_m \in Z_p$，输出机构私钥部件 $D_m^{(1)} = g_1^{R_m} x_m$。

（2）A_m 计算 $p_m = v_m - \sum_{n \in \{1, \cdots, k\} \setminus \{m\}} R_m$，对于用户拥有的每一个属性 $j \in A^u$，A_m 筛选出该机构分管的属性 $j \in A^u \cap A_m$，查询存储列表得到 $t_{m,j}$，为其生成属性私钥部簇件 $\{D_{m,j}^{(2)} = g_1^{p_m / t_{m,j}}\}_{j \in A^u \cap A_m}$，在文件属性重加密密钥列表中存储用户的有色名 $color_{(u,m)}$ 和对应的属性私钥部件，并将属性版本号置为初始值 1。

（3）A_m 把该机构生成的属性私钥部件簇 $SK_{u,m} = (D_m^{(1)}, D_{m,j}^{(2)})_{j \in A^u \cap A_m}$ 发放给用户 u。

5．加密

数据所有者在上传文件前需对文件进行加密，算法输入公钥 PK、对称密钥 F_s 和带权访问控制操作树 WAT，输出密钥密文 C_k 和操作验证集 O_V。

（1）用分割后产生的小块数据 F_s 加密大块数据 F_1 得到文件密文 C_F。

（2）分别确定具有哪些属性结构的用户可以对该文件进行读、写、删的操作，生成可区分不同操作等级的带权访问控制操作树 WAT，如图 8.12 所示。在 7.2.2 节介绍了带权访问控制结构表建表过程，对所有节点进行编号，根节点编号为 0 为所有的叶子节点随机选择 $s_j \in Z_p$ 作为其秘密值，即对任意叶子节点 j 的秘密值 $q(j) = s_j$，非叶子节点 y 的秘密值 $q(y) = \sum_{\text{chriden}(y)} q(x) \cdot \text{ThrVa}$，其中 $\text{chriden}(y)$ 返回 y 的所有孩子节点 x，ThrVa 为节点门限值，根节点秘密值 $s = q(0)$。

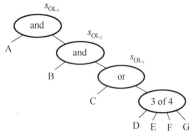

图 8.12　区分不同操作等级的带权访问控制树 WAT

（3）计算生成操作验证集 O_V，操作验证集 $O_V = (Y^{s_{OL_1}}, Y^{s_{OL_2}}, Y^{s_{OL_3}})$ 仅保存于云端处理模块，用户无法下载得到，仅能在请求操作权限时向云端请求验证对应的秘密参数。其中，OL_0 表示不具有访问文件的权限；OL_1 代表操作等级 1，达到 OL_1 即具有读文件权限；OL_2 代表操作等级 2，达到 OL_2 即具有修改文件权限；OL_3 代表操作等级 3，达到 OL_3 即具有删除文件权限。s_{OL_1}、s_{OL_2}、s_{OL_3} 分别对应于相应等级带权访问控制树的根节点的秘密参数，由于等级 1 为读权限，即可解密权限，所以 $s_{OL_1} = s$。

（4）生成的密钥密文
$$C_k = \{E_0 = F_s \cdot Y^s, E_1 = g_2^{q(0)}, \{E_{k,i} = T_{k,i}^{q(0)}\}_{y \in u_k, k=1,\cdots,k}, \text{WASL}\}$$

（5）数据所有者为密文指定唯一的密文 ID，上传文件密文 C_F、密钥密文 C_k、操作验证集 O_V 到云端。

6．解密

云存储中的用户想要对系统中的某一文件进行访问及其他操作时，均可从系统中查询并下载该文件，但只有满足带权访问控制操作树的 1 级以上操作等级的用户，才能解密对应的对称密钥并以之解密密文得到数据明文。

（1）用户 u 收到所有属性授权机构发送属性私钥部件簇 $SK_{u,m} = (D_m^{(1)}, D_{m,j}^{(2)})_{j \in A^u \cap A_m}$ 后，根据机构私钥部件 $D_m^{(1)} = g_1^{R_m} x_m$ 计算

$$D_u = \prod_{m \in \{1,\cdots,k\}} D_m = g_1^{\sum_{m \in \{1,\cdots,k\}} R_m} \times g_1^{\sum_{(m,n) \in \{1,\cdots,k\} \times (\{1,\cdots,k\} \setminus \{m\})} (s_{mn} - s_{nm})} = g_1^{\sum_{m \in \{1,\cdots,k\}} R_m}$$

注意到由于 $\sum_{(m,n) \in \{1,\cdots,k\} \times (\{1,\cdots,k\} \setminus \{m\})} (s_{mn} - s_{nm}) = 0$，当用户得到所有属性授权机构发放的机构私钥部件后，合成的用户解密私钥与用户的有色名无关，无须进行身份去色恢复出用户身份标识 GID_u 后再进行解密，也保证了解密能力仅由用户属性决定。令参数 $R_u = \sum_{m \in \{1,\cdots,k\}} R_m$，则机构私钥部件 $D_u = g_1^{R_u}$。

（2）计算

$$e(D_{m,j}^{(2)}, E_{m,j}) \cdot e(D_u, E_1) = e(g_1, g_2)^{q(0)(v_m - \sum R_m)} \cdot e(g_1^{R_u}, g_2^{q(0)}) = Y^{q(0)}$$

（3）根据各叶子节点的值向上递归计算父节点的门限值 $q = \sum_{\text{chriden}(x)} q_x \cdot \text{ThrVa}$，递归到操作等级为 1 级的根节点时，若门限值为 1，得到 $s' = q(0)$，发送计算出的 1 级操作的根节点秘密值 $e(g,g)^{s'(\sum v_m)} = Y^s$ 到云端处理模块，与存储在云端处理模块的对应于该文件的操作验证集 O_V 中的值做比较，若相等则说明该用户具有读权限，可解密对称密钥密文 $F_s = C_k / Y^s$，并用其解密文件密文 C_F 得到大块数据 F_l，然后将 F_s、F_l 拼接得到文件明文；若门限值为 0，则说明用户没有权限解密此文件。

（4）如果用户想对文件进行进一步操作，则依据带权访问控制结构操作树继续向上递归计算，当相应操作等级的根节点的门限值为 1 时，计算 $Y^{s'}$ 并将其发送至云端处理模块，与文件对应的 O_V 中的值做比较，以决定是否具有操作权限。

7．权限撤销

文件所有者想要撤销系统中的用户访问控制权限时，可直接指定用户的用户名进行撤销，也可将与某属性相关用户的权限全部进行间接撤销。

（1）如果文件所有者想要撤销特定用户，则输入所有待撤销用户名 u，系统查找用户身份列表，得到这些用户对应的全局身份标识 GID_u。然后进行身份染色，得到这些用户对应各个属性授权机构的有色名 $\{\text{clour}_{(u,k)}\}$，设用户撤销列表 $R_k = \{\text{clour}_{r(u,k)}\}$，其中 $r(u,k)$ 为待撤销权限用户对应于属性授权机构 k 的有色名，然后分别将 R_k 发送到各个属性授权机构。

（2）如果文件所有者想要撤销与某个或某些属性相关的用户访问权限，首先指定需要更换版本的属性集合 R_A。对每个 $i \in R_A$，随机选择 $x'_i \in Z_p$，计算 $rk_{i \leftrightarrow i'} = x'/x$；而对于 $i \notin R_A$，令 $rk_{i \leftrightarrow i'} = 1$，将 $rk_{i \leftrightarrow i'}$ 加入重加密密钥集，最后输出 $\{rk_{i \to i'}\}$，并将系统版本号加 1。

（3）如果文件所有者想要更新用户对文件的访问控制权限等级，则需要重新生成带权访问控制树 WAT，即重新计算 s_{OL_1}、s_{OL_2}、s_{OL_3} 的值，生成新的操作验证集 O'_V，并将其发送至云端进行更新。

（4）输入密钥密文 C_k、代理重加密密钥簇 $\{rk_{i \to i'}\}$ 和 C_k 对应的带权访问控制结构中出现的属性集 u_F。首先检查 C_k 和 $\{rk_{i \to i'}\}$ 的版本号是否一致，如果一致，对于每个 $i \in R_A$ 计算 $E'_{k,i} = (E_{k,i})^{rk_{i \to i'}}$，得到新的密钥密文 C'_k；若版本号不一致则不变。

（5）每次更新后，采用"懒惰更新"原则，并不立即更新所有未被撤销权限用户的属性私钥部件簇。当用户 u 申请访问该文件时，各个属性授权机构首先检查用户提交的有色名 $\text{clour}_{(u,k)}$ 是否存在用户撤销列表 $R_k = \{\text{clour}_{r(u,k)}\}$ 中，如果存在，直接拒绝此次访问申请。

（6）如果 $\text{clour}_{(u,k)} \notin \{\text{clour}_{r(u,k)}\}$，检查当前密钥密文 C_k 中包含的各个属性对应的版本号与分配给用户的属性私钥部件的版本号是否一致。若一致，则说明 C_k 未经过重加密或分配给用户的属性私钥部件已更新至最新版，无输出；若 $n < l$，则计算

$$rk_{i^{(n)} \to i^{(l)}} = rk_{i^{(n)}} \times rk_{i^{(n+1)}} \times \cdots \times rk_{i^{(l)}}, \quad t_{k,i^{(l)}} = (t_{k,i^{(n)}})^{rk_{i^{(n)} \to i^{(l)}}}$$

式中，n 代表分配给用户的属性私钥部件的版本号，l 代表当前 C_k 中包含的各个属性对应的版本号，最后每个属性授权机构输出更新后的属性私钥部件簇 $\{D'_{k,i} = (D_{k,i})^{rk_{i^{(n)} \to i^{(l)}}}\}$。

8.2.4 安全性证明

1. 安全模型

定理 8.1 如果不存在任何概率多项式时间计算能力的敌手能以不可忽略的概率猜测出挑战者的随机掷币,那么构造的基于多机构代理重加密方案在构造的安全模型中语义安全。

Proof:本方案移除了可信中央授权机构,首先构造安全模型:由于可以方便地将操作权限等级为 0 的带权访问控制操作树 WAT 扩展至包含多级操作的操作树 WAT,不失一般性,假设对应于密文 C_k 的带权访问控制操作树 WAT 仅包括等级 1 的读权限,这个假设并不影响系统安全性。下面首先证明如果所有概率多项式敌手在游戏中具有可忽略的优势,那么方案能够抵御 CPA 攻击。

Setup:敌手公开要攻击的访问控制结构 T,对应每个授权中心分管的属性集 u_k 和带权访问控制结构表 WASL,并公开已受到攻击的授权机构;挑战者运行系统初始化算法产生公共参数和公钥,然后发送给敌手。

Phase 1:敌手向中央授权机构和各属性授权机构分别询问对应于访问控制结构 T 的各个属性私钥部件,挑战者首先计算私属性私钥部件,要求对任一 GID,每次询问时至少一个属性授权机构的属性不被 T 满足,则询问到的属性私钥部件不能直接用于解密由要攻击的属性集合加密的密文。

Challenge:敌手随机输出两个长度相等的消息明文 M_0、M_1 和用户身份 GID,挑战者随机掷币 b($b \in \{0,1\}$),在根据属性集和带权访问控制结构加密 M_b 得到相应的密文 C,然后将密文 C 发送给敌手。

Phase 2:重复 Phase 1,敌手可继续询问其他相关的属性私钥部件,要求询问的密文和相应的身份 GID^* 不与挑战密文完全一样,即 GID^* 不等于任何已经询问过私钥的 GID,这样,敌手不能在同一授权中心查询同一个用户两次或以上。

Guess:敌手猜测挑战者加密的是哪个消息明文。敌手输出自己的猜测 b',如果 $b'=b$,则称攻击者猜测成功,攻击者的优势为 $\left|\Pr(b'=b)-\dfrac{1}{2}\right|$。

定义 8.1 在以上游戏中,当所有的多项式敌手都有不可忽略的优势,我们的方案就能抵御 CPA 攻击。

定理 8.2 假设游戏中,一个敌手能够破坏以上安全模型中的我们的方案,那么必然至少存在一个概率多项式时间算法能够以不可忽略的优势解决 DBDH[37] 难题。

Proof:假设存在一个概率多项式时间敌手,能够以 ε 的优势在以上安全模型中攻破我们的方案。下面证明 DBDH 游戏能以 $\dfrac{\varepsilon}{2}$ 的优势被解决。

双线性映射 $e: G_0 \times G_0 \to G_T$ 中,G_0 是一个 p 阶的素数循环群,g 是它的生成元。设 $A=g^a$,$B=g^b$,$C=g^c$,在 DBDH 游戏中,挑战者投掷硬币 $\mu : \mu \in \{0,1\}$,当 $\mu=0$ 时,设 $Z=e(g,g)^{abc}$;当 $\mu=1$ 时,设 $Z=e(g,g)^{\theta}$,其中 a、b、c、$\theta \in Z_p$ 是被随机挑选的。在下面的 DBDH 游戏中,模拟器 β 扮演挑战者的角色。

Init:敌手生成挑战访问控制树 T_0^*,其中 T_0^* 的各个节点均由敌手设定,然后将 T_0^* 转化为对应的带权访问控制结构表 WASL^*。

Setup：β 为敌手生成版本号为 1 的公钥参数，设置参数 $Y = e(A,B) = e(g,g)^{ab}$（假设 $\sum_{m \in (1,\cdots,k)} v_m = ab$），并发送给敌手。

Phase 1：敌手根据需要询问尽可能多的私钥，这些私钥对应于属性集 $A^u = \{A_1,\cdots,A_q\}$，但没有一个完全满足 T_0^*。β 接收到密钥查询请求后，计算这些属性私钥部件以答复敌手的询问。β 随机挑选 $R_m \in Z_p$，各个属性授权机构 A_m 发起 $k-1$ 个独立的匿名密钥分发协议与其他属性授权机构交互，输出机构私钥部件 $D_m^{(1)} = g_1^{R_m} x_m$，并将其属性版本号存储为初始值 1，然后对于自己分管的属性 $t_{m,j}$，计算属性私钥部簇件 $\left\{ D_{m,j}^{(2)} = g_1^{P_m/t_{m,j}} \right\}_{j \in A^u \cap A_m}$，最后 β 把生成的私钥部件簇发给敌手。

Challenge：敌手提交两个明文消息 m_0、m_1 给挑战者。挑战者随机掷币 $\gamma(\gamma \in \{0,1\})$，然后发送密文 C_K^* 给敌手。

$$C_k^* = \{E_0 = F_s \cdot Y^s, E_1 = g_2^{q(0)}, \{E_{k,i} = T_{k,i}^{q(0)}\}_{y \in u_k, k=1,\cdots,k}, \text{WASL}^*\}$$

如果 $\mu = 0$，那么 $Z = e(g,g)^{abc}$，设 $ab = y_0$，$c = s_0$，有 $Z = (e(g,g)^{ab})^c = (Y)^c = Y^{s_0}$，因此 C_K^* 是消息 m_γ 的确定密文；如果 $\mu = 1$，那么 $Z = e(g,g)^\theta$，$\tilde{E} = m_\gamma \cdot e(g,g)^\theta$，其中 $\theta \in Z_p$ 是随机值，所以对于敌手，E_0 是 G_T 上的随机值，C_K^* 不包含关于 m_γ 的任何信息。

Phase 2：敌手向 β 提交第 l 版本的私钥请求，设在第 l 版重加密后，敌手不在被撤销权限用户列表中。β 按照 Phase 1 步骤执行，对于属性 $i \in R_A$，其中 R_A 为需要更换版本的属性集合，根据敌手属性集对应的版本号 $n(n<l)$，为其生成属性重加密密钥 $rk_{i \to i'}$，并回答 $l-n$ 个代理重加密密钥生成请求。随机选择 $x_i' \in Z_p$，计算 $\{rk_{i^{(y)}} = x'/x\}_{y \in (n,n+1,\cdots,y,\cdots,l)}$，然后返回第 l 版本的重加密密钥 $rk_{i^{(n)} \to i^{(l)}} = rk_{i^{(n)}} \times rk_{i^{(n+1)}} \times \cdots \times rk_{i^{(l)}}$，最后 β 执行属性私钥重加密算法，计算 $t_{k,i^{(l)}} = (t_{k,i^{(n)}})^{rk_{i^{(n)} \to i^{(l)}}}$。

Guess：敌手提交对 γ 的猜测 $\gamma' \in \{0,1\}$，如果 $\gamma' = \gamma$，β 输出 $\mu' = 0$，则 $Z = e(g,g)^{abc}$，表明给出了一个确定的 DBDH 元组，敌手应该以不可忽略的优势 ε 得到确定密文 m_γ；否则输出 $\mu' = 1$，则 $Z = e(g,g)^\theta$ 表明给出了一个随机的 DBDH 元组，所以敌手猜测正确的可能性不高于 $\frac{1}{2}$。所以在这个 DBDH 游戏中成功区分 Z 的优势为 $\frac{1}{2} \cdot \left(\frac{1}{2} + \varepsilon \right) + \frac{1}{2} \cdot \frac{1}{2} - \frac{1}{2} = \frac{\varepsilon}{2}$。因此，当一个多项式时间敌手以优势 ε 攻破本加密方案时，那么多项式时间敌手用于解决 DBDH 难题的优势 $\frac{\varepsilon}{2}$ 也是不可忽略的，故而可证明本方案达到 DBDH 下的语义安全。

2．方案安全性

（1）用户身份保密。本方案中，各个属性授权机构分管属性集，每个属性授权机构只能管理自己分管的属性，无法根据用户的属性集判断出用户的身份，有效地保护了用户的身份信息，且不存在中央授权机构，整个系统中并不保存列表来记录用户 u 与其对应的全局身份标识 GID_u；用户使用各不相同的有色名与各个属性授权机构交互，以防止多个属性授权机构串谋，窃取用户身份信息。

（2）抗属性授权机构合谋攻击。本章提出的方案中，属性授权机构 A_m 生成随机秘密参数集 $\{s_{mj}\}$ 与其他属性授权机构 A_j 共享，即使有 $k-2$ 个属性授权机构串谋，仍有 1 个参数是无法得到的。因此 k 个属性授权机构只要其中至少 2 个是诚实的，就能保证本方案中的无中心多授权机构系统是安全的，即最多能容忍 $k-2$ 个授权机构串谋。

8.2.5 实验验证与性能分析

为验证本方案的性能开销，对 NC-MACPABE 算法各个阶段的代价进行了实验测试，并与有中央授权机构架构下的算法各阶段的性能开销做了比较。实验设备为 Intel Core 2.5 GHz，4 GB 内存，实验在 VMWare Workstation 虚拟机的 ubuntu10.10 环境中进行，为其分配 1 GB 内存，开发语言为 C++。其中原始代码采用 cpabe-0.11 库，对称加密采用 168 bit 的 3DES 加密算法，密钥生成算法采用 Cloudsim 平台进行仿真实验，创建一个数据中心，通过创建不同数目的虚拟机来模拟不同数量的属性授权机构，创建不同数量的云任务并绑定至各个虚拟机来模拟系统管理的不同属性个数。代理重加密算法基于 JHU-MIT 的 Proxy Re-cryptography Library[57]进行改进。

图 8.13 表示有中央机构和无中央机构两种架构下，包含不同属性授权机构个数的系统执行初始化算法的时间开销，因为初始化算法不涉及属性的管理操作，故与整个系统管理的属性个数无关，只与属性授权机构的个数有关。与单机构的情况（即属性授权机构个数为 1 的情况）相比，属性授权机构个数越多，时间开销越大。有中央机构的架构下，各个属性授权机构与可信授权机构交互，时间开销为 $O(k)$；而无中央机构的架构下，每个属性授权机构两两交互，时间开销为 $O(k^2)$。因此无中央机构架构下，初始化算法的时间开销比有中央机构架构下要高。但初始化算法仅在系统建立时执行一次，所以额外造成的时间开销是可容忍的。

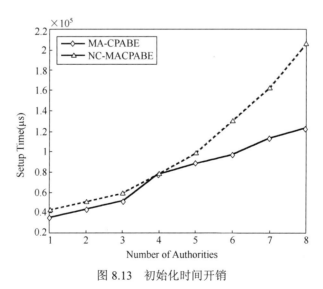

图 8.13 初始化时间开销

表 8.4 表示系统上传文件前执行分割算法的时间开销。取文件大小分别为 1 MB、5 MB、50 MB、200 MB、1 GB。实际应用中，云存储用户上传到云端的文件大小大多不超过 1 GB，故分割操作引入的时间开销是可以容忍的。

表 8.4　分割文件的时间开销

文件大小/MB	1	5	50	500	1024
时间/ms	32	47	109	702	3051

图 8.14 比较了单授权机构、有中央机构多属性授权机构和无中央机构的多属性授权机构三种架构下，云存储环境中存在不同个数的属性授权机构，管理不同个数的属性的时间开销。其中，单机构的情况指在基本的 CP-ABE 算法中实测值，2 个机构和 5 个机构的情况仅测算管理的属性个数为属性授权机构个数整数倍的情况，即每个属性授权机构管理相同个数的属性。结合有中央机构和无中央机构架构下的情况，可见，存在 5 个属性授权机构时的时间开销低于存在 2 个属性授权机构的情况，随着系统中属性总个数的增多，密钥分发的时间开销随着属性授权机构数的增加而大大降低。而存在相同个数的属性授权机构时，由于无中央机构架构下不存在中央授权机构这一性能瓶颈，故其时间开销低于有中央授权机构的架构。

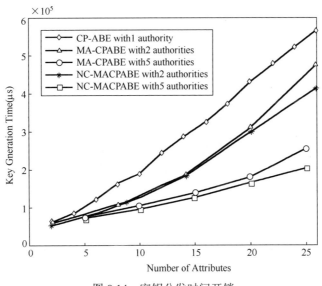

图 8.14　密钥分发时间开销

图 8.15 比较了单授权机构、有中央机构多属性授权机构和无中央机构的多属性授权机构三种架构下，文件对应的不同的属性个数对加密该文件对应的对称密钥的时间的影响。由于加密操作在文件上传前执行，不涉及属性私钥部件的生成和分发，故加密时间与系统中属性授权机构的个数无关，仅与文件所有者上传文件时指定的属性集包含的属性个数有关。三种方式下，加密时间均随着属性个数的增多而加大，相比有中央机构架构，无中央机构架构的时间变化更接近线性，而这两种架构下的加密时间开销均略低于基本的单机构 CP-ABE 算法。

图 8.16 比较了单授权机构、有中央机构多属性授权机构和无中央机构的多属性授权机构三种架构下，上传文件对应的不同个数的属性与解密该文件对应的密钥密文的时间关系。这里仅记录了无中心架构下，访问控制权限为 1 的情况。由于解密操作是在用户下载文件密文和对称密钥密文后，将得到的属性私钥部件组合成解密私钥并解密对称密钥密文的过程，不涉及属性私钥部件的生成和分发，故解密时间与系统中属性授权机构的个数无关，仅与文件所有者上传文件时指定的属性集包含的属性个数有关。由无中心架构下，解密时将从各

个属性授权机构得到的属性私钥部件组合成解密私钥的算法较为复杂,因此由实验结果可见,无中央机构架构下的解密时间开销略高于单授权机构和有中央机构的架构。

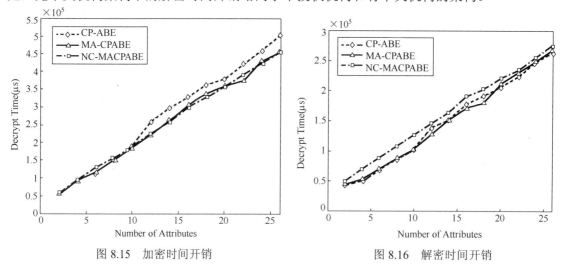

图 8.15　加密时间开销　　　　　　　图 8.16　解密时间开销

图 8.17 比较了有中央机构多属性授权机构和无中央机构的多属性授权机构两种架构下,采用和不采用代理重加密算法在撤销单个用户访问权限时的情况。这里仅验证撤销与某个或某些属性相关的用户访问权限的情况。设两种架构下,系统中属性授权机构个数均为 5 个,撤销属性时,要更换的属性个数在 5~25 之间,平均分布于这 5 个属性授权机构。通过实验结果可见,采用代理重加密算法可大大降低撤销单个用户访问权限时的时间开销,且无中央机构架构下的重加密时间开销略高于有中央机构的架构,但变化幅度较后者更为平稳。

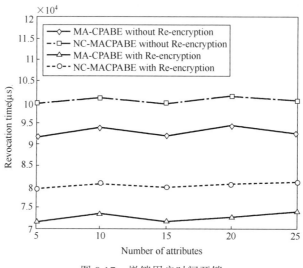

图 8.17　撤销用户时间开销

为验证本方案的性能开销,对 NC-MACPABE 算法各个阶段的代价进行了实验测试,并与有中央授权机构架构下的 MA-CPABE 算法及基本 CP-ABE 算法各阶段的性能开销做了比较,从以上分析可以看出:

(1) 无中央机构架构下,初始化阶段的时间开销大于有中心架构下的初始化时间开销,但这种时间开销随属性个数增加呈平稳的线性增长,且初始化算法仅在系统建立时执行一次，所以相较于有中心架构，无中心架构初始化阶段多付出的时间开销是可以容忍的。由于无中心架构下，解密算法较为复杂，造成的时间开销略高于有中心架构解密算法及单机构 CP-ABE 解密算法。

（2）无中央机构架构可消除有中央机构架构下密钥分发阶段的性能瓶颈。有中心架构下，由于每一次密钥分发都需要中央机构的参与，随着属性个数的增多，此阶段时间开销大幅度上升；无中心架构下不存在中央机构，密钥分发的时间开销随着属性个数增加呈线性平稳增长。当用户身份验证涉及的属性个数很多，或系统中大量用户同时申请验证时，无中心架构的性能将明显优于有中心架构。

（3）无中央机构架构下，用于撤销用户的重加密时间开销略高于有中央机构的架构，但变化幅度较后者更为平稳。

8.3 本章小结

本章根据第 7 章提出的基于分割的隐私保护模型，首先介绍了一种云存储环境下的多机构 CP-ABE 访问控制方案 MA-CPABE。该方案首先将待上传文件分割成大、小两个数据块，用小块数据对称加密大块数据，使得解密时必须先解密出对称密钥明文，才能最终得到完整的文件，而试图不解密出密钥明文暴力破解文件密文，仍无法得到完整的原始文件，提高了数据安全性。然后引入带权访问控制结构，将用户定义的访问控制树映射成一组属性集和一张带权访问控制列表，使得在多属性授权机构的环境下也能执行较为复杂的、细粒度的、高效的门限控制操作，并且能够分摊单属性授权机构带来的安全风险。实验结果表明，系统中设置多个属性授权机构的结构能大大降低密钥生成和分发阶段的开销，并且不会给算法执行的其他阶段带来过大的开销；在系统中用户权限被撤销时，采用代理重加密技术，将文件所有者的部分工作转移给云端处理模块进行处理，充分利用云端处理资源，降低了文件所有者的用户端开销。

本章阐述了云存储环境下的无中央授权机构的多机构基于属性的访问控制方案 NC-MACPABE。首先将待上传文件分割成大、小两个数据块，用小块数据对称加密大块数据，提高了数据安全性；然后在无中央授权机构的架构下，改进了有中央授权机构方案中提出的带权访问控制树的结构，使得用户可对云存储中的文件进行不同等级的操作；引入身份染色概念，在用户向各个属性授权机构申请访问时，进一步提高了用户信息私密性；改进了代理重加密算法，使得用户权限的撤销方式更为灵活。

参 考 文 献

[1] 周静岚. 云存储数据隐私保护机制的研究[D]. 南京：南京邮电大学，2014.

[2] Yu Shucheng, Wang Cong, Ren Kui, et al. Achieving Secure, Scalable, and Fine-grained Data access Control in Cloud Computing[C]// Proceedings of INFOCOM 2010. California: IEEE, 2010: 1-9.

[3] Ateniese G, Fu K, Green M, et al. The JHU-MIT Proxy Re-cryptography Library [EB/OL]. 2007, http://www.spar.isi.jhu.edu/~mgreen/prl/.

[4] Attrapadung N, Imai H. Attribute-based Encryption Supporting Direct/Indirect Revocation Modes [C]// Proceedings of Cryptography and Coding. Springer Berlin Heidelberg, 2009: 278-3.

第三部分

绿色云计算

第 9 章 云计算能耗分析

随着云计算技术的普及和越来越多的数据机房的构建，云计算产业对能耗的需求越来越大，对环境日益产生负面影响。为了解决这个问题，提出了绿色计算、绿色云计算的相关概念。绿色计算、绿色云计算均是在不改变其优势的前提下，注重对环境的影响，以此得到产业和保护环境的双赢。

本章介绍云计算带来的能耗问题，从实现绿色云计算的内部和外部因素出发，探讨了一种高效可靠的绿色云计算系统模型。该模型重点着手于系统内部的资源配置模块和任务调度模块，针对这两个子模块的实际需求，给出了具体的实施方案。资源配置模块使得系统资源的分配更加合理，提高了系统资源的利用率，降低了云计算系统整体的能源消耗；任务调度模块能够保证云计算系统具有合理的任务调度机制。

9.1 能耗问题

9.1.1 当前状况

随着云计算如火如荼的发展，其需求也在不断扩大，因此就需要构建规模庞大的数据中心对数据进行管理、组织、调度和维护，这些都会造成巨大的能量消耗。根据来自于国际数据公司（International Data Corporation，IDC）市场研究公司对世界各地所有企业电能花费的调查及评估结果显示，每年全球企业在数据中心能耗上的花费在 400 亿美元左右，这是一项惊人的数字。数据中心的高能耗问题不仅造成能量的利用效率，同时也增加了系统运行的不稳定性，更增加了温室气体的排放对环境造成了不良影响。高能耗问题对国家安全、气候变暖、空气质量、电网可靠性等方面造成严重影响已经引起美国政府的高度关注。自哥本哈根气候峰会以来，低碳生活和节能环保已经成为很多国家人们的一种共识，而随着社会信息化水平的飞速提高，信息产业在政治、经济及社会领域的各个行业越来越有着举足轻重的地位，但同时伴随着信息产业的能耗也越来越高。

一项来自全球权威技术调查机构 Gartner 曾经对 IT 业的碳排放做过的调查显示，IT 业的二氧化碳排放量约占全球总排放量的 2%，这与航空业在总排放量中所占的比重相差无几。伴随着近些年各大 IT 企业都在积极地推广云计算并推出自己的云端产品，更多的计算资源和存储资源集中在云端，给能耗的高效管理带来更大的挑战。目前 IT 相关的排放已经成为最大的温室气体排放源之一，2007 年产生的碳排放为 8.6 亿吨，且该领域的排放势头还在快速增长。数据中心能耗占总花费的 56%，其中包括 36%的电力和 20%的机械（制冷）费用。即使人们大力提高设备、组件等装置和数据中心的能效，到 2020 年，全球 IT 相关碳排放也将达到 15.4 亿吨，所以，要保护环境，就需要对信息产业相关能耗进行控制。针对云计算大型服务器集群的低成本、低能耗的新型管理系统、模型和应用的研究，已成为未来信息技术领域所面临的一项重大挑战[1,2]。

1987 年联合国发布了报告《我们共同的未来》，在该报告中提出了"可持续发展"的基本概念，其基本思想立即得到广大环境保护者、经济学者和社会活动家的承认[3]。自哥本哈根大会之后，建设低碳社会已经成为全球共识。面向可持续发展的低成本、低能耗的新型计算系统、模型和应用的研究，已成为未来信息技术领域面临的重大挑战。我国政府在 2015 年 9 月的联大会议上庄严承诺，到 2020 年，我国将实现 40%~45%节能减排目标。信息产业作为我国第五大高能耗的产业，将为建设低碳与构件绿色社会承担重大责任[4]。

绿色计算、绿色云计算概念在此应运而生，两者皆试图减少计算系统的能量消耗，进而减少对环境的影响。

绿色计算是推动科技进步和社会可持续发展的一种新型计算模式，已成为国际竞争的焦点和制高点，关系到国家政治、经济和社会安全。绿色计算涉及系统结构、系统软件、并行分布式计算及计算机网络，它以保证计算系统的高效、可靠及提供普适化服务为前提，以计算系统的低耗为目标，面向新型计算机体系结构，以及包括云计算在内的新型计算模式，通过构建能耗感知的计算系统、网络互联环境和计算服务体系，为日益普适的个性化、多样化信息服务方式提供低耗支撑环境[5]。

绿色云计算[4]，实际上就是云计算加绿色计算的概念，并结合人、环境及 IT 产品的完整性的生命周期，包括 IT 产品、绿色设计、绿色制造与调试、绿色应用、绿色服务与回收等一系列的系统工程。而在云计算中，进行有效的能效管理，并同时满足服务质量（Quality of Service，QoS）和绿色两者高标准，是当务之急。近年来，国内外学者提出了绿色云计算技术，并已取得了一系列重要的研究和应用成果。

作为建设低碳社会的重要一环，绿色计算、绿色云计算都是推动科技进步和社会可持续发展的一种新型计算模式，已成为国际竞争的焦点和制高点，关系到国家政治、经济和社会安全。发展我国具有自主知识产权的绿色计算技术，推动我国新一代信息产业的跨越式发展，对于我国在 21 世纪确立国际战略优势地位具有至关重要的意义[5]。

云服务的一个很大的优势就在于，它可以提供集成的存储和计算服务，从而达到规模效应，用户是按需支付服务，从而可减少购买的资源浪费。从云计算的出发点而言，云计算是一个绿色环保的概念，可以更好地节约能源。根据模拟软件 CLEER 的估算，如果所有的美国公司都把自己的电子邮箱程序、电子表格应用和客户管理软件都转移到集中的云服务器里，就可以把计算耗能降低 87%，节省下的能源足够让洛杉矶运转一年[6]。

然而云计算数据中心本身带来的能耗是非常巨大的，这包括了云计算服务的巨型数据中心需要的硬件设施耗电、硬件发热所需要额外的散热系统的能耗，谷歌在建立云数据中心之初甚至考虑过在沙漠建立一个电厂专门供电。

一般来说，一个占地 500 m^2 的数据中心每天消耗的电力就高达 38000 度，这一数字超过了 3500 户欧洲家庭日用电量的总和。从 2000 年到 2007 年，全世界数据中心的耗电量已从 700 亿度增至 3300 亿度，到 2020 年预计将超过 1 万亿度。此外，在 2014 年，只有 8.5%的数据中心负责人预计在 2015 年后数据中心的容量仍然够用，到 2020 年时，75%的数据中心必须要扩容。因此，到 2020 年，预计数据中心的建设规模几乎将是 2010 年的两倍，达到 780 亿美元，这让云计算的能效、对环境的影响等问题更为突出[7]。

造成这些能耗的原因是多方面的，解决方案的入手点自然也是多方面的，具体原因将在下面进行分析。

9.1.2 原因分析

随着云计算的不断发展及其需求的与日俱增，为了满足基础设施资源对于庞大计算能力及存储能力的迫切需要，越来越多规模庞大的服务器集群所组成的数据中也被组建起来。但是大规模的数据中心一旦运行起来，如果没有很好的调度算法及合理的分配方式将会造成巨大的能量浪费，这种浪费不仅会降低能量利用效率，浪费大量的资金投入，同时其能源的低效利用会造成资源的浪费及环境的污染，给环境带来巨大的压力。

近些年中国经济的粗放式发展，给环境造成了很多不可恢复的伤害，同时由于环境的恶化，空气污染、水污染、土地污染等问题已经严重影响到了人民的生产质量和生活安全，尤其是近期的雾霾天气已经影响到了国家的发展战略。自然资源的短缺现况、环境问题的日益突出及国家对低碳经济的倡导使得数据中心的能耗问题变得日益突出。然而研究表明，数据中心的资源利用率大部分情况下仅仅保持在 5%~20%，这说明服务器集群中的绝大部分服务器常处于空闲状态，而一台服务器在空闲状态的能耗也是其在满负载情况下能耗的 50%，极大降低了能量利用效率。云计算时代的到来，使成千上万的服务器汇集成一个庞大的服务器集群，成千上万的服务器集群可能会导致非常严重的能源浪费，能量的供应和环境成本也将会面临前所未有的巨大压力。以及伴随着传统能源的逐渐枯竭和环境成本的逐步提高，以及随着硬件技术的不断革新，根据摩尔定律硬件设备每单位的存储价格的价格会逐步下降，今后维护运行数据中心的费用将会超过购买硬件的费用。[8]

构建一个健全的云计算系统，首先需要一个完整的大型数据中心。数据中心需要的组件大致有[9]：存储数据的硬件设备、处理计算的硬件设备、构建通信网络的相关硬件，以及监控管理云计算的基础设施。并且，云服务商必须提供合适的应用软件帮助用户使用云服务。关于数据中心能耗构成的比例，国内外很多企业和学者都做了大量的调查与研究，虽然研究结果中各部分占比不尽相同，但能耗构成因素及排序基本相同。劳伦斯伯克利国家实验室（Lawrence Berkeley National Laboratory，LBNL）针对 12 个云数据中心能效情况的调查结果表明，数据中心的能耗分布为：IT 设备占 46%，温控设备占 31%，UPS 设备（Uninterrupted Power Supply）占 8%，照明系统占 4%，其他功耗占 11%，如图 9.1 所示[10]。

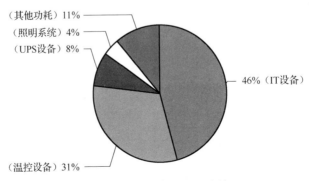

图 9.1 数据中心的能耗分布情况

IT 设备：由服务器、存储和网络通信设备等所构成的 IT 设备系统所产生的功耗，约占数据中心总功耗的约 46%，其中服务器系统约占 50%，存储系统约占 35%，网络通信设备约占 15%。

温控设备：由它所产生的功耗约占数据中心总功耗的 31%，温控设备中的空调系统已成为数据中心最大的能耗来源之一，常常被认为是当前数据中心提高能源效率的重点环节。

电源系统：由输入变压器和 ATS 开关所组成的 UPS 输入供电系统，以及由 UPS 及其相应的输入和输出配电柜所组成的 UPS 供电系统，它们的功耗约占数据中心总功耗的 8%。

照明系统：数据中心照明系统约占数据中心机房总功耗的 4%。

这几个部分都需要消耗大量的能源，也都会损失和浪费很多能源，比如在夜间温度较低时，散热系统仍在全速运行，或者系统在运行，却没有为用户提供服务。2003 年，单机柜服务器的功率密度在 0.25~1.5 kW，而到了 2014 年，这个数字上升至 10 kW，预计到 2020 年会上升至 30 kW，而且大多数服务器空载时的功率超过峰值功率的 50%，服务器的平均利用率一般只有 10%~50%。因此，一部只以 20%性能运行的服务器的能耗，可能相当于它满载时能耗的 80%。考虑到仅在 2013 年最后一个季度，新服务器的出货量就超过 250 万台，提高服务器的能效就成为第一要务[9]。

同时，在数据中心内部，各物理机器之间的连接、数据中心之间的连接，以及数据中心与互联网的连接所需的物理硬件的能源消耗也是巨大的。目前数据中心的网络成本占所有运营费用的 10%，这个数字还可能随着互联网流量的增加上涨到 50%。

根据国内外相关研究，数据中心节能涉及建筑系统、冷却系统、IT 设备系统和电气系统等多个方面，表 9.1 就罗列了目前常用的数据中心节能措施与可能的节能效果。

表 9.1 数据中心主要节能措施及效果

方面	主要措施	节能效果说明
建筑设计	机房合理选址，新型隔热材料的使用	长远节能
冷却系统	采用风冷与水冷、自然冷却相结合，以及太阳能、风能等新型冷却系统方案	预计可节电 40%~50%
	机架节能设计，防止冷热风混杂、热风回流；地下送风冷却系统需优化地板下通风设计	显著提高机房内设施能源效率，降低 PUE 值
IT 设备	刀片架构服务器取代台式或机架式服务器	预计节电 20%~44%
	选择节能服务器、存储系统和网络系统	不同产品节电差异可在 25%~40%
	虚拟机合并物理服务器，提高服务器使用率	预计可节电 20%~30%
电气系统	UPS 节能设计	降低供电设施能耗
	新型节能照明，节能电气传输等	降低辅助设施能耗

如果服务器并不提供服务，开机运行就会毫无意义地浪费大量能源。如果网络架构不合理，信息传输也会造成大量无谓的能耗。由于信息技术的能耗越来越高，在数据中心的设备中，监控和管理云计算的基础设施就变得很重要。云管理系统的作用就是提高数据中心的能效，如果使用不当，云管理系统本身也会浪费能源。应用设备（如 Java 虚拟机）的运行通常都会产生日常能源消耗，如果应用设备性能不佳，就需要更多服务器，消耗更多的能源[10]。

使用云管理系统的主要目的是对基础设施（包括服务器、虚拟机和应用程序）进行调度，以实现负载平衡。虚拟机是体现云服务优越性的最佳范例，它借助软件模拟出计算机系统，具有硬件功能，可以在完全隔离的环境中运行。有几种虚拟机的使用方法能提高云计算的能效,首先,可以让虚拟机根据负载情况重新调配资源;其次,可以为虚拟机的布置选择能效最高的物理机;最后,可以将未充分利用的虚拟机迁移至数量更少的主机上,并把一直未使用的虚拟机关闭。研究表明,即便使用简单的试探法(如在服务器持续空载一段时间后关闭服务器),也能节约大量的能源。

能效问题是解决服务器集群能耗问题的核心问题,即采取什么样的手段能够提高能源利用效率。目前针对数据中心高能效利用问题的解决方法按照范围基本上可划分为两大类:一类为如何提高单服务器级别的能量效率,另一类为如何提高服务器集群级别能量利用效率。目前针对于提高单服务器级别的能效的问题有很多相对比较成熟的技术,如不少学者提出了一种名为动态电源管理的策略。所谓动态电源管理(Dynamic Power Management,DPM),就是根据系统负载来动态地调整电源的工作状态,比如在系统负载比较轻的情况下,数据中心将部分不工作的模块关闭或将其调整为暂时休眠状态,在任务到来或增加时将其进行唤醒,根据不同的工作需求选择相应的工作状态来实现提高系统级能耗效率的目的。也就是说,在最小功能需求的情况下运行最少数量的组件或者最小化组件上的负载,只需要提供要求的服务响应和性能表现即可,从而减少不必要的能量消耗。还有一种比较成熟技术叫做动态调压调频技术(Dynamic Voltage and Frequency Scaling,DVFS),DVFS 常作为一项非常重要的技术应用在数据中心高能效利用问题中,其基本思想也是根据系统的工作负载来动态地调整工作模块的电压或者芯片的工作频率来降低不必要的能量损耗的,从而提高单个服务器能量利用效率。上面两项技术被广泛应用在 CPU 功耗控制、CPU 频率调整和专用低功耗部件等芯片级节能。

毋庸置疑,上面所描述的动态调压调频技术、动态电源管理策略和芯片级节能技术从硬件方面大大降低单个服务器能耗,提高了能耗效率,但是这些针是对单个服务器的硬件节能技术,相对大规模网络服务集群所要达到的高能效目标而言,是远远不够的。这是因为大规模网络服务集群主要是由服务器层和业务链路系统层构成的,服务器系统的运行状态及数据中心的资源分配取决于用户的访问方式和业务链路系统所提供的业务所具有的特性,这也就意味着对服务器集群的能耗效率研究必须从系统层和业务层两个方面来进行入手。

目前国内外研究服务器集群节能策略成熟的方法不是很多,下面列举几种比较典型的节能策略,如 IBM 公司提出的动态电压调节(Dynamic Voltage Scaling,DVS)机制和批处理请求机制,美国 Rutgers 大学提出的负载聚集(Load Concentration,LC)方法,以及 PID 反馈控制算法在集群节能中的应用等[1]。

综上所述,目前针对云计算中大型服务器集群的研究中,着眼于如何更好地对数据中心的任务进行调度使得数据中心的整体性能达到最优及整个中心的负载更加均衡的研究较多,缺乏针对数据中心能耗效率的研究。随着云计算的越来越普及,使用范围越来越广泛,再加上能源资源、环境因素的影响,云计算在能量消耗利用率方面的问题将日益突出,研究能够运用在大型服务器集群中的节能策略,在今后的云计算的领域中将具有主导的地位。

9.2 绿色计算

9.2.1 绿色计算定义

绿色计算是在追求计算机系统性能快速发展的前提下,不断改善环境、持续提高生活质量的背景下产生的,其大的背景可追溯到 1987 年联合国的报告《我们共同的未来》,在该报告中提出了"可持续发展"的基本概念,其基本思想立即得到广大环境保护者、经济学者和社会活动家的认可。

目前国外对绿色计算的相关研究主要集中在绿色计算的概念、计算机系统能耗和评估,以及系统改进能耗等方面。

按照维基百科的定义,绿色计算(Green Computing)是"本着对环境负责的原则使用计算机及相关资源的行为,绿色计算包括采用高效节能的中央处理器、服务器和外围设备,减少资源消耗,妥善处理电子垃圾(E-waste)"。绿色计算涉及系统结构、系统软件、并行分布式计算及计算机网络,它以保证计算系统的高效、可靠及提供普适化服务为前提,以计算系统的低耗为目标,面向新型计算机体系结构和包括云计算在内的新型计算模型,通过构建能耗感知的计算系统、网络互联环境和计算服务体系,为日益普适的个性化、多样化信息服务方式提供低耗支撑环境。在计算系统的性能不断提高、可靠性不断增强,以及应用需求丰富多样的情况下,绿色计算可以更加合理、协调地利用计算资源,以低耗方式满足日益多样的计算需求。

绿色计算顺应低碳社会建设的需求,是推动社会可持续发展和科技进步的一个重要方面。关于绿色计算的内涵和定义,已经有很多学者提出了自己的看法[11-13]。本书的理解是,绿色计算是一种环境友好型的计算模式,结合包括云计算在内的其他计算模式,通过构建低能耗的计算环境,合理的资源配置环境和高效的任务执行环境,来保证计算机系统的高效性和可靠性,以达到节能、环保的目的。作为一种新型的计算模式,绿色计算受到了工业界与学术界的广泛关注并取得了一定的成果。

业内厂商对绿色计算的概念都有不同的理解,也采取着不同的方式开发自己的产品,到现在,有一个比较认可的说法,所谓绿色计算,就是在配备 IT 产品的时候,除了需要获得高的性能之外,也要考虑电力消耗、空间占用、热耗散等因素,达到节能、环保的要求。计算机系统一般包括服务器、网络设备、外围设备、空调系统等,其耗电量相当可观。因此,节能型计算机系统的节能潜力也非常大。计算机节能,当然要从中央处理器 CPU 开始。而传统 CPU 采取在同一个芯片中制作了大量的晶体管架构,并且让它运行在极高的频率上,其结果就是 CPU 芯片消耗的电力和产生的热量日益增多,不仅增加了服务器的能耗,而且往往因为散热问题给系统设计带来麻烦。

企业在进行生产经营时,不但要考虑自身的运营成本,更要考虑到其技术产品在应用中所产生的社会成本、环境成本;不但要考虑到市场和利润,更要考虑到社会价值和环境影响,这一点在 IT 行业更显重要。事实上,用绿色科技创造社会价值,正在成为当今社会的一种共识。节能环保已成为发展的趋势,绿色也会相应地成为市场需求新特点。绿色计算技术是在节约型社会、建设绿色城市的倡导下提出的,也是芯片产业和整个计算机产业发展的趋势。消费者对健康化和节能化的理念要求逐渐成为电子产品更新换代的新标准,经济可持续发展更需要"绿色 IT"的鼎力支持[12]。

9.2.2 节能机制

伴随着云计算应用范围的逐渐增大,数据中心的规模和数量也随之增加,但是对于大型数据中心的维护和管理需要耗费巨大的能量,所造成的环境问题也随之而来。一份来自国际数据公司(International Data Corporation,IDC)的调查显示,在信息时代发展的几十年中,数据中心计算和温控所造成的能量消耗已经较以往翻了 4 番,并且这一数字随着时间的推移肯定会继续增加。因此越来越多的人将研究的重点放在数据中心的能耗管理方面。目前大多数的数据中心为了保证数据存储和计算结果的可靠性，往往会配置更多的存储及计算资源用于数据备份及副本容错，然而当整个数据中心的负载降低以后，分配的较多的资源不能在短时间内被释放掉，这无疑增加了数据维护的费用。根据一项比较权威的调查表明，数据中心中部分服务器中的 CPU 利用率甚至不到 10%，不只是 CPU 利用率较低，其他像内存、硬盘、网络资源也有类似的问题，这些问题导致了数据中心比较严重的能源浪费。在之前研究数据中心能耗的解决方案过程中，也有很多有效的调度策略被提出，但是该类方法节能的重点基本放在如何降低数据中心某一个子系统或者子部件的能量，相对于针对整个数据中心的调度的节能而言其节能效果并不明显。目前针对云计算数据中心的节能策略主要有两大方向：第一主要是针对单个服务器的节能策略；第二是针对整个服务器集群的节能策略[1]。

1. 能耗模型及评价

能耗及其评价问题是实现绿色计算的核心问题之一，通过研究能效及其影响因素间的关系，建立能耗模型与评测机制，是实现绿色计算的前提。能耗问题涉及计算系统的各个方面，包括硬件芯片、存储部件、体系结构、编译器、操作系统、通信网络、应用软件等，这些方面依赖关系复杂，研究难度大[5]。林闯等人将能量作为一种系统资源，将能耗管理和控制问题归结为资源管理和配置问题，在对绿色网络的机制和策略详尽调研分析的基础上，提出基于随机模型的绿色评价框架，为绿色网络的评价体系创造了前提[13]。文献[14]通过对操作系统的能耗实验数据进行分析，得到服务例程级的宏模型，即能耗与通信量、软件的算法复杂度和路径基本块关联信息等高层度量特征之间的关系；文献[15]提出了一种对科学计算应用能耗和功耗特性建模的方法，该方法适用于分布式计算系统；文献[16]提出了一种基于组件的并行科学计算应用功耗和性能模型。

2. 低功耗硬件

处理器的多核技术是提高处理器计算能力的一种重要手段，然而，多核技术使得处理器的功率不断增加，功耗问题更为突出。如何实现高能效比是这些处理器设计的一个重要指标。采用最新的架构、最新的工艺和最新的节能技术，可以在很大程度上实现高性能、低能耗。各大硬件制造商，尤其是 CPU 芯片制造商（如 Intel、AMD）不断改进工艺，降低 CPU 能耗。文献[17]深入研究了处理器能耗优化的问题，提出了基于处理速度的能量消耗函数，采用速度缩放策略，将能耗优化问题抽象为最优任务调度问题。

固态硬盘取代机械硬盘可以很大程度上降低硬件的功耗[18]。机械硬盘从待机状态切换到工作状态，需要进行电机加速，移动磁头臂需要的瞬时电流达到硬盘正常工作电流的 2 倍以上。而固态硬盘的启动电流几乎和工作电流一样，因此电源无须进行额外的功率设计。再者，固态硬盘只需极短时间就能从待机状态切换到工作状态，所以不断将固态硬盘切换到待机状态，不会增加额外的功耗，反而能减少功耗。

除了处理器和硬盘外，还有很多因素决定了服务器硬件层面上的功耗。文献[19]在设计数据存储系统时采用超低功耗存储节点，硬件电路板的耗电量仅为 5 W，从硬件层面上降低了系统功耗，同时为系统的高度集成打下了基础。Google 对服务器主板进行修改，并利用蓄电池来提高能源的利用率。对于不同类型的服务器应该结合能耗和性能加以平衡，从而实现真正意义上的高效能绿色计算。

3. 体系结构

为了降低系统的能耗，工业界和学术界都在不断地研究和改进计算机的体系结构。例如，以通用处理器为主，专用处理器为辅的异构计算机，通过两种处理器的协作可以得到良好的能效比。文献[20]提出了一种新颖的集群体系结构，用于处理大规模数据密集型任务，该结构具有性能优异和系统功耗低的优点。Gordon 是针对高度并发的数据型任务提出的一个基于 Flash 存储器的集群系统，该系统处理速度快，但功耗较低[21]。然而，目前计算机体系结构的低功耗研究主要集中于通用型体系结构，而针对我国自主研发的处理器的低功耗研究很少，因此迫切需要开发拥有我国自主知识产权处理器的高性能、低功耗计算机系统。

4. 关闭/休眠技术

关闭/休眠技术也是常用的实现分布式系统节能的技术，该技术通过关闭或休眠空闲节点的方式来降低空闲能耗。文献[22]采用休眠负载较轻的节点，减少系统的能耗。这种方法创新性地把研究的焦点从动态节点转移到空闲节点，即通过休眠空闲的节点来减少能耗。该策略假定休眠后节点的能耗为 0，且不考虑休眠节点存储的副本，但是在实际应用中必须考虑这两个问题。关闭/休眠技术的缺点是当需要的节点不满足需求时，重启节点需要很长时间，这会导致系统的响应时间变长，影响用户体验。该技术一般提前设定或预测需要关闭/休眠主机或关键部件的时机，所以，对于拥有大量计算资源的云系统而言，关闭/休眠技术需要解决的难题是在已知单位时间任务的到达量的前提下，确定需要关闭/休眠多少主机，以及关闭哪些主机等问题。

5. 动态电压调整技术

根据系统实时负载的大小调节系统部件功耗的大小，在降低能耗的同时可以保证性能，典型的代表是动态电压调节技术。文献[23]提出一种基于能耗感知的启发式任务调度算法，动态调整同一任务执行时的电压，该算法采用能耗梯度作为任务调度的评价指标，同时又考虑任务调度的顺序。文献[24]提出了一种基于时间片的 DVS 能耗优化算法，预测任务的执行时间，针对预测不准确的问题，预测偏长时降低电压来降低能耗；预测偏短时将未完成部分作为一个新的任务重新调度。文献[25]根据当前包任务的执行情况进行预测，保证在用户定义的 Deadline 前完成任务，动态调整处理器的运行电压，降低系统的能耗。文献[26]提出了一种基于 DVS 技术的启发式调度算法，用来降低任务的执行能耗，但是 DVS 应用于云计算系统时，会遇到以下问题：①任务到达系统的时间是不确定的，所以到达任务的类型很难预测；②就算能够预测任务的类型，适合该任务的处理器电压也很难确定；③DVS 主要用来降低主机处理器的能耗，但用来优化整个主机或整个云计算系统的能力有限。

6. 网络通信

网络通信的节能研究一般通过减少网络中的无用能耗，提高资源的利用率来达到节能的目的。文献[27]针对当前网络能效算法研究的局部性，从全局角度出发研究网络的能耗问题，提出了优化的节能路由算法，但是该算法不能直接用于基于分布式路由器的网络。网络环境的节能研究一般通过优化网络的拓扑结构来节约能耗，其中绿色代理技术与休眠机制的结合的研究最为广泛。Nordman 引入绿色代理技术，通过代理端在需要节点工作时唤醒节点，减少了能耗，但并不降低网络的性能[28]。

可见，对于节省能耗，是可以从很多过程入手的，要实现绿色计算、保护环境，需要软、硬件同时下手，两手抓，两手都要硬，才有可能实现绿色计算这个目标。

9.3 绿色云计算

9.3.1 绿色云计算定义

如果对云计算做出一种通俗易懂的解释的话，那么云计算就可这么进行理解：你只要拥有一台可以连接网络的终端设备，如智能手机、PC、笔记本电脑、PDA 等，这些设备一旦通过网络连接上云端，那么你将享受云给你带来的一切服务。例如云可为你提供无法想象的计算能力，你将拥有无限制的内存，各种应有尽有的软件可以直接使用，同时也不用担心各种病毒给你带来的困扰。只要能连上网络，云就可提供你所需要的各种请求。云计算的基本原理是，通过网络将不在同一地理位置的服务器资源整合在一起形成一个庞大的计算机集群，同时构建统一的数据中心统一管理云中的所有资源。这样做完全改变了以往我们使用计算机的方式，以前使用计算机只拥有固定的计算能力和存储资源，现在只需要一台终端设备就可拥有以前不敢想象的资源，这可以说是信息时代的一场革命，它将原本分散有限的计算资源汇集在一起进行统一管理，只要拥有一台终端设备并付少量的网络费用就能享受之前根本无法想象的服务，包括无限的存储能力、网络资源，甚至像超级计算这样的服务也将触手可及，极大地降低了人们使用计算机的成本，同时提高了服务器资源的利用效率[29]。

通过前面章节，我们知道云计算是一种按需而用、随需而变、快速部署、瞬时释放的服务方式，通过网络有效地聚合被虚拟化的计算机资源，基于数据中心为单一或多用户提供动态、高性能比、弹性规模扩展的查询、存储和各类信息服务[30,31]。云计算作为环保、绿色标志，一方面仅需要最少的管理、最少的沟通，而实现对服务的快速获取触手可及的信息；而另一方面，云数据中心的能耗是极其惊人的，如 Google 云数据中心每年消耗电能为 1 亿度，在数据中心的运营成本中，能耗占了 40%，到了 2020 年仅世界范围内的数据中心耗电将超过 1 万亿度，占全球总耗电量的 1%。云计算的高能耗，对能耗与环境的影响越来越突出。

云计算通过互联网上异构、自治的服务为个人和企业用户提供按需即取的计算。由于资源是在互联网上，而在电脑流程图中，互联网常以一个云状图案来表示，因此可以形象地类比为云，云同时也是对底层基础设施的一种抽象概念。IBM 认为云计算是一种新兴的信息技术基础设施，它可以更巧妙地使用计算资源，从而更智能地处理大量数据。业务或客户服务以一种简化的方式交付，拥有无限的规模、出众的质量，以用户为中心的设计可以促进快速创新和高效决策制定。可以说，云计算是一种基于互联网的、大众参与的计算模式，其计算资源（计算能力、存储能力、交互能力）是动态、可伸缩且被虚拟化的，以服务的方式提供。这种新型的计算资源组织、分配和使用模式，有利于合理配置计算资源并提高其利用率，促进节能减排，实现绿色计算。

相关研究和实践证明，云计算既不是什么计算，也不是一项单纯的技术概念，而是一个如何在现有互联网的基础上把所有硬件、软件结合起来，充分利用和调动现有一切信息资源，通过构架一个新型的服务模式，或者能提供服务的一种新的系统结构，为人们提供各种不同层次、各种不同需求的低成本、高效率的智能化的服务及信息服务模式的改变[31]。

而绿色云计算（Green Cloud Computing）实际上就是云计算加绿色计算的概念，并结合人、环境，以及 IT 产品的完整性的生命周期，包括 IT 产品、绿色设计、绿色制造与调试、绿色应用、绿色服务与回收等一系列的系统工程。绿色云计算可以定义为，在云计算模式中，一种以环境为中心，在低碳目标的指引下，旨在构建成低能耗、节约、环保的计算机系统，其本质是要实现云计算的可持续发展，最大限度地减少云系统对环境的影响，最大限度地提高计算机资源的使用效率，实现对能量消耗的最小化，最终实现人、环境和效益间的利益均衡[32]。

9.3.2 相关技术简介

如何减少云数据中心的能源消耗，实现高效能绿色云计算成为影响可持续发展和低碳节能的一个重要方面。目前针对云计算系统的能耗问题及节能减排措施也已经有了一系列的研究成果。文献[33]提出了基于动态定价策略的数据中心能耗成本优化方案，首先对服务价格和能耗成本建立统一的模型，同时优化服务价格与能耗成本之间的关系，使数据中心的收益最优；数据中心采用基于重载近似的大规模排队模型来建模，根据不同数据中心的服务请求量和电价的差异，设计一种多数据中心间的负载路由机制，来减少数据中心的整体能耗成本；同时针对单个数据中心，定义双阈值策略，动态调整节点的状态，进一步优化数据中心能耗成本。文献[34]定义了能效的测量方法及其计算公式，并推导出产生最大能效的条件；改进了 CPU 工作状态与计算机功率之间关系的数学表达式，以方便能效的计算；为了简化能效的测量，通过 CPU 使用率和频率来计算能效；同时分别针对云环境中的 CPU 密集型、I/O 密集型及交互型运算的能效进行了评估。

本节针对目前云计算的节能优化措施进行了详细的研究与分析，具体内容如下。

1. 虚拟化技术

虚拟化技术在一台主机上虚拟出多个虚拟机，将若干个任务分配到这些虚拟机上运行，通过提高主机资源的利用率，来减少所需主机的数量，从而降低能源消耗[35]。文献[36]提出了一个能源模块化管理模型，包括主机级子系统和虚拟机级子系统两个组件。主机级子系统负责调控整个系统的能耗，根据应用请求合理地分配所有的硬件资源，每个虚拟机的能耗不能超过相应阈值，使得系统有能力针对特定应用进行细粒度的能源管理。虚拟机级子系统重新分配虚拟机的硬件资源，确保每个任务消耗的能源不超过相应阀值。然而该模型只考虑磁盘活动与空闲两种模式，节能效果不佳。文献[37]融合了虚拟化技术与功耗管理机制、策略，提出了一种在线功耗管理方法，部署于大规模数据中心。该方法可以在每一个虚拟机上独立，同时能够从全局来控制和协调同一个虚拟化平台上的不同虚拟机之间、不同虚拟化平台之间的功耗管理策略，实现功耗的全局优化管理。文献[38]提出了一项关于基于负载感知的虚拟机在线调度器的研究成果，探索了多虚拟机共存于同一节点导致的性能干扰，以及对 CPU 温度变化的影响，还提供了一种云环境下的分布式能耗管理机制。文献[39]提出了一个由动态虚拟机部署管理器和基于效用的动态虚拟机供给管理器组成的资源管理框架，通过建模约束模型，实现全局效用最大化，同时满足 SLA，使得云计算基础设施能量相关的操作开销最小化。

虚拟化技术是实现云计算节能的一种方式，通过将物理资源抽象为虚拟资源的方式，提高了资源的利用率。但是，虚拟化本身要付出较高的能效代价，且虚拟化的层次越深代价越高。因为虚拟化技术是一层一层进行虚拟化的（从最低层的硬件到最高层的应用），每一层的虚拟都要付出能效的代价；仅采用现有的虚拟化技术，在云计算系统性能和能效方面的优化效果是有限的；现有的虚拟机管理器不能与其上层支撑的多操作系统相互传递能耗特征，也不能感知上层应用的负载和运行状况，导致在实现任务调度时能效比不能令人满意。

2. 资源配置

采取合理的资源配置策略，调整资源的需求，不仅能够保证云计算系统具有足够的计算/存储资源来完成用户提交的各种不同类型的任务，还能提高系统资源的利用率，降低能耗。一种有效的方法是根据动态变化的负载请求、资源利用状况等对集群系统中的资源进行动态配置，在保证用户服务质量的情况下提高集群的资源利用率，实现绿色计算。

文献[40]提出的算法仅适用于小规模集群，当集群达到一定规模，算法导致系统时间开销巨大，不能满足实时性任务的需求。

文献[41]主要将虚拟数据中心环境下虚拟机的放置问题建模成多目标优化问题，采用分组遗传算法和模糊多目标评价的方法来达到高效使用多维资源等设计目标，但没有考虑工作负载的类型，同时算法复杂度较高。

文献[42]采用关闭/休眠技术，尽量将虚拟机分配给一些激活的主机，将剩余的主机置于节电状态，以减少数据中心的能量消耗。针对应用场景，建立数学模型，将虚拟机放置问题抽象为一个布尔整数线性规划问题，提出一种启发式算法来解决这个问题。

文献[43]提出了一种云计算环境下基于最小相关系数的节能虚拟机放置方法，该方法使用模糊层次分析法尝试在服务水平协议和低能耗之间进行权衡。

文献[44]通过设计虚拟机的调整机制来实现绿色计算，达到节能目的。

文献[42-44]都只局限于具体的应用场景，并没有考虑到负载的变化。

文献[45]直接利用二次指数平滑算法实现负载的预测，忽略了较大预测误差的存在，并同样采用分组遗传算法实现资源的配置，算法复杂度高。

文献[46]提出了一种面向能耗最小化的虚拟机部署策略，首先根据服务器的能耗模型，以贪婪方式计算数据节点的目标利用率，反复选择单位容量增长能耗最少的数据节点作为虚拟机部署地点，直至完成所有虚拟机的部署地点的确定；然后基于最先适配递减算法来完成虚拟机的部署任务，通过将虚拟机部署到预定的节点集合上，同时满足每个数据节点的目标利用率，使得所有数据节点的能耗最小化。

文献[47]设计了一种启发式算法来实现虚拟机的迁移，针对虚拟机的部署设置数据节点CPU 利用率的单阈值上限，用 CPU 资源预留的方法，保证 SLA 的实施，并采用最优适配递减算法来重新分配虚拟机资源。

文献[48]针对异构云计算环境，采用调度优先级约束的平行双目标混合遗传算法来解决资源分配问题，以达到处理时间最短和能耗最低的目标。

文献[49]提出一种云环境下的节能调度算法，采用神经网络技术来预测负载，将多种资源融合以实现资源最小化分配，把资源配置问题抽象为多维装箱问题，即最小化能耗问题转化为求解最小化箱子数量问题。

文献[50]指出在一个共享的虚拟计算环境中，负载的动态变化，以及应用程序的不同质量需求，使得它们产生动态的资源需求，现有的静态资源配置导致低资源利用率及低用户满意度，因此提出一个两层的资源按需分配机制，即局部和全局资源分配与反馈机制。该机制在资源竞争时根据实时计算力需求，优先保证关键应用程序的性能，从而提高资源利用率，降低系统能耗。

在云计算中，低利用率的资源仍然消耗大量能耗，因此文献[51]提出了两个资源感知的启发式任务整合算法，旨在最大化资源利用率，同时考虑激活能耗和空闲能耗。

综上所述，大多数资源配置算法都没有考虑到如下四点。

（1）云数据中心的规模，当数据中心的规模达到一定程度时，算法的执行时间会成指数级增长，不能满足用户对响应时间的要求，因此不适用于大规模云数据中心。

（2）任务的多样性，算法仅针对一种类型的任务（如 Web 型任务），而未考虑云数据中心可能接收任务的多样性。适用于特定类型任务的算法，可能不适用于其他类型的任务，因此不能处理多种类型任务的情形，这显然是不合理的。

（3）调整的时机，有些研究工作只根据当前时刻的任务到达量来进行调整，没有考虑调整算法及节点调整的时间开销，导致调节落后于负载请求的变化。

（4）预测算法的准确性，不论采用何种预测算法，预测值都有可能存在或多或少的误差波动，导致出现预测值小于实时负载值的情况，系统实时性要求得不到保障，除此之外，预测值的频繁波动，导致系统稳定性极差，不能满足实际需求。

3. 任务调度

合理的任务调度算法可以提高任务的执行效率和系统资源的利用率，减少整个集群的总能耗。

文献[52]针对云系统在运行期间由于节点空转造成的能源浪费，以及由于任务调度的不匹配而产生的能源浪费问题，提出一种基于任务调度的能耗优化管理方法，分别针对上述两个能耗提出优化策略。在此基础上，进一步提出满足性能约束的最小期望执行能耗调度算法。由于算法是基于任务达到随机性建立任务模型的，没有考虑真实的云计算系统任务达到的特性。

文献[53]提出的任务调度优化模型，通过将任务调度到最低数量的服务器上来降低云数据中心的能耗，同时又保证任务的响应时间。采用贪婪算法计算需要激活服务器的数量，遵循优先将任务调度到最高效的服务器上的原则。同样的，仿真实验时任务到达用指数分布来描述，未考虑实际的云数据中心任务到达场景。

文献[54]针对采用复制并行调度可以减少后续任务的等待时间并减少任务的总执行时间，但会产生附加能耗的问题，提出了一种并行任务节能调度优化方法。该方法通过将负载较轻的处理器上的任务调度到其他处理器上执行的方式，通过减少系统所用处理器的总数，来降低系统的能耗。该方法在理论上可以达到预期的效果，但是在实际应用中很难确定每个任务的结束时间。

文献[55]提出的面向大规模云数据中心的低能耗任务调度算法，引入胜者树作为模型将任务节点作为该树的叶节点，以低能耗为目的两两比较并选出最终的节能者。同时将不同的任务赋予不同的优先级，以处理多个任务同时调度的问题。该算法假设每个到达任务对资源的需求是已知的，但是实际中这是很难确定的。

文献[56]提出了基于能耗感知的启发式任务整合算法，通过检测每个资源，把能效最高的资源分配给任务。

文献[57]提出一种基于任务复制策略的任务调度算法，减少整个任务集的执行时间，同时消除部分任务的通信能耗；针对算法导致的任务执行能耗倍加问题，进一步引入遗传算法和蚁群算法，提高算法的进化速度，减少算法的时间开销，通过牺牲较小的调度时间来降低任务执行的能耗。

文献[58]设计了一种启发式任务调度算法，采用动态电压调整技术来降低并行任务的执行能耗，搜索非关键任务的空闲时间，在保证不增加作业整体执行时间的情况下降低能耗。

文献[59]致力于在保证最大完工时间的同时降低能耗，算法识别出效率低下的处理器，关闭它们以减少能耗，然后任务被重新调度以使用更少的处理器，进一步降低能耗。然而，算法只限定于特定类型的任务，适用性不是很高。

4．数据存储与部署

目前，国内外的不少研究人员已经开展了云计算中的节能型数据存储和部署的研究工作。

文献[60]对绿色节能数据存储展开了研究，提出了一种基于布局的虚拟磁盘节能调度方法，在将用户请求调度到目标磁盘时考虑了响应时间及动态优化等因素，将磁盘阵列分为工作区与就绪区，用户请求调度到工作区，并根据实时负载动态优化虚拟磁盘布局。

文献[61]在对磁盘的节能管理进行了详细的定量分析后，指出应该在磁盘休眠 2 s 后将其切换为休眠模式，以使能耗最小化。

文献[62]重构虚拟机的读写操作（特别是写操作），以及提前释放虚拟化层上的休眠前缓冲区，来使磁盘的休眠时间最大化，从而节约能源。然而①该方法是基于虚拟机与磁盘的，属于系统盘的调度范畴，所以与独立于虚拟机的数据盘的调度不同；②物理内存不支持低功耗模式，因此节能的空间不大；③虚拟机自带的磁盘较小，且与虚拟机是紧耦合的，因此用户一般不会选择系统盘来存数据，而是选择一块独立的虚拟磁盘。

文献[63]基于多数据中心的云计算环境，提出一种三阶段数据布局的策略，对跨数据中心数据传输、全局负载均衡和数据依赖关系这三个目标对数据布局方案进行设计和优化。

5．网络结构

文献[64]构建了一种面向云数据中心底层网络的体系结构，旨在提高数据中心网络的吞吐量，以及网络带宽分配的灵活性。

文献[65]针对目前设计数据中心网络拓扑时未考虑云计算自身特点的问题，提出了一种基于 BCube 和 Fat-tree 结构的网络拓扑结构，该结构具有直径小、连通性高、可拓展性强等优点。

文献[66]指出可以通过提高服务器与交换机数量比的方式降低能耗，在深入研究新型数据中心的网络结构后，提出了一种新型雪花结构，提高数据中心的扩展性、减少网络开销。

文献[67]针对不同节点上的虚拟机之间的通信需求，考虑数据中心网络带宽、延迟等因素，提出一种基于数据传输时间最小化的虚拟机部署策略，实现网络层面上的系统优化。

6．温控设施

云系统的配套温控设施耗电成本极大，为了节能和降低开销，Google 云数据中心采用自然冷却策略，将数据中心建设于气候寒冷的地域，来降低温控设备的能耗；同时采取多项节能措施（如蒸发冷却塔），并在环境温度超标时关闭数据中心，将任务请求迁到其他低气温地域的数据中心中,但这种机制不适用于基于单一数据中心的云计算系统。Microsoft 的"集装箱"式数据中心在一个集装箱中放置 2200 台机器,这种方式增强了部署的灵活性和机动性,但随之产生了狭小空间的散热问题。Microsoft 采取了一系列节能措施来应对这个问题,节约了 25%的能耗。

文献[68]提出一种基于温度感知的数据中心任务放置策略,包括基于区域的离散化策略和热量再流通最小化策略,从降低温控设备能耗的角度来节约温控开销,同时提高硬件的稳定性。

文献[69]提出了基于功耗感知的高性能计算程序动态部署机制。

9.3.3 绿色云计算模型

本节针对目前现有的云计算系统存在能耗大,效率低下等问题,建立一种高效能、低能耗的绿色云计算系统模型。该模型通过资源配置和任务调度子模块实现系统内部计算与存储设备的配置和调度,通过能耗监测和温控子模块实现外部监控系统的控制和调节,重点从绿色云计算系统内部考虑,设计一种具有低能耗、高效率的资源配置和任务调度子模块。其中,资源配置子模块保证云计算系统具有足够的计算/存储资源来完成用户提交的各种不同类型的任务,任务调度子模块实现云计算系统对不同类型任务的实时调度。

1. 系统模型

为了达到绿色云计算节能、高效的目标,设计一种合理的云计算系统模型是必需的。本章从实现绿色云计算的内部和外部因素出发,设计了如图 9.2 所示的绿色云计算系统模型。

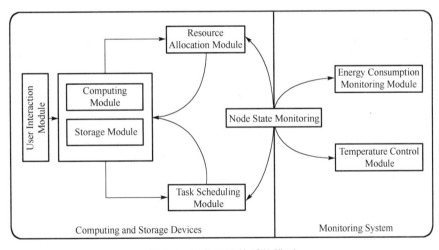

图 9.2 绿色云计算系统模型

为了更加具体地描述该模型,我们先从功能上将云计算系统的集群节点进行两类划分:管理节点(Master Node,MN)和任务节点(Task Node,TN)。当作业到达云系统后,管理节点按照一定规则将其切分成若干个任务,并部署到合适的任务节点上。任务在任务节点上运行,得到结果,返回给管理节点。

(1)用户交互模块(User Interaction Module,UIM):用户和云端资源交互的接口,该模块帮助用户简化任务的提交过程,帮助用户实时高效的获取任务的响应。

(2)计算模块(Computing Module,CM)与存储模块(Storage Module,SM):这两个

模块由管理节点和任务节点组成，负责具体任务的执行和存储工作，实现用户与云端计算/存储资源的交互。

（3）资源配置模块（Resource Allocation Module，RAM）：对于整体的云计算系统而言，对某种类型的任务节点需求量表现为对某种计算与存储资源的需求量，而资源配置模块负责资源的总体配置，统筹全局的资源分配。为了实现高效可靠的资源配置，资源配置模块需要从全局出发，设计一种合理的资源配置模型，其中包括预测子模块、资源调度器子模块等，采取合理的资源配置策略调整资源的需求，保证云计算系统具有足够的计算/存储资源来完成用户提交的各种不同类型的任务。

（4）任务调度模块（Task Scheduling Module，TSM）：负责各个不同类型的任务调度，从局部（即任务节点）的角度提高不同类型任务的执行效率，降低管理节点的负担。为了实现高效可靠的任务管理，TSM 需要设计一种合理的任务调度模型，配合高效的任务调度算法，提高系统资源的利用率，减少整个云计算系统的总能耗。

（5）节点状态监测（Node State Monitoring，NSM）：负责监测管理节点和任务节点的各种状态，包括任务的执行状态、节点的温度和资源利用率等各类信息，将这些信息汇总并分类汇报给相应的模块，帮助整个云计算系统实现绿色计算。

（6）能耗监测模块（Energy Consumption Monitoring Module，ECMM）：负责监测整个云计算系统的能耗。

（7）温控模块（Temperature Control Module，TCM）：负责监测外界环境温度，根据收集的实时系统温度进行合理性调节，降低系统能耗。

从上述的功能描述可知，资源配置和任务调度子模块是实现绿色云计算系统内部的核心，也是本章研究的重点，必须设计一种合理的资源配置模型和任务调度模型。

2. 资源配置模型

本节结合资源配置模块（RAM）对于云计算系统的全局需求，提出了一个新型的绿色云计算资源配置模型，其架构如图 9.3 所示，该模型分为三个模块，包括预处理模块（Preprocessing Module）、调度模块（Dispatching Module）和执行模块（Executing Module）。

（1）预处理模块：负责作业的预处理工作，主要功能是周期性地预测系统的作业请求量，为资源调度提供数据，从而能够有效地避免资源配置滞后于用户请求的问题。系统首先读取存储在磁盘上的历史负载数据，根据读取的历史数据，结合当前系统的实时负载量，负载预测器（Predictor）采用合适的预测算法对云数据中心下一个周期内的作业请求量进行预测，并将预测结果汇报给系统的资源调度器（Resource Scheduler，RS）。

（2）调度模块：包括资源调度器（RS）和任务管理器（Task Manager，TM），其实际的工作由 RS 和 TM 完成。根据预测负载量的大小和当前任务集群（Tasknode Cluster）的负载状况，RS 采取适当的控制策略，对下一个周期内的任务请求所需的资源（包括虚拟机和物理主机资源）进行预配置，调整执行模块中开启的主机节点（Host）和运行的相应类型虚拟机（VM）的数量。

（3）执行模块：实际负责任务的执行，物理主机被虚拟化为一个资源池（Resource Pool），任务在相应类型的虚拟机上运行。假定资源池能满足用户请求，即对于用户来说，资源是无限的，在满足用户计算需求的前提下提高任务集群的资源利用率，减少整个集群系统的能耗。

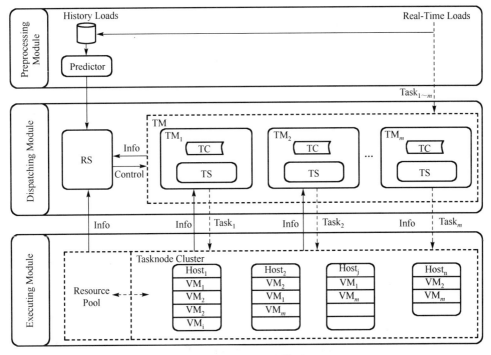

图 9.3 资源配置模型

具体流程描述为：当作业到达时，首先被预处理模块切分归类，定位为 $Task_i$。将任务 $Task_i$ 分发到相应类型的任务管理器（TM_i）中。由其中相应的任务调度器（Task Scheduler，TS）以尽可能最优的方式将到达的任务调度到对应类型的虚拟机上执行。同时，比较实时负载和预测结果，将超出预测的负载存储在任务缓存（Task Cache，TC）中，反馈给资源调度器（RS），做出相应的资源配置优化，解决预测结果和实际负载相偏差带来的问题。

3．任务调度模型

本节根据系统模型任务调度模块（TSM）的需求，介绍一种高效可靠的任务调度模型，优化现有的任务调度机制。该模型如图 9.4 所示，主要由监控模块（Monitoring Module）、任务获取模块（Task Capturing Module）、任务执行模块（Task Running Module）和通信模块（Communication Module，CM）组成。

（1）监控模块：部署于任务节点端，负责检测节点的负载状况（资源使用情况），将信息汇报给任务获取模块（Task Capturing Module）。

（2）任务获取模块：部署于任务节点端，负责采用合适的任务获取机制。节点根据监控模块检测的结果判断自身状态，依此进行调节，改变任务获取的方式，适应自身的负载变化，实现集群节点的自调节。

（3）任务执行模块：实现任务的具体执行。

（4）通信模块：负责节点之间的通信。

节点监测和任务获取机制都是在 Task Node 端进行的，因此，能够在保证集群响应实时性的同时，避免 Master Node 采用复杂调度算法而产生巨大的系统开销。

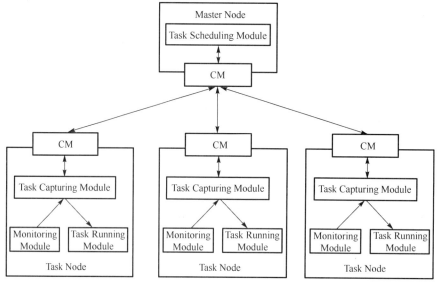

图 9.4 任务调度模型

9.4 本章小结

本章概述了与绿色计算、绿色云计算相关的技术及概念。首先概述了云计算技术的相关概念、体系架构、关键技术、典型的云平台和仿真技术；在此基础上，从能耗模型及评价、低功耗硬件、体系结构、关闭/休眠技术、动态电压调整技术、网络通信等方面对绿色计算的研究成果进行了详尽分析和总结；最后从虚拟化技术、资源配置、任务调度、数据存储与部署、网络结构和温控设施等角度出发，对云计算中的节能技术进行了详细阐述和分析。

本章从实现绿色云计算的内部和外部因素出发，设计了一种高效而可靠的绿色云计算系统模型，重点着手于系统内部的资源配置模块和任务调度模块，针对这两个子模块的实际需求，给出了具体的实施方案。设计的资源配置模型使得系统资源配置更加合理，提高了系统资源的利用率，降低了云计算系统整体的能源消耗；任务调度模型能够保证云计算系统具有合理的任务调度机制。

参 考 文 献

[1] 朱赛. 云计算环境下的网络服务器集群节能技术研究和绿色配置策略设计[D]. 合肥工业大学，2014.

[2] 中国日报. 绿色云计算——让科技与环保同行[EB/OL]. [2011-12-01]. http://www.chinacloud.cn/show.aspx?id=8046&cid=12.

[3] 联合国. 我们共同的未来[EB/OL]. [2016-12-21]. https://wenku.baidu.com/view/64766a0490c69ec3d5bb75c8.html.

[4] 丘晓平. 云环境下绿色计算技术及发展趋势[J]. 现代计算机：普及版，2015(12):38-42.

[5] 过敏意. 绿色计算:内涵及趋势[J]. 计算机工程，2010, 36(10):1-7.

[6] 光明日报. 云计算节能之路[EB/OL] [2015-07-27]. http://www.360doc.com/content/15/0726/23/1302411_487612940.shtml.

[7] IDC 公布全球数据中心 2015 年预测报告[J]. 电源世界，2015(1):12-12.

[8] 数据中心能耗及其指标[J]. 中国教育网络, 2014(7):24-24.

[9] 史晓雨. 数据中心中自适应绿色控制技术研究及其应用[D]. 电子科技大学, 2015.

[10] 郭兵, 沈艳, 邵子立. 绿色计算的重定义与若干探讨[J]. 计算机学报, 2009, 32(12): 2311-2319.

[11] 黄昆. 绿色计算, 计算未来[J]. 中国经济和信息化, 2006（Z2）:40-40.

[12] 孙大为, 常桂然, 陈东, 等. 云计算环境中绿色服务级目标的分析、量化、建模及评价[J]. 计算机学报, 2013, 36(7): 1509-1525.

[13] 林闯, 田源, 姚敏. 绿色网络和绿色评价:节能机制、模型和评价[J]. 计算机学报, 2011, 34(4): 593-612.

[14] Tan T K, Raghunathan A, Jha N K. Energy Macro-modeling of Embedded Operating Systems [J]. ACM Trans on Embedded Computing Systems, 2005, 4(1): 231-254.

[15] Feng Xizhou, Ge Rong, Cameron K W. Power and Energy Profiling of Scientific Applications on Distributed Systems [C] //Proc of the 19th Int Parallel & Distributed Processing Symp. Colorado: IEEE, 2005: 34-34.

[16] Bui V, Norris B, Huck K, et al. A Component Infrastructure for Performance and Power Modeling of Parallel Scientific Applications [C] //Proc of the 2008 compFrame/HPC-GECO workshop on Component-Based High Performance Computing. Karlsruhe: ACM, 2008: 6-6.

[17] Yao F, Demers A, Shenker S. A scheduling model for reduced CPU energy [C] //Proc of the 36th IEEE Symp on Foundations of Computer Science. Wisconsin: IEEE, 1995: 374-382.

[18] Intel. SSD-320-specification [EB/OL]. (2013-10-10)[2012-10-21]. http://www.intel.eu/content/www/eu/en/solid-state-drives/ssd-320-specification.html.

[19] 马玮骏, 吴海佳, 刘鹏. MassCloud 云存储系统构架及可靠性机制[J]. 河海大学学报（自然科学版）, 2011, 39（3）: 348-352.

[20] Andersen D, Franklin J, Kaminsky M, et al. FAWN: A fast array of wimpy nodes [C] //Proc of the ACM SIGOPS 22nd symp on Operating systems principles. New York: ACM, 2009: 1-14.

[21] Caulfield A, Grupp L, Swanson S. Gordon: using flash memory to build fast, power-efficient clusters for data-intensive applications [C] //Proc of the 14th Int Conf on Architectural Support for Programming Languages and Operating Systems. New York: ACM, 2009, 44(3): 217-228.

[22] Leverich J, Kozyrakis C. On the Energy (In)efficiency of Hadoop Clusters [J]. ACM SIGOPS Operating Systems Review, 2010, 44(1): 61-65.

[23] Lee K G, Veeravalli B, Viswanathan S. Design of fast and efficient energy-aware gradient-based scheduling algorithms for heterogeneous embedded multi-processor systems [J]. IEEE Trans on Parallel and Distributed Systems, 2009, 20(1): 1-12.

[24] Kang J, Ranka S. Dynamic slack allocation algorithms for energy minimizationon parallel machines [J]. Journal of Parallel and Distributed Computing, 2010, 70(5): 417-430.

[25] Kim KH, Buyya R, Kim J. Power Aware Scheduling of Bag-of-Tasks Applications with Deadline Constraints on DVS-enabled Clusters [C] //Proc of the 7th IEEE Int Symp on Cluster Computing and the Grid. Rio De Janeiro: IEEE, 2007: 541-548.

[26] Wang Lizhe, Laszewski G, Dayal J, et al. Towards energy aware scheduling for precedence constrained parallel tasks in a cluster with DVFS[C] //Proc of the 10th IEEE/ACM Int Conf on Cluster, Cloud and Grid Computing. Melbourne: IEEE/ACM, 2010: 368-377.

[27] 张法, 王林, 侯晨颖, 等. 网络能耗系统模型及能效算法[J]. 计算机学报, 2012, 35(3): 603-615.

[28] Nordman B. Saving Large Amounts of Energy with Network Connectivity Proxying [R]. California: Linux Collaborative Summit, 2009: 1-39.

[29] YOUNGE A J,LAS ZEWSKI G V, Wang L,et al. Efficient Resource Management for Cloud Computing Environment[A]. Proceeding.

[30] of the IEEE International Green computing conference (IGCC)[c]. Chicago,USA,2010:357-364.

[31] 赵文银[EB/OL]. (2010-07-21)http://www.jifang360.com/news/2010721/n13508216.html.

[32] Jayant Baliga,Robert W A Ayre,Kerry Hinton,et al. Green Cloud Computing:Balancing Energy in Processing,Storage and Transport[J]. Proceedings of the IEEE,2011,99(1):149-167.

[33] 王巍，罗军舟，宋爱波．基于动态定价策略的数据中心能耗成本优化[J]．计算机学报，2013, 36 (3): 599-612.

[34] 宋杰，李甜甜，闫振兴，等．一种云计算环境下的能效模型和度量方法[J]．软件学报，2012, 23(2):200-214.

[35] 柴宝强．基于 OpenStack 虚拟化技术虚拟机整合的研究和应用[D]．兰州大学，2015.

[36] Stoess J, Lang C, Bellosa F. Energy management for hypervisor-based virtual machines [C] //USENIX Annual Technical Conference. California: USENIX, 2007: 1-14.

[37] Nathuji R, Schwan K. VirtualPower: coordinated power management in virtualized enterprise systems [C] //ACM SIGOPS Operating Systems Review. New York: ACM, 2007, 41(6): 265-278.

[38] Oh Y F, Kim S H, Eom H, et al. Enabling cosolidation and scaling down to provide power management for cloud computing [C] //Proc of the 3rd USENIX conf on Hot Topics in Cloud Computing. Portland: USENIX, 2011: 14-14.

[39] Van H N, Tran F D, Menaud J M. Performance and power management for cloud infrastructures [C] //Proc of the 3rd Int Conf on Cloud Computing. Florida: IEEE, 2010: 329-336.

[40] Kusic D, Kephart J, Hanson J, et al. Power and performance management of virtualized computing environments via lookahead control [J]. Journal of Cluster Computing, 2009, 12(1):1−15.

[41] Xu Jing, Fortes J A B. Multi-objective virtual machine placement in virtualized data center environments [C] //Proc of the 2010 IEEE/ACM Int Conf on Green Computing and Communications & Cyber, Physical and Social Computing. Hangzhou: IEEE, 2010: 179-188.

[42] Xie Ruitao, Jia Xiaohua, Yang Kan, et al. Energy Saving Virtual Machine Allocation in Cloud Computing [C] //Proc of the 33rd Int Conf on Distributed Computing Systems Workshops. Philadelphia: IEEE, 2013: 132-137.

[43] Kord N, Haghighi H. An energy-efficient approach for virtual machine placement in cloud based data centers [C] //Proc of the 5th Conf on Information and Knowledge Technology. Shiraz: IEEE, 2013: 44-49.

[44] Beloglazov A, Buyya R. Optimal online deterministic algorithms and adaptive heuristics for energy and performance efficient dynamic consolidation of virtual machines in cloud data centers [J]. Concurrency and Computation: Practice and Experience, 2012, 24(13): 1397-1420.

[45] 米海波，王怀民，尹刚，等．一种面向虚拟化数字中心资源按需重配置方法[J]．软件学报，2011, 22(9): 2193-2205.

[46] 叶可江，吴朝晖，姜晓红，等．虚拟化云计算平台的能耗管理[J]．计算机学报，2012, 35(6): 1262-1685.

[47] Berral J L, Goiri I, Nou R, et al. Towards energy-aware scheduling in data centers using machine learning [C] //Proc of the 1st Int Conf on Energy-Efficient Computing and Networking. Passau: ACM, 2010: 215-224.

[48] Mezmaz M, Melab N, Kessaci Y, et al. A parallel bi-objective hybrid for energy-aware scheduling for cloud computing systems [J]. Journal of Parallel and Distributed Computing, 2011, 71(11): 1479-1508.

[49] Truong V T D, Sato Y, Inoguchi Y. Performance evaluation of a green scheduling algorithm for energy savings in cloud computing [C] //Proc of the 2010 IEEE Int Symp Parallel & Distributed Processing. Atlanta: IEEE, 2010: 1-8.

[50] Song Ying, Sun Yuzhong, Shi Weisong. A two-tiered on-demand resource allocation mechanism for VM-based data centers [J]. IEEE Trans on Services Computing, 2013, 6(1): 116-129.

[51] Valentini G L, Khan S U, Bouvry P. Energy-Efficient Resource Utilization in Cloud Computing [J]. Large Scale Network-Centric Distributed Systems, 2013: 377-408.

[52] 谭一鸣, 曾国荪, 王伟. 随机任务在云计算平台中的能耗的优化管理方法[J]. 软件学报, 2012, 23(2): 266-278.

[53] Liu Ning, Dong Ziqian, Rojas-Cessa R. Task Scheduling and Server Provisioning for Energy-Efficient Cloud-Computing Data Centers [C] //Proc of the 2013 IEEE 33rd Int Conf on Distributed Computing Systems Workshops. Philadelphia: IEEE, 2013: 226-231.

[54] 李新, 贾智平, 鞠雷, 等. 一种面向同构集群系统的并行任务节能调度优化方法[J]. 计算机学报, 2012, 35(3): 591-602.

[55] Xu Xiaolong, Wu Jiaxing, Yang Geng, et al. Low-power task scheduling algorithm for large-scale cloud data centers [J]. Systems Engineering and Electronics, 2013, 24(5): 870-878.

[56] Lee Y C, Zomaya A Y. Energy efficient utilization of resources in cloud computing systems [J]. The Journal of Supercomputing, 2012, 60(2): 268-280.

[57] 赵建峰. 基于遗传算法和蚁群算法的节能调度研究[D]. 济南: 山东大学, 2013.

[58] Wang Lizhe, Khan S U, Chen Dan, et al. Energy-aware parallel task scheduling in a cluster [J]. Future Generation Computer Systems, 2013, 29(7): 1661-1670.

[59] Thanavanich T, Uthayopas P. Efficient energy aware task scheduling for parallel workflow tasks on hybrids cloud environment [C] //Proc of the 2013 IEEE Int Conf on Computer Science and Engineering. Nakorn Pathom: IEEE, 2013: 37-42.

[60] 李建敦, 彭俊杰, 张武. 云存储中一种基于布局的虚拟磁盘节能调度方法[J]. 电子学报, 2012, 40(11):2247-2254.

[61] Fox A, Griffith R, Joseph A, et al. Above the clouds: A Berkeley view of cloud computing [R]. California: University of California at Berkeley, 2009: 1-23.

[62] Ye L, Lu G, Kumar S, et al. Energy-efficient storage in virtual machine environments [C] //Proc of the 2010 ACM SIGPAN/SIGOPS Int Conf on Virtual Execution Environments. New York: ACM, 2010:75-84.

[63] 郑湃, 崔立真, 王海洋, 等. 云计算环境下面向数据密集型应用的数据布局策略与方法[J]. 计算机学报, 2010, 33(8): 1472-1480.

[64] 王聪, 王翠荣, 王兴伟, 等. 面向云计算的数据中心网络体系结构设计[J]. 计算机研究与发展, 2012, 49(2): 286-293.

[65] 丁泽柳, 郭得科, 申建伟, 等. 面向云计算的数据中心网络拓扑研究[J]. 国防科技大学学报, 2011, 33(6):1-6.

[66] 刘晓茜, 杨寿保, 郭良敏等. 雪花结构: 一种新型数据中心网络结构[J]. 计算机学报, 2011, 34(1): 76-85.

[67] Liu Shuo, Quan Gang, Ren Shangping. On-line preemptive scheduling of real-time services with profit and penalty [C] //Proc of the 2011 IEEE Southeastcon. Nashville: IEEE, 2011: 287-292.

[68] Moore J, Chase J, Ranganathan P, Sharma R. Making scheduling cool: Temperature-aware workload placement in data centers [C] //USENIX Annual Technical Conference. Anaheim: USENIX, 2005: 61-75.

[69] Verma A, Ahuja P, Neogi A. Power-aware dynamic placement of HPC applications [C] //Proc of the 22nd Annual Int Conf on Supercomputing. Austin: ACM, 2008: 175-184.

第 10 章 节能型资源配置与任务调度

第 9 章分析了云计算环境的能耗情况,并阐述了绿色云计算模型。本章进一步从全局角度出发,抽象任务调度问题为资源配置问题,通过预测下一个周期内任务对系统资源的需求量,建立满足多目标约束的能耗模型,阐述基于概率匹配的资源配置算法,以及基于改进型模拟退火的资源配置算法,避免资源配置滞后于用户请求的问题,提高系统的响应比和稳定性,实现激活主机集合之间更好的负载均衡,以及资源的最大化利用,降低云计算系统能耗。针对任务调度机制,本章还阐述了一种面向云计算平台任务调度的多级负载评估方法,以及基于动态负载调节的自适应云计算任务调度策略,任务节点能够自适应负载的变化,按照计算能力获取任务,实现各个节点自调节。针对云环境下的特殊条件和移动 Agent 技术在分布式系统中的技术优势,提出了一种在云环境下基于多移动 Agent 的任务调度模型,以及面向大规模云数据中心的低能耗任务调度策略,引入胜者树模型使得云数据中心在同时处理多个任务时的调度策略更为合理,从而有效提高云数据中心的节点利用率,降低云数据中心的整体能耗。

10.1 面向低能耗云计算任务调度的资源配置

10.1.1 资源配置模型

首先需要对绿色云计算任务调度的资源进行配置。对于云计算系统中存在大量能耗浪费的问题,本章采取"关闭冗余,开启需求"的资源预配置策略。首先,根据提出的资源配置模型,采用虚拟化技术,抽象任务调度问题为虚拟机部署问题。其次,预测用户请求的负载大小,结合当前系统状态和资源分布,采取保守控制策略,计算下一个周期内任务对系统资源的需求量。最后,建立满足多目标约束的能耗模型,提出基于概率匹配的资源配置算法,实现低能耗资源配置。在该算法的基础上,提出基于改进型模拟退火的资源配置算法,进一步降低系统能耗。预测算法和保守控制策略能够有效避免资源配置滞后于用户请求的问题,提高系统的响应比和稳定性;提出的资源配置算法能够激活更少主机,实现激活主机集合之间更好的负载均衡和资源的最大化利用,降低云计算系统能耗。

1. 问题建模

不同类型的任务对计算资源的需求是不同的,所以将任务分类为数据密集型任务、计算密集型任务通信密集型任务和 I/O 密集型任务等不同类型[1]。假设有 M 种类型的任务,在某一时刻系统需要处理的每种类型任务的总数为 M_i。根据不同类型的任务对计算资源的需求,将不同类型的任务调度到匹配类型的虚拟机上,完成任务的执行。即第 i($1 \leq i \leq M$)种类型的任务 $task_i$ 调度到 VM_i 上执行<$task_i$>→<VM_i>,$i \in (1,M)$。

假设相应类型的虚拟机在某一个时刻同时只能运行一个任务,当前正在执行的任务完成后可继续执行相应类型的任务。对于用户提交的各种类型的任务量,需要多个相应类型的虚拟机来执行。为了分析问题的方便,现将任务的调度问题抽象为"以尽可能最优的方式,将能够满足用户需求的多个虚拟机调度到集群规模为 N 的主机(Host)上,实现最高能效比",即<VM_i>→<$host_j$>,$i \in (1,M)$,$j \in (1,N)$。

2. 问题分析

将任务调度到相应类型的虚拟机上,需要考虑到虚拟机的分布和当前状态。在第 3 章提出的资源配置模型中,首先通过合适的预测算法和控制策略获得各类任务的预测值及控制值,结合当前相应类型的虚拟机分布及状态,做出资源的合理预配置。为了简化问题分析,做如下状态行为定义。

定义 10.1 对于所有物理主机集合<$host_j$>=($host_1,host_2,\cdots,host_j,\cdots,host_N$)和虚拟机类型集合<$VM_i$>=($VM_1,VM_2,\cdots,VM_i,\cdots,VM_M$),定义 $M \times N$ 状态统计矩阵 $A_{M \times N}$,其中 $A_{M \times N}$ 矩阵中的元素 a_{ij} 定义为:VM_i 类型的虚拟机在 $host_j$ 上启动的总个数。VM 状态统计矩阵可表示为

$$A_{M \times N} = \begin{pmatrix} a_{11} & \cdots & a_{1N} \\ \vdots & a_{ij} & \vdots \\ a_{M1} & \cdots & a_{MN} \end{pmatrix}, \quad i \in \{1,\cdots,M\}, j \in \{1,\cdots,N\} \quad (10.1)$$

定义 10.2 对于所有的物理主机集合<$host_j$>和任务类型集合<$task_i$>,定义 $M \times N$ 的平均速率矩阵 $U_{M \times N}$。矩阵中的元素 u_{ij} 定义为:$task_i$ 类型的任务在 $host_j$ 上执行的平均速率(平均执行时间为 $1/u_{ij}$)。平均速率矩阵可表示为

$$U_{M \times N} = \begin{pmatrix} u_{11} & \cdots & u_{1N} \\ \vdots & u_{ij} & \vdots \\ u_{M1} & \cdots & u_{MN} \end{pmatrix}, \quad i \in \{1,\cdots,M\}, j \in \{1,\cdots,N\} \quad (10.2)$$

定义 10.3 集群中的物理主机的总数为 N,对于启动的 $n(n \leq N)$ 个物理主机,每个物理主机($host_j$)上启动的各类虚拟机副本总数为 q_j,负责执行相应类型的任务,虚拟机处于运行/空闲状态。定义状态量 R_{ik} 表示在该物理主机上的第 k 个虚拟机(类型为 VM_i),是否正在执行相应类型的任务,即表示为

$$R_{ik} = \begin{cases} 1, \text{处于运行状态} \\ 0, \text{处于空闲状态} \end{cases}, \quad i \in \{1,\cdots,M\}, k \in \{1,\cdots,q_j\} \quad (10.3)$$

通过分析集群和各个相应类型的虚拟机状态及分布,结合合适的预测算法,可以提前做出相应的控制行为,在提高云计算平台的资源利用率,降低能耗的同时,可以提高系统的实时响应比和稳定性。现做如下控制行为定义。

定义 10.4 对于所有物理主机集合<$host_j$>和虚拟机类型集合<VM_i>,定义 $M \times N$ 的开启控制矩阵 $Start_{M \times N}$。矩阵中的元素 $Start_{ij}$ 定义为:在 $host_j$ 上启动 $Start_{ij}$ 个 VM_i 类型的虚拟机。开启控制矩阵 $Start_{M \times N}$ 可表示为

$$\mathbf{Start}_{M \times N} = \begin{pmatrix} \text{Start}_{11} & \cdots & \text{Start}_{1N} \\ \vdots & \text{Start}_{ij} & \vdots \\ \text{Start}_{M1} & \cdots & \text{Start}_{MN} \end{pmatrix},$$

$$\text{Start}_{ij} = \begin{cases} \text{非}0, & \text{在}\,\text{host}_j\,\text{上启动}\,\text{Start}_{ij}\,\text{个}\,\text{VM}_i\,\text{类型的虚拟机} \\ 0, & \text{在}\,\text{host}_j\,\text{上不需要启动}\,\text{VM}_i\,\text{类型的虚拟机} \end{cases} \quad (10.4)$$

定义 10.5 对于所有物理主机集合<host$_j$>和虚拟机类型集合<VM$_i$>,定义 $M \times N$ 的关闭控制矩阵 $\mathbf{Shut}_{M \times N}$。矩阵中的元素 Shut_{ij} 定义为在 host$_j$ 上关闭 Shut_{ij} 个 VM$_i$ 类型的虚拟机。关闭控制矩阵 $\mathbf{Shut}_{M \times N}$ 可表示为

$$\mathbf{Shut}_{M \times N} = \begin{pmatrix} \text{Shut}_{11} & \cdots & \text{Shut}_{1N} \\ \vdots & \text{Shut}_{ij} & \vdots \\ \text{Shut}_{M1} & \cdots & \text{Shut}_{MN} \end{pmatrix},$$

$$\text{Shut}_{ij} = \begin{cases} \text{非}0, & \text{在}\,\text{host}_j\,\text{上关闭}\,\text{Shut}_{ij}\,\text{个}\,\text{VM}_i\,\text{类型的虚拟机} \\ 0, & \text{在}\,\text{host}_j\,\text{上不需要关闭}\,\text{VM}_i\,\text{类型的虚拟机} \end{cases} \quad (10.5)$$

由定义 10.4 和定义 10.5 可知,本章提出的云计算系统模型中,对于所有的物理主机集合<host$_j$>,VM$_i$ 类型的虚拟机在某一次资源预配置的过程中需要控制开启或关闭的总数分别定义为 $y'_{i\,\text{start}}$、$y'_{i\,\text{shut}}$,即

$$y'_{i\,\text{start}} = \sum_{j=1}^{N} \text{Start}_{ij}, \qquad y'_{i\,\text{Shut}} = \sum_{j=1}^{N} \text{Shut}_{ij} \quad (10.6)$$

3. 多目标约束优化模型

通过上面的讨论,我们可以得出这样的结论:云计算平台产生的能耗主要取决于开启的主机数和虚拟机数,频繁的开关机同样会带来巨大的额外能耗。云计算平台能耗可以表示为

$$E = E(n, a_{ij}) + E(\Delta V, \Delta H) \quad (10.7)$$

式中,$E(n, a_{ij})$ 表示开启的主机和虚拟机产生的稳定能耗;$E(\Delta V, \Delta H)$ 表示开关虚拟机和物理主机所带来的额外控制能耗,ΔV 代表虚拟机控制值,ΔH 代表主机控制值。使需求的资源配置在尽可能少的主机上可以提高能效,降低能源消耗。本章采取"关闭冗余,开启需求"的虚拟机,提高集群整体的能效比。

把每个物理主机的可用资源抽象为一个二维向量 host$_j$:($\text{MIPS}_j^{\text{remain}}$, $\text{Mem}^{j\text{remain}}$),$\text{MIPS}_j^{\text{remain}}$ 代表 host$_j$ 的可用 CPU 资源,$\text{Mem}^{j\text{remain}}$ 代表 host$_j$ 可用的内存空间。向量空间分析如下。

(1)主机内存空间(Memory,Mem)的大小决定了该主机能够同时运行虚拟机的数量,也就是说,没有足够的剩余内存无法启动更多的虚拟机。分配给所有虚拟机的 Mem 总和不得超过物理主机 Mem 上限。

(2)主机 CPU 内核单元是所有虚拟机共享的,本章采用虚拟机时间共享策略[2],内核为每个虚拟机分配时间片。所有虚拟机运行时,CPU 峰值不得超过主机的承受能力。本章使用 MIPS(Million Instructions Per Second,每秒百万级机器语言指令数速率)来衡量 CPU 性能,即分配给所有虚拟机的 MIPS 总和不得超过物理主机 CPU 的 MIPS 上限。

所以，选取二维向量 $host_j:(MIPS_j^{remain}, Mem_j^{remain})$ 作为物理主机的资源空间。每个虚拟机亦选取二维向量 $VM_i:(mips_i, mem_i)$ 作为虚拟机的资源需求，即 $host_j:(MIPS_j^{remain}, Mem_j^{remain})$ 和 $VM_i:(mips_i, mem_i)$。

综上所述，将所要研究的问题建立为多目标约束优化模型，其数学形式如下所示。

Min：

$$E(n, a_{ij}) = \sum_{j=1}^{n}[p_j^{host} + q_j \times p_j^{vm}] \times t, \qquad q_j = \sum_{i=1}^{M} a_{ij} \qquad (10.8)$$

$$\begin{aligned}E(\Delta V, \Delta H) &= \sum_{j=1}^{N}\sum_{i=1}^{M} Start_{ij} \times \Delta p_j^{vmStart} \times \Delta t_j^{vmStart} \\&+ \sum_{j=1}^{N}\sum_{i=1}^{M} Shut_{ij} \times \Delta p_j^{vmShut} \times \Delta t_j^{vmShut} \\&+ \sum_{j}[\Delta p_j^{hostStart} \times \Delta t_j^{hostStart}] \\&+ \sum_{j}[\Delta p_j^{hostShut} \times \Delta t_j^{hostShut}]\end{aligned} \qquad (10.9)$$

例如，

$$\sum_{j=1}^{N} Start_{ij} = y'_{i\,start} \qquad (10.10)$$

$$\sum_{j=1}^{N} Shut_{ij} = y'_{i\,shut} \qquad (10.11)$$

$$\sum_{i=1}^{M}[Start_{ij} \times mem_i] \leq Mem_j^{remain} \qquad (10.12)$$

$$\sum_{i=1}^{M}[Start_{ij} \times mips_i] \leq MIPS_j^{remain} \qquad (10.13)$$

式（10.8）中，$E(n, a_{ij})$ 表示开启的主机和虚拟机产生的稳定能耗，正比于集群开启的主机总数 n 和各个主机上开启的各类虚拟机总和 q_j，p_j^{host} 和 p_j^{vm} 分别表示主机 $host_j$ 的功耗和开启每个虚拟机需要增加的功耗；式（10.9）中 $E(\Delta V, \Delta H)$ 表示开关虚拟机和物理主机所带来的额外控制能耗，其中 $\sum_{j=1}^{N}\sum_{i=1}^{M} Start_{ij} \times \Delta p_j^{vmStart} \times \Delta t_j^{vmStart}$ 等于开启虚拟机过程产生的额外控制能耗，$\sum_{j=1}^{N}\sum_{i=1}^{M} Shut_{ij} \times \Delta p_j^{vmShut} \times \Delta t_j^{vmShut}$ 等于关闭虚拟机过程产生的额外控制能耗，$\sum_{j}[\Delta p_j^{hostStart} \times \Delta t_j^{hostStart}]$ 等于开启主机过程产生的额外控制能耗，$\sum_{j}[\Delta p_j^{hostShut} \times \Delta t_j^{hostShut}]$ 等于关闭主机过程产生的额外控制能耗，$\Delta p_j^{vmStart}$、$\Delta t_j^{vmStart}$、Δp_j^{vmShut}、Δt_j^{vmShut} 分别表示在主机 $host_j$ 上开启虚拟机的瞬时功率、开启虚拟机的时间、关闭虚拟机的瞬时功率和关闭虚拟机的时间，$\Delta p_j^{hostStart}$、$\Delta t_j^{hostStart}$、$\Delta p_j^{hostShut}$、$\Delta t_j^{hostShut}$ 分别表示开启主机 $host_j$ 的瞬时功率、开启时

间、关闭主机 $host_j$ 的瞬时功率和关闭时间；在式（10.10）中，$\sum_{j=1}^{N}Start_{ij}=y'_{i\,start}$ 表示开启的相应类型的虚拟机总数等于测算需要开启的虚拟机个数；式（10.11）$\sum_{j=1}^{N}Shut_{ij}=y'_{i\,shut}$ 表示关闭的相应类型的虚拟机总数等于测算需要关闭的虚拟机个数；式（10.12）和式（10.13）分别为集群中物理主机的可用 CPU 和 Mem 资源对虚拟机的约束。

4. 资源预配置

为了提高云计算平台的系统资源利用率，降低系统能耗，需要对集群中各个物理主机资源进行配置，完成虚拟机的调度。在此过程中，通过查看物理主机和虚拟机实时信息的方法，只能够得到当前时刻物理主机和虚拟机的负载状况，资源配置过程始终滞后于用户请求。因此，本章依托合适的负载预测模型，采取保守控制策略，对云计算系统内不同类型任务的到达量进行周期性预测和控制，从而实现合理的资源预配置，避免资源配置滞后于用户请求的问题。在预测算法的基础上提出了两种低能耗的资源配置算法：基于概率匹配的资源配置算法（Resource Allocation Algorithm based on Probabilistic Matching，RA-PM）和基于改进型模拟退火的资源配置算法（Resource Allocation Algorithm based on Improved Simulated Annealing，RA-ISA）。RA-PM 算法本质上属于启发式算法，以减少系统能耗为目的，通过适用性主机集群的划分和供需资源之间的匹配，寻找优化的可行解；RA-ISA 算法依托多目标约束优化模型，见式（10.8）到式（10.13），搜索全局近似最优解，完成资源的配置。

5. 预测与控制

为了使资源配置能够持续满足各类任务对资源的需求，避免资源配置滞后于用户请求的问题，需对下一周期内各类任务的到达量进行预测。针对不同的任务类型、预测周期和应用场景，需要选取不同的预测算法，如指数平滑法、周期分析法、趋势外推法和马尔科夫预测模型等[3-5]。本章利用三次指数平滑算法预测相应类型负载的大小[4-6]。预测周期的大小取决于任务的执行时间、算法耗时、物理主机和虚拟机的开关机耗时等因素，如果选取的预测周期过短，对系统的稳定性会产生较大的影响，同时会增大系统控制能耗的开销。云计算服务提供商可以根据不同的情况合理选择预测周期的大小。

假设系统当前处于第 k 个周期，第 $k+1$ 个周期 $task_i$ 类型的任务预测值 $x'_i(k+1)$ 表示为

$$x'_i(k+1)=a'_i(k)+b'_i(k)+c'_i(k) \tag{10.14}$$

式中，参数 $a'_i(k)$、$b'_i(k)$、$c'_i(k)$ 分别为

$$a'_i(k)=3p_i^1(k)-3p_i^2(k)+p_i^3(k) \tag{10.15}$$

$$b'_i(k)=\frac{\alpha}{2(1-\alpha)^2}[(6-5\alpha)p_i^1(k)-2(5-4\alpha)p_i^2(k)+(4-3\alpha)p_i^3(k)] \tag{10.16}$$

$$c'_i(k)=\frac{\alpha^2}{2(1-\alpha)^2}[p_i^1(k)-2p_i^2(k)+p_i^3(k)] \tag{10.17}$$

式中，$p_i^1(k)$ 为一次平滑值，$p_i^2(k)$ 为二次平滑值，$p_i^3(k)$ 为三次平滑值，计算公式为

$$p_i^1(k)=\alpha x_i(k)+(1-\alpha)p_i^1(k-1) \tag{10.18}$$

$$p_i^2(k) = \alpha p_i^1(k) + (1-a)p_i^2(k-1) \qquad (10.19)$$

$$p_i^3(k) = \alpha p_i^2(k) + (1-a)p_i^3(k-1) \qquad (10.20)$$

式（10.18）到式（10.20）分别为一次平滑过程、二次平滑过程和三次平滑过程，其中，$x_i(k)$为第 k 个周期内 task_i 类型任务的实际负载值；α 为平滑系数，取值在（0,1）之间。使用三次指数平滑法需要关注初始值 $p_i^1(0)$、$p_i^2(0)$ 和 $p_i^3(0)$ 的选取问题。在通常情况下可以用最初几个实测值的平均值来代替，或直接采用首个周期的实测值来代替，本章采用首个周期的实测值来代替。分析可知，通过预测误差修正原预测值得到每一次的平滑预测值。α 的大小表明了修正的幅度，α 的值大，说明修正的幅度大，反之亦然。

实验表明，不论采用何种预测算法，预测值都有可能存在或多或少的误差波动，导致出现预测值小于实时负载值的情况，系统实时性要求得不到保障；除此之外，预测值的频繁波动，导致系统稳定性极差，不能满足实际需求。为了解决上述问题，本章在采用三次指数平滑法预测的基础上，采取保守控制策略：假设在第 $k+1$ 个周期，task_i 类型的任务等待集群系统处理的任务总量在 $(c'_{i\min}(k+1), c'_{i\max}(k+1))T$ 之间，其中，$c'_{i\min}(k+1)$ 和 $c'_{i\max}(k+1)$ 大小如式（10.21）和（10.22）所示。

$$c'_{i\min}(k+1) = c_i(k) + x'_i(k+1) - \sum_{j=1}^{N} a_{ij} \cdot u_{ij} \cdot T \qquad (10.21)$$

$$c'_{i\max}(k+1) = c_i(k) + [x'_i(k+1) + \delta_i] - \sum_{j=1}^{N} a_{ij} \cdot u_{ij} \cdot T \qquad (10.22)$$

式中，$c_i(k)$ 表示集群当前时刻需要处理 task_i 类型的任务总量；δ_i 表示预测波动误差；$\sum_{j=1}^{N} a_{ij} \cdot u_{ij} \cdot T$ 表示在 T 周期内当前集群对 task_i 类型的任务处理能力。定义实时响应比 γ

$$\gamma = \frac{V'_i(k+1)}{c'_i(k+1)} \qquad (10.23)$$

表示下一时刻 task_i 类型的任务等待处理的任务总量（$c'_i(k+1)$）和需要相应类型的虚拟机总数（$V'_i(k+1)$）之间的比值。当 γ 为 1 时，理论上达到最高响应比。由分析可知，$\sum_{j=1}^{N} a_{ij}$ 表示当前集群中 VM_i 类型虚拟机总数。

（1）如果 $\gamma c'_{i\min}(k+1) > \sum_{j=1}^{N} a_{ij}$，则最大化开启 VM_i 类型的虚拟机的数量为

$$y'_{i\,\text{start}} = \left\lceil \gamma c'_{i\max}(k+1) - \sum_{j=1}^{N} a_{ij} \right\rceil \qquad (10.24)$$

（2）如果 $\sum_{j=1}^{N} a_{ij} > \gamma c'_{i\max}(k+1)$，则最小化关闭 VM_i 类型的虚拟机的数量为

$$y'_{i\,\text{shut}} = \min\left\{ \left\lfloor \sum_{j=1}^{N} a_{ij} - \gamma c'_{i\max}(k+1) \right\rfloor, \sum_{j=1}^{N}\sum_{k=1}^{q_j}[1-R_{ik}] \right\} \qquad (10.25)$$

式中，q_j 表示主机 host_j 启动的虚拟机总数，$\left[\sum_{j=1}^{N} a_{ij} - \gamma c'_{i\max}(k+1)\right]$ 表示该种类型的虚拟机冗余量，$\sum_{j=1}^{N}\sum_{k=1}^{q_j}[1-R_{ik}]$ 表示当前该种类型的虚拟机空闲量，关闭的个数取二者较小值。

（3）如果 $\gamma c'_{i\max}(k+1) > \sum_{j=1}^{N} a_{ij} > \gamma c'_{i\min}(k+1)$，则维持现状。

通过采用上述保守控制策略，可以有效地提升系统的响应比和稳定性。

10.1.2 基于概率匹配的资源配置算法

我们已经将任务的调度问题抽象为"以尽可能最优的方式，将能够满足用户需求的多个虚拟机调度到集群规模为 N 的主机上"。本章从低能耗绿色计算出发，提出了两种低能耗的资源配置算法，旨在实现激活主机集合之间更好的负载均衡性和资源的最大化利用。首先，介绍基于概率匹配的资源配置算法（RA-PM）。

在开启/关闭的过程中，RS 会评估可用物理主机的适用性，从而决定所需控制的虚拟机选择哪些物理主机来处理相应的控制策略。这取决于多种因素，包括物理主机的硬件资源使用情况、已启动虚拟机的分布和虚拟机的资源要求等[7]。由于本章采取了"关闭冗余，开启需求"类型的虚拟机，因此选择每个物理主机当前开启的虚拟机的总数 q_j 来对主机的适用性进行划分，定义适用性划分阈值 $q_{\text{threshold}}$：

- 选出 $q_j > q_{\text{threshold}}$ 的主机，加入高适用主机集合；
- 选出 $0 < q_j < q_{\text{threshold}}$ 的主机，加入低适用主机集合；
- 选出 $q_j = 0$ 的主机，加入休眠主机集合。

对于需要关闭类型的虚拟机，RA-PM 算法优先从低适用主机集合中关闭相应空闲的虚拟机，适当迁移低适用主机集合中的虚拟机，减少开启的主机个数；如果在低适用主机集合中的虚拟机都不满足关闭要求，RA-PM 算法会从高适用主机集合中关闭相应空闲的虚拟机。对于需要开启类型的虚拟机，RA-PM 算法优先从高适用主机集合中开启相应的虚拟机；如果在高适用主机集合中的虚拟机都不满足开启要求，RA-PM 算法再从低适用主机集合中开启相应的虚拟机；如果还是不能满足开启要求，RA-PM 算法就从休眠主机集合中激活新的主机。

在资源配置的过程中，需要考虑到高适用主机集合之间负载的均衡和资源的最大化利用。在虚拟机调度过程中，需要均衡物理主机硬件资源（包括 CPU 与内存资源）的使用，防止其出现"木桶效应"。该效应表现为 CPU 利用率过高但内存利用率低下，或者 CPU 利用率低下但内存利用率过高。所以 RA-PM 算法在选择控制目标主机的过程中，考虑了待放置虚拟机与目标物理主机的匹配程度，定义 VM_i 类型的虚拟机对主机 host_j 的匹配函数：

$$\text{MR}_{ij} = e^{-\mu\left|\frac{r_i}{R_j}-1\right|} \tag{10.26}$$

式中，$r_i = \dfrac{\text{mem}_i}{\text{mips}_i}$，$R_j = \dfrac{\text{Mem}_j^{\text{remain}}}{\text{MIPS}_j^{\text{remain}}}$，$\mu$ 为常系数。MR_{ij} 越大，表明 VM_i 类型的虚拟机对主机 host_j 匹配程度越高。主机对当前待分配虚拟机接收的概率取决于匹配概率和对该虚拟机的

容量大小，考虑到所选主机集合的负载状况，能够使得激活主机集合获得更好的负载均衡，待分配虚拟机被当前主机接收的概率定义为

$$P_{ij} = \frac{\mathrm{MR}_{ij} \cdot h_j^{\mathrm{Capacity}}}{\sum \mathrm{MR}_{ij} \cdot h_j^{\mathrm{Capacity}}} \tag{10.27}$$

依据式（10.27）选择一个合适的物理主机来放置该类型的虚拟机。

基于概率匹配的资源配置算法的伪代码如下。

```
Resource allocation algorithm based on probabilistic matching, RA-PM
INPUT: VMInfo, HostInfo;
OUTPUT: (Solution, TotalPower), HostInfo;
Preprocessing:
01   VMInfo = VMEnQueue() ;
02   (High-fitnessHosts, Low-fitnessHosts, SleepHosts)= ClassificationProcess(HostInfo)
Begin:
03   (Solution, TotalPower)= GetNewSolution(HostInfo, VMInfo){
04      For( Each: VMInfo){
05         VM_i = Traversing(VMInfo);
06         MatchingVM2Host(High-fitnessHosts,Low-fitnessHosts,SleepHosts,
                          VM_i,Solution,TotalPower){
07            If(Available(High-fitnessHosts)){
08               SelectHost (P_ij);
09               count(Solution, TotalPower)
10            }Else If(Available(Low-fitnessHosts)){
11               SelectHost (P_ij);
12               count(Solution, TotalPower)
13               InsertSelectedHost→High-fitnessHosts
14            }Else{SelectHost (P_ij);
15               count(Solution, TotalPower)
16               InsertSelectedHost→ Low-fitnessHosts
17            }
18         }///End MatchingVM2Host()
19      }///End For()
20      Return: (Solution, TotalPower);
21   }///End GetNewSolution()
End:
22   DeployVM2Host(Solution, HostInfo);
23   RefreshHostInfo();
End Over.
```

RA-PM 算法虚拟机和主机匹配过程详细如下。

步骤 1：遍历待放置虚拟机队列，记当前需要放置的虚拟机类型为 VM_i。

步骤 2：选择满足条件的主机集合，策略如下。

① 计算当前高适用主机集合中每个物理主机所能容纳 VM_i 类型的虚拟机能力，即

$$h_j^{\mathrm{Capacity}} = \min\left\{\mathrm{Mem}_j^{\mathrm{remain}} \%\mathrm{mem}_i, \mathrm{Cpu}_j^{\mathrm{remain}} \%\mathrm{cpu}_i\right\}$$

若 $\sum h_j^{\text{Capacity}} != 0$，则转步骤 3，否则：

② 计算当前低适用主机集合中每个物理主机所能容纳 VM_i 类型的虚拟机能力，即

$$h_j^{\text{Capacity}} = \min\{\text{Mem}_j^{\text{remain}} \%\text{mem}_i, \text{Cpu}_j^{\text{remain}} \%\text{cpu}_i\}$$

若 $\sum h_j^{\text{Capacity}} != 0$，则转步骤 3，否则：

③ 计算休眠主机集合中每个物理主机所能容纳 VM_i 类型的虚拟机能力，即

$$h_j^{\text{Capacity}} = \{\text{Mem}_j^{\text{remain}} \%\text{mem}_i, \text{Cpu}_j^{\text{remain}} \%\text{cpu}_i\}$$

转步骤 3；

步骤 3：根据公式（10.26）计算所选主机集合中每个物理主机与 VM_i 类型的虚拟机的匹配程度 MR_{ij}。

步骤 4：从所选主机集合中选择物理主机来放置该类型的虚拟机，依据式（10.27）选择一个合适的物理主机来放置该类型的虚拟机，且 Start_{ij}++。

步骤 5：用式（10.28）刷新被选物理主机资源（host_j）。

$$\begin{cases} \text{MIPS}_j^{\text{remain}} = \text{MIPS}_j^{\text{remain}} - \text{mips}_i \\ \text{Mem}_j^{\text{remain}} = \text{Mem}_j^{\text{remain}} - \text{mem}_i \\ ++\text{TotalVm} \end{cases} \quad (10.28)$$

若所选主机集合为低适用主机集合，将该主机归类为高适用主机集合类型；若所选主机集合为休眠主机集合，将该主机归类为低适用主机集合类型。

步骤 6：若虚拟机放置队列遍历结束，则程序终止，否则转步骤 1。

10.1.3 基于改进型模拟退火的资源配置算法

RA-PM 算法是一种低能耗资源配置算法，先对可用物理主机的适用性进行评估，考虑受控虚拟机与目标物理节点的匹配程度。相比传统的任务调度算法，在资源配置的过程中，RA-PM 算法能够实现激活的主机集合之间更好的负载均衡和资源大的最大化利用，激活更少的主机，降低系统的能耗，实现高效能绿色云计算。但该算法本身存在固有的缺陷：得到的解只是可行解，并非最优解。为了尽可能得到资源配置最优方案，进一步地，本章引入基于改进型模拟退火的资源配置算法，搜索全局近似最优解，完成资源的配置。

由公式（10.8）到式（10.9）可知，对于求解多目标约束最优解的过程为 NP-难题（NP Hard Problem）[8]。为快速搜索出近似最优解，本章采用基于改进型模拟退火的资源配置算法完成资源的配置。在传统模拟退火算法的基础上增加"存储环节"来记录最优解，避免搜索过程中由于执行"概率接收"而遗失当前遇到的最优解。算法的伪代码如下。

Resource allocation algorithm based on improved simulated annealing, RA-ISA
INPUT: VMInfo, HostInfo;
OUTPUT:（OptimalSolution, OptimalTotalPower）, HostInfo;
Preprocessing:
01　Define: (OptimalSolution, OptimalTotalPower)→(OS, OTP)=0,
　　　　　　(CurrentSolution, Current TotalPower)→(CS, CTP)=0,
　　　　　　(PerturbedSolution, PerturbedTotalPower)→(PS, PTP)=0;

```
02    Initial: T_max , T_min , K , r , t = T_max;
03    VMInfo = VMEnQueue();
04    HostInfo = GetHostInfo();
Begin:
05    While(t > T_max ){
06        (CS,CTP)= GetNewSolution(HostInfo, VMInfo);
07        For( k=0; k<K; k++){
08            If(First){
09                (OS,OTP)= (CS,CTP);
10            }Else{
11                (PS,PTP)= GetPerturbedSolution(HostInfo, VMInfo, CS);
12                p= exp(-(PTP - CTP)/κ*t);
13                If(CTP > PTP || p > Rand(0,1)){
14                    (CS,CTP)= (PS,PTP);
15                    If(CTP < OTP){
16                        (OS,OTP)= (CS,CTP);
17                    }///End If()
18                }///End If()
19            }///End Else
20            Initial: (PS,PTP);
21        }///End For()
22        t = t * r;
23    }///End While()
End:
24    DeployVM2Host(OptimalSolution, HostInfo);
25    RefreshHostInfo();
End Over.
```

下面对上述算法作进一步说明。

（1）RA~ISA 算法 1~4 行：预处理内容，其中第 1 行定义了算法运算过程中涉及的三个解方案，分别用于记录最优解、当前解和扰动解及对应的能耗；第 2 行初始化算法所需的最高温度、最低温度、当前温度迭代次数和当前温度值；第 3、4 行分别用于获取所需启动的虚拟机信息和当前主机集群信息。

（2）RA-ISA 算法 5~23 行：算法主体过程，从产生的初始解和初始温度值开始，重复"产生扰动解（GetNew Solution()）→ 接收或舍弃扰动解（Perturbation Solution）作为当前解（Current Solution）→ 记录最优解（Optimal Solution）"的迭代，并逐步衰减 t 值，算法终止得到最优解 Optimal Solution。RA-ISA 算法中，在当前解的领域结构内以一定概率"产生扰动解"，尽可能保证扰动解遍布全部的解空间，其中解空间满足公式（10.10）到式（10.13）的约束条件；"接收或舍弃扰动解"依据了 Metropolis 准则，在温度 t 时趋于以 $e^{-(\Delta E/\kappa t)}$ 为概率接受扰动解，其中 ΔE 为扰动解和当前解能耗差值，由式（10.8）到式（10.9）计算可得，κ 为 Boltzmann 常数；"记录最优解"是为了记忆到当前状态为止的最优解。

（3）RA-ISA 算法 24~25 行：采用算法得到的最优解，部署需求虚拟机到主机集群中，刷新主机信息。

不同的开启控制矩阵 $Start_{M \times N}$ 构成算法的解空间，其中解空间满足式（10.10）到式（10.13）的约束条件。虚拟机采用的放置策略是 RA-ISA 算法产生解空间的关键因素，通过 RA-PM 算法产生初始解，在 RA-ISA 的内循环内，对当前解进行适当扰动，产生扰动解，实现局部最优解搜索；当 RA-ISA 的内循环结束，进入外循环，重新通过 RA-PM 算法产生新解，跳出当前解的局部近似最优解搜索。RA-ISA 算法通过内外循环完成全局近似最优解搜索，使得资源预配置的过程消耗更少的能耗。

10.1.4 实验验证与性能分析

本节从不同角度出发，衡量调度算法性能。实验将针对预测算法和控制策略的准确性、算法的耗时和能耗、开启的主机集群内资源的利用率，以及激活的主机数等指标来展开实验分析。将本章提出的低能耗任务调度算法对比于基于性能选择的贪婪算法（Greedy）和文献[9]提出的分组遗传算法（GABA），Greedy 算法在选择物理主机放置虚拟机的过程中，总是选择能够放置该虚拟机最多的主机，以此获得当前集群性能上的最优；GABA 则基于二次指数平滑算法实现负载的预测。下文所有的实验结果均为实验 25 次后取平均值所得的结果。

1. 实验环境

通过 C 语言实现 Greedy、RA-PM、GABA 和 RA-ISA 算法，运行在 Intel 酷睿双核 2 GHz 主频的 PC 机上，测试各个算法耗时和能耗大小。构建用于仿真的开源云计算测试平台 CloudSim[10]，结合预测算法测试整体方案各项运行指标。本章在复用 CloudSim 框架的基础上，继承默认类 VmAllocationPolicy 实现了新的虚拟机放置策略，并在源码基础上修改了大量重要函数的功能代码和执行策略，使之符合本文需要的资源配置模型。

（1）参数设定。根据不同类型的任务对计算资源的不同需求，云服务提供商可以提前决定提供的虚拟机粒度。为了尽可能接近云计算系统复杂的实际情况，实验中分别测试了 1、3、5 和 8 种类型虚拟机的划分，即 M 取值分别为 1、3、5、8。参考 CloudSim 云计算仿真平台，我们假设相应类型的虚拟机对 CPU 和 Mem 的要求分别如表 10.1 所示。

表 10.1 虚拟机 CPU，Mem 参数

虚拟机类型	（MIPS,Mem（MB））	虚拟机类型	（MIPS,Mem（MB））
1	（250,512）	5	（1000,512）
2	（500,512）	6	（500,1024）
3	（1000,1024）	7	（1000,2048）
4	（2000,2048）	8	（2000,1024）

本节实验中假设将各种不同类型的虚拟机部署于 3 种不同配置的主机上，每种类型主机数量相等。将开启和关闭虚拟机的瞬时功率（$\Delta p_j^{vmStart}$, Δp_j^{vmShut}）等效为开启每个虚拟机需要增加的功耗 p_j^{vm}，关闭主机的瞬时功率 $\Delta p_j^{hostStart}$ 等效为主机当前功耗 p_j^{host}。不同类型主机的其他配置、功耗参考文献[11，12]，分别如表 10.2 所示。

表 10.2 主机对应的 CPU、Mem 参数

主机类型	（MIPS，Mem（MB））	p_j^{host} /W	p_j^{vm} /W	$\Delta p_j^{hostStart}$ /W	$\Delta t_j^{hostStart}$ /s
1	（2000,2048）	220	10	288	175
2	（4000,4096）	245	8	299	175
3	（8000,8192）	300	6	331	175

集群主机划分阈值 $q_{threshold}$ 设定为 3；ISA 法极限高温 T_max 取值 100，极限低温 T_min 取值 1，内循环迭代次数 K 设定为 25，温度衰减系数 r 取值 0.8。

（2）数据集选择。在仿真测试平台 CloudSim 中验证整体方案的可行性，需要提供多组不同类型的任务请求。本章在 900 个主机节点的数据中心部署 3 种类型的任务，其中 2 种类型采用 2005 年 WLCG（Worldwide LHC Computing Grid）数据中心采集的数据[13]，该数据集收集了 2005 年 11 月 20 号到 2005 年 12 月 5 号内提交的多种不同类型的任务执行状况。依据数据集合中用于区分系统资源分配大小的组 ID，选择前 10 天内提交的任务，每隔 4 小时进行统计。采用其中较为典型的 2 组数据：lcg-1 和 lcg-2。第 3 种类型的任务请求采用现实中常见的泊松分布 p-3。数据集如图 10.1 所示：

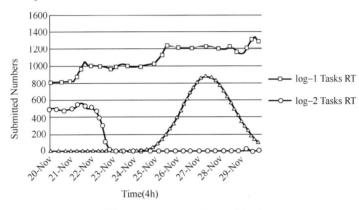

图 10.1　WLCG 2005 workload

2．实验结果分析

（1）资源预配置算法的时间开销。通过 C 语言实现 Greedy、RA-PM、GABA 和 RA-ISA 算法。算法的时间开销受到待配置虚拟机的数量、种类和主机节点的规模等因素的影响。实验中，每一种类型的待配置虚拟机数量相等。图 10.2(a)、图 10.2(c)、图 10.2(e)、图 10.2(g)中，控制所有类型的待配置虚拟机总数为 1000（不同类型的虚拟机数量相等），考察待配置虚拟机的种类和主机节点的规模对 Greedy、RA-PM、GABA 和 RA-ISA 算法耗时的影响，从图中可以看出 Greedy、RA-PM、GABA 和 RA-ISA 算法随着集群主机规模的增大，算法耗时呈现类线性增长，而待配置虚拟机的种类对算法的影响很小；图 10.2(b)、图 10.2(d)、图 10.2(f)、图 10.2(h)中，控制待配置虚拟机种类为 5，考察待配置虚拟机的数量（不同类型的虚拟机数量相等）和主机节点的规模对 Greedy、RA-PM、GABA 和 RA-ISA 算法耗时的影响，从图中可以看出 Greedy 算法随着待放置虚拟机数量的增大，算法耗时增速小于 RA-PM、GABA 和 RA-ISA 算法。由分析可知，RA-PM 算法耗时略大于 Greedy 算法，对待配置虚拟机的数量（任务数量）和集群规模的时间复杂度为 $O(MN)$；GABA 和 RA-ISA 算法耗时远大于 RA-PM 算法和 Greedy 算法。在采用 GABA 和 RA-ISA 算法时，需要考虑到资源预配置的周期，采用 GABA 和 RA-ISA 算法对资源预配置的周期有较高的要求，如果资源预配置的周期过短，即预测周期小于 GABA 和 RA-ISA 算法耗时，则 GABA 和 RA-ISA 算法失效，这也是所有求解多目标约束最优解的共性，宜采用 RA-PM 算法。RA-ISA 对比于 GABA 算法（进化 250 次），我们可以发现 RA-ISA 算法耗时更短，效率更高。

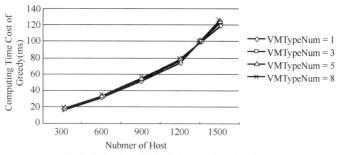

(a) 虚拟机种类和主机节点规模对Greedy算法的影响

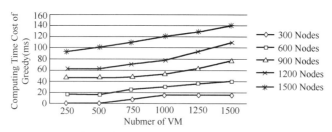

(b) 虚拟机数量和主机节点规模对Greedy算法的影响

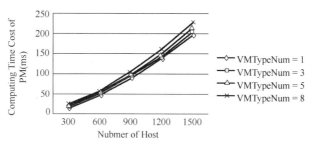

(c) 虚拟机种类和主机节点规模对RA-PM算法的影响

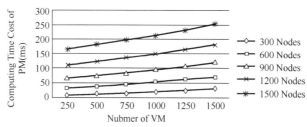

(d) 虚拟机数量和主机节点规模对RA-PM算法的影响

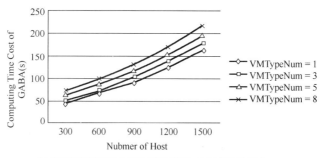

(e) 虚拟机的种类和主机节点的规模对GABA算法的影响

图 10.2　Greedy、RA-PM、GABA 和 RA-ISA 算法的时间开销

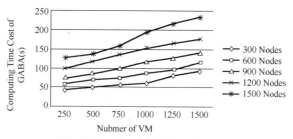

(f) 虚拟机数量和主机节点规模对GABA算法的影响

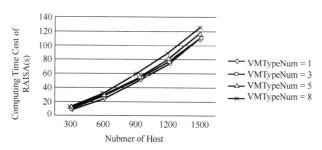

(g) 虚拟机种类和主机节点的规模对RA-ISA算法的影响

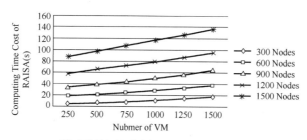

(h) 虚拟机数量和主机节点规模对RA-ISA算法的影响

图 10.2　Greedy、RA-PM、GABA 和 RA-ISA 算法的时间开销（续）

（2）资源预配置算法的能耗。为了衡量两种算法的能耗，我们将这两种算法对比于 Greedy 和 GABA 算法。仿真设定系统中存在 5 种粒度的虚拟机划分，集群规模为 1500 个节点，图 10.3 显示了待放置虚拟机数量和系统能耗的关系，分析可知，GABA、RA-PM 和 RA-ISA 算法相比 Greedy 算法在能耗上减少了 2～4 倍；随着待放置虚拟机数量的增加，RA-ISA 算法比 RA-PM 和 GABA 算法的优势愈加明显，消耗更少的能耗。在资源预配置周期允许的情况下，采用 RA-ISA 算法优于 RA-PM 和 GABA 算法。但是我们应该注意到 RA-PM 算法耗时明显快于 GABA 和 RA-ISA 算法，如果预测周期很短，RA-PM 算法更好。

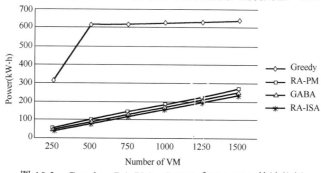

图 10.3　Greedy、RA-PM、GABA 和 RA-ISA 算法能耗

（3）整体方案的性能。

① 预测与控制的准确度。通过云计算仿真系统 CloudSim，在 900 个主机节点的数据中心部署 3 种类型的任务，分别服从 lcg-1、lcg-2 和泊松分布。利用三次指数平滑算法实现各类负载大小的预测，平滑系数 α 取值为 0.5，为了衡量系统预测与保守控制的效果，我们取实时响应比 γ 为 1，各类实时提交的任务与三次指数平滑算法预测的任务如图 10.4(a)所示。由图 10.4(a)分析可知，存在较多的预测值小于实时提交的任务，对于实时性要求比较高的任务，将导致该种任务不能达到响应比为 1 的要求。本章在三次指数平滑算法的基础上提出保守控制策略，实验效果如图 10.4(b)所示。为了更加直观地分析控制效果，我们以 LCG 第一种任务为例，图 10.4(c)显示了实时提交的任务、预测值和控制值之间的关系，由图 10.4(c)分析可知，对于存在较大波动的任务，采取的保守控制策略有效地提高了系统的实时响应比和稳定性。同时，我们以 lcg-1 为例，给出 GABA 算法中采用的二次指数平滑预测算法和本章提出的预测算法实际开启虚拟机的个数，详细结果如图 10.4(d)所示。

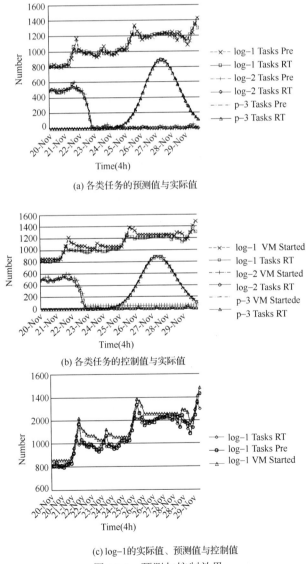

(a) 各类任务的预测值与实际值

(b) 各类任务的控制值与实际值

(c) log-1的实际值、预测值与控制值

图 10.4 预测与控制效果

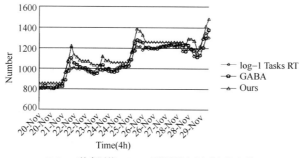

(d) log-1的实际值、GABA预测控制开启虚拟机个数

图 10.4 预测与控制效果（续）

这里采用的三次指数平滑算法和相应的控制策略存在一定的误差，依据均方差（MSE）分析实验结果，有

$$\text{MSE} = \frac{1}{n}\sum_{i=1}^{n}e_i^2 \qquad (10.29)$$

式中，e_i 表示第 i 周期的预测误差。平滑系数 α 取值为 0.5，表 10.3 给出本章提出的预测与控制的均方差，表 10.4 给出 GABA 和我们采取预测控制后的均方差。

表 10.3 预测与控制均方差

group	MSE（Pre）	MSE（Control）
LCG1	2237.383	6482.55
LCG2	620.55	2721.167
P3	127.1833	212.1833

表 10.4 GABA 和预测控制的均方差

group	MSE（GABA）	MSE（Ours）
LCG1	2348.146	6482.55
LCG2	711.232	2721.167
P3	112.27	212.1833

从表 10.3 和表 10.4 可以看出，控制值产生的均方差均大于预测值和 GABA 产生的均方差，从直观分析可知，这是必然的现象，采取的保守控制策略以适当增加能耗来换取系统性能上的稳定和任务响应比的提高。

② 资源使用情况。Greedy、RA-PM、GABA 和 RA-ISA 算法都采取"关闭冗余，开启需求"的策略，在相同的预测算法和控制策略情况下，图 10.5 列出了数据中心在资源预配置的过程中采用三种不同预配置算法开启主机的 MIPS 利用率。理论上通过 CloudSim 仿真可以达到的 MIPS 利用率为 100%，从图 10.5 可以看出，Greedy 算法的整体利用率在 25%～60%，RA-PM 算法的整体利用率在 80%～90%，两者波动比较大；GABA 和 RA-ISA 算法利用率保持在 90%左右，系统表现平稳。

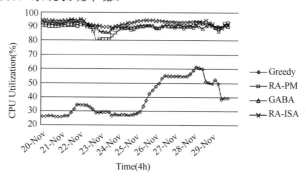

图 10.5 Greedy、RA-PM、GABA 和 RA-ISA 算法开启主机的平均利用率

为了更加直观地表现在该云计算系统模型下的资源使用情况,我们对 Greedy、RA-PM、GABA 和 RA-ISA 算法激活的主机数做出分析,如图 10.6 所示。数据中心共 900 个主机节点,部署 3 种类型的任务,相比传统的 Greedy 算法,RA-PM、GABA 和 RA-ISA 算法激活了更少的主机数,实现了激活主机集合之间更好的负载均衡和资源的最大化利用。

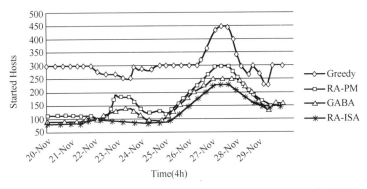

图 10.6 Greedy、RA-PM、GABA 和 RA-ISA 算法激活的主机数

③ 系统功耗。数据中心在虚拟机部署时分别采用 Greedy、RA-PM、GABA 和 RA-ISA 算法,在各个时刻产生的功耗如图 10.7 所示。在资源预配置的过程中,RA-PM 算法相比传统的 Greedy 算法,平均减少约 40%的功耗;GABA 算法相比于 RA-PM 算法,平均减少约 10%的功耗;同时,RA-ISA 算法相比于 GABA 算法,平均减少约 8%的功耗。RA-PM 和 RA-ISA 算法能够降低系统的能耗,实现高效能绿色云计算。尽管 GABA 算法相比于 RA-PM 算法可以节约更多的能耗,但是其耗时是巨大的。我们再次重申:如果预测周期很短,RA-PM 算法优于 GABA 和 RA-ISA 算法。

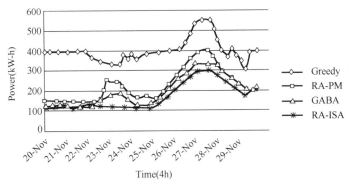

图 10.7 Greedy、RA-PM、GABA 和 RA-ISA 算法产生的系统能耗

3. 性能分析

实验分析可知,采取的三次指数平滑预测算法能够有效解决资源配置落后于用户请求的问题。但是在实时任务波动比较大的情况下使得预测存在一定的误差,导致系统响应比低,稳定性差。本章在预测算法的基础上引入保守控制策略,以适当能耗的增加换取了系统性能上的稳定和任务响应比的提高。RA-PM 和 RA-ISA 算法使得资源预配置更加合理化,激活更少的主机数,提高了系统的资源利用率,降低了系统能耗。系统应用 RA-PM 算法可以减

少约 40%的功耗，并且时间开销很小。进一步地，如果迭代周期足够长，RA-ISA 算法能够比 RA-PM 算法减少约 18%的系统功耗。在资源预配置的过程中，RA-PM 算法可以快速地得出局部最优解，在一定程度上降低了系统的能耗，算法耗时少，能够适应短周期资源预配置的需求；RA-ISA 算法通过对全局最优解的搜索，使得云计算系统消耗更低的能耗，但是该算法复杂度高，迭代周期长，不能适用于短周期资源预配置的需求。可以根据实际情况选择其中的某种算法。

10.2 基于动态负载调节的自适应云计算任务调度策略

10.2.1 面向任务调度的多级负载评估方法

高效的任务调度算法可以提高系统资源的利用率，减少整个云计算系统的总能耗。这里重点介绍一种面向云计算平台任务调度的多级负载评估方法（Multi-level Load Assessment Method for Cloud Computing Task Scheduling，MLAM），充分考虑任务节点自身负载的动态变化、不同任务节点性能的差异，以及不同任务负载需求的差异，选取了运行队列平均进程数、平均 CPU 利用率、平均内存利用率、平均网络带宽利用率作为评估所需的负载参数，并对其赋予不同的优先级，为大规模服务器集群的任务调度提供一种多级负载评估方法。在此基础上，提出一种基于动态负载调节的自适应云计算任务调度策略（Adaptive Task Scheduling Strategy based on Dynamic Workload Adjustment for Cloud Computing，ATSDWA）。任务节点在运行的过程中及时地自适应负载的变化，按照计算能力获取任务，实现各个节点自调节，同时避免因采用复杂的调度算法，使得管理节点承载巨大的系统开销，成为系统性能的瓶颈。

面向任务调度的多级负载评估方法所要解决的技术问题在于如何克服现有云计算平台负载评估机制存在的不足，在尽可能提高负载评估精度的同时，减少负载评估方法本身带来的系统开销。

1. 负载参数的选择

为了对节点的负载状况进行有效的评估，ATSDWA 算法需要选择合适的负载参数作为评估的标准。CPU 利用率的统计能够反映 CPU 被使用的情况，高 CPU 利用率，说明 CPU 超负荷运作，且硬件不能再接收更多的任务。然而，即使 CPU 的利用率低，CPU 的负载仍然可能很大，这体现在 CPU 维护的任务队列，其中的各个任务（Tasks）处在休眠（Sleep）或运行（Runable）状态[14]。理想情况下，调度器会不断地让任务队列中的任务根据获得的 CPU 时间片的大小依次执行，但是当任务队列过长时，由于各个任务对资源的竞争，使得 CPU 在一段时间内处于未响应的状态[15]。这种现象也在我们实验的过程中得到了验证，表现为 CPU 利用率低下，但资源竞争激烈，节点亦处于超负荷的工作状态。此外，实际应用中存在对内存（MEM）资源需求较高但对 CPU 需求较少的任务，因此 MEM 亦是不可忽略的负载参数。在云计算集群中，各个节点通过网络连接进行通信，如果网络出现阻塞，那么节点之间将无法交互，影响任务的顺利执行。所以网络带宽利用率也需列入考查范围。传统的评估准则仅从 CPU 的利用率来判断节点是否处于超负荷状态，这存在较大的局限性，常常不够科学，必须结合多方面因素来评估节点负载情况。

综上所述，面向云计算平台任务调度的多级负载评估方法选取 CPU 每个内核运行队列的平均负荷（Load Average）、CPU 利用率（CPU Usage）、内存利用率（Memory Usage）和网络带宽利用率（Network Bandwidth Usage）作为负载评估的参数。主要出于以下考虑：

（1）运行队列平均进程数。统计某段时间 CPU 正在执行，以及等待 CPU 执行的进程数，运行队列平均进程数较大表明 CPU 处于超负荷状态。例如，对于 I/O、Socket 等应用来说，运行队列的平均进程数最容易出现偏大的情况，对该参数进行评估能够有效地避免这种情况的发生。

（2）平均 CPU 利用率、平均内存利用率。任务队列存在多个正在执行的任务，平均 CPU 利用率及平均内存利用率能够可靠地反映正在执行任务占用系统资源的大小，判断当前节点有无足够大的资源去执行新的任务。

（3）平均网络带宽利用率。反映节点带宽负荷的大小，判断当前节点有无足够网络带宽接收新的任务。如果不考虑网络带宽的因素，会造成网络阻塞现象的发生。

2. 多级负载评估方法

根据上节分析，负载评估方法从集群节点的运行队列平均进程数、平均 CPU 利用率、平均内存利用率、平均网络带宽利用率等方面考虑，下面首先定义相关参数。

（1）评估模型。

① 负载模型。

定义 10.6 运行队列的平均长度定义为 LoadAverage，用 LA 来标识，表示在某段时间内的运行队列平均进程数。

定义 10.7 CPU 利用率定义为 CpuUsage，用 CU 来标识，表示当前采集周期内的平均 CPU 利用率。

定义 10.8 内存利用率定义为 MemoryUsage，用 MU 来标识，表示当前采集周期内的平均内存利用率。

定义 10.9 网络带宽利用率定义为 NetworkBandwidthUsage，用 NBU 来标识，表示当前采集周期内的平均带宽利用率。

② 状态模型。根据上述负载指标，统计任务节点当前已使用的系统开销。根据开销的大小，为任务节点定义当前所处状态。评估模型中将节点分为三种状态，每个任务节点都可能处在下列三种状态之一。

状态 A（饥饿态，HUNGER）：代表任务节点的负载较轻，可以承担更多任务。

状态 B（最优态，OPTIMAL）：代表任务节点的负载合理，当前并行执行任务数合理。

状态 C（饱和态，SATURATION）：代表任务节点的负载较重，当前并行执行任务数超出承受范围。

三种状态之间可以相互转换，如图 10.8 所示。

为了描述节点属性和判断节点状态，在负载评估方法中分别为每个负载参数分别定义了负载最优阈值和负载饱和阈值。

定义 10.10 负载最优阈值定义为 OptimalValue，用 OV 来标识。$OV_1 \sim OV_4$ 分别表示运行队列平均长度、CPU 利用率、内存利用率、网络带宽利用率的最优阈值。当前任务节点各负载参数均小于相应的最优值时，该节点处于"饥饿态"。

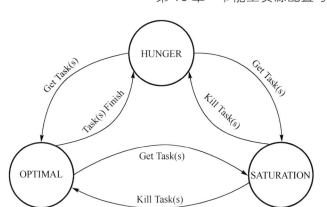

图 10.8 任务节点的状态转换示意图

定义 10.11 负载饱和阈值定义为 ThresholdValue,用 TV 来标识。TV_1～TV_4 分别表示运行队列平均长度、CPU 利用率、内存利用率、网络带宽利用率的饱和阈值。当前任务节点的任一负载参数大于相应的饱和阈值时,该节点处于"饱和态"。

其他情况下,节点处于"最优态"。

(2)多级负载评估方法。多级负载评估方法引入负载优先级的概念,将负载参数分为三级。首先,选取运行队列平均长度作为高优先级的负载参数;其次,选取 CPU 利用率和内存利用率作为中优先级的负载参数;最后,选取网络带宽利用率作为低优先级的负载参数。当高优先级的负载信息大于预设的饱和阀值时,判定该任务节点处于饱和态,无须再采集下一级的负载信息,这样能够有效减少系统开销。

根据上述分析,形成如表 10.5 所示的云计算平台任务调度的负载评估标准。

表 10.5 云计算平台任务调度的负载评估标准

优先级	负载指标	指标意义	评估标准		
0	运行队列平均长度	客观反映当前节点正在执行的任务总数	$LA<OV_1$	$OV_1 \leqslant LA<TV_1$	$LA \geqslant TV_1$
1	CPU 利用率	统计当前节点正在执行的任务占用系统资源大小	$CU<OV_2$ && $MU<OV_3$	$OV_2 \leqslant CU<TV_2$ && $OV_3 \leqslant MU<TV_3$	$CU \geqslant TV_2$ && $MU \geqslant TV_3$
1	内存利用率				
2	网络带宽利用率	客观反映前节点有无足够网络带宽获得新任务	$NBU<OV_4$	$OV_4 \leqslant NBU<TV_4$	$NBV \geqslant TV_4$
节点状态 STATE			上述条件均满足时	上述条件均满足时	任一条件满足时
			饥饿态	最优态	饱和态

进一步地,为了避免系统性能的抖动,影响采集节点信息的准确度与精度,引入了负载信息队列,包括运行队列平均长度(Load Average Queue)、CPU 利用率(Cpu Queue)、内存利用率(Memory Queue)、网络带宽利用率(Network Bandwidth Queue)。每个任务节点维护一个长度为 N 的负载信息队列(N 的值取决于采集周期的长短,表明在一个采集周期内节点取 N 次自身负载信息值),当进入下一个采集周期时,重新采集节点信息,取代上一个周期的数据。根据当前采集周期获得的负载信息队列,分别对其取平均值,得到当前采集周期内的运行队列平均进程数、平均 CPU 利用率、平均内存利用率、平均网络带宽利用率。

面向云计算平台任务调度的多级负载评估方法的流程,如图 10.9 所示。

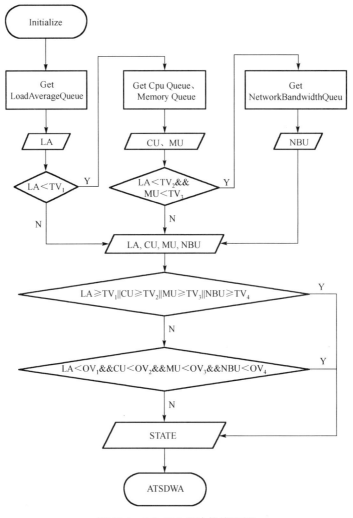

图 10.9 MLAM 方法的流程图

具体包括以下步骤。

步骤 1：初始化相关参数，包括各负载参数的负载最优阈值（$OV_1 \sim OV_4$）、负载饱和阈值（$TV_1 \sim TV_4$），以及负载信息队列长度 N。

步骤 2：在采集周期内，首先获得一组运行队列进程数，并将其写入负载信息队列 LoadAverageQueue[N]。

步骤 3：根据负载信息队列 LoadAverageQueue[N]计算当前采集周期内的运行队列平均进程数 LA，即

$$\text{LA} = \frac{\sum \text{LoadAverageQueue}[i]}{N}, \quad i = 0, 1, \cdots, N-1 \quad (10.30)$$

比较 LA 与 TV_1 的大小，若 LA< TV_1，则进入步骤 4，否则跳转至步骤 8。

步骤 4：在采集周期内，分别获得一组 CPU 利用率和一组内存利用率的值，并分别写入负载信息队列 CpuQueue[N]和 MemoryQueue[N]。

步骤 5：根据负载队列 CpuQueue[N]和 MemoryQueue[N]计算当前采集周期内的平均 CPU 利用率 CU，以及平均内存利用率 MU，即

$$CU = \frac{\sum CpuQueue[i]}{N}, \qquad i = 0,1,\cdots,N-1 \qquad (10.31)$$

$$MU = \frac{\sum MemoryQueue[i]}{N}, \qquad i = 0,1,\cdots,N-1 \qquad (10.32)$$

分别比较 CU 与 TV_2、MU 与 TV_3 的大小，若 CU<TV_2 且 MU<TV_3，则进入步骤 6，否则跳转至步骤 8。

步骤 6：在采集周期内，获得一组网络带宽利用率的值，写入负载信息队列 NetworkBandwidthQueue[N]。

步骤 7：根据负载队列 NetworkBandwidthQueue[N] 计算当前采集周期内的平均网络带宽利用率 NBU，即

$$NBU = \frac{\sum NetworkBandwithQueue[i]}{N}, \qquad i = 0,1,\cdots,N-1 \qquad (10.33)$$

步骤 8：按照以下准则，判断当前节点的状态 STATE。

```
IF （LA>=TV₁||CU>= TV₂||BU>= TV₃||NBU>= TV₄）
    STATE = SATURATION
ELSE IF （LA< OV₁ &&CU< OV₂&&BU< OV₃&&NBU< OV₄）
    STATE = HUNGER
ELSE STATE = OPTIMAL
```

通过上述过程，各个任务节点实现了对自身的负载状态的准确评估，将该评估结果传递给 ATSDWA，为下一步的任务调度提供负载评估参数。

10.2.2 基于动态负载调节的自适应任务调度策略

基于动态负载调节的自适应任务调度策略所要解决的是节点性能的差异所带来的问题，这就需要任务节点在运行的过程中能够及时地自适应负载的变化，按照计算能力获取任务，实现各个节点自调节，同时避免因采用复杂的调度算法，使得管理节点承载巨大的系统开销，成为系统性能瓶颈。

1. 问题分析

随着设备的不断分批换代和升级，很多数据中心实际的集群计算环境已经异构化[16-17]，当前的任务调度算法往往很少考虑集群异构带来的问题[11]。除此之外，即便是同构类型的集群，不同类型的任务对系统资源的需求也不同，也会导致系统负载产生巨大的差异性。现有的任务调度算法未能考虑到各个节点负载的动态变化，以及不同节点的性能差异，无法满足集群的性能要求，主要表现在系统的稳定性、快速响应和负载均衡等方面[18]。

云计算平台在实现任务调度时，受限于任务节点有限的资源和计算能力，不能无限制地分配任务。一种有效而简单的方法是通过预先设定任务节点最大可并行执行的任务总数。但由于各个节点负载的动态变化，以及不同节点的性能差异，可能导致以下两种情况发生。

（1）若该任务节点属于高性能计算节点，当正在执行任务数已经达到最大可并行执行任务总数时，该任务节点将无权继续获取新任务；然而，若此时该任务节点的负载仍然较轻，表明还有能力执行更多的任务，则将产生"饥饿"现象，造成空闲资源的浪费。

（2）若该任务节点属于低性能计算节点，当正在执行任务数小于最大可并行执行任务总

数时,该任务节点将继续申请新任务;然而,若此时该任务节点的负载已经很重,表明已无能力执行更多的任务,就会出现"饱和"现象,甚至导致节点过载情况的发生,造成节点宕机,发生灾难性事故。

这不仅在很大程度上影响集群的性能,还会造成集群资源的浪费。考虑到任务节点自身实际负载的动态变化、不同任务节点性能的差异,以及不同任务负载需求的差异,一种更加可靠且高效的方法是对任务节点的相关参数及节点的任务进行自适应调整,使各个任务节点尽可能处于最优态,从而减少集群资源的浪费,提高集群的性能。

2. 算法流程

针对上述问题,本章提出一种适用于异构云计算平台的基于动态负载调节的自适应任务调度策略 ATSDWA。自适应性体现在算法实现过程中,在任务节点运行的过程中,根据自身资源及负载的变化,做出相应的调整,使节点运行性能达到最优,实现自适应性调节。各个任务节点通过周期性地采集负载参数,权衡节点负载状况,动态调节最大可并行执行任务数(标记为 MaxTasksCapacity,取代固定任务槽的概念)的大小。改变传统调度器"一次心跳,全额分配"的方式,使任务节点每次心跳只能获取部分任务,而不是一次填满容量,这将提高集群中每个节点的动态可控性。任务节点在下一个心跳周期重新评估自身的负载情况,然后决定是否接收新的任务。

如图 10.10 所示,管理节点(Master Node)端的任务调度器(Task Scheduler)负责任务的分发,当它收到来自任务节点(Task Node)端的心跳(Heartbeat)时,判断如果满足条件就分配任务。心跳的传递是通过 Master Node 和 Task Node 之间的远程调用协议(Remote Procedure Call Protocol,RPC)实现的。Task Node 端通过负载评估模块(MLAM Module)判断(应用上节提出的 MLAM 方法)节点的负载状况。ATSDWA 模块(ATSDWA Module)实现本章提出的基于动态负载调节的自适应任务调度策略,节点根据负载评估模块得到自身状态,依此进行调节,适应自身的负载变化,实现集群节点自调节,在保证集群响应实时性的同时,避免因采用复杂调度算法导致 Master Node 产生巨大的系统开销。Task Node 在心跳周期内判断自身负载状况,统计负载状态计量值(LightLoadStatusCount 和 OverLoadStatusCount),以此为判断依据,决定是否改变最大可并行执行任务数。任务执行模块(Task Running Module)实现任务的具体执行。

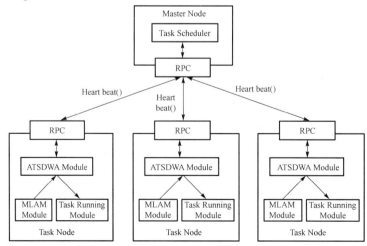

图 10.10 ATSDWA 运行环境

ATSDWA 策略的算法流程如图 10.11 所示。

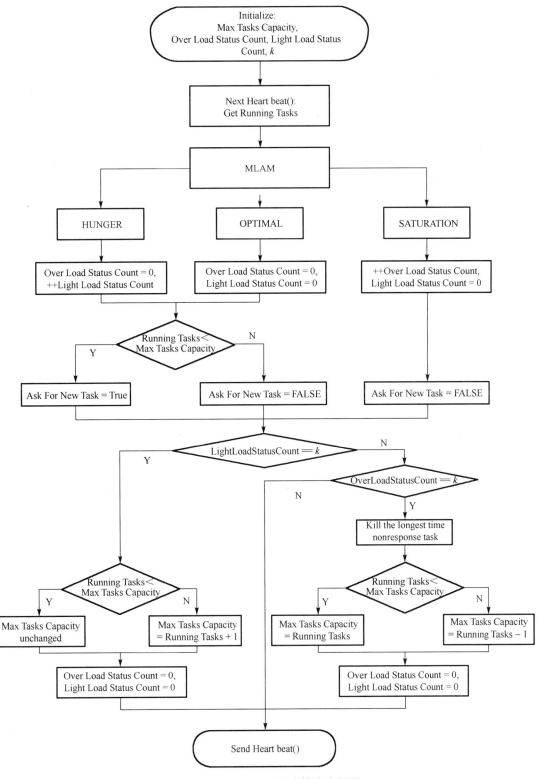

图 10.11 ATSDWA 策略算法流程图

在同构集群中，最大可并行执行任务数（MaxTasksCapacity）的大小设置为常数，且这个值在集群运行的过程中不可更改；在异构集群中，为了减少集群自适应调节周期，可以根据任务节点的配置高低设置 MaxTasksCapacity 的最小值 Min 和最大值 Max。Max 通常与集群中主机的最大 CPU 核数相关，Min 与集群中主机的最小 CPU 核数相关。

图 10.11 中 MaxTasksCapacity 初始值为 Min，设置两个负载计量值 OverLoadStatusCount 和 LightLoadStatusCount 值为 0，初始化负载状态计量阀值 k。其中，OverLoadStatusCount 和 LightLoadStatusCount 为负载计量值，分别用于统计节点为"饱和态"和"饥饿态"的次数。节点在运行过程中，负载频繁地调节 MaxTasksCapacity 会使系统不稳定，因此只有当"饱和态"或者"饥饿态"连续出现 k 次时，算法才进行自适应性调整，k 的大小决定了系统进行自适应调节的粒度。在系统实际运行时，可以根据云系统中实际运行情况来调整 k 的取值。

3. 算法描述

本节结合 ATSDWA 策略算法的伪代码，进一步描述算法的实现。ATSDWA 策略算法的具体实现伪代码如下。

```
ATSDWA 策略算法
输入：初始化 MaxTasksCapacity：最大可并行执行任务数，最大值为 Max，最小值为 Min；
      OverLoadStatusCount, LightLoadStatusCount：负载计量值，值均为 0；
      k：负载状态计量阀值
输出：AskForNewTask, MaxTasksCapacity
1    RunningTasks = GetRunningTasks();  /*获得系统当前正在运行的任务数*/
2    CurrentStatus = MLAM();
3    IF (CurrentStatus == HUNGER || CurrentStatus == OPTIMAL){
     /*如果当前为饥饿态或最优态*/
4        OverLoadStatusCount = 0;
5        IF (CurrentStatus == HUNGER){  /*如果当前为饥饿态*/
6            LightLoadStatusCount++;
7        } ELSE {  /*如果当前为最优态*/
8            LightLoadStatusCount = 0;
9        }
10       IF (RunningTasks < MaxTasksCapacity){
             /*判断当前任务节点是否继续获取任务*/
11           AskForNewTask = TRUE;
12       } ELSE {
13           AskForNewTask = FALSE;
14       }
15   } ELSE {  /*如果当前为饱和态*/
16       OverLoadStatusCount++;
17       LightLoadStatusCount = 0;
18       AskForNewTask = FALSE;
19   }
20   IF (LightLoadStatusCount == k){  /*如果连续出现 k 次饥饿态*/
21       IF (RunningTasks < MaxTasksCapacity){
             /*判断是否改变 MaxTasksCapacity */
22           MaxTasksCapacity unchanged;
```

```
23      } ELSE {
24        MaxTasksCapacity = RunningTasks+1;
25      }
26      OverLoadStatusCount = 0;
27      LightLoadStatusCount = 0;
28   } ELSE IF （OverLoadStatusCount == k）{ /*如果连续出现 k 次饱和态*/
29      Kill The Longest Time Nonresponse Task;
30      IF （RunningTasks < MaxTasksCapacity）{
         /*判断如何改变 MaxTasksCapacity */
31        MaxTasksCapacity = RunningTasks;
32      } ELSE {
33        MaxTasksCapacity = RunningTasks - 1;
34      }
35      OverLoadStatusCount = 0;
36      LightLoadStatusCount = 0;
37   }
```

步骤 1：各个任务节点初始化最大可并行执行的任务数（MaxTasksCapacity），两个负载计量值（OverLoadStatusCount 和 LightLoadStatusCount），负载状态计量阀值 k。

步骤 2：各个任务节点在心跳周期内（HeartBeatTime）通过调用 GetRunningTasks()函数得到任务节点正在执行的任务数（RunningTasks），同时采用本章提出的负载评估方法进行负载评估，即调用 MLAM()函数得到节点当前状态 CurrentStatus。在该心跳周期内，若 STATE 为饥饿态（即 CurrentStatus=HUNGER），则 LightLoadStatusCount 的值加 1，同时将 OverLoadStatusCount 清零；若 STATE 为最优态（即 CurrentStatus=OPTIMAL），同时将 LightLoadStatusCount 和 OverLoadStatusCount 清零；若 STATE 为饱和态（即 CurrentStatus=SATURATION），则 OverLoadStatusCount 的值加 1，同时将 LightLoadStatusCount 清零。

步骤 3：任务节点达到心跳时间后，根据 RunningTasks、MaxTasksCapacity 和负载评估的结果（CurrentStatus）决定是否向管理节点索取新任务，若 RunningTasks<MaxTasksCapacity 且该任务节点处于饥饿态或最优态时，置 AskForNewTask 为 TRUE，向管理节点索取任务；否则置 AskForNewTask 为 FALSE，不向管理节点索取新任务。

步骤 4：比较负载计量值（OverLoadStatusCount、LightLoadStatusCount）和负载计量值阈值 k 之间的关系，具体如下。

（1）当 LightLoadStatusCount=k 时，表明连续 k 个心跳周期内的负载状态都处于饥饿态，若 RunningTasks<MaxTasksCapacity，则置 MaxTasksCapacity 的值保持不变；否则置 MaxTasksCapacity=RunningTasks+1，将比较负载计量值（OverLoadStatusCount 和 LightLoadStatusCount）都清零。

（2）当 OverLoadStatusCount=k 时，表明连续 k 个心跳周期内的负载状态都处于饱和态，杀死超时未得到响应的任务，并将此任务汇报给管理节点，请求管理节点对该任务重新分配给合适的任务节点；若 RunningTasks<MaxTasksCapacity，则置 MaxTasksCapacity=RunningTasks；否则置 MaxTasksCapacity=MaxTasksCapacity-1。将比较负载计量值（OverLoadStatusCount 和 LightLoadStatusCount）都清零。

（3）当两个负载计量值（OverLoadStatusCount 和 LightLoadStatusCount）都不等于 k，则不采取任何措施，任务节点进一步的监控自己负载的变换；

步骤 5：任务节点以 HeartBeatTime 时间间隔周期性地向管理节点发送心跳包，转步骤 2，进行循环调度。

10.2.3 实验验证与性能分析

为了验证 MLAM 评估方法、分析并比较本章提出的 ATSDWA 策略，需要构建一种有效且可靠的云计算平台。我们将 MLAM 评估方法和 ATSDWA 策略应用于 Hadoop 云计算平台，并对比于 Hadoop 现有的调度策略 ORIGINAL 和文献[19]提出的 TRAS 算法。本章从不同角度出发，衡量任务调度算法的性能。实验将针对用户提交作业的总响应时间、资源的利用率和系统加速比等指标来展开实验分析。

1. 性能指标

为了验证本章提出的 MLAM 评估方法和 ATSDWA 算法在异构 Hadoop 集群上运行的有效性和可靠性，对其性能优劣进行有效的评估，本章采用以下三个指标作为算法评估的性能指标。

（1）作业总响应时间。作业总响应时间是指从提交任务到返回最终处理结果的时间，该指标反映云计算系统对用户的服务和交互能力，响应时间越短表明系统的服务和交互能力越强。用户在短时间内就知道自己提交任务的运行情况，这使用户获得更好的服务和交互体验。

（2）资源利用率。这里的资源利用率包括 CPU 利用率、内存利用率、CPU 每个内核运行队列的平均长度。恰当的资源利用率说明算法具有良好的自适应性，它可以最大化地利用资源，同时又不降低集群的执行效率和服务质量。但资源利用率也不是越大越好，资源利用率过高，会降低系统的执行效率，因此，实验用资源利用率来评价系统的自适应性。

（3）加速比。加速比是指在相同的数据和任务处理量的情况下，增加计算集群系统规模对并行计算能力提升的比率，该指标的定义如下。

定义 10.12 固定用户提交作业量的大小，将集群的规模从 P_1 增加到 P_2，相应的，任务的响应时间将从 T_1 减少到 T_2。加速比的计算公式如下所示。

$$\mathrm{SP} = \left|\frac{T_2 - T_1}{P_2 - P_1}\right| \tag{10.34}$$

该指标主要反映云计算系统当前采用的任务调度算法时的可扩展能力，如果通过增加并行处理节点的数量，可以大幅提升系统响应能力，说明采用当前任务调度算法的云计算平台具有高可扩展性。

2. 实验环境设置

本章提出的算法关注的是任务节点的行为，如果能够保证足够多的任务分配到节点上，可以使得实验集群处于高度的负载强度之下，使得实验集群具备"压力测试"的条件，所以即使小规模的分布式系统也可以用来验证我们提出的方案。我们采用 VMWare 技术基于实验室设备（包括 PC、服务器和网络交换机）搭建了一个实验平台，将实验部署于这个异构计算集群上。每个虚拟机作为一个 Hadoop 节点，建立包含 12 个异构节点的测试平台，其中 1 个为 JobTracker 节点（即管理节点），11 个为 TaskTracker 节点（即任务节点）。虚拟机的操作系统均为 Ubuntu11.04，网络带宽资源为 1000 M。表 10.6 列出了计算节点的配置信息。

表 10.6 计算节点的配置信息

NodeType	CPU	Memory/GB	VMInfo
1	Intel Core i5 3337U 2.7 GHz	4.00	1× VMType1+1× VMType2
2	Intel Core i5 3210M 2.5 GHz	4.00	2× VMType1
3	Intel Core 2 T6400 2.00 GHz	3.00	1× VMType1+1× VMType2
4	Intel Core 2 T9600 2.80 GHz	3.00	1× VMType1+1× VMType2
5	Intel Core i3-2330M 2.20 GHz	2.00	1× VMType1+1× VMType2
6	Intel Core M480 2.67 GHz	2.00	1× VMType1+1× VMType2

其中，集群内包含 7 个双核 CPU 节点，内存 512 MB，标记为 VMType1，其中 1 个为 JobTracter 节点，6 个为 TaskTracker 节点；5 个单核 CPU 节点，内存 218 MB，记为 VMType3；全部为 TaskTracker 节点；硬盘大小均为 20 GB。

（1）我们对 Hadoop 集群参数进行重置，部分参数配置如表 10.7 所示，其余参数采用默认值[20]。

表 10.7 设定的配置参数

Hadoop 集群参数	默认值	设定值
dfs.replication	3	1
dfs.block.size	64 MB	32 MB
dfs.heartbeat.interval	3 s	6 s
mapred.child.java.opts	200 MB	150 MB

相关参数说明如下。

① dfs.replication：文件创建时产生的存放份数，默认 dfs.replication 的值为 3，即做 2 次的备份，当作业文件比较大且磁盘空间有限时，可以将该值调低，测试时选择为 1，即不做备份，以减少磁盘开销。

② dfs.block.size：数据块大小，通过它来设置切分文件数据块的大小。数据块的大小决定了集群节点 Map 任务的数量，这将直接影响集群的执行效率，默认块的 Hadoop 文件块的大小为 64 MB。数据块的大小设置取决于文件的大小，如果文件比较大，dfs.block.size 设置偏低则会导致过多的分片，造成执行效率的低下；数据块的大小设置还取决于集群规模。实验中我们将其设置为 32 MB。

③ dfs.heartbeat.interval：心跳间隔，即向管理节点（JobTracker）发送心跳包的时间间隔。

④ mapred.child.java.opts：用于设置每个 Map 或 Reduce 任务消耗的内存大小，默认的大小为 200 MB。这个参数在很大程度上决定了集群节点内存的利用率，如果它被设置得过低，将导致内存利用率不高，造成资源浪费。

（2）不同的参数对实验结果有很大的影响。为了使实验更直观，表 10.8 中列出了 ATSDWA 算法相关参数的设置，这些参数在实验中经过了反复的调整和验证，最终确定了它们的设置值。

k 是负载状态计量阈值。在系统实际运行时，可以根据云系统中实际运行情况来调整 k 的取值，在本实验系统中取 10 时达到最优。$OV_1 \sim OV_4$ 分别表示运行队列平均长度、CPU 利用率、内存利用率、网络带宽利用率的最优阈值，$TV_1 \sim OV_4$ 分别对应它们的饱和阈值，当它们采用表中的值时，算法达到预期效果。本实验设置最大可并行执行任务数的最大值 Max 为 4，最小值 Min 为 1。

表 10.8　ATSDWA 算法相关参数设置

ATSDWA 相关参数	设定值	ATSDWA 相关参数	设定值
K	10	N	3
OV_1	2	TV_1	4
$OV_2 \sim OV_4$	0.30	$TV_2 \sim TV_4$	0.90
Max	4	Min	1

（3）为了观察本章提出的 ATSDWA 算法对集群性能影响，对比与现有的调度策略 ORIGINAL 和文献[19]提出的 TRAS 算法。对于调度策略 ORIGINAL，最大可并行执行任务数（MaxTasksCapacity）在集群启动之前通过 mapred.tasktracker.map.tasks.maximum、mapred.tasktracker.reduce.tasks.maximum 参数预先设定，本实验取值为 4。

监控环境：Ganglia[21]。

测试程序：TeraSort 排序基准测试[22]。

3. 实验结果与性能分析

本章在 Eclipse 下编译基于 Hadoop-0.20.2 的源码，通过"jar cvf hadoop-0.20.2-core.jar *"命令生成 jar 文件，实现任务调度策略的优化。将编译好的 jar 文件部署到各个集群节点上，然后重新启动集群。本实验中，我们考查计算密集型任务，如公司的大数据报告、实验数据分析、数据挖掘技术等，它们有一个共性就是该类任务主要消耗 CPU 和内存资源。我们的实验中采用 TeraSort 排序基准测试程序，属于计算密集型测试。另外，TeraSort 是 Hadoop-0.20.2 中的一个排序作业。2008 年 5 月，在 910 个节点的集群上运行 TeraSort 代码，并对 100 亿条记录（1 TB）排序，耗时 209 s，由此 Hadoop 在排序基准评估中赢得了第 1 名[22]，所以，我们也可以用这个基准测试程序来验证我们提出的算法的性能[87]。为了比较算法的自适应性，我们通过减小任务的大小（减小到 32 MB）来增加任务的数量，实验结果对计算密集型任务的任务调度技术有良好的参考价值。实验过程中，主要通过 Ganglia 来监控集群的运行状态，观察集群资源利用情况，对比源码改进前后的基准测试结果。

（1）任务总响应时间统计。在建立的包含 12 个异构节点测试平台上，分别对 3072 MB、4096 MB、5120 MB 的信息进行排序统计，每个任务节点所产生的平均任务数分别为 96、128、160。为了保证所测数据的公平性，对每组数据进行三次测试，分别观察 Hadoop 的原始算法、TRAS 算法和本章提出的 ATSDWA 算法对集群性能影响，实验数据如表 10.9 所示。

表 10.9　排序基准测试结果

Files/MB Times/s	3072			4096			5120		
	ORIGINAL	TRAS	ATSDWA	ORIGINAL	TRAS	ATSDWA	ORIGINAL	TRAS	ATSDWA
1	1603	1463	1194	2198	1960	1638	2956	2361	2085
2	1572	1438	1204	2182	1876	1636	2713	2464	2122
3	1533	1455	1221	2131	1934	1628	2624	2490	2078
Average	1569.33	1452	1206.33	2170.33	1923.33	1634	2764.33	2438.33	2095

从表 10.9 看出，集群系统的在每次执行多个任务时，总响应时间趋于平稳。从性能提升率得出，在相同集群规模下，随着任务数的增加，在采用 ATSDWA 策略后，任务节点性能得到相对提升，优化效果明显，ATSDWA 策略能够提高云计算平台和用户的交互能力。

为了更加直观比较优化前后的集群性能，经过表 10.9 数据分析，得出集群系统改进前后性能对比情况，如图 10.12 所示。

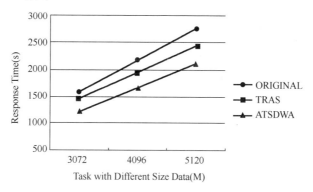

图 10.12　不同数据大小的响应时间对比

从图 10.12 中看出，采用的 ATSDWA 策略在异构 Hadoop 集群中高效可靠，性能优于 ORIGINAL 和 TRAS 算法，能够实现任务节点在运行的过程中自适应负载的变化，实现各个节点自调节，在异构环境下，避免了任务节点频繁的单点配置，提高了部署效率。

（2）资源利用率。随机选取一台虚拟机作为我们的观察对象，同时，运行 3072 MB 大小的排序任务来采集资源使用情况，包括 CPU 利用率、内存利用率，以及 CPU 每个内核运行队列的平均长度。根据以上说明，我们记录了资源利用率，并显示在图 10.13 中。

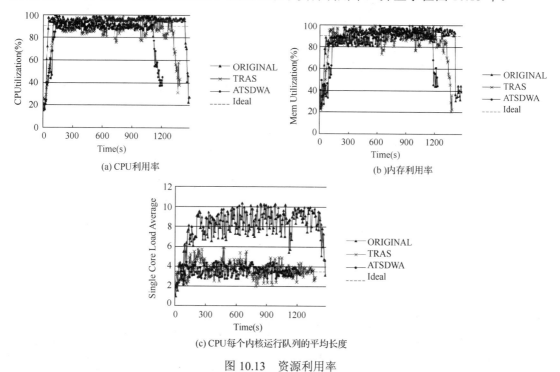

图 10.13　资源利用率

由图 10.13 可以看出，ORIGINAL 算法的资源使用情况一直处于超高的状态，图 10.13(a)中 CPU 利用率一直很高，接近于 100%，当节点长期处于一种超负荷的情况下运行，会导致节点负载过重，节点的运算变慢，甚至出现宕机现象，从而导致任务运行变慢。然而 TRAS

算法考虑了节点的自身情况，但是由于 TaskTracker 将自身的资源信息报给 JobTracker，然后由 JobTracker 来决定是否分配任务，所以调节滞后，造成资源的使用情况出现忽高忽低的现象，有时甚至达到了 100%，这种状况会造成节点的不稳定，也会使得节点的运算变慢，甚至宕机。再者，TRAS 算法没有考虑 CPU 每个内核运行队列的平均长度这一因素，所以在图 10.13(c)中表现不佳。ATSDWA 资源利用率（包括 CPU utilization、MEM utilization 和 SingleCoreLoadAverage）一直在 Ideal（饱和阀值）附近，说明集群应用了 ATSDWA 后，能够根据节点自身的资源使用情况，调节任务的获取机制，有效地进行自适应性调节，使节点能够保持在最佳工作状态，提高节点的稳定性，从而提高任务的执行效率，减少作业的响应时间。

实验的网络资源为千兆带宽，且 TeraSort 作业对网络资源的需求不高，所以网络带宽利用率对本实验而言没有参考价值，故未在本节列出。

（3）加速比统计。加速比是体现集群自适应性的关键性指标之一，图 10.14 中折线的斜率（响应时间和集群规模的增量比）反映了集群的加速比。测试在输入数据文件大小均为 3072 MB，以及其他系统配置均相同的情况下，任务节点的增加（3、5、7、9 和 11 个节点）对任务执行速度的影响。分别观察 TeraSort 排序在 3、5、7、9 和 11 台任务节点下的任务执行时间情况，实验结果如图 10.14 所示。

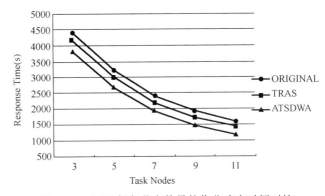

图 10.14　不同任务节点数量的作业响应时间对比

从图 10.14 中可以看出，随着节点个数的增大，作业的响应时间逐渐减少，其斜率反映了集群采用不同算法的加速比情况，ATSDWA 算法随着节点规模的增大，能够保值同原算法相近的加速比，优于 TRAS 算法。这说明 ATSDWA 策略有良好的加速比性能，在异构 Hadoop 集群中具有高可扩展性。

通过 Ganglia 监控观察可知，优化后的任务节点负载在阈值之内，负载状况比较平稳，完成作业时间缩短。

10.3　云环境下基于多移动 Agent 的任务调度模型

10.3.1　任务调度模型

如前面章节所述，按照 FIPA 的定义，移动 Agent 是能够在网络上从任意一台主机自由地迁移至另外一台主机并能够与其他移动 Agent 进行通信、互换资源等行为的智能软硬件实体，其具有自主性（Autonomy）、主动性（Activity）、反应性（Reactivity）、社会性（Sociality）、智能性（Intelligence）、移动性（Migration）等特征，能根据具有的知识，以及周围发生的事件进行感知、推理、规划、通信，并反作用于环境。移动 Agent 模式的关键特征就是网络中的任一主机都拥有处理资源、处理器和方法的任意组合的高度灵活性。

基于以上移动 Agent 的特性，尤其是移动性，使得其在云计算的分布式环境中网络的任一主机处都拥有资源、计算能力和计算方法任意组合的高度灵活性。由于云计算所具有的巨大的规模，云环境下的分布式系统的构成非常复杂。移动 Agent 技术在分布式环境中有着良好的兼容性，所具有的移动性使得其可以在异构的网络中无障碍地进行迁移。当移动 Agent 迁移至目的站点后，移动 Agent 运行通常独立于节点和传输层，而仅仅依赖于其当时运行环境，因此移动 Agent 提供了系统无缝集成的最优条件。移动 Agent 的智能性使得移动 Agent 处在分布式环境中时，能够自行感知其所处的环境，当运行环境发生变化时，移动 Agent 又能对这些变化及时的做出反应。当承载着任务的移动 Agent 被派遣到网络后，移动 Agent 的主动性和自主性使得其可以独立于产生过程，自主地进行异步操作。另一方面，在面对非预期的状态或者紧急事件时，移动 Agent 有着良好的应变能力，这也就使得基于移动 Agent 所构建的分布式系统有着良好的健壮性和容错性。

多移动 Agent 系统是由多个移动 Agent 所组成的系统，强调了移动 Agent 社会性特征。多移动 Agent 之间彼此在逻辑上相互独立，通过共享知识、任务和中间结果，协同地在工作中形成问题的解决方案，如图 10.15 所示，同组（或层）或不同组的多个移动 Agent 之间都可以进行交互。因此，移动 Agent 之间的交互过程不是简单地交换数据，而是参与某种社会行为，具体表现在以下 3 个方面：①目标不同的移动 Agent 对各自目标、资源等进行合理安排，以规划和协调（Coordination）各自行为，最大限度地实现各自目标；②移动 Agent 通过协调各自行为，协作（Collaboration）完成共同目标；③移动 Agent 借助通信，交换各自目标进行协商（Negotiation）。

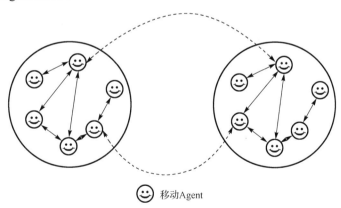

图 10.15 多移动 Agent 合作示意图

引入移动 Agent 和多移动 Agent 技术的目的是为了自然构建出能够较好地反映资源和节点行为，从而可以充分地控制和协调各节点所拥有的资源，理性地代理节点及其拥有的资源来参与和完成云计算环境下的各项任务。

本文所讨论的节点，从功能上可分为：管理节点（Master Node）和数据节点（Data Node），当用户将任务提交给云数据中心后，由管理节点负责将用户的任务切分成若干个子任务后选择合适的数据节点部署任务，并在所有子任务处理完成后，由管理节点将结果返回给用户。定义如下。

定义10.13 管理节点（Master Node，MN）：云数据中心的管理节点，逻辑上唯一，负责整个云数据中心的管理。

定义10.14 数据节点（Data Node，DN）：可被抽象为以下四元组：

$$DN=(ID, CPU, DIO, State) \quad (10.35)$$

式中，ID为数据节点的唯一标识；CPU为数据节点的当前CPU利用率；DIO为数据节点当前的磁盘传输速率，这两个指标用于表示数据节点当前已使用的计算能力；State为数据节点当前状态，且每个节点都可能处在下列两种工作状态之一。

- 状态A（活跃态（Active））：节点上有计算任务，并可以继续承担系统部署的任务。
- 状态B（休眠态（Dormant））：节点上无计算任务，但可以承担系统部署的任务。

当一个处于活跃态的节点完成自身的任务后，将自动进入休眠状态（本文指深度休眠，此时该节点不产生任何能耗）。管理节点可向处于休眠态的数据节点部署任务，当数据节点接收到任务后自动转为活跃态并立刻开始处理任务。

对于一个特定规模的云数据中心，存在着一个CPU利用率和当前磁盘传输速率的最优资源组合[40]。

定义10.15 最优资源配置（Optimal Configuration of Resource Utilizations，OCORU）可被抽象为以下二元组：

$$OCORU=(CPU, DIO) \quad (10.36)$$

当该云数据中心的每个数据节点的DN.CPU和DN.DIO都工作在ORORU.CPU和ORORU.DIO时，整个云数据中心处理单位数据的能耗最低[41]，即此时每消耗单位电力所获得的回报最高。对某一特定的云数据中心，OCORU.CPU和OCORU.DIO均为常数，可实际测得。

当用户向MN提交任务后，MN依据相关算法选取执行任务的DN，DN选取完成后，由这些DN组成一个临时的节点集群，由MN赋予在集群中的节点彼此通信的权限；只有在点集群中DN能够彼此直接交互，共同完成任务，如图10.16所示。当任务完成后MN便会将此临时的节点集群撤除，收回DN彼此通信的权限，最大限度地保障系统安全。

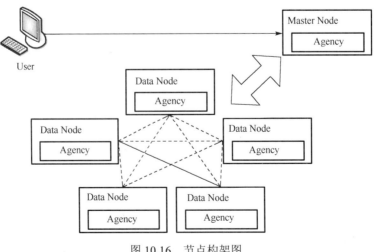

图10.16 节点构架图

3. 任务模型

定义 10.16 任务（Task）可被抽象为以下六元组

$$\text{Task} = (\text{ID, Data, Code, CPU, DIO, Amount}) \tag{10.37}$$

式中，ID 为任务的编号，是该任务与其他任务相区别的唯一标识；Data 表示用户向云计算中心提交的其想要处理的原始数据，将会被管理节点切分成多份子数据，以便分布在若干个数据节点上进行处理；Code 表示用户向云计算中心提交的处理 Data 的程序代码，Code 中用户包含处理 Data 的方法，以及这些方法与 Data 的映射关系；CPU 表示运行该任务所需的 CPU 利用率，管理节点只向 OCRU.CPU − DN.CPU > Task.CPU 的数据节点派遣该任务的子任务；DIO 表示运行该任务所需的 DIO 利用率，管理节点只向 OCRU.CPU − DN.CPU > Task.CPU 的数据节点派遣该任务的子任务；Amount 表示该任务子任务的数量，对于特定环境的特定任务而言是一个常数。

用户租用云计算中心的设备，需要向云数据中心提供其想要处理数据以及处理数据的程序代码，管理节点将用户提供的任务切分成若干个的子任务分布到数据节点上执行。

定义 10.17 子任务（SubTask）可被抽象为以下三元组：

$$\text{SubTask} = (\text{ID, Data, Code}) \tag{10.38}$$

式中，ID 为子任务的编号，每个子任务有且只有一个与其他子任务不同的编号，是这个子任务与其他子任务相区别的唯一标识；子任务的 ID 与任务的 ID 存在对应关系，可以通过子任务 ID 推知这个子任务属于哪个任务；当所有子任务完成后，管理节点依据子任务的 ID 将结果有序汇总后返回给用户。Data 表示由管理节点将用户提交的原始数据切分后得到的子数据。Code 表示用户提交的代码中与该子任务的子数据相映射的部分代码，包含该子任务相关的子数据处理方法。

4. Agent 模型

采用 Agent 技术来构建云计算任务调度模型，即在分布式环境下的每一个节点上构建 Agent 运行平台，并在 Agent 运行平台上部署 Agent。通过这种分散的、松散耦合的智能 Agent 之间的相互合作，在分布式环境下实现群体间高效率地相互协作、联合求解，解决多种协作策略、方案、意见下的冲突和矛盾，从而模拟人类社会组织机构与社会群体来解决各种问题[32, 34]。

定义 10.18 云环境下的 Agent 模型，Agent 可被抽象为以下六元组：

$$\text{Agent} = (\text{ID, Role, Level, State, Code, Data}) \tag{10.39}$$

式中，ID 为 Agent 的编号，每个 Agent 有且只有一个与其他 Agent 不同的编号，是这个 Agent 与其他 Agent 相区别的唯一标识，当 Agent 为其上级 Agent 创建而成时，其 ID 需以其上级 Agent 所属 ID 为前缀即 $\text{ID}_{father}\text{ID}_{child}$。

Level 表示 Agent 所属的级别，每个 Agent 必属于下列 3 种不同级别之一。

- 级别 1：最高级别，在此级别的 Agent 可以自由迁移至分布式系统的任意节点上，也可以自由创建其他 Agent，被其创建的 Agent 级别可以为 2 或 3 级；当其被分配的任务完成时可自行决定是否销毁。
- 级别 2：次高级别，在此级别的 Agent 可以自由迁移至分布式系统的任意节点上，也可以自由创建其他 Agent，被其创建的 Agent 级别仅可为 3 级；当其被分配的任务完成时需经由上级 Agent 批准后方可销毁。
- 级别 3：最低级别，在此级别的 Agent 进行迁移时需其上级 Agent 授权，不可创建其他任何 Agent；当其被分配的任务完成时需经由上级 Agent 批准后方可销毁。

State 表示 Agent 当前所处的状态。
- 状态 0：表示 Agent 尚未完成其所被部署的任务，正在工作中。
- 状态 1：表示 Agent 已经完成其所被部署的任务，正等待上级 Agent 的进一步指令。

所有处于最高级别的 Agent 状态都为 0，其他级别的 Agent 依据其当其的工作进度必处于上述两种状态之一。

Data 表示 Agent 所携带的数据。

Code 表示 Agent 所携带与该 Agent 的 Data 相映射的部分代码，包含了该 Agent 相关的 Data 的处理方法。

Role 为 Agent 的角色标识，在由 Agent 构成的分布式系统中，Agent 依据系统的需要承担不同的角色，彼此分工合作共同完成分布式系统所承担的任务。Agent 的角色将可能为

$$\text{role} \rightarrow \text{administrator} \mid \text{nodetester} \mid \text{taskdivider} \mid \text{subtaskexecutor} \tag{10.40}$$

充当 administrator 角色的 Agent 处于管理节点，负责管理和维护整个系统。当 Agent 的角色为 administrator 时，其 Level 为 1；一个管理节点上可依据具体情况的不同，拥有一个或多个 administrator。除 administrator 外，其余所有角色均有 administrator 创建而成。

充当 nodetester 角色的 Agent 由 administrator Agent 创建而成，其 Level 为 2，Code 和 Data 部分均为 NULL 值。nodetester Agent 用于测试各个数据节点当前的 CPU 和 DIO，并在一定周期内（Heartbeat）定时反馈给 administrator Agent 以便于管理整个系统。

充当 taskdivider 角色的 Agent 由 administrator Agent 创建而成，其 Level 为 2，用于将用户提交的任务（Task）切分成若干个子任务（SubTask）并依此创建相应的 Level 为 3 的 subtaskexecutor Agent 处理任务。taskdivider Agent 实时监控整个任务的进度，并在所有 subtaskexecutor Agent 处理完成后，将最终结果提交给 administrator Agent。

充当 subtaskexecutor 角色的 Agent 由 taskdivider Agent 创建而成，其 Level 为 3，用于迁移至指定节点上处理子任务。其所携带的 Data 为表示由 taskdivider Agent 将用户提交的原始数据切分后得到的子数据。Code 表示用户提交的代码中与该子任务的子数据相映射的部分代码。当 subtaskexecutor Agent 处理完自身所携带的任务后，将会将结果反馈至创建其的 taskdivider Agent。

10.3.2 任务调度过程

当用户向管理节点提交任务后，administrator Agent 创建 taskdivider Agent，其 Level 为 2；taskdivider Agent 用于将用户提交的任务（Task）切分成若干个子任务（SubTask）并依此创建 Level 为 3 的 subtaskexecutor Agent，用以携带 Data 迁移至数据节点依据并其 Code 对数据进行处理，subtaskexecutor Agent 在处理完成后将结果反馈至 taskdivider Agent 后由 taskdivider Agent 将所有的结果汇总后反馈给管理节点上的 administrator Agent。并最终由管理节点将结果返回给用户。

具体步骤包括如下。

步骤 1　用户向管理节点提交任务。

步骤 2　管理节点收到用户提交的任务后，administrator Agent 依据任务信息创建 taskdivider Agent。

步骤 3　taskdivider Agent 将任务切分成若干个子任务，并对应这些子任务创建一一对应的 subtaskexecutor Agent。

步骤 4　administrator Agent 依据相应的策略为这些 subtaskexecutor Agent 选择合适的数据节点，并授权 subtaskexecutor Agent 访问这些数据节点。

步骤 5　subtaskexecutor Agent 迁移至其被授权访问的数据节点进行子任务处理。

步骤 6　subtaskexecutor Agent 完成对应任务后将结果反馈至 taskdivider Agent。

步骤 7　taskdivider Agent 将所有 subtaskexecutor Agent 返回的结果汇总后提交至 administrator Agent。

步骤 8　administrator Agent 将最终处理结果反馈给用户并命令 taskdivider Agent 销毁。

步骤 9　taskdivider Agent 将其创建的所有 subtaskexecutor Agent 销毁后自行销毁。

步骤 10　administrator Agent 将任务处理的结果返回给用户。

10.3.3　基于优化缓存的 Agent 迁移机制

近年来随着移动 Agent 技术发展的日益成熟和广泛应用，移动 Agent 技术标准化问题被提上日程。FIPA 制定了移动 Agent 与其他实体（其他移动 Agent、非 Agent 软件和物理世界）交互的不同组件的接口。该技术标准是 Agent 领域目前最权威的技术标准，得到了业界和学界的普遍认可。本书所提出的基于优化缓存的移动 Agent 迁移机制和应用于连续迁移的移动 Agent 的迁移缓存机制亦遵从 FIPA 所提出的技术标准。

关于移动 Agent 技术的研究，当前更侧重于移动 Agent 在分布式系统中的应用，产生了各类基于移动 Agent 应用系统[35-37]。开放的分布式网络计算系统节点的动态性、自主性、随机性，造成网络拓扑的不稳定，移动 Agent 初次迁移失效概率较大。对移动 Agent 迁移机制研究都基本对迁移步骤的优化[38]，或者对移动 Agent 迁移路径的优化[39]，却并没有考虑到当移动 Agent 迁移活动规模化后所带来资源浪费问题。耗费大量计算资源进行封装的信息往往被简单抛弃，移动 Agent 多次进行迁移时就要反复重新封装。总之，目前的迁移机制会使得移动 Agent 系统存在大量无意义的重复工作，造成了计算资源的浪费，增加了不必要的迁移时延。

在目前的移动 Agent 迁移过程中，若迁移失败，已封装好的最小信息集将被简单抛弃，Agent 再次进行迁移时则需要重新封装，这将导致计算资源的浪费和迁移的低效率。针对这种情况，本书对移动 Agent 迁移机制进行了改进，通过在移动 Agent 平台上增加 Agent 迁移缓存管理者；当 Agent 迁移失败后，将已经封装好的 Agent 信息交与 Agent 迁移缓存管理者保存，当该移动 Agent 再一次请求迁移后，通过 Agent 迁移缓存管理者，将已封装好的消息发送至目的站点，从而节约系统的计算资源，缩短再次迁移的时延。

下面具体阐述本章提出基于优化缓存的移动 Agent 迁移机制。

1. Agent 迁移缓存管理者

为了符合 FIPA 标准，并能在应用程序级别实现基于优化缓存的移动 Agent 迁移机制，本章引入了常驻 Agency 的 Agent 迁移缓存管理者（Agent Migration Cash Manager，

AMCM),如图 10.17 所示,AMCM 通过与本地的 AMM 发送 ACL 消息的方式进行交互并以此来实现其职能。

AMCM 提供 Agent 迁移错误处理机制,基于优化缓存的迁移机制按照其不同的工作职能分为两个阶段——缓存收集阶段和辅助迁移阶段,迁移缓存是辅助迁移的前提,辅助迁移是迁移缓存的目的。

当移动 Agent 开始申请迁移时,AMM 先与 AMCM 进行交互,检查 AMCM 中是否有已经封装好的移动 Agent 的信息,若有,则 AMCM 进入辅助迁移阶段;否则 AMCM 进入缓存收集阶段,如图 10.18 所示。

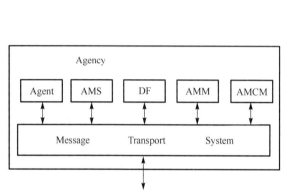
图 10.17 引入 AMCM 后的移动 Agent 平台

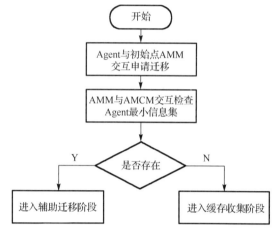
图 10.18 工作阶段转换示意图

2. 缓存收集

移动 Agent 的迁移可以按照封装最小信息集的不同要求可分为弱迁移和强迁移两种。弱迁移的最小信息集只包含移动 Agent 所携带的数据和代码两个部分,弱迁移并不能实现移动 Agent 运行状态的保存,而是直接在目的节点直接重新建立一个全新的移动 Agent。强迁移要求最小信息集包括移动 Agent 所携带的数据、代码和的状态三个部分,强迁移保存移动 Agent 的中间状态使得移动 Agent 可以在目的节点继续运行原站点上已经开始的工作。在缓存收集阶段,要针对移动 Agent 不同迁移类型,选择合适的信息存入缓存。在 Agent 请求迁移前很可能会与其他 Agent 进行交互,或者针对不同的数据进行不同的操作,导致同一个 Agent 会生成不同的运行状态。

(1) 工作流程。在缓存收集阶段,由起始节点的 AMM 将移动 Agent 进行封装,并发送至目的节点。AMCM 实时监控迁移的状态,若目的节点 AMM 向起始节点的 AMM 返回 ACL 消息表示迁移已成功,则直接跳过本阶段等待下一次迁移。若迁移失败,则 AMCM 将 AMM 已封装好的消息放入自己的移动 Agent 信息缓存队列中,从而当同一移动 Agent 再次迁移时,起始节点的 AMM 能够不再对移动 Agent 进行封装而直接调用缓存里的信息,如图 10.19 所示,具体步骤如下。

步骤 1 移动 Agent 与起始节点的 AMM 交互申请迁移至目的节点。

步骤 2 起始节点的 AMM 接收申请后,将移动 Agent 挂起并将其最小信息集封装为在 ACL 消息中发送至目的节点。

步骤 3　若目的节点的 AMM 返回 ACL 消息表示迁移成功则过程结束，否则转入步骤 4。

步骤 4　迁移失败，起始节点的 AMM 将已封装的 ACL 消息发送至本地的 AMCM。

（2）进入缓存。缓存的大小是由系统管理员新建的一个 InstallAgent 维护，并通过 InstallAgent 向 AMCM 发送 ACL 消息的方式设置的。下面是 InstallAgent 向 AMCM 发送设置信息，并要求返回设置后缓存大小（Cache Size）信息的 ACL 消息范例，如图 10.20 所示。

同一个移动 Agent 所携带的代码和数据在任何情况下都是相同的，但是移动 Agent 的状态却随着移动 Agent 在不同环境中的变化而各不相同。基于此，如果在本阶段若 Agent 的最小信息集是由代码、数据、状态三个部分组成的，则为强迁移；否则为弱迁移。

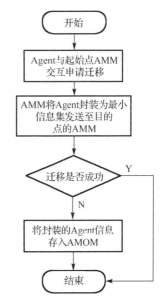

图 10.19　迁移缓存阶段的主要工作流程图

```
(inform-one
    : sender    InstallAgent
    : content   (new cache size)
    : receiver  local AMCM
    : reply-with  (cache size)
    : language   Standard_Prolog
    : ontology   Migration Cache management )
```

图 10.20　ACL 消息范例

迁移失败的移动 Agent 存入缓存需经三个步骤：判定迁移类型过程、存入缓存过程、建立索引过程，具体如下所示。

步骤 1　AMCM 向 AMM 发送 ACL 消息以确认移动 Agent 是采用何种迁移方式，AMM 先发送一个 ACL 消息表示迁移类型，随后发送一个包含该移动 Agent 最小信息集的代码、数据的消息发送至 AMCM。

步骤 2　AMCM 收到 AMM 消息后，若迁移类型为弱迁移，则直接将 AMM 发送来的移动 Agent 最小信息集存入缓存；若迁移类型为强迁移，则丢弃 AMM 发送来的移动 Agent 最小信息集中的状态信息，只将代码、数据的信息存入缓存。

步骤 3　AMCM 为刚存入缓存的信息建立索引，以便辅助迁移阶段使用。

3．辅助迁移阶段

在辅助迁移阶段，起始节点的 AMM 通过与 AMCM 交互的方式获取缓存信息，从而依据移动 Agent 采用迁移类型的不同，采取不同的移动 Agent 动态信息集的封装策略。当移动 Agent 的迁移方式为强迁移时，该移动 Agent 最小信息集应包括移动 Agent 的当前状态，此时起始节点的 AMM 封装当前 AMM 的状态，并与缓存中已有的该移动 Agent 的代码、数据一起发送至目的节点的 AMM；若移动 Agent 的迁移方式为弱迁移，则缓存中的信息为该移动 Agent 的最小信息集，原节点的 AMM 直接将缓存中的信息发送至目的节点的 AMM。具体过程如图 10.21 所示。

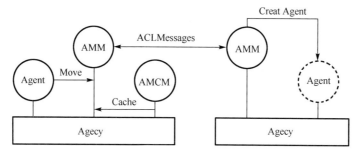

图 10.21 辅助迁移过程示意图

步骤 1　移动 Agent 与起始节点的 AMM 交互申请迁移至目的节点。

步骤 2　起始节点的 AMM 与 AMCM 交互，AMCM 将缓存中该移动 Agent 的信息以 ACL 消息的方式发送至起始节点的 AMM。

步骤 3　起始节点的 AMM 检查移动 Agent 的迁移类型，若为强迁移转入步骤 4，否则转入步骤 5。

步骤 4　起始节点将移动 Agent 的状态封装，与 AMCM 发送来的缓存信息一起发送至目的节点的 AMM。

步骤 5　起始节点不对移动 Agent 进行最小信息集的封装，直接将 AMCM 发送来的缓存信息发送至目的节点的 AMM。

10.3.4　移动 Agent 的迁移缓存机制

在由多移动 Agent 构成的分布式系统中，某些移动 Agent 为了完成相应的任务，在其完整的生命周期中常常需要在整个分布式系统中多次迁移，当移动 Agent 从起始节点迁移至目的节点并在目的节点完成其相关工作后，又以目的节点为其新的起始节点迁移至另外一个新的目的节点。在传统的迁移机制中，同一个移动 Agent 在新的起始点又将重新进行最小信息集的封装，这无疑也是对整个系统资源的极大浪费。本章中的移动 Agent 迁移缓存机制可以在很大程度上解决以上问题，降低整个系统的能耗。

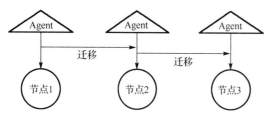

图 10.22　移动 Agent 连续迁移示意图

连续迁移是移动 Agent 的重要特性，这一特性使得移动 Agent 能更灵活、快速地部署于分布式系统之中。所谓连续迁移，是指移动 Agent 在从起始节点迁移至目的节点并完成其相应任务后，又以原来的目的节点为新的起始节点后迁移至另外一个目的节点的过程，如图 10.22 所示，同一个移动 Agent，以节点 1 为起始节点迁移至目的节点（节点 2）后，又以节点 2 为新的起始节点迁移至新的目的节点（节点 3）。

发出第一次迁移的节点，即节点 1 是起始节点，本书将节点 2、节点 3 称为中转节点。当完成一次迁移后，起始节点就已经对移动 Agent 的最小信息集进行了封装，后续中转节点之间的迁移并不需要对最小信息集进行重复封装，直接由起始节点的 AMCM 和中转节点的

AMM 进行交互即可。节点 1 已经对移动 Agent 的最小信息集进行了封装，在以节点 2 为新的起始节点后并不需要节点 2 再重复对移动 Agent 进行最小信息集的封装，直接由起始节点与中转节点进行交互。因此连续迁移又可分为两个阶段，即由起始节点至中转节点的迁移为初次迁移阶段，中转节点至中转节点的迁移为再次迁移阶段。

1. 初次迁移阶段

初次迁移阶段中，移动 Agent 在起始节点向中转节点进行其整个连续迁移过程中的第一次迁移。以图 10.23 为例，移动 Agent 由节点 1 迁移至节点 2 的过程为初次迁移阶段。在此阶段中，要迁移的移动 Agent（简称 A1）与其本地的（节点 1）的 AMM 进行交互，申请以节点 1 为起始节点的连续迁移。节点 1 的 AMM 对 A1 的最小信息集进行封装后，便与中转节点（节点 2）的 AMM 进行交互，将 A1 迁移至起始节点。节点 1 的 AMM 与其 AMCM 进行交互将 A1 的最小信息集存入缓存，以便 A1 在中转节点与中转节点的迁移过程中继续使用。具体步骤如下。

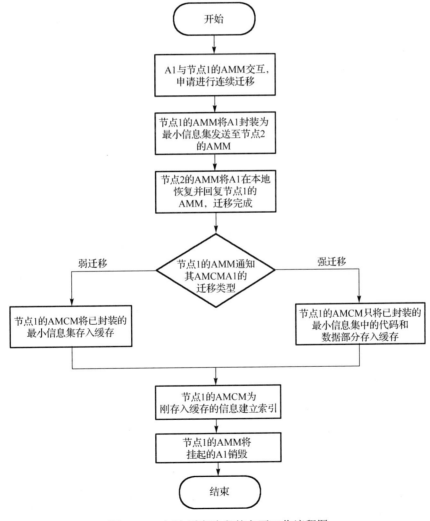

图 10.23　初次缓存阶段的主要工作流程图

步骤1　A1与节点1的AMM交互，申请以节点1为起始节点的连续迁移。

步骤2　节点1的AMM接收申请后，将A1挂起并将其最小信息集封装为在ACL消息中发送至节点2。

步骤3　节点2的AMM依据收到的A1的最小信息集，将A1在本地恢复并回复节点1的AMM，A1已迁移完成。

步骤4　节点1的AMM收到节点2的回复后，先发送一个ACL消息至其本地的AMCM表示迁移类型，随后发送一个包含该移动Agent最小信息集的代码、数据的消息发送至AMCM。

步骤5　节点1的AMCM收到AMM消息后，若迁移类型为弱迁移，则直接将AMM发送来的最小信息集存入缓存；若迁移类型为强迁移，则丢弃AMM发送来的最小信息集中的状态信息，只将代码、数据的信息存入缓存。

步骤6　AMCM为刚存入缓存的信息建立索引，以便再次迁移阶段使用。

步骤7　节点1的AMM将挂起的A1销毁，初次迁移完成。

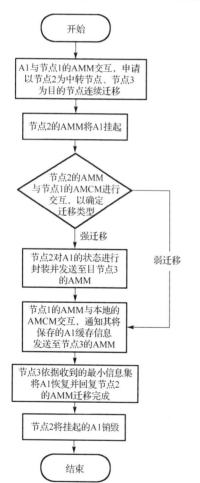

图10.24　再次缓存阶段的主要工作流程图

2. 再次迁移阶段

再次迁移阶段中，移动Agent已从起始节点迁移至中转节点，并要继续从中转节点迁移至另一个中转节点。以图10.24为例，此时节点1已经对A1的最小信息集进行了封装并将此最小信息集中可缓存的部分存入缓存。因此当A1的迁移类型为弱迁移时，再次进行迁移至节点3时只需由节点1的AMCM与节点3的AMM进行交互，将已缓存的最小信息集发送至节点3即可；当A1迁移类型为强迁移时，需要节点2对运行在其上的A1的当前状态进行封装后发至节点3，同时节点1的AMCM将收到的状态信息与本地已缓存的代码和数据信息发送至节点3。具体步骤如下：

步骤1　A1与节点1的AMM交互，申请以节点2为中转节点、节点3为目的节点连续迁移。

步骤2　节点1的AMM与节点2的AMM与进行交互以确定迁移类型，若为强迁移转至步骤4，否则转至步骤5。

步骤3　节点2的AMM将A1挂起。

步骤4　节点2对A1的状态进行封装，并发送至目节点3的AMM。

步骤5　节点1的AMM与本地的AMCM交互，通知其将保存的A1缓存信息发送至节点3的AMM。

步骤6　节点3依据收到的最小信息集将A1恢复，并回复节点2的AMM迁移完成。

步骤7　节点2将挂起的A1销毁。

10.3.5 实验验证与性能分析

1. 实验环境

本文选取基于 FIPA 标准的 JADE 作为基础构建了添加 AMCM 后的移动 Agent 平台，如图 10.25 所示。JADE 是意大利的 itilab 实验室开发的多 Agent 系统，本文使用的是 2011 年推出的版本。JADE 遵循 FIPA 标准，提供了基本的命名服务、黄页服务、通信机制等，为 Agent 提供运行环境，使用图形工具管理和监控 Agent 的运行状态，并提供类库便于开发人员创建移动 Agent 系统或与其他 Java 开发平台和技术集成，有良好的可移植性和可维护性。原始的 JADE 对于移动 Agent 的封装和还原采用了 Java 内部的序列化机制。

首先在实验室中使用 8 台计算机分别构建分布式环境，机器配置相同均为 Intel Pentium（R）Dual E2180 处理器，CPU 频率为 2.0 GHz，1 GB 的内存和 250 GB 的硬盘空间。操作系统为 Microsoft Windows XP Professional。

2. 实验结果与性能分析

（1）基于优化缓存的移动 Agent 迁移机制。在上述实验环境中，选择节点 1 为起始节点，节点 2 和节点 3 为目的节点，分别对原始移动 Agent 迁移机制和本文提出的基于优化缓存的移动 Agent 迁移机制进行对比实验。为了更准确地反映实际结果，所有的实验结果均为实验 100 次后取平均值所得的结果，实验结果如图 10.26 所示。当移动 Agent 初次迁移且迁移成功时，当移动 Agent 大小逐渐增加时，两种机制所花费的迁时间均逐渐增加。因为基于优化缓存的迁移机制比原机制需要多发送两条 ACL 消息来确认迁移是否成功，导致在使用基于优化缓存的迁移机制的迁移性能比原机制性能略有下降，但时延相差不足 20 ms，处于可以接受的范围。

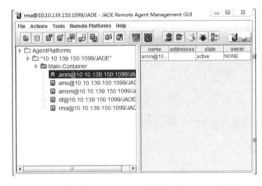

图 10.25 添加 AMCM 后的移动 Agent 平台

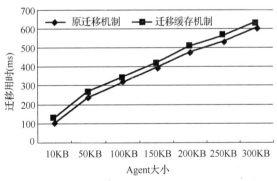

图 10.26 移动 Agent 初次迁移耗时图

节点 1 初次迁移的目的节点为节点 2，此时我们将节点 2 关闭，使其处于失效状态，初次迁移失败以后，节点 1 重新选择节点 3 为迁移的目的节点。

图 10.27 为节点再次迁移时各个节点的 CPU 利用率。由于采用基于优化缓存的迁移机制，起始节点再次迁移时不需重新进行移动 Agent 最小信息集的封装，因此迁移时所花费的计算资源显著减少，表现为采用基于优化缓存的迁移机制的起始节点的 CPU 利用率明显少于原机制，减少不必要的计算资源的浪费。

图 10.28 为不同大小的 Agent 初次迁移失败后再次迁移的耗时图。采用基于优化缓存的

迁移机制的移动 Agent 迁移耗时均明显低于原迁移机制。由此可知，基于优化缓存的迁移机制可以有效地减少再次迁移的耗时，提高迁移效率。

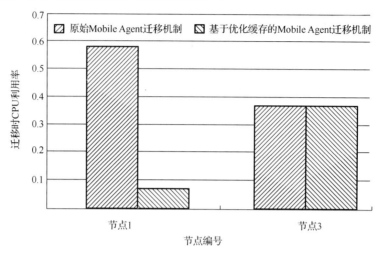

图 10.27　初次迁移失败后再次迁移时起始节点 CPU 利用率图

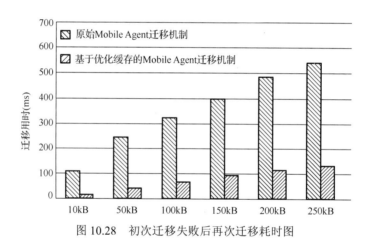

图 10.28　初次迁移失败后再次迁移耗时图

（2）应用于连续迁移的移动 Agent 的迁移缓存机制。在上述实验环境中，选择节点 1 作为起始节点，其余节点为中转节点，分别对原始移动 Agent 连续迁移机制和本书提出的应用于连续迁移的移动 Agent 的迁移缓存机制进行对比实验，为了更准确地反映实际结果，所有的实验结果均为实验 100 次后取平均值所得的结果。

图 10.29 为大小为 300 KB 的移动 Agent 且迁移模式为弱迁移时，在不同中转节点数的情况下的移动 Agent 连续迁移耗时图。采用基于优化缓飞连续迁移机制的移动 Agent 迁移耗时均明显低于原迁移机制，并且随着连续迁移的中转节点数目的增加，原始机制与新机制的对比愈发明显，新机制在缩短迁移耗时上的优势不断增大。

图 10.30 为大小为 300 KB 的移动 Agent 且迁移模式为强迁移时，在不同中转节点数的情况下的移动 Agent 连续迁移耗时图。在强迁移的情况下，由于中转节点仍要对移动 Agent 的状态信息进行封装，导致新机制的性能优势比之弱迁移的情况下稍逊一筹，然而对比原始机制新机制仍有很好的性能优势，并且随着连续迁移的中转节点数目的增加，原始机制与新机制的对比愈发明显，新机制在缩短迁移耗时上的优势依旧不断增大。

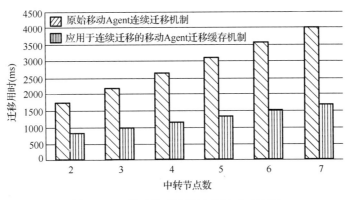

图 10.29　弱迁移时连续迁移耗时对比图

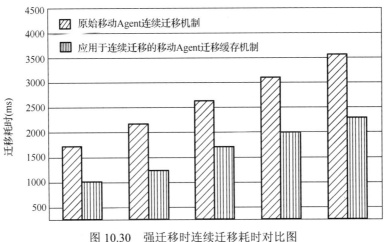

图 10.30　强迁移时连续迁移耗时对比图

综上所述，基于优化缓存连续迁移机制的移动 Agent 可以有效地减少连续迁移的耗时，大幅提高连续迁移的效率。

10.4　面向大规模云数据中心的低能耗任务调度策略

10.4.1　基于胜者树的低能耗任务调度算法

本书引入胜者树（Winner Tree）模型，介绍一种面向大规模云数据中心的基于胜者树的低能耗任务调度算法（Low-power Task Scheduling Algorithm based on the Winner Tree，LTSA），将数据节点作为胜者树的叶节点，基于低能耗的目的两两比赛并选出最终的胜者。与此同时，本书充分考虑了大规模云数据中心的复杂情况，定义了任务比较系数，以此将不同的任务赋予不同的优先级，使得云数据中心在同时处理多个任务时的调度策略更为合理，从而提高云数据中心的节点利用率，有效降低云数据中心的整体能耗。

1. 基于胜者树的低能耗任务调度算法

一个大规模云数据中心的任务调度问题可以抽象为以下情况：云数据中心的最优资源配置值为（OCORU.CPU,OCORU.DIO），共有 n 个处于活跃态的同构数据节点 $\{DN_1,DN_2,$

$DN_3,\cdots,DN_n$} 和 k 个处于休眠态的数据节点,第 i 个处于活跃态的数据节点表示为 $(DN_i.\mathrm{CPU}, DN_i.\mathrm{DIO})$。任务 Task 被切分成 Task.Amount 个子任务 {SunTask$_1$=SunTask$_2$= SunTask$_3$=$\cdots$=SunTask$_{\mathrm{Task.Amount}}$},管理节点需要将这 Task.Amount 个子任务部署在云数据中心的数据节点上。

(1)基本思想。本章引入胜者树模型,提出的基于胜者树的低能耗任务调度算法 LTSA 基本思想是:

① 将所有 n 个数据节点作为一棵完全二叉树的叶节点,从能耗的角度将所有叶节点进行两两比较,较低能耗的节点作为优胜者,依此可以比较得到 $\lceil n/2 \rceil$ 个优胜者,作为叶节点上面一层的非叶节点保留下来。

② 对这 $\lceil n/2 \rceil$ 个非叶节点进行两两比较,如此重复,直到选出根节点为止,根节点即最合适的数据节点。

③ 当部署剩余子任务时,并不需要重新初始化胜者树并计算出该胜者树的根节点,而只需重新执行从根节点对应的外部节点到根的路径上的所有比赛即可。

在用完全二叉树定义胜者树时,用数组 $e[1\cdots n]$ 表示 n 名参加比较的数据节点的节点编号,用数组 $t[1\cdots n-1]$ 表示组成的完全二叉树的 $n-1$ 个内部节点,$t[i]$ 的值是数组 $e[]$ 中的比较优胜者的下标,当外面节点个数为 n 时内部节点数为 $n-1$。图 10.34 给出了 $n=5$ 时的胜者树中各节点与数组 $e[]$ 和 $t[]$ 之间的对应关系。

设根到最远层内部节点的路径长度 s 为从根到该内部节点路径上的分支条数,则对有 n 个叶节点的胜者树有

$$s = \lfloor \log_2(n-1) \rfloor \tag{10.41}$$

这样,最远层最左端的内部节点的编号为 2^s,最远层的内部节点个数为 $n-2^s$。此处用 lowExt 代表最远层的外部节点数目,offset 代表最远层外部节点之上所有节点数目。

$$\text{offset} = 2^{s+1} - 1 \tag{10.42}$$

每一个外部节点 $e[i]$ 所对应的内部节点 $t[k]$,i 和 k 之间存在如下的关系。

$$k = \begin{cases} \dfrac{i+\text{offset}}{2}, & i \leqslant \text{lowExt} \\ \dfrac{i-\text{lowExt}+n-1}{2}, & i > \text{lowExt} \end{cases} \tag{10.43}$$

图 10.31 中,外部节点数 $n=5$、$s=2$,最远层最左端的内部节点为 $t[2^s]=t[4]$,该层的内部节点数为 $n-2^s=5-4=1$。

2. 胜者树的建立

当数据中心分配一个子任务时,需要新建一棵胜者树,并以这 n 个活跃的数据节点为树的叶节点,将胜者树进行初始化。初始化完成后,胜者树的根节点,即最合适的数据节点。设 n 为处于活跃态的数据节点的数量,由上文可知,根到最远层内部节点路径上的分支条数 $s = \lfloor \log_2(n-1) \rfloor$,最远层的外部节点数目为 $\text{lowExt} = 2 \times (n-2^s)$,

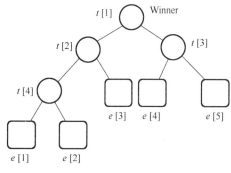

图 10.31 内、外部节点的对应关系

最远层外部节点之上所有节点数目 offset $= 2^{s+1}-1$，$t[]$用来存储比赛的胜利者的下标即数据节点的节点编号，winner(DN_A, DN_B) 用于获得 DN_A、DN_B 之间的胜利者，初始化过程用伪代码表示如下。

```
Algorithm 1
Preprocessing:
01  for(s=1;2*s<=n-1;s+=2)
02  lowExt=2*(n-s);
03  offset=2*s-1;
04  Initial(DNi ,size of DNi ){
05  for(i=2;i<=lowExt;i+=2)
06    Play((offset+i)/2),DNi-1,DNi);
07  end for
08  if(n%2==0)i=lowExt+2;
09  else{
10      Play(n/2,t[n-1],DNlowExt+1);
11      i=lowExt+3;}
12  for(;i<=n;i+=2)
13      Play((i-lowExt+n-1)/2,DNi-1,DNi)
14  end for}
Algorithm 2
15  Play(k,DNlc,DNrc){
16  t[k] = Winner(DNlc,DNrc);
17  while(k>1 && k%2 !=0)
18      t[k/2]= Winner(DNt[k-1],DNt[k] )
19      k/=2;}
Algorithm 3
20  Winner(DNA,DNB ){
21  if(OCORU.CPU - DNA.CPU<Task.CPU || OCORU.DIO - DNA.DIO < Task.DIO)
22  {return B;}
23  else if(OCORU.CPU - DNB.CPU<Task.CPU || OCORU.DIO - DNB.DIO < Task.DIO)
24  {return A;}
25  else{
26  A= sqrt(((DNA.CPU+Task.CPU-Perfrom.CPU)^ + (DNA.DIO + Task.DIO -
        Perfrom.DIO)^))+ sqrt(((DNB.CPU-Perform.CPU)^+(DNB.DIO-Perfrom.DIO)^));
27  B= sqrt(((DNB.CPU+Task.CPU - Perfrom.CPU)^ + (DNB.DIO + Task.DIO -
        Perfrom.DIO)^))+ sqrt(((DNA.CPU-Perform.CPU)^+(DNA.DIO-Perfrom.DIO)^));
28  return (A>=B)?DNA:DNB ; }
```

下面对上述算法做进一步说明。

算法 1 中 1～3 行为预处理内容，分别对 s、lowExt 和 offset 值进行初始化。

任务执行过程如下：

① 算法 1 第 4～6 行表示从胜者树最远层的外部节点 i 开始逐层向上进行比较（比赛）。

② 算法 1 第 7～10 行为了执行由其他 $n-lowExt$ 个节点激活的比赛，必须确定 n 是否为奇数。若 n 为奇数，则 $DN_{lowExt+1}$ 为右孩子，否则为左孩子。当 n 为奇数时，内部节点要与外部节点比赛，对手为 $DN_{t[n-1]}$，父节点为 $DN_{t[(n-1)/2]}$。

③ 算法 1 第 11~14 行表示从胜者树最左侧剩余节点处开始，处理其他剩余外部节点的比赛。t[1]为最终胜利者（即最优的数据节点）。

算法 2 第 15~19 行为比赛的实现过程，比赛从 DN_k 处开始，DN_{lc}、DN_{rc} 是 DN_k 的左孩子和右孩子。

算法 1 和算法 2 中，仅当从一个节点的右孩子上升到该节点时，才在该节点进行一场比赛；若是从左孩子上升到该节点，因其右子树的胜者尚未确定，因而不能在该节点上进行比赛。

算法 3 为叶节点之间进行比较并选出胜利节点的方法。

借鉴 Shekhar Srikantaiah[36]等人提供的方法，假设有两个数据节点 DN_A 和 DN_B，DN_A 的当前 CPU 利用率为 30，磁盘传输速度为 30，表示为（30,30）；DN_B 的当前 CPU 利用率为 40，磁盘传输速度为 10，表示为（40,10）。管理节点将选择两个节点中的一个来承担某一需求（10,10）的任务，云数据中心的最优资源配置值为（80,50）。该方法首先计算欧几里得距离 δ，数据节点 DN_A 的初始距离 $\delta_e^A = ((30,30)-(80-50)) = 53.8$，数据节点 DN_B 的初始距离 $\delta_e^B = ((40,10)-(80-50)) = 56.6$。若将任务分配给 DN_A 则分配后的距离变为 41.2；若将任务分配给 DN_B 则分配后的距离变为 42.4；把作业分配给数据节点 DN_A 后，使得数据节点 DN_A 和数据节点 DN_B 总的欧氏距离更大，所以选择此方案。

具体过程如下。

① 算法 3 第 20~24 行用来考察叶节点是否有额外的计算能力才处理任务，若该数据节点不能满足 OCORU.CPU − DN.CPU > Task.CPU 且 OCORU.DIO − DN.DIO > Task.DIO 的条件，则说明其没有足够的剩余计算能力来承担任务，直接判负。

② 算法 3 第 25~28 行对两个 DN_A、DN_B 计算其欧氏距离并返回 $\sum \delta$ 大的节点。

在初始化胜者树的过程中，第一次循环计算 s 需要 $O(\log 2n)$ 的时间，第二次和第三次循环（包括算法 2）共需 $O(n)$，因此总的时间复杂度为 $O(n)$。

10.4.2　基于胜者树的单任务调度策略

现回到上文所抽象出的情况，云数据中心共有 n 个处于活跃态的同构数据节点 $\{DN_1,DN_2,DN_3,\cdots,DN_n\}$ 和 k 个处于休眠态的数据节点，第 i 个处于活跃态的数据节点表示为（$DN_i.CPU$，$DN_i.DIO$）。管理节点已将用户提交的单一任务 Task 切分成 Task.Amount 个相同的子任务 $\{SunTask_1=SunTask_2=SunTask_3=\cdots=SunTask_{Task.Amount}\}$，管理节点需要将这 Task.Amount 个子任务部署在云数据中心上。数据中心的最优资源配置值为（OCORU.CPU，OCORU.DIO），所有节点均运行在该值之下。

在理想情况下基于胜者树的单任务调度策略（Low-power Task Scheduling Algorithm based on the Winner Tree for Single Task，LTSA-S）的基本思想是：新建一个胜者树，并以这 n 个数据节点为树的叶节点，对胜者树进行初始化；初始化完成后，胜者树的根节点即所寻找的数据节点；此时还有 $m-1$ 份任务没有找到合适的节点，于是修改胜者树，重新比赛；直到将所有剩余任务都找到对应的数据节点，并返回一个任务派遣数组以表示每个子任务所派遣节点相对应的节点 ID。

然而在子任务过多或云数据中心过于繁忙的情况下，很可能会出现活跃节点数量不足的情况。本书也通过构建胜者树的方式来决定需要激活的休眠节点的数量。基本思想是：假设存在 L 个剩余子任务，则以 L 个数据节点为树的叶节点，这 L 个数据节点的 CPU、DIO 都为零；初始化完成后，重新比赛直到 L 个子任务都被分配为止并返回任务派遣数组；检查该数组，得到 K 个未被部署子任务的数据节点，$L-k$ 即应当激活的数据节点的数目；重新初始化一棵胜者树，以 n 个处于活跃态的数据节点和 $L-K$ 个处于休眠态的数据节点作为叶节点，进行比赛；最终得到的任务派遣数组即为最终的任务部署方案。整个执行过程用伪代码表示如下。

```
Algorithm 4
Begin:
29  Initial(DNi,n);
30  for each subTaskj
31    a[j]=t[1];
32    Update();
33    rePlay(DNwinner);
34  end for
35  if (all subTaskj is done)
36    return a[];
37  else{
38      for each subTasklast
39        L++;
40      end for
41      Initial(DNk,L);
42      for each subTasklast
43        a[j]=t[1];
44        Update( );
45        rePlay(DNwinner);
46      end for
47    for each DNk_null
48        K++;
49    end for
50      Initial(DNk,n+L-k);
51      for each subTaskj
52        a[j]=t[1];
53        Update( );
54        rePlay(DNwinner);
55      end for
56    return a;}
Algorithm 5
57  rePlay(DNi)
{
58  if ( i <= lowExt){
59    k=(offset+i)/2;
60    lc=2*k-offset;
61    rc=lc+1;}
62  else{
62    k=(i-lowExt+n-1)/2;
64    if (2*k ==n-1){lc=t[2*k];rc=i}
65    else{lc=2*k-n+1+lowExt;rc=lc+1;}}
66    end if
```

```
67    t[k]=Winner(DNlc,DNrc);
67    k/=2;
69    for(;k>=1;k/=2)
70       t[k]= Winner(DNt[2*k],DNt[2*k+1])
71    end for
   }
```

任务执行过程如下。

① 算法 4 第 29 行表示新建一个胜者树并初始化，得到第一个子任务要部署的数据节点的下标。

② 算法 4 第 30~36 行因为选择了一个数据节点并部署了子任务，该数据节点的 CPU 和 DIO 都已经发生了变化。更新胜者树，重新组织比赛，选出另一个数据节点，直到所有 Task.Amount 个子任务都得到部署，最终返回一个含有 m 个元素的数组 a[ ] 记录了 Task.Amount 个子任务所对应的数据节点的编号。

③ 算法 4 第 37~56 行求得剩余子任务的数量 L，以 L 个数据节点为树的叶节点，初始化胜者树。重新比赛得到 K 个未被部署子任务的数据节点，$L-k$ 即应当激活的数据节点的数目。重新初始化一棵胜者树，以 n 个处于活跃态的数据节点和 $L-K$ 个处于休眠态的数据节点作为叶节点，进行比赛，最终返回一个含有 Task.Amount 个元素的数组 a[ ]，记录了 Task.Amount 个子任务所对应的数据节点的编号。

算法 5 第 58~71 行为重新组织比赛的过程，由于胜者树已经初始化，更新后的胜者树只有胜者的值发生改变，所以需重新执行从胜者对应的外部节点到根的路径上的所有比赛。

上文已经分析过，胜者树初始化过程的时间复杂度为 $O(n)$。在此基础上重构该胜者树，每次重构胜者树的时间代价为 $O(\log2n)$，因此整个过程的时间复杂度为 $O(\log2n)$。

10.4.3 基于胜者树的多任务调度策略

云系统是开放的大型多用户系统，这很大程度上增加了问题的复杂性，很可能出现在同一个时段，有多个用户都提交了各自的任务的情况。若同时有（10,10）和（50,20）两个任务。按照初始算法，将（10,10）分配给节点 DN_A 后变为 DN_A（40,40）、DN_B（40,20），此时为了部署（50,20）的任务需重新激活一个休眠节点，成为有三个数据节点（40,40）、（40,20）、（50,20）的情况。若先部署（50,20）的任务，可知 DN_A、DN_B 中只有前者有能力承载该任务，于是将其分配给 DN_A；再部署（10,10）任务，此时只有 DN_B 有能力承载该任务，于是分配给 DN_B；最终只有两个数据节点分别为（80,50）、（50,50）。第一种分配方式不仅比第二种多用了一个数据节点，而且每个数据节点和最优资源配置值都有一定的差距，从节能的角度来说显然第二种分配方式更为合理。

计算量小的任务有更好的灵活性，优先部署大任务后再部署小任务，往往可以利用小任务的灵活性填补数据节点剩余的计算资源以接近最优资源配置，而不用激活休眠节点，减少了系统的开销。

当任务分别为（10,10）和（50,20）时，10<50、10<50，我们可以很直观地比较出任务的大小，即（10,10）小于（50,20）。可是当两个任务变成（10,20），（20,10）的时候，我们便不能通过原来的方法直接将任务进行比较。为了解决这个问题，我们定义一个任务比较系数 Weight。

定义 6   对某一个任务 $Task_i$ 来说，该任务所对应的任务比较系数如下所示。

$$\text{Weight}_i = \text{Task}_i.\text{CPU} \times \frac{1}{\text{OCORU.CPU}} + \text{Task}_i.\text{DIO} \times \frac{1}{\text{OCORU.DIO}}$$

本书中每个数据节点所能提供的 CPU 和 DIO 均要小于 OCORU.CPU 和 OCORU.DIO。通常情况下 OCORU.CPU 与 OCORU.DIO 的值并不接近,因此为了对任务的大小进行公平的比较,需要对任务需求的 CPU 和 DIO 依照最优资源配置值的不同进行区别对待,赋予不同的权重。$\frac{1}{\text{OCORU.CPU}}$ 为任务所需 CPU 的权重,$\frac{1}{\text{OCORU.DIO}}$ 为任务所需 DIO 的权重。设(OCORU.CPU,OCORU.DIO)=(80,50),则(10,20)的比较系数为 0.525,(20,10)的比较系数为 0.45,由此任务(10,20)大于(20,10),是这两者中的大任务。

我们将多任务的情况抽象为如下形式:假设有 m 个任务 {TASK$_1$,TASK$_2$,TASK$_3$,…,TASK$_m$},云数据中心共有 n 个处于活跃态的同构数据节点{DN$_1$,DN$_2$, DN$_3$,…,DN$_n$},以及 k 个处于休眠态的数据节点,管理节点需要将这 m 个任务部署在云数据中心上。数据中心的最优资源配置值为(OCORU.CPU,OCORU.DIO),所有节点均运行在该值之下。

在云数据中心同时收到多个任务的情况下,本文的基于胜者树的多任务调度策略(Low-power Task Scheduling Algorithm based on the Winner Tree for Multiple Tasks, LTSA-M),采取大任务优先的调度原则,其基本思想是:先利用胜者树对所有任务进行排序,将比较系数大的任务选择为胜利节点,重复进行比赛,由此可得到一个优先级由大到小的任务队列。管理节点按所得的任务队列再依次进行分配,直到所有任务都分配完毕为止。整个执行过程可用伪代码表示。

```
Algorithm 6
72    Initial (Task_i,m);
73    for each Taski
74      A[j]=T[1];
75      Update (Taskwinner);
76      rePlay();
77    end for
78    for i=1;i<m;i++;
79      get subTask from a[i];
80      do Algorithm 5;
81    end for
```

任务执行过程如下。

① 算法 6 第 72 行表示以 m 个 Task 为根节点新建一个胜者树并初始化。

② 算法 6 第 73~77 行将胜者树的根节点放入数组 $a[\ ]$中,更新胜者树,将已经取得冠军的节点从胜者树删除,重新组织比赛,选出另一个数据节点,直到所有任务排序结束为止,最终返回一个含有 m 个元素的数组 $a[\ ]$,从 $a[1]$到 $a[m]$为依次处理任务的优先次序。

③ 算法 6 第 78~81 行对每一个单任务按照上文方式进行处理,直到所有任务部署完毕为止。

由上文可知,对单个任务部署的时间复杂度 $O(n\log 2n)$,对 m 个任务每次都需要进行一次单任务部署,因此时间复杂度为 $O(mn\log 2n)$。在一个云数据中心中,通常同时处理任务的数量 m 远小于将任务切分成的子任务的数量,所以算法的时间复杂度可以近似为 $O(n\log 2n)$。

10.4.4 实验验证与性能分析

下面针对调度所需时间、低利用率节点比率、休眠节点数量和任务能耗等指标，将本章提出的面向大规模数据中心的低能耗任务调度策略对比原始的资源整合算法来展开实验分析。在实验室 Intranet 环境中我们构建了用于测试面向大规模数据中心的低能耗任务调度策略的仿真测试平台，OCORU.CPU 和 OCORU.DIO 设定为（80,50），为了尽可能地接近大规模数据中心的复杂的实际情况，每个任务的 Task.CPU 和 Task.DIO 由系统随机在（1,1）至（80,50）的范围内随机生成。这 300 个任务由系统随机切分成 1~100 份子任务，数据节点的 DN.CPU 和 DN.DIO 由系统在（1,1）至（80,50）的区间内随机生成，基于数据中心的节点状态和任务状态均为系统随机生成。为了更准确地反映实际结果，下文所有的实验结果均为实验 100 次后取平均值所得的结果。

1. LTSA-M 调度所需时间分析

图 10.32 是当任务数为 300 时，不同规模数据中心的管理节点为每个子任务计算出所要部署的数据节点的耗时图。RIA 是文献[36]提出的资源整合策略（Resource Integration Algorithm，RIA），LTSA-M 是本章提出的基于胜者树的多任务调度策略。可以看出，RIA 随着数据中心规模的不断增大，性能损耗越发明显，已经不能够胜任云环境下大规模数据中心的任务调度工作。对比于 RIA，LTSA 则衰减的非常平缓，具有明显的性能优势，当云数据中心的活跃节点的数达到 15000 时依然能够在 10 s 之内得到结果。可见在大规模节点的前提下，LTSA 依然能够在可以接受的时间内得到结果。

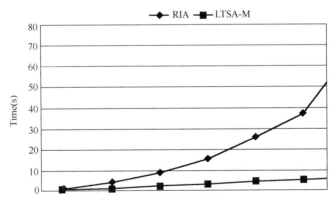

图 10.32 不同规模的云数据中心部署 300 个任务的平均耗时图

2. 节点分布分析

如图 10.33 所示，本章仿真了包含 300000 个活跃节点的大规模云数据中心。为了保证云数据中心的活跃节点数量足够多（即无论使用何种算法均不需要激活额外的休眠节点），本章选择部署少量的任务，分别为 50、100、150 和 200。对某一个节点 DN_i 来说，当 $\dfrac{DN_i.CPU}{ORCRU.CPU} + \dfrac{DN_i.DIO}{ORCU.DIO} < 1$ 时便认为处于低利用率的状态。Initial 表示数据中心未被分配任务前的初始低利用率节点所占的比率，FCFS 表示对多任务依照先来先服务策略顺序调用 LTSA-S 算法所得到的结果，LTSA-M 表示本章所提出的基于胜者树的多任务调度策略。可

见，LTSA-M 策略在大规模云数据中心复杂的环境下，可以更加有效地减少低利用率的活跃节点所占总节点数量的比率，能更有效地减少节点资源利用率不足的情况发生，更加合理。

实验构建了 300000 个活跃节点和 50000 个休眠节点，如图 10.34 所示，随着任务数的逐渐增加，云数据中心需要激活休眠节点才能满足任务的需求。对比与 FCFS 策略，LTSA-M 策略由于采取了更合适的任务优先顺序，因此只需要激活少量的休眠节点便可部署完成所有任务。当任务数量为 1800 时，采用 FCFS 策略的数据中心的休眠节点已经所剩无几，而采用 LTSA-M 策略的数据中心只激活了极少量的数据节点便部署完所有任务。

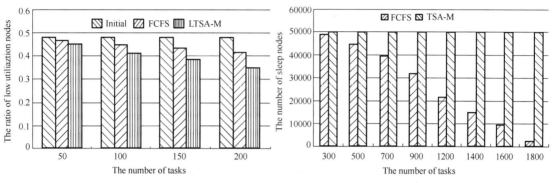

图 10.33　低利用率节点的占总节点数的比例图　　图 10.34　激活休眠节点的数量图

综合图 10.33 和图 10.34 可以发现，相比 FCFS 算法，LTSA-M 算法能够让每一个节点的计算能力同该节点所分配的工作负载更加匹配，避免因节点利用不充分而造成的能源浪费；在此基础上也能够使活跃节点的数量同当前的任务量匹配，有效减少不必要的活跃节点的数量。

3. 能耗分析

此处选取了 2 组任务，每组任务均由 8 个不同的不可再分割的任务组成，依据不同的调度策略分布到小型云数据中心上，任务的参数如表 10.10 所示。

表 10.10　任务详细参数表

任务编号	Mix1（CPU,DIO）	Mix2（CPU,DIO）
1	（39,30）	（40,20）
2	（38,29）	（15,30）
3	（42,34.5）	（10,40）
4	（37,30）	（50,20）
5	（41,33）	（10,40）
6	（42,30.25）	（70,14）
7	（40,31.25）	（80,20）
8	（42,34）	（60,50）

为了得到最优的能耗比，我们采取了穷举法，对每一个 Mix 穷尽了所有的可能，从而找出最优值。

我们在实验室环境内使用 5 台台式机模拟一个小型云数据中心，机器配置相同均为 Intel Pentium（R）Dual E2180 处理器，CPU 频率为 2.0 GHz，1 GB 的内存和 250 GB 的硬盘空间。操作系统为 Microsoft Windows XP Professional2002。对每一个台式机，均为其配备了一个功率计，用于实时测量设备功率。

如图 10.35 所示，Mix1 任务之间的差别较小，因此 FCFS 与 LTSA-M 两种策略所得的结果都十分接近，这导致两种调度策略所对应的能耗比非常接近。而 Mix2 由于各个任务之间的差别非常明显，相比 FCFS，LTSA-M 算法则可以更加接近最优策略，在节能方面的表现更加优秀。

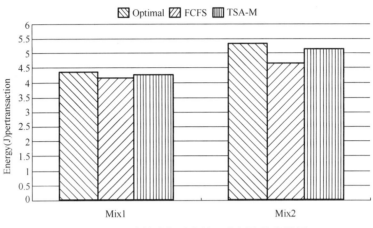

图 10.35 两种算法与最优情况能耗比的比较图

10.5 本章小结

随着云计算技术的迅速发展，规模不断扩大的云数据中心每天都在消耗着巨大的能量。不合理的调度策略导致能源浪费严重，使得云数据中心的运营成本不断增加，因此，绿色云计算的概念应运而生。目前针对绿色云计算的研究与应用已经取得了一定的成果，但仍存在诸多不足，而云数据中心的高能耗、低能效问题已受到广泛关注。本章从资源配置与任务调度这个角度来阐述提升云计算系统能效的技术成果，重点介绍了基于概率匹配的资源配置算法 RA-PM、基于改进型模拟退火的资源配置算法 RA-ISA、面向云计算平台任务调度的多级负载评估方法、基于动态负载调节的自适应云计算任务调度策略、基于多移动 Agent 的云计算任务调度模型，以及面向大规模云数据中心的低能耗任务调度策略等。当然，实现高效的绿色云计算还要考虑很多因素，例如，主机的负载均衡、虚拟机迁移、网络间的通信量、主机节点的温度、不同地理位置的电费和配套设施的节能，等等，建立合适的数学模型来寻找开销最低、性能最佳的部署方案至关重要，这些都是值得研究的方向。

参 考 文 献

[1] 谭一鸣，曾国荪，王伟. 随机任务在云计算平台中的能耗的优化管理方法[J]. 软件学报，2012, 23(2): 266-278.

[2] 刘鹏. 云计算（第 2 版）. 北京：电子工业出版社，2011.

[3] Durbin J, Koopman S. Time series analysis by state space methods [M]. Oxford: Oxford University Press, 2012:49-51.

[4] Khan A, Yan Xifeng, Tao Shu, et al. Workload characterization and prediction in the cloud: A multiple time

series approach [C] // Proc of the 2012 IEEE Symp on Network Operations and Management. Hawaii: IEEE, 2012: 1287-1294.

[5] 魏亮, 黄韬, 陈建亚, 等. 基于工作负载预测的虚拟机整合算法[J]. 电子与信息学报, 2013, 35: 6.

[6] Brown R, Meyer R. The fundamental theorem of exponential smoothing [J]. Journal of Operations Research, 1961, 9(5): 673-685.

[7] Microsoft. The deployment and migration for virtual machine [EB/OL]. (2009-8-1)[2013-07-08]. http://technet.microsoft.com/zh-cn/library/cc956131.aspx.

[8] Lin Fengtse, Kao Chengyan, Hsu Chingchi. Applying the genetic approach to simulated annealing in solving some NP-hard problems [J]. Systems, Man and Cybernetics, IEEE Transactions on, 1993, 23(6): 1752-1767.

[9] 米海波, 王怀民, 尹刚, 等. 一种面向虚拟化数字中心资源按需重配置方法[J]. 软件学报, 2011, 22(9): 2193-2205.

[10] Calheiros R, Ranjan R, Beloglazov A, et al. CloudSim: a toolkit for modeling and simulation of cloud computing environments and evaluation of resource provisioning algorithms [J]. Software: Practice and Experience, 2011, 41(1): 23-50.

[11] Kusic D, Kephart J, Hanson J, et al. Power and performance management of virtualized computing environments via lookahead control [J]. Journal of Cluster Computing, 2009, 12(1):1-15.

[12] Intel. xeon-e5-brief.pdf [EB/OL]. (2013-7-10)[2013-07-20]. http://www.intel.eu/content/dam/www/public/us/en/documents/product-briefs/xeon-e5-brief.pdf.

[13] LCG grid, LCG-2005-1.swf [EB/OL]. (2007-1-24)[2013-07-08]. http://lcg.web.cern.ch/LCG/.

[14] A Yuan. LoadAverage. [EB/OL]. (2012-2-10)[2013-07-08]. http://edu.21cn.com/java/g_189_786430-1.htm.

[15] Walker R. Examining load average [J]. Linux Journal, 2006, 2006(152): 1-5.

[16] Qin Xiao, Jiang Hong. A dynamic and reliability-driven scheduling algorithm for parallel real-time jobs executing on heterogeneous clusters [J].Journal of Parallel and Distributed Computing, 2005, 65(8): 885-900.

[17] Zhu Xiaomin, He Chuan, Li Kenli, et al. Adaptive energy-efficient scheduling for real-time tasks on DVS-enabled heterogeneous clusters [J]. Journal of parallel and distributed computing, 2012, 72(6): 751-763.

[18] Ghemawat S, Gobioff H, Leung S. The Google file system [C] //ACM SIGOPS Operating Systems Review. New York: ACM, 2003, 37(5): 29-43.

[19] Yong M, Garegrat N, Mohan S. Towards a resource aware scheduler in hadoop [C] //Proc of the 2009 IEEE Int Conf on Web Services. Los Angeles: IEEE, 2009: 102-109.

[20] Apache. Hadoop [EB/OL]. (2013-7-10)[2013-7-20]. http://hadoop.apache.org/.

[21] Ganglia Monitoring System [EB/OL]. (2012-7-20) [2013-7-08]. http://ganglia.sourceforge.net/.

[22] Heger D. Hadoop performance tuning-A pragmatic & iterative approach [J]. CMG Journal, 2013: 1-16.

[23] Boss G, Malladi P, Quan D, 等. IBM 云计算白皮书[EB/OL]. 2007: www.ibm.com/developerworks/websphere/zones/hipods/.

[24] Srikantaiah S, Kansal A, Zhao F. Energy aware consolidation for cloud computing[C]. Proc. of the 2008 conference on Power aware computing and systems, 2008: 10.

[25] Sheng Q J, Zhao Z K, Liu S H, et al. A teamwork protocol for multi-Agent[J]. Journal of Software. 2004, 15(5): 689-696.

[26] 徐小龙, 王汝传. 一种基于多移动 Agent 的对等计算动态协作模型[J]. 计算机学报. 2008(7): 1261-1267.

[27] Vieira-Marques P M, Robles S, Cucurull J, et al. Secure integration of distributed medical data using mobile agents[J]. Intelligent Systems, IEEE. 2006, 21(6): 47-54.

[28] 徐小龙，程春玲，熊婧夷．基于 multi-agent 的云端计算融合模型的研究[J]．通信学报．2010(10): 203-211.

[29] Thant H A, San K M, Tun K M L, et al. Mobile agents based load balancing method for parallel applications[C]. 2005: 77-82.

[30] di Vimercati S D C, Ferrero A, Lazzaroni M. Mobile agent technology for remote measurements[J]. Instrumentation and Measurement, IEEE Transactions on. 2006, 55(5): 1559-1565.

[31] 吴晓，马骏，陶先平，等．层次化网关转发的 agent 迁移技术与应用[J]．南京大学学报：自然科学版．2011, 47(2): 169-178.

[32] Wang X, Wang Y. Coordinating power control and performance management for virtualized server clusters[J]. Parallel and Distributed Systems, IEEE Transactions on. 2011, 22(2): 245-259.

[33] Raj V M, Shriram R. Improving energy efficiency using request tracing as a tool in a multi-tier virtualized environment[C]. Proc. of the Third International Conference on Advanced Computing (ICoAC), 2011: 222-228.

[34] Xu L, Zeng Z, Ye X. Multi-objective Optimization Based Virtual Resource Allocation Strategy for Cloud Computing[C]. Proc. of the 11th IEEE/ACIS International Conference on Computer and Information Science, 2012: 56-61.

[35] Ardagna D, Panicucci B, Trubian M, et al. Energy-aware autonomic resource allocation in multitier virtualized environments[J]. Services Computing, IEEE Transactions on. 2012, 5(1): 2-19.

[36] Srikantaiah S, Kansal A, Zhao F. Energy aware consolidation for cloud computing[C]. Proc. of the 2008 conference on Power aware computing and systems, 2008: 10.

[37] Younge A J, von Laszewski G, Wang L, et al. Efficient resource management for Cloud computing environments[C]. Proc. of the IEEE International Conference on Green Computing, 2010: 357-364.

[38] Beloglazov A, Abawajy J, Buyya R. Energy-aware resource allocation heuristics for efficient management of data centers for cloud computing[J]. Future Generation Computer Systems. 2012, 28(5): 755-768.

[39] Lee Y C, Zomaya A Y. Energy efficient utilization of resources in cloud computing systems[J]. The Journal of Supercomputing. 2012, 60(2): 268-280.

[40] FIPA. FIPA 标准[EB/OL]. http://www.fipa.org/.

第 11 章 云计算环境下数据动态部署

随着云计算系统规模的不断扩大，以及在设计时对能耗因素的忽略，使其日益暴露出高能耗、低效率的问题，所以无论从降低服务提供商的运营成本，还是从保护环境的角度出发降低能耗，研究云计算系统中的节能技术都具有很大的现实意义与应用前景。本章在分析目前云数据中心设备能耗和数据访问规律的基础上，创建云计算数据模型，研究云计算系统任务调度和数据部署层面的节能机制，提出一种面向绿色云计算数据中心的动态数据聚集算法。

11.1 云计算中的大数据

11.1.1 问题分析

近年来，随着云计算、物联网、社交网络等新兴技术的迅猛发展，无所不在的移动设备、无线射频识别标签、无线传感器等每分每秒都在产生感知世界的信息，数以亿计用户的互联网服务时时刻刻都在产生新的数据，同时记录人们生活的历史信息也呈现爆炸式增长，数据已成为人类最为宝贵的财富之一。随着"数据时代"的到来，数据已经从原来简单的被处理对象转变为理解现有世界、支持后续发展的基础性资源。

IT 技术的发展经历过三次浪潮：第一次浪潮以处理技术为中心，以处理器的发展为核心动力，促进了计算机的迅速普及和应用；第二次浪潮以传输技术为中心，促进了计算机网络的发展和普及，这两次浪潮极大地加速了信息数字化进程，使得越来越多的人类信息活动转变为数字形式，导致数字化信息爆炸性增长，进而引发 IT 技术的第三次发展浪潮——存储技术浪潮[1]。

在新的技术浪潮中，数据存储的应用呈现出新的特点[2]。

（1）数据成为最宝贵的财富。数据是信息的符号，数据的价值取决于信息的价值。由于越来越多有价值的关键信息转变为数据，数据的价值就越来越高。数据丢失对于企业来讲，损失将是无法估量的，甚至是毁灭性的，这要求数据存储系统具有卓越的可靠性。

（2）数据量呈爆炸性的增长。人们在信息活动中不断地产生数字化信息，各种新型应用层出不穷，如流式多媒体、数字电视、数据中心、企业资源计划、数字影像、事务处理、电子商务、数据仓库与挖掘等，造成数据总量呈几何级数增长。因为永远都有新的数据产生，所以对存储容量的需求是没有止境的。据 IDC 统计，企业的数据量大约每 6 个月就会翻一番，仅 2002 年企业全年使用的存储容量达到了 140 万 TB，这是 2000 年的 12 倍。因此，现代存储系统应该具备高度的可扩展性，并且这种扩展应该不中断正进行的业务。这些都对数据存储系统容量、动态可扩展性提出了前所未有的挑战。

（3）I/O 成为新的性能瓶颈。早期计算机仅用于计算，CPU 的计算能力是计算机技术发展的瓶颈；后来在网络应用中，计算机通信成为花费时间最多的事件，网络带宽成为新的技术瓶颈；目前，计算机的主要应用模式已经转化成数据的存取。由于受机械部件的限制，磁盘数据访问时间平均每年只能提高 7%～10%，数据传输率也只能以每年 20%的速度发展，而现代微处理器和内存系统正以平均每年增长 50%～100%的速度发展，处理机和磁盘之间的性能差距已经越来越明显。根据 Amdahl 定理，计算机系统性能的提高要受限于系统中最慢的部件，因此，数据存储系统已经成为计算机系统新的性能瓶颈，即所谓的 I/O 瓶颈。

（4）全天候服务成大势所趋。在电子商务和大部分网络服务应用中，24 小时×7 天，甚至 24 小时×365 天的全天候服务已是大势所趋，这要求现代数据存储系统具备优异的高可用性。

（5）存储管理和维护要求自动化、智能化。以前的存储管理和维护大部分工作由人工完成，由于存储系统越来越复杂，对管理维护人员的素质要求也越来越高，因管理不善而造成数据丢失的可能性大大增加。这就要求现代存储系统具有易管理性，最好是具有智能的自动管理和维护功能[3]。

1998 年图灵奖获得者 Jim Gray 提出了一个新的经验定律[3]：网络环境下每 18 个月新增的存储量等于有史以来存储量之和。在高速发展的互联网时代，每时每刻都在产生海量的数据，社交网络站点 Facebook 不仅存储 PB（1 PB=10^{15} byte）级的数据，而且还维护着这些数据之间复杂的链接和关系网；AT&T 的网络每天流动 16 PB 的数据；Google 每天处理 20 PB 的数据；Opera 浏览器每个月处理多于 1 PB 的数据；而 BBC 的 iPlayer 每个月有大约 7 PB 的数据流；Youtube 存储了 31 PB 的流媒体数据[4]；位于欧洲原子能研究中心的大型强子对撞机，自 2008 年起每秒产生 2 PB 的数据。如图 11.1 所示，根据 IDC 的一份名为"数字宇宙"的报告，2020 年的数据将比 2009 年的增加 44 倍达到 35 ZB（1 ZB=2^{20} PB）[5]，约等于 80 亿块 4 TB 硬盘。数据结构变化给存储系统带来新的挑战。非结构化数据在存储系统中所占据比例已接近 80%。互联网的发展使得数据创造的主体由企事业单位逐渐转向个人用户，而个人所产生的绝大部分数据均为图片、文档、视频等非结构化数据；企事业单位办公流程更多通过网络实现，表单、票据等都实现了以非结构化为主的数字化存档；同时，基于数据库应用的结构化数据仍然在企业中占据重要地位，存储大量的核心信息。爆炸式增长的数据形成了海量数据。

更为重要的是，更多的数据源正在不断出现。例如，科学杂志 2011 年 2 月刊载文章指出[6]，未来二十年中，全球变化领域数据量将呈指数增长的态势：预计到 2030 年，基于地球系统数值模式的全球变化预测资料的数据量将达到 185 PB，遥感卫星数据达 150 PB，其他类型数据 5 PB；新一代的高精度气候模型每进行一次精度为 3000 m、时间跨度为 100 年的气候模拟实验将产生 8 PB 的结

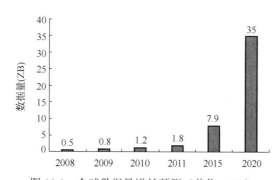

图 11.1 全球数据量增长预测（单位：ZB）

果集[7]；2016 年投入使用的大型综合巡天望远镜每 5 天会收集 140 TB（1 TB=10^{12} bytes）的信息[8]。

目前，我们处于大数据的时代，数据的增长速度已经呈现出了指数型增长的趋势，通过处理大数据，我们最终的目标就是希望从中获得有价值的信息，可以对我们的决策起到一定的指导作用。近年来，随着 Web2.0 技术的迅猛发展，传统用户从数据的消费者已经变为了数据的生产者，这种以用户为中心的数据生成模式使得互联网中的数据量呈现出指数级增长的趋势，给云计算系统的管理带来了严峻的挑战。大数据的特点决定了存储架构的复杂性针。

在如此强大的实际需求推动下，存储系统需要存储的文件将呈指数级增长，这就要求计算机存储系统的容量扩展必须跟得上数据量的增长速度，并能够实现海量信息储的快速存储。

在大数据被采集的整个过程中，我们面临的主要挑战就是任务的并发数高，原因是在同一个时间段内，可能会有数以万计，甚至千万计的客户蜂拥而至对数据进行操作。例如，在"双 11"时，淘宝商城和天猫商城会举办一年一度的超级优惠活动，势必会吸引很多客户大量地购买商品。在那一天内，数据采集端必须准备大量的数据存储设备才可以支撑整个业务。再如，全国火车票售票网站，在每年的出行高峰期，尤其是春节前后，网络和系统的瘫痪也时有发生。关于这些数据的存储，以及整个系统的负载情况是我们必须深入思考的问题。由于数据类型的多样性和复杂性，因此，来自采集端的不同数据库的数据必须被导入一个集中式的大规模分布式存储集群中，才可以对这些数据进行有效的分析。在导入的过程中，可以根据需要有针对性地对数据进行一定的预处理工作。在数据的导入和预处理阶段，我们面临的主要问题是数据量的巨大性，每秒数据的导入量可以达到百兆、千兆级。如何有效地进行数据的导入也是值得我们考虑的问题。

目前的数据存储与管理系统面临的主要挑战是[10]：

（1）由于数据量巨大，因此对整个系统资源的要求极高，并且对整个系统的 I/O 设备也提出了很大的挑战。

（2）一般情况下，为了提高系统的可靠性，通常采用副本机制来解决，那么关于副本数量、副本部署，以及副本一致性也是我们亟待解决的问题。

（3）在数据存储过程中，关于整个系统的负载情况、服务成本及服务质量等问题也是我们关注的。

（4）由于 Hadoop 的文件管理系统适合一次写入、多次读取的场景，并不支持数据的修改，因此，从某种角度来讲，它是通过弱化数据的一致性，来达到访问效率优化的目的。如何改进 Hadoop 的架构设计，也是我们的挑战之一。目前，针对这些问题的研究已经成为该领域的研究热点，并已取得了一定的商业价值和学术成果。

然而在对数据中心的数据管理过程中发现，网络中的计算资源利用率一直处于一种不平衡的状态，某些应用需要大量的计算和存储资源，而同时互联网上也存在大量处于闲置状态的计算设备和存储资源。数据布局不合理，将会一定程度上影响系统负载均衡。负载均衡是资源管理的重要内容，数据中心管理和维护时应做到负载均衡，以避免资源浪费或形成系统瓶颈。系统负载不均衡主要体现在以下几个方面。

（1）同一服务器内不同类型的资源使用不均衡，例如，内存已经严重不足，但是 CPU 利用率仅为 10%。这种问题的出现多是由于在购买和升级服务器时没有很好地分析应用对资源的需求。对于计算密集型应用，应对服务器配置高主频 CPU；对于 I/O 密集型应用，应配置高速大容量磁盘；对于网络密集型应用，应配置高速网络。

（2）同一应用不同服务器间的负载不均衡。Web 应用往往采用表现层、应用层和数据层三层架构，三层协同工作处理用户请求。同样的请求对这三层的压力往往是不同的，因此要根据业务请求的压力分配情况决定服务器的配置，如果应用层压力较大而其他两层压力较小，则要为应用层提供较高的配置；如果仍然不能满足需求，可以搭建应用层集群环境，使用多个服务器平衡负载。

（3）不同应用之间的资源分配不均衡。数据中心往往运行着多个应用，每个应用对资源的需求是不同的，应按照应用的具体要求分配系统资源。

（4）时间不均衡。用户对业务的使用存在高峰期和低谷期，这种不均衡具有一定的规律。例如，对于在线游戏来说，晚上的负载大于白天，白天的负载大于深夜，周末和节假日的负载大于工作日，此外，从长期来看，随着企业的发展，业务系统的负载往往呈上升趋势。

数据中心硬件建设和管理维护的成本不断增加，面对这些问题，关键还是如何实现资源和计算能力的分布式共享，解决海量数据的存储与处理，从而提高服务水平，使用户能够享受到方便、快捷的网络服务。

海量数据改变了目前计算机的运行模式，大量的数据密集型应用如雨后春笋般涌现出来。与此同时，人们对信息处理能力的需求也在不断增加，数据中心的计算资源及其提供的计算能力也在飞速发展。为了对海量数据的计算和管理提供有效的支持，出现了许多大规模、超大规模的数据密集型的计算平台，如云计算系统的出现，给人们使用大型计算系统提供了快捷、方便的计算服务和数据管理方式。云计算的分布式架构不仅可以满足大数据的存储和处理分析请求，而且能够把大量的计算任务有效地分布在由很多计算机构成的资源池中，用户只要根据自己的需要向云服务提供商租赁相应的计算、存储及信息服务即可。

而随着云计算的推广和流行，如何高速率、低成本地存储和管理云端生成的大量数据，也成了各大企业和组织研究的重点。

11.1.2 典型的数据存储管理技术

信息数据的高速增长，一方面对信息数据的存储、计算、提取等提出了严峻的考验，另一方面也对信息数据的容灾系统、备份、归档的方案等提出了更严格的要求[11]。数据业务的急剧增加，传统单一的 SAN 存储或 NAS 存储方式已经不适应业务发展需要。SAN 存储的缺点主要表现在：成本高，不适合 PB 级大规模存储系统，数据共享性不好，无法支持多用户文件共享。NAS 存储的缺点表现在：共享网络带宽，并发性能差，随系统扩展，性能会进一步下降。因此，集中式存储再次活跃。云计算需要对分布的、海量的数据进行处理、分析，因此，数据管理技术必须能够高效地管理大量的数据，云计算的数据具有海量、异构、非确定性的特点，需要采用有效的数据管理技术对海量数据和信息进行分析和处理，构建高度可用和可扩展的分布式数据存储系统。目前，众多 IT 巨头们都在大力开发数据存储技术及产品。例如，Google 一直致力于推广以 GFS（Google File System）[12]、BigTable[13] 等技术为基础的应用引擎，为用户进行海量数据处理提供了手段。

首先需要介绍什么是云存储。在云计算发展的基础上，云存储的概念被提了出来，它是指通过集群应用、网格技术或分布式文件系统等功能，将网络中大量各种不同类型的存储设备通过应用软件集合起来协同工作，共同对外提供数据存储和业务访问功能的系统。云存储采用可扩展的分布式文件系统，解决了传统的文件系统在扩展系统容量和性能上存在的问题。云存储将数据存储在分散的、较廉价、性能不高的 PC 上，成功地解决了海量数据存储和计算的问题。云存储可以简单地理解为云计算中的存储，是配置了大容量存储空间的云计算系统。用户所有的数据都保存在"云"中，需要时从"云"中读取，本地不需要任何的存储设备。更准精确地说，云存储是一种服务，用户使用的是由许多个存储设备和服务器所提供的数据访问服务[13]。云存储作为一种应用技术，很大程度上降低了企业成本，避免了传统存储中由于服务器造成的单点故障和性能瓶颈，大大提高了系统的性能和效率。

传统的存储方式在使用前需要对存储设备的型号、容量、设备支持的协议、设备的传输速度等属性有非常清楚的了解，需要监控存储设备的运行状态，以及定期更新升级存储设备的软硬件。另外，为了避免用户隐私泄露和数据损坏丢失等问题，还必须有容灾和数据备份等功能。如果采用云存储技术，对于用户来说就不会存在以上提到的那些复杂问题。

使用云存储系统，用户不必了解存储设备的属性，不必知道数据是如何存储的，以及数据被存储在哪里，只要用户得到了云存储服务商的允许就可以通过互联网找到云存储服务商提供的公共应用接口，登录云存储系统，就可以得到所需的服务。采用云存储服务用户可以不用购买昂贵的硬件和软件等设备，不用担心数据的安全性，避免了硬件设备的状态监控和更新升级的问题，而且使用云存储相当方便，无论何时何地只要用户能够连接到网络，就能访问存储的数据。

目前，国内外近年来对数据存储管理的研究越来越多，有不少的技术成果，其中一些已经投入使用。云计算中数据的特点主要表现在以下几个方面[14-18]。

（1）海量性。近年来，随着物联网等应用的兴起，很多应用主要通过相当数量的传感器来采集数据。随着这种应用规模的扩大，以及在越来越多领域中的应用，数据量会呈现爆炸性的增长趋势，如何有效改进已有的技术和方法或提出新的技术和方法来高效地管理和处理这些海量数据将是从数据中提取信息并进一步融合、推理和决策的关键。

（2）异构性。在云计算各种各样的应用中，不同领域、不同行业在数据获取阶段所采用的设备、手段和方式都千差万别，取得的数据在数据形态、数据结构上也各不相同。传感器有不同的类别，如二氧化碳浓度传感器、温度传感器、湿度传感器等，不同类别的传感器所捕获、传递的信息内容和信息格式会存在差异，以上因素导致了对数据访问、分析和处理方式多种多样。数据多源性导致数据有不同的分类，不同的分类具有不同的数据格式，最终导致结构化数据、半结构化数据、非结构化数据并存，造成了数据资源的异构性。

（3）非确定性。云计算中的数据具有明显的不确定性特征，主要包括数据本身的不确定性、语义匹配的不确定性和查询分析的不确定性等。为了获得客观对象的准确信息，需要去粗取精、去伪存真，以便人们更全面地进行表达和推理。

目前常见的集群存储技术除了谷歌的 GFS 外，使用集群存储技术的还有 IBM、SGI、NetApp、Panasas、蓝鲸等。下面主要介绍云存储分布式文件系统中的 GFS 和 HDFS。

1. GFS[16]

谷歌的数据量越来越大，数据存储问题日益突出，为了解决这个问题，Google 开发了文件系统 GFS。GFS 是一个大型的、可扩展的分布式文件系统，适用于有大量数据访问需求的应用程序。GFS 是 Google 为了存储海量搜索数据而设计的可伸缩、数据密集型分布式文件系统。大型的 GFS 系统可由成千上万个普通硬盘串联而成，不需要使用昂贵的高阶存储设备就可维持文件的存储质量。GFS 具备容错功能，实时操作中发生的硬盘数据存储中断等情况，都可以通过 GFS 的容错检测，以及自动恢复功能将损毁的文件复原。GFS 与谷歌的 MapReduce、BigTable 等技术紧密结合，是谷歌的核心技术之一，三者共同构成谷歌云计算的三大基石，GFS 是其中之一，其技术优势不言而喻。目前，谷歌公司拥有上百万台服务器，并已在世界各地建立了多个 GFS 集群。

GFS 和过去的分布式文件系统在性能、可伸缩性、可靠性及可用性方面的目标是相同的，然而 GFS 还有其独特之处。例如，组件失效被看做正常现象，而不再被认为是意外；它针对的文件通常是几十 GB 的大文件，只有很少量的小文件；大部分文件的修改不是覆盖其原有的数据，而是在文件尾追加新数据；应用程序和文件系统 API 系统设计，提高了整个系统的灵活性。

与其他分布式文件系统一样，一个 GFS 集群包含一个 Master 节点和数量众多的 Chunk 服务节点，它可以同时被多个用户访问，为用户提供海量的文件存储服务。如图 11.2 所示，集群节点的运行系统环境一般为 Linux 操作系统，其中 Master 节点负责文件系统元数据的维护工作，包括命名空间、文件到文件块的映射、文件块的位置，等等。而 GFS 用户通过客户端与 Master 节点和 Chunk 服务节点进行通信，实现数据的读写操作，其中用户与 Master 节点只进行元数据的操作通信，具体的数据读写操作由客户端与 Chunk 服务节点直接通信交互。

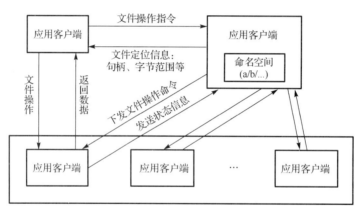

图 11.2　GFS 系统架构

GFS 的文件都由固定大小的块组成，Chunk 服务节点将文件块以 Linux 文件的形式存储在本地磁盘上。出于可靠性考虑，每个文件块默认有 3 个副本，分别存储于不同的 Chunk 服务节点上。Master 负责管理文件系统的元数据，包括命名空间、访问控制信息、文件到块的映射及块的存储位置。GFS 客户端实现了文件系统的 API，代表应用程序对数据进行读写操作。GFS 客户端与 Master 只进行元数据操作，所有与文件相关的通信都在 Chunk 服务节点上进行。

和以往的文件系统对比，GFS 具有如下特点。
- 海量数据的分块存储；
- 集群中节点故障为常态；
- 数据管理和读写的分离。

GFS 并不是一个通用的分布式文件系统，它是谷歌针对其业务特点设计的适合于大型的搜索业务及谷歌其他业务特性的分布式文件系统，这也将限制 GFS 的应用范围。同时，GFS 的主从式架构存在着性能瓶颈和单点故障问题，这也是业界关注的焦点。当然，GFS

自身也一直在进行优化和改进,GFS 是现今在运营环境中实现性能、可靠性和成本平衡的最佳分布式文件系统之一。

2. HDFS[16]

Hadoop 是 Apache 软件基金会 Lucene 项目创始人道卡廷开发的,主要包括 HDFS、MapReduce 和 HBase 三部分,分别是谷歌主要技术 GFS、MapReduce 和 BigTable 的开源实现。HDFS 最早属于 Apache Nutch 网络检索引擎的开源项目,现在属于 Hadoop 的一个子项目,其全称为 Hadoop Distributed File System,属于分布式文件系统范畴,同其他分布式文件系统类似,搭建于计算机集群之上。雅虎、亚马逊、Facebook 等大牌企业都使用 Hadoop,它是当下云计算领域最受关注的开源项目之一。

HDFS 是 Apache 提出的一个运行在廉价硬件上的开源的分布式文件系统,是 Hadoop 系统的基础层,负责数据的存储、管理及出错处理,适用于具有大型数据集的应用程序,能为客户端提供高吞吐量的数据访问。HDFS 应用程序的文件访问模型是一次写、多次读,简化了副本一致性的管理。另外,HDFS 一般是将计算迁移到数据附近,而不是数据向计算迁移,因为在 HDFS 开发者看来,迁移计算要比迁移数据的代价低。HDFS 系统具有很强的可扩展性,适合部署在大规模的集群上。目前 Yahoo 已经将 Hadoop 平台部署在 4000 个节点搭建的集群上,证实了 HDFS 的可扩展性很强。

然而,HDFS 有着一些不同于其他分布式文件系统的特点:首先,它容错能力强,它在设计伊始,就默认存储硬件是易错的,不可靠的;其次,它可以架设在低成本的硬件上,可以使用最普通的 PC 集群来搭建 HDFS;再次,它被设计用来支持大数据集的应用,具有极高的吞吐率。

HDFS 的设计主要基于如下的考虑[19-25]。

(1) HDFS 默认硬件是不可靠的,它认为硬件故障的发生是经常性的,而不是异常性的。一个 HDFS 集群可能涉及数百乃至数千台 PC,这些 PC 构成了文件存储的实体。在一个集群中,每台机器或每个功能组件都有很大的概率发生错误,对于一个数量级极大的集群,这就意味着该集群中总是有无法正常工作的机器或组件,因此,HDFS 的核心建设目标就是迅速进行故障检测,并针对故障快速做出自动恢复响应。

(2) HDFS 没有严格遵照 POSIX 标准来实现,主要原因是因为 HDFS 是被设计用来处理大数据应用的文件系统,它更多的工作是用来进行批处理的,而不是用来同用户进行频繁的交互工作的,它更注重高吞吐量的数据访问,而不是实时的数据访问。因此,HDFS 无法完全满足 POSIX 标准的设计需求,HDFS 的设计者们修改了一些 HDFS 上的实现,以使得它具有高的数据吞吐率。

(3) HDFS 被用来设计支持大数据集的应用,一个典型的文件大小可能达到 TB 级别大小,因此,HDFS 单个集群能够容纳数百个节点,能够支持数千万的文件。

(4) HDFS 的文件访问模型适用于"一次写入,多次读取"的应用程序,它默认一个文件一旦写入后基本就不再进行修改,而只是进行单纯的读取。这样的假设大大简化了数据一致性问题的解决,同时提高了数据处理的吞吐率。

(5) HDFS 认为移动计算比移动数据"更划算",即应用处理本地数据比处理网络数据更高效,尤其是数据集规模极其庞大时,大规模的数据交换和移动可能造成严重的网络拥塞,因此,HDFS 会将数据迁移到离数据最近的节点上去执行,节点优先考虑处理本地数据。

（6）HDFS 具有强大的可移植性，它可以轻松架设在不同硬件和软件平台上。

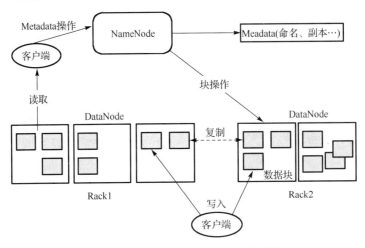

图 11.3 Hadoop 文件系统的整体结构

如图 11.3 所示，HDFS 是由一个 NameNode（命名节点）和多个 DataNode（数据节点）组成的。NameNode 是中心服务器，相当于 GFS 中的 Master，负责执行文件系统的命名空间操作，如打开、关闭、重命名文件和目录，同时决定块到 DataNode 节点的映射。它的作用就像是文件系统的总指挥，维护文件系统命名空间、规范客户对于文件的存取，以及提供对于文件目录的操作。DataNode 相当于 GFS 中的 Chunk 服务节点，主要责任就是文件系统所在物理节点上的存储管理，负责管理存储节点上的存储空间和来自客户的读写请求。DataNode 也执行块创建、删除和来自 NameNode 的复制命令[19]。HDFS 将一个文件分成一个或多个块（Block），大多数情况下时把文件切分成 64 MB 大小的不同数据块，分散存储在不同的 DataNode 集合里。DataNode 还要向 NameNode 发送自己的状态信息，以及执行数据的流水线复制[19]。NameNode 和 DataNode 都设计成可以运行在普通廉价的 Linux 机器上。

由于 Hadoop 将服务器失效看成一种常态，因此，在大多数情况下，数据会有 3 个副本。HDFS 采用的副本存放策略是将一个副本存储在本地机架的一个节点上，一个副本存储在同一机架的不同节点上，最后一个副本存储在不同机架的一个节点上。由于机架的错误远远比节点的错误少，这个策略不会影响到数据的可靠性和有效性。三分之一的副本在一个节点上，三分之二在一个机架上，其他保存在剩下的机架中，这一策略最大限度地避免了数据丢失及在节点失效后的恢复。在执行任务时，主节点会不断地通过心跳检测监控子节点的状态，并对子节点进行管理。Hadoop 在对数据处理上采用的是计算向存储迁移的策略，在 Hadoop 中由于有 HDFS 文件系统的支持，数据是分布存储在各个节点的，计算时各节点读取存储在自己节点上的数据进行处理，或将计算迁移到距离数据更近的位置，而不是将数据移动到应用程序运行的位置，从而避免了大量数据在网络上的传递，实现了"计算向存储迁移"。

HDFS 与 GFS 很多原理都相似，这里不再赘述。但它们也有不同之处，例如 HDFS 缺少快照和记录追加操作，同时也不支持并行写；在数据一致性方面，HDFS 更简单，对于失败的写，结果显示为"不一致"，成功的为"已定义"；在系统交互方面，DataNode 基本不处理租约；主服务器上的操作，HDFS 也比较简单，它不区分读/写锁；在垃圾回收上，HDFS 目前并没有实现回收站的功能。总的来说，HDFS 基本实现了 GFS 的一些目标。

11.2 云环境下数据存储优化

11.2.1 云平台数据存储

数据中心能耗问题在一定程度上受数据存储状况影响，当数据部署相对合理时，能够显著提高资源利用率，适当关闭空闲节点，进而降低能量消耗；而当部署不合理时，为完成一个任务需要访问分散在多个节点上的数据，加重任务完成的难度和效率。为减少数据中心数据存储系统的能耗，根据云平台的运行规律，在访问量较少的时候（如夜晚或周末），关闭一部分数据存储节点，消除这部分节点的能耗。但是，关闭节点的前提是保证所有数据都能够正常使用，所以在关闭节点前，必须对节点的上数据进行迁移或备份，保证数据可用性。因此，合理优化数据存储将对降低数据中心能耗产生极大的益处。

云存储是一种区别于传统 SAN 或文件存储的新兴存储，云存储提供了诸多功能用于解决伴随海量非活动数据的增长而带来的存储难题。相比较于传统存储，云存储主要具有以下三个特点。

（1）量身定制：这个主要是针对于私有云。企业可以要求云服务提供商量身打造一个满足自身需求的云存储服务方案，或者由自己的 IT 机构来部署一套私有云服务架构。私有云不但能提供最优质的贴身服务，而且在一定程度上能提高安全系数。

（2）成本低：目前，企业在数据存储上付出了相当大的成本，而且随着数据的暴增成本也在不断增加。许多企业为了减少成本压力将大部分数据转移到云存储上，将数据存储的问题交给云存储服务提供商来解决，这样就能花很少的价钱来获得最优的数据存储服务。

（3）方便管理：其实，这也可以说是成本上的优势。大部分数据迁移到云存储之后，云存储服务提供商要完成所有的升级维护任务，这样就节约了企业存储系统管理上的成本。当企业用户发展壮大后，为满足现有的存储需求就必须要扩展存储服务器，而云存储服务具有强大的可扩展性，则可以很方便地在原有基础上扩展服务空间，满足用户的需求。

但是，云存储系统的广泛使用，也带来了不少问题。由于云数据具有数据量大和分布范围广的特点，导致跨数据中心的大规模云数据传输操作往往会占用大量的网络带宽资源[26]，迫使云服务提供商向网络服务提供商租用更多的网络资源以满足数据传输需求，进而大大增加了云服务提供商的网络传输成本开销。同时由于大规模云数据传输对数据中心带宽资源的占用，使得云服务提供商的其他交互类应用数据传输了受到了影响，进而降低了云服务质量。为了缓解大规模云数据对云服务提供商在网络传输成本方面所造成的压力，以及为了保证云服务的提供质量，现有云服务提供商面临着下列问题亟待解决[27-29]。

（1）不合理的云数据部署：伴随着 Facebook，Twitter 等社交类云应用的兴起，云数据呈现出相互关联的特点，而数据间关联关系的强弱则直接影响了其通信传输频率。现有云数据存储系统，如 Hadoop、Cassandra，主要采用一致性哈希策略决定云数据在各数据中心的部署位置。该策略不仅忽视了数据间关联关系，也忽视了数据中心间网络拓扑和链路带宽条件，最终导致大量跨数据中心的传输，浪费了大量宝贵的网络资源。如何在全球各数据中心上优化云数据部署，降低其引起的网络传输资源开销，是云服务提供商面临的问题之一。

（2）浪费的动态空闲带宽资源：为了保证服务提供质量，现有云服务提供商往往根据用户的最大访问量需求来决定网络带宽资源的租用量，但由于用户访问量的周期性波动，使得数据中心带宽资源消耗呈现出强烈的"潮汐效应",即白天网络带宽资源紧缺,部分链路甚至产生严重拥塞;而夜间由于用户访问规模下降,使得已租用的带宽资源反而又有较大空闲,最终导致数据中心带宽资源平均利用率较低[30]。而与之形成鲜明对比的是,现有云数据传输因其大数据量导致其迁移操作需要占用大量网络资源。如何利用动态的空闲带宽资源,在实现提高带宽资源利用率的同时,缓解大规模云数据传输对网络传输开销造成增长的压力,是云服务提供商面临的又一问题。

(3) 日益增长的云数据传输成本:伴随着云数据传输量的增长,网络传输成本在云服务提供商运维成本中所占比例逐渐升高,根据相关研究数据显示,数据传输成本已占总成本的 15% 左右[31];同时现有云服务提供商为了保证其服务的可达性,往往会租用多个网络服务提供商的底层网络资源,不同网络服务提供商带宽资源计费策略的差异,数据传输也多种多样,对云服务提供商合理选择低成本数据传输路径和传输方式,提出了新的挑战。

基于上述问题,可以发现在大规模云数据环境下,网络拓扑信息、链路带宽状态及带宽资源计费策略这些网络信息在云数据的部署和传输过程中扮演着极其重要的角色。当用户产生大量的数据时,这些数据需要在云存储系统中的大量物理存储设备中找到合适的设备存放,以便能够有效地在云存储系统中快速定位数据、读取数据。而实现这一目标,需解决上述云存储现状,是一个具有挑战性的问题。不合理的数据布局不仅浪费大量的存储空间,而且花费用户大量的时间来寻找所请求的数据。因此,在大规模云存储系统中数据布局策略占有举足轻重的地位[32]。

因此,为了提高海量数据的存储效率,必须探索和发展云存储系统中的海量数据分布管理的新理论和新方法来解决信息的急剧增长问题。笔者研究云存储系统的高性能存储部署,旨在动态优化数据部署,在不影响数据中心正常运行的前提下,实现数据重新部署,从而适当减少运行态的节点数量,缓解日益增长的能耗问题,高效利用已有节点资源,降低运营成本。在当今社会能源缺乏和能源成本显著增长的情况下,数据动态部署旨在提高数据中心的资源利用率,解决传统数据中心因众多节点同时运行产生大量热量,以及带来的高昂温控开销问题。

11.2.2 云平台数据部署策略

随着网络上数据量的快速增长,大规模存储系统已经成为目前高性能大容量数据存储的主要方式,现有的大规模存储系统中的分布式海量数据管理不能满足现有应用的需要,已经成为大规模存储中一个具有巨大挑战性的问题。关于数据布局策略的研究在海量数据分布式管理中尤为重要,因为文件数据的存放和读取方式,取决于存储系统中数据布局策略,存取文件数据的性能高低,依赖于数据布局策略设计的好坏,所以,研究大规模存储环境中的数据布局策略有重要的意义。

有效、合理的数据布局策略能够降低系统运行时对资源的过多占用,在一定程度上可以解决人们广泛关注的云计算系统中数据中心的能耗问题。从绿色节能角度分析,如何对云计算平台中的各种节点进行调度、对云计算系统中有效能量数据进行部署是非常关键的问题。

随着 CPU 速度的高速发展,I/O 带宽已经成为系统高效运行的新瓶颈。为了提高数据中心节点的利用效率,就不得不提高 I/O 的读写速度,努力提高数据存取的并发性,高效利用系统资源,因此,可以利用并行文件系统管理分布式环境中的文件。并行文件系统将文件划分成不同的文件块,通过一些数据布局策略将分割后的数据块放置到不同的服务器上,用户可以通过并行文件系统并发读取数据块,从而提高文件的读写速度。

数据布局策略是将存储系统中上层应用所产生的数据集合存放到不同的存储设备集合上。数据布局策略主要解决如何选择存储设备存放数据的问题，利用有效的机制建立数据集合与存储设备集合的映射关系，同时需要满足某些特定的目标，实现在某些特定目标的驱动下将数据指派到存储设备这一类问题。

根据不同的目标，可以设计出不同的数据布局策略。例如，RAID 中的分条技术主要为了获得输入/输出聚合带宽；将数据的若干备份存储在不同的节点上，使得数据具有容错能力，以增强数据的可靠性；对数据进行公平性分配，以得到一致性较高的输入/输出负载等[26]。

下面介绍几个有关数据布局的目标的概念。

（1）公平性：根据设备的存储容量公平地存储数据，保证相应比例容量的设备获得相应比例的数据量，使设备存储的数据量所占的百分比不会偏离设备容量的权重太远，以确保存储容量的使用率达到90%以上。

（2）自适应性：随着系统的不停运行，存储设备的数量也在不断地变化，例如，增添新的存储设备或去掉已存在的设备。当存储系统的规模发生变化时，数据布局需要对数据进行重新分配，使这些数据满足公平性的要求，并能够确保数据迁移的次数和开销尽可能地少。数据布局策略的自适应性由其迁移的数据量与最优迁移数据量的比值来衡量，如果比值是1，表示自适应性最好。

（3）可用性：可用性表示系统运行过程中在某个时刻是否能够被正常访问。当系统不可用时，系统的任何性能都没有办法正常发挥。为了提高系统的可用性，数据布局策略需要根据设备的可用性时适时地调整数据放置的位置，尽可能使系统的可用性最大化。

（4）可靠性：表示数据分组在一定时间内能否被正常使用的性能。合理的数据布局使得系统在兼顾访问性能的同时有效降低数据分组无法被访问到的概率，提升系统可靠性。

（5）时空有效性：表示数据布局可以通过有效的时间和空间定位数据的存储信息。

近年来，由于并行 I/O 系统能够提供快速、可靠的数据访问而备受关注。基于 web 服务的应用不仅要求高吞吐量，而且要求系统能够快速地从磁盘读取数据以响应用户的请求。因此为了满足用户的请求，文件在被访问之前需要被合理、有效地布局到各个磁盘上，这一类布局问题可以描述为寻找一种将 M 个文件布局到 N 个磁盘上的能使得系统快速响应用户请求的最优方案。

目前已经存在的数据管理工具大多数集中在提供快速的数据传输，例如，Phedx[21]的 CMS，LDR[22]的 LIGO（Laster Interferometer Gravitational Wave Observatory），以及 DRS[23]的 Globus 项目[24]。在这些工具中，用户决定哪些数据被复制，副本放置在何处。然而，随着任务与数据规模的增大，这个问题的复杂性也极大地增大，所以有一个数据自动管理服务就变得越来越重要。

通过云计算环境中的数据分割部署，将分割后的数据分布放置在云环境中，提高了云环境的可靠性和有效性。通过使用副本技术，极大地减小了网络传输消耗。当系统存取数据时，云中数据的分割与放置也有利于减少存取无关数据的数量，可大大缩短系统响应时间，改善用户体验。比较直接有效的数据分割部署方法有范围分割方法、哈希分区分割方法等，这些方法对于大部分的查询类的云计算应用来说，能够均衡系统的整体负载。数据分割、数据放置与迁移策略是其中研究的热点，也产生了很多可以提供借鉴的研究成果。下面分别详细地介绍目前国内外已有的数据布局策略[33]。

1. Round-Robin 布局策略

Round-Robin 策略的主要思想是首先对文件数据进行条块划分，然后在多个 I/O 节点间轮流放置数据块。Round-Robin 策略由于其分布一致性，且计算复杂度较低，因而被那些要求高带宽和海量存储的应用广泛使用。由于目前许多系统对于存储容量和 I/O 带宽需求持续增长，系统需要高效的存储空间扩容机制，如图 11.4 所示。

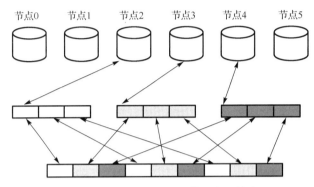

图 11.4 Round-Robin 的数据布局策略

但是，Round-Robin 也有它自身的缺陷，如数据分片大小固定，而且没有采取相应的容错机制等，从而导致系统的可用性有待提高；另外，Round-Robin 是一种静态布局策略，不具备动态扩展性。PVFS2[34]中就采用了 Round-Robin 的布局方式。

2. SLAS 策略

针对上述 Round-Robin 策略的非动态扩展性，清华大学的研究人员提出了 SLAS 策略[35]，该策略运用了一种新的基于滑动窗口映射管理解决方案，以支持数据再分配，有效地解决了文件布局策略动态地适应系统规模变化这一问题。SLAS 策略假设系统中的数据块已经按照标准 Round-Robin 方式布局在存储节点之上，利用 SLAS 策略，可以保证存储系统在添加或者删除存储节点后，数据块仍然按照 Round-Robin 布局。SLAS 策略具有以下三个优点：在数据重分布过程中能保持并行文件系统一致性；能在短时间内完成数据重新布局；在重新布局过程中对新的 I/O 仍然具有较好的响应能力。SLAS 策略的实施，关键在于研究人员发现在数据重布局过程中存在一个重排序窗口，处在该窗口中的数据块可以乱序地传送，即使在传送过程中系统宕掉也不会影响文件系统的数据一致性。

3. 一致性 Hash 策略

一致性 Hash 策略[36]是具有自适应特性的同构布局算法。首先，它使用一个 Hash 函数将存储设备空间均匀地映射到单位环上，映射的每个节点代表一个设备。然后用另一个 Hash 函数将数据均匀地映射到单位环上，并将数据分配给环上与其 Hash 值最接近的节点所代表的存储设备。因为实际的存储设备不是均匀地分布在环上，为确保公平地分配数据，每个设备虚拟出 $k\log|N|$ 个设备，其中 k 为常数。最后将这些虚拟设备映射到单位环的虚拟节点上，这样该设备的数据量就等于分配给 $k\log|N|$ 个虚拟节点的数据量之和。虚拟节点的引入使得一致性 Hash 方法可以满足数据布局的公平性。当改变系统规模，如增加一个存储设备时，根据最近距离原则，只需将左邻居和右邻居节点上的部分数据迁移到该设备上，就可以很方便地解决数据迁移问题。同理，删除一个设备时，按照最近距离原则，将该设备的数据

分成两部分分别迁移到左邻居节点和右邻居节点，迁移的数据量是最优数据量的 1 倍，这说明一致性 hash 机制具有较好的自适应性。

4．基于聚类和一致 Hash 的数据布局算法

文献[37]为有效地对数据进行布局，提出了 CCHDP（Clustering-based and Consistent Hashing-aware Data Placement）算法。在一致性 Hash 的基础上，加快了数据对象定位的速度，降低了定位信息空间的复杂度，同时保持了数据布局的公平性和自适应性。

该算法的步骤主要分为三个阶段。

（1）采用聚类算法将设备集合进行分类，使得每个类中设备的权重差异在预设的范围内。

（2）完成聚类后，按照类的权重、类间的布局机制将[0,1]区间划分为多个子区间，并为每个类分配一个子区间，再将落入某个子区间的数据分配给相应的类。

（3）每个类的内部布局机制使用一致 Hash 方法进行数据的再次分配，将数据布局到具体的设备上。

研究表明，该算法将聚类算法与一致 Hash 方法相结合，引入少量的虚拟设备，极大地减少了存储空间。在消耗少量的存储空间的前提下，可以快速地定位数据，这在一定程度上降低了定位的时空复杂度，具有良好的公平性及自适应性，但缺点是其布局算法比较复杂。

5．基于单位区间的分割方法

为了解决一致 Hash 的空间浪费问题，Brinkmann 等人[38]提出了基于单位区间的分割方法，它将区间进行等分，使每个设备占用一个区间。在增加一个设备时，将其他设备的部分数据迁移到该设备上；删除一个设备时，先将最后一个设备上的数据平均地迁移到剩下的设备上，再将被删除设备上的数据迁移到最后一个设备上，最后删除该设备。这种策略可以保证公平性，增加设备时，数据迁移量是最优数据迁移量的 1 倍，删除设备时，数据迁移量是最优数据迁移量的 2 倍。与一致性 Hash 方法定位数据相比较，该方法定位一个数据耗时长，需要 $O(\log n)$ 步，但占用空间小，只需占用 $O(n\log n)$ 位的空间。对比一致性 hash，该算法是以时间换空间，因此它不适合于对查找数据时间要求比较高的存储系统，而且它的自适应性没有一致性 Hash 策略好。

6．线性方法和对数方法

线性方法和对数方法对一致性 Hash 机制进行了改进，并继承了一致性 Hash 的公平性及自适应性等特性。在一致性 Hash 中，数据存放在离数据的 Hash 值最近的设备上。同样，线性方法[39]也引入了设备的权重，设 w_i 表示设备 i 的权值，$d_i(x)$ 表示设备 i 的 Hash 值与数据 x 的 Hash 值的距离，线性方法选择 $H_i = d_i(x)/w_i$ 值最小的设备存放数据 x。当设备的权值相同时，线性方法就是一致性 Hash 方法，所以说一致性 Hash 方法是线性方法的一个特例。当存储规模发生变化时，线性方法只在增加或者删除的设备与其他设备之间迁移数据，而其他设备之间没有数据的迁移。线性方法没有引入虚拟节点，只对区间进行划分，所以损失了公平性，要保证线性方法的公平性，仍然需要虚拟节点。对数方法[40]使用函数 $H_i = -\ln(1-d_i(x))/w_i$，寻找使该值最小的设备。两种方法均具有较好的自适应性，但在不引入虚拟节点的情况下，对数方法比线性方法的公平性要好。

7. 动态冗余方法

在上述异构环境下的数据布局算法只考虑了文件只有单一副本的情况，为提高数据的可靠性，系统中需要为数据存储多个副本。只有当数据的所有副本都不可用时，数据才会丢失，这样就减少了系统的平均数据丢失时间，增强了数据的可靠性。下面对多个副本的数据布局算法进行分析。动态冗余方法[41]采用新的 Hash 机制将数据块放置到不同容量的存储设备中，以达到容量有效、时间有效，以及自适应性的目标。容量有效是指数据布局算法存储的数据量接近设备的总容量。公平性与容量有效的目标相关，考虑将 m 个数据块的 k 个副本递归地放置到 n 个不同容量的存储设备中，对于数据的 k 个副本，首先，算法产生一个随机数，从第一个设备开始，与当前设备的权重进行比较，判断放置第一个副本的设备；然后递归地放置剩下的 $k-1$ 个副本，实现最终公平、冗余地分布数据。当存储设备进入或者离开系统时，按照相同的算法计算数据的新位置，从而判断出需要迁移的数据。该算法在存储规模发生变化时，迁移的数据量不是最优的，因为它不能保证未变化的设备之间没有数据的迁移。存储系统规模发生变化时，根据该算法计算出的迁移数据量是最优迁移数据量的 $2k$ 倍，如当 $k=4$ 时，迁移量达到最优迁移的 16 倍，所以自适应性比较差。

8. 动态区间映射方法

基于动态区间映射的数据布局算法[42,43]指的是根据存储设备的权重将单位区间划分为多个子区间，在设备与子区间之间建立映射关系。当存储数据时，将数据分配给其落入区间所对应的存储设备，然后将数据的副本依次存放到其他存储设备上。当增加存储设备时，根据存储设备的权重将当前各自的子区间拆分为更小的区间，并分配这些小区间给新增设备，以及迁移这些区间的数据到新设备上。删除设备时，将该设备对应的区间按照权重分配给余下的设备，对应这些区间的数据迁移到相应的设备上。理论证明，增加或删除存储设备时，采用动态区间映射方法需要迁移的数据量是最少的。虽然该方法具有很好的公平性和自适应性，但是如果存储设备数量很大，增加或删除一个设备时，系统需要和其他所有的存储设备通信并进行数据迁移，开销很大，同时随着存储设备数量的增加，定位数据的时间也会延长，所以该算法的时间和空间复杂度都较高。

现有数据部署策略的缺陷如下：Round-Robin 策略简单易行，但是基于该策略的算法并不注重数据布局的公平性和自适应性；SLAS 算法考虑到了系统规模的扩展，但是在扩展过程中需要迁移的数据量较大；在同构存储环境中，一致性 Hash 机制能够较好地解决这些问题，但是它不适用于异构存储环境；基于聚类和一致性 Hash 的数据布局算法，在一定程度上降低了定位的时空复杂度，但是其布局算法比较复杂；为解决一致 Hash 的异构扩展所引入大量虚拟节点产生的空间浪费问题，对一致性 Hash 机制进行改进（引入了设备容量的权重），提出了线性方法和对数方法，这种方法损失了一定的公平性，而且定位数据的时间也较长；基于动态区间映射的数据对象布局算法，可以适用于异构存储环境，但是需要较高的时空复杂度去定位数据对象，不适合有大量存储设备的存储系统。

目前已有的节点调度策略无法在云计算系统中获得较好的节能功效，导致云计算中的数据部署成为一个比较严重的问题。

11.2.3 数据迁移技术

数据迁移技术也是云存储系统的核心技术之一，是重要的组成部分，它是一个极为基础、关键的步骤，它的实现有利于促进整个存储的稳定性、有效性、科学性、及时性。对于云计算这样的大规模分布式共享系统，云系统中各节的点协同合作是一个重要的问题，特别是在资源共享的网络环境中。由于云计算中服务器之间是相互独立的，采用虚拟技术将服务器连接起来，加强服务器之间的联系，数据迁移就是将一些节点上的数据迁移到另外一些节点上。

数据迁移一般容易与数据备份混淆。数据备份是指在线数据保存为离线数据的一种方式，备份的对象是文件系统。当需要调进主机时，要运用数据恢复技术进行恢复，不仅恢复时间长，而且有时还需要人工干预。数据迁移的不同之处在于可以将在线数据存为离线数据，还能将离线数据模拟成在线数据，从用户的角度看，数据不会"离线"。另外数据迁移保存的是文件而不是整个文件系统，且可以随时更新磁盘和磁带数据。在成本投资上，数据迁移需要在数据备份的基础上购买迁移管理软件。由上可知，数据迁移从降低成本、不影响应用效果的角度解决数据的存储问题。

在云计算环境下部署并执行大数据应用，需要多数据中心的协作。用户对大数据的需求是变化的，使得某些数据中心空闲，而某些数据中心的数据却被频繁访问，甚至引起堵塞现象[44]。这就需要对这些数据进行迁移，以提高数据中心的访问效率[45]。

在多数据中心环境下如何对大数据进行迁移变得尤为重要，具体表现为：

- 在云计算中，对大数据的需求是动态变化的，因此，需要对数据集进行迁移。在迁移的过程中，不可避免地要进行跨数据中心的数据传输，此过程中造成的时间开销成为一个亟待解决的问题。
- 在数据动态迁移的过程中，增加了网络的访问次数，如何在迁移过程中尽量减少网络访问次数，成为需要考虑的一个问题。
- 在数据动态迁移过程中，要充分利用系统资源，并且保证系统负载均衡。数据中心节点间的负载问题也成了一个需要考虑的因素。

在云数据中心中进行适当的数据迁移，能合理调度云系统中的资源来及时响应用户的需求，即充分利用了系统资源，解决用户问题，并且又能关闭一部分节点，将剩余节点集中在一起，针对性地对该区域节点制冷，从而降低整体的能源消耗。所以在一定情况下，适当的数据迁移策略[46]，不仅能在一定程度上提高云计算资源利用率、处理能力，而且有利于数据备份，维护网络中数据的安全[47]。

在云计算系统中数据迁移的目的主要有以下几个方面：

- 以提高资源的使用率为目的，将分散在不同服务器上的数据集中到一部分节点上运行，关闭空闲的节点。
- 以提高数据安全性为目的，数据中心为了保证数据安全，需要将数据备份到不同的节点上。
- 以满足服务响应时间为目的，将用户所使用的数据迁移到用户附近执行，满足用户对响应时间的要求。

云计算下的数据动态迁移成为日益关注的问题[48]，目前普遍采用的数据迁移方法有高低水位法[49]、Cache 替换迁移算法[50]、分级存储管理的数据迁移技术[51]，以及以它们为基础的一些改进算法。以判断磁盘空间是否饱和来决定数据是否迁移的高低水位法，忽略了数据本身的特征属性。Cache 替换迁移算法主要是参考虚拟内存页面置换方法，常用的有 FIFO、LRU 和 LFU 等算法，FIFO 和 LRU[52]算法主要考虑时间因子，将最近最少使用的数据迁出磁盘，但没有考虑数据集大小；LFU 算法主要考虑数据的访问频率，将访问次数最少的数据迁移出磁盘，缺点是没有考虑到多长时间失效，有可能造成长久未失效的数据滞留磁盘。分级存储管理的数据迁移技术[53]，能让数据在不同级别存储设备上实现自动迁移，同时也能很好地降低数据管理成本，主要适用在不同级别设备之间的访问，使用范围受到限制。

文献[54]针对云计算环境下数据密集型应用，提出一种三阶段数据布局策略，分别针对跨数据中心数据传输、数据依赖关系和全局负载均衡三个目标对数据布局方案进行求解和优化，减少跨数据中心的数据传输、保持数据间的依赖性，以及提高效率的同时兼顾全局的负载均衡等。

文献[55]在混合云存储环境下，研究了适合于云存储环境下海洋数据的迁移算法，延伸了算法的使用范围。但是该算法未考虑在寻找迁移数据前，数据之间有一定的关联性，寻找出数据之间的关联性有助于增加数据迁移前的寻找准确性，能更好地找出需要迁移的数据。

文献[56，57]提出了基于价值评估模型的数据迁移方法，考虑了数据之间的相关性，但都是基于用户角度出发寻找数据集的潜在用户量的，由此计算数据预计迁移值，忽略了数据集本身之间的关系。

文献[58]针对独立任务包提出一种面向 Bot 应用的启发式数据选择策略，以期望在完成任务花费的时间和经济成本之间取得平衡。但文中讨论的是独立任务包，即认为各个任务是相互独立的，不适用于带有相互依赖关系的数据密集型应用。

文献[59]针对结构化数据利用数据网格对分布存储资源中的海量数据集进行访问、移动和修改。

上述策略均是针对单一任务类型，不能满足云计算环境中作业类型负载多样且约束多元的需求。

文献[60]运用云计算模型与马尔可夫过程理论，建立云计算下的负载转移模型，给出转移概率算法来解决节点的负载失衡问题。文献[61]针对负载均衡提出了一种双限定值的虚拟机动态迁移的调度策略。文献[62]引用虚拟节点，提出一种基于节点容量感知的数据分配策略。这 3 种分布策略在负载均衡的性能上具有优势，但未考虑数据迁移过程中有可能带来的网络访问次数和时间消耗。

文献[63]给出基于相关度的两阶段高效数据放置策略和任务调度策略。文献[64]提出了一种基于聚类矩阵的数据布局策略，该方法利用 BEA[65]算法得到聚类矩阵，然后基于聚类矩阵对所有数据集组成的集合进行划分。以上两种策略能有效减少跨数据中心科学工作流执行时的数据传输量和数据传输的总次数，但忽略了不同数据量的大小，不同的网络带宽等造成的时间消耗都不同。

综上所述，虽然针对云数据管理的研究比较多，但是关于云计算环境下大数据型应用的数据迁移问题研究得较少，当前少数针对该问题的研究也存在一定的局限性。

研究数据迁移的目的是，寻找合适的迁移方法，将一些节点上的数据迁移到另外一些节点上。在数据中心运行一段时间后，系统能够获得一些数据在不同的时段的访问规律，分析得出数据间的关联性，从而可以将相关性较大的数据迁移到同一节点上，将运行规律相反的节点上的数据相互备份，实现一份数据在不同的时段由某个节点提供，提高一部分节点资源利用率，而将另外一部分节点彻底地关闭，既保证了数据的可用性，又使得部分节点休眠，资源利用最大化，有效地降低数据中心能耗。

11.3 数据聚集算法与实验分析

11.3.1 云数据模型

一般情况下，云计算系统中的数据量都比较大，且都是事先就准备好的，因而对云计算系统中的数据进行合理的聚集能够使云计算系统的相关性能得到不断提升。文献[63]提出了一个基于相关度的数据放置算法，其相关度为两个数据集共同支持的任务数量与数据大小的乘积。两个数据集之间相关度越大，如果将这两个数据放置在同一个节点上，相关任务也放置在这个节点上，那么数据传输量也就越小。

数据聚集算法可以根据当前集群的节点利用率，以及各数据之间的关联性做出合理的数据聚集策略，其目的是辅助节点调度策略，为节点调度策略提供更大的优化空间。节点调度策略根据数据聚集的结果进行节点调度，选择需要开启、关闭或休眠的节点。节点调度策略的最终目的是将系统中资源利用率低的节点关闭或休眠以达到节能的目的，重新调整资源的分配方案，合理使用资源利用率可以降低能量消耗。

在云计算应用技术研究中，数据模型是重要的基础，也是云计算平台中的各应用系统集成运行的统一数据平台。云计算环境中的数据模型的技术研究已经成为目前云计算研究者进行深入的云计算相关研究的理论基石。

在云计算系统中任务从用户使用的角度可区分为四种类型。

类型1：用户仅需要提出任务执行请求，任务涉及的程序、数据等都由云计算服务器端提供，典型的应用如搜索引擎。

类型2：用户任务涉及的程序由用户提供，数据由云计算服务器端提供，程序迁移到服务器端并利用服务器端数据和计算等资源完成任务，然后将结果返回用户终端。

类型3：用户任务涉及的数据等由用户提供，云计算服务器端提供程序和计算资源，数据迁移到服务器端进行处理，再将处理结果返回用户终端。

类型4：用户任务涉及的程序和数据等均由用户提供，云计算服务器端仅提供计算与存储等硬件基础，程序和数据迁移到服务器端完成任务后，将结果返回用户终端。

由于代码的迁移代价较小，因此，对于类型1和类型2任务的执行点的选择来说，主要受制于系统提供的数据的存储点；而对于类型3和类型4任务来说，主要考虑的是将数据迁移到哪个执行点处理可以达到系统的性能目标。

本章重点针对类型1和类型2任务涉及的数据部署问题进行研究，首先创建云计算中的数据模型。

定义1　云数据模型（CloudData）：被定义为以下的六元组：

$$CloudData=(DID, Content, Storage, Visits, Access, Place) \qquad (11.1)$$

式中，DID是数据的唯一标识；Content是数据内容；Storage是指存储数据所需消耗的存储量；Visits反映了各个时段内数据的总访问量情况，时段Δ_k（k=1,2,3,…,n）的数据的访问量M_k表示为$V_k=(\Delta_k,M_k)$，则 Visits=$\{V_1,V_2,…,V_k,…\}$；Access是指数据涉及的访问方式，包括读、写两种方式；Place是数据所存储的节点原始位置信息。

$$Place=Section.NID \qquad (11.2)$$

式（11.2）表明了数据所存储的节点位置信息，包括节点所在的数据中心的区域（Section）和节点标识（NID）。

本节构建的云数据模型对数据本身、资源消耗、访问情况、所处环境及其使用方式都做了明确、细致的规定，这就为本章提出的面向绿色云计算数据中心的动态数据聚集算法有效运行提供了基本框架和前提。

11.3.2 算法描述

随着云计算平台提供的服务数量的增长，尤其是使用云计算平台的租户的数量呈几何曲线增长，以及数据副本的设置，云计算平台中的数据变得异常庞大。显然，一个数据中心节点已经无法容纳所有的数据信息，因此，必须要将这些数据进行分割切片，然后将其分散地存放在云计算平台中的合适的数据节点上。

在现实的云计算环境下，通常部署并执行着数量众多的事务密集型应用，这些事务往往需要同时访问几个数据切片的数据，如果数据放置策略不合理，则势必会增加事务对数据访问时跨数据中心、节点的分布式事务成本等，这种分布式事务的代价已经证明是非常昂贵的[66][67]。

在多数据节点环境下，如何为大量数据确定合适的存放位置的重要性主要表现为：

- 在云计算环境下，数据庞大，一个数据节点已经无法容纳，必须要将这些数据分散地存放在多个数据节点上。
- 如果数据放置策略不合理，则会增加事务对数据访问时跨数据节点的分布式事务成本等，进而会极大地降低云平台的性能。
- 存在一些数据只能存放于指定的数据节点上，这就要求在进行数据放置策略时需要考虑。

在将数据切片放置在数据中心节点时，还应考虑数据中心的全局负载均衡问题。也就是说，既要让相关性大、协作成本高的数据切片尽量放在同一个数据中心上，又要保持全局数据中心的负载均衡，保证数据中心能够提供持续的服务能力。而笔者所提出的数据聚集算法将相关性较大的数据迁移到相近或者同一物理节点上，让某些物理节点高负载运行，同时关闭或休眠空闲的节点，从而达到降低数据中心能耗的目的。

服务器的能耗通常可以分为两部分：CPU 能耗，以及主板、内存等其他部件能耗。CPU 芯片通过集成应用 DVFS 技术，能够使得服务器的耗电功率和 CPU 的工作频率成线性关系，服务器安装的操作系统通过监视 CPU 的利用率动态地调整 CPU 的工作频率，因此，对于集成了 DVFS 技术的服务器来说，CPU 能耗只和 CPU 利用率有关。而主板、内存等其他部件的耗电量基本是一个固定值，只与服务器是否开机有关。相较于其他部件的耗电量，CPU 消耗的能量是服务器耗电量的主要部分。服务器是网络系统中提供服务的关键设备，在服务器节能领域，已进行了深入研究，并取得了一定的研究成果。在服务器系统中，能耗主要来自处理器、内存、磁盘 I/O 和用于冷却的风扇，其中处理器和内存占有服务器系统中能耗的大部分，也是目前节能研究的关键领域。随着节能技术在处理器产业的应用，例如，英特尔公司的 Speedstep 和 AMD 公司的 PowerNow 技术，处理器能够根据负载动态调节性能，从而达到能耗和负载具有较好的比例。根据 Google 公司 2007 年统计，其服务器的处理器峰值能耗占总能耗的比例已经低于 50%，所以处理器在服务器能耗中已经不再占有支配比例。

对于数据中心的某一个任务执行节点来说，系统的总功耗 $P_{executing}$ 主要由 3 部分构成，不同的设备具体功耗模型不同，但大多数都符合多项式分布，计算式如下：

$$P_{\text{executing}}(s) = P_{\text{static}} + P_{\text{dynamic}}(s) + P_{\text{aircondition}}(s) \tag{11.3}$$

式中，P_{static} 是系统的静态功耗，是由泄漏电流造成的，是电路状态稳定时的功耗，与电路的逻辑状态有关，即系统处于不执行任何任务的空转状态时功耗，与具体的设备采用的硬件制造工艺和所采用的操作系统软件关系密切；s 是任务执行点的工作速率，$P_{\text{dynamic}}(s)$ 是系统的动态功耗，是由电路充放电引起的功耗，与电路的反转频率有关。除此之外，还有一部分是由短路瞬间电流产生的短路功耗，一般来说，内部短路功耗不会超过动态充放电功耗的 10%，通常忽略不计。动态功耗在电路功耗中占主要部分，是节能研究的主要对象，该功耗随着工作速率 s 变化而变化[68-70]。

$$P_{\text{dynamic}}(s) = \mu_e s^{\alpha}, \qquad \alpha > 1 \tag{11.4}$$

式中，μ_e 和 α 为常数，与具体的设备有关，实际测试发现[71]，α 取值范围一般为 (1,2)。

$P_{\text{aircondition}}(s)$ 是针对该计算设备的温控系统功耗，当任务执行节点的负载加重、工作速率 s 增加时，执行点的处理器等部件温度也将显著升高，为了继续将设备维持于安全的温度范围内，$P_{\text{aircondition}}(s)$ 也必然随着增加；除此之外，$P_{\text{aircondition}}(s)$ 还受制于制冷能效比 eer、空间因素 r。设当前的环境温度为 t，安全温度上限为 ρ：

$$P_{\text{aircondition}}(s) = \begin{cases} 0, & t \leq \rho \\ b + f\left(\dfrac{g(s) \cdot q(r)}{h(\text{eer})}\right), & t > \rho \end{cases} \tag{11.5}$$

式中，b 是温控设备的基本能耗；由式（11.5）还可以看出：制冷能效比 eer 越高，$P_{\text{aircondition}}(s)$ 越低，温控设备需要覆盖的范围越大（即 r 越大），$P_{\text{aircondition}}(s)$ 越高。制冷能效比 eer 主要取决于设备的制造工艺（产品标准），是比较恒定的参数。在制冷策略上，如果能实现精确的、具有较强针对性的环境温度控制，将可以有效地控制制冷系统的能耗，如图 11.5 所示。

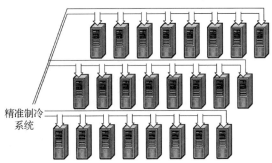

图 11.5 数据中心制冷系统示意图

仅用功耗这一指标来衡量系统是否"绿色"并不全面、准确，降低功耗并不总能降低能耗。例如，可以通过简单地降低工作速率来减少计算机系统的功耗，但是如果系统处理事务的时间相应地延长了，那么系统总的能耗可能是相等的[25]。系统对能源在时段的总消耗量（即系统能耗）应该受制于功耗和时间两个因素，其计算式为：

$$E = \sum_{k=1}^{n} E_{\Delta_k}, \qquad E_{\Delta_k} = \int_{t}^{t+\Delta_k} P_{\text{executing}} \cdot dt \tag{11.6}$$

云数据中心为了能够承受服务高峰的负载，保障令用户满意的 QoS 和系统稳定性，在系统设计、构建时即留有余量，并采用冗余机制。但在非高峰时段，处于"空转"状态的空闲节点将产生不必要的能耗问题[69]。

特别是数据中心中各个节点在不同时间的负载不同，导致难以实施精确温控，基于热力学稳态系统的工作模式可以使数据中心的有效制冷量还不到 50%。因此，应通过建立热力学散热模型，基于集群功耗的实时监控数据与功耗分配策略进行精确制冷是必然的发展方向。

本书算法的基本思想是将原本随机部署的数据与节点的有序化聚集和重新分布，从而充分利用云数据中心中的部分计算、存储节点，而允许另外一部分计算、存储节点处于深度休眠状态或者关机状态，与服务器关联的温控设备也可以处于相应的待机或关闭状态，从而在保障 QoS 的同时，达到"绿色"节能目标。

算法所基于的系统模型如图 11.6 所示，计算与存储设备上包含了节点资源管理、节点控制、数据迁移、访问记录管理模块和节点运行监测模块；温控系统包含环境监测模块和温控设备控制模块。其中温控系统与计算设备协同工作，特别根据节点运行监测模块和环境监测模块感知的情况，再利用温控设备控制模块来决定温控设备是否开启，以及开启的程度，使得温控系统可以实现数据中心各区域的精确温度控制。

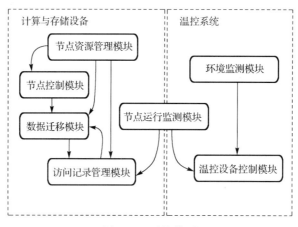

图 11.6　系统模型

云数据中心在运行一段时间后，系统可基本获得不同数据在不同时段的访问规律。为每个节点设置服务提供量上限为 β，资源聚集分为数据聚集与节点聚集两个层次。

算法说明如下。

步骤 1：分别承载于节点 A 上的数据 D_i 和承载于节点 B 上的数据 D_j 具有基本相似的访问规律，算法首先将 D_i 和 D_j 重新部署于其中一个节点上：

算法伪代码如下所示：

```
Data aggregation algorithm:
    Put all data into the system DataPool;
    DataPool={D₁, D₂, D₃,…, Dᵢ,…, Dₙ};
    The DataPool is divided into several DataSets based on the data visit history;
    DataPool=DataSet₁∪DataSet₂∪…∪DataSetₘ;
    for k=1 to m do
        While the number of data in DataSetₖ is not less than 2 and
            there are data able to be aggregated
```

```
do Pick D_i, D_j, ∈DataSet_k;  /* D_i.place=Node_A, D_j.place=Node_B
    if Visits_A ≥ Visits_B
        then if Visits_A+Visits_j ≤ β
            then D_j is moved to Node_A;
                Visits_A←Visits_A+Visits_j;
                DataSet_k←DataSet_k-{ D_j };
            else if Visits_B+Visits_i ≤ β
                then D_i is moved to Node_B;
                    Visits_B←Visits_B+Visits_i;
                    DataSet_k←DataSet_k-{ D_i };
                else if Visits_B+Visits_i ≤ β
                    then D_i is moved to Node_B;
                        Visits_B←Visits_B+Visits_i;
                        DataSet_k←DataSet_k-{ D_i };
                    else if Visits_A+Visits_j ≤ β
                        then D_j is moved to Node_A;
                            Visits_A←Visits_A+Visits_j;
                            DataSet_k←DataSet_k-{ D_j };
```

通过分析所有节点上数据的历史访问记录，基于数据访问规律，将所有数据划分为若干个数据子集合。数据 D_i 和 D_j 由于基本相似的访问规律被归入一个数据子集合中。

节点 A 的当前服务提供量为 $Visits_A$，节点 B 的服务提供量为 $Visits_B$。若在时段 Δ_k 内，节点 A 的访问量大于节点 B，且 $Visits_A+Visits_j \leq \beta$，则将 D_j 将转移至节点 A；否则，若 $Visits_B+Visits_i \leq \beta$，则将数据 D_i 重部署于节点 B。这样做的目的是为了进一步降低计算和数据重部署的系统开销。如果上述两种情况均不满足，放弃本次数据聚集。

反复进行上述操作，直至所有数据与任务实现有序化聚集和重新分布。

步骤 2：将具有基本相似运行规律的节点部署于数据中心同一区域 Section 内。

经过上述的数据聚集后，重新考察各节点的服务提供量。若节点 A 和节点 B 运行规律相同或基本相似，则将节点 A 和节点 B 重置于同一个区域中，以实现集中温度调控。

步骤 3：运行规律相反节点的相互数据备份以实现服务的持续提供和数据的不间断访问。

在实现数据和节点的重新部署后，节点的深度休眠状态和关闭状态将有可能导致部分数据无法被少数用户访问的情况出现。

算法通过运行规律相反节点数据的相互备份以实现数据的不间断访问：假设节点 A 和节点 B 运行规律基本相反，系统运行时段分为 Δ_1、Δ_2、Δ_3、Δ_4 和 Δ_5，节点 A 在 Δ_1、Δ_3 和 Δ_5 处于高度活跃状态，而在 Δ_2 和 Δ_4 处于不活跃状态，而节点 B 的运行规律与节点 A 基本相反。系统将节点 A 的数据副本存放于节点 B，节点 B 的数据副本存放于节点 A。由此，当节点 A（Δ_2 和 Δ_4 期间）进入深度休眠状态或关机状态时，将原本需要节点 A 提供的数据服务将改由节点 B 来提供；反之亦然。

11.3.3 仿真实验

云计算系统是由不同类型的节点组成，笔者模拟构建由廉价节点构成的数据中心，每个节点性能参数及功耗实测情况如表 11.1 所示。

表 11.1 实验环境节点性能参数及功耗

节点部件	性能参数	峰值功耗
CPU	Intel Corel 2，Q9450，四核四线程，2.66 GHz	95 W
主板	GA-EP45-UD3LR，基于 Intel P45+ICH10 芯片组	20 W
内存类型	D9GKX 1 GB×2 条	6 W
硬盘	500 GB	9 W

最大负荷工作状态节点总功耗为 138 W，其他部件功耗 8 W；待机状态下节点总功耗为 84 W；负载 50%下（CPU 两核满载）节点总功耗为 124 W；关机状态下节点总功耗约为 2.5 W，若采用关机节电开关技术则为 0 W。

节点反复处于工作、待机和关机这三种状态，其中待机是机器的 CPU、硬盘等处于基本不工作，机器仅通过主板维持内存数据不丢失并记录机器中其他设备的状态。从表 11.1 中可以看出，处于待机状态的节点仍有不小的功耗，传统的不从节能角度考虑数据部署和任务调度的数据中心不得不让大量的节点处于造成空耗的待机状态，以避免数据无法被访问导致的用户满意度下降的情形发生。而关机状态下的节点功耗极低，主要是电源线等部件的空耗，基本可以忽略。

数据中心将 10 个节点存放于一个机架上，5 个机架构成一个区域，以区域为温控系统覆盖的最小控制单位。温控系统为每个区域设定的制冷量为 8 kW，制冷能效比 eer = 3.2（即达到能源之星标准），制冷功耗即约为 2.5 kW。

实验将数据中心分为 5 个 Section，本实验对比了数据聚集前，以及数据聚集后并运行一段时间后的数据中心的能耗情况，实验以 24 小时（Hour，H）为一个周期。表 11.2 记录了数据中心各个 Section 的能耗情况，包含了节点的能耗及温控系统的能耗，合计为 967.516 kW·h。

表 11.2 数据聚集前系统能耗情况（单位：kW·h）

区域\时段	$\Delta_1=[1,4]$	$\Delta_2=[5,8]$	$\Delta_3=[9,12]$	$\Delta_4=[13,16]$	$\Delta_5=[17,20]$	$\Delta_6=[21,24]$
Section$_1$	32.144	32.122	32.500	31.908	33.094	31.575
Section$_2$	32.070	32.301	31.477	33.085	31.848	31.822
Section$_3$	32.344	32.216	32.792	31.818	31.097	32.483
Section$_4$	32.307	32.072	32.432	32.130	32.087	32.919
Section$_5$	31.958	33.198	32.523	32.938	32.045	32.211

其中，Section$_1$ 中某一个机架的 10 个节点的能耗情况如表 11.3 所示，一个周期内节点的能耗共计 26.263 kW·h。另外，数据中心的稳定运行离不开温控系统，因此，温控系统的能耗也应算在 Section 总能耗之内，最终 Section$_1$ 的总能耗为 193.343 kW·h，从这两个数据我们能够很清晰地看出，温控系统所产生的能耗在整个数据中心所有能耗中占据很大的比重。

表 11.3 Section$_1$ 中某一机架 10 个节点能耗情况（单位：kW·h）

区域\时段	$\Delta_1=[1,4]$	$\Delta_2=[5,8]$	$\Delta_3=[9,12]$	$\Delta_4=[13,16]$	$\Delta_5=[17,20]$	$\Delta_6=[21,24]$
Node$_1$	0.435	0.441	0.351	0.488	0.422	0.387
Node$_2$	0.454	0.418	0.380	0.452	0.411	0.398
Node$_3$	0.390	0.366	0.474	0.453	0.517	0.347
Node$_4$	0.386	0.450	0.517	0.515	0.514	0.502

续表

区域 \ 时段	$\Delta_1=[1,4]$	$\Delta_2=[5,8]$	$\Delta_3=[9,12]$	$\Delta_4=[13,16]$	$\Delta_5=[17,20]$	$\Delta_6=[21,24]$
$Node_5$	0.529	0.436	0.447	0.443	0.352	0.520
$Node_6$	0.487	0.414	0.387	0.357	0.362	0.441
$Node_7$	0.474	0.518	0.497	0.473	0.354	0.341
$Node_8$	0.534	0.441	0.434	0.539	0.433	0.446
$Node_9$	0.431	0.430	0.395	0.385	0.449	0.402
$Node_{10}$	0.473	0.372	0.390	0.434	0.432	0.543

随后，运用笔者所提的数据聚集算法，对整个数据中心数据和节点进行重整。之后在一个周期内各个时段记录节点聚集后数据中心各 Section 的能耗情况，结果如表 11.4 所示，包含了 5 个 Section 在 6 个时段内节点的能耗及温控系统的总能耗，合计为 550.927 kW·h。

表 11.4　数据聚集和节点聚集后系统能耗情况（单位：kW·h）

区域 \ 时段	$\Delta_1=[1,4]$	$\Delta_2=[5,8]$	$\Delta_3=[9,12]$	$\Delta_4=[13,16]$	$\Delta_5=[17,20]$	$\Delta_6=[21,24]$
$Section_1$	0.5	36.163	36.137	36.661	0.5	0.5
$Section_2$	36.099	0.5	0.5	0.5	36.404	36.162
$Section_3$	0.5	0.5	36.161	36.299	35.842	0.5
$Section_4$	36.005	36.082	0.5	0.5	37.005	36.269
$Section_5$	0.5	0.5	37.102	35.036	0.5	0.5

11.3.4　算法性能分析

笔者根据上面的实验结果，从多个维度对本章提出的面向绿色云计算数据中心的动态数据聚集算法及其应用性能进行分析，比较了数据聚集前后数据中心的能源消耗情况，以及节点的利用率。

1. 功耗与能耗

从上述实验结果可以看出，在数据聚集前由于节点上数据部署非常不规律导致访问热点的散乱，数据中心中的大量节点利用率较低，节点既不能完全关闭，又不能较高负载运行。特别是部分节点甚至长时间处于待机状态，不能关闭，仍然会有 84 W 的能源消耗，产生大量的热量，并造成环境的热负荷，相应的温控系统仍然需要为其降温而造成能源浪费。系统的总能耗为 967.516 kW·h，其中制冷能耗达到 300 kW·h。

进行了数据聚集和节点聚集后，部分节点工作负荷明显增加，功耗也随之增加，导致部分节点产生较多的热量，在某些时段，部分 Section 中节点的总功耗甚至接近峰值 6.9 kW，另外加上温控系统带来的消耗，总功耗约为 9.4 kW。尽管数据聚集导致了部分节点总功耗及服务器温度增加，但正如前面章节所描述的，随着技术的进步，目前数据中心的设备可以承受的温度可达 26.5℃ 甚至更高，并不需要 20℃ 以下的温度，因而，服务器温度上升是可以接受的。另外最重要的是，部分节点高负载运行，部分 Section 则可以消除了某些服务器的待机空转状态，仅有电源线等设备产生少量能耗，由此产生的很少的热负荷，温控设备也无须为该 Section 制冷降温，从而极大地节约了能源。笔者对比实验结果后，发现进行数据和节点聚集后，在一个时间周期内，系统的总能耗仅为聚集前的 56.94%，节约了 43.06% 的能耗。

2. 资源利用率与服务质量

在相同的用户请求规模的前提下，应用数据聚集算法前后的数据中心的总资源利用率应该是差别不大的。然而对于具体的节点而言，聚集前后资源利用率可能发生巨大的变化。在进行数据聚集后，一些节点的请求可能转移到某个节点上，它在开机运行时，将尽量处于高负载状态（>50%），虽然带来了本节点能耗增加，但由此提高了资源利用率。而其他节点可能处于 0 负载状态，能够节省大量的能源消耗，足以弥补某个节点增加的能耗。

由于在波态运行的高峰时段，节点的负载增加，如采用普遍使用的时间片轮转调度算法，用户的响应时间将有可能被延长，但系统设置了节点访问量阈值 β，因此对用户的使用体验影响有限。系统也不会发生因部分节点关闭而造成数据无法被访问的情况，这主要是得益于本文算法利用运行规律相反的节点进行互补使系统的性能进一步增强。

3. 硬件设备稳定性

传统的数据中心特别强调服务器"24 小时×7 天"的不间断运行能力，这对服务器各个部件的制造工艺要求极高，并要求数据中心始终处于较低温度的状态。而现在相当一部分云计算数据中心（如 Google 的云计算数据中心）则从成本角度考虑，并倾向于采用类似于个人电脑的廉价节点。然而廉价节点难以长时间稳定运行，Google 在构建其系统时就其云计算数据中心的节点的损坏与故障认为是常态。

综合以上分析得出笔者提出的算法具有以下优势。

（1）数据聚集和节点聚集后，部分区域节点工作负荷明显增加，功耗也随之增加，部分区域则完全消除了服务器的待机空转状态，温控设备也无须为该区域制冷降温，从而降低了总体能耗。

（2）数据聚集后，节点在开机运行时，将尽量处于高负载状态，由此提高了资源利用率，这得益于算法采用的运行规律相反节点数据的相互备份，实现了服务的持续提供和数据的不间断访问，系统 QoS 也得到了保障。

（3）算法使得数据中心各节点轮转运行，这种工作方式可显著延长硬件设备的使用寿命，并提升硬件设备的稳定性，从而保护用户的长期投资。

（4）算法使得数据中心节点可以间歇性轮转运行，这可显著延长设备的使用寿命，并提升硬件设备的系统稳定性

11.4 本章小结

云计算系统是规模较大的数据计算系统典范，云计算因其超强计算能力、方便性和低廉性，在工业界已经得到越来越多的应用。但是云计算系统中的能量消耗问题越来越严峻。严重制约着云计算系统不断健康稳定地发展。其中，主要因素是节能技术，节能计算是云计算系统底层中的一项服务。

本章在分析了目前云数据中心设备能耗和数据访问规律等基础上，创建云计算数据模型，研究云计算系统任务调度和数据部署层面的节能机制，提出一种面向绿色云计算数据中心的动态数据聚集算法。算法分为数据聚集与节点聚集两个层次，在兼顾系统服务质量的同时，按照节点和数据在不同时段的使用情况有效聚集数据，实现原本随机部署的数据与节点的有序化聚集和重新部署，从而使计算存储节点能够轮流运转，部署于云数据中心各区域的

温控设备可以更加精确地实施定点环境温度控制。算法达到既充分利用资源，满足用户的服务需求，同时降低系统的整体能耗的目标。通过仿真实验进行了实验验证和性能分析，结果表明算法能够保障云数据中心的服务质量，提高设备稳定性，达到了"绿色"节能的目标。

参 考 文 献

[1] 徐学雷. 网络存储技术及其新进展[J]. 北京电子科技学院学报，2005, 13(4):7-10.

[2] 向东. iSCSI-SAN 网络异构存储系统管理策略的研究[D]. 武汉：华中科技大学，2004.

[3] 王克朝. 基于冗余机制的网络存储系统可靠性研究[D]. 武汉：华中科技大学，2006.

[4] Gray J. What next?: A dozen information-technology research goals[J]. Journal of the Acm, 1999, 50(1): 41-57.

[5] Gray J. What Next? A few remaining problems in information technology[J]. 1998.

[6] 刘智慧，张泉灵. 大数据技术研究综述[J]. 浙江大学学报：工学版，2014, 48(6):957-972.

[7] Overpeck J T, Meehl G A, Bony S, et al. Climate data challenges in the 21st century.[J]. Science, 2011, 331(6018):700-2.

[8] Kouzes R T, Anderson G A, Elbert S T, et al. The changing paradigm of data-Intensive computing[J]. Computer, 2009, 42(1):26-34.

[9] Cukier K. Data, data everywhere [EB/OL]. The Economist,2010. Retrieved June 10, 2012. http://www.economist.com/specialreports/displaystory.cfm?story_id=15557443.

[10] 王宁. 云计算环境下数据管理与任务调度优化策略研究[D]. 北京科技大学，2015.

[11] 隋会民，刘万国，周秀霞. MooseFS 系统在图书馆联盟云计算架构中的应用研究[J]. 数字图书馆论坛，2012(3):29-32.

[12] Ghemawat S, Gobioff H, Leung S T. The Google file system[C] //ACM SIGOPS operating systems review. ACM, 2003, 37(5):29-43.

[13] Chang F, Dean J, Ghemawat S, et al. Bigtable: a distributed storage system for structured data[J]. Acm Transactions on Computer Systems, 2008, 26(2):205-218.

[14] 刘琨，董龙江. 云数据存储与管理[J]. 计算机系统应用，2011, 20(6):232-237.

[15] 林文辉. 基于 Hadoop 的海量网络数据处理平台的关键技术研究[D]. 北京：北京邮电大学，2014.

[16] White T. Hadoop: The definitive guide[J]. O'reilly Media Inc Gravenstein Highway North, 2010, 215(11):1-4.

[17] Shvachko K, Kuang H, Radia S, et al. The Hadoop distributed file system[C] //Symposium on MASS Storage Systems and Technologies. IEEE Computer Society, 2010:1-10.

[18] 刘正伟，文中领，张海涛. 云计算和云数据管理技术[J]. 计算机研究与发展，2012,49(S1):26-31.

[19] 杨丽婷. 基于云计算数据存储技术的研究[D]. 太原：中北大学，2011.

[20] 周奇年，陈玲玲，李革. 云计算与云数据管理[J]. 电信科学，2010(S1):57-61.

[21] Rehn J. Phedex high-throughout data transfer management system[C]. In Proceedings of the Computing in High Energy and Nuclear Physics(CHEP), 2006, 244-265.

[22] Almuttairi R M, Wankar R, Negi A, et al. A two phased service oriented Broker for replica selection in data grids[J]. Future Generation Computer Systems, 2013, 29(4):953-972.

[23] Chervenak A L, Schuler R. A data placement service for petascale applications[J]. Petascale Data Storage Workshop Supercomputing, 2007:63-68.

[24] Lin Y F, Liu P, Wu J J. Optimal placement of replicas in data grid environments with locality assurance[C]. International Conference on Parallel & Distributed Systems. IEEE, 2006:465-474.

[25] 林闯，田源，姚敏．绿色网络和绿色评价:节能机制、模型和评价[J]．计算机学报，2011,4(4):593-612.

[26] Chen Y, Jain S, Adhikari V K, et al. A first look at inter-data center traffic characteristics via Yahoo! datasets[J]. Proceedings - IEEE INFOCOM, 2011, 2(3):1620-1628.

[27] Borthakur D. The hadoop distributed file system: Architecture and design[J]. Hadoop Project Website, 2007, 11(11):1-10.

[28] Lakshman A, Malik P. Cassandra: a decentralized structured storage system[J]. Acm Sigops Operating Systems Review, 2010, 44(2):35-40.

[29] Lewin, Daniel M. Daniel Mark. Consistent hashing and random trees : algorithms for caching in distributed networks[J]. Massachusetts Institute of Technology, 1998.

[30] Laoutaris N, Sirivianos M, Yang X, et al. Inter-datacenter bulk transfers with netstitcher[J]. Acm Sigcomm Computer Communication Review, 2011, 41(4):74-85.

[31] Greenberg A, Hamilton J, Maltz D A, et al. The cost of a cloud: research problems in data center networks[J]. Acm Sigcomm Computer Communication Review, 2008, 39(1):68-73.

[32] Baker J, Bond C, Corbett J, et al. Megastore: Providing scalable, highly available storage for interactive services[C]. Proceedings of CIDR Fifth Biennial Conference on Innovative Data Systems Research, 2011:223-234.

[33] 龙赛琴．云存储系统中的数据布局策略研究．华南理工大学，2014.

[34] Carns P H, Ligon III W B, Ross R B, et al. PVFS: A parallel file system for linux clusters[C]. Proceedings of the 4th Annual Linux Showcase and Conference, 2000:317-327.

[35] Zhang G, Shu J, Xue W, et al. SLAS: An efficient approach to scaling round-robin striped volumes[J]. Acm Transactions on Storage, 2007, 3(1):3.

[36] Karger D, Lehman E, Leighton T, et al. Consistent hashing and random trees: Distributed caching protocols for relieving hot spots on the world wide web[C]. Twenty-Ninth ACM Symposium on Theory of Computing. ACM, 1997:654-663.

[37] 陈涛，肖侬，刘芳，等．基于聚类和一致 Hash 的数据布局算法[J]．软件学报，2010, 21(12):3174-3184.

[38] Brinkmann A, Salzwedel K, Scheideler C. Efficient, distributed data placement strategies for storage area networks (extended abstract)[C]. Symposium on Parallel Algorithms & Architectures. ACM, 2000:119-128.

[39] Schindelhauer C, Schomaker G. Weighted distributed hash tables[C]. Proceedings of the ACM Symposium on Parallelism in Algorithms and Architectures, 2005:218.

[40] 刘春晓．大规模网络存储系统数据布局策略的研究与实现[D]．长沙：国防科学技术大学，2009.

[41] Binkmann A, Effert S, Meyer auf der heide F, et al. Dynamic and redundant data placement[C]. 27th International Conference on Distributed Computing Systems, 2007.

[42] 刘仲，周兴铭．基于动态区间映射的数据对象布局算法[J]．软件学报，2005, 16(11):1886-1893.

[43] Liu Zhong. Efficient, balanced data placement algorithm in scalable storage clusters[J]. Journal of Communication and Computer, 2007, 4(7):8-17.

[44] Abirami S P, Shalini R. Linear Scheduling Strategy for Resource Allocation in Cloud Environment[J]. Journal on Cloud Computing: Services and Architecture, 2012, 2(1):9-17.

[45] 张晋芳,王清心,丁家满等. 一种云计算环境下大数据动态迁移策略[J]. 计算机工程, 2016, 42(5):13-17.

[46] 姜宁康. 网络存储导论[M]. 北京:清华大学出版社, 2007.

[47] Amiri K, Gibson G, Golding R. Highly concurrent shared storage[C]. IEEE International Conference on Distributed Computing Systems. IEEE, 2000:298-307.

[48] Dean J, Ghemawat S. MapReduce: Simplified data processing on large clusters[J]. Operating Systems Design and Implementation, 2004, 51(1):107-113.

[49] Lugar J. Hierarchical storage management: leveraging new capabilities[J]. It Professional, 2001, 3(2):53-55.

[50] Maguluri S T, Srikant R, Ying L. Stochastic Models of Load Balancing and Scheduling in Cloud Computing Clusters[J]. Proceedings-IEEE INFOCOM, 2012, 131(5):702-710.

[51] He D, Zhang X, Du D H C, et al. Coordinating parallel hierarchical storage management in object-base cluster file systems[C]. Proceedings of the 23rd IEEE Conference on Mass Storage Systems and Technologies (MSST), 2006.

[52] Smitha, Reddy A L N. LRU-RED: an active queue management scheme to contain high bandwidth flows at congested routers[C]. Global Telecommunications Conference, 2001:2311-2315.

[53] Megiddo N, Modha D S. Outperforming LRU with an adaptive replacement cache[J]. Computer, 2014, 37(4):58-65.

[54] 郑湃,崔立真,王海洋,等. 云计算环境下面向数据密集型应用的数据布局策略与方法[J]. 计算机学报, 2010, 33(8):1472-1480.

[55] 黄冬梅,杜艳玲,贺琪,等. 混合云存储中海洋大数据迁移算法的研究[J]. 计算机研究与发展, 2014, 51(1):199-205.

[56] 吕帅,刘光明,徐凯,等. 海量信息分级存储数据迁移策略研究[J]. 计算机工程与科学, 2009, 31(s1):163-167.

[57] 江菲,汤小春,张晓,等. 基于价值评估的数据迁移策略研究[J]. 电子设计工程, 2011, 19(7):11-13.

[58] 杜薇,崔国华,刘伟,等. 云环境下面向数据密集型应用的数据选择策略研究[J]. 计算机科学, 2012, 39(6):30-34.

[59] Venugopal S, Buyya R. An SCP-based heuristic approach for scheduling distributed data-intensive applications on global grids[J]. Journal of Parallel & Distributed Computing, 2008, 68(4):471-487.

[60] 刘之家. 一种基于云计算的负载均衡技术的研究[J]. 广西师范学院学报:自然科学版, 2011, 28(2):93-96.

[61] 方义秋,葛道红,葛君伟. 云计算环境下基于虚拟机动态迁移的调度策略研究[J]. 微电子学与计算机, 2012, 29(4):45-48.

[62] 周敬利,周正达. 改进的云存储系统数据分布策略[J]. 计算机应用, 2012, 32(2):309-312.

[63] 刘少伟,孔令梅,任开军,等. 云环境下优化科学工作流执行性能的两阶段数据放置与任务调度策略[J]. 计算机学报, 2011, 34(11):2121-2130.

[64] Yuan D, Yang Y, Liu X, et al. A data placement strategy in scientific cloud workflows[J]. Future Generation Computer Systems, 2010, 26(8):1200-1214.

[65] Mccormick W T, White T W. Problem Decomposition and Data Reorganization by a Clustering Technique[J]. Operations Research, 1972, 20(5):993-1009.

[66] Pavlo A, Jones E P C, Zdonik S. On predictive modeling for optimizing transaction execution in parallel OLTP systems[J]. Proceedings of the Vldb Endowment, 2011, 5(2):85-96.

[67] Hu J, Deng J, Wu J. A green private cloud architecture with global collaboration[J]. Telecommunication Systems, 2013, 52(2):1269-1279.

[68] Srikantaiah S, Kansal A, Zhao F. Energy aware consolidation for cloud computing[C]. Conference on Power Aware Computing and Systems, 2008:10-10.

[69] 陆嘉恒，周永栾，冯博亮. 云中的绿色计算技术[J]. 中国计算机学会通讯，2011, 6(3):18-21.

[70] Pai V S, Aron M, Banga G, et al. Locality-aware request distribution in cluster-based network servers[J]. Acm Sigplan Notices, 1998, 33(11):205-216.

[71] Andrews M, Anta A F, Zhang L, et al. Routing for energy minimization in the speed scaling model[C]. 2010 Proceedings IEEE on INFOCOM. 2010:1-9.

第 12 章 云存储中重复数据删除机制

云存储系统为用户提供了低成本、便捷的网络存储服务，但是数据规模的爆炸式增长对云存储系统造成的存储压力也与日俱增，特别是大量重复性的冗余数据浪费了大量的存储资源，重复数据删除技术可以有效缩减存储系统中的冗余数据。但是现有的重复数据删除技术主要针对备份、归档系统等静态数据场景，并不完全适用于云存储系统。本章从云存储系统的经典体系架构方式出发，分别阐述针对有中心云存储系统和无中心云存储系统的重复数据删除策略。

12.1 云计算与大数据

12.1.1 大数据时代

进入 21 世纪以来，信息技术的不断突破和发展推动人类社会进入大数据时代（Big Data Era）。大数据已经成为学术界和工业界普遍关注的一个热点问题。维基百科中将"大数据"定义为无法在一定时间内用常规软件工具对其内容进行抓取、管理和处理的数据集合，指的是所涉及的数据量规模巨大到无法通过人工，在合理时间内达到截取、管理、处理并整理成为人类所能解读的信息。在总数据量相同的情况下，与个别分析独立的小型数据集（Data Set）相比，将各个小型数据集合并后进行分析可得出许多额外的信息和数据关系性，可用来察觉商业趋势、判定研究质量、避免疾病扩散、打击犯罪或测定实时交通路况等[1]。

目前一般认为大数据具有 4 V 特征，即 Volume、Variety、Value、Velocity[1]。
- **Volume**：指大数据的规模巨大，通常是 PB 甚至 ZB 级别。
- **Variety**：数据类型繁多，如网络日志、视频、图片、传感器数据、地理位置信息等。
- **Velocity**：处理速度快，1 秒定律，可从各种类型的数据中快速获得高价值的信息，这和传统的数据挖掘技术有着本质的不同。
- **Value**：合理利用低密度价值的数据并对其进行正确、准确的分析，会带来很高的价值回报。

最早提出"大数据"时代到来的是全球知名咨询公司麦肯锡，麦肯锡称："数据，已经渗透到当今每一个行业和业务职能领域，成为重要的生产因素。人们对于海量数据的挖掘和运用，预示着新一波生产率增长和消费者盈余浪潮的到来。""大数据"在物理学、生物学、环境生态学等领域，以及军事、金融、通信等行业存在已有时日，却因为近年来互联网和信息行业的发展而引起人们关注。大数据成为云计算、物联网之后 IT 行业又一大颠覆性的技术革命。云计算主要为数据资产提供了保管、访问的场所和渠道，而数据才是真正有价值的资产。企业内部的经营交易信息，互联网世界中的商品物流信息，互联网世界中的人与人交互信息、位置信息等，其数量将远远超越现有企业 IT 架构和基础设施的承载能力，实时性要求也将大大超越现有的计算能力。如何盘活这些数据资产，使其为国家治理、企业决策乃至个人生活服务，是大数据的核心议题，也是云计算内在的灵魂和必然的升级方向。

大数据到底有多大？一组名为"互联网上一天"的数据告诉我们，一天之中，互联网产生的全部内容可以刻满 1.68 亿张 DVD；发出的邮件有 2940 亿封之多（相当于美国两年的纸质信件数量）；发出的社区帖子达 200 万个（相当于《时代》杂志 770 年的文字量）；卖出的手机为 37.8 万台，高于全球每天出生的婴儿数量 37.1 万；2000 万用户登录 Google+；还有 1700 万用户登录 Pinterest；另外，大约有 2.5 亿张图片在 Facebook 上传，这些图片如果都被打印出来相当于 80 座埃菲尔铁塔的高度；在 YouTube 上传视频长达 86.4 万小时，假设不间断全部播放完，大约需要 98 年。

截止到 2012 年，数据量已经从 TB（1024 GB=1 TB）级别跃升到 PB（1024 TB=1 PB）、EB（1024 PB=1 EB）乃至 ZB（1024 EB=1 ZB）级别。国际数据公司（IDC）发布的信息存储市场调研报告显示，近年来全球总数据量已呈指数型增长，其中 2007 年全球数字信息总量首次超过可用存储容量，且两者之间的差异仍在逐年扩大，部分数据（如数字电视和电话网络上的信息）因无法获得持久稳定的存储空间而只有非常短暂的生命周期。如图 12.1 所示，2008 年全球产生的数据量为 0.49 ZB，2009 年的数据量为 0.8 ZB，2010 年增长为 1.2 ZB，2011 年全球被创建和复制的数据总量已达到 1.82 ZB（1 ZB=2^{30} TB），而 2006 年数据总量仅为 0.16 ZB。IDC 预计到 2020 年全球产生的数据总量将达到 35 ZB[2]，其中有 15%的数据信息在云中创建并存储。2011 年的数量更是高达 1.82 ZB，相当于全球每人产生 200 GB 以上的数据。而 IBM 的研究称，到 2012 年为止，人类生产的所有印刷材料的数据量是 200 PB，全人类历史上说过的所有话的数据量大约是 5 EB。IBM 的研究称，到了 2020 年，全世界所产生的数据规模将达到今天的 44 倍。数据并非单纯指人们在互联网上发布的信息，全世界的工业设备、汽车、电表上有着无数的数码传感器，随时测量和传递着有关位置、运动、震动、温度、湿度乃至空气中化学物质的变化，也产生了海量的数据信息。《纽约时报》2012 年 2 月的一篇专栏称，大数据时代已经降临，在商业、经济及其他领域中，决策将日益基于数据和分析而做出，而并非基于经验和直觉。哈佛大学社会学教授加里·金说："这是一场革命，庞大的数据资源使得各个领域开始了量化进程，无论学术界、商界还是政府，所有领域都将开始这种进程。"

科技的进步已经使创造、捕捉和管理信息的成本持续降低，而从 2005 年起，用在硬件、软件、人才及服务之上的商业投资则持续增长。事实上，当普罗大众仍然在把微博等社交平台当作抒情或者发议论的工具时，华尔街的敛财高手们却正在挖掘这些互联网的"数据财富"，先人一步用其预判市场走势，而且取得了不俗的收益。这些庞大数字，意味着什么呢？它意味着一种全新的致富手段也许就摆在面前，它的价值堪比石油和黄金。

因此，越来越多的政府、企业等机构开始意识到数据正在成为组织最重要的资产，数据分析能力正在成为组织的核心竞争力。在美国，奥巴马政府宣布投资 2 亿美元拉动大数据相关产业发展，将"大数据战略"上升为国家意志。奥巴马政府将数据定义为"未来的新石油"，并表示一个国家拥有数据的规模、活性及解释运用的能力将成为综合国力的重要组成部分，未来，对数据的占有和控制甚至将成为陆权、海权、空权之外的另一种国家核心资产。

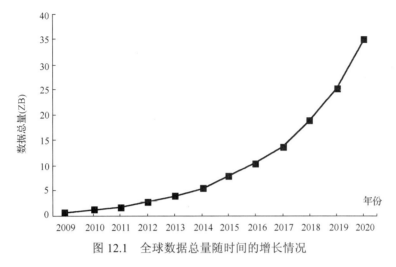

图 12.1 全球数据总量随时间的增长情况

联合国也在 2012 年发布了大数据政务白皮书，指出对于联合国和各国政府来说，大数据是一个历史性的机遇，人们如今可以使用极为丰富的数据资源来对社会经济进行前所未有的实时分析，帮助政府更好地响应社会和经济运行，而最为积极的还是众多 IT 企业。麦肯锡在一份名为《大数据，是下一轮创新、竞争和生产力的前沿》的专题研究报告中提出，"对于企业来说，海量数据的运用将成为未来竞争和增长的基础"，该报告在业界引起了广泛的反响。

12.1.2 冗余数据问题

数据量的爆炸增长对现有存储系统的容量、吞吐性能、可扩展性、可靠性、安全性、可维护性和能耗管理等各个方面都带来新的挑战，给目前的云存储带来了巨大的存储压力。

然而，IDC 分析现有的存储系统中数据成分，最后得到惊人的结果。目前，存储系统中原生文件只占整个存储总量的 25%左右，而剩下的 75%存储数据是副本、冗余数据、备份等。这些重复数据在消耗有限的存储资源，造成了资源的极大浪费。

在海量数字内容存储系统中，特别是归档、备份等系统中，存在大量的重复数据和相类似数据，可能是人为产生了这些冗余数据，比如为了数据的安全性和可靠性保障；也可能是无意的，比如无意中存储了许多份相同的数据。在传统数据存储中，企业为了保护数据安全必须定期执行数据备份，这是重复数据快速累积的原因之一。虽然磁盘备份快速吃掉存储空间，但企业也绝不会因此而减少备份的次数，因为这会牺牲数据保护的可靠度，延长备份周期来降低存储空间的消耗只是个舍本逐末的做法。随着电子化应用的加深，不只是数据备份，每个企业都希望保存自身运营的历史记录，借此作为企业决策分析的依据，因此未来数据量累积的速度绝对是不断提高的。而在新型的云存储系统中，冗余数据产生的原因与传统的存储系统有所不同，除了因为安全不得不备份的重复数据外，还有很大比例的数据是无意中产生的。众所周知，云存储是一个多租户的存储系统，是通过网络技术、集群应用或分布式文件系统等技术，协调网络中不同类型的各种存储设备，使其共同对外提供业务访问和数据存储服务功能的系统。云存储并不像传统存储系统那样面向某个公司，公司内部制定一些规则可以规避一定的重复数据。云存储所对应的用户是一个租户的概念，可能是某个人，也可能是某个企业，通常他们之间互不相知，不同用户存储大量相同的文件是不可避免的。例如，两个人分别上传同一部热门的电影，这种类型的重复数据不属于备份数据的范畴，完全属于无用数据。

目前，我们的磁盘备份设备的容量已经趋于饱和，在数据中心已经没有足够的空间来备份 PB 级的数据，在这种情况下，当我们希望将备份数据保存一个月时，却只能保存两到三天。这迫使数据中心需要更多的存储空间。

然而存储空间不足一直是 IT 人员头痛的事，因为不只是要添购存储设备，更要面临调整存储架构后接踵而至的种种设定工作。这些工作特别复杂繁琐，在扩充存储容量的过程中，更可能需要停机，这将严重影响到企业的正常营运。

12.2 重复数据删除

12.2.1 重复数据删除简述

数据去重技术[3]是一种通过大规模消除冗余数据，降低数据存储成本的重要技术。简单地举例说明：若有一个 10 MB 大小的文件，将其拷贝给 100 个用户，则需要使用 1 GB 的存储空间；若每周都对这 100 个用户的数据进行备份，则每周需要额外增加 1 GB 的存储空间；一年之后，总共需要浪费 52 GB 的存储空间；而进行数据去重之后，仅需要 10 MB 大小的空间即可对这个文件进行备份存储。在大规模数据备份和归档系统中，数据去重技术是一个极富有挑战性和吸引力的重要课题。根据企业战略集团（Enterprise Storage Group，ESG）的研究表明，在企业新增的备份数据中，引用数据占据一半以上的份额，并且以每年 68%的速度递增。其所谓的引用数据就是包含大量重复内容且相对稳定的数据，这些数据的保留期限一般很长。研究还发现，重复数据大量存在于信息处理和存储的各个环节，如文件系统、文件同步、邮件附件、HTML 文档和 Web 对象，以及操作系统和应用软件，这些重复数据很有可能通过数据备份的方式进入备份系统[4]。

传统的数据备份方法无法识别备份数据中的冗余数据，无端浪费了大量的网络带宽和存储空间，降低了数据备份和归档系统的存储空间利用率。经研究表明，在数据备份系统中使用数据去重技术可以将数据压缩至 1/20 以下[5]。在时间和空间都面临极大挑战的远程异地备份和云备份系统中，数据去重技术给其带来了活力和生机。数据去重技术不仅能降低数据的存储量[6]，减少存储资源的开销，降低物理存储资源的管理和维护成本，还能减少备份系统中要传输的备份数据量，节约网络带宽的使用，加快数据备份和恢复的过程[7]。

目前，消除数据冗余的主要技术[3,8,9]包括数据压缩和重复数据删除。数据压缩是通过编码方法用更少的位（bit）表达原始数据的过程，根据编码过程是否损失原始信息量，又可将数据压缩细分为无损压缩和有损压缩。无损压缩通常利用统计冗余，用较少的位表达具有更高出现频率的位串，根据编码算法和字典信息可从无损压缩数据中完全恢复出原始数据信息。例如，针对英语文本的统计显示，字母 e 具有比字母 z 更高的使用频率，且字母 z 很少出现在字母 q 之后，据此可在压缩文本时为字母 e 分配更短的编码，而对字母 z 和串 qz 则可采用较长编码。有损压缩通常用于表达图像、视频或音频等多媒体信息，根据人体感官对某些细节信息不敏感的特点在编码媒体内容时丢弃部分数据以获取更高的压缩率，从有损压缩数据无法还原出原始信息量，但仍可让获得足够的视/听体验。

数据压缩算法能够有效减少数据量，但其具有较强的空间局限性，例如，无损压缩通常采用固定的统计窗口分析数据流并实时编码数据，而有损压缩的作用范围则通常局限于单幅图片或连续的多帧图像/音频，若对两个内容相同的文件分别进行压缩则仍然会得到两份重复的编码数据。

另外一种消除冗余数据的技术为重复数据删除，也可称为数据去重或者智能压缩，是一种通过消除冗余重复数据减少存储需求的方法。只有不同的数据块保存在存储介质里，重复的数据块仅通过索引或指针来表示，重复数据删除是本章重点讨论的内容。

备份设备中总是充斥着大量的冗余数据，严重消耗宝贵的存储资源，而数据压缩又存在一些缺点。为了解决这个问题，节省更多空间，重复数据删除技术便顺理成章地成了人们关注的焦点。重复数据删除技术是一种数据缩减技术，通常用于基于磁盘的备份系统，旨在减少存储系统中使用的存储容量。它的工作方式是在某个时间周期内查找不同文件中不同位置的重复可变大小数据块。重复的数据块用指示符取代，使用重复数据删除技术处理高度冗余的数据集（如备份数据），将产生巨大的效益，用户可以实现 10：1～50：1 的缩减比，而且重复数据删除技术允许用户的不同站点之间进行高效、经济的备份数据复制。云存储系统是一个多租户的存储系统，不同用户往往存储大量相同的文件，更需要重复数据删除技术有效地缩减数据量，缓解存储压力。本章阐述的内容对于云存储系统中存储容量的节约是非常有前景的。

目前，重复数据删除技术已广泛应用于备份、归档系统，并达到了非常高的重删率，可以增加保存备份数据的时间，减少数据中心的消耗，从而降低成本。ESG 指出，在备份、归档系统中数据的冗余度超过 90%[10]。可见，重删率与数据集本身的冗余度紧密相关。目前，备份、归档系统中有很多较为成熟的重复数据删除策略，然而云存储系统与备份、归档系统在系统功能、数据集的构成、数据的动态性等方面都不相同，简单地移植这些重复数据删除策略存在一些问题。根据云存储中数据冗余特征来实施重复数据删除是本章主要的研究工作之一。

12.2.2　方法分类

现有的重复数据删除方法主要从作用的范围（What）、发生的位置（Where）、发生的时机（When）和操作的粒度（How）来分类[11,12]。

按照重删作用的范围可分为时间数据、空间数据、局部重复数据和全局重复数据，具体对哪种类型的数据进行删除，这是首先需要考虑的因素，这直接决定着重复数据删除实现的技术和数据消重率。随时间变化的数据，如周期性的备份、归档数据，比空间数据具有更高的消重率。局部重复数据删除通常是发生在单个数据源内，而全局重复数据删除是对不同数据源进行整合再进行重复数据删除，显然全局重复数据删除率要优于局部重复数据删除率，但开销也会比局部重复数据删除大很多。

按重删发生的位置可分为源端重复数据删除和目标端重复数据删除。源端重复数据删除是指直接在数据发送端进行重复数据删除，传输的是已经消重后的数据，如 Cumulus[14]和 AA-Dedupe[13-17]。源端重复数据删除能够节省网络带宽和减少数据上传时间，但会占用大量的源端计算资源。目标端删除是指数据在传输到目标端后再进行消重，它不会占用源端系统资源，但会占用宝贵网络带宽。目标端重复数据删除的优势在于它对应用程序是透明的，并具有良好的互操作性，不需要使用专门的 API，现有应用软件不用做任何修改即可直接应用，可以消除不同数据源之间的共享数据块，保证存储端只存放唯一的数据。

按重复数据删除的应用领域可大致分为面向备份归档系统和面向云存储系统两个方面，文献[13-18]针对备份归档系统的研究如下。

Venti 系统[13]首先将数据块级重删应用到归档系统中，采用 FSC 算法将原文件切分成相同大小的数据块进行分块存储，有效地降低了不同文件之间数据块的冗余度，但是该系统需要比对客户端的指纹对照表。在云备份系统中，Cumulus 系统[14]是首个公开采用重复数据删除技术的系统，该系统在源端将许多更小的文件聚合成较大的数据段（Segment），以数据段为单位执行重删，大幅减少了数据备份所需的时间和备份上传的数据量。不过，此时的源端重复数据删除还仅仅考虑的是同一个用户备份所产生的重复数据，而未考虑多个用户备份的情况。

2010 年，Tan Y J[15]等提出源端 SAM 方法，从备份文件的数据冗余特征的角度出发，在全局采用文件级重复数据删除，局部采用数据块级重复数据删除，并充分挖掘备份文件的语义信息（包括文件的大小、位置、类型、时间戳等），不断将重复数据查找的范围缩小，从而减少备份时的数据量和备份时间。随后，Tan Y J[16]等又提出了 CABdedupe 方法，通过捕获与记录备份数据集在不同时间点的因果关系，挖掘出数据在备份和恢复过程中的重复数据，实验结果显示 CABdedupe 策略可以减少数据传输的时间。

Fu Y J[17]等提出源端 AA-Dedupe 方法，即不同类型文件采用不同分块算法和指纹提取技术，以获得最佳的去重效果，如静态应用数据或虚拟机镜像采用 FSC 算法分块和 MD5 算法提取指纹。重复数据删除过程中所采取的分块方法和指纹值提取技术由文件类型决定，因而更适用于个人云备份服务。

PRODUCK[18]是一种基于集群备份系统的概率重复数据删除系统，采用改进后的 CDC 算法划分超块（Superchunk），协调器根据超块的位图矢量（Bitmap Vector）和标识符选定存储节点，保证共享大量数据块的超块聚集到相同的节点上以提高给定超块的重删率。

备份系统中多次备份的内容重复性和相似性都非常高，重复数据删除应用于备份系统可获得较高的重删性能。然而，以上方法并不能完全适用于云存储系统，云存储是一个多租户的存储系统，云存储系统本身与备份系统就存在着较大的差别，如数据的复杂性、动态性、冗余性，这也为云存储重复数据删除机制的研究带来了挑战。其中，复杂性主要是指系统中数据来源和构成，备份系统的数据来源于比较固定的用户，并且同一数据随时间的变化通常都会备份；而云存储系统的数据来源于分散在世界各地的用户，并且数据的规律性不明确。动态性是由用户对数据的访问和修改带来的。备份系统采用增量备份或全量备份来实现数据的高可用性，用户对备份的文件以访问为主，因此数据相对而言为静态数据。而云存储系统中相同数据被多用户所共享，同一数据的访问因人因时而异，不同数据在同一时段的访问频率不同，以及不同的用户对同一数据的修改也不尽相同，因此数据相对而言为动态数据。冗余性也是由系统中数据的构成决定的，系统的功能不同，则冗余性也不相同。

文献[19-23]介绍了云存储系统中已有一些重复数据删除机制的研究成果。文献[19]提出在云存储上使用具有代理加密的安全重复数据删除机制，并加入版本控制技术来节省存储空间并保证数据的安全性。文献[20]提出一种基于交互式的 PoW（Proof of Ownership）的客户端重删机制，客户端融合了收敛加密算法（Convergent Encryption）和 Merkle Tree 来提高云存储系统中数据的安全性，并提供用户之间的动态共享。文献[21]提出了基于数据流行度的安全重删机制，通过阈值加密系统（Threshold Cryptosystem）牺牲非流行数据的重删率，以保证语义安全，降低流行的数据的安全度，以实现更高的重删率，如此便权衡了安全性和存储效率。文献[22]针对云存储环境中敏感文件的私有性的保护提出了混合重复数据删除机制，云存储系统分为加密区和非加密区两部分，其中加密数据分为常用文件和私有文件来。对于常用文件，云服务器进行密文重复数据删除操作；而对于私有文件，云服务器进行密文存储不会获取数据内容，可保证其语义安全。但是这些方案都侧重于云存储中数据的安全性，未考虑云存储中数据的动态性。文献[23]权衡了存储效率和容错性，提出动态数据重删机制，冗余管理器根据引用次数和服务质量（Quality of Service，QoS）的等级的变化动态地计算文件的最佳副本（Copies）数，倾向于副本管理中副本数的动态维护，但未考虑数据被多用户修改而出现的重复数据。

云存储系统根据其内置的分布式文件系统是否存在元数据服务器（也称主节点）可分为两类，即有中心云存储系统、无中心云存储系统[24-36]。不同的云存储系统相应的重复数据删除机制也有所不同。

按重删发生的时间可分为在线重复数据删除和离线重复数据删除。在线重复数据删除是指在数据写入存储系统时就进行重复数据删除，能够实时缩减数据，因此实际传输或写入的数据量较少，适合通过 LAN 或 WAN 进行数据处理的存储系统[37]，如 DataDomain、网络备份归档和异地容灾系统。由于在线重复数据删除需要实时对文件进行切分、指纹值计算等一系列操作，对系统资源消耗很大。离线重复数据删除与在线重复数据删除模式刚好相反，是在数据存储之后再执行消重操作的，但需要空闲存储空间足够大，适合直连式存储（Direct-Attached Storage，DAS）和存储区域网络（Storage Area Network，SAN）两种存储架构。

按操作粒度（Granularity）可分为文件级重复数据删除、数据块级重复数据删除和字节级重复数据删除，操作的粒度越精细，查找出的重复数据越多，重删率也越，但系统开销、算法实现的复杂程度却随之增加。数据删除技术包含许多技术实现细节，包括文件如何进行切分，数据块指纹如何计算，如何进行数据块检索，采用相同数据检测还是采用相似数据检测和差异编码技术，数据内容是否可以感知，是否需要对内容进行解析，这些与重复数据删除具体实现息息相关。

在实际的研究中，应从上述 What、Where、When、How 这几个角度入手进行重复数据删除，各种重复数据删除方法之间有一定的联系。为了获得较高的重删率，需要融合多种重复数据删除方法，如源端重复数据删除通常和文件级重复数据删除一起使用。

12.2.3 相关技术及成果

重复数据删除通常将文件按照选定的切分算法分割成一系列数据块，并采用 Hash 算法为每个数据块计算指纹值，将其作为指纹值查找时的依据，若能匹配则该数据块是重复的，不存储该数据块，而是存储一个指向与该数据块相同的数据块的指针并更新相关元数据信息；若未匹配则该数据块是全新的，存储该数据块并为其创建相关元数据信息。由此可见，重复数据删除的过程主要涉及文件切分、指纹值提取、指纹值查找等关键技术。

1. 文件切分

由于文件级重复数据删除无法甄别不同文件之间的相同数据块，现有重复数据删除系统通常还会利用数据块级重复数据删除技术来消除数据块级的冗余。数据块级重复数据删除的关键在于文件切分算法，典型的切分算法[38]有定长分块算法（Fixed Size Chunking，FSC）、基于内容的分块算法（Content-Defined Chunking，CDC）。

FSC 算法按照固定的数据块大小（如 4 KB、8 KB 等）对文件进行切分，计算开销小，适合 VMDK、EXE、PDF 等类型文件[17]，但对数据变化较为敏感，如当插入一小段数据（即使只有 1 bit）时会导致插入位置后的数据块切分的边界发生偏移。

CDC 算法是一种变长分块算法，分块边界不受数据插入或删除操作的影响，而是取决于文件的内容，因而能有效地检测出相似文件之间的大部分重复内容。CDC 算法也称滑动窗口算法，其核心思想是从文件开头以固定大小为 W 的滑动窗口在文件上每次滑动一个比特，然后利用 Rabin 指纹算法[39]计算窗口内的数据块的指纹值大小 h，若指纹值大小满足事先设定的边界条件 $h \bmod D = r$（其中 $r \in (0, D)$，D 为变长块的期望值），则找到边界，划分数据块；否则继续滑动，直到找到边界为止。因此，在切块过程中可能会出现数据块过大或过小的情况。文献[17][39][40]显示滑动窗口大小 W 为 48 字节，平均块长 D 为 8 KB 时可获得较好的重删性能。

为了避免分块时出现的极端情况，对 CDC 算法在寻找边界滑动时设置数据块的最小值和最大值来有效控制数据块长的分布。文献[41]又多引入一个期望值，提出双限双模（Two Thresholds Two-Divisors，TTTD）算法，通过两个期望值和两个阈值能更为有效地控制数据块长的分布特征，其效果最好，但系统开销相对而言也最大。

此外，文献[42]从加快变长块分块速度的角度出发，提出一种多线程下基于内容的文件分块算法 MUCH，该算法的核心思想是主线程（Master Thread）负责把文件分成数据段（Segment），再把分好的数据段分发给分块线程（Chunker Thread），然后由分块线程采用 CDC 算法将数据段分成较小的数据块（Chunk）。为了确保分块的结果不受线程数量的影响，采用双模式分块的方法，慢模式（Slow Mode）下不对分块做最小、最大边界的限制，而在加速模式（Accelerated Mode）下做此限制。实验表明在四核 CPU 中，MUCH 可使分块性能提升 4 倍。除了软件方法，文献[43]从硬件角度提出基于多核并行流水化的两级指纹计算（Pipelined Dual-level Fingerprinting，PDF）方法，该方法可在单次内容扫描中同时生成数据的文件级指纹和数据块级指纹。PDF 方法通过采用缓存组消除了数据采集、分块和哈希任务之间的数据依赖和缓存竞争，使这些任务能够以流水调度的方式部署到多个处理器核上，从而大幅提高指纹计算性能。

2. 指纹值提取

指纹值提取就是对切好的数据块利用 Hash 算法进行计算，将得出的指纹值作为识别数据块的唯一标识，即指纹值查找时的依据。典型的哈希算法有 MD5、SHA-1、SHA-256、SHA-516、Rabin Hash 等，但这些算法都存在碰撞问题（也称为哈希冲突），即不同的数据块有可能数据指纹值相同[44]。MD5 算法和 SHA-1 算法是目前运用最为广泛的指纹提取算法，并且具有非常低的碰撞发生率。文献[45]指出，只要指纹碰撞发生率远小于底层磁盘出现难以检测的比特错误的概率，则可忽略哈希冲突带来的系统数据错误，认定为理想的状态，即不同数据块的指纹值也不相同。MD5 算法将任意长度的字符串转换成 128 bit 的指纹值，而 SHA-1 算法可将任意长度的字符串转换成 160 bit 的指纹值。SHA-1 算法的抗穷举性比 MD5 更好，但 CPU 占用更高，在相同硬件情况下运算速率相对较慢。此外，还可以结合强/弱哈希函数共同检验重复数据以减少哈希值计算开销，如回溯子块的滑动块（Sliding

Blocking Algorithm With Backtracking Sub-blocks，SBBS）算法[46]在检测重复数据时先采用弱哈希算法（Adler-32 校验和算法）来判断数据块是否为重复数据块，若两个数据块的弱哈希值不等，则肯定为不同的数据块，否则再用强哈希算法（MD5 算法）计算指纹值，进一步判断是否为冗余数据块。

3．指纹值查找

指纹值查找就是根据提取的数据块指纹值判断数据块是否已经存在磁盘上。由于内存的空间十分有限，对磁盘上的数据块指纹值建立索引，并将指纹值索引中的一小部分存放在内存中，大部分存放在磁盘中，然后通过索引的查找就可以查出数据块是否存在。而内存索引的优化是提高索引查找命中率的关键。DDFS 系统在内存中放入布隆过滤器（Bloom Filter，BF）[47][48]，可判断大部分指纹值是否已经在系统中，从而降低磁盘的访问开销。BF 由一个二进制向量和一系列随机映射函数组成，可用来检测一个元素是否在集合中。但是 BF 存在一定的误判率（也称为假阳性概率），所以 BF 无法判断的指纹值还需要通过查找磁盘索引来确定，磁盘的瓶颈虽然得到了缓解，但是内存的开销依然很大。为此，Sparse Indexing[49]技术基于数据块相似性使用采样指纹索引来减少了内存的使用率，采样指纹可能被多个相似的数据块所共享，从而限定了重删查找的范围。但是采样指纹的抽样率会直接影响系统的吞吐率，对于局部性较差的数据流，吞吐率依然很低，而 Extreme Binning[43][50][51]却能很好地处理这种数据流。Extreme Binning 技术选择每个文件所有数据块指纹值中的最小值作为文件的代表指纹，将具有相同代表指纹的文件放到同一个相似集 Bin 中，所有代表指纹存到同一个主索引表（Primary Index）中。主索引表放在内存中，而 Bin 被放在磁盘中，此方法易于扩展，数据块级的重删发生在 Bin 中，但不同 Bin 之间的重复数据却无法消除。此外，当文件很小时，文件内容被修改时最小块哈希值也容易发生变化，那么代表指纹也会随之变化，因此 Extreme Binning 也不适用于以小文件为主的数据集，张志珂[51]等提出基于相似哈希值的相似索引对其进行改进。

从现有的研究成果来看，云存储系统中重复数据删除主要考虑的是云存储中数据安全和多用户共享数据块带来的安全问题，忽略了多用户修改数据块所带来的重复数据。

12.3　有中心云存储重复数据删除机制

12.3.1　典型的有中心存储结构

云存储系统除了具有内部实现对用户透明和按需分配较为灵活的优点之外，还具有高可扩展性、高可靠性等优势，这一切都离不开分布式文件系统的支撑[28]。存在元数据服务器的云存储系统是有中心云存储系统。

有中心云存储系统采用主从结构，有一个主节点和多个存储节点。存储节点用来存储数据，主节点上存放存储节点上所有数据的元数据信息。有中心云存储分布式文件系统包括 Google 文件系统 GFS 和 Hadoop 分布式文件系统 HDFS。以 GFS 为例，GFS 包含主服务器（Master Server）、数据块服务器（Chunk Server）和客户端（Client）三个组件，其系统架构如图 12.2 所示[25]。

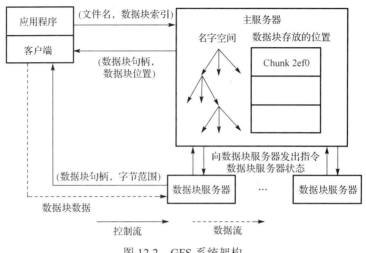

图 12.2 GFS 系统架构

GFS 中客户端为用户提供类似传统文件系统中新建、打开、关闭、读写和删除文件等文件操作；数据块服务器负责存储切分好的数据块；主服务器用于管理整个文件系统的元数据信息，如文件与数据块之间的映射关系，以及数据块所存放的位置等。从图 12.2 可以看出，GFS 系统中将控制流与数据流分开，其中客户端与主服务器之间，以及主服务器与数据块服务器之间只存在元数据信息的交互，客户端与数据块服务器之间存在数据交互。GFS 并不是一个通用的云存储系统[29]，主要存储大量的大文件，对小文件并不做专门的优化。此外，GFS 系统是通过添加新数据来完成大部分文件更新的，而不是更改已有的数据，比较注重读写的频率与效率，适用于大型的搜索业务。

有中心云存储系统中，主节点管理所有的元数据和监控存储节点的状态信息，这种管理方式较为简单方便，所有关于元数据信息的交互操作都集中到主节点上进行。但是数据分布到存储端时容易造成各个存储节点的存储负载、访问负载不均衡，为此主节点需要对各个存储节点进行监控并采取一些策略进行负载均衡。主节点通常只有一个，当存储节点数量规模很大时主节点的开销很大，会影响数据传输的效率，元数据服务器会成为影响系统性能的瓶颈。一旦宕机，客户端便无法与存储节点直接进行交互，存在着很大的风险性，可通过引入多个元数据服务器来克服这些缺点。

12.3.2 系统结构模型

如图 12.3 所示，有中心云存储重复数据删除系统由客户端（Client）、元数据服务器（Metadata Server，MDS）、二级元数据服务器（Secondary Metadata Server，SMDS）和存储节点（Storage Node，SNode）共同构成。客户端主要发起文件上传、访问、修改、删除等操作的对象；元数据服务器主要存放文件系统的所有元数据信息，提供存取控制和全局重删的依据，它相当于整个系统架构的中枢，一旦出现故障，整个系统就会瘫痪，因此，二级元数据服务器主要承担同步备份元数据的镜像文件和操作日志的工作；存储节点则负责存储实际的数据块。客户端主要包括文件预处理模块、局部重删模块、元数据管理模块和数据传输模块，其中文件预处理模块依据文件的类型进行文件分类并计算文件的指纹值；局部重删模块在文件级进行重删并为数据块级重删做好准备，包括数据块切分和数据块指纹值计算；元数据管理模块主要记录客户端已上传文件 $F_{uploaded}$ 的指纹值信息，以避免本地上传相同的重复数据；数据传输模块负责将处理后的待上传文件 $F_{\text{tobe\_uploaded}}$ 的元数据信息上传到元数据服务器，将非重复数据块上传到存储节点上。元数据服务器主要包括过滤模块和更新模块，其中过滤模块主要过滤来自不同客户端的重复数据信息，更新模块根据存储节点发送来的数据块的元数据修改信息更新元数据索引表。存储节点主要包括存储模块、元数据管理模块、自检报告模块和延迟重删模块，其中存储模块主要负责数据块的存储，记录数据块的物理地址；元数据管理模块记录本节点上的数据块的元数据信息；自检报告模块主要检测数据块的修改所带来的重复数据，并将修改的元数据信息报告给元数据服务器；延迟重删模块则判断重复数据块是否为热点重复数据块，对于热点重复数据块延时重删，对于非热点重复数据块则选择合适的节点上的相同数据块删除。

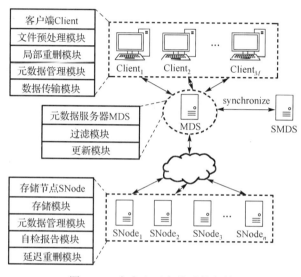

图 12.3 有中心云存储系统架构

为了实现上述架构中各个模块的功能，客户端、元数据服务器和存储节点需要维护对应的数据结构和数据表。

1. 客户端

客户端从文件级对待上传的文件 $F_{\text{tobe\_uploaded}}$ 进行重复数据避免，主要是通过与历史已上传文件的元数据信息表进行比对来完成的。元数据信息表也称历史元数据信息表（History Metadata Table，HMDT），记录已上传文件指纹值和文件的基本信息，每条记录由以下多元组表示。

$$\text{HMDT}=(\text{file\_fp, file\_name, file\_type, file\_size, file\_mtime}) \quad (12.1)$$

式中，file_fp 为文件指纹值，file_name 为文件名称，file_type 为文件的类型，file_size 为文件的大小，file_mtime 为文件的修改时间。若文件未曾修改后，则 file_mtime 为文件创建的时间。

处理后的文件分为两类：重复文件 F_{dup} 和重复性不明的文件 $F_{\text{dup\_unknown}}$。对于文件 $F_{\text{dup\_unknown}}$，首先对比元数据服务器以确定是否为重复文件，并反馈给客户端，这一操作可避免客户端对这部分重复文件进行数据块切分和指纹值计算等不必要的操作。客户端对于非重复文件进行过滤操作，过滤掉那些 file_size 小于等于 C_{fs} 的文件（可视为只有一个数据块的文件），可不进行切分操作，其中 C_{fs} 为 FSC 算法进行数据块切分时的固定尺寸；对过滤后的文件进行定长切分，切分后的最后一个数据块大小必然小于等于 C_{fs}。分完块并且计算好数据块的指纹值后，通过数据传输模块来上传处理后的元数据信息 $M_{\text{after\_process}}$，如式（12.2）所示。

$$M_{\text{after\_process}}=(\text{UncheckedFpSet}, \text{DupFileFpSet}) \quad (12.2)$$

式中，UncheckedFpSet 为需要元数据服务器根据自己的元数据信息来确定重复信息的指纹值信息集，UncheckedFpSet={file_fp, ChunkSet}，file_fp 是客户端无法判断是否包含重复数据块的文件的指纹值，ChunkSet 是组成该文件的数据块集合，即 ChunkSet ={chunk_1_fp, chunk_2_fp,…,chunk_i_fp,…,chunk_p_fp}。chunk_i_fp 为构成该文件的第 i（$1 \leq i \leq p$）个数据块的指纹值，按构成文件的逻辑顺序排列。对于小于等于 C_{fs} 的文件，ChunkSet 中只有一个数据块，该数据块就是文件本身。DupFileFpSet 为客户端待上传文件 $F_{\text{tobe\_uploaded}}$ 中已确定为重复文件的文件指纹值集合，若该集合中重复文件有 q 个，则 DupFileFpSet={file_1_fp,file_2_fp,…,file_i_fp,…,file_q_fp}。

等待元数据服务器对元数据信息 $M_{\text{after\_process}}$ 的处理，收到元数据服务器反馈的非重复数据信息时，再将非重复数据上传到存储节点上。

2. 元数据服务器

元数据服务器通过元数据信息表（MDS's Metadata Table，MMDT）来管理存储端所有数据块的元数据信息。不同客户端上传的元数据信息都会与元数据服务器上的 MMDT 进行比对，从而实现在全局范围内进行重复数据的避免。MMDT 由以下四元组组成：

$$\text{MMDT}=(\text{chunk}_i\_fp, \text{SNode\_IP}, \text{refcount}, \text{uid}) \quad (12.3)$$

式中，chunk_i_fp 为某个数据块的指纹值，即数据块在全局唯一的标识；SNode_IP 为该数据块所在存储节点的 IP 地址；uid 为云存储系统为用户分配的全局唯一的标识，该字段用来记录该数据块被哪些用户所共享；refcount 为该数据块的引用次数，用来记录共享该数据块的文件数量。若存储节点上已有该数据块，则 refcount 做加法操作，若删除某个数据块，则 refcount 做减法操作（此过程称为逻辑删除）。当 refcount 的值为 0 时，系统可以根据 SNode_IP 找到存储该数据块的存储节点，将该数据块物理删除。

此外，数据块分散存放在各个存储节点上，这在上传和下载时都使得存储节点的负载有所分摊，也充分发挥了存储节点的并行性。但客户端想从存储节点上获取文件时，元数据服务器还必须维护文件的重构信息表（File Reconstruction Table，FRT），如式（12.4）所示。

$$\text{FRT}=(\text{file\_fp}, \text{chunk}_1\_fp, \text{chunk}_2\_fp,…,\text{chunk}_i\_fp,…,\text{chunk}_p\_fp,) \quad (12.4)$$

式中，file_fp 为文件的指纹值，即文件在全局的唯一标识；chunk_i_fp 为构成文件的各个数据块的指纹值，即数据块的唯一标识。用户想要获取数据块，可通过此表中的 chunk_i_fp 结合 MMDT 找到存放该数据块的存储节点的 IP 地址，客户端根据 MMDT 及 FRT 就可以从相应的存储节点上下载数据块，然后在客户端进行重组。

3. 存储节点

每个存储节点也维护着自己的元数据信息表（Snode's Metadata Table，SMDT），该表用于记录数据块存放在本地磁盘上的位置。当数据块被修改后，其指纹值会被重新计算，然后比对 SMDT 中的元数据信息以确定修改后的数据块是否为重复数据。SMDT 由以下四元组组成。

$$SMDT=(chunk_i\_fp, offset, refcount, access\_num) \quad (12.5)$$

式中，$chunk_i\_fp$ 表示数据块的指纹值，即数据块的唯一标识；offset 表示数据块存放在硬盘上的物理地址；refcount 表示数据块的引用次数，其值与元数据服务器上的元数据信息表中的 refcount 值始终同步；access_num 用于记录本节点上数据块的访问次数。

12.3.3 重复数据检测与避免

1. 客户端

为了最大限度地避免重复数据上传到存储资源池中，每个客户端都要先对文件资源进行义件级的局部重删操作，并做好元数据服务器上数据块级重删的准备工作，包括数据块的切分和指纹值计算。本书利用"不同类型文件之间的重复数据块是可以忽略的"和"文件类型和大小相同的文件极有可能为重复文件"这两点来不断缩小指纹比对的范围[17]，因此，在设计客户端文件级重删时首先进行文件分类和排序，具体流程如下。

步骤 1：搜集待上传文件的类型、大小等信息，按文件类型将文件分组并在组内按照文件大小升序排序。

步骤 2：利用 MD5 算法计算每个文件的指纹值作为文件的唯一标识。

步骤 3：比较每组文件中大小相等的文件的指纹值，可避免一部分文件级的重复数据，若文件的指纹值相等则为重复文件，保存到 $M_{after\_process}$ 中。

步骤 4：将去重后的文件的指纹值与 HMDT 中的文件指纹值进行对比，可避免客户端再次上传同样的文件到存储节点，若找到该指纹值则为历史重复文件，保存到 $M_{after\_process}$ 中。

步骤 5：将经过步骤 4 仍无法确定是否为重复文件的指纹值批量上传到元数据服务器上进行查找，并将查找结果反馈给客户端，其中重复文件的信息更新到 $M_{after\_process}$ 中。

步骤 6：客户端对于非重复文件（过滤小于等于 C_{fs} 的文件），利用 FSC 算法对文件进行分块，块长为 C_{fs}，并用 MD5 算法计算每个数据块的指纹值，将文件指纹值和组成其的数据块的指纹值信息保存到 $M_{after\_process}$。

步骤 7：上传元数据信息 $M_{after\_process}$ 到元数据服务器上，等待元数据服务器返回的非重复数据块的信息和应存的存储节点的地址。

步骤 8：将非重复数据块上传到相应的存储节点上，等待存储节点返回上传成功的信号，更新本地的 HMDT。

从上述处理流程可以看出，客户端对待上传的文件 $F_{tobe\_uploaded}$ 共进行了三次文件级的重复数据删除：第一次是步骤 3，避免了单次上传的文件中的重复文件；第二次是步骤 4，避免了多次上传的文件中的重复文件；第三次是步骤 5；与元数据服务器上的文件指纹值进行比对，避免了一部分其他用户已上传的重复文件，节约了客户端不必要的开销，包括数据块切分和数据块指纹值计算。

2. 元数据服务器

元数据服务器上保存着存储节点上所有数据的元数据信息，客户端的数据在上传到存储节点之前需要比对元数据服务器上的元数据表，确定存储节点上是否已经存在该数据，而存储节点上数据的修改也需要比对元数据服务器，以防重复数据的产生。元数据服务器避免重复数据的具体流程如下。

步骤 1：元数据服务器接收到多个客户端发送的元数据信息 $M_{after\_process}$，从 UncheckedFpSet 中依次读取每个文件的 ChunkSet 数据块指纹值信息，对这些文件进行数据块级重复数据的避免。

步骤 2：查找比对内存、磁盘和写缓存区中的指纹索引表，若发现指纹值已存在，则更新 MMDT 索引表中 refcount 信息，向客户端发送"找到"信息。

步骤 3：若未找到，则向客户端发送"未找到"信息和对应数据块应存放的目标存储节点。

步骤 4：将完成上传的文件的元数据信息及组成其数据块的指纹值一并写入 FRT 文件重构表。

3. 存储节点

客户端和元数据服务器对上传到存储端的数据已进行了局部和全局范围内的重复数据的避免，但是在多用户共享相同数据块的大环境下，用户在线修改数据会引入新的重复数据。此外，副本冗余策略对副本的数量管理不当，也会给存储端引入重复数据。对于用户在线修改文件，最终可以定位到某个数据块，通过元数据服务器获取数据块的 SNode_IP，然后直接访问数据块并对其做出相应的修改操作。具体流程如下。

步骤 1：Request，存储节点 SNode_i 接收到来自客户端对数据块（记为 A）的修改请求后，复制读取数据块 A 到内存中。

步骤 2：Modify，客户端对内存中数据块 A 进行修改，为了方便区分，将修改后的数据块记为 B，则 SMDT 中数据块 A 的 refcount 做减 1 操作，修改 A 的 user_id。

步骤 3：Check，存储节点 SNode_i 利用 MD5 算法计算数据块 B 的指纹值，并在 SMDT 中查找 B 的指纹值是否已经存在，以避免重复数据的存储。若无则跳到步骤 5，否则数据块 B 为重复数据块，这里记存储节点 SNode_i 上与数据块 B 指纹值相同的数据块为 B'，并进行下一步。

步骤 4：Deduplicate，删除数据块 B，并使用指向数据块 B'的指针替换数据块 B 进行存储。

步骤 5：Store，将修改后的新数据块 B 存储在该节点 SNode_i 上，并更新节点 SNode_i 上 SMDT，节点 SNode_i 将更新的元数据信息发送到元数据服务器上。

步骤 6：Check，元数据服务器从更新的元数据信息中读取数据块的指纹值，判断其他存储节点 SNode_j（j≠i）上是否有相同数据块，若找到则跳到步骤 8。

步骤 7：Replica，由元数据服务器为新数据块 B 选择合适的存储节点创建副本。

步骤 8：DelayDedupe，对于重复数据块 B 采用延迟重复数据删除策略。

对于上述步骤中数据块修改时出现的三种情况可以用图 12.4 来形象说明，即 SNode_1 上修改后的数据块 B 已存在于 SNode_2、SNode_3、SNode_4 上；SNode_2 上修改后的数据块 A 在本节点上已有；SNode_3 上修改后的数据块 G 为全新的数据块。其中，SNode_1 上数据块修改的情况符合延迟重复数据删除策略，涉及的延迟重复数据删除策略详见 12.3.4 节。

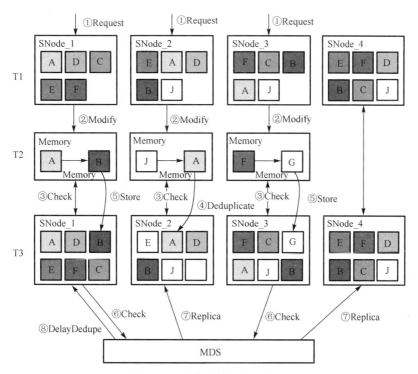

图 12.4 存储端数据修改流程

12.3.4 延迟重复数据删除

系统中每个数据块的采取完全副本冗余的策略来提高数据的可用性,初始状态下将存储节点数据块的副本数均设置为 3,即每个数据块都有 3 个副本,随着时间推移根据文件的访问特性对副本数量进行了调整。当文件访问过热时,适当地增加副本数量可以缓解系统访问瓶颈,提高副本可用性;而当文件访问次数较少时,副本数量过多会增加系统代价,包括存储代价和副本更新代价[52-56]。同一数据块的多个副本之间会不断进行同步更新,以保证不同存储节点上数据块的引用次数和用户权限等信息相同,但是数据块的访问次数会因节点的性能而异。

1. 热点数据块

目前,在存储端进行重复数据删除的策略较少,大都注重客户端重复数据删除对网络带宽的节约,未考虑存储节点上会因不同用户修改数据,以及副本管理不当而出现的重复数据。此外,现有的目标端重删技术也未考虑重复数据块自身的价值而直接删除重复数据块。本文将考虑重复数据块是否为热点数据,并对热点数据和非热点数据进行不同的处理。

定义 1 热点数据块:即一段时间内平均访问频率 $\overline{f}_{access}$ 达到一定阈值 α 的数据块,判断如式(12.6)所示。

$$\overline{f}_{access} > \alpha \tag{12.6}$$

式中,$\overline{f}_{access}$ 如式(12.7)所示,阈值 α 表示要成为热点数据块单位时间内最少的访问次数,不满足条件的数据块便是非热点数据块。

2. 延迟重复数据删除策略

存储端因不同用户对存储节点 SNode_i 上数据块 A 的修改会出现如下三种情况：
- 修改后的数据块 B 已存放在节点 SNode_i 上。
- 修改后的数据块 B 不在节点 SNode_i 上，但已存放在其他节点 SNode_j 上。
- 修改后的数据块 B 为全新数据块。

对于这三种情况的处理过程如图 12.5 所示，其中虚线框中是对第二种情况的处理过程，即延迟重复数据删除策略（后面简称延迟重删）。延迟重删发生在确定重复数据块为非热点数据块的时候，延迟重删发生的位置是与非热点重复数据块相同的所有数据块所在节点当中存储负载较重的节点上。

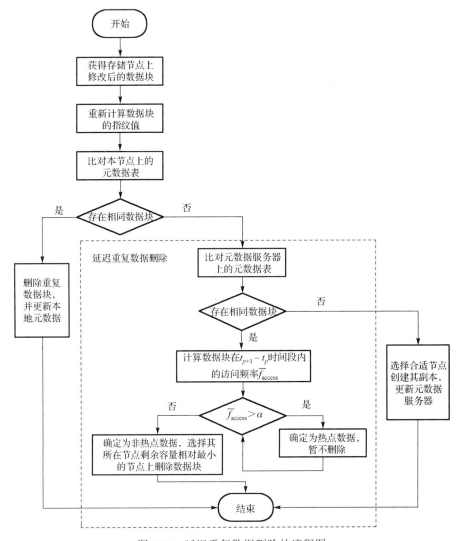

图 12.5 延迟重复数据删除的流程图

存储端有 n 个存储节点，某用户对节点 SNode_i 上的数据块 A 进行修改，发现修改后的数据块 B 符合第二种情况，即数据块 B 不在节点 SNode_i 上，但已存在节点 SNode_j（$j \neq i$ 且 $i,j \in Z$）上，Z 为数据块 B 所在节点号的集合。节点 SNode_j 上 t_p 时刻数据块 B

的访问次数为 $A_j(t_p)$，t_{p+1} 时刻数据块 B 的访问次数为 $A_j(t_{p+1})$，则在 $t_{p+1}-t_p$ 时间段内存储端数据块 B 的平均访问频率 $\overline{f}_{access}$ 为

$$\overline{f}_{access} = \sum_{j \in Z} \frac{A_j(t_{p+1}) - A_j(t_p)}{t_{p+1} - t_p}, \quad j \neq i, i \in Z, t_{p+1} > t_p \tag{12.7}$$

同时，t_{p+1} 时刻元数据服务器已经得知节点 SNode_i 上出现数据块 B，若此时节点 SNode_j 上的数据块 B 的 $\overline{f}_{access}$ 大于 α，则数据块 B 为热点数据块。对于热点数据块 B，云存储系统会根据其访问情况在其他节点上为其创建副本。创建副本涉及节点之间数据块的复制迁移问题，而此时节点 SNode_i 上的数据块 B 对于整个系统而言是热点重复数据块，将其暂时视为副本并执行延迟重删，可减少系统创建副本所带来的代价，也能减缓系统的访问瓶颈。

延迟重复数据删除执行的具体步骤如下。

步骤 1：元数据服务器在 t_{p+1} 时刻通过式（12.6）判断数据块 B 是否为热点数据块，若是，则跳到步骤 4。

步骤 2：元数据服务器求取 t_{p+1} 时刻存储端平均剩余容量 $\overline{S}$，如式（12.8）所示，其中 $S_m(t_{p+1})$ 为 t_{p+1} 时刻节点 SNode_m 的存储空间剩余容量，n 为存储端的节点总数。

$$\overline{S} = \frac{\sum_{m=1}^{n} S_m(t_{p+1})}{n} \tag{12.8}$$

步骤 3：比较非热点数据块 B 所在节点 SNode_k ($k \in Z$) 的剩余容量 S_k 和 $\overline{S}$ 的大小，始终选择在剩余容量相对较小的节点上删除数据块 B，并更新元数据服务器。

步骤 4：t_{p+1} 时刻暂不删除热点数据块 B，并同步数据块 B 的元数据到节点 SNode_i 上，等到下一时刻 t_{p+2} 继续步骤 1。

12.3.5 实验验证与性能分析

1. 性能指标

（1）响应时间。云存储系统中多用户对系统的访问会造成系统的访问瓶颈，降低系统响应时间也是对云存储系统性能的一大提升。当对某一数据块的访问人数过多时，就存在排队响应的问题，云存储系统通过副本创建来分担访问负载以降低响应时间，提高系统的性能。

（2）存储负载均衡。存储负载指的是数据块存储分布对存储节点的存储容量造成的压力，节点剩余容量越小，节点的负载则越大。存储负载均衡通过节点剩余容量 S_k 与存储端平均剩余容量 $\overline{S}$ 的比较，利用方差公式（12.9）来衡量剩余容量 S_k 对存储端平均剩余容量 $\overline{S}$ 的离散程度，方差越大，表示离散程度越大，即存储端节点的存储负载较不均衡，其中，n 为节点的个数。

$$S_{var} = \frac{\sum_{k=1}^{n}(S_k - \overline{S})^2}{n} \tag{12.9}$$

2. 实验环境

本实验利用 MATLAB 仿真工具模拟了一个 100 个节点的云存储环境，每个节点的硬盘大小为 320 GB，硬盘空间已被各种系统文件和程序占用 12%左右。现在往每个节点添加数据块和数据块的副本来模拟存储节点的数据存储，默认情况下每个数据块有三个副本。然而，真实环境中数据块的副本数因其访问情况而异，访问量多且频繁的数据块副本数自然要比普通数据块多。本实验通过随机给某些数据块多分配一些副本来模拟数据块数量因访问情况产生的变化，并设置每个数据块的副本数不超过 10 个。对于每个数据块在不同时间的访问次数由随机数生成，并采用"二八定律"[57]（即小部分数据块拥有较高的访问频率）设置存储端热点数据块的数量占 20%，热点数据块随时间的分布情况如图 12.6 所示。

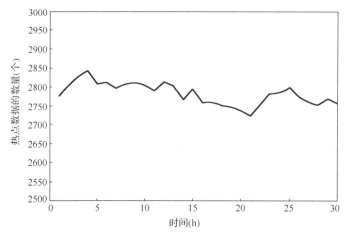

图 12.6 热点数据块随时间的分布情况

此时每个节点上平均约有 2200 个数据块（含副本），数据块平均大小为 64 MB，存储节点硬盘容量如图 12.7 所示。

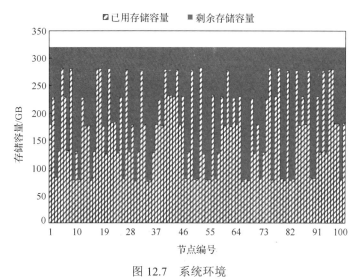

图 12.7 系统环境

此外，实验中通过随机在存储节点上增加些冗余数据块来模拟多用户修改后产生的三种数据块。

3．实验结果与分析

（1）响应时间。在相同数据块冗余和相同用户访问的环境下，用传统重删方法和延迟重删方法分别对因多用户修改所产生的冗余数据进行重删，并对用户访问的响应时间进行对比，如图 12.8 所示，其中，图 12.8(a)为传统重删方法的响应时间，图 12.8(b)为延迟重删方法的响应时间。

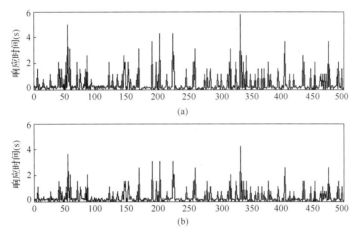

图 12.8　传统重删与延迟重删的响应时间对比图

图 12.8 随机选取了 500 个不同的数据块监测它们的响应情况，直观上可以看出使用传统重删方法时，数据块的响应时间要明显高于延迟重删方法。传统重删方法在发现冗余数据块时未考虑重复数据块的价值，直接删除；而延迟重删方法在考虑重复数据块可能是热点数据块并发挥其分担用户访问压力的作用，节省了副本创建的时间开销，因而对于热点重复数据块的响应时间，延迟重删方法的确要优于传统重删方法。

（2）存储负载。在相同数据块冗余和相同用户访问的环境下，用传统重删方法和延迟重删方法分别对因多用户修改所产生的冗余数据进行重删，并记录了实验后存储负载的变化，如图 12.9 和图 12.10 所示。

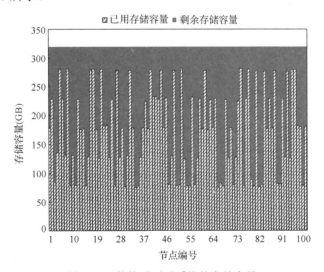

图 12.9　传统重删后系统的存储容量

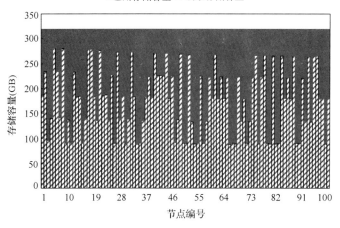

图 12.10　延迟重删后系统的存储容量

分别将图 12.9 和图 12.10 与图 12.7 对比发现，图 12.9 上各个存储节点的用量几乎与图 12.7 相同，只有少数几个节点的已用存储容量变多了，这是因为实验中添加的冗余数据块为全新数据块时才会被保存。图 12.10 中，占用存储空间已较大的存储节点上的一些数据块似乎向剩余空间较大的存储节点上迁移了，负载均衡的效果要比图 12.9 要明显一些，这是因为延迟重删方法始终选择剩余容量相对较小的节点上的非热点数据块进行删除。通过实验数据计算，图 12.9 的 S_{var} 为 5410.24，图 12.10 的 S_{var} 为 4442.668，这进一步说明延迟重删方法对存储负载均衡的效果比传统重删方法要好。

12.4　无中心云存储重复数据删除机制

12.4.1　典型的无中心存储结构

云存储系统不仅包括有中心存储系统，还包括无中心存储系统，本节讨论无中心存储系统的特点。

无中心云存储系统，顾名思义，就是一个没有主节点也没有主从结构的存储系统，即客户端与存储节点之间没有元数据节点，元数据信息和数据块都存放在各个存储节点上，因而存储节点的可扩展性较强。目前，典型的无中心云存储系统有 Amazon 开发的基础存储架构 Dynamo[25]、Gluster 的 GlusterFS[29]、OpenStack 的对象存储服务 Swift[30]、对等云存储系统 MingCloud[31] 等。

在没有元数据服务器的情况下，客户端的数据和元数据信息如何分布到云存储系统中的多个存储节点上，这是首要解决的问题。Dynamo 和 Swift 都是利用一致性哈希算法将资源和节点映射到同一个环状的哈希空间上，然后通过 Ring 结构将资源映射到存储节点上；GlusterFS 系统则采用弹性哈希算法（Davies-Meyer 算法）将输入的文件路径和文件名转化为长度固定的唯一输出值，然后根据该值选择子卷来定位和访问数据；MingCloud 系统采用改进后的 Kademlia[31,33] 算法来负责存储节点之间的互通性，将分散的节点构建成一个逻辑上结构化的对等网络，使得节点地址空间与文件地址空间之间建立起映射关系，以便资源的查找。其中，一致性哈希算法、Kademlia 算法都是目前主流的分布式哈希表（Distributed

Hash Table，DHT）协议[25]。DHT 实际上是一个由网络中所有节点共同维护的巨大散列表，每个节点和资源都被分配散列表空间中的唯一标识符，每个节点按照 DHT 算法规则负责网络中一小部分路由信息和资源信息。根据 DHT 算法可以确定资源所在的存储节点，目前应用较多的典型的算法有 Chord[35,36]、Kademlia 等。

1. Chord 算法

Chord 算法是一种分布式查找算法，利用一致性哈希算法将物理网络中分散的 n 个节点和资源映射到同一个环形的哈希空间中，环空间为 $[0, 2^{m-1}]$，m 通常为 160。具体做法是利用哈希函数计算每个节点的 IP 地址的哈希值并作为节点的标识符（Node Identifier，NID），根据 NID 将节点映射到哈希环上。其中，NID 是全局唯一的，长度也为 m。资源的关键字标识符（Key Identifier，KID）的产生与 NID 类似，也映射到哈希环上，然后将资源存储到顺时针方向上距离其最近的节点上。因此，每个节点不仅要维护落在它和它的前驱节点（Predecessor）之间的数据，还要维护后继节点（Successor）的 NID 和 IP 地址。在查找指纹值时，可通过各个节点的 Successor 节点来不断地传递查找请求，直到找到负责该指纹值的节点为止。此过程较为漫长，Chord 算法为了加快查询速度，建立了自己的路由表，即每个节点都要维护一个最多包含 m 个表项的 finger 表。节点 A 的 finger 表中第 i 个表项为节点 S，即 $s = a.\mathrm{finger}[i] = \mathrm{Successor}((a + 2^{i-1}) \bmod 2^m)$，$a$ 和 s 分别是节点 A 和节点 S 的 NID。

Chord 查找算法：给定一个资源的指纹值 C_{fp}，按下面的步骤便可以查找到对应资源存放在哪个存储节点上（假设查找是在节点 N 上进行），具体步骤如下。

步骤 1：判断 C_{fp} 是否落在节点 N 上，若是，则结束查找。

步骤 2：判断 C_{fp} 是否落在节点 N 和其 Successor 节点（记作 N_{s}）之间，若是则结束查找，节点 N_{s} 即为所找。

步骤 3：在节点 N 的 finger 表中，找出距离 C_{fp} 最近且比 C_{fp} 小的表项，该节点 N_{cp} 也是 finger 表中最接近 C_{fp} 的前驱节点（Closest Predecessor，CP），把查找请求转发到该节点 N_{cp}。

步骤 4：继续上述过程，直至找到 C_{fp} 对应的目标节点 N_{t}。

例如，图 12.11 所示是一个 Chord 环，环中节点的标识前加 N，资源的标识前加 K 加以区分。在节点 N1 处查找关键字 K64，发现 K64 不存储在节点 N1 上，然后查找节点 N1 的 finger 表，发现节点 N35 更接近 K64，于是节点 N1 将查找请求转发给节点 N35。以此类推，节点 N100 查找本地资源，找到了关键字 K64，最后节点 N100 将与节点 N1 直接进行数据传输。

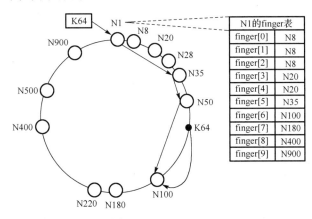

图 12.11 Chord 环

理想状态下，哈希环上各节点负载较为均衡，但当存储节点的数量较少时，每个节点负责的资源范围有大有小，会导致数据分布不均匀。为此，引入的虚拟节点[25]可保证在物理节点较少的情况下负载也均衡。每个物理节点根据自己性能的差异决定虚拟节点的个数，每个虚拟节点的能力基本相当，在实际部署时确定合适的虚拟节点数可使存储空间和工作负载之间达到平衡。物理节点与虚拟节点之间存在一对多的映射关系，如图 12.11 所示，虚拟节点代替物理节点随机分布到哈希空间中，寻址的过程中先按照数据指纹值找到负责存储数据的虚拟节点，然后由该虚拟节点找到对应的物理节点，最后存储到物理节点上。

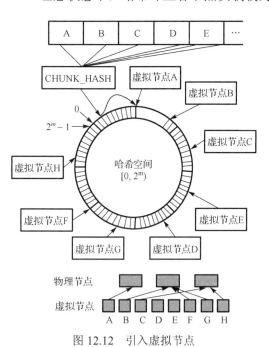

图 12.12　引入虚拟节点

2. Kademlia

Kademlia 是通过异或算法（XOR）来度量对等网络中节点之间距离的，使用 k 桶（k-Bukect）路由表作为各节点间信息交互的基础，建立一种全新的 DHT 拓扑结构。

在 Kademlia 网络中，所有的信息都以<key，value>的哈希条目形式分散存储在各个存储节点上，其中，key 为资源的标识符，value 是一个列表（节点 ID，IP 地址，UDP 端口号），记录当前拥有该资源的节点的网络信息。每个节点的 ID 都是一个唯一的 160 位长的标识符。

Kademlia 的路由表是由每个节点维护 160 个 list（也称 k 桶）构造起来的，其中第 i（$0 \leqslant i < 160$）个 k 桶中保存了不超过 k 个节点信息（节点 ID，IP 地址，UDP 端口号），这些节点和自己距离范围在区间[2^i, 2^i+1]内。k 桶中的 k 还有一层含义：任一哈希条目<key，value>需复制保存 k 份，并分别存放在节点 ID 距离 key 值最近的 k 个节点中。当 i 的值很小时，对应的 k 桶覆盖的范围较小，没有足够多的节点落在此范围内，导致对应的 k 桶通常是空的；当 i 值很大时，对应的 k 桶覆盖的范围很广，符合该范围的节点的个数可能又会超过 k 个。k 是为了平衡系统性能和网络负载而设置的一个常数，但必须是偶数[34]。目前，k 的典型取值有 8 和 20。

如此，整个 Kademlia 网络被映射成一颗高为 160 的二叉树，每个节点可以看做该二叉树的叶子。

给定一个指纹值 C_{fp}，按下面的步骤便可以查找到指纹值对应的资源应该存放在哪个存储节点上（假设查找是在节点 A 上进行）。

步骤 1：计算节点 A 与 C_{fp} 的距离：$d(a, C_{fp}) = a \oplus C_{fp}$。

步骤 2：从节点 N 的第 $\lfloor \log d \rfloor$ 个 k 桶中取出 α 个节点的信息，并同时向这些节点发送异步查询的请求，如果这个 k 桶中的信息不足 α 个，则从附近的多个 k 桶中找到最接近 $d(a, C_{fp})$ 的节点凑齐 α 个。

步骤 3：这 α 个节点接收到请求后便从自己的 k 桶中找出距离 C_{fp} 更近的 α 个节点，并返回给节点 N。

步骤 4：节点 N 在收到返回的信息后，从自己目前已知的且距离目标节点较近的所有节点中选出 α 个没有请求过的节点，重复步骤 3。

步骤 5：重复上述查找步骤，直至无法获得比节点 N 已知的 k 个节点更近的节点为止。

3．Chord 算法和 Kademlia 算法的比较

表 12.1 对 Chord 和 Kademlia 两种算法从路由复杂度、路由表大小、拓扑结构、负载平衡性和容错性等角度进行了对比。

表 12.1　Chord 和 Kademlia 路由算法的比较

算　法	路由复杂度	路由表大小	拓扑结构	<key, value>存放	容错性	负载平衡性
Chord	$O(\log n)$	$O(\log n)$	环	存于负责管理 key 所在空间的节点上	其他有效邻居路由	维护区域大的节点负载大
Kademlia	$O(k)$	$O(\log k)$	覆盖网	距离 key 最近的 k 个节点	很好	负载平衡

从上述对比可以看出，Kademlia 算法的容错性、负载平衡性比 Chord 算法要好。然而，Kademlia 算法的容错性和查找的速度在很大程度上取决于 k 值，系统的冗余性也会随 k 值增加，并且每次查找过程中可能都要更新 k 桶。相比而言，Chord 算法的实现思想要相对简单一些。本文采用 Chord 算法作为无中心云存储系统中全局重复数据快速查找比对的算法。

无中心云存储系统的扩展性不受主节点的限制，元数据信息和数据块的存储不再分离，而是由存储节点存储和管理的。但数据的上传、访问都需要直接寻址存储节点，因此查询指纹值是否已经在存储端要比在有中心的环境下更困难一些。

12.4.2　系统架构

无中心云存储重复数据删除系统如图 12.13 所示，该系统由客户端和存储节点共同构成。其中，客户端为用户提供数据上传，以及对存储节点上的数据进行下载、删除、查询、修改等操作的同一界面，屏蔽了存储端的底层分布式特点，存储节点则用于数据块的存储和元数据的管理。本系统在客户端和存储节点端都进行了重复数据删除，客户端的局部重删模块可避免同一用户多次上传相同的重复数据，而存储节点端的重删模块则可避免不同用户上传相同的重复数据。

1．客户端

无中心云存储系统中客户端的功能模块与有中心云存储系统中的一样，并且客户端也要维护历史元数据信息表 HMDT 和元数据信息 $M_{after\_process}$，与有中心云存储系统相同的地方这里不再重复赘述。在没有元数据服务器的情况下，客户端的数据传输模块便不再同有中心云存储系统一样连接元数据服务器，而是连接存储端的某一个存储节点，这里称该节点为存储端的访问入口 N_{acc}。

2．存储节点

确定 N_{acc} 最为简单的方法就是指定一个存储节点，但所有的客户端都通过同一个存储节

点进行交互显然是不合理的,这会使该存储节点的访问负载过重,响应时间也会变长。本节根据客户端用户的自身特点为每个用户确定特定的 N_{acc}。每个客户端用户都有自己唯一的用户资料 $U_{profile}$,如式(12.10)所示。

$$U_{profile}=(uid, astorage, rstorage, uploadMDSet) \quad (12.10)$$

式中,uid 为客户端用户注册云存储系统时的 ID,也是用户在存储端的唯一标识符;astorage 为存储端给客户端用户分配的总存储空间;rstorage 为用户当前剩余存储空间,当用户的存储空间不够时可以选择扩容,扩容不是本文考虑的重点;uploadMDSet 为该用户上传过的元数据信息的集合,如式(12.11)所示。N_{acc} 是由 uid 的哈希值映射在 Chord 环上确定的,N_{acc} 也是每个客户端用户自己的 $U_{profile}$ 所存放的存储节点。每个客户端用户确定访问存储端的入口 N_{acc} 是在用户创建时完成的,若非故障则固定不变。当存储节点 N_{acc} 发生故障时,从 $U_{profile}$ 的副本所在节点中选择一个作为新的 N_{acc}。

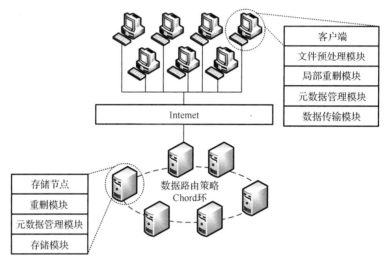

图 12.13 无中心云存储系统架构

$$uploadMDSet=(filechunkSet, fileinfoSet, chunkmetaSet) \quad (12.11)$$

式中,filechunkSet 是文件与构成其的数据块之间的关系信息集合,内部结构与有中心云存储系统中的 FRT 表一样;fileinfoSet 为文件的基本信息集合,内部结构与客户端的 HMDT 一样;chunkmetaSet 为数据块元数据信息的集合,如式(12.12)所示。

$$chunkmetaSet=(chunk_i\_fp, SNode\_IP, refcount, access\_num, other\_uid) \quad (12.12)$$

式中,$chunk_i\_fp$ 表示数据块的指纹值;SNode_IP 表示数据块所在存储节点的 IP 地址,若该数据块就存放在此节点上,则 SNode_IP 存放的是此节点上的物理地址;refcount 表示数据块的引用次数;access_num 为该数据块的访问次数;other_uid 为共享该数据块的其他用户的 ID 信息。

12.4.3 网络拓扑结构

1. 问题分析

(1)物理网络与逻辑覆盖网之间不一致。Chord 算法使用一致性哈希算法把所有的存储节点映射成了一个环状的逻辑拓扑结构,但会忽略存储节点之间的物理拓扑结构[36,58,59],出现物理上相邻的存储节点在逻辑上可能相距甚远的情况。那些物理位置上靠近并且可以直接进行通信的节点称为邻居节点(Adjacent Node,AN)。如图 12.14 中,节点 N1 和节点 N100、N400 是邻居节点,但是逻辑上却并不相邻。当节点 N1 要查找的指纹 K64 在 N100 上时,若是在物理网络中,因为 N1 和 N100 相邻便能很快找到,但由于两个节点逻辑上相距较远,在指纹值查找时却要经过两个节点才能找到 N100,因此大大增加了网络延时。

当节点数量多时,由物理网络与逻辑覆盖网之间不一致的问题造成的网络延迟现象会更加严重。

(2)finger 表冗余。当前节点 A 上的 finger 表中第 i 项的值计算,即 $s=\text{Successor}((a+2^{i-1})\mod 2^m)$。可见逻辑上两个相邻节点的指纹值之差大于等于 2^i($0 \leqslant i < n$),除非节点 A 的每个后继节点都正好落在[$a+2^i$, $a+2^{i+1}$)之间,不然 finger 表的表项必存在冗余,那些处在节点与后继节点之间的表项均没有意义。例如,图 12.11 中节点 N1 的 finger 表中有 3 个表项均为 N8,两个表项是 N20,则有 3 个冗余项。每个存储节点的 finger 表存在冗余项的现象较为普遍,因而在查找 finger 表时存在不必要的比较。

(3)查找 finger 表的最坏情况。目前,给定指纹值在查找节点的 finger 表是从 finger 表项的最后一项逐项往前扫描的,存在最坏的情况,即最为接近该指纹值的前驱节点 N_{cp} 在 finger 表的前部时,比较的次数较多。Chord 算法采用 SHA-1 算法来计算节点和资源的指纹值时,m 的值为 160,哈希环空间理论大小为[0, 2^{160})。如此,每个存储节点的 finger 表有 160 个表项。而本节中涉及的指纹值计算是采用 MD5 算法,m 的值为 128,每个存储节点的 finger 表理论上有 128 个表项。在查找 N_{cp} 时,最坏的情况下需要和 finger 表中的表项比较 128 次。若查找过程中出现极端现象,如多跳节点上查找均出现最坏情况,查找时间开销会很大。

2. Chord 算法的改进

对于物理网络与逻辑覆盖网之间不一致的问题,本节在节点查找给定指纹值时是通过考虑邻居节点来解决的,每个节点除了记录自己的前驱节点、后继节点,以及维护 finger 表之外,还要维护一个能够直接通信的邻居节点集。

例如,图 12.15 中节点 N1 的邻居节点有 N100、N400,邻居节点集为{N100, N400},节点 N1 查找的指纹值 K64 在 N100 负责的范围内,则 N1 在不考虑邻居节点的情况下,需要通过三跳才能找到目标节点,指纹值比较好多次,但在有邻居节点,的时候只需一跳便能找到。

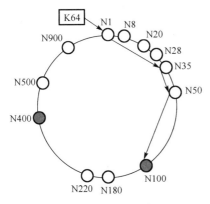

图 12.14 逻辑覆盖网

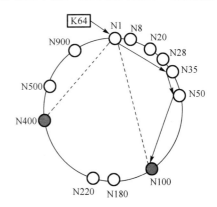

图 12.15 加入邻居节点的 Chord 环

针对 finger 表项存在冗余的现象，本文对每个节点上构造好的 finger 表进行压缩。每个节点从前往后扫描自己的 finger 表，将有相同节点的表项压缩为一项，压缩前后的 finger 表如图 12.16 所示，显然压缩后的表项个数小于 m。压缩后的 finger 表中每一项需要包含节点，以及该节点负责的指纹范围这两个内容。

N1的finger表	
finger[0]	N8
finger[1]	N8
finger[2]	N8
finger[3]	N20
finger[4]	N20
finger[5]	N35
finger[6]	N100
finger[7]	N180
finger[8]	N400
finger[9]	N900

压缩→

N1的finger表	
finger[0]	[N1, N8)
finger[1]	[N8, N20)
finger[2]	[N20, N35)
finger[3]	[N35, N100)
finger[4]	[N100, N180)
finger[5]	[N180, N400)
finger[6]	[N400, N900)
finger[7]	[N900, N2^{128})

图 12.16 压缩 finger 表

在查找最接近指纹值的节点 N_{cp} 算法中，Chord 算法源代码中采用的是从 finger 表的最后一项往前逐项查找，始终找小于给定指纹值的最大值。对于无中心云存储重复数据删除系统而言，搜索指纹在整个重复数据查找过程中尤为重要。从后往前逐项扫描 finger 表，对于要搜索的 N_{cp} 在 finger 表尾部的这种情况较优，当搜索的结果在 finger 的中部或前部时，搜索时间就会很长，可见平均搜索时间不佳。本节采用二分搜索算法来优化查找过程，该算法的平均复杂度为 $\Theta(\log m)$，该算法在搜索成功时，关键字值之间的比较次数不超过 $\lfloor \log m \rfloor + 1$，所以对于表长为 128 的 finger 表（即使未压缩的情况下），查找整个表的比较次数不超过 8 次。

二分搜索算法要求有序表采用顺序存储，Chord 环中大多数节点的 finger 表都是符合条件的。但由于所有的节点都分布在环状空间上，分布在环尾部的一些节点的 finger 表的表项中必然会存在环头部的一些节点，如图 12.15 中节点 N500、N900，这些节点上无法使用二分搜索算法，则继续使用倒序搜索算法来搜索。

为了更好地说明二分搜索过程的算法行为，本节采用如图 12.17 所示的二叉判定树来描述。例如，搜索指纹值 300，首先与 $L[3]$ 进行比较，发现 $300 > L[3]$，搜索 $L[3]$ 的右孩子 $L[5]$，结果在 $L[5]$ 中找到了 300。此过程中仅比较了两次就搜索成功，而倒序查找 finger 表则需要比较三次才能找到。

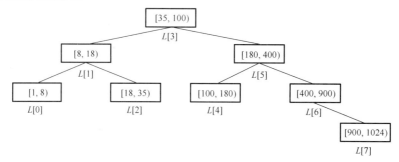

图 12.17 对半搜索二叉判定树

finger 表的压缩和查找的伪代码如下。

```
Algorithm 1: Compress Finger[m] & Binary Search
Input: fingerTable[m]                    //路由表
DataFinger                               //数据的指纹
Output: closest_predecessor_finger       //节点 N_cp 的指纹值
01  Define: min, max, compress_RouteTable[P][Q],count
02  Initial: max = fingerTable[0], min = CurrentNode, count = 0;
03  Begin:
04  for i ∈ { 0,1…m } do
05      if (max !=fingerTable[i])do
06          compress_fingerTable[count][0]=min;
07          compress_fingerTable[count][1]=max;
08          count++;
09          min = max;
10          max = fingerTable[i];
11      end if
12  end for
13  compress_fingerTable[count][0]=min;
14  compress_fingerTable[count][1]=max;
15  compress_fingerTable[++count][0]=max;
16  compress_fingerTable[count][1]=INT_MAX;
17  left = 0;
18  right =count;
19  while (left <= right)do
20      mid = ( left + right )/ 2;
21      if (DataFinger > compress_fingerTable[mid][1])do
22          left = mid + 1;
23      end if
24      if (compress_fingerTable[mid][0] <= DataFinger)do
25          right = mid - 1;
26      else do
27          return compress_fingerTable[mid][0];
28      end else
29      end if
30  end while
31  return compress_fingerTable[count][0];
32  End
```

下面对 finger 表的压缩和查找算法作进一步说明。

（1）算法 **01-02** 行：初始化内容，初始化 min 为当前节点编号，max 为原始路由表 finger 表的第一项，初始化压缩路由表 compress_fingerTable[ ][ ]，第 1 列保存压缩区间的最小值，第 2 列保存压缩区间的最大值。

（2）算法 **03-16** 行：压缩 finger 表的表项，对 finger 表依次进行扫描，将同一节点所覆盖的区间合并，并将当前 min 值和 max 值分别保存到压缩路由表 compress_fingerTable[][]的第 1 列和第 2 列中。

（3）算法 17-31 行：基于 compress_fingerTable[][]的二分搜索算法。

步骤 1：初始化 left 指向 compress_fingerTable[][]的第一项，right 指向其最后一项。

步骤 2：mid 指向 left 和 right 所指向区间的中间项。

步骤 3：如果指纹值比 compress_fingerTable[][]第 mid 项的最大值还大，则将 mid+1 赋给 left，转步骤 2；如果指纹值比 compress_fingerTable[][]第 mid 项的最小值还小，则将 mid−1 赋给 right，转步骤 2；否则，指纹值落在 compress_fingerTable[][]第 mid 项，返回第 mid 项的最小值（保存节点编号）。

存储节点上使用改进后的 Chord 算法查找指纹值所在目标节点的具体执行步骤如下。

步骤 1：每个存储节点在自己的 finger 表构造好后，对其进行压缩。

步骤 2：节点 N_{acc} 查找给定指纹值时，在本地查找是否已存在，若存在则结束查找。

步骤 3：节点 N_{acc} 查找该指纹值是否在直接后继节点 N_s 和邻居节点 N_{an} 上，若在则结束查找。

步骤 4：节点 N_{acc} 使用二分搜索算法查找自己的 finger 表找到最接近指纹值的节点 N_{cp}，将查找请求转发给该节点。

步骤 5：节点 N_{cp} 上重复与节点 N_{acc} 相同的查找过程，跳到步骤 2，直至找到指纹值所在目标节点为止。

下文中提到的使用改进后的 Chord 算法进行指纹值查找都是按照上述步骤来执行的，其中步骤 1 在查找过程中只需压缩一次，但当 finger 表发生变化（即 Chord 环上的存储节点有变动）时需要重新压缩。整个查找过程中涉及的时间有查找本地的时间 T_{acc}、查找后继节点的时间 T_s、查找邻居节点的时间 T_{an}、查找 finger 表的时间 T_{finger}。

12.4.4 重复数据检测与避免

1. 客户端

客户端上传数据之前需对数据进行预处理和局部重复数据删除操作，其实现的流程如图 12.18 中左侧客户端部分，具体的步骤如下。

步骤 1：搜集待上传文件的类型、大小等信息，按文件类型将文件分组并在组内按照文件大小升序排序。

步骤 2：利用 MD5 算法计算每个文件的指纹值并将其作为文件的唯一标识。

步骤 3：比较每组文件中大小相等的文件的指纹值就可避免一部分文件级的重复数据，若文件的指纹值相等则为重复文件，保存到 $M_{after\_process}$ 中。

步骤 4：将去重后的文件的指纹值与 HMDT 中的文件指纹值进行对比，可避免客户端再次上传同样的文件到存储节点，若找到该指纹值则为历史重复文件，保存到 $M_{after\_process}$ 中。

步骤 5：将经过步骤 4 仍无法确定是否为重复文件的指纹值批量上传到存储节点 N_{acc} 上进行查找，并将查找结果反馈给客户端，其中重复文件的信息更新到 $M_{after\_process}$ 中。

步骤 6：客户端对于非重复文件（过滤小于等于 C_{fs} 的文件），利用 FSC 算法对文件进行分块，块长为 C_{fs}，并用 MD5 算法计算每个数据块的指纹值，将文件指纹值和组成其的数据块的指纹值信息保存到 $M_{after\_process}$。

步骤 7：上传元数据信息 $M_{after\_process}$ 到存储节点 N_{acc} 上，等待存储端返回的非重复数据块的信息。

步骤 8：将非重复数据块上传到相应的存储节点上，等待存储节点返回上传成功的信号，更新本地的 HMDT。

2．存储节点

存储节点 N_{acc} 接收到客户端上传指纹值数据后，需要根据指纹值找到目标存储节点，然后在目标存储节点上进行指纹值比对，若未找到，则通知客户端上传数据；否则更新数据的元数据信息即可。指纹值查找的过程正是通过改进后的 Chord 算法来实现的。

（1）数据上传。在客户端上传数据过程中，存储节点 N_{acc} 对重复数据的检测与避免的流程如图 12.18 中右侧存储端的部分所示，具体的执行步骤如下。

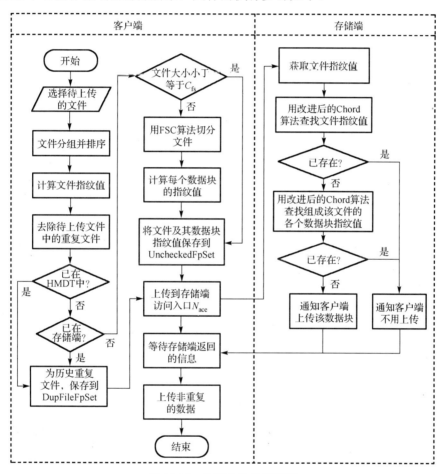

图 12.18　数据上传的流程图

步骤 1：存储节点 N_{acc} 接收到 Client 上传的数据指纹值信息 $M_{after\_process}$，并从中获取各个文件的文件指纹值 $file_i\_fp$。

步骤 2：节点 N_{acc} 使用改进后的 Chord 查找算法依次搜索每个文件的指纹值是否已经存在，若找到目标节点 N_t 则结束查找，并通知 Client 不用上传该文件；否则将未找到的那些文件指纹值信息及其 ChunkSet 简记为 $M_{after\_process}$。

步骤 3：节点 N_t 继续解析 $M_{after\_process}$ 中的数据块的指纹值集合 ChunkSet，用改进后的 Chord 查找算法依次搜索查找各个数据块指纹值，若找到目标节点 N_t' 则结束查找，并通知

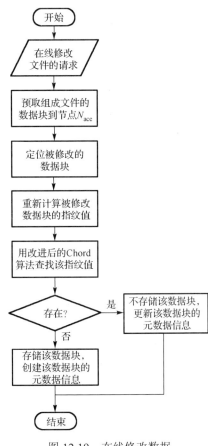

图 12.19 在线修改数据

客户端不用上传该数据块,否则将未找到的那些数据块的指纹值信息返回给客户端。

步骤 4:目标节点 N_t' 等待客户端上传的非重复数据块,存储完成后通知客户端和 N_{acc} 进行信息更新。

(2)在线修改数据。客户端用户通过 N_{acc} 对具有可写属性的文件进行在线修改,存储节点 N_{acc} 对重复数据的检测与避免的流程如图 12.19 所示,具体的执行步骤如下。

步骤 1:节点 N_{acc} 接收到修改文件的请求后,根据 uploadMDSet 将组成文件的所有数据块预取到 N_{acc} 中,供客户端预览编辑。

步骤 2:修改文件的过程中定位所修改的所有数据块,需要重新计算其指纹值。

步骤 3:使用改进后的 Chord 查找算法查找该指纹值所在的目标节点 N_t,若 N_t 上已有该指纹,则不用将修改后的数据块复制到 N_t 上。

步骤 4:将修改后的数据块存储到 N_t 上并更新 N_t 上的 chunkmetaSet 信息。

12.4.5 实验验证与性能分析

1. 性能指标

(1)指纹值比对次数。指纹值比对次数指的是指纹值在查找过程中比对 finger 表表项的次数。本书从压缩路由表、使用二分搜索算法优化查找等方面来改进 Chord 算法,指纹值的比对次数是衡量本文 Chord 算法改进性能的一个重要指标。

(2)指纹值查找时间。指纹值查找是无中心云存储系统中全局重复数据删除的重要步骤,通过存储节点 N_{acc} 查找指纹值是否已经在存储端,若已经存在,则客户端不用上传该指纹值对应的数据;否则上传数据到对应的存储节点上。指纹值查找的时间越短,则查找出重复数据的速度越快,因此指纹值查找时间是衡量重复数据检测的效率的重要指标。

(3)重删率。重删率是衡量重复数据删除效率的重要指标,定义如式(12.13)所示。

$$\eta_d = \frac{S_{dup}}{S_{all}} = \frac{S_{all} - S_{stored}}{S_{all}} \qquad (12.13)$$

式中,η_d 表示重删率,S_{dup} 是执行重删操作检测出来的重复数据的大小,可以通过 S_{all} 和 S_{stored} 这两个变量的差值获得,其中 S_{all} 表示上传时未进行重删处理的文件总大小,S_{stored} 表示存储端数据存储时占用的磁盘总大小。重删率不仅受重删策略的影响,还受数据集本身的影响。本节比较相同数据集下,不同重删策略在重删率方面所表现出来的差异性,重删率越大,重删的效果也就越好。

2. 实验环境

采用 C++语言来编写实验环境,首先模拟了具有 100 个存储节点的云存储环境,各个存储节点构造好自己的 finger 表；接着设置每个节点的邻居节点数量为 0 到 5 之间的随机数，比对 finger 表的每个表项所花时间为 0.01 s，普通节点之间的跳转时间为 1 s，邻居节点之间的跳转时间为 0.5 s。然后又分别模拟了具有 1000、5000、8000、10000 个存储节点的云存储环境，设置每个节点的邻居节点数量的最大值分别为 20、30、40、50，finger 表表项的比对时间，以及节点之间的跳转时间与 100 个节点的云存储环境保持一致。最后在 100 个节点的云存储环境中上传了 100 个文件，其中有 80%的小文件，20%的大文件。分 10 次上传，每次上传 10 个文件，单次上传的文件中没有重复的文件，多次上传的文件中混合了不同比例的重复文件和相似文件，相似文件的比例要高于重复文件的比例，将此作为实验数据集。

3．实验结果与分析

（1）指纹值比对次数。根据 100 个节点指纹值构造的 finger 表，然后选定一个节点查询 1000 个数据块指纹值的目标节点，并记录这些指纹值在查找目标节点过程中比对 finger 表表项的次数，最后用 MATLAB 对实验结果进行了绘图，如图 12.20(a)所示。在此基础上，对构造好的节点路由表进行压缩，然后选定相同的节点，采用二分搜索算法查询相同的数据块并记录比对 finger 表表项的次数，最后用 MATLAB 对实验结果进行了绘图，如图 12.20(b)所示。图 12.20 只选取了 300 个指纹值作为样本展示，若将 1000 个指纹查找次数绘制出的曲线特别密集，难以分辨。

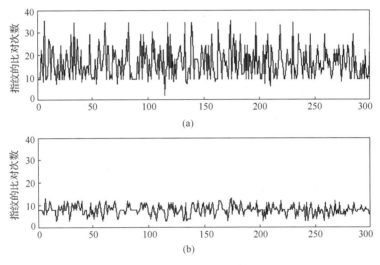

图 12.20　指纹值比对次数的对比

我们从图 12.20 中可以很清晰地看出，改进后的算法中指纹值的比对次数较为稳定，波动幅度较小，平均比对次数大概为 8 次，而原 Chord 算法中指纹比较的次数动荡较为明显，平均对比次数大概为 18 次。显然，改进后的算法在指纹值比对次数方面要比原来少。然而，图(a)中也有个别指纹值的查找特别快，此时查找转发的节点正好位于 finger 表的后面，这也正符合原 Chord 算法从后往前搜索 finger 表会出现的最好情况。

（2）指纹值查找时间。5 种规模的云存储环境中，各发起 1000 次指纹值查询，记录使用 Chord 算法和改进后的 Chord 算法所需的指纹值查找总时间，如图 12.21 所示。

从图 12.21 中可以看出，改进后的 Chord 算法指纹值查找的时间的确比原 Chord 算法要少，这是因为指纹值查找过程中考虑了邻居节点，同时也优化了 finger 表的查找。指纹值查找时间与节点数量正相关,随着节点规模的增大,节点之间的跳转次数变多,指纹值比对的范围也增大,指纹值查找时间也会相应增加。

(3)重删率。在 100 个节点的无中心云存储环境下,使用相同的实验数据集分别执行源端文件级重复数据删除、双端两级重复数据删除操作,重删率如图 12.22 所示。云存储系统中源端文件级重复数据删除技术较为普遍,本节除了在客户端执行文件级重复数据删除,还在存储端执行数据块级重复数据删除,简称双端两级重复数据删除。实验记录了每次上传后的数据总量,以及经过两种处理后的数据总量,存储空间总量随着上传次数的变化,如图 12.23 所示。

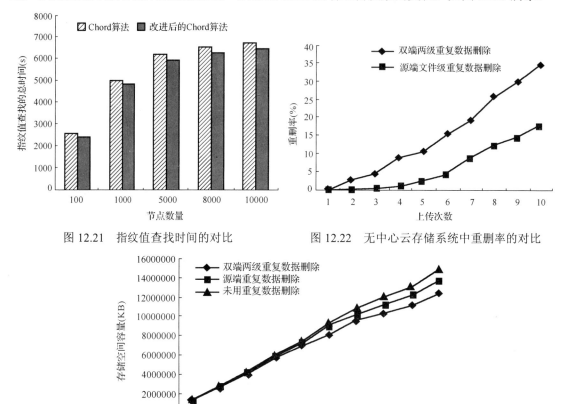

图 12.21 指纹值查找时间的对比　　图 12.22 无中心云存储系统中重删率的对比

图 12.23 无中心云存储系统中存储空间用量的对比

从图 12.22 和 12.23 可以看出,双端两级重复数据删除方法的重删率要高于源端文件级重复数据删除方法,并且前者对于存储空间容量的节约效果也比后者要好,但是对于存储空间用量的节约却不是特别显著,这符合实验数据集本身的特征,即相似文件的比例高于重复文件。这两种重复数据删除方法在开始的几次上传中对于存储空间容量的节省并不明显,随着实验数据集变大,重删率也随之提高了。

12.5　本章小结

目前,云存储的应用越来越广泛,用户可以随时随地享受低成本、便捷的存储服务和获取云端资源,但伴随而来的是不同的用户往往会上传大量重复性的数据,这造成了存储资源的浪费。云存储系统中重复数据删除技术的研究不同于传统的备份、归档系统,需要考虑的因素较多,如数据的复杂性、动态性、冗余性、安全性。

本章分别从有中心云存储系统和无中心云存储系统两方面讨论了重复数据删除具体的实现方案,结合两者的特点,制定出相应的策略使得存储系统的性能,达到了降低资源消耗的目的。

参 考 文 献

[1] Wikipedia. Big data[EB/OL]. [2013-08-01]. http://en.wikipedia.org/wiki/Big_data.

[2] Reinsel J G D, Gantz J. The Digital Universe Decade-Are You Ready[J]. IDC White Paper, 2010.

[3] Guo F, Efstathopoulos P. Building a high-performance deduplication system[C]. Conference on Usenix Technical Conference, 2011:25-25.

[4] Li, Zhichao, Greenan, Kevin M, Leung, Andrew W, et al. Power consumption in enterprise-scale backup storage systems[C]. Usenix Conference on File and Storage Technologies, 2012:6.

[5] Kruus E, Ungureanu C, Dubnicki C. Bimodal content defined chunking for backup streams[C]. Usenix Conference on File and Storage Technologies, 2010:239-252.

[6] Tolia N, Kozuch M, Satyanarayanan M, et al. Opportunistic Use of Content Addressable Storage for Distributed File Systems[C]. Usenix Annual Technical Conference, 2003, 3: 127-140.

[7] Shilane P, Huang M, Wallace G, et al. WAN-optimized replication of backup datasets using stream-informed delta compression[J]. Acm Transactions on Storage, 2012, 8(4):5-5..

[8] Ziv J, Lempel A. A universal algorithm for sequential data compression[J]. IEEE Transactions on Information Theory, 1977, 23(3):337-343.

[9] 敖莉,舒继武,李明强. 重复数据删除技术. 软件学报,2010, 21(5):916-929.

[10] Biggar H. Experiencing data de-duplication: Improving efficiency and reducing capacity requirements[J]. The Enterprise Strategy Group,2007.

[11] 谢平. 存储系统重复数据删除技术研究综述[J]. 计算机科学,2014, 41(1):22-30.

[12] 韩书婷. 基于在线重复数据删除技术的 Openstack 镜像管理系统的设计与实现[D]. 浙江:杭州电子科技大学,2013.

[13] Quinlan S, Dorward S. Venti: a new approach to archival storage[C]. Proceedings of the First USENIX Conference on File and Storage Technologies. Monterey, USA: ACM. 2002: 89-101.

[14] Vrable M, Savage S, Voelker M G. Cumulus: filesystem backup to the cloud[J]. ACM Transactions on Storage, 2009, 5(4): 1-28.

[15] Tan Y J, Jiang H, Feng D, et al. SAM: a semantic-aware multi-tiered source de-duplication framework for cloud backup[C]. Proceedings of the 2010 39th International Conference on Parallel Processing. Washington DC, USA: ACM, 2010: 614-623.

[16] Tan Y J, Jiang H, Feng D, et al. CABdedupe: a causality-based deduplication performance booster for cloud backup services[C]. 2011 IEEE International Parallel & Distributed Processing Symposium (IPDPS). Anchorage, AK: IEEE, 2011: 1266-1277.

[17] Fu Y J, Jiang H, Xiao N, etal. AA-Dedupe: an application-aware source deduplication approach for cloud backup services in the personal computing environment[C]. 2011 IEEE International Conference on Cluster

Computing (CLUSTER). Austin, TX: IEEE, 2011: 112-120.

[18] Frey D, Kermarrec A, Kloudas K. Probabilistic deduplication for cluster-based storage systems[C]. Proceedings of the Third ACM Symposium on Cloud Computing. New York, USA: ACM. 2012: 1-14.

[19] 沈瑞清. 云存储中避免重复数据存储机制研究[D]. 昆明：云南大学，2013.

[20] Kaaniche N, Laurent M. A secure client side deduplication scheme in cloud storage environments. 2014 6th International Conference on New Technologies, Mobility and Security (NTMS). Dubai: IEEE，2014: 1-7.

[21] Stanek J, Sorniotti A, Androulaki E, etal. A secure data deduplication scheme for cloud storage. Lecture Notes in Computer Science. Springer Verlag, 2014: 99-118.

[22] Fan C, Huang S Y, Hsu W. Hybrid data deduplication in cloud environment. 2012 International Conference on Information Security and Intelligence Control （ISIC）. Yunlin, TW: IEEE, 2012: 174-177.

[23] Leesakul W, Townend P, Xu J. Dynamic data deduplication in cloud storage. Service 2014 IEEE 8th International Symposium on Oriented System Engineering （SOSE）. Oxford, UK: IEEE, 2014: 320-325.

[24] 吴吉义. 基于DHT的开放对等云存储服务系统研究[D]. 浙江：浙江大学，2011.

[25] 刘鹏. 云计算（第三版）. 北京：电子工业出版社，2015.

[26] 刘瑶. PaaS云平台技术研究与应用[D]. 西安：长安大学，2015.

[27] 百度百科. 云存储. http://baike.baidu.com/view/2044736.htm. 2015.10.

[28] 邓见光，潘晓衡，袁华强. 云存储及其分布式文件系统的研究[J]. 东莞理工学院学报，2012, 19(5): 41-46.

[29] 余秦勇，陈 林，童斌. 一种无中心的云存储架构分析. 通信技术,2012, 45(8): 123-126.

[30] Openstack 中文社区. Openstack Swift 原理、架构与 API 介绍. http://www.openstack.cn/?p=776. 2014.01.06.

[31] 吴吉义，傅建庆，平玲娣等. 一种对等结构的云存储系统研究[J]. 电子学报,2011, 39(5): 1100-1107.

[32] Maymounkov P, Mazières D. Kademlia: a peer-to-peer information system based on the xor metric. Proceedings of the 1st International Workshop on Peer-to-Peer Systems （IPTPS）. Cambridge, USA: Springer, 2002: 53-65.

[33] 常倩. 基于云存储和P2P的资料同步存储技术的研究[D]. 合肥：安徽大学，2015.

[34] 周振朝. 对等网络模型及其关键技术的研究. 长沙：中南大学，2010.

[35] Stoica I, Morris R, Karger D, etal. Chord: a scalable peer-to-peer lookup service for internet applications. Proceedings of the ACM SIGCOMM'01 Conference. New York, USA: ACM, 2001: 149-160.

[36] 王挺，吴晓军，张玉梅. 基于遗传算法的双向搜索Chord算法[J]. 计算机应用研究，2016, 33(1):46-49.

[37] 王国华. 高效重复数据删除技术研究. 广州：华南理工大学，2014.

[38] Cai B, Zhang F L, Wang C. Research on chunking algorithms of data de-duplication. Proceedings of the International Conference on Communication, Electronics and Automation Engineering (ICCEAE). Springer Berlin Heidelberg, 2012: 1019-1025.

[39] Rabin M O. Fingerprinting by random polynomials . Harvard University: Center for Research in Computing Technology, 1981.

[40] Muthitacharoen A, Chen B J, Mazieres D. A low-bandwidth network file system. Proceedings of the 18th ACM Symposium on Operating Systems Principles. ACM, 2001: 174-187.

[41] Eshghi K, Tang K H. A framework for analyzing and improving content-based chunking algorithms [R]. Hewlett-Packard Labs, 2005.

[42] Won Y, Lim K, Min J. MUCH: multithreaded content-based file chunking. IEEE Transactions on Computers, 2015, 64(5): 1375-1388.

[43] 魏建生. 高性能重复数据检测与删除技术研究[D]. 武汉：华中科技大学，2012.

[44] 徐照. 广域网重复数据消除方法的研究与实现[D]. 南京：南京邮电大学，2013.

[45] 杨天明. 网络备份中重复数据删除技术研究[D]. 武汉：华中科技大学，2010.

[46] Wang G P, Chen S Y, Lin M W, etal. SBBS: a sliding blocking algorithm with backtracking sub-blocks for duplicate data detection. Expert Systems with Application, 2014, 41(5): 2415-2423.

[47] 曾涛. 重复数据删除技术的研究与实现[D]. 武汉：华中科技大学，2011.

[48] Zhu B, Li K, Patterson H. Avoiding the disk bottleneck in the data domain deduplication file system. Proceedings of the 6th USENIX Conference on File and Storage Technologies. San Jose, California: USENIX Association, 2008: 1-14.

[49] Lillibridge M, Eshghi K, Bhagwat D, etal. Sparse indexing: large scale, inline deduplication using sampling and locality. Proceedings of the 7th Conference on File and Storage Technologies. San Francisco, California: USENIX Association, 2009: 111-123.

[50] Bhagwat D, Eshghi K, Long D D E, etal. Extreme binning: scalable, parallel deduplication for chunk-based file backup. 2009 MASCOTS'09 IEEE International Symposium on Modeling, Analysis & Simulation of Computer and Telecommunication Systems. London: IEEE, 2009: 1-9.

[51] 张志珂，蒋泽军，蔡小斌等. 相似索引：适用于重复数据删除的二级索引[J]. 计算机应用研究[J]，2013, 30(12): 3614-3617.

[52] 夏纯中. 云存储多数据中心 QoS 保障机制研究[D]. 镇江：江苏大学，2014.

[53] 伍秋平，刘波，林伟伟. 一种面向云存储数据容错的 ARC 缓存淘汰机制[J]. 计算机科学，2015, 42(6): 332-336.

[54] 毛波，叶阁焰，蓝琰佳，等. 一种基于重复数据删除技术的云中云存储系统[D]. 计算机研究与发展，2015, 52(6): 1278-1287.

[55] 孙大为，张广艳，舒继武等. 大数据存储与处理关键技术[J]. 中国计算机科学与通讯，2014, 10(11): 18-24.

[56] 徐婧. 云存储环境下副本策略研究[D]. 合肥：中国科学技术大学，2011.

[57] 吴晨涛. 对象存储系统中热点数据的研究[D]. 武汉：华中科技大学，2010.

第四部分

云端融合计算

第 13 章 云端融合计算模型

目前的云计算应用系统虽然也倾向于利用廉价计算和存储设备来提供各种服务，但是都简单地认为网络终端节点仅仅是服务的消费者，对于终端节点所蕴含的各种可利用的潜在资源考虑并不足够。事实上，终端节点本身也拥有各种计算、存储，甚至信息资源，且常常处于闲置状态，接入 Internet 的海量终端节点的海量资源被浪费了。而事实上，网络终端节点既可以成为服务和资源的消费者，也可以成为供给者。基于对等计算系统虽然是不稳定的，但是由于对等节点的数量往往是巨大的（甚至以千万计），因此以冗余来提高性能是完全可能的。为了更加充分利用网络中集群服务器节点和终端节点上各种可利用的潜在资源使它们互连互通，并基于可行性和经济效益的分析，本章介绍如何基于多移动 Agent 思想和技术，将云计算与对等计算融合，扩展为云端融合计算模型。

13.1 基本概念

13.1.1 云计算与对等计算

目前网络计算领域涌现出一系列新型的技术、平台和应用系统，特别是云计算技术和对等计算技术这两种具有典型性的新型网络计算模式受到了广泛的关注。

云计算是分布式计算、并行计算和网格计算的进化产物，通过将计算任务均衡分布在由集群服务器节点构成的资源池上，使各种应用系统能够按需、透明地获取高性价比的计算能力、存储资源和信息服务。

而对等计算则改变了传统的客户机/服务器模式（Client/Server Computing，C/S）计算或者浏览器/服务器模式（Browser/Server Computing，B/S）计算这样不对等的网络计算模式，充分利用网络化计算与存储资源，节点与节点之间地位同等，既可以是服务的提供者，也可以使服务的使用者，把潜在的计算和存储资源结合在一起，这为海量的资源共享、直接通信和协同工作提供了灵活的、可扩展的计算平台。

随着互联网、社交网络的飞速发展，人类已经进入了大数据时代[1]。传统的云服务器高昂的价格决定了服务器数量的有限性，传统的云存储系统的存储能力变得越来越不能满足数据存储的需求。值得注意的是，在网络核心存储资源紧缺的同时，一些网络边缘资源却没有得到充分的利用，造成了一定程度的浪费。基于当前两种分布式网络环境的特点，云计算（Cloud Computing）主要偏向于利用服务器节点的资源，对等计算偏向于利用非服务器端、网络终端节点的资源，实际上是一对互补的技术，它们之间的对比关系如表 13.1 所示。

表 13.1 对等计算和云计算的比较

内容	对等计算	云计算	内容	对等计算	云计算
资源提供者	普通用户	云提供商	负载承担者	用户端	云端
可靠性	较差	较好	可扩展性	很好	依赖云提供商
成本承担者	用户	云提供商	—	—	—

云计算侧重于利用网路核心资源，对等节点作为网络终端节点既可以成为服务和资源的消费者，也可以成为供给者。对等计算虽然是不稳定的，但是由于对等节点的数量往往是巨大的（甚至以百万计），因此以冗余来提高性能是完全可能的。

13.1.2 云端融合计算

云端融合计算（Cloud-P2P Computing）是将网络核心的云数据中心和网络边缘的终端节点上的各类资源有机聚合成更大规模的资源池，更好地整合了互联网和不同设备上的信息和应用，达到高效率、低成本的计算目标。简而言之，就是云计算与对等计算进行有效的融合，这种融合体现在两个方面。

（1）计算环境的融合：将原本相互隔离与独立的云计算环境和对等计算环境融合在一起，基于虚拟化机制将环境中包含的软、硬件融合到基于 Internet 的资源池中，统一接收任务的部署和资源的调度。

（2）技术的融合：将云计算和对等计算系统中的机制、算法和技术（如任务调度、网络拓扑、资源管理、性能监控等）相互融合与渗透，如将适用于 P2P 网络的 DHT 技术应用于云计算/云存储的服务器集群的网络拓扑。

云端计算是一个融合计算环境，拥有云计算和对等计算各自独立的特征，同时也带来了一些新的特征和问题[2]。

（1）资源丰富：云端计算环境除了云计算提供商提供的集群服务器端的资源，还包括大量网络边缘的终端节点上的各类资源。

（2）负载均衡：云端计算环境的负载由用户端和云端共同承担，减少了"超载"的现象，合理地负载分配提高了任务处理的效率。

（3）可靠性低：云端计算环境不仅存在较稳定的云服务器节点，还融合了相对比较动态的网络终端节点。

终端节点池中存在两种节点：一种是长期稳定在线，便于控制，并可积极提供服务的可信赖边缘（Peer）节点；另一种是具有很强随机性，即经常动态加入或退出网络，不能保障服务质量的 Peer 节点，即不可信赖。此外，这两种节点也有可能动态交换。所以，云端计算环境包括三类节点：稳定的云服务器节点、较稳定的 Peer 节点和不稳定的 Peer 节点，从而造成云端数据存储的不可靠性。

除了上述特征外，云端计算环境还有易编程、高容错、可扩展等特征，云端计算弥补了云计算和对等计算彼此的不足，但更复杂的计算环境也带来了一定的管理难度。

13.2 体系架构

13.2.1 体系架构

在已有的云计算体系架构[3,4]和对等计算体系架构[5]的基础上，云端融入计算架构将由网络连接起来的网络核心的云端和网络边缘的终端的各种分散、自治资源和计算系统组合起来，从而演化为更为广泛的大规模计算平台，以实现最广泛的资源共享、协同工作和联合计算，为各种用户提供基于网络的各类综合性服务。

云端融入计算体系架构如图 13.1 所示，系统中包含主管理节点（Supervisor Node，SN）、云服务器节点（Cloud Node，CN）和终端节点（Peer Node，PN）这三类节点，分别形成 MS 资源层、CN 资源层和 PN 资源层。其中，MS 节点承担管理和维护系统中所有用户、节点及数据的属性、状态和活动信息，协调整个系统的正常运转的责任；CN 节点和 PN 节点将负责实际的数据存储和本地的资源管理。

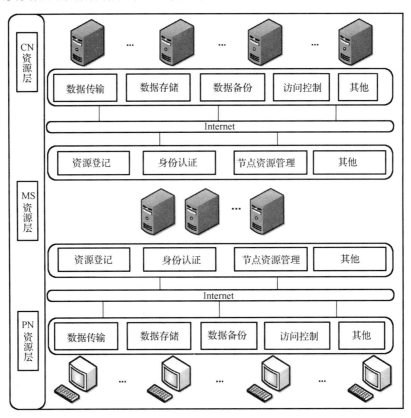

图 13.1　云端计算的体系架构

由云端计算的体系架构可见，CN 资源层和 PN 资源层的节点功能是相同的，对于用户而言，是没有差别的。CN 资源层和 PN 资源层都包括数据传输、数据存储、数据备份、访问控制等模块；MS 资源层包括资源登记、身份认证、节点资源管理等模块。在云端计算数据存储系统中，节点之间存在以下 4 种交互行为：

（1）数据登记（Data Register）：用户在申请数据托管前，需要在 MS 节点处登记数据的属性信息，MS 节点以此作为管理数据的依据核对用户真实提交的数据，并基于这些信息进一步建立数据的全局索引信息。

（2）资源登记（Resource Register）：CN 节点和 PN 节点在 MS 节点处登记自身的可用资源状态信息，其中最重要的是当前可用的辅助存储空间，以及 CPU 处理能力和内存容量等，系统以此作为后续用户在数据托管时选择合适存储节点的依据。

（3）身份认证（Authentication）：任何节点在登录系统与其他节点交互前都必须出示注册时获得的数字身份凭证，节点在通过身份认证后才能继续与其他节点进行进一步的交互。

（4）数据传输（Data Transfer）：用户在托管数据时，需要向 CN 节点和 PN 节点进行数据传输，而 CN 节点与 CN 节点之间、PN 节点和 PN 节点之间，以及 CN 节点与 PN 节点之间也会在发生数据备份、更新等情况下进行数据传输。

显然，云端数据存储系统中蕴含的节点及可用资源范围更广、数量更大，更具可伸缩性，更易满足用户日益增加的存储需求、消除性能瓶颈、实现负载平衡和多副本冗余备份、降低数据中心能耗和成本，以及避免集中数据存储带来的安全风险等。

13.2.2　数据存储

由上述可知，云端计算由稳定的核心管理层、次稳定的云资源层和不稳定的 P2P 资源层构成，除了组成核心管理层的 MS 节点，按照稳定程度将组成云资源层的 CN 节点和组成 P2P 资源层的 PN 节点分成不同的安全等级，即标识 0 表示次稳定的 CN 节点，标识 1 表示不稳定的 PN 节点。用户根据自身需求将待上传数据上传至 CN 节点和 PN 节点上存储，结合云计算和对等计算中数据存储的特点，云端计算中数据的存储如图 13.2 所示。

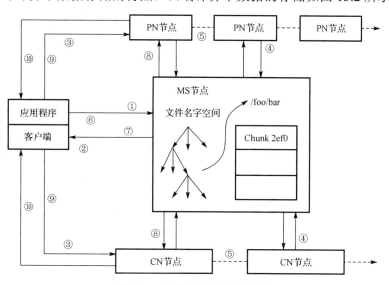

图 13.2　云端计算中数据存储

云端计算中的数据存储主要包括文件存储和文件访问两个部分。

1．文件存储

（1）申请空间：用户将待上传文件的基本信息（如文件名、文件大小等）及存储节点的需求(如节点安全等级、节点可用空间大小等)发送至 MS 节点。

(2) 分配空间:MS 节点将在其上注册过满足条件的节点中进行筛选,然后将筛选所得到的节点相关信息(如块句柄等)返回至用户。

(3) 文件存储:用户将待上传文件上传至 MS 返回的云端节点上。

(4) 节点更新:文件存储所属节点需将节点的状态更新至 MS 节点上。

(5) 文件备份:云端会产生至少 3 份备份,备份存储在同类云端节点上,即若原文件存储在 CN 节点(或 PN 节点)上,则备份也存储在不同的 CN 节点(或 PN 节点)上。

2. 文件访问

(1) 发送请求:访问者将所需访问的文件名发送至 MS 节点。

(2) 请求响应:MS 节点将对应的文件所在节点信息及副本所在节点信息返回至访问者。

(3) 发送指示:MS 节点发送节点信息及副本所在节点信息至访问者的同时,向相应节点发送指示,告知访问者的访问需求。

(4) 发起访问:用户向所得所有节点发起访问请求。

(5) 响应请求:数据存储节点核对 MS 发送的指示和实际来访者的信息,在确认无误之后,对访问者的请求发起响应。

13.2.3 节点特征与属性

云端环境下节点层次可以采用一种雪花状设计架构平面图,空间上分为三层,如图 13.3 所示,其中 SN 为核心层的节点,CN 为云内层的节点,PN 为边缘层的节点:

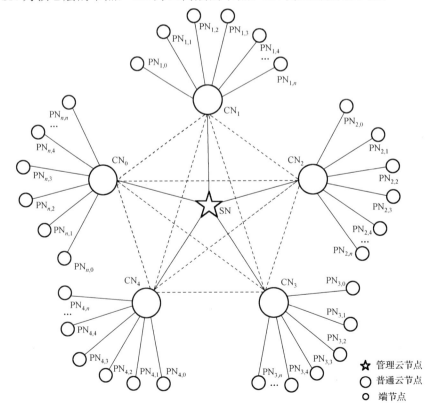

图 13.3 云端数据存储模型

下面详细阐述云端架构中的三类节点的特征与属性。

1. 管理云节点

在雪花状的存储模型架构设计中，SN 位于核心层，作为全局元数据管理者，系统中的数据块与其管理节点的索引信息存储于 SN 上，如表 13.2 所示；同时 SN 还管理着所有的 CN，CN 的信息存储于 SN 中，详细如表 13.3 所示。

表 13.2 数据块及其管理者索引表

字段	注释
BID	数据块标识
NID	负责管理数据的云节点标识

表 13.3 普通云节点属性信息表

字段	注释	字段	注释
NID	节点标识	Capacity	节点剩余容量
Status	节点状态	Backup	备份云节点标识

2. 普通云节点

普通云节点 CN 位于云内层，负责存储与管理数据块及其副本信息，同时还存储与管理其所管辖的终端节点的信息。

CN 作为数据块的直接管理节点，存储和管理数据块的属性信息，包括数据块标识、数据块的等级，以及数据块所有副本的全局被访问次数。

表 13.4 表示 CN 上存储着该 CN 直接管理的数据块的数据块标识、数据块等级，以及该数据块所有副本的全局被访总次数。

表 13.4 数据块信息表

字段	注释
BID	CN 直接管理的数据块标识
Level	数据块等级，1 代表重要，2 代表不重要
Access	该数据块所有副本的全局被访总次数

除了管理数据块的信息，CN 还存储与管理数据块对应的所有副本的标识，以及其所在的存储节点标识，如表 13.5 所示。

表 13.5 数据副本信息表

字段	注释
BID.RID	数据副本标识
NID	数据副本的存储节点标识

CN 作为数据副本的实际存储节点，本地也存储着若干数据副本，CN 的本地数据副本存储信息如表 13.6 所示，包括副本在本地节点辅存上的存储位置和副本的本地访问次数。

表 13.6 CN 本地数据副本信息表

字段	注释
BID.RID	副本唯一标识，全局唯一，将数据块通过散列算法计算得到
Address	副本在本地节点辅存上的存储位置
Access	副本的本地访问次数

CN 还作为边缘层节点的管理节点，边缘层节点按 IP 地址划分为若干组，每个 CN 管辖一个 PN 组。CN 存储着所管辖 PN 组中所有节点的属性信息，如表 13.7 所示。

表 13.7　终端节点属性信息表

字段	注释
NID	节点标识
Capacity	节点的剩余容量
Status	节点状态：可用或不可用

3. 终端节点

PN 位于边缘层，只作为存储节点存储和管理本地的数据副本及其属性信息，如表 13.8 所示。

表 13.8　PN 本地数据副本信息表

字段	注释
BID.RID	副本唯一标识，由数据块标识加上副本编号构成，全局唯一
Address	副本在本地节点辅存上的存储位置
Access	副本的本地访问次数

13.3　基于多移动 Agent 的云端融合计算

13.3.1　问题分析

云端融合计算可以综合利用服务器的计算、存储设备，以及终端节点所蕴含的各种可利用的潜在资源，从而最大限度地利用各地的计算、存储甚至信息资源。但如何采用合适的技术实现云计算和对等计算的融合是关键。

与传统的云计算系统不同的是，云端计算聚合的各种资源（计算、存储、数据等）并不仅仅来自于服务器节点，云端计算环境中的每个终端节点在获取服务和资源的同时，也完全可以利用自身的计算、存储等能力提供服务。当然，不同于可以稳定运行的高性能服务器节点（核心节点，一般是指并行计算设备，可 7×24 稳定地不间断运行），也不同于系统可直接集中管理控制的集群服务器节点（节点失效可及时更换），大量的终端节点可以动态、随机地加入和退出云端计算环境[6]。

由于终端节点本身也拥有资源，因此当终端节点加入云计算环境时，也有可能贡献自身闲置的资源和提供服务，但这种行为显然是不可靠，服务质量当然难以保障的。即便如此，由于端节点的数量往往是巨大的（甚至以百万台计），因此以冗余来提高性能是可能的。

云端计算融合模型由稳定的核心管理层、次稳定的云资源层和不稳定的 P2P 资源层构成构成，即核心管理层由核心节点构成，云资源层由云服务器节点构成，P2P 资源层由终端节点构成，如图 13.4 所示。

在由终端节点构成的 P2P 资源层中，也存在着两种节点，如图 13.5 所示，一种是长时间稳定在线、积极提供服务的可信赖的终端节点；另一种是具有很强随机性，甚至表现出一种"不负责任"特征的终端节点，即不可信赖。这两类节点也有可能动态交换，出现如图 13.5 所示的"对流"情形。

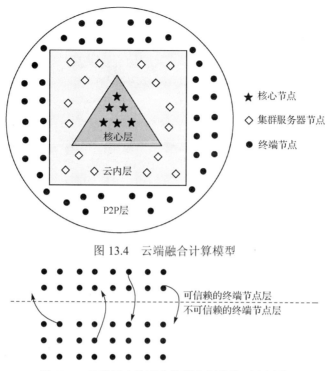

图 13.4 云端融合计算模型

图 13.5 云外层中按可信赖程度划分的两个层次

显然,为了提高系统运行的稳定度,还需要一套激励机制来促使终端节点能够稳定、诚实地贡献资源和协同工作,即促成节点从不可信赖的终端节点层流向可信赖的终端节点层。

13.3.2 多移动 Agent 的引入

本章基于多移动 Agent 思想和技术,将云计算与对等计算融合扩展为云端融合计算模型,该模型充分考虑和挖掘了终端节点所蕴含的各种可利用的潜在资源。模型按照节点的类型将云端计算环境进行分层,引入多移动 Agent,利用 Agent 作为各计算节点行为和资源的代表,将各种层次的任务有序地部署到核心节点、一般服务器节点和终端节点上,以达到资源利用最大化的目标。

多移动 Agent 技术在前面章节已做过介绍,采用多移动 Agent 技术来构建云端计算融合模型,即在每个节点上构建多 Agent 与移动 Agent 运行平台,这意味着采用一组分散的、松散耦合的智能 Agent 在分布式的云端计算环境下,实现群体间高效率地相互协作、联合求解,解决多种协作策略、方案、意见下的冲突和矛盾,从而模拟人类社会组织机构与社会群体来解决各种问题[7]。

驻留于核心节点、集群服务器节点和终端节点上的 Agent 显然有较大的差异,尽管如此,仍然可以抽象定义出通用的云端计算环境中的 Agent 模型。

定义 13.1 云端计算环境中的 **Agent**(**cAgent**):cAgent 是一个七元组。

$$\text{cAgent}=(\text{ID, layer, role, capability, state, policy, credit}) \quad (13.1)$$

式中,cAgent 由身份标识(ID)、归属层次(layer)、角色(role)、能力(capability)、状态(state)、自身策略(policy)和可信值(credit)七个部分组成。ID 是用来标识网络中的唯一 cAgent,由于云端计算环境中的一个节点上也可能驻留多个 cAgent,因此,该可用节点标

识与本地 cAgent 序列号联合构成，即 NodeIdentity|cAgentSerialNo。

归属层次（layer）标明 cAgent 所驻节点是属于云核心层、云内层还是云外层。在云端计算环境中，角色（role）包含了以下几种：系统管理员、用户、作业分割者、任务调度者和任务执行者，为了增强系统稳定性，常常还需要备份角色，例如管理协调者常常会有其影子管理者，在管理协调者发生宕机等状况时，可以不间断地维持系统正常运行。能力（capability）主要指节点所拥有并可共享的各种资源，包括 CPU、内存等计算资源，也包括硬盘等存储资源，还包括程序、文件、数据等软件资源。状态（state）指出了节点当前的工作状态（如"忙"或"闲"）、资源共享的当前情况和历史信息等。策略（policy）是节点根据自身情况（如状态和能力信息），以及意愿设置的相关策略，决定节点在当前任务来临时所做出的决策。可信值（credit）标明了节点的可信赖程度，如上文所述，重点针对云外层中的节点，影响了节点在可信赖的终端节点层和不可信赖的终端节点层之间的对流。

在网络与分布式环境下，每个 Agent 是独立自主的，能作用于自身和环境，能操纵环境的部分资源，能对环境的变化做出反应，更重要的是能与其他 Agent 通信、交互，彼此协同工作，共同完成任务。

13.3.3 层次结构

基于 Agent 的云端融合计算模型可划分为如图 13.6 所示的五层结构。

应用层	应用系统	定制程序	第三方软件
Agent层	Agent 1 Agent 2	Agent 3 …	Agent m
管理层	节点管理	可信管理	资源管理	任务调度
	安全管理	服务管理	性能监控	策略管理
资源层	虚拟化机制		
	计算、存储资源	软件资源	信息资源
网络层	网络协议	通信机制	路由机制	接入机制

图 13.6 基于 Agent 的可信云端融合计算模型层次结构

（1）网络层（Network Layer）：在云端融合计算环境中既包含由云计算主服务器节点和集群服务器节点构成的局域网，又包括由终端节点构成的广域网，采用的网络传输介质、网络通信协议、网络设备类型和网络接入方式都存在极大的差异性。特别是终端节点可以随意地加入和退出网络，使网络中存在很多费时的、不实用的建立和关闭连接的瞬时信息，网络拓扑动态变化，影响网络通信的性能。网络层应能够适应网络拓扑的动态变化使信息交换能正常执行下去。

（2）资源层（Resource Layer）：在云端融合计算环境中存在着多种资源，包括计算和存储等硬件资源、软件资源和信息资源，资源分散在云计算服务器端和网络终端节点端，为了达到最高级别的随需应变的自动化，资源必须被虚拟化。基于网络平台，大规模虚拟化的软、硬件资源池可为用户提供便捷、透明、动态的数据存储、网络计算和各类信息服务。虚拟化大幅提高了组织中资源和应用程序的效率和可用性，是快速、合理、优化地配置和分配各类资源，从而并行承担更多的任务。

（3）管理层（Management Layer）：管理层实现了对各类节点、资源、性能、安全、可信性、可靠性、计费、策略制订的管理与维护，以及任务的合理部署与调度。任务调度功能可应用于多节点并行或深度计算应用。服务管理可对系统提供的服务类型进行管理，包含了各种与服务相关的组件。云端融合计算环境与传统的分布式系统相比，动态性更强，特别是终端节点自主性更强，这使系统运行的稳定性、安全性和可靠性更难以控制。但是，利用海量终端节点资源冗余可以增强系统运行的可靠性和稳定性。

（4）Agent 层（Collaboration Layer）：云端融合计算的 Agent 层事实上是由 Agent 技术构建的一个面向任务协作与执行的 Agent 社会，Agent 将任务的执行和系统安全可信性管理与性能故障监控功能进行封装，这个社会是由节点内部的 Agent 和节点之间的 Agent 共同组成的。这种设计表示节点在需要进行任务执行与协同工作的时候，所有工作全部由多 Agent 来代表完成，这就使得复杂协作的顺利完成更灵活、更可靠。

（5）应用层（Application-level Layer）：应用层处于模型的最高层，利用服务相关层提供的各种基本服务，实现面向用户灵活多变的应用需求的诸多高级功能，可以从工具、应用和服务几个方面来实现。应用层是由各功能组件（Component）构成的，应用中的代码和数据并非预先部署在节点上，而是根据协作层多 Agent 协商的结果，由移动 Agent 按需动态携带、迁移并部署到目的节点上的。任务执行体可由任务的发起者来制作和发起，这种机制就使得资源和对资源的具体使用进行了剥离，使节点本身可以更单纯，更容易在不可预测的环境里面进行暂时的合作，并联合完成任务。

13.3.4 可信云端计算

以上述架构为基础，我们将基于 Agent 的云端融合计算环境抽象为二元组<TENL，TEAS>，其中，TENL（Task executor Node Layer，任务执行点层）是云端融合计算环境任务执行点（Task Executor Node，TEN）集合。TEAS（Task Execution Agent Society，TEAS）是与特定计算应用或任务相绑定的任务执行体 Agent（Task Execution Agent，TEA）集合，TEN 和 TEA 共同构成云端融合计算环境的基本运行管理单位，成为提供资源服务的载体。对于云端融合计算环境的最终用户而言，云端融合计算环境的可信保证是一种整体概念，是云端融合计算环境的整体使用感受。

作为云端融合计算环境实现资源共享与协同服务的实际组成元素，TEN 的可信性是实现云端融合计算环境可信保证的基础。在基于安全 Agent 的可信云端融合计算模型的可信体系的基本运作机制上，各 TEN 的局部可信保证及其协同过程中的整体可信构成了云端融合计算环境可信保证的基本框架，而云端融合计算的可信保证机制就能够建立在各 TEN 的局部可信保证机制基础上，如图 13.7 所示。

对于任意任务执行体 v∈TEAS，都将

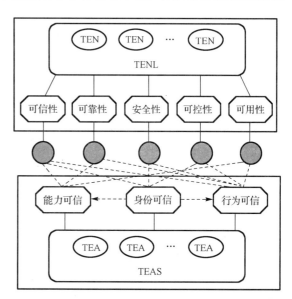

图 13.7 基于安全 Agent 的可信云端融合计算模型

与一个特定的 TEN 相绑定，各 TEN 通过执行体 v 之间的相互协作完成云端融合计算环境的任务需求，执行体 v 之间传递协同过程中的可信信息，实现可信相关协议。从资源共享的角度而言，云端融合计算环境的可信性要求其对于资源的访问和利用总处于规则允许的范围之内，其核心是基于身份认证的访问授权与控制，称为身份可信问题。从资源能力提供的角度，云端融合计算环境的可信性要求软件系统的功能是可依赖的，其核心是软件系统的可靠性和可用性，称为能力可信问题。从资源活动的角度而言，云端融合计算环境的可信性要求其能够适应开放环境的特性，对任务执行体 Agent 的自主交互实施信任管理，称为行为可信问题。

v 的可信评价是与它在可信云端融合计算模型的声明及其约束紧密相关的，根据上述分类，这些信息可以抽象为以下的三元组：<i, c, b>，其中：i 是 v 的身份声明，即 v 声称的其在模型中的身份信息；c 是 v 的能力声明，包括 v 在模型中声称的其功能及功能相关属性的信息；b 是 v 声称其在模型中所要遵守的组织约定，它既包含模型对于 v 的特定行为约束，也包括在自主协同过程中 v 所应遵循的交互协议。

在此基础上，云端融合计算环境的身份可信是指 v 的身份声明 i 在系统中可以被验证的特性，既是云端融合计算环境可信的一个重要方面，也是从功能和行为的角度对云端融合计算环境进行可信性评价的基础。从身份可信的角度而言，通过对参与实体的授权和身份验证确保系统安全性是可信研究的基础问题。随着软件应用向开放、跨组织和管理域的方向发展，如何在不可确知系统边界的前提下实现有效的身份认证和权限控制，如何对跨组织和管理域的协同提供身份可信的保障成为新的问题。

云端融合计算环境的能力可信是指 v 的能力声明可在系统中得到验证的特性。一般来说，这既意味着 v 在系统中的功能输出是正确的，也意味着系统对于 v 的功能输出状态的评价符合 v 所承诺的水平，例如，传统的对软件实体的可靠、可用性的度量都是通过将外界观察与其承诺相比较获得的。从能力可信的角度而言，面对广域、动态的网络环境，资源能力的输出往往会受到网络稳定性、所处设备软硬件波动，以及人为干扰等因素的影响。在云端融合计算环境下，资源的覆盖面更加广泛，类型更加丰富，且具有很强的动态性，这使得系统的可用性问题变得更加突出。

随着分布式应用规模的不断扩展，系统复杂度的不断增加，使得系统管理的难度不断加大，管理成本日益提高，这都对系统可用性和可靠性的保障提出了更高的要求。为了确保分布式应用的能力可信，需要从容错容灾、故障诊治与快速恢复，以及系统整体可用性等角度对系统的运行能力提供保障。为此，不但需要提出一套可行的运行保障机制，还需要在理论和技术层面提出有效的测量、评估和优化系统运行状态的理论和方法。通过对现有的高可用、可靠机制的整合，提出行之有效的系统能力保障机制，具有重要的意义。

行为可信是指 v 的行为总符合其承诺遵循的系统组织约定的特性。具体来说，v 的行为可信往往表现为其行为总处于系统限定的范围之内，或者系统对其的行为评价总是与对其承诺相一致。例如，在云端资源共享系统中，如果 v 承诺不合谋攻击或危害其他系统成员，且 v 的确没有发生违反承诺的行为，则可认为 v 相当其承诺是可信的。在云端融合计算环境日益孕育新应用的同时，交互主体间的生疏性，以及共享资源的敏感性成为跨安全域信任建立的屏障。因此，需要寻求一种更为有效的信任关系建立方法，实现从基于身份的访问控制技术到新技术的转化。在以服务为中心的云端融合计算环境等具有多个安全自治管理域的应用中，为了实现这些自治域间的资源共享和协作计算，需要通过一种快速、有效的机制为数目庞大、动态分散的个体和组织间建立信任关系，并能维护服务的自治性、隐私性等安全需要。

13.4 本章小结

本章主要介绍了云端融合计算，首先介绍了云计算与对等计算的相关概念，提出了云端计算的必要性；接着介绍云端计算的概念与特征、云端计算的体系架构、云端计算中数据的存储与访问流程；最后介绍本章的核心内容，即基于多移动 Agent 思想和技术，将云计算与对等计算融合为云端计算模型，并提出可信云端计算的相关概念。

参 考 文 献

[1] 何亨. 对等云存储服务系统的安全控制机制研究[D]. 武汉：华中科技大学，2013.

[2] 周明. 云计算中的数据安全相关问题的研究[D]. 南京：南京邮电大学，2013.

[3] 罗军舟，金嘉晖，宋爱波，等. 云计算：体系架构与关键技术[J]. 通信学报，2011, 32(7): 3-21.

[4] 陈灯. 云计算体系架构综述[EB/OL]. (2012-04-01)[2012-12-17]. blog.sina.com.cn/s/blog_4e0c21cc0100x79r.html.

[5] 郑纬民. 对等计算研究概论[EB/OL]. (2012-01-08)[2012-04-12].http://www.ccf.org.cn.

[6] RIPEANU M, FOSTER I, IAMNITCHI A. Mapping the Gnutella network: properties of large-scale Peer-to-Peer systems and implications for system design[J]. IEEE Internet Computing, 2002, 6(1): 50-57.

[7] SHENG Q J, ZHAO Z K, LIU S H, et al. A teamwork protocol for multi-Agent[J]. Journal of Software, 2004,15(5): 689-696.

第 14 章 云端融合计算技术

在第 13 章中我们介绍了云端融合计算模型,由于云端融合计算环境的动态性、异构性、自治性、分布性和开放性等特征,在实际运行环境中,当某一项任务来临时,如何将作业合理分割成若干个任务,然后有序部署到合适的节点上,并达到高性价比的目标;如何使得系统安全可信;如何保证多副本部署策略能够提高云端存储系统的数据的可用性、系统的负载均衡度和系统开销,以及用户的体验值;如何避免系统随着节点与资源增多而趋于混乱的无政府状态和信息孤岛,资源难以充分共享,复杂协作难以建立,整体效益甚至会随着节点的增多而降低等情况,都是需要重点解决的问题。

14.1 计算任务部署机制

14.1.1 计算任务执行流程

云端融合计算环境中的节点分成了多个层次,构成一种井然有序的拓扑结构,从图 14.1 可以看出,在云端融合计算计算环境中,作为服务提供或任务执行者的节点并不仅仅是服务器端节点。当某一用户向系统提交一项任务(Task)时,用户需要自定义好自己需要的内容,经由客户端相关的代码,将任务及其相关内容和配置,提交到任务服务器。门户及任务调度服务器节点将任务分解成一个个松散耦合的子任务(sTask),并将任务用 Agent 进行封装,然后将任务调度到合适的节点上运行。

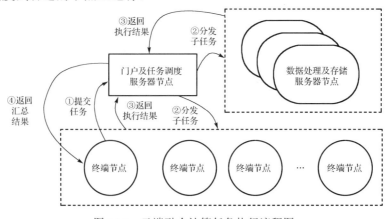

图 14.1 云端融合计算任务执行流程图

当某一项任务来临时，如何将作业（Job）合理分割成若干个任务（Task），然后有序部署到合适的节点上，并达到高性价比的目标，是本节重点探索的问题。

14.1.2　cAgent 角色分配

为了便于控制和管理网络系统，以及提高系统运作的效率，网络的拓扑应趋于"扁平化"。在分布式的云端计算环境中，多个节点及其 cAgent 的角色将可能是：

$$\text{role} \rightarrow \text{administrator | jobdivider | taskscheduler | client | taskexecutor} \quad (14.1)$$

基于高性能的云核心层节点的 cAgent 一般充当管理员 administrator 的角色，管理整个云端计算环境中的节点情况和资源分布情况。当云内层和云外层节点首次加入云端计算环境时，需在 administrator 处进行注册；administrator 将负责维护和更新节点和资源目录数据库，以掌握全局情况。当节点再次登录时，将由 administrator 负责验证其身份，并更新其相关信息（在资源等情况有所变更的时候）；各节点上的 cAgent 可通过其通信模块定期向 administrator 发送"心跳（heartbeat）"信息，以让 administrator 掌握其当前是否在线的情况，以及监视当前任务的承担情况。

云核心层节点上的 cAgent 还将充当作业分割者 jobdivider 的角色。当用户（即角色是 client）向系统提交一项作业时，jobdivider 将作业分解成一个个可相对独立执行的任务（即任务之间尽量是松散耦合），将任务进行封装，并在本地维护任务的执行序列，原因是任务之间可能有先后关联次序。

云核心层节点上的 cAgent 还将充当任务调度者 taskscheduler 的角色，将任务调度到合适的节点上运行。所谓合适的节点是指拥有的资源符合要求且愿意承担任务的节点。

云内层和云外层节点将充当任务执行者 taskexecutor 的角色，是实际任务的承担者。云核心层节点因为不参与实际的任务，从而降低其工作量，避免成为性能瓶颈。

14.1.3　作业分割与任务分配

基于云核心层节点的 administrator 在接收到 client 提交的若干作业请求时，首先按照作业的需求、作业的提交者身份、作业的工作量等相关信息设定其优先级，然后将作业加入到相应的等待队列中，在此，云核心层节点起到了作业调度程序的作用。

jobdivider 会分析每个作业的执行流程和结构，然后根据作业的情况将其分割成若干个任务。作业分割与任务分配是决定系统效率的关键，不合理的作业分割与任务分配，可能会导致网络流量增加或某些任务执行者负载过重。

基于合同网（Contract-net）的思想[1]，taskscheduler 将每个任务及其时限、报酬等信息制作成标书发布在云端计算环境中，侦听各个节点的回应，taskscheduler 从回应的节点中选择最适合实现对应任务的主体。

任务之间有重要性的差异，显然重要性高的任务应该安排在可直接控制的云内层节点上。但是由于云内层与云外层相比，节点数量较少，作业中大量的琐碎任务应该安排到云外层的节点上完成。云外层的节点大都是接入 Internet 的个人电脑，拥有相对弱的计算能力和存储资源，而且不能保证全部资源的投入，因此分配到云外层完成的每个任务的工作量应相对较少。

在云端计算这样动态、分布式的计算环境中，联合不同类型、属于不同所有者的节点来合作完成某一次大规模计算任务，要想达到比采用单个大型机更高的效能和性价比，就需要重点考虑系统的效率和鲁棒性等问题。具体而言，就是要提高系统的吞吐量、作业响应时间和完成作业成功率，并降低网络流量和取得负载平衡，最终达到提高整个系统服务质量（Quality of Service，QoS）的目标。

jobdivider 将某一次事务分为重要任务和一般任务，目的是重要的任务交给性能高的节点来完成，一般任务交给低性能的节点来完成，并通过冗余机制来进一步提高系统完成任务的成功率。这里存在一个问题，即如果任务之间耦合紧密，这些任务之间相互依赖，需要进行消息传递，协作关系频繁或复杂，因此并不适宜交由多个节点来完成。

相对重要的任务，可倾向于分配至相对稳定的云内层节点上，为了节省资源耗费，在 taskscheduler 初次将任务分配至云内层节点时，并不需要对任务进行备份。但是云内层节点作为 taskexecutor 还需要向 administrator 定时汇报当前工作状态，当完成某一项任务时，将结果及时返回至云核心层节点，或根据 taskscheduler 指示，将结果发送给另一个（或一群）taskexecutor 作为输入。如果某一个云内层节点 taskscheduler 未能在规定期限内完成任务或是失效，taskscheduler 将立刻将任务调度到另一个云内层节点予以执行。为了兼顾系统的机动能力，即当某一项作业来临时，有足够的云内层节点可以来承担重要的任务，还可通过资源预留或区分服务等方式来保留相应的资源。

为了尽可能减轻云内层节点的负担，应该将繁重、琐碎的作业分割为计算量小的任务，并分配至云外层节点来执行，要提高被分配至云外层节点来执行的任务成功率，并确保任务能够在规定的时间内提交结果，因此要提高云外层节点来执行的任务的成功率，可以通过以下 2 个策略实现。

- 优先选择可信赖的节点来担任 taskexecutor；
- 通过冗余节点来担任同一个任务的多个 taskexecutor。

通过增加一定的冗余度，即选取多个云外层节点来同时来执行同一任务，或者采用待定备份的方式，以降低因为某一个任务的未实现而导致整体任务无法达成的概率，具体的步骤如下。

步骤 1：将任务发送至多个终端节点上，进行执行。

步骤 2：当侦听到第 1 个完成任务的节点提交的结果时，先暂停，继续等待第 2 个完成任务的节点提交的结果。

步骤 3：当侦听到第 2 个完成任务的节点提交的结果时，将结果与第 1 个完成任务的节点提交的结果进行比对。

步骤 4：如果相同则采用该结果，如果不同，继续等待第 3 个完成任务的节点提交的结果。

步骤 5：当侦听到第 3 个完成任务的节点提交的结果时，将结果分别与第 1 个和第 2 个完成任务的节点提交的结果进行比对。

步骤 6：采用与之相同的那个结果，如果不同，则回到步骤 5 反复运行，直到找到相同的值为止。

14.2 任务安全分割与分配机制

14.2.1 安全问题分析

在动态、分布式的云端计算环境中，联合属于不同所有者的节点合作完成某一次大规模的复杂计算任务，需要重点考虑系统的安全及鲁棒性等问题。

由于云端计算环境中的任务承担者既包括数据处理及存储服务器节点,也包括用户终端节点,被集中管理的数据处理及存储服务器节点常常被认为是可信的。原因是这些节点一般属于大型的机构(如 Google、Yahoo、Amazon 等),这些机构具有广泛良好的信誉,用户可以信任由它们管理的服务器节点。不同于系统可直接集中管理控制的集群服务器节点,海量的终端节点分属于不同的用户,行为显然不可靠,计算安全性也难以保障。

总之,云端融合计算环境的动态性、异构性、自治性、分布性和开放性等特征,使得系统的安全可信性成为联合属于不同所有者的节点合作完成某一次大规模的复杂计算任务时需要重点考虑的根本问题。

对于传输中的代码和数据保护问题,可以依靠传统的网络安全技术加以解决,目前已经有了很多成熟、有效的解决方案。对于子任务包含的病毒对终端节点的执行环境及主机系统的攻击问题,目前已经有了一系列研究成果,提出了一些有效可行的方法,如沙盒模型、签名、认证、授权、资源分配、代码检验和审计记录等技术。

而对于子任务代码和数据的保护,即避免被执行环境及主机攻击则比较困难。子任务被传输并部署到目的主机执行时,任务的发起者就完全失去了对子任务的控制,子任务的每一行代码都要被任务执行主机系统解释、执行,代码完全暴露在执行系统中。任务执行者可以很容易地孤立、控制任务代码,对其进行攻击。例如,恶意主机可以窃取子任务的代码或者数据,从而了解整体任务的执行策略;修改子任务的数据;窥探子任务的控制流,篡改子任务的代码,使子任务按节点自己的意愿执行。这对于有计算私密性需求的任务(如商业中的调查、统计、分析等计算项目)而言,具有特别重要的意义。

为了解决上述难题,本节提出了一种基于移动 Agent 的云端计算安全任务分割与分配算法,下面将具体阐述。

14.2.2 基于移动 Agent 的任务分割与分配

基于移动 Agent 的系统具有生存、计算、安全、通信、迁移机制。生存机制指的是移动 Agent 的产生、销毁、启动、挂起、停止等服务;计算机制指的是移动 Agent 及其运行环境所具备的计算推理能力,包括数据操作和线程控制原语;安全机制描述了移动 Agent 访问其他移动 Agent 和网络资源的方式;通信机制定义了移动 Agent 间及其和其他实体间的通信方式;迁移机制负责移动 Agent 在异构的软、硬件网络环境中自由移动,代表用户异地完成指定的任务,这可以有效地降低分布式计算中的网络负载,提高通信效率,动态适应变化的网络环境,并具有很好的安全性和容错能力。这种计算模式适合在地理上或逻辑上分布、自主或异构的节点间提供应用服务或中间件服务,使移动 Agent 适合复杂的云端计算环境,云端计算系统中的移动 Agent 主要的工作是承载任务分割的子任务。

云端计算系统中的任务调度节点在接收用户提交的任务时,将任务 Task 分割为有序子任务集合。

$$\text{Task}=\{\text{sTask}_1, \text{sTask}_2, \cdots, \text{sTask}_i, \cdots, \text{sTask}_n\} \tag{14.2}$$

任务分割与任务分配是决定系统效率的关键,不合理的任务分割与分配可能会导致额外的网络开销和负载不均衡,任务完成的效率和鲁棒性都会下降。

如图 14.2 所示,任务调度服务器节点收到用户提交的任务时,按照尽量降低子任务之间耦合度的原则对其进行分割与分配。如图 14.2(a)所示,子任务之间没有任何交互,彼此独立的执行,并将执行的结果提交任务调度服务器节点,这在基于 MapReduce 的传统云计算系统中是可行的。但是在云端计算环境下,带来的后果则是很可能会增加子任务的粒度,从而导致系统的执行并行度的下降,任务执行节点的负载变重,增加了整个任务的周转时间,同时带来了安全问题。这里的安全问题在云端计算环境中主要是指:如果将较大的粒度的子任务部署到用户终端节点上执行,该节点就很可能会通过窥探该子任务的代码推测出任务的整体目标。

如果试图降低任务的执行粒度,如图 14.2(b)所示,子任务之间容易存在着以下的关系。

(1)一个子任务的完成结果是另一个子任务进行的前提,即直接的先后关系,在子任务间形成实现因果链,如在图 14.2(b)存在着任务执行路径 $sTask_1 \rightarrow sTask_k \rightarrow sTask_r$。

(2)两个子任务的执行过程可以并行进行,在任务间有不存在紧密合作关系,如图 14.2(b)中的子任务 $sTask_i$ 和 $sTask_s$。

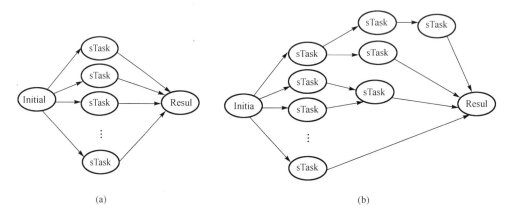

图 14.2　任务执行路径示意图

在将分割后的任务分配到集群服务器节点和用户终端节点来执行时,如果将任务(尤其是重要、关键的任务)尽量部署到服务器端以提高"单个任务"执行的安全可靠性,但服务器端易成为性能瓶颈,也会导致对终端节点的资源利用不充分;部署到终端节点上的承载子任务执行工作的 Agent 的代码段的执行都可能会泄露一些信息给主机,Agent 包含的子任务代码段越多,主机就更可能得到越多的信息。如果主机是恶意的,就可能窥探代码或改变代码使之偏离原来的功能目标,从而产生错误的执行结果。

总之,在将用户提交的任务分割为子任务集合,并利用移动 Agent 部署到云端计算系统中的节点上时,从安全和可控性的角度来考虑,应该尽量将任务尽量部署到服务器集群的计算节点上;但是从负载平衡和充分利用网络计算资源的角度来看,应该尽量将任务部署到终端计算节点上。相对于有限数量的服务器端计算资源,海量的终端节点可以聚合出更巨大的计算能力和存储空间。

理想的分配目标是将重要但计算量并不繁重的工作部署在服务器端,将不重要且计算量繁重的工作进一步细分割成多个耦合度低且粒度小的子任务,从而达到任何一个子任务都不会对作业的整体产生重大的影响,也不能从该任务推知作业的整体工作逻辑,然后部署在海量的终端节点上。

即便采取上述的分配与分割方案,系统仍然会存在终端节点协同攻击系统的问题。假设承载任务 $sTask_i$ 的 Agent 移动到终端节点 $Node_A$ 上(设该 Agent 命名为 $Agent_A$),承载任务

sTask$_k$ 的 Agent 移动到终端节点 Node$_B$ 上（设该 Agent 命名为 Agent$_B$），承载任务 sTask$_r$ 的 Agent 移动到终端节点 Node$_C$ 上（设该 Agent 命名为 Agent$_C$）。

由于 Agent$_A$ 的输出作为 Agent$_B$ 的输入，Agent$_B$ 的输出作为 Agent$_C$ 的输入，构成一条局部执行路径。显然，由于 Agent 的移动性，以及与其他 Agent 的交互，节点有可能获取另一节点上 Agent 的代码和数据，从而对整体任务有更完整的认识。

为了解决这一安全问题，首先要进一步定义子任务 sTask。

定义 14.1 子任务 sTask 是一个七元组：

$$\text{sTask}=(\text{sn, presTask, sucsTask, content, constraints, weight, place}) \quad (14.3)$$

即子任务 sTask 由任务序列号 sn、先驱任务 presTask、后继任务 sucsTask、执行内容 content、约束条件 constraints、任务权重 weight 和执行地点标识 place 构成。例如，Agent$_B$ 承载的子任务 sTask$_k$ 的 presTask 是 sTask$_1$，sucsTask 是 sTask$_r$。权重 weight 代表了子任务在整个任务中的关键性程度，从侧面反映了 sTask$_i$ 的执行内容 content 所暴露的整体任务的程度。

为了确定子任务的权重 weight，本节采用 Floyd 迭代方法来进行计算，首先设置两个权重函数 f 和 g，其算法如下。

步骤 1：对任务中的所有子任务的权重 weight 置初始值，令 $f(\text{sTask}_i)=g(\text{sTask}_i)=1$（$i=1,2,\cdots,n$），如表 14.1 所示。

表 14.1 子任务的权重初始值

	sTask$_1$	sTask$_2$	…	sTask$_i$	…	sTask$_n$
f	1	1	…	1	…	1
g	1	1	…	1	…	1

步骤 2：假设 sTask$_i$ 的权重 weight 应小于 sTask$_j$，但是 $f(\text{sTask}_i) \geq g(\text{sTask}_j)$，则令 $g(\text{sTask}_j)=f(\text{sTask}_i)+1$。

步骤 3：假设 sTask$_i$ 的权重 weight 应大于 sTask$_j$，但是 $f(\text{sTask}_i) \leq g(\text{sTask}_j)$，则令 $g(\text{sTask}_i)=f(\text{sTask}_j)+1$。

步骤 4：假设 sTask$_i$ 的权重 weight 应等于 sTask$_j$，但是 $f(\text{sTask}_i) \neq g(\text{sTask}_j)$，则令 $f(\text{sTask}_i)$ 和 $g(\text{sTask}_j)$ 中的较小者等于较大者。

步骤 5：重复步骤 2~4，直到构造过程收敛为止，此时得到 f 和 g 权重函数值即所求的子任务的权重值。

当任务调度节点在确定任务流程后，设定分配于服务器端的权重阈值 ω，以 1 来标识执行地点 place 为服务器端的子任务，以 0 标识运行于终端节点的子任务。初始时，所有任务的 place 均标识为 0。任务的分配算法如下。

第 1 轮：指针从任务的某一条执行路径起始点开始扫描，遇到的子任务的 weight 值大于或等于 ω，则该子任务的执行地点需选择服务器端节点，将该子任务的 place 修改为 1；反复直至所有执行路径被扫描。

第 2 轮：指针从任务的某一条执行路径起始点开始扫描，从遇到的第 1 个 place 标识为 0 的子任务开始，记录该子任务的 weight 值；继续扫描其后继子任务，累计 weight 值，直到 weight 之和大于或等于 ω 时暂停，则将当前指针指向的子任务标识修改为 1，然后 weight 值从该子任务的后继的第 1 个标识为 0 的子任务重新累计；如果遇到在第 1 轮中已标识为

1 的子任务，则 weight 值从该子任务的后继的第 1 个标识为 0 的子任务的重新累计；反复直至所有执行路径被扫描。

经过上述流程后，所有 place 标识为 1 的子任务均部署在服务器端执行，所有 place 标识为 0 的子任务将被部署在终端节点上。

14.2.3 任务分配实例

这里选取图 14.3 所示的某一次云端计算任务的一段执行路径，为了简便起见，图中的每一个子任务用一个三元组标识，分别为(sn, weight, place)，重点关注----▶所引导的执行路径。

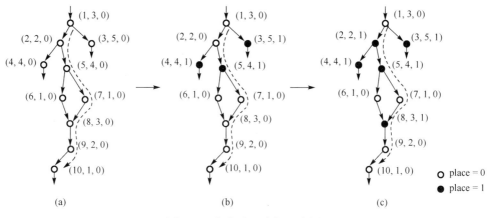

图 14.3　任务分配实例示意图

图 14.3(a)为任务分配的初始状态，所有子任务的 place 均标识为 0，设 ω=4。经过第 1 轮扫描后，sn 为 3、4、5 的子任务的 place 修改为 1，如图 14.3(b)所示；经过第 2 轮扫描后，sn 为 2、8 的子任务的 place 修改为 1，如图 14.3(c)所示。最终可以得出，在该局部执行路径中，sn 为 2、3、4、5、8 的子任务将被部署到服务器端执行，而 sn 为 1、6、7、9、10 的子任务将被部署到终端节点来执行。

14.2.4　实验验证与性能分析

1. 实验环境

可按表 14.2 所示的建议来构建云端计算平台的实验室环境，并构建云端计算应用系统。

表 14.2　实验系统的基本软、硬件环境

项目	实验环境配置	项目	实验环境配置
硬件设备	塔式服务器和 PC	操作系统	Linux（内核版本 2.6.30）
云计算平台	Hadoop 平台版本 0.20	移动 Agent 平台	IKV++ Grasshopper
开发语言	Java	开发工具	Eclipse 3.3

其中塔式服务器节点作为任务调度服务器节点，管理包括自身在内的所有计算节点，并负责接收作业、部署任务，以及将结果进行汇总和返回；多台 PC 可以分别作为集群服务器节点和终端节点。利用 Hadoop 平台构建的基本云计算环境中，应用 Grasshopper 移动 Agent 平台，使用 Java 语言及其开发工具 Eclipse 可以具体构建云端计算平台、移动 Agent 系统平台及其应用系统。

2. 应用范例

本章的研究成果已应用于一个主动免疫联防原型系统中，系统要求用户终端节点向服务器主动发送病毒报告，以快速地获取病毒传播和感染的情况。难题在于大量节点发来的数以万计病毒报告，有价值的病毒报告容易湮没在大量无价值的病毒报告之中，这就需要服务器端根据报告和节点本身的情况对报告进行分析、汇总和排序，以使得病毒专家可优先处理有价值的病毒报告，但负责节点监控、病毒疫苗分发等重要任务的服务器容易成为系统的性能瓶颈。

为了解决上述问题，基于本章提出的方法，我们构建了一个基于云端计算的病毒报告汇总与排序模块，将完成大规模数据的分析任务分割后交由集群服务器和终端节点来联合完成。核心思想是当服务器端收集到来自客户端提交的大量病毒报告时，首先会将病毒报告集合按时间序列分割成为若干个子集合，利用移动 Agent 随报告分析代码一并发布到若干个终端节点上，如图 14.4 所示。

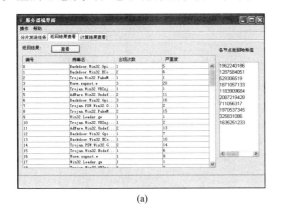

图 14.4 原始的病毒报告

终端节点执行病毒报告的分析任务后，将结果分别返回至服务器端，再由服务器端完成少量的恶意代码汇总和排序的任务，如图 14.5 所示。

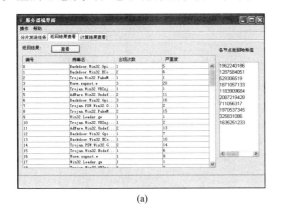
(a)

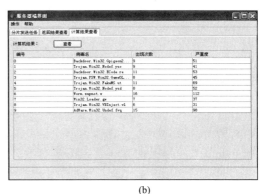
(b)

图 14.5 病毒报告分析结果

为了进一步保障客户端任务执行的正确性，系统对任务结果进行了验证，即系统要求 2 个或 2 个以上终端节点执行同一分析子任务，对任务执行结果进行 Hash（哈希）运算后，并利用当次分配的 RSA 私钥对结果进行签名，然后发送至服务器端用相应的 RSA 公钥解密后进行比对验证，如图 14.5(a)所示。显然，制造 RSA 公钥/私钥对的任务应交由服务器端执行。但是制造多对 RSA 公钥/私钥对的前提是寻找多个大素数构建素数池，这需要较大的计算能力。依据本章提出的云端计算的思想，本章依然是将制造 RSA 公钥/私钥对的任务进行分割，将寻找大素数的任务交由若干个终端节点来联合完成，而服务器仅负责利用收集到的大素数来构建 RSA 公钥/私钥对。

下面具体描述系统的运行流程。

阶段一：联合制造 RSA 公钥/私钥对。

步骤 1：系统服务器端通过“心跳机制”来掌握终端节点的在线情况，设当前环境中有 N 个在线的终端节点。

步骤 2：服务器选择其中的 M 个（$M \leqslant N$）终端节点，向其中的每一个节点发放一个任务，均是在（1，21024）区间上生成 k 个 1024 bit 的大素数。

步骤 3：终端节点将各自求得的大素数集合返回至服务器端。

步骤 4：服务器对每一个终端节点发回的大素数集合进行随机抽样素性检验，并将通过抽样检验的素数集合放到素数池中备用，获得的部分素数列表如图 14.6 所示。

	prime
0	1223285748084220275459926938501161588025034991835422565026924826964283697475110427333932532688123392259117076333553312735072117143441187429097076525353316 3
1	1053210309640344038259932773622485119667326720099991006106778321007820098031097404029110690909629080757649732797339605144718234806003347572603652320639871 7
2	9634681312740235919735900930968669029954325825968116042286183408177173638012860707672166796937618873902667535397770677262326459416160243685232331528986949
3	9119924939234315111500609690693809630001576879582638637789982838588497745930875513862612787974230827948990256542427641671168971529291599745770070835040009
4	11017682687855905654397620320025083843557298731420293855101575958784412311092746610000939715310032527946610247128816350751948411681081933479953945744303617
5	8514891677328334394208454111174841784501796604541792234733887027271966808208118294370521097482898918083367558580383901541386431852908191462848341992105611
6	7386617287792751320658747588039961221974944835552979993146718078825260091950394349954896304899425892081928113646666555169464049374509642279508941598685850 3
7	7849871565858829792851756337769938285510029461994542055806730584292832601912364110966125804098111207814361565720967634786040704356188170529152502030926317
8	7055329966915185181615336587247318134008655492921156678553688542962055786940997613263658976073473558398100375135399329149871597650677469808607545968967351
9	12664741430724580043618217838894188344258272103204873109684756616935491622177899706333562266116731019098825365184844776873883124155984983020673894888935811
10	8069210972230526454788827910378071550583219562898333898396634843992387482154686580100263819489515201615876168302690791166779441682350205203476019565683263
11	8430796050289173370671524047981507294129443656692716882383801626427018122219576941495792265798633363015813916043042322983861691053556749017384391919416953
12	9790008070090224052516111909650860801881497894531394998909136448882974016691751499858669191709640014219968431105224746607744687154678159735289565503730753 7
13	7459214413441485026585874847813653952270697690678849911233011141503732931893048862956969670641276426541312355073054187195252060663344281267367052737669591
14	9595372558305346555418266241679525231775466602348317498765662528442007351140750081151772092097914945287988356477499704972407253006640370695465118859665801
15	10813693100979237357911736854924396302308865525145395631281149731743765339682256477995397574064081957957830598142953409403242477678397993688951132335244291
16	11189836651572130575918303405589478424618606772859012104850600749688538943397594799971003964903893660760053170714469706591311862386901589700735500532866429
17	6900909197873815371315945013018270211798002078917466384115205137241044176221439824470037142933631678311906562384241143210145503619911506060055702843355011
18	10349595024295559693433931308965061607052621144539594450488384651679233299731435171996988463576602923394959762655910546873445711962003822808560842907026089
19	9209328379538505289761053038794034979902259795960568273327625304513331135810664393973045652822798345166092975106824801731007928584005624929719500212684897

图 14.6　服务器获得的部分素数列表

步骤 5：服务器反复从素数池中选取不同的两个素数 p 和 q，用以制造 RSA 公钥/私钥对。

具体的做法是：服务器选取一个素数 e，作为此次任务分配的验证私钥的一部分。以 p、q、e 作为输入，得到公钥$\{e, n\}$和私钥$\{d, n\}$，其中 $n=pq$，e 是一个与$(p-1)\times(q-1)$互素的数字，$de\equiv 1 \bmod n$，即 d 是 e 模 n 的逆，单次任务中 e 可以不变。

阶段二：病毒报告分析任务分发。

步骤 1：系统服务器端选择 M'个（$M' \leqslant N$）在线的终端节点，作为组 1 节点，服务器将要处理的病毒报告集合以时间为序均匀分成 M'个子集合，并分别配备不同的$\{d, n\}$。

步骤 2：服务器端将病毒报告子集合、代码和相应的$\{d, n\}$一同发给终端节点。

步骤 3：服务器再随机选取 M'个终端节点，作为组 2 节点，将同样的病毒报告子集合和密钥$\{d, n\}$发给它们，目的是维护结果的正确性；该步骤可选，即在对结果精确度要求不高的应用中可省略。

步骤 4：终端节点收到病毒报告子集合与分析代码后，对报告进行分析。

步骤 5：终端节点根据病毒报告数据子集合、基于来自不同节点的相同报告的数量，以及提供恶意代码报告的节点信誉度来综合算出局部病毒报告严重度。

步骤 6：终端节点完成任务后，终端节点对本次任务执行结果（即局部病毒报告严重度）进行 Hash 运算后再利用$\{d, n\}$进行签名，然后发给服务器，用来验证结果来源及正确性。

阶段三：任务结果的验证、汇总与排序。

步骤 1：服务器对返回的分析结果用对应的$\{e, n\}$进行验证，若通过验证则将数据放入数据队列 1。

步骤 2：服务器对队列 1 中分配得到相同 $\{d, n\}$ 的组 1 和组 2 终端节点提交的数据结果 Hash 值进行比对，以验证节点提交数据结果的正确可信性。

具体的做法是：若 Hash 值是相同的，则将结果放入数据队列 2；若 Hash 值不同，则需要将该子任务重新发送至另一个随机选择的终端节点（也可以在服务器端直接执行），并对返回的结果和之前未验证通过两组数据分别进行比较。反复进行该步骤，直至结果匹配为止，取匹配的那个结果。

步骤 3：服务器对数据队列 2 中的局部病毒报告严重度进行全局汇总，从而统计出全局病毒报告严重度，并按严重度进行排序。

3．性能分析

下面从安全性和性能两个角度来对该系统进行分析和验证。从安全性的角度看，将云端计算回归到传统的云计算显然是最安全的，因为任务的执行点都是服务器，终端节点得不到任务的任何代码和数据。但是由于不能利用海量终端节点的资源，故性能是最差的，因为集群服务器的资源非常有限，容易成为系统规模扩展的瓶颈。如果任务完全部署在用户终端主机上运行，可以很好地利用终端节点的资源，但这显然也没有必要，而且安全性难以保证，任务的代码和数据完全暴露在终端主机上的，终端主机可以对系统发起各种攻击。本章提出安全的任务分割和分配方案目的就是在性能和安全性方面取得一个良好的平衡，下面就从两个方面进行分析与验证。

（1）分析与验证 1。可能的攻击：在收到任务调度节点发来的携带子任务代码和数据的移动 Agent 时，恶意的终端节点试图截获代码和数据，并探知任务的整体情况。

系统的安全性分析：如果任务调度节点发来的携带子任务代码和数据的移动 Agent 被部署到了恶意的终端节点上，移动 Agent 的体系结构中的安全 Agent 接口模块将成为 Agent 防御恶意的执行环境的第一道屏障，执行 Agent 的安全策略，防止外界对 Agent 的非法访问。即使 Agent 承载的子任务的代码和数据暴露在终端执行环境中，由于该恶意节点仅获得该子任务的代码和数据，而单个部署到终端节点的子任务的代码和数据的权重是低的，重要的子任务的代码和数据被部署在了服务器端执行，因此该恶意节点通过部署在其上执行的代码和数据而获知整个任务的概率是极低的。

（2）分析与验证 2。可能的攻击：在收到任务调度节点发来的携带子任务代码和数据的移动 Agent 时，恶意的终端节点根据子任务的先驱任务和后继任务等相关信息，攻击执行先驱任务节点和后继任务节点，甚至与这些节点协同攻击系统，从而获取更多的任务代码和数据，从而探知任务的整体情况。

系统的安全性分析：恶意节点获取的代码和数据显然增多了，但即便如此，恶意节点获取的代码和数据仍然是有限的，因为恶意节点最多只能得到与之有输入输出联系的节点执行的任务代码和数据，其他代码无法得知，且由于本章中的优化方案，恶意节点累计获取的代码和数据的权重之和也无法达到权重阈值。况且，由于集中管理的服务器端的代码和数据，恶意节点想要获取非常困难，因此恶意节点通过攻击与之交互的其他终端节点或者协同攻击而获知整个任务的概率仍然极低。

以上述的基于的病毒报告汇总与排序模块为例，无论是制造 RSA 公钥/私钥对，还是分析病毒报告严重度，都是由终端节点和服务器节点联合完成的。在制造 RSA 公钥/私钥对时，将寻找多个大素数构建素数池的繁重、琐碎的任务拆分为多个子任务部署到终端节点上去完成，每个终端节点仅负责提供部分素数，并不知道计算素数的目标，即便能窥知计算素数的目标，也无法获知由服务器端制造的 RSA 公钥/私钥对所依据的素数来源，从而有效保障系统的安全性。

在分析病毒报告时，系统鉴于病毒报告量的庞大，因此也是首先由终端节点来分别分析某个时间片的病毒报告子集合，然后由服务器根据各终端节点返回的局部病毒报告严重度来计算出全局病毒报告严重度，服务器的计算量为节点数，远远小于原先需要完成的计算量（即病毒报告数），各个终端节点也无法获得最终的全局病毒报告严重度数值。另外，由于云端计算环境中包含的终端节点的数据量是巨大的，因此通过冗余来保障结果的正确性是容易的，这也有效地抵御了恶意终端节点提交虚假结果的可能性。

14.3 任务执行代码保护机制

14.3.1 问题分析

由于云端计算环境中的任务执行者既包括数据处理及存储服务器节点，也包括用户终端节点，被集中管理的数据处理及存储服务器节点常常被认为是安全的。原因是这些节点一般属于大型的机构，这些机构具有广泛、良好的信誉，用户可以信任它们管理的服务器节点。但是同样作为任务执行者的用户终端节点则具有很强的动态性，难以控制，甚至有些是恶意节点，因此，在开放的云端计算平台上，对于任务提交者而言，存在以下的安全性问题。

（1）计算完整性：当作业中的一个计算任务调度到某用户终端节点上时，如果该节点是恶意节点，则有可能篡改任务中的程序代码或数据，返回的是虚假的结果。

（2）计算私密性：有计算私密性需求的计算任务常常有"让该用户执行但又不希望该用户了解该任务是什么"的特殊要求，如商业中的调查、统计、分析等计算项目，但是该任务发送到任务执行节点上时，如果让该终端节点愿意执行但又不能窥探代码和数据是一个难点。

同样，作为任务执行者的节点在接收到承载用户计算任务的程序时，同样面临的问题如下。

（1）计算安全性：承载用户计算任务的程序是否存在安全问题，例如，在本地执行是否会窃取本地用户的私密信息，甚至会嵌入病毒、后门等恶意代码。

（2）计算可控性：用户希望能够通过贡献自己的空闲的计算资源来提供服务，但绝不会愿意因此影响自身的正常工作，这就必须能够有效控制任务的执行。

上述问题都是实现云端计算系统必须解决的安全问题，本节重点从任务提交者的角度对执行代码的安全保障机制进行研究。

14.3.2 基于内嵌验证码的加密函数的代码保护机制

为了同时满足计算完整性和私密性，使得能够有效验证返回结果的正确性，并保障计算代码[2,3]不能通过反编译等手段窥知，本章提出一种新的基于内嵌验证码的加密函数的代码保护机制。下面详细阐述该机制的实现流程，为了方便描述，将任务提交者和任务执行者抽象为节点 A 和 B，如图 14.7 所示。

（1）任务提交者定义好本次提交的作业内容，作业 Job 为松散耦合的任务集合。

$$\text{Job} = \{\text{task}_1, \text{task}_2, \cdots, \text{task}_i, \cdots, \text{task}_m\} \tag{14.4}$$

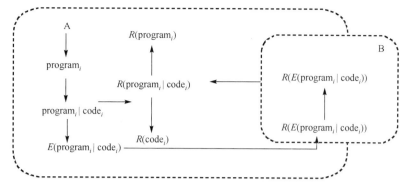

图 14.7　基于内嵌验证码的加密函数的代码保护机制示意图

（2）对于其中每一个任务（如 $task_i$），由任务提交者（也可由任务调度服务器节点）在任务 $task_i$ 的程序 $program_i$ 中嵌入验证性代码 $code_i$，即

$$task_i ::= program_i \mid code_i \quad (14.5)$$

嵌入到正常的任务程序中的验证代码 $code_i$ 事实上也是一段程序代码，但该段代码的输出是任务提交者事先已经确定已知的，当任务执行者收到任务 $task_i$ 并正常执行代码 $program_i$ 时，必须顺带执行验证性代码 $code_i$。

（3）任务提交者对 Job 中的每一个任务的嵌入 code 的 program 利用加密函数 E 进行加密，使任务执行者或者其他恶意节点无法了解任务代码的内部逻辑。这种加密可以是对全部程序进行加密或对程序中的关键代码和验证码进行加密。如果是对 $task_i$ 的全部内容进行加密，则加密后为 $E(program_i \mid code_i)$，然后构建专门引导执行加密后任务的程序 $P(E(program_i \mid code_i))$。

（4）A→B：节点 A 通过门户及任务调度服务器节点将加密后任务的程序 $P(E(program_i \mid code_i))$ 发给节点 B。

（5）B→A：节点 B 通过门户及任务调度服务器节点将结果（也是处于加密后）$P(E(program_i \mid code_i))$ 返回给节点 A。

（6）节点 A 对加密后结果 $P(E(program_i \mid code_i))$ 进行解密后，即得到 $P(program_i \mid code_i)$，并对该解密后结果进行分离得到 $R(program_i)$ 和 $R(code_i)$。

由于验证性代码 $code_i$ 的结果对于节点 A 是已知的，如果得到的 $R(code_i)$ 与节点 A 已知的结果不符合，节点 A 将丢弃 $R(program_i)$，否则认为 $R(program_i)$ 正常执行后得出的是正确结果。

14.3.3　节点遴选机制

在上述的代码完整性和私密性保障机制的基础上，为了进一步提高任务执行的成功率和缩短作业周转时间，首先应该将任务代码优先分发给信誉良好且执行成功率高的节点来执行，这就涉及对任务执行节点进行科学遴选。一种客观的思路[4,5]是根据节点的历史表现来进行评价，具体而言，以完成任务的成功次数 s、正常失误次数 w、提供虚假结果次数 f 综合计算，以此作为遴选依据。下面具体阐述。

如何判断任务的返回执行结果是正确的，即任务执行是成功的，这是首先要解决的问题。由于云端计算环境基于 Internet 且利用了海量的网络终端节点作为任务执行者，因此通过增加一定的冗余度，即选取多个终端节点来同时来执行同一任务，或采用待定备份的方式，还可以降低因为某一个任务的未实现而导致整体任务无法达成的概率。具体的步骤如下。

步骤 1：将同一任务 $task_i$ 发送至多个终端节点上，进行执行。

步骤 2：当侦听到第 1 个完成任务的节点提交的结果时，首先验证 $R(code_i)$，如果不能通过验证则直接丢弃，重复步骤2；如果通过验证则继续等待第 2 个完成任务的节点提交的结果。

步骤 3：当侦听到第 2 个完成任务的节点提交的结果时，将结果与第 1 个完成任务的节点提交的结果进行比对。

步骤 4：如果相同则采用该结果，如果不同，继续等待第 3 个完成任务的节点提交的结果。

步骤 5：当侦听到第 3 个完成任务的节点提交的结果时，将结果分别与第 1 个和第 2 个完成任务的节点提交的结果进行比对。

步骤 6：采用与之相同的那个结果，如果不同，则回到步骤 5 反复运行，直到找到相同的值为止。

在上述流程结束时，由任务调度服务器汇总任务执行节点的行为表现，更新并存储于服务器端的节点可信矩阵如表 14.3 所示。

表 14.3 节点可信矩阵

节点＼次数	s	w	f
$Node_1$	s_1	w_1	f_1
$Node_2$	s_2	w_2	f_2
…	…	…	…
$Node_{n-1}$	s_{n-1}	w_{n-1}	f_{n-1}
$Node_n$	s_n	w_n	f_n
合计	$\sum_{i=0}^{n} s_i$	$\sum_{i=0}^{n} w_i$	$\sum_{i=1}^{n} f_i$

在挑选承担当前任务的终端节点时，可以采取的策略为：

（1）选择 f 值最小的最可信节点集合。

（2）依据节点的成功次数和正常失误次数来综合得出节点可信度。

$$T_i = \frac{s_i - \mu w_i - \eta f_i}{\sum_{k=1}^{n} s_k} \quad (14.6)$$

根据节点可信度来对可信节点集合中的节点进行排序，优选排在序列前面（即 T 值高的）的节点来作为任务执行者。式（14.6）没有单独考虑成功次数和正常失误次数，是因为成功次数多的节点可能失误次数也较多，但是失误少的节点可能是因为参加的执行任务次数也少；式中 μ 则作为对失误严重程度的评估调节因子，η 是对提供虚假结果行为的评估调节因子。

在 f 值及 η 参数固定的情况下，w_i 取值为一个随机的失误发生概率，对式（14.6）进行实验仿真的结果，如图 14.8(a)所示，横轴为成功次数 s_i 为了方便观察，纵轴为 T_i 值乘了 10^5 的结果。从图 14.8(a)中可以看出，在参数 μ 取值不同的情况下，T_i 均随着 s_i 值的增加；即使 s_i 值较高，但如果 w_i 值也较高时，T_i 值也会下降；另外，参数 μ 的调节作用也比较明显，以上都表明式（14.6）与实际情况相符。

在参数 μ 值固定的情况下，在 f 值不同的参数下，对式（14.6）进行实验仿真的结果，如图 14.8(b)所示，结果显示提供虚假结果次数多的节点具有低的可信度，这也表明式（14.6）与实际相符。

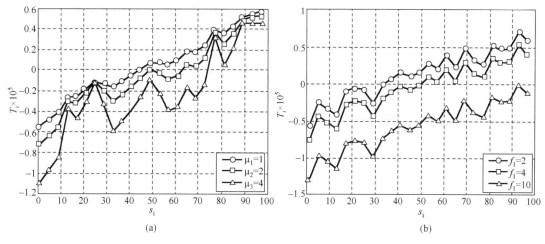

图 14.8 式（14.2）实验仿真结果

14.3.4 安全性分析与验证

由于机制的关键是要为任意一段代码找到一个适合的加密方法，虽然目前还没有能够找到通用的加密方案，但是对多项式和有理函数的计算可以证明是完全可行的。一个典型的做法是：A 希望 B 完成某一任务 X，但 A 不希望 B 了解其代码的内部逻辑和实现的目标，因此 A 选取可逆矩阵 V，并计算出 $Y=V\cdot X$；A 将 Y 送给 B，B 利用本地数据 x 等计算资源计算 $Z=Y(x)$，并将 Z 返回给 A。A 通过计算 $V^{-1}\cdot Z$ 就得到任务的求解结果，通过这种方式可以使 A 的计算代码不至于暴露给 B。

1. 分析与验证 1

场景：破坏计算完整性。当 A 提交的作业中的一个计算任务并调度到用户终端节点 B 上时，节点 B 不愿提供自己的计算资源，而是简单伪造虚假的计算结果，或篡改任务中的程序代码或数据，然后执行获得虚假结果并返回。

安全性分析：在本章提出的模型中，由于在程序里面引入了验证码，并且验证码和任务程序都是经过加密的，如果返回的是伪造虚假的计算结果，必然得不到正确的验证码执行结果，而该结果是节点 A 已知的。如果经过比对发现验证码结果错误，可以立刻判定结果难以相信然后丢弃。退一步而言，假设验证码被获知，由于模型引入了冗余机制，即并非简单相信某一个终端节点的计算结果，同样可以进一步保障最后确认的计算结果是正确的。另外，通过对节点的可信度进行评估，可以随着系统的运行进一步推动云端计算环境良性发展，逐步消除低可信度的恶意节点。

2. 分析与验证 2

场景：破坏计算私密性。当作为任务执行者的节点 B 收到 A 提交的作业中的一个计算任务（如某电信运营商对其客户资源的分析）时，试图通过反编译等手段来获取计算任务中的代码和数据，从而了解任务提交者的目的，并将代码、数据等信息透露给其他的运营商。

安全性分析：在本章提出的模型中，由于节点 B 收到的计算任务的代码和数据已经是全部或是针对其中的关键部分加密后的内容，而执行任务获得的结果也是经过加密的。如上面的典型例子中，节点 B 不知道 V 和 V^{-1}，因此 B 既无法知道任务的代码和数据，也无法得到任务的执行结果，系统的计算私密性可以得到良好的保证。

14.4 多副本部署机制与选择策略

14.4.1 问题分析

在副本管理的研究领域中，对副本部署机制的研究比较广泛。本节在对已有副本部署算法学习研究的基础上，提出了一种基于数据可用性、副本访问频率、宿主节点剩余容量这几个因素综合考虑的副本部署机制，并且进行了相应的实验验证。

多副本部署问题[6]包括副本数量的确定和副本放置位置的确定。副本的数量对分布式存储系统的可用性影响是很大的，数量太少容易导致副本过热，从而宿主节点有可能会因被访过于频繁而崩溃，影响副本响应效率；副本数量过多会占用额外的存储资源，浪费存储资源，因此副本数量的确定需要综合考量以上情况。除了副本的数量问题，新创建的副本放置位置问题也是需要考量的一个因素，在本文提出的云端环境中，又有云节点和终端节点两种节点可供选择，这从某种程度上增加了副本放置位置选择的不确定性。

多副本部署策略对云存储或者云端存储系统性能的影响主要是数据的可用性、系统的负载均衡度和系统开销，以及用户的体验值。

（1）数据的可用性：系统存放数据副本，要考虑如何保证数据副本的可用性、宿主节点因访问过多、负载过重或其他原因而导致节点失效的问题。多副本部署策略能够给出解答，将同一数据块的多个副本放在不同的节点上以保证当某个宿主节点失效时，仍然有其他宿主节点上副本可以正常提供服务。

（2）系统的负载均衡度和系统开销：良好的副本部署策略能够综合考虑节点的负载、用户的访问需求和网络的访问带宽情况，经过用户长时间访问后系统中热点节点也不会太多，能够保证系统的负载均衡。副本的数量，以及部署位置的变化直接会影响到后续用户访问带来的系统开销。

（3）用户体验值[7,8]：副本数量越少，用户请求就越频繁，就越可能导致访问时的请求延迟，导致用户体验值下降；同时副本部署位置不当也会导致请求的网络延迟变大。

存储系统的类型不同数据副本的部署方法也是不一样的，根据存储方式的不同，大致可以将副本部署策略划分为以下几种[9~11]。

（1）源请求部署。源请求部署就是只发送副本给请求者，常见的源请求部署策略有轻量级自适应的副本复制策略（Lightweight Adaptive Replication，LAR）。此方法的优点在于只有当现有节点达到部署阈值时才触发新副本创建机制，大幅减少了冗余副本的创建，从而减少副本创建和维护的系统能耗；缺点在于此方法非常容易造成被请求的宿主节点的瓶颈问题，造成其负载超标，从而造成整体系统负载的不均衡。

（2）优先级部署。优先级部署（Priority Replication，PR）的特点在于访问请求到达目标存储节点时，其他存储节点上的副本便将相同副本传到这个被访节点，优点是减少了副本宿主节点的个数；缺点是受访节点容易变为热点，负载超标。

（3）路径部署。简单而言就是在用户访问副本时查询请求路径上的所有节点全部部署副本，此方法简单方便，但是容易造成数据冗余，造成了存储空间的浪费和副本一致性的维护开销。

（4）邻居节点部署。邻居节点部署主要是保存副本访问的历史记录。当某一节点被请求次数达到阈值时，就近取邻居节点作为新的存储节点，以便此节点再被访问时转向访问邻居节点。

（5）随机部署。随机部署就是选择请求路径上的或者整体系统中的节点作为新的副本放置节点，优点是有益于均衡负载，减少访问时延；缺点是副本数量过大，系统开销较大。

在传统的数据网格中也不乏一些经典的副本部署策略。文献[12]中介绍了基于模拟退火算法的数据网格副本部署策略，在复制技术的基础上，为用户应用提供了一个能快速访问和处理远程数据的局部拷贝，避免了大数据量的传输，通过模拟退火算法找到最优的副本部署节点。文献[13]中提出了一种网格环境下的副本创建策略，包括域内副本衍生策略和域间副本扩展策略。域内副本衍生策略的主要思想是通过在小范围增加用户的访问接入点来实现域内宿主机器的负载均衡；域间副本扩展策略主要是依据副本被访频度促使副本在域间扩展，从而提升用户访问的响应速度、减少带宽消耗。文献[14]提出了用户兴趣感知的内容副本优化放置算法，提取用户的群体内容兴趣主题，优先放置群体兴趣值比较大的副本，满足了用户的个性化需求。

然而现有策略的不足之处在于大多是针对单纯的云环境或者其他同构的环境，并未涉及云端环境中的副本部署策略，在这样复杂的环境中，副本的创建的位置和新创建的副本位置的确定都是现有的研究中所欠缺的。Google 的 BigTable 使用默认的 3 份数据副本以供访问，在本文提出的这样的云端存储环境，考虑到异构环境的动态性[15]，副本的数量势必动态多变，初始的副本数量因终端节点的存在也不必局限于初始的 3 份，需要一种机制来初始化确定和后期调节副本的数量。

本节中沿用了数据可用性的概念与其计算的方式，增加了对流媒体文件类型的考虑[16]。

14.4.2 云端数据存储方法

基于第 13 章介绍的云端数据存储模型，下面主要介绍基于此模型的数据管理过程中，诸如副本创建、访问、减少和数据清除等详细环节的设计[16]。

在云存储系统中，需要进行副本的存储、副本的访问等操作，本节提出的云端异构存储系统的数据副本部署如图 14.9 所示，非重要数据块 B_1 的副本 B_1R_0 放置于该数据块的管理节点 C_1，数据块 B_1 还拥有另外的一个普通云节点放置副本 B_1R_1，在 CN_1 负责管理的 PN 中，$PN_{1,1}$、$PN_{1,3}$ 分别存储着数据块 B_1 的另外两个副本 B_1R_2、B_1R_3；重要数据块 B_2 的副本 B_2R_0 放置于其管理节点 CN_4，数据块 B_2 还拥有另外的两个普通云节点分别放置副本 B_2R_1、B_2R_2，同时在 CN_4 负责的 PN 中，$PN_{4,1}$、$PN_{4,2}$、$PN_{4,3}$ 也分别存储数据块 B_2 的另外三个副本 B_2R_3、B_2R_4、B_2R_5。

本节提出的数据副本管理包括副本创建、副本访问及数据清除，具体如下。

副本创建：当用户发出新的数据块的创建请求，首先 SN 给出响应，查询自身存储的 CN 信息表，找到对应的 CN 作为数据块的直接管理节点。选定这个 CN 后，将数据副本部署在 CN 上，作为第一个副本。为了保证数据块的可用性，避免数据块仅有的一个副本失效，根据数据块的等级，放置若干副本在其他的 CN 上。为了进一步保证数据块的可用性，降低云内层节点的负载压力，继续在边缘层部署副本，选择若干 PN 放置副本。

副本访问：系统中的副本被访问，分为只读性访问和非只读性访问。用户对副本的处理结果会有以下几种：副本访问（只读）、副本修改。首先在 SN 中查找索引表找到副本对应数据块的管理节点，访问管理节点找到此数据块的所有副本所在的节点，然后选择对应节点上的副本进行访问、修改。

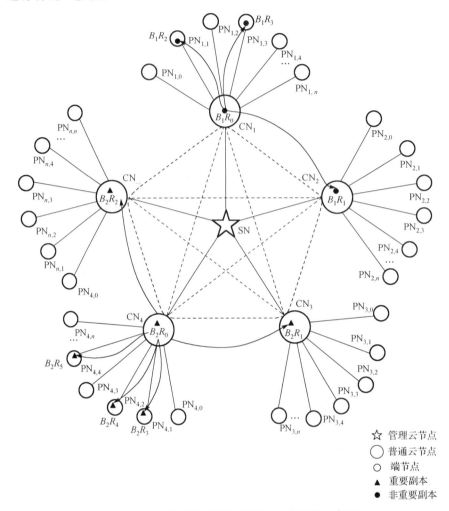

图 14.9 云端异构存储系统的数据副本部署示意图

数据清除：当数据块所有者因为某种原因需要彻底删除数据块，向系统发出数据块清除指令。首先 SN 检索相关信息找到副本对应数据块的管理节点，然后找到此数据块的所有副本所在的节点，访问副本所在节点，依次删除所有副本，最后更新相关列表。

此外，本章的副本管理方法还包括副本复制和副本减少，具体如下。

副本复制：系统中的数据副本经过一段时间访问后可能会出现过热问题，有必要对过热数据块增加新的副本。各 CN 定期检查自身所管理的每个数据块的所有副本，计算当前周期内被访问的总次数与该数据块的副本总数之间的比值，若该比值大于预设阈值，则 SN 复制该数据块的一个新副本，并从该数据块的管理节点所管理的可用 PN 中，选择一个未部署过该数据块副本的且剩余容量最大的 PN，将该新副本部署在所选择的 PN 上。

副本减少：当副本长时间不被访问，则有必要对该副本进行删除，以减少副本数量，降低存储资源消耗，任一数据块的某个副本若在预设周期内一直未被访问，则将该副本删除。

为便于理解，下面对数据副本管理方法进行详细介绍。

1. 副本创建

步骤 1：用户发出 BID 为 B_{i+1} 的数据块存储请求，SN 给予响应，SN 接到该数据块部署请求后，检索普通云节点属性信息表的详细表，见表 14.4，Capacity 一列中的数字表示存储单位，每存储一个副本需要一个存储单位。例如，2 表示两个单位。比较各个 CN 的剩余容量 Capacity，选择剩余容量最大的 CN_1 作为 B_{i+1} 的管理节点，将数据块从用户端上传并部署到选定的 CN_1 上，成为该数据块的第一个副本。然后，更新数据块及其管理者索引表，增加 B_{i+1} 与其管理者 CN_1 信息，详见表 14.5，最后转步骤 2。

表 14.4 普通云节点的属性信息表详细表

NID	Capacity	Status	Backup
CN_1	20	1	CN_2
CN_2	15	1	CN_5
CN_3	18	1	CN_1
...	...	...	...
CN_{j+1}	10	1	CN_{j+1}
CN_{j+1}	11	0	CN_3

表 14.5 增加 B_{i+1} 与其管理者 CN_1 后的数据块及其管理者索引表

BID	NID
B_1	CN_1
B_2	CN_2
...	...
B_i	CN_j
B_{i+1}	CN_{j+1}

步骤 2：继续创建 B_{i+1} 在系统中其他 CN 上的 n 个副本，首先判断数据块等级 Level，如果是重要数据块，即 Level=1，则确定至少 2 个副本在其他 CN 上；如果是非重要副本，即 Level=2，则可确定至多 2 份副本在其他 CN 即可。此处数据块 B_{i+1} 的 Level 为 1，需要再另外选择 2 个 CN，转步骤 3。

步骤 3：SN 依次选择除去数据块管理节点 CN_1 外的其他 CN，查看剩余容量较大的 n 个节点，此处 n 为 2，分别是 CN_2、CN_3。然后检索普通云节点属性信息表，检查 B_{i+1} 的管理节点 CN_1 是否有备份节点。若无，从这 n 个节点中选择 Capacity 最大的节点作为该数据块管理节点 CN_1 的备份节点 Backup，否则不需要再设置备份节点；此处 CN_1 的备份节点为 CN_2，不需另行设置。SN 将选定 CN_2、CN_3 节点标识传送给数据块管理节点 CN_1。CN_1 将数据副本依次复制并部署到 CN_2、CN_3 上，部署成功后更新 SN 上的普通云节点属性信息表中 CN_1、CN_2、CN_3 的 Capacity，详见表 14.6；同时要更新 CN_1 上的数据块信息表，插入新数据块 B_{i+1} 的 Level 和 Access 信息，详见表 14.7；更新 CN_1 上的数据副本信息表，增加 B_{i+1} 的副本存储地址信息，详见表 14.8；更新 CN 本地数据副本信息表：插入数据副本 $B_{i+1}R_1$ 在 CN_1 上的存储信息，详见表 14.9；插入数据副本 $B_{i+1}R_2$ 在 CN_2 的存储信息，详见表 14.10；插入数据副本 $B_{i+1}R_3$ 在 CN_3 的存储信息，详见表 14.11。

步骤 4：数据副本在云内层部署完成后，继续在边缘层部署。设根据该数据块重要性确定需在边缘层部署的副本数量为 m，m 为大于等于 1 的整数，数据块的重要性越高，m 的值越大。CN_1 选择其所管辖的 PN 具体依据为：①节点可用，即其状态 Status=1；②节点的剩余容量是该 CN 负责的所有 PN 中最大的。CN_1 负责的 PN 为 PN_1 组，此处 m 假定为 2。查询终端节点属性信息表详细表，详见表 14.12，按照上述条件选定的 PN 为 $PN_{1,0}$ 和 $PN_{1,1}$。

表 14.6　更新 CN_1、CN_2、CN_3 的 Capacity 后的普通云节点的属性信息表

NID	Capacity	Status	Backup
CN_1	20　19	1	CN_2
CN_2	15　14	1	CN_5
CN_3	18　17	1	CN_1
…	…	…	…
CN_j	10	1	CN_{j+1}
CN_{j+1}	11	0	CN_3

表 14.7　插入新数据块 B_{i+1} 的 Level 和 Access 信息后的数据块信息表

BID	Level	Access
B_1	2	3
B_{i+1}	1	0

表 14.8　增加 B_{i+1} 的副本存储地址信息后的数据副本信息表

BID.RID	BID
$B_{i+1}R_1$	CN_1
$B_{i+1}R_2$	CN_2
$B_{i+1}R_3$	CN_3

表 14.9　CN_1 上插入数据副本 $B_{i+1}R_1$ 的存储信息后的 CN 本地数据副本信息表

BID.RID	Address	Access
$B_{i+1}R_1$	/D/block/$B_{i+1}R_1$	0

表 14.10　CN_2 上插入数据副本 $B_{i+1}R_2$ 的存储信息后的 CN 本地数据副本信息表

BID.RID	Address	Access
$B_{i+1}R_2$	/D/block/$B_{i+1}R_2$	0

表 14.11　CN_3 上插入数据副本 $B_{i+1}R_3$ 的存储信息后的 CN 本地数据副本信息表

BID.RID	Address	Access
$B_{i+1}R_3$	/D/block/$B_{i+1}R_3$	0

表 14.12　终端节点属性信息表详细表

NID	Capacity	Status
$PN_{1,0}$	2	1
$PN_{1,1}$	1	1
…	…	…
$PN_{1,j}$	0	1
$PN_{1,j+1}$	1 CN_l	1

步骤 5：被选中的 2 个 PN 在本地部署该数据块的副本，更新上的数据副本信息表，增加副本 $B_{i+1}R_4$、$B_{i+1}R_5$ 的存储地址信息，详见表 14.13；更新 CN_1 上的终端节点属性信息表，更新 $PN_{1,0}$、$PN_{1,1}$ 的 Capacity，详见表 14.14；分别在 $PN_{1,0}$、$PN_{1,1}$ 上更新本地的副本存储信息，详见表 14.15 和表 14.16。

表 14.13　增加副本 $B_{i+1}R_4$、$B_{i+1}R_5$ 的存储地址信息后的数据副本信息表

BID.RID	NID	BID.RID	NID
$B_{i+1}R_1$	CN_1	$B_{i+1}R_2$	CN_2
$B_{i+1}R_3$	CN_3	$B_{i+1}R_4$	CN_4
$B_{i+1}R_5$	CN_5	—	—

表 14.14　更新 $PN_{1,0}$、$PN_{1,1}$ 的 Capacity 后的终端节点属性信息表

NID	Capacity	Status	NID	Capacity	Status
$PN_{1,0}$	2̶ 1	1	$PN_{1,1}$	1̶ 0	1
…	…	…	$PN_{1,j}$	0	1
$PN_{1,j+1}$	1	1	—	—	—

表 14.15　新增 $B_{i+1}R_4$ 后的 PN 本地数据副本信息表

BID.RID	Address	Access
$B_{i+1}R_4$	/D/block/$B_{i+1}R_4$	0

表 14.16　新增 $B_{i+1}R_5$ 后的 PN 本地数据副本信息表

BID.RID	Address	Access
$B_{i+1}R_5$	/D/block/$B_{i+1}R_5$	0

步骤 6：将表 14.7 中 B_{i+1} 的存储信息、表 14.13 中 $B_{i+1}R_1 \sim B_{i+1}R_5$ 的存储信息、表 14.11 中 $PN_{1,0}$、$PN_{1,1}$ 的 Capacity 的信息，相应地在 CN_1 的备份节点 CN_2 中更新。

2. 副本复制

步骤 1：每隔一个同步周期（T），数据块的管理者 CN 会检查数据块信息表中的 Access，并检索数据副本信息表得到数据块的总副本数目 count（BID.RID）。

步骤 2：计算数据副本的全局访问总次数 Access（即该数据块的所有副本在当前周期 T 内被访问的总次数）与数据副本的总数目之比，当达到预设的安全阈值时，即 B_{i+1}.Access/count（BID.RID）达到阈值 α 时，系统便为这样的数据块复制新的副本。

步骤 3：系统发出标识为 B_{i+1} 的数据副本复制请求，SN 响应请求，查询数据块及其管理者索引表，获得 B_{i+1} 的管理节点 CN_1。

步骤 4：访问 CN_1，检索最新的数据副本信息表，见表 14.13，查看 B_{i+1} 的所有副本及其对应的位置，记录其中的 PN，即 $PN_{1,0}$、$PN_{1,1}$。

步骤 5：检索最新的终端节点属性信息表，见表 14.14，找到 CN_1 负责管理的除 $PN_{1,0}$、$PN_{1,1}$ 以外的 PN 中 Status 为 1 的 PN，并且选择 Capacity 最大的一个 PN，即 $PN_{1,j+1}$，复制新副本 $B_{i+1}R_6$，从 CN_1 上复制并部署到 $PN_{1,j+1}$ 上。

步骤 6：副本复制完成后，更新 $PN_{1,j+1}$ 上的 PN 本地数据副本信息表，详见表 14.17；同时更新 CN_1 上数据副本信息表，详见表 14.18；更新终端节点属性信息表，更新 $PN_{1,j+1}$ 的 Capacity 信息，详见表 14.19。

步骤 7：将表 14.18 中 $B_{i+1}R_6$ 的存储信息、表 14.19 中 $PN_{1,j}$ 的 Capacity 的信息，相应地在备份节点 CN_2 中更新。

表 14.17　复制新副本 $B_{i+1}R_5$ 后的 PN 本地数据副本信息表

BID.RID	Address	Access
$B_{i+1}R_6$	/D/block/$B_{i+1}R_6$	0

表 14.18 复制新副本 $B_{i+1}R_5$ 后的数据副本信息表

BID.RID	NID	BID.RID	NID
$B_{i+1}R_1$	CN_1	$B_{i+1}R_2$	CN_2
$B_{i+1}R_3$	CN_3	$B_{i+1}R_4$	$PN_{1,0}$
$B_{i+1}R_5$	$PN_{1,1}$	$B_{i+1}R_6$	$PN_{1,j+1}$

表 14.19 更新 $PN_{1,j+1}$ 的 Capacity 后的终端节点属性信息表

NID	Capacity	Status
$PN_{1,0}$	2̶ 1	1
$PN_{1,1}$	1̶ 0	1
...	...	...
$PN_{1,j}$	0	1
$PN_{1,j+1}$	1̶ 0	1

3．副本访问（只读）

步骤 1：用户向系统发出数据块为 B_{i+1} 的访问请求，系统响应请求，将标识发送给 SN。

步骤 2：SN 查询普通云节点属性信息表，找到 B_{i+1} 的管理节点 CN_1。

步骤 3：访问 CN_1，通过查询 CN_1 的数据副本信息表，查找 B_{i+1} 在系统中所有副本及其存储地址标识。

步骤 4：判断所有存储标识，如果既有 CN 又有 PN，优先选取 PN 上存储的副本，选取依据为选择终端节点剩余容量 Capacity 最大的一个 PN 作为访问目标；否则选择 CN 作为访问目标。若访问的是 PN 上的副本，访问结束时，更新 PN 本地存储的副本的被访次数，即 PN 本地数据副本信息表；否则，更新被访问 CN 本地存储的副本的被访次数，即 CN 本地数据副本信息表。按照上述规则，此处选择 $PN_{1,0}$，同时更新 PN 本地数据副本信息表中的 Access，详见表 14.20。

表 14.20 更新 $B_{i+1}R_4$ 被访次数后的 PN 本地数据副本信息表

BID.RID	Address	Access
$B_{i+1}R_4$	/D/block/$B_{i+1}R_4$	0̶ 1

步骤 5：更新数据块信息表中数据副本的全局被访总次数 Access，详见表 14.21。

表 14.21 更新数据副本全局被访总次数后的数据块信息表

BID	Level	Access
B_{i+1}	1	0̶ 1

步骤 6：将表 14.21 中 B_{i+1} 的 Access 信息相应地在备份节点 CN_2 中更新。

4．副本修改

步骤 1：存储在 $PN_{1,1}$ 上的数据副本标识为 $B_{i+1}R_5$ 的副本被用户访问并且修改。

步骤 2：由 $PN_{1,1}$ 定位到其管理节点 CN_1，CN_1 通过查询数据副本信息表，得到 $B_{i+1}R_5$ 有着相同源数据块的所有副本 $B_{i+1}R_1$～$B_{i+1}R_4$、$B_{i+1}R_6$。

步骤 3：根据步骤 2 的查找结果，依次访问 $B_{i+1}R_1$～$B_{i+1}R_4$、$B_{i+1}R_6$ 的存储地址 CN_1、CN_2、CN_3 和 $PN_{1,0}$、$PN_{1,j+1}$。

步骤 4：依次访问数据副本的存储节点的本地存储地址 CN_1 上的/D/block/ $B_{i+1}R_1$，CN_2 上的/D/block/$B_{i+1}R_2$，CN_3 上的/D/block/$B_{i+1}R_3$，以及 $PN_{1,0}$ 上/D/block/$B_{i+1}R_4$，$PN_{1,j+1}$ 上的 /D/block/$B_{i+1}R_5$，修改对应的数据副本。

步骤 5：修改结束后，更新 PN 本地数据副本信息表中副本的本地访问次数 Access，每一个被放置节点上的 PN 本地数据副本信息表中对应副本的 Access 分别加 1，更新数据块信息表中数据副本的全局访问总次数 Access，需要加 6，详见表 14.22。

步骤 6：将表 14.22 中数据副本全局被访总次数 Access 相应地在备份节点 CN_2 中更新。

表 14.22　更新数据副本全局访问总次数 Access 后的数据块信息表

BID	Level	Access
B_{i+1}	1	~~0　1~~　7

5．副本减少

步骤 1：副本 $B_{i+1}R_6$ 经过时间 T' 一直没有被访问，Access 在 T' 时间段内没有改变，系统发出对 $B_{i+1}R_6$ 删除指令，SN 节点给出响应，检索数据块及其管理索引表，定位到数据块 B_{i+1} 的管理节点 CN_1。

步骤 2：访问 CN_1，检索 CN_1 上的最新的数据副本信息表，即表 14.15，定位到 $B_{i+1}R_6$ 对应的存储地址 $PN_{1,j+1}$。

步骤 3：访问 $PN_{1,j+1}$，检索 $PN_{1,j+1}$ 上的 PN 本地数据副本信息表，找到 $B_{i+1}R_6$ 本地存储位置/D/block/ $B_{i+1}R_6$，删除副本 $B_{i+1}R_6$。

步骤 4：删除结束后，更新 $PN_{1,j+1}$ 上的本地数据副本信息表，删除 $B_{i+1}R_6$ 相关的信息，详见表 14.23；同时删除 CN_1 上的数据副本信息表中 $B_{i+1}R_6$ 的信息，详见表 14.24；更新 CN_1 上的终端节点属性信息表中关于 $PN_{1,j+1}$ 的 Capacity 信息，详见表 14.25。

表 14.23　$PN_{1,j+1}$ 上删除 $B_{i+1}R_6$ 后的 PN 本地数据副本信息表

BID.RID	Address	Access
$B_{i+1}R_6$	~~/D/block/ $B_{i+1}R_6$~~	~~0~~

表 14.24　CN_1 上删除 $B_{i+1}R_6$ 后的数据副本信息表

BID.RID	NID	BID.RID	NID
$B_{i+1}R_1$	CN_1	$B_{i+1}R_2$	CN_2
$B_{i+1}R_3$	CN_3	$B_{i+1}R_4$	$PN_{1,0}$
$B_{i+1}R_5$	$PN_{1,1}$	~~$B_{i+1}R_6$~~	~~$PN_{1,j+1}$~~

表 14.25　更新 CN_1 中终端节点属性信息表中 $PN_{1,j+1}$ 的 Capacity 信息后的终端节点属性信息表

NID	Capacity	Status	NID	Capacity	Status
$PN_{1,0}$	~~2~~　1	1	$PN_{1,1}$	~~1~~　0	1
…	2	0	$PN_{1,j}$	0	1
$PN_{1,j+1}$	~~1~~　~~0~~　1	1	—	—	—

步骤 5：将表 14.24 中删除 $B_{i+1}R_6$ 后的数据副本信息表的变化、表 14.25 中 $PN_{1,j+1}$ 的 Capacity 的变化信息，相应地在备份节点 CN_2 中更新。

6. 数据清除

步骤 1：用户发出对数据块标识为 B_{i+1} 的数据块的删除指令，SN 响应此指令，检索 SN 上数据块及其管理者索引表，定位 B_{i+1} 的直接管理节点 CN_1。

步骤 2：访问 CN_1，检索 CN_1 上的数据副本信息表，定位到 B_{i+1} 对应的所有副本的存储地址。

步骤 3：根据步骤 2 的定位结果，依次访问所有副本的存储地址 CN_1、CN_2、CN_3、$PN_{1,0}$、$PN_{1,1}$。

步骤 4：依次访问数据副本的存储节点的本地存储地址 CN_1 上的 /D/block/$B_{i+1}R_1$，CN_2 上的 /D/block/$B_{i+1}R_2$，CN_3 上的 /D/block/$B_{i+1}R_3$，以及 $PN_{1,0}$ 上 /D/block/$B_{i+1}R_4$、$PN_{1,1}$ 上的 /D/block/$B_{i+1}R_5$，删除对应副本。

步骤 5：所有副本全部删除结束，删除数据块信息表中的 B_{i+1} 信息，详见表 14.26；删除数据副本信息表关于 B_{i+1} 副本的信息，详见表 14.27；删除数据块及其管理者索引表中关于 B_{i+1} 的信息，详见表 14.28。

步骤 6：将表 14.26 中 B_{i+1} 的变化信息、表 14.27 中 B_{i+1} 副本的变化信息相应地在备份节点 CN_2 中更新。

表 14.26　删除 B_{i+1} 后的数据块信息表

BID	Level	Access
B_{i+1}	~~1~~	~~0~~ ~~1~~ ~~7~~

表 14.27　删除关于 B_{i+1} 副本后的数据副本信息表

BID.RID	NID	BID.RID	NID
$B_{i+1}R_1$	~~CN_1~~	$B_{i+1}R_2$	~~CN_2~~
$B_{i+1}R_3$	~~CN_3~~	$B_{i+1}R_4$	~~$PN_{1,0}$~~
$B_{i+1}R_5$	~~$PN_{1,1}$~~	$B_{i+1}R_6$	~~$PN_{1,j+1}$~~

表 14.28　删除 B_{i+1} 后的数据块及其管理者索引表

BID	NID	BID	NID
B_1	CN_1	B_2	CN_2
…	…	B_i	CN_j
B_{i+1}	~~CN_1~~	—	—

14.4.3　数据副本数量确定机制

1. 初始化副本数量确定机制

文献[17，18]分别提出了面向云存储的低消耗动态副本管理机制。本节中沿用了数据可用性的概念与其计算的方式。

系统中的节点并不是全部稳定在线的，只有在线且愿意提供服务的节点才可以用来存储副本，详细状态如图 14.10 所示。

- 状态 1（Available）：当前在线，且有能力承担系统部署的任务。
- 状态 2（Unavailable）：当前在线，但当前不能（没有能力或不愿）承担系统部署的任务。

- 状态 3（Offline）：当前不在线。

在这里，我们认为每个节点都是积极的，即只要自己有能力便愿意提供自身的资源来部署副本。我们只要考虑节点是否在线，在线即为可用，否则不可用。

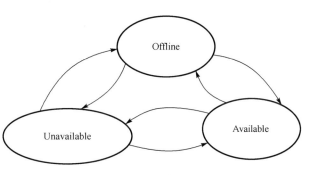

图 14.10　节点三种状态转换图

定义 14.1　节点的可用性（Node Availability）：节点可用这一事件定义为 N，其发生的概率为 $P(N)$。

定义 14.2　节点的不可用性（Node Unavailability）：节点不可用，这一事件定义为 $\bar{N}$，发生的概率为 $P(\bar{N})=1-P(N)$；

由节点的可用性引出数据的可用性问题，即当一份源数据的数据副本为多少份的情况下能解决节点失效导致的数据不可用的问题。数据的可用性也是确定数据副本的初始数量的依据。

定义 14.3　数据块的可用性（Block Availability）：数据块可用，这一事件定义为 B，发生的概率为 $P(B)$。

定义 14.4　数据块的不可用性（Block Unavailability）：数据块的不可用，这一事件定义为 $\bar{B}$，发生的概率为 $P(\bar{B})=1-P(B)$。

定义 14.5　文件的可用性（File Availability）：文件可用，这一事件定义为 F，发生这一事件的概率为 $P(F)$；

定义 14.6　文件的不可用性（File Unavailability）：文件可用，这一事件定义为 $\bar{F}$，发生这一事件的概率为 $P(\bar{F})=1-P(F)$。

假设一个文件 F，由 j 个数据块组成，$\{block_1, block_2, block_3,\cdots,block_j\}$，假设数据块 $block_j$ 的副本数目为 r：$\{replica_1, replica_2, replica_3,\cdots, replica_r\}$；当数据块不可用，则表示此数据块的每个副本都是不可用的，式（14.7）中 R 表示第 R 个副本，r 表示数据块总的副本数量。

$$\begin{aligned} P(\bar{B}) &= P(\bar{N}_1 \times \bar{N}_2 \times \cdots \bar{N}_R \times \cdots \times \bar{N}_r) \\ &= P(\bar{N}_1) \times P(\bar{N}_2) \times \cdots P(\bar{N}_R) \times \cdots P(\bar{N}_r) \\ &= \prod_{R=1}^{r} f_R, \quad R \in (1,2,\cdots,r) \end{aligned} \quad (14.7)$$

对于文件，有必须全部下载完全后才可以使用的，也有最近比较流行的流媒体（Streaming Media），像这样的文件，并不需要完全缓存完成也是可用的，可以边下载边观看。所以对于文件的可用性，我们给出以下分类讨论。

（1）对于非流媒体类的文件（zip、doc、txt、pdf 等），获取文件时必须数据块全部获取文件才完全可用。文件的可用性如式 14.8 所示。

$$P(F) = P(B_1 \times B_2 \times \cdots \times B_j) = 1 - \sum_{j=1}^{b}(-1)^{j+1}C_b^j\left(\prod_{R=1}^{r_j} f_R\right)^j \quad (14.8)$$

式中，$j \in \{1,2,\cdots,b\}$，b 为文件 i 的数据块的总数目，$R \in (1,r)$，r_j 为第 j 个数据块的第 r 个数据副本。

（2）对于流媒体文件，这一类文件的特点在于能够边缓存边观看。流媒体文件的可用性如式（14.9）所示，$j \in (1,b)$，b 为文件 i 的数据块的总数目，j 为第 j 个数据块。

$$P(F) = P(B_1 \cup B_2 \cup \cdots \cup B_j) = P(B_1) + P(B_2) + \cdots + P(B_b) = \sum_{j=1}^{b} P(B_j)$$
$$= \sum_{R=1}^{r_j}(1 - P(\overline{N}_1 \times \overline{N}_2 \times \cdots \times \overline{N}_R \times \cdots \times \overline{N}_r)) \quad (14.9)$$

假设预期的文件可用性值为 W_{expect}，$P(F)$ 必须满足大于等于 W_{expect} 的条件，最终满足式（14.10）。

$$W_{\text{expect}} \leqslant \begin{cases} 1 - \sum_{j=1}^{b}(-1)^{j+1}C_b^j \left(\prod_{R=1}^{r_j} f_R\right)^j, & \text{Not Streaming File} \\ \sum_{R=1}^{r_j}(1 - P(\overline{N}_1 \times \overline{N}_2 \times \cdots \times \overline{N}_R \times \cdots \times \overline{N}_r)), & \text{Streaming File} \end{cases} \quad (14.10)$$

W_{expect} 为具体设定的一个值，当计算出的数据文件可用值大于等于 W_{expect} 时，该文件便是可用的。在副本的初始化确定阶段，可以首先设定能否满足数据文件可用性 $P(F)$ 的值 W_{expect}，如 0.8，从而初始确定数据文件 i 的每一个数据块副本数量 r_j。

2. 副本数量调节机制

在动态变化的云端环境中要怎样选择合适的副本数量呢？副本创建的初衷是保证数据的可用性，所以可用性这个条件成为要考虑的因素。为了使得系统的开销尽可能少，需要尽可能地创建最少的副本以保证数据的可用性，这一点在前面已经有了阐述。依据数据的可用性来初始化副本的数量，使用尽量少的副本数量来保证数据的可用性。随着副本的持续被访问，系统中可能会出现热点副本，导致过热宿主节点的出现，因此确定了副本的数量后，还要根据环境的动态变化，时刻注意防止系统出现宿主节点过热的情况。为了解决以上问题，选择合适的时机进行副本复制不失为一种策略。

系统中每一个文件都拥有一定数量的副本，经过用户不断的访问，有的数据块被访问的频率较高，从而成为热点数据块（Hot Block）。热点数据持续发热将造成节点负载过高，造成后续的请求者排队等待，随着响应时间的延长，用户体验值也越来越差。基于以上问题文献[19]提出一种基于历史副本访问频率统计的副本复制策略，中统计 M 个文件的平均次数并计算出其最大值和最小值，从而触发文件副本的创建。本节进一步考虑文件的组成单位——数据块。当用户对某个文件的某个数据块频繁发出请求，并不需要整个文件都复制，而只需要复制对应的数据块便可以达到均衡系统负载的效果。

本节主要介绍一种副本复制机制来分担热点节点（Hot Node）的负载，主要方法是通过增加热点数据块的副本数量，并且放置在现有副本所在宿主节点以外的其他节点上来达到分担热点节点负载、均衡系统负载的效果，从而可以大大减少数据块乃至文件访问时的响应时间，提高用户的体验值。

定义 14.7 统计某一段历史时间内访问文件 SF_i 的数据块 SF_iDB_j 的访问总次数 $\sum_{R=1}^{r_{SF_iDB_j}} \text{Access}_{SF_iDB_j}$，也就是数据块 j 的每一个副本的访问次数之和。计算文件 i 的数据 j 的所有副本的平均访问次数,以此作为数据块 SF_iDB_j 创建新副本的依据。

$$W_{ij} = \frac{\sum_{R=1}^{r_{SF_iDB_j}} Access_{SF_iDB_j}}{r_{SF_iDB_j}} \quad (14.11)$$

式中,$r_{SF_iDB_j}$ 为数据块 SF_iDB_j 总的副本个数。由式(14.11)可得到数据块 SF_iDB_j 的所有副本的平均访问频率,由此分别计算出节点存储系统中存储的所有 b 个数据块的平均访问次数 $\{W_{i1}, W_{i2}, W_{i3}, \cdots, W_{ij}, \cdots, W_{ib}\}$,在 $i \times b$ 个平均访问数值中,反映了数据块的平均访问频率,我们选取其中访问次数达到一定阈值(W_{yz})的数据块 W_{ij} 进行复制以创建新的副本,W_{yz} 根据具体情况预先设定,表示数据块 SF_iDB_j 在选取的这一段统计时间内的平均访问频率的阈值。基于副本位置的放置问题在下节会详细介绍。

14.4.4 数据副本放置机制

1. 候选节点的选择条件

在云端这样具体的环境中,副本的放置变得更加不确定。本书第 13 章给出了云端存储模型,在这样的存储系统中放置副本必须考虑副本放置节点的类型,以及放置节点的具体选择标准。在网络畅通性相同的情况下,最终影响宿主节点上副本的访问的因素为宿主节点的自身属性,所以在副本位置方面我们主要考虑一些候选节点的属性和数据块本身的因素。

面对系统中数量庞大的节点,文献[20]做了如下阐述,从所有存储节点中选择文件放置的候选节点,其满足以下两个条件。
- 此节点的历史请求记录中有对文件 SF_i 的访问记录。
- 此节点目前处于非过载的状态,然后按照数据块 SF_i 的请求次数,从候选节点中选择对 SF_i 请求次数最多的节点作为新副本的放置站点。

文献[20]中以文件作为考量的单位,在大数据前提的云端存储环境中,存储的单位已经划分为更小的数据块。在本文提出的云端环境下,不仅仅要考虑存储节点的负载状态,还要考虑云端环境中节点之间的联系,以及存储副本本身的属性信息,以下便是副本放置需要考虑的几点因素。
- 候选节点本身的存储负载要在安全值内,即不能超过安全值。
- 候选节点类型的选择要考虑待放置副本的重要程度,重要的副本在云节点中的数目与非重要副本是不一样的;
- 基于风险分担的原则,避免同一个节点放置同一源数据副本。

2. 副本放置机制

本节按照以下步骤来确定副本的位置。

经过一段时间的用户访问,系统中现有的服务器、云节点和端节点中存储容量的使用情况会有所差异,此时副本放置请求传输到系统中,云节点会响应此请求,具体响应步骤如下。

步骤 1:SN 接收到相应请求后,首先查看自身有无这个副本的相关信息,如果没有,则检索自身存储的 CN 索引表信息,选择数据副本的管理云节点,此云节点需要满足在所有普通云节点中剩余容量是最大的。在选定的数据块管理云节点上放置第一份副本,其余副本的创建与放置详见 14.4.2 节;如果有相关副本信息,则由 SN 得到数据副本对应的数据块管理云节点,转步骤 2。

步骤 2:数据块的管理云节点开始检索自己管辖的一组终端节点的索引表,选择合适的终端节点作为最终的宿主节点,终端节点需要满足以下条件:

- 将同一源数据的副本放置在不同的节点上,但要排除掉已经存有此数据块副本的 PN 节点;
- 考虑终端节点的负载率,挑选数据块管理云节点所管理的这一组节点中终端节点剩余容量最大的作为最终的放置点。

步骤 3:经过步骤 2 选取好放置节点后,将副本从管理云节点复制到对应的宿主节点,更新宿主节点在对应上级节点的存储信息表,以及自身的本地副本存储表等信息。

14.4.5 副本部署机制实验验证与性能分析

1. 实验环境

本实验使用多协议网络仿真软件 Objective Modular Network Testbed in C++ (OMNet++) 进行仿真,OMNet++ 支持分布式并行仿真,还可以用于并行模拟仿真算法的多层次描述,提供了基础底层结构和工具,其中的 Ned 语言可以搭建模拟网络,模拟器可以模拟消息通信。本实验主要是通过消息的发送模拟副本的部署过程。

2. 实验性能指标

主要将提出的副本部署策略与其他的副本部署策略在相同的预设条件下进行对比。

(1) 节点负载率。在系统中节点分为三类,作为存储节点的是普通云节点和终端节点。L_{Node} 表示节点的负载率,$C_{Node.usedCapacity}$ 表示节点已经使用负载,$C_{Node.totalCapacity}$ 表示节点的总负载。这里两种节点的负载率计算方式如下:

$$L_{Node} = \frac{C_{Node.usedCapacity}}{C_{Node.totalCapacity}} \quad (14.12)$$

(2) 系统负载率。由节点的负载率引申到系统的负载率,系统中对于终端节点的负载率不考虑。所谓系统负载,此处我们主要考虑云节点,S_{actual} 表示系统负载,$C_{x.usedCapacity}$ 表示节点已用负载,$C_{x.totalCapacity}$ 表示节点总负载,x 表示节点标识,$x \in (1, X)$。

$$S_{actual} = \sum_{x=1}^{X} \frac{C_{x.usedCapacity}}{C_{x.totalCapacity}} \quad (14.13)$$

(3) 节点安全负载值。系统中的大部分节点都是存储节点,它们除了接收外界的请求(节点的部署请求等)外,还需要维持自身的正常运作机制,所以节点有一个安全负载值,当超出这个阈值后,认为节点不适宜再接收外界请求,定义节点的稳定阈值 $L_{nodeyz}=0.7$。

(4) 访问成功率的计算。$\eta_{success}$ 表示用户访问成功率,$Num_{success}$ 为访问成功数,Num_{total} 为访问总请求数,如果用户访问到可以提供服务的节点则认为访问成功,否则认为访问失败。

$$\eta_{success} = \frac{Num_{success}}{Num_{total}} \quad (14.14)$$

3. 验结果与性能分析

（1）云端结构的设计。依照第 13 章提出的云端存储模型，在仿真环境中构建三层存储架构，具体网络结构如图 14.11 所示。

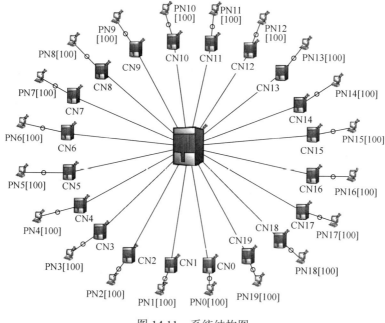

图 14.11　系统结构图

上述网络架构中描述了系统中三类节点的关系，SN 总为 1，CN 总数为 20，CN 管理对应分组的 PN，每 1 个 CN 管理 100 个 PN，PN 总数为 2000。下面以表格的形式汇总说明，如表 14.29 所示。

表 14.29　系统各类节点数量设置

层　　级	节点类型	数　　目	备　　注
核心层	SN	1	SN 即管理云节点
云内层	CN	20	CN 即普通云节点
边缘层	PN	2000	PN 即终端节点

（2）节点属性的初始化。按照算法所述，系统发出访问副本放置请求，CN 查询自身的剩余容量 Capacity 信息，选择节点剩余容量最大的作为数据管理节点。

图 14.12 所示为网络架构中所有的 CN 的容量图，按照算法要求，此时 CN6 是满足条件的节点。

统计 CN6 所管辖的 PN 组的终端节点的 Capacity 信息。按照假设此时终端节点由稳定在线的用户端组成，按照算法选择节点容量最大的 PN 作为目标节点，由图 14.13 得知目的 PN 为 PN6[21]。

（3）与现有策略的对比。下面给出在同等条件下 PR 算法与本文提出 IARDS 策略的对比，本实验对比以下两方面。

① 系统负载均衡度。在云端这样的特殊环境下，考虑随着访问强度的增加和副本数量的部署，云服务器的负载的变化情况，节点的负载随着副本部署数量的变化趋势如图 14.14

所示,图中使用消息数模拟副本的创建,随着副本数增多,可以明显地看出节点的容量逐级减少。

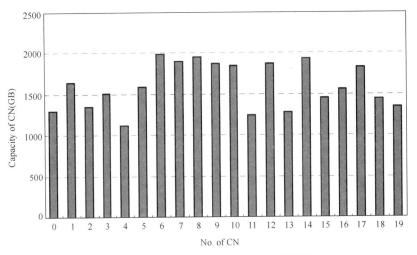

图 14.12 初始化存储云节点的剩余容量状态

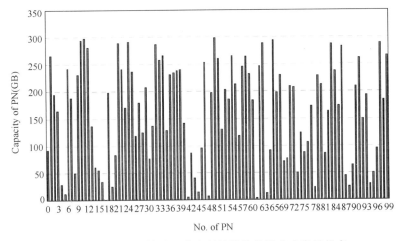

图 14.13 初始化普通云节点所管辖的终端节点容量状态

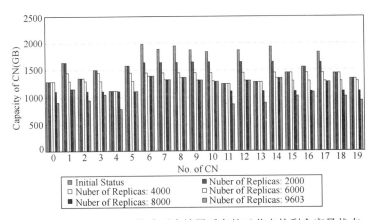

图 14.14 使用 IARDS 策略副本放置后存储云节点的剩余容量状态

如图 14.14 所示，上述 6 组柱状图反映的是从系统未放置副本时 CN 的剩余容量到放置 2000 个副本、4000 个副本、6000 个副本、8000 个副本、9603 个副本后节点剩余容量的对比。使用 IARDS 策略部署 9603 个副本时，所有的普通云节点便全部达到安全阈值，可以看出：20 个 CN 的容量的差异起初是很大的，随着副本部署请求的发出，使用 IARDS 策略所有的 CN 的剩余容量渐渐地趋向于平衡。使用 IARDS 能够保持负载均衡，同时能够尽量避免访问热点的出现，每一次都选择容量最大的节点来作为副本的管理节点。

下面我们来看使用 PR 策略时，所有 CN 都处于安全阈值范围内节点的剩余容量的变化趋势，如图 14.15 所示。

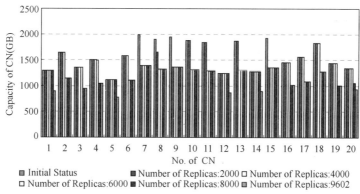

图 14.15　使用 PR 策略副本放置后存储云节点的剩余容量状态

如图 14.15 所示，上述 6 组柱状图反映的是使用 PR 策略进行副本部署时的节点剩余容量变化图。图中反映出目标节点由剩余容量最大的 CN 担当，直至此目标 CN 饱和才选择另一个目标节点，可以看出，使用 PR 策略宿主节点容量的变化在一定副本量的部署范围内聚集在同一个目标节点上，这极易造成系统负载的不均衡性，也很有可能造成节点过热。

下面分别在副本部署数目为 2000、4000、6000、8000 时使用 IARDS 和 PR 策略，CN 的剩余容量变化趋势，如图 14.16 所示。

由以上四组对比实验，可以看出：
- 随着副本部署数量的增多，使用 IARDS 策略相较于 PR 策略，CN 的剩余容量变化趋势更加平缓一些，使得所有 CN 的负载变化平衡一些；
- IARDS 策略相较于 PR 策略，能够减少访问热点的产生几率。

PR 策略是一旦锁定访问目标节点便一直访问该节点直到它达到饱和为止，而 IARDS 策略则在每一轮锁定访问目标时均进行判断，这样能够尽量避免访问热点的产生。

② 用户访问成功率。随着节点上部署的副本数目逐渐增多，处于饱和状态的节点占总节点的比例越来越大。观察图 14.16 可知，使用本文提出的 IARDS 策略时，节点失效率相较于 PR 策略一直是占优势的，当副本数目达到 9602 时所有的节点此时已经饱和。此实验结果说明系统中的副本数量增多时，节点再次接收新副本部署请求的能力逐渐下降，当部署的总副本数目达到 6000 到 8000 的情况下，IARDS 相较于 PR 策略优势是很明显的。因为节点的总部署能力是固定的，当部署数目达到极限时两种策略下节点的失效率均达到最大，如图 14.17 所示。

由实验中的数据可以看出，使用本节提出的 IARDS 策略相比于传统的 PR 部署策略，无论是在系统负载均衡方面，还是用户访问成功率方面，都取得了一些改进的效果。

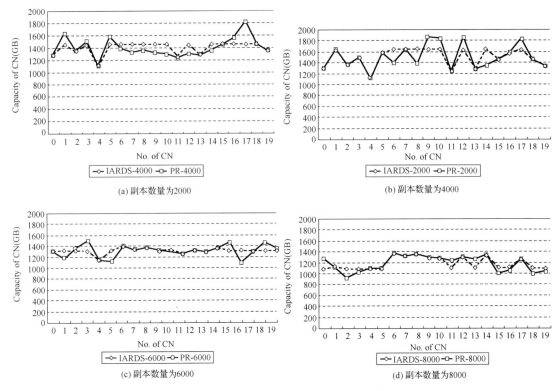

图 14.16 使用两种策略后节点剩余容量状态对比

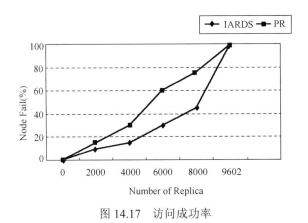

图 14.17 访问成功率

14.4.6 数据副本选择策略

1. 多副本选择策略

多副本选择也是副本管理的一个重要方面,对于多副本的选择策略,现有学者已经有了很多研究成果,下面简单介绍几种副本选择策略。

(1) 基于 QoS 偏好感知的副本选择策略。对于高服务质量的用户,文献[22]提出了云计算多数据中心环境下 QoS 偏好感知的副本选择策略。按照用户对服务质量的要求,构建副本选择的三维 QoS 模型;然后利用层次分析的思想对用户的 QoS 偏好进行分析,构造出一个层次分析的结构模型以实现用户的 QoS 偏好感知,并且对数据中心的所有副本进行评判;最后得出用户服务质量满意度最高的副本宿主节点。本方法的优势在于着重考虑了用户的 QoS,按照此标准挑选出最符合用户要求的副本。

(2) 基于访问历史信息预测的副本选择策略[23,24]。使用主节点或者从节点中保存的副本详细历史信息来预测副本的响应时间,这其中包括两个关键问题:性能度量信息的获取和基于度量信息的性能预测,并在这两个问题中进行有效的折中。这方面的典型方法有 Aerman 等提出的基于网络传输历史信息的 AdRM 模型,以及 YuHu 提出的基于 IBL 的副本选择算法等。

(3) 基于性能模型预测的副本选择策略[25]。此方法的主要适用场景是数据网格环境,在数据网格中建立性能模型来对响应时间进行预测计算。目前的研究中有基于磁盘访问输入输出性能的预测模型,还有基于网络性能的预测模型,主要都是对副本的响应时间进行预期。本方法适合网格环境,缺点是计算方法较为繁琐,而且还需要物理设备的大量访问,会带来很大的系统开销。

除了以上介绍的几种多副本访问过程中的副本选择算法,现有的副本选择策略是多种多样的,经济学中一些群智能优化算法也被很好地应用到了副本选择中,以下介绍几种基于经济学模型的副本选择策略。

(1) 基于蚁群算法的副本选择[26]。近年来对于蚁群算法的研究可谓见仁见智,蚁群算法是智能优化算法的一种,是根据蚂蚁觅食原理引出的一种新的仿生学算法。蚁群算法具有正反馈性、动态性、协同性和并行性。分布式环境中的副本选择过程具有动态的特性,需要根据相关影响因子调整副本选择方向,而蚁群算法所具有的特性对于模拟分布式环境是非常契合的。

(2) 基于模拟退火算法的副本选择[27,28]。模拟退火算法的主要思想在于将组合优化问题类比于统计力学的热平衡问题,对于组合优化问题是一种全新的思路。模拟退火算法的基本思想是从一个给定解开始,利用新的接收准则,将目标解的结构变为邻近解的结构,并且接收准则在有限范围内允许代价函数的解变坏,这过程也由控制参数决定,最后系统状态对应于最优解,代价函数变坏的过程使得系统状态从局部最优达到全局最优。

(3) 基于拍卖协议的副本选择机制[25]。主要是模拟现实中的拍卖协议,将网格中带有任务的节点定位为买方,而将数据供给者定位为卖方,可能存在的多个服务提供者便成了多个卖方,节点可以按照自己的需求选择供给者。

2. 多副本选择机制研究

目前互联网的日益盛行给数据存储提出了更高的要求,网络的存储系统面临的几个新挑战有存储容量需求更大、存储系统的性能更强、存储系统安全性级别要求更高、存储系统更加的智能化,云存储应运而生。在云存储系统中,副本的引入一方面提高了数据的安全性和可用性,另一方面也带来了副本访问时最优副本的选择问题,下面总结副本选择过程中需要考虑的几个因素[29]。

(1) 宿主节点的可用性:宿主节点可用性是指能够稳定地为副本请求者提供服务,包括宿主节点的被访问时的反应速度。访问副本首先需要访问放置副本的宿主节点,所以宿主节点的访问速度会直接影响到副本的响应时间。

(2) 网络跳数(Hops):即请求者距离副本所在宿主之间的距离,需要经过多少网络跳数方可到达。

（3）请求者与数据副本的带宽：网络带宽决定数据在网络中传输速度，在进行数据副本选择时，要综合考虑带宽、延迟等因素，选择带宽相对高、延迟最小、网络最畅通的链路。

（4）宿主节点的负载情况：当多个用户同时访问同一宿主节点时，该节点的负载也是影响用户访问速度的一个因素。负载比较低时可以尽快地为用户提供服务，当访问的节点负载比较重时，则用户的访问请求需要进行排队等待。

由此可见副本的选择影响因素众多，要面面俱到地考虑到是一件相当复杂的事情。针对上述多个影响因素，本书将其简化为一个考量点——数据副本响应时间（Replica Response Time），即从请求者发出请求信息开始到最终用户请求得到满足的时间。如果可以通过预测未来第 $N+1$（N 表示副本已经有历史 N 次的访问记录）次的数据副本响应时间，用户便可以参照数据副本响应时间，选择数据副本响应时间最短的副本进行访问。

目前，也有学者对副本的响应时间进行预测的研究[30]，通过副本定位的方式发现用户所需的所有可选的数据副本，用户节点动态整理可选数据副本最近 N 次的历史访问信息，通过建立最简单的灰色预测模型（Gray Prediction Model，GPM）来预测第 $N+1$ 次的数据副本响应时间。然而这样的方式并没有充分考虑每一次的数据副本响应时间对于预测的影响程度的不同，整个预测过程不是非常严密的，实际上，越靠近预测点的数据副本响应时间样本值对于预测结果的影响程度越高。

3. 基于数据副本响应时间预测的副本选择策略

针对如何科学的分析历史 N 次的数据副本响应时间从而预测第 $N+1$ 次的数据副本响应时间，本节提供了一种基于数据副本响应时间预测的副本选择算法（Replica Selection Strategy based on Replica Response Time Prediction，RSRTP），考虑到每次访问的数据副本响应时间对未来一次数据副本响应时间预测结果的影响程度是不同的，所以对历史 N 次的统计数据进行加权计算，并将预测结果反馈给用户。

下面对副本选择算法进行详细介绍。

设 $SF_i DB_j.Replica_r$ 表示文件 i 的数据块 j 的副本 r，服务器端与客户端使用主动的消息传输机制，以方便主管理节点 MS 对的数据副本响应时间的统计。

主服务器设有专门的数据副本响应时间统计模块，用以统计用户请求的详细信息。系统中不断有用户对副本进行访问，记为第 $\{1,2,\cdots,x\}$ 次，用户请求者第 x 次从向服务器发送对于文件 i 的数据块 j 的请求消息 $message_{i.j\_x(request)}$，服务器收到请求后首先记录用户发出请求消息时刻的时间戳属性 $Timestamp_{i.j\_x(reqmessage)}$，$x$ 为用户对数据块 $SF_i DB_j$ 第 x 次访问。之后服务器响应用户请求并查询符合条件的宿主节点，向用户发回应答消息 $message_{i.j\_x(answer)}$，信息内容包含满足条件的宿主节点的具体信息。用户收到后访问相应的宿主节点，请求得到满足后向服务器发回确认消息 $message_{i.j\_x(receives)}$，服务器收到确认消息 $message_{i.j.r\_x(receives)}$ 后立刻记录确认消息的时间戳 $Timestamp_{i.j.r\_x(receivesmessage)}$。

在此使用类似于网络中三次握手的协议来模拟用户服务器之间的交互。

步骤 1：用户向服务器发出对于文件 i 的数据块 j 的请求消息 $message_{i.j\_x(request)}$，x 为用户对数据块 $SF_i DB_j$ 第 x 次访问，就此生成消息的时间戳 $Timestamp_{i.j\_x(reqmessage)}$。

步骤 2：服务器接到用户请求消息，将请求消息的时间戳记录下来。分析请求消息并查询得到相应源数据的副本，查询完毕后便循着原路径向用户回复消息 $message_{i.j\_x(answer)}$，消息带有相关副本的详细信息，包括宿主节点的信息。

步骤 3：用户接收到服务器给出的反馈后选择服务器给定的宿主节点进行访问，访问完毕后向服务器发出确认消息 message$_{i.j.R\_x(receives)}$，此时服务器再一次将相应的时间戳 Timestamp$_{i.j.R\_x(receivesmessage)}$ 记录下来。

步骤 4：服务器端将每个副本对应的每一次被访问的副本响应时间进行统计，得到数据副本响应时间 $t_{i.j.R\_x}$，$t_{i.j.R\_x}$=Timestamp$_{i.j.R\_x(receivesmessage)}$－Timestamp$_{i.j\_x(reqmessage)}$。

步骤 5：基于以上的步骤，同一个数据块的不同副本历史 N 次的数据副本响应时间 $t_{i.j.r\_x}$ 便被记录在服务器端，$t_{i.j.r\_x}$ 表示第 x 次访问 SF$_i$DB$_j$.Replica$_r$ 响应时间，详见表 14.30。

表 14.30 副本访问信息

副本 ID	数据副本响应时间 $t_{i.j.r}$.frquency	副本 ID	数据副本响应时间 $t_{i.j.r}$.frquency
SF$_i$DB$_j$.Replica$_1$	$t_{i.j.1\_1}$	SF$_i$DB$_j$.Replica$_2$	$t_{i.j.2\_x}$
SF$_i$DB$_j$.Replica$_1$	$t_{i.j.1\_2}$	…	…
…	…	SF$_i$DB$_j$.Replica$_r$	$t_{i.j.r\_1}$
SF$_i$DB$_j$.Replica$_1$	$t_{i.j.1\_x}$	SF$_i$DB$_j$.Replica$_r$	$t_{i.j.r\_2}$
SF$_i$DB$_j$.Replica$_2$	$t_{i.j.2\_1}$	SF$_i$DB$_j$.Replica$_r$	…
SF$_i$DB$_j$.Replica$_2$	$t_{i.j.2\_2}$	SF$_i$DB$_j$.Replica$_r$	$t_{i.j.r\_x}$

当 SF$_i$DB$_j$ 第 N+1 次被用户请求，主服务器统计历史 N 次的数据副本响应时间 $\{t_{i.j.R\_1}$、$t_{i.j.R\_2}$、…、$t_{i.j.R\_N}$、…、$t_{i.j.R\_N}\}$，此处 $R\in\{1,2,\cdots,r\}$，r 为 SF$_i$DB$_j$ 的副本总数，使用预测算法预测副本第 N+1 次的数据副本响应时间 $t_{i.j.R\_N+1}$，对于同一源数据存在不同的副本的数据，统计所有的数据副本响应时间 $\{t_{i.j.1\_N+1},t_{i.j.2\_N+1},\cdots,t_{i.j.r\_N+1}\}$。

下面给出数据副本响应时间预测的详细流程。

步骤 1：对于用户请求过的同一个数据副本，判断服务器中是否有数据副本的访问记录，如果有，取 $n\times N$ 次的数据副本的访问记录，n 为取样样本的所在的总时间段数，N 为每个取样时间段中的数据副本总取样次数；否则转步骤 5。

步骤 2：取主服务器端的 n 个不同时间段，每一个时间段取 N 次数据副本响应时间，计算每一次对同一副本的数据副本响应时间，得到 $\{t_{i.j.R\_1}$、$t_{i.j.R\_2}$、…、$t_{i.j.R\_N}\}$。

步骤 3：使用预测算法计算 t 时刻取得 N 次样本的每一次的权值 $\beta_f(t)$，f 表示副本第 f 次被访问，$f\in\{1,2,3,\cdots,N\}$。根据式（14.15）计算 y_t，即预测点 t 时刻第 N+1 次的副本响应时间。

$$y_t=\beta_0(t)+\beta_1(t)x_1+\beta_2(t)x_2+\cdots+\beta_f(t)x_f \quad (14.15)$$

在不同的 f 下，β 的取值不同。x_f 表示副本 SF$_i$DB$_j$.Replica$_r$ 在第 f 次被访问时的数据副本响应时间。N 表示每个取样时间段共取 N 次数据副本响应时间，y_t 表示预测点 t 时刻的被访问副本的数据副本响应时间。离预测点 t 时刻越近的数据副本响应时间取样值对预测影响越大，式（14.16）中的 $w(t)$ 用来调节权重，以衡量不同时间段的取样值对预测点的影响程度，表示预测点与取样点的离差平方和。x_{nf} 表示副本在第 n 个周期的取样点的第 f 次副本被访问时的数据副本响应时间取值，β_f 表示第 f 次被访问时的数据副本响应时间对预测点的第 N+1 次数据副本响应时间的影响权值。

$$Q(\beta_0(t),\beta_1(t),\cdots,\beta_f(t))=\sum_{t=1}^{n}w_t(y_t-\beta_0(t)-\beta_1(t)x_{11}-\cdots-\beta_f(t)x_{nf})^2 \quad (14.16)$$

使用加权最小二乘估计，求 $\beta_0, \beta_1, \cdots, \beta_f$，使得式（14.15）离差平方和 Q_t 最小。以下是具体求解过程。

令

$$\boldsymbol{Y} = \begin{bmatrix} y_1 \\ y_2 \\ \vdots \\ y_n \end{bmatrix}, \quad \boldsymbol{X} = \begin{bmatrix} 1 & x_{11} & \cdots & x_{1f} \\ 1 & x_{21} & \cdots & x_{2f} \\ \vdots & \vdots & \cdots & \vdots \\ 1 & x_{n1} & \cdots & x_{nf} \end{bmatrix}, \quad \boldsymbol{\beta}(t) = \begin{bmatrix} \beta_0(t) \\ \beta_1(t) \\ \vdots \\ \beta_f(t) \end{bmatrix} \quad (14.17)$$

由式（14.17），可得 $\boldsymbol{X\beta=Y}$，$\hat{y}_t = X(t)*\beta(t)$，$X(t)$ 为 X 在 t 时刻的观察值，$\hat{y}_t$ 表示 t 时刻副本第 $N+1$ 次数据副本响应时间的估计值（$f \in \{1, 2, 3, \cdots, N\}$），式（14.16）变形为式（14.18）。

$$Q(t) = \sum_{t=1}^{n} w_t(y_t - \beta_0(t) - \beta_1(t)x_{11} - \cdots - \beta_f(t)x_{nf})^2 = (\boldsymbol{Y}-\boldsymbol{X\beta}(t))^{\mathrm{T}} \times W(t)(\boldsymbol{Y}-\boldsymbol{X\beta}(t)) \quad (14.18)$$

式中，x_{nf} 表示副本在第 n 个周期的取样点的第 f 次被访问副本的数据副本响应时间，β_f 表示第 f 次副本被访问时数据副本响应时间对预测点的第 $N+1$ 次数据副本响应时间的权值。

求解式（14.18），得到

$$\frac{\partial Q[\beta(t)]}{\delta \beta(t)} = -2\boldsymbol{X}^{\mathrm{T}}W(t)\boldsymbol{Y} + 2\boldsymbol{X}^{\mathrm{T}}W(t)\boldsymbol{X}\beta(t) = 0 \quad (14.19)$$

$$\boldsymbol{X}^{\mathrm{T}}W(t)\boldsymbol{X}\beta(t) = \boldsymbol{X}^{\mathrm{T}}W(t)\boldsymbol{Y} \quad (14.20)$$

式中，$\delta \beta(t)$ 表示 t 时刻副本取样值的偏差，$\frac{\partial Q[\beta(t)]}{\delta \beta(t)}$ 表示对 $\delta \beta(t)$ 求一阶导数，由于式（14.19）有不唯一的解，其任一解就是 $\hat{\beta}(t) = [\boldsymbol{X}^{\mathrm{T}}W(t)\boldsymbol{X}\beta(t)]^{-1}\boldsymbol{X}^{\mathrm{T}}W(t)\boldsymbol{Y}$，表示 t 时刻所取的 f 次数据副本响应时间的权值矩阵。$\hat{\delta}^2 = [\boldsymbol{Y} - \boldsymbol{X}\hat{\beta}(t)]^{\mathrm{T}} * [\boldsymbol{Y} - \boldsymbol{X}\hat{\beta}(t)]/n$，表示 n 个取样周期的平均离差平方和。

（1）对于式（14.20）中不同取样周期权重 $W(t)$ 的计算：$W(t) = \mathrm{diag}(w_1(t), w_2(t), \cdots, w_n(t))$，$W_f(t) = W[\rho(t,f)] = \mathrm{e}^{-\frac{(t-n*t)^2}{2\sigma^2}}$，令 $\lambda = \mathrm{e}^{-\frac{1}{2\sigma^2}}$，$W_f(t) = \lambda^{(t-n*t)^2}$。

（2）对于 $\frac{1}{2\sigma^2}$ 的求取：①令 $\theta = \frac{1}{2\sigma^2}$，假定 θ 为定量，由 $\boldsymbol{X}^{\mathrm{T}}W(t)\boldsymbol{X}\beta(t) = \boldsymbol{X}^{\mathrm{T}}W(t)\boldsymbol{Y}$ 得到 $\hat{\beta}(f) = [X(\mathrm{quf})^{\mathrm{T}}W(f)X(\mathrm{quf})\beta(f)]^{-1}X(\mathrm{quf})^{\mathrm{T}}W(f)Y(\mathrm{quf})$，其中 $X(\mathrm{quf})^{\mathrm{T}}$、$Y(\mathrm{quf})$ 为 X、Y 去除第 f 行数据后的数据；②根据式（14.15）可以得到 $\hat{y} = X(t)*\hat{\beta}(t)$，$X(t)$ 为 X 的第 t 行向量，实际值与预测值的误差表示为 $\mathrm{CV}(f) = (y - \hat{y})^2$；③求取方程 $\mathrm{CV}(t) = \sum_{t=1}^{n}(y_t - \hat{y}_t)^2$ 的解；④求解满足 $\mathrm{CV}(\theta) = \min(\mathrm{CV})$ 的 θ 的值。

步骤 4：按照步骤 1～3 计算出同一源数据的不同副本的副本响应时间 $t_{i,j,1\_N+1}$，$t_{i,j,2\_N+1}, \cdots, t_{i,j,R\_N+1}, \cdots, t_{i,j,r\_N+1}$，$R \in \{1,2,\cdots,r\}$，$r$ 为 $\mathrm{SF}_i.\mathrm{DB}_j$ 的副本总数，从中挑选出 t_{i,j,R_N+1} 最小的副本进行访问。

步骤 5：主服务器中没有此副本，向数据块管理节点发出副本创建请求，并访问新创建的副本。

14.4.7 副本选择策略实验验证与性能分析

1. 实验设计

本节主要通过一个具体的数据副本响应时间预测过程来验证 RSRTP 策略的有效性。

（1）假设第 i 个文件的第 j 个数据块在服务器节点上共存了 3 个副本。

（2）预测点是时刻 t，取距离预测点 1 个周期、2 个周期、3 个周期的 $t-T$、$t-2T$、$t-3T$ 这 3 个时刻作为取样点，并且分别取这 3 个时刻的最近的 5 次（在仿真图中表现为 0~4）副本访问信息，根据副本请求时间戳所记录的请求时间来计算数据副本响应时间。通过使用 $t-2T$、$t-3T$ 两个周期预期 $t-T$，比较 $t-T$ 时刻的预期值与实际值得到上述算法中提到的 θ 值，继而预测计算预测点 t 时刻的数据副本响应时间。

2. 实验结果与分析

本实验使用两种数据副本响应时间的预测算法。

（1）考虑不同时刻样本值对预测结果的影响程度，即本文提出的策略 RSRTP；

（2）不考虑不同时刻样本值对预测结果的影响程度，即灰色预测模型 GPM。

使用 MATLAB 对预测结果给出直观的描述，预测结果见图 14.18、图 14.19 和图 14.20。

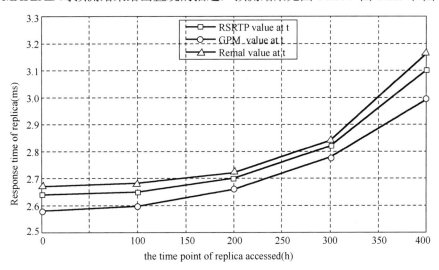

图 14.18 副本 1 响应时间的对比

经过以上同一个数据源的 3 个副本的数据副本响应时间的预测，可以看出使用本文提出的数据副本响应时间预测方式预测的数据副本响应时间更加接近副本 t 时刻实际的数据副本响应时间。数据副本响应时间的预测结果直接影响到了副本的选择。

从图 14.18、图 14.19 和图 14.20 可以看出，因为预测精度的影响，在 t 时刻副本第 5 次被访问时，如按照普通的平均权数的预测结果，即 GPM 算法，会导致用户选择副本 1 或者 2，因为预测值得到数据副本响应时间均为 2.99 ms，而实际值则分别是副本 1 为 3.16 ms，副本 2 为 3.12 ms，使用 RSRTP 策略得到的副本 1、2 的数据副本响应时间分别是 3.10 ms 和 3.07 ms。可以看出，使用 RSRTP 策略便可以准确判断副本 2 是要选择的副本。

从这一点可以说明，本文提出的数据副本响应时间预测算法相比于现有的数据副本响应时间预测算法，着重考虑越接近目前时间点的数据副本响应时间样本影响程度越高，这样的预测算法更加科学，同时预测精度也更高一些。

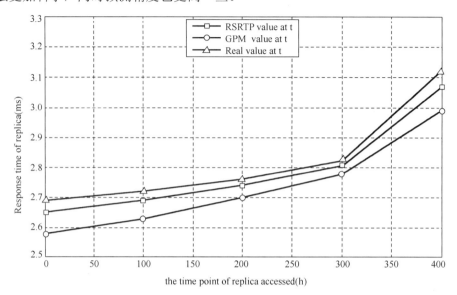

图 14.19　副本 2 响应时间的对比

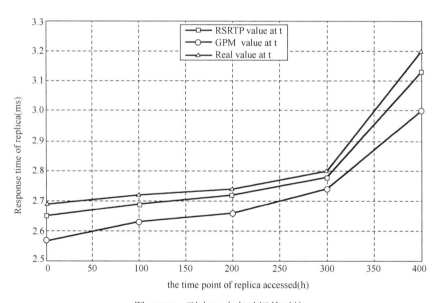

图 14.20　副本 3 响应时间的对比

14.5　复合协同管理环机制

14.5.1　问题分析

P2P 网络计算系统普遍强调了无中心化的结构，希望没有中心管理节点，因此可以看成一个简单节点的集合。系统的动态性和随机性响应主要依靠节点之间的彼此协作来完成，这容易导致系统随着节点与资源增多而趋于混乱的无政府状态和信息孤岛情况，资源难以充分共享，复杂协作难以建立，甚至整体效益会随着节点的增多而降低。

而云计算系统的管理机制则走向另一个极端，强调良好的可管理性，即一般倾向于采用集中管理模式（Centralized Management，CM），从而保障服务质量。以 Google 云计算系统为例，由于采用传统的 Server Farm 形式，由一个或几个主控服务器（Master）和大量集群服务器构成，主控服务器负责监控各节点的状态，进行失效检测和实现负载均衡等。IBM 的"蓝云"云计算平台采用 Tivoli 部署管理软件（Tivoli Provisioning Manager）和 Tivoli 监控软件（IBM Tivoli Monitoring）来管理系统中的节点、资源和任务执行情况，仍然采用集中式的管理机制。Jerome Boulon 等设计实现了大规模监测系统 Chukwa，基于 Hadoop 平台，仍然采用集中式架构，用以监测任务进程、设备性能与使用情况，以及发现故障。UC Berkeley 发起的一个名为 Ganglia 开源集群监视项目，用于测量数以千计的节点，为云计算系统提供系统静态数据和重要的性能度量数据。Ganglia 系统中的每个计算节点都运行一个收集和发送度量数据的、名为 gmond 的守护进程。接收所有度量数据的主机可以显示这些数据，并且可以将这些数据的精简表单传递到层次结构中，所有这些数据多次收集会一定程度上影响节点性能。Carnegie Mellon 大学开发的 DSMon 系统以服务的形式搜集分布计算系统中各节点的资源状况和负载信息。集中控制的缺陷之一是系统存在瓶颈问题和单点故障，因此单点需要高可用性，如记录恢复日志或双机备份等，但优点是可控性强、维护方便灵活。

在 Amazon 的弹性计算云 EC2 中，存在一个 CloudWatch 服务模块，可对 EC2 的实例状态、资源利用率、需求状况、CPU 利用率、网络流量进行可视化监控。Amazon 的云存储系统架构 Dynamo 则采用了基于 DHT 的对等网络架构，强调了高度无中心化（Decentralized）的结构。Dynamo 采用一种基于 Gossip 的分布式故障检测及成员协议，对节点及其负载进行分布式自动监控，减少了人工管理的参与。然而 Dynamo 中的节点数不能太多，以几千为宜，若达到以万为单位的节点数时，系统性能会急剧下降。

可见，在云计算和对等计算融合计算环境下，如果采用集中控制管理的策略，毕竟云资源层节点数量有限，因此作为任务执行者通过向核心管理层节点定期发送"心跳信息"以汇报当前工作状态，以此来防止节点失效带来的延误是可行的。但是要提高被分配至 P2P 资源层节点执行任务的成功率，并确保任务能够在规定的时间内提交结果，则明显不能采用云资源层节点的"心跳"机制，因为数量庞大的 P2P 资源层节点都向核心管理层节点发送周期"心跳信息"将会带来大量额外的网络通信负担，并容易大量消耗核心层主服务器节点的资源，造成类似于 DDoS 攻击（Distributed Denial-of-Service Attack，分布式拒绝服务攻击）的效果。

14.5.2 基于多移动 Agent 的复合协同管理环机制

为了解决上述问题，本章提出一种新颖的基于多移动 Agent 的复合协同管理环机制，分为基于多 Agent 的协同管理环 CCMR（Composite collaborative management ring）模式和基于移动 Agent 的管理环 MAMR（Mobile-Agent-based Management Ring）模式。

复合环由三类环构成：由核心管理层主节点构成的核心环 MR、由云资源层集群服务器节点构成的云内环 SR，以及由 P2P 资源层的终端节点构成的若干个对等环 PR，如式（14.21）所示。

$$\begin{cases} \text{MR} = \{m_1, m_2, \cdots, m_x\} \\ \text{SR} = \{s_1, s_2, \cdots, s_y\} \\ P = \{PR_1, PR_2, \cdots, PR_z\}, PR_i = \{p_{i,1}, p_{i,2}, \cdots, p_{i,j}\} \end{cases} \quad (14.21)$$

如图 14.21 所示，在所有环中均采用节点相互感知、监视的机制，自我管理性强，无单点故障危险。

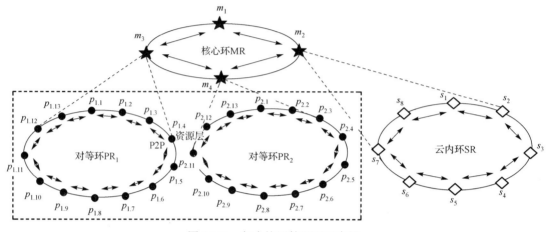

图 14.21 复合协同管理环示意图

应用于复合协同管理环机制的多移动 Agent 平台中有两类 Agent：静态的驻守 Agent（Stationary Agent）和动态的移动 Agent。环内和环间的节点的协同管理转换为不同节点上的 Agent 之间的交互和协作。

每个节点可包含多个静态 Agent，分别负责监控本地节点的性能情况，以及具有互相监管的关系的其他节点情况。建立管理机制的最终目的是为了提高系统完成任务的成功率和效率，每个节点都可能处于以下三种工作状态之一。

- 状态 1（Available）：当前在线，且有能力承担系统部署的任务。
- 状态 2（Unavailable）：当前在线，但当前不能（没有能力或不愿）承担系统部署的任务。
- 状态 3（Offline）：当前不在线。

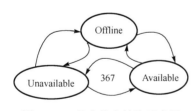

图 14.22 节点状态转换示意图

从系统承担任务的角度来说，系统关注当前在线且有能力承担系统部署的任务的节点。节点会在这三种状态下动态切换，如图 14.22 所示。

一般来说，每个节点（尤其是终端节点）都仅愿意在不影响自身正常工作的前提下，将自己空闲的 CPU 和内存等资源贡献出来，即承担系统部署的任务。因此节点设定相应的策略，其中的一种策略可以是：当自身的 CPU 和内存等的使用达到一定阈值并持续当前状态时就不承担系统部署的任务，即"当前在线，但不能承担系统部署的任务"状态；而自身的 CPU 和内存等切换回非繁忙状态并持续至某一时间点时就通知系统管理节点"当前在线，且有能力承担系统部署的任务"状态。我们开发的对节点性能监控和报告的系统界面如图 14.23 所示。

与传统的混合式 P2P 按地域、资源类型分组的方式不同，本章将终端节点加入哪个对等环 PR 的主要是依据节点在线的时间来确定的,即在线时间大致相同的节点归入同一个对等环 PR,这主要是基于尽量维持对等拓扑稳定的考虑,避免因为节点频繁加入和退出导致系统难以可靠地管理和运作。

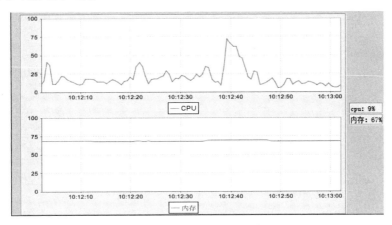

图 14.23 节点性能监控示意图

在核心环 MR 中,由于核心管理层的主服务器节点担任了管理者、作业分割者、任务调度者的重要角色,因此为了避免核心管理层节点成为系统的单一失效点,必须设置相应的影子节点作为核心管理层节点的后备节点,保存核心管理层节点上所有信息,当核心管理层节点上的信息发生变化时,影子节点上的信息也要实时更新。核心管理层节点与影子核心节点之间必须监视彼此当前的情况,可以通过互相定时发送"心跳信息"来确认彼此当前是否在线的信息。

1. 基于多 Agent 的协同管理环 CCMR

基于多 Agent 的协同管理环主要是在每个节点上构建独立的静态 Agent,在 Agency 中执行,这样就将节点间的联系转换为 Agent 的协作。Agent 之间通过基于 Cohen 和 Levesque 的理性动作的言语行为理论为基础的 ACL 通信语言(Agent Communication Language)实现协同。下面是 m_1 向 m_2 节点发送心跳信息,并要求返回状态(status)信息的 ACL 消息范例,如图 14.24 所示。

图 14.21 中,对于 m_1 而言,m_2 和 m_3 作为 m_1 的影子节点;对于 m_2 来说,m_1 和 m_4 是它的影子节点。如果当前 m_1 宕机,影子节点 m_2 或 m_3 可以立刻顶替 m_1 工作;当 m_1 重启、修复或替换后,利用 m_2 或 m_3 来重新恢复 m_1 的数据。系统中每个主服务器节点上的信息有 3 个副本,这显然可以增强系统的鲁棒性,因为 3 个节点同时失效的可能性为 10^{-9}。

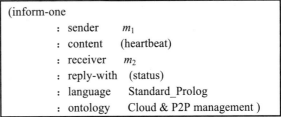

图 14.24 返回状态(status)信息的 ACL 消息范例

将 P2P 资源层分为一个个基于 DHT(Distributed Hash Table,分布哈希表)的对等环,这可以使得系统具有更强的结构性,也更易于管理和与云计算系统融合。以对等环 PR_1 为例,该环由 m_3 负责总控,但 m_3 并不会与环中的节点频繁交互,对于节点的状态还是依靠节点彼此之间的感知。例如图 14.21 中,$p_{1,1}$ 受到 $p_{1,13}$($p_{1,1}$ 的前继节点)和($p_{1,2}$ 的后继 $p_{1,1}$ 节点）的监视，同时 $p_{1,1}$ 监视 $p_{1,13}$ 和 $p_{1,2}$ 的状态。设 $p_{1,1}$ 在完成任务之前就下线了，则 $p_{1,13}$ 和 $p_{1,2}$ 在一定的时间间隔后收不到 $p_{1,1}$ 发来的心跳信息，则会向 m_3 汇报 $p_{1,1}$ 的异常信息，然后 $p_{1,13}$ 和 $p_{1,2}$ 建立互相监管的关系。

2. 基于移动 Agent 的管理环 MAMR

移动 Agent 基于 Agent 传输协议 ATP（Agent Transfer Protocol）实现了 Agent 在节点间的迁移，并为其分配执行环境和服务接口；Agent 通过 ACL 相互通信并访问移动 Agent 服务器提供的服务，如图 14.25 所示。

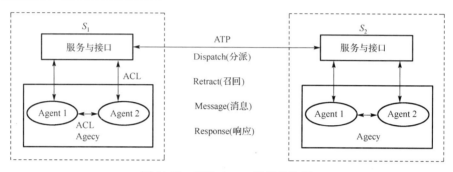

图 14.25 移动 Agent 系统结构图

Agent 传输协议定义了移动 Agent 传输的语法和语义，具体实现了移动 Agent 在服务设施间的移动机制。参照 IBM 的 ATP Framework 所定义的一组原语性的接口和基础消息集，应用于云计算和对等计算融合系统的 Agent 传输协议 ATP 的基本操作包括分派、召回、消息和响应。

云内环 SR 中若包含的节点数量较多，也采用同样的环内节点两两协同监控方法，如图 14.21 所示；若节点数量较少，核心管理层主节点能够负荷，则采用如图 14.26 所示的基于移动 Agent 的管理环 MAMR 模式。

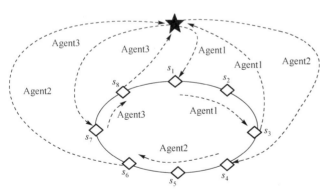

图 14.26 基于移动 Agent 的环管理模式示意图

如图 14.26 所示，由作为管理者的主服务器节点并行地将多个移动 Agent 均匀发送到云内环 SR 中，然后每个 Agent 均以顺时针沿环线串行迁移。假设某一个云内环中有 n 个节点，主服务器节点并行地将 j 个移动 Agent 均匀发送到云内环中。若 n 恰好是 j 的 k 倍（k 是整数），则由主服务器节点发送到节点 s_i 的 $Agent_i$ 的巡行路径为：

$$m_2 \to s_i \to s_{i+1} \to \cdots \to s_{i+k-1} \to m_2$$

该巡行路径可依据于 $Agent_i$ 的路由策略，若 n 是 j 的 r 倍（$k<r<k+1$），则发送到节点 $s_{k\times j+1}$ 上的 $Agent_k$ 的巡行路径为：

$$m_2 \to s_{k\times j+1} \to s_{k\times j+2} \to \cdots \to s_n \to m_2$$

其他 Agent 的巡行路径与前面相同。$Agent_i$ 从节点 s_i 巡行至 S_{i+1} 节点时，发现 S_{i+1} 无响应，则立即在 S_{i+1} 节点上向 m_2 发送 S_{i+1} 无响应的消息；然后根据携带的路由表继续试图迁移至 S_{i+l+2} 节点，以此类推，直至最后返回 m_2 节点。

14.5.3 环状网络拓扑结构

基于多移动 Agent 的复合协同管理环机制的一个主要问题是如何构建环状网络拓扑结构，系统中存在核心环、云内环和对等环三种环，这三种环的特性是有比较大的差异的。

（1）核心环中的节点数量很少，且性能稳定，因此系统可直接手工配置节点标识，并按标识大小等方式直接构成双向环。

（2）云内环与对等环中的节点数量庞大，因此这两种环的网络拓扑必须能够适应大规模网络计算环境中的节点高效定位、负载平衡、可伸缩性等性能要求。

针对云端融合计算环境，为了实现本章提出的基于多移动 Agent 的复合协同管理环机制，设计了一种同时适合核心环、云内环和对等环的环状拓扑结构。系统首先为每个环创建一个唯一的环标识 RingID，环标识指明了环的类型，并确定是哪一个环；在每个环中，再为每个节点创建一个环内唯一的节点标识符 NodeID，因此实际上每个节点标识符由两部分组成，即 RingID|NodeID。环内节点标识符采用散列算法（如 MD5 或 SHA 算法）将归入特定环的节点 IP 地址进行散列，基于散列后的关键值按顺时针方向，从小到大地将节点排列起来，从而构成一个标识空间为 $0 \sim 2^m - 1$（m 为节点标志的位数）的环状拓扑，即环内最多可容纳的节点个数为 2^m。在规定的区间内，对于环内节点标识符为 k 的节点来说，环中顺时针方向的在线节点称为 k 的后继节点，记为 $Successor(k)$；逆时针方向在线节点称为 k 的前驱节点，记为 $Predecessor(k)$。显然对于环中的节点来说，需要以尽可能实时地了解与之互相监管的直接前驱与后继节点的情况。

然而，如果节点仅了解其当前的直接前驱节点与后继节点情况，则如果节点当前的前驱节点或后继节点失效时，节点将不能迅速与其新的前驱节点或后继节点建立互相监管的关系（除非是通过增加核心管理节点负担来更新节点的信息），特别是发生环中连续成片节点失效时，这种情况将更加难以解决。为此，本章在每个环内节点上部署局部环节点列表 PartRingTable 的方法来解决这一问题。

1. PartRingTable

系统中设置两种表格：一张是全环节点列表 RingTable，存储于核心节点上；另一张是 PartRingTable，保存了与表格所存储的节点直接和间接相邻的节点的信息。在环中节点为 n 的环中，每张 PartRingTable 空间复杂度为 $\log n$。PartRingTable 表的各项定义表 14.31 所示。

表 14.31 节点上的局部节点表的各项定义

PartRingTable 表项	定　义
NodeID	节点标识符
RingID	节点所属环标识符
Distance	与当前节点的相对网络距离
Place	节点相对位置（Predecessor/Successor）
Status	节点状态（available/unavailable/offline）

表 14.31 中的表项 Distance 是指与当前节点的相对网络距离，直接前驱节点、后继节点

与本节点的相对网络距离分别为"–1"和"1",第一顺位的间接前驱节点、后继节点(即直接前驱节点的直接前驱节点或是直接后继节点的直接后继节点)与本节点的相对网络距离分别为"–2"和"2"。

如图 14.27 所示,设节点标志位数取 4,环 x 中包含了 16 个节点,因此节点上的 PartRingTabl 列举了 4 个表项。系统经过一段时间的运行后,呈现出图 14.27 所示的状态。以环中节点 4 为例,其直接前驱节点指向节点 2,后继节点指向节点 6;除此之外,节点 4 的 PartRingTable 中还包含了节点 2 的直接前驱节点和节点 6 的直接后继节点,目的是保证当节点 4 的直接前驱节点或后继节点失效时,可以方便其迅速与节点 1 或节点 10 联系,并迅速更新 PartRingTable。

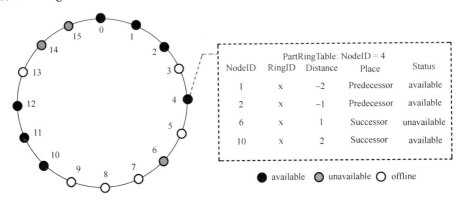

图 14.27　复合协同管理环机制环状拓扑示意图

2. 节点加入与退出环

当一个节点加入到对应环时,则须通过核心环节点进行引导,并对相邻节点的 PartRingTable 进行更新。节点加入需经过三个过程:节点加入许可过程、PartRingTable 初始化过程、更新其他节点 PartRingTable 过程。以图 14.27 中的节点 3 为例,具体步骤如下。

步骤 1:设节点 3 加入网络时,首先向核心环节点发送一个请求加入网络的消息 Request,核心环节点收到节点请求加入消息后,计算或验证节点的标识,并返回给节点一张数字证书和消息 Response,消息 Response 中包含了环中直接前驱节点(节点 2)和后继节点(节点 4)的信息。

步骤 2:节点 3 收到 Response 消息后,与节点 2 和节点 4 进行联系,并通过节点 2 和节点 4 的 PartRingTable 来初始化本地的 PartRingTable。

步骤 3:节点 2 和节点 4 在获得节点 3 的 UpdatePredReq 和 UpdateSuccReq 信息后,也更新各自的 PartRingTable,并分别通知节点 1 与节点 6 更新各自的 PartRingTable。

而当节点退出网络的时候,分为两种情况:一种情况是该节点正常主动退出网络;另一种情况是节点非正常被动退出网络。如果节点主动退出所在环时,首先向核心环节点发送信息,要求注销其注册信息,然后通知其前驱节点和后继节点,要退出这个网络,当前驱节点和后继节点知道收到通知后,会分别更新各自的 PartRingTable 中与该节点有关的数据。而当节点由于一些特殊的原因,如网络掉线、机器故障或者用户随机下线而被动退出时,则需要其前后继节点主动来更新自身的 PartRingTable,以维持环的稳定。

本节提出的环既适用于稀疏节点失效,也适用于连续节点失效。当发生连续节点失效时，核心环节点将接收到不完整的失效节点报告（即来自前驱节点或后继节点的失效报告），此时服务器将问询未正常发送报告的节点，若其已失效，再处理之前接收到的单一报告。

如图 14.27 所示，假设节点 0、1、2 同时失效，此时核心环节点会接收到节点 15 关于节点 0 的失效报告，以及节点 4 关于节点 2 的失效的报告。由于核心环节点未接收到节点 0 的后继节点 1 关于节点 0 的失效报告，服务器会问询节点 1，得知节点 1 已失效，进而处理节点 15 发送的报告，确定节点 0 失效。同理也可确认节点 2 也已失效。

14.5.4 实验验证与性能分析

下面重点阐述本节提出的复合协同管理环机制（包括基于多 Agent 的协同管理环 CCMR 和基于移动 Agent 的管理环 MAMR）的仿真实验情况，并对比于传统的集中式管理机制 CM 针对各类节点负载、失效节点检测效率等来展开性能分析。

1. 节点负载分析

我们在实验室 Intranet 环境中构建了用于测试云计算与对等计算融合环境下基于多移动 Agent 的复合协同管理环机制的仿真测试平台，具体参数为：
- 任务执行节点向核心环节点发送心跳报告的时间间隔为 10 s。
- 任务执行节点之间发送心跳报告的时间间隔为 6 s。
- 任务执行节点失效率为 5%。
- 任务执行节点重建率为 50%。
- 实验时间为 10000 s。
- 判定节点失效时间为 30 s。

如图 14.28 所示，随着节点数的增加，CM 模式和 CCMR 模式下核心节点接收到的监控报告数都是逐渐增加的，但是 CM 模式的报告数增长幅度明显大于 CCMR 模式。图 14.29 具体列出了 CM 模式和 CCMR 模式在仅包含 10 个节点的情况下，在 10000 s 内核心节点接收到的报告总数，CCMR 模式下核心节点接收到的监控报告总数明显小于 CM 模式，由此可以看出，CCMR 模式可大幅度降低网络中节点对中心节点资源的消耗。

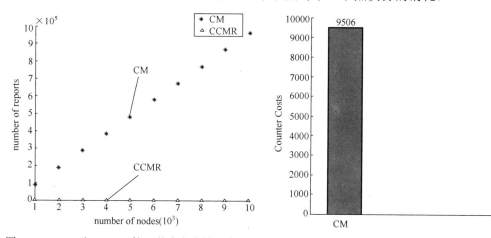

图 14.28　CM 和 CCMR 核心节点负载情况变化图　　图 14.29　CM 和 CCMR 核心节点接收报告数结果图

系统将传统那种任务执行节点定期向管理节点报告（发送心跳信息）转换为任务执行节

点之间的定期通信，图 14.30 为网络中随机挑选出的 10 个的节点在 CM 模式和 CCMR 模式下系统总资源耗费情况，因为在 CCMR 模式下，一个节点失效会有两个节点为它进行失效计数，所以计数耗费要大于 CM 模式，但是对于系统所有节点来说，每个节点的平均耗费并不高。

2．失效节点检测效率

下面我们将重点测试 CCMR、MAMR 及 CM 模式对系统中失效节点的检测效率，即节点从失效到被管理节点发现所需要的时间。仿真测试平台具体参数为：
- 节点总数为 10000 个。
- CM 模式下任务执行节点向管理节点发送心跳报告时间为 9 s。
- 任务执行节点之间发送心跳包时间为 9 s。
- 判定节点失效依据的时间间隔为 3×9 s。
- CCMR 模式下任务执行节点向核心环节点发送节点失效报告时间为 800 ms。
- 移动 Agent 从一个节点迁移到另一个节点时间为 800 ms。

图 14.31 为不同节点失效率下检测效率仿真结果图，灰色条是节点失效率为 0.01 时管理节点检测出任务执行节点失效的平均时间，黑色条是节点失效率为 0.1 时管理节点检测出任务执行节点失效的平均时间，失效率对三种管理模式的影响都不大。在 MAMR 模式中，单个失效节点被检测到的时间和它在 Agent 迁移路由中的序数有关，即 Agent 越晚迁移到它上，它被发现失效所耗费的时间越长。从整体上来看，设节点数量为 n，Agent 数量为 m，移动 Agent 从一个节点迁移到另一个节点时间为 t，则节点被发现失效的平均时间为 $(n/2m)t$。图 14.31 的实验数据是在 Agent 数量为 1 时得到的结果。

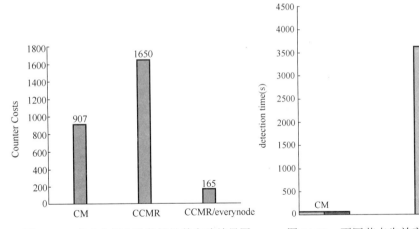

图 14.30　节点之间心跳监控计数实验结果图　　图 14.31　不同节点失效率下检测效率仿真结果图

图 14.32 所示为不同节点规模下检测效率仿真结果，可以看到节点数的增加对 CM 和 CCMR 模式的影响并不大，因为在 CM 模式中，只要节点数不超过管理节点的计数队列负载，节点就会在几个心跳周期后被发现；在 CCMR 模式中，失效节点也是以同样的策略被检测出的。而 MAMR 模式中，由于移动 Agent 要沿着环迁移，只有在试图迁移到该节点才能检测到其是否失效，因此随着节点规模的增大，Agent 运行的总路径越长，检测效率就越低，平均检测时间和节点数成反比。下面我们将测试多个 Agent 并行在环中迁移的检测效率。

如图 14.33 所示，增加 Agent 的数量可以有效降低发现节点的耗时基本与 Agent 数量成反比，这是由于节点规模相同时，增加 Agent 的数量便降低了每个 Agent 的迁移距离，每个节点接收检测频率也随之增高，故检测效率也得以提高。但也可以看出，MAMR 模式比较适用于较稳定的云内环计算环境。

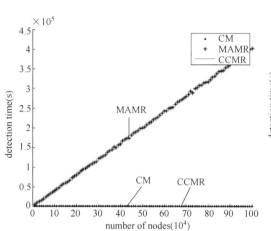

图 14.32　不同节点规模下检测效率仿真结果图　　图 14.33　MAMR 模式中移动 agent 数量对失效节点检测效率的影响

14.6　本章小结

本章首先介绍了云端融合计算任务部署机制解决当某一项任务来临时，如何将作业进行合理分割成若干个任务，然后有序部署到合适的节点上，并达到高性价比的目标的问题。其次，由于云端融合计算环境的动态性、异构性、自治性、分布性和开放性等特征，使得系统的安全可信性成为联合属于不同所有者的节点合作完成某一次大规模的复杂计算任务需要重点考虑的根本问题，所以介绍了云端融合计算任务安全分割与分配机制，以及云端融合计算任务执行代码保护机制。接着在已有副本部署算法学习研究基础上，提出了一种基于数据可用性、副本访问频率、宿主节点剩余容量这几个因素综合考虑的副本部署机制，并且进行了相应的实验验证，与此同时提出了自己的云端副本选择策略。最后为了解决在 P2P 网络计算系统中容易导致系统随着节点与资源增多而趋于混乱的无政府状态和信息孤岛情况，资源难以充分共享，复杂协作难以建立，整体效益甚至会随着节点的增多而降低，以及在云计算系统的管理机制中系统存在瓶颈问题、单点故障和云资源层节点数量有限等问题，本章提出了一种新颖的基于多移动 Agent 的复合协同管理环机制。

参 考 文 献

[1] SMITH R. The contract net protocol: High-level communication and control in a distributed problem solver[J]. IEEE Transactions on Computers, 1980, 29(12):1104-1113.

[2] Fritz H. Time limited blackbox security: Protecting mobile agents from malicious hosts[C]. In: Vigna , Giovanni ed.. Mobile Agents and Security, LNCS 1419, New York: Springer-Verlag , 1998: 92-113.

[3] Sander T, Tschudin CF. Protecting Mobile Agents Against Malicious Hosts[C]. In: Vigna , Giovanni ed.. Mobile Agents and Security, LNCS 1419, New York: Springer-Verlag, 1998: 44-60.

[4] 窦文，王怀民，贾焰，邹鹏. 构造基于推荐的 Peer-to-Peer 环境下的 Trust 模型[J]. 软件学报，2004,15(04):571-583.

[5] Kamvar SD, Schlosser MT. EigenRep: Reputation management in P2P networks[C]. In: Proc. of the 12th International World Wide Web Conf. Budapest: ACM Press, 2003: 123-134.

[6] Wang W F, Wei W H. A dynamic replica placement mechanism based on response time measure[C] //Proceedings of 2010 International Conference on Communications and Mobile Computing. Shenzhen: IEEE, 2010: 169-173.

[7] 林闯，胡杰，孔祥震. 用户体验质量（QoE）的模型与评价方法综述[J]. 计算机学报，2012, 35(1): 1-15.

[8] 王微微，夏秀峰，李晓明. 一种基于用户行为的兴趣度模型[J]. 计算机工程与应用，2012, 48(8): 128-152.

[9] 饶磊，杨凡德，李新明，等. 基于热度分析的动态副本创建算法[J]. 计算机应用，2014, 34(S2): 130-134.

[10] 徐小龙，邹勤文，杨庚. 分布式存储系统中数据副本管理机制[J]. 计算机技术与发展，2013, 23(2): 245-249.

[11] 杨昊溟. 云存储系统的数据副本放置算法研究[D]. 电子科技大学，2013.

[12] 袁满，刘俊梅，刘铁良，等. 基于模拟退火算法的数据网格副本部署策略[J]，计算机工程，2009, 35(17): 22-24.

[13] 庞丽萍，陈勇. 网格环境下数据副本创建策略[J]. 计算机工程与科学，2005, 27(2):1-2.

[14] 阳小龙，王欣欣，张敏，等. 用户兴趣感知的内容副本优化放置算法[J]. 通信学报，2014, 35(12): 21-27.

[15] Lemma F, Schad J, Fetzer C. Dynamic Replication Technique for Micro-Clouds Based Distributed Storage System[C] //Proceedings of 2013 the 3th International Conference on Cloud and Green Computing. Karlsruhe: IEEE, 2013: 48-53.

[16] 邵军. 云端融合计算环境中的多副本管理机制研究[D].南京邮电大学,2015.

[17] Wei Q S, Veeravalli B, Gong B Z, et al. CDRM: A Cost-effective Dynamic Replication Management Scheme for Cloud Storage Cluster[C] //Proceedings of 2010 IEEE International Conference on Cluster Computing. Heraklion, Crete: IEEE, 2010: 188-196.

[18] Rajalakshmi A, Vijayakumar D, Srinivasagan K G. An Improved Dynamic Data Replica Selection and Placement in Cloud[C] //Proceedings of 2014 International Conference on Recent Trends in Information Technology. Chennai: IEEE, 2014: 1-6.

[19] 赵武清，许先斌，王卓薇. 数据网格系统中基于负载均衡的副本放置策略[C] //Proceedings of 2010 Third International Conference on Education Technology and Training. 武汉，2010, 4: 314-316.

[20] Sheu S T, Huang C H. Mixed P2P-CDN system for media streaming in a mixed environment[C] //Proceedings of 2011 7th International Conference on Wireless Communications and Mobile Computing Conference. Istanbul: IEEE, 2011: 657-660.

[21] 熊润群，罗军舟，宋爱波，等. 云计算环境下 QoS 偏好感知的副本选择策略[J]. 通信学报，2011, 32(7): 93-102.

[22] 杨瑜萍. 数据网格环境下基于存储的副本管理策略的研究[D]. 河海大学，2007.

[23] 郭兰图. 网格环境下基于多副本的数据管理与传输模型的研究[D]. 中国石油大学，2007.

[24] 施晓烨. 数据网格中副本管理策略研究[D]. 南京邮电大学，2011.

[25] Sun M, Sun J Z, Lu E F, et al. Ant Algorithm for File Replica Selection in Data Grid[C] //Proceedings of First International Conference on Semantice, Knowledge and Gird. Beijing: IEEE, 2005: 64.

[26] 沈薇，刘方爱. 基于模拟退火算法的数据副本选择策略[J]. 计算机工程与应用，2007, 42(35): 145-147.

[27] Li D S, Xiao N, Lu X C. Dynamic self‐adaptive replica location method in data grid[C] //Proceedings of the IEEE International Conference on Cluster Computing, 2003: 442-445.

[28] Higai A, Takefusa A, Nakada H, et al. A Study of Effective Replica Reconstruction Schemes at Node Deletion for HDFS[C]//Proceedings of 2014 14th IEEE/ACM International Symposium on Cluster, Cloud and Grid Computing. Chicago, IL: IEEE, 2014: 512-521.

[29] Wang C L,Yao S W, Li H. Research on Data copy Selection Strategy in Cloud Storage[C] //Proceedings of The 2nd Asia-Pacific Conference on Information Network and Digital Content Security. Zhouhai: Atlantis, 2011: 12-17.

第 15 章 云端融合计算应用范例

云端计算将网络核心的云数据中心和网络边缘的终端节点上的各类资源有机聚合成更大规模的资源池，更好地整合了互联网和不同设备上的信息应用，拥有效率高、计算成本低等优点。云端计算架构将由网络连接起来的网络核心的云端和网络边缘的终端的各种分散、自治资源及计算系统组合起来，从而演化为更为广泛的大规模计算平台，以实现最广泛的资源共享、协同工作和联合计算，为各种用户提供基于网络的各类综合性服务。在云端计算的种种优点情况下，本章提出了基于云端计算的几种应用系统。

15.1 基于云端融合计算网络平台的泛知识云系统

15.1.1 问题分析

网络，特别是 Internet，为人们获取知识信息提供了极为便捷的渠道。利用网络，人们最常采用的获取知识信息方式包括：

（1）搜索引擎（Search Engine）：最有代表性的是 Smart、Lemur Toolkit 等实验系统，以及 Google、百度和天网等实用的搜索引擎系统；特点是检索速度快、信息量大，但搜索结果五花八门，杂乱无章。

（2）网络百科全书（Online Encyclopedia）：最有代表性的是维基百科（Wikipedia，基于 Wiki 技术的多语言的网络百科全书），以及以中文为主的百度百科和互动百科系统等；特点是以知识为主体，模仿传统百科全书的词条模式，用户参与度高，是动态的、可自由访问和编辑的大规模知识库。

（3）网络文献共享平台（Network Document Sharing Platform）：比较著名有国外的 DOAJ、J-STAGE、BMC、SciELO 和 PubMed Central 等，以及国内的中国科技文献在线、中国期刊网 CNKI、万方数字化期刊及维普中文科技期刊数据库，特点是以自然科学与社会科学文献共享为目标，文献来源包括传统期刊的论文和纯网络发表的论文。

由于这三种系统均基于 Internet 平台，在内容上会出现相互交叉与重叠的现象，如通过搜索引擎常常可以获得网络百科全书和网络文献共享平台中的部分信息内容。从信息的来源来看，既有由官方通过 Web 服务器正式发布的知识文献，也有普通用户通过网络平台发布的知识信息。但是，无论知识的来源如何，目前的系统都强调将信息存储于服务器端，以服务器为中介来实现信息资源的贡献。随着信息资源的迅速增加和用户访问量的不断攀升，服务器端的负载沉重、用户的响应速度变慢甚至无法获取服务，导致用户的满意度下降。为了解决这一问题，目前通常的方法是不断升级、更新、扩容服务器端的计算和存储能力，这种做法仍然需要各系统建设单位不断地投入大量的资金。近年来，关注的热点在于采用云计算和云存储等更为先进的网络计算技术，以获得较高的性价比。

然而，这些措施并没能解决根本问题，其本质原因在于：这类系统所采用的仍然是传统的 C/S 计算或 B/S 计算架构，特别是云计算与云存储，提倡"瘦客户机、胖服务器"策略，这就导致由当前大规模 PC 构成的网络边缘计算环境中蕴含的海量计算、存储和信息资源被忽视与浪费了。

针对这种现状，本章在 Cloud-P2P 平台上构建一种新颖的泛知识云系统，将网络中的文献、词条等各类知识信息有序地组织在一起；充分考虑网络终端节点上可以利用的资源，在保障用户使用体验的前提下，将用户提交的知识索取任务从网络中心的服务器端迁移到网络边缘的客户端；为了进一步改善用户的使用体验，本章还提出一种动态的复合自适应 QoS 保障机制，通过综合区分用户与资源类型，并设定服务器负载阈值，将用户提交的服务请求合理部署到服务器端和终端节点，从而有效解决传统知识系统中存在的高峰阶段服务器性能瓶颈的难题，达到提高系统中用户整体普遍满意度的目标。

15.1.2 泛知识云模型

定义 1 泛知识云模型（Ubiquitous Knowledge Cloud Model，UKCM），借用了量子物理中的"电子云"（Electron Cloud）的概念，基于海量的分布式存储和简单的分布式计算平台，将知识信息以文献或词条等方式存储分布在大量高性价比的集群服务器与海量终端设备上，具有关联性的知识彼此网状互连，体现出一种弥漫性、无所不在的分布性和社会交互性特征。

通过该定义可以看出，本章提出的 UKCM 是一种比当前的网络知识系统与文献共享系统资源利用更广泛、更灵活、更充分的信息平台。因为 UKCM 中的知识信息既来源于"官方"网站也来源于"民间"的普通用户；既存储于服务器端，也存储于用户终端；知识类型既包括具有良好系统性、完整性的论文，也包含一个个独立词条。

采用 Cloud-P2P 技术构建泛知识云模型是一个适宜的选择，模型构成如图 15.1 所示。

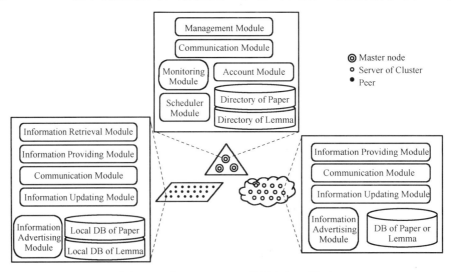

图 15.1 基于 Cloud-P2P 的泛知识云模型

从图 15.1 可以看出，本章提出的泛知识云模型聚合了来自云计算集群服务器端和对等节点终端的计算、存储和信息资源，信息资源存储于文献库（DB of Paper）和知识词条库（DB of Lemma）中；服务器只负责提供服务，而每个终端节点既获取服务，也可以利用本身的资源来为其他节点提供信息服务。

以文献库中的论文为例，一篇论文（Paper）可以用一个十元组描述。

$$\text{Paper}=(\text{PID, name, keywords, abstract, body, ref, UID, index, date, value}) \quad (15.1)$$

式中，PID 是该文在系统中的唯一标识，name 是论文名称，keywords 是论文关键词集合，abstract 是论文摘要，body 是论文的正文主体，ref 是论文的引用文献集，UID 是论文发表者的用户唯一标识，index 是指论文存储位置索引，date 是论文的发表时间，value 是指论文价值。

15.1.3 工作流程

下面以节点通过该平台共享一篇用户撰写的论文为例来阐述系统的工作流程。

1. 论文发布

步骤 1：Peer_A 通过系统界面和通信模块（Communication Module）与系统主节点（Master Node）进行连接，管理模块（Management Module）对该节点进行身份认证后，允许节点加入到云端融合计算环境中，监控模块（Monitoring Module）负责掌握该节点性能及其资源情况。

步骤 2：用户利用信息发布模块（Information Advertising Module）将自己撰写的论文信息在系统内发布，并将论文除论文主体以外的说明信息写入主节点上的论文目录表（Directory of Paper）中。

步骤 3：论文信息被系统通过信息供应模块（Information Providing Module）将论文推送到合适的服务器上，并通过用户节点和服务器分别通过信息更新模块（Information Updating Module）将该文以规则的结构存储于服务器和用户本地文献库（Local DB of Paper）中。

步骤 4：主节点更新其上的论文目录表，特别是论文存储位置索引信息。

2. 论文获取

步骤 1：Peer_B 经过身份认证后，通过信息检索模块（Information Retrieval Module）在系统主节点的论文目录表中查询所需的文献。

步骤 2：系统主节点根据节点身份、等级、论文的存储位置、当前服务器的性能状况，以及系统设定的调度策略将信息索取的任务部署到合适的节点（用户节点或集群服务器）。

步骤 3：节点收到请求后，利用本地的信息供应模块和文献库将所需的文献通过通信模块不经过主节点直接发送给 Peer_B。

步骤 4：Peer_B 收到论文后通过信息更新模块将论文存储于本地文献库中。

步骤 5：完成本次交互后，Peer_B 和服务提供节点分别向主节点发送一个确认信息。

步骤 6：主节点的计费模块对节点进行计费，并更新其上的论文目录表中与该论文有关的论文存储位置索引和论文价值等信息。

15.1.4 服务质量保障机制

基于 Cloud-P2P 的泛知识云系统在运行一段时间后，会出现一个现象，即同一篇文献会同时出现在服务器端和多个节点终端上。当一个节点需要该文献时，系统采取何种调度策略，即将信息索取的任务部署到服务器端还是终端节点以及哪些终端节点上，是值得重点关注的问题。理想的状态显然是系统整体和节点局部均达到性能优化，包括负载均衡、响应速度快，以及在有限的资源情况下不同等级的用户可以获得有差异性的服务质量。

在基于 Cloud-P2P 的泛知识云系统中存在着两种提供服务的节点，具有明显区别的特性。

（1）集群服务器节点受系统集中管理，除非出现故障，否则会稳定地存在于网络中，在较长时期内不会常常随机地加入和退出网络；即使出现故障，系统可以通过适当的冗余机制来保障服务的稳定性。

（2）而 Peer 节点则属于普通的 Internet 用户，用户分散、相互独立地管理和使用节点主机，节点行为具有较强的动态性和随机性，如常常随机地加入和退出网络系统，这就导致服务的不稳定性；但节点信息资源地冗余度常常较高，如同一篇文献会同时存在于多个节点上。

这种节点差异导致了系统的 QoS 保障成为难题，原因在于：

（1）若采取服务器优先策略，即当前服务器的性能如果足以支持所有用户的服务请求，则任何节点均优先从服务器端获取稳定的满意服务；但是随着当前用户数量的攀升，服务器负载沉重并成为系统的性能瓶颈，用户提交请求的响应缓慢，如限制连接最大数目，则后续的用户（即使高级别的用户）将发生无法连接的"拒绝服务"情况，同时网络边缘蕴含的资源也被浪费了。

（2）若采取 Peer 节点优先策略，即节点优先选择其他 Peer 节点上的资源，只有在 Peer 节点上无法获取所需的信息时，才与集群服务器进行连接，这样避免了集群服务器成为系统的瓶颈，但是不稳定的 Peer 节点难以保证信息资源的可用性；而资源的时而可用、时而不可用，热门知识由于存在于多数节点上而常可用，冷门知识由于节点数较少基本不可用，用户体验是非常差的，即使后续会改为连接服务器，但用户的响应时间延长，用户显然也不会满意。

在这种情况下，以单纯的区分服务（Differentiated Services，DS）、资源预留（Resource Reservation，RSV）为代表的传统 QoS 保障策略[1-4]显然不能很好地适用于复杂的基于 Cloud-P2P 的泛知识云环境。

为了让系统能够为用户提供满意的服务质量，本章提出的复合自适应 QoS 保障机制采用以下的策略。

- 区分用户类型，为不同等级的用户提供不同的服务质量；
- 区分资源类型，资源区分为大文件和小文件，同时区分为热点资源和冷门资源；
- 设定服务器性能阈值，性能阈值内服务器优先提供服务，性能阈值外终端节点优先；
- 区分 Peer 节点类型，性能稳定的终端节点优先，并兼顾负载均衡。

1. 用户类型

系统可按用户的贡献程度（如付费或贡献知识信息和文献资源）将用户等级分为实时优先级（Real Time Priority，RTP）、高优先级（High Priority，HP）和低优先级（Low Priority，LP）。实时优先级用户需要在限定的短时间内获得信息反馈；在服务器负载沉重情况下，对除实时优先级用户之外的高优先级和低优先级用户均实施降低服务质量的策略，但在其他因素相同的情况下，优先响应高优先级用户的请求。

2. 资源类型

由于在泛知识云中的信息资源包括知识词条和文献资料，这两种资源所占用的存储空间是不同的。词条占用的存储空间可以小到只有几 KB 或几十 KB，若包含图片说明性信息会大一些；而文献资料则一般至少几百 KB（如一篇几页的 PDF 格式的期刊性论文），大的则需几 MB 或十几 MB 的存储空间（如一篇几十页的硕士学位论文或上百页的博士学位论文）。用户在向系统索取这两种资源时，系统花费的主机和网络开销是不相同的。

此外，由于时间、门类等因素，导致一些资源的当前阅读群体范围广大（即成为热点资源），而一些资源则很少人关注（冷门资源），热点资源存在于服务器和大量 Peer 节点上，冷门资源则存在于服务器和少数 Peer 节点上。可见，在基于 Cloud-P2P 的泛知识云系统中，节点获取热点资源和冷门资源的选择余地是不相同的。

3. 服务器性能阈值

按照服务器端的当前资源消耗情况，可将服务器的负载分为轻负载（Light Load）、中等负载（Medium Load）和重负载（Heavy Load）。为了保障用户的服务质量（特别是实时优先级用户），需将服务器性能阈值设定为安全点（Safe Point）和危险 α_1 点（Dangerous Point）和 α_2。

（1）当服务器端的当前负载程度 $0 < x \leq \alpha_1$ 时，服务器端满足所有优先等级的用户服务请求。

（2）当服务器端的当前负载程度 $\alpha_1 < x \leq \alpha_2$ 时，服务器端满足实时优先级和高优先级用户所有请求，以及低优先级用户针对词条这样小文件信息资源的请求，而将低优先级用户针对大文件信息资源的请求调度到存储该文件的其他 Peer 节点上。

（3）当服务器端的当前负载程度 $\alpha_2 < x \leq 1$ 时，服务器端满足实时优先级用户的所有请求，以及高优先级和低优先级用户针对词条这样小文件信息资源的请求，而将高优先级和低优先级用户针对大文件信息资源的请求调度到存储该文件的其他 Peer 节点上。

若节点当前索取的资源是冷门资源，当前存储该资源的在线节点很可能只有服务器，而按照上述 QoS 原则，服务器又不能立即为该节点提供服务时，则节点需暂缓该次服务请求，而等待服务器负载降至规定范围内再提供服务。可见，本章提出的 QoS 保障机制不再对所有用户关于所有资源的请求都简单遵循传统的"尽力而为（best-effort）"的服务方式。

基于 Cloud-P2P 的泛知识云系统中的复合自适应 QoS 保障模型如图 15.2 所示。

当用户查询并下载某一知识信息时，基于云端计算技术的知识系统中的服务质量保障方法的工作流程如下。

步骤 1：用户终端节点通过通信模块与服务器进行连接，并经过主服务器节点管理模块进行身份认证后，通过信息检索模块在系统主服务器节点的论文目录表和词条列表中查询所需的文献，并将检索的结果以列表方式反馈给用户终端。

步骤 2：用户终端节点根据返回的检索结果列表，提交所需下载的知识的请求，主服务器节点收到服务请求后，将用户请求加入服务请求处理队列中，对队列中的服务请求依次进行处理。

步骤 3：系统主节点的监控模块负责提供服务器端的当前负载情况：如果服务器端的当前负载程度 x 处于 $(0, \alpha_1]$ 区间时，直接通过调度模块将该服务请求加入服务器服务队列，后转步骤 6；如果服务器端的当前负载程度处于 $(\alpha_1, \alpha_2]$ 区间时转至步骤 4；如果服务器端的当前负载程度 x 处于 $(\alpha_2, 1]$ 区间时转至步骤 5。

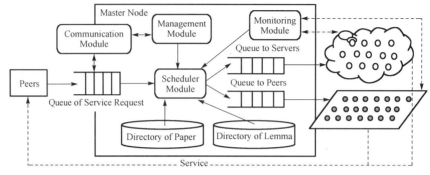

图 15.2　复合自适应 QoS 保障模型

步骤 4：进一步检测用户的等级，若用户为实时优先级和高优先级用户，则通过调度模块该服务请求加入服务器服务队列，然后转步骤 6；否则需进一步检测用户的服务请求类型，若是针对词条类的小文件信息资源的服务请求，则通过调度模块将该服务请求加入服务器服务队列，然后转步骤 6；否则通过调度模块将该服务请求加入终端节点服务队列，然后转步骤 7。

步骤 5：进一步检测用户的等级，若用户为实时优先级则通过调度模块将该服务请求加入服务器服务队列，然后转步骤 6；否则进一步检测用户的服务请求类型，若是针对词条类的小文件信息资源的服务请求，则通过调度模块将该服务请求加入服务器服务队列，然后转步骤 6；否则通过调度模块将该服务请求加入终端节点服务队列，然后转步骤 7。

步骤 6：服务请求被部署到相应的服务器端节点，完成后续服务请求响应工作。

步骤 7：服务请求被部署到相应的终端节点，完成后续服务请求响应工作。

15.1.5　原型系统

本节提出构建基于 Cloud-P2P 网络平台的泛知识云原型系统，如图 15.3 所示，底层的通信机制参考 eMule[5,6] 协议，文件实体分布在 Cloud-P2P 网络中的所有数据节点辅存上。泛知识云原型系统基于 eMule 协议实现了节点间通信、知识文件传输和多线程下载等功能。

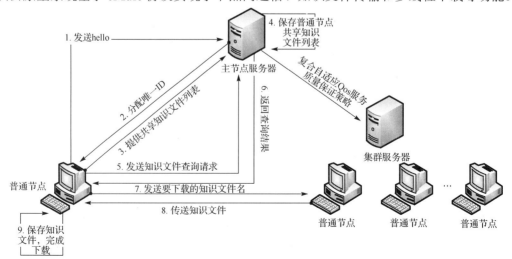

图 15.3　原型系统的体系架构图

基于 Cloud-P2P 网络平台的泛知识云原型系统部分界面如图 15.4 所示。

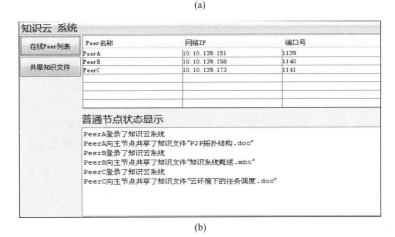

图 15.4　原型系统部分界面

15.1.6　系统性能分析

本节提出的基于 Cloud-P2P 网络平台的泛知识云模型及其服务质量保障机制可以有效提升网络知识共享系统的性能，具有以下的性能优势。

（1）负载分担：与传统的基于 Cloud 的知识系统相比，基于 Cloud-P2P 网络平台的泛知识云中的知识信息资源分散于服务器节点和用户节点，用户节点同时成为信息资源的提供者和消费者，而上述的复合自适应 QoS 保障策略也进一步减轻了服务器节点的负担。

（2）高资源利用率：与传统的基于 Cloud 的知识系统相比，基于 Cloud-P2P 网络平台的泛知识云不但利用了服务器节点的稳定资源，也利用了众多闲置的普通用户终端节点上蕴含的巨大的计算和存储资源。

（3）高鲁棒性：基于 Cloud-P2P 网络平台的泛知识云采用了备份冗余的机制，重要的信息资源存储在服务器节点和普通用户终端节点，同时由于终端节点的数量巨大，可灵活设置备份规模，因此系统不会存在单点失效问题，具有较高的鲁棒性。

（4）高灵活性：基于 Cloud-P2P 网络平台的泛知识云中使用的复合自适应 QoS 保障策略，充分考虑了不同类型的节点在不同的情况下获取不同等级的服务的差异性情况，具体较高的灵活性。

15.2 基于云端融合计算架构的恶意代码联合防御系统

15.2.1 问题分析

恶意代码包括计算机病毒（Computer Virus）、网络蠕虫（Worm）、后门木马（Trojian Horse）、间谍件（Spyware）等，现代网络优秀的资源共享和通信功能为恶意代码的传播、感染和破坏提供了天然温床。目前防御恶意代码的主要手段是依靠修补系统漏洞（即打补丁）和反病毒软件或恶意代码防御软件。恶意代码防御软件通常集成实时监控识别、病毒扫描和清除、自动升级和数据恢复等功能，已成为计算机与网络防御系统（还包含防火墙、入侵检测、入侵防御系统等）的重要组成部分。

但是目前的恶意代码防御软件大都先要发现并确认恶意代码，然后进行防范，存在以下问题。

（1）无法有效地处理日益增多的恶意程序，大部分恶意代码防御软件是滞后于恶意代码的制造和传播的，目前最常采用的特征库判别法显然已经过时。

（2）目前最常采用的恶意程序防御策略主要是单纯多机防御，即每台计算机上安装一套识别和查杀恶意程序的恶意代码防御软件，主要依靠本地硬盘中的病毒库，力量单薄。

（3）目前恶意代码防御软件的种类比较多，侧重点各有不同，即使从单点防御进步到网络级的定点网关杀毒，但负责防御的网关或计算机上一般只安装一套恶意代码防御软件，因此常常难以有效防御各种恶意代码。

（4）近年攻击恶意代码防御软件的恶意代码也越来越多，如 Win32.Yaha.C、KLEZ.H 和中国黑客等，虽然现在大部分反病毒软件都有自我保护功能，不过现在依然有恶意代码能够屏蔽恶意代码防御软件的进程，致使其瘫痪而无法保护主机。

为了解决上述问题，本章提出一种既可适用于在互联网也适用于内联网的基于云端计算架构的恶意代码联合防御系统，利用云端计算中的集群服务器端和用户终端各自的优势并充分发挥两者的联动作用，并有效地利用云端计算环境中的服务器集群集成多种恶意代码防御引擎，利用用户终端节点来提供有效的恶意代码报告，使得网络各节点都能有效地抵御恶意代码的攻击。

15.2.2 体系架构和基本功能

本节利用云端计算架构来解决网络中的恶意代码问题，体现了保障网络时代信息安全的一个新思路，它融合了协同处理、分布式计算、数据挖掘等新兴技术和概念。

基于云端计算架构的恶意代码联合防御系统中，识别和查杀病毒不再仅仅依靠用户终端本地硬盘中的病毒库，而是依靠庞大的云端网络服务，实时进行采集、分析、处理和网络系统的整体快速升级，以协同对抗不断出现的恶意代码。整个网络就形成了一个巨大的"恶意代码联合防御系统"，通过网状的大量客户端对网络中的异常和安全威胁进行监测，获取互联网中木马、病毒等恶意程序的最新信息，传送到服务器端进行分析和处理；服务器端快速地把恶意代码的解决方案分发到每一个客户端，也可以协助甚至代替用户终端来集中防御恶意代码。系统参与者越多，每个参与者就越安全，整个网络就会更安全[7]。

在云端计算环境的集群服务器端可同时部署多类恶意代码防御软件，如 BitDefender[8]、

Kaspersky[9]、Webroot Antivirus[10]、Symantec Antivirus[11]和 Trend Micro Antivirus[12]等，或者多种恶意代码防御引擎，如 AVP、LIBRA、ORION、DRACO 等[13]，不同的恶意代码防御软件或引擎分别侧重于木马、病毒、蠕虫、间谍件、游戏盗号或密码窃取程序等各种不同的恶意程序。

1．集群服务器分区

假设现有 A、B、C、D 和 E 这 5 套恶意代码防御引擎，将服务器按照其上安装的引擎将服务器集群分为 A、B、C、D、E 5 个防御区域，如图 15.5 所示。另外选择一个服务器节点作为用户终端接入集群服务器的门户节点。

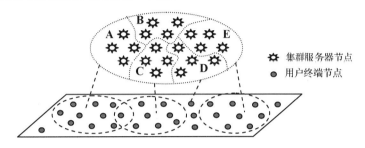

图 15.5 基于 Cloud-P2P 的多防御区域示意图

2．用户终端计算机分组

云端计算环境的用户终端计算机上也可以自主安装相应的恶意代码防御软件，因此按照所安装的恶意代码防御软件的不同，也将用户终端计算机分为多个虚拟组织（Virtual Organization）。有时，用户终端计算机可以安装多个互相不冲突的恶意代码防御软件（有时两个恶意代码防御软件可能彼此冲突），也可以选择不安装任何恶意代码防御软件，即将恶意代码的防御工作完全交由服务器端来完成。

服务器端的主要功能是通过网络资源对多种恶意代码防御引擎进行检测过滤、清除恶意代码，以及升级系统防御能力，另外还需捕获和分析用户提交的恶意代码报告。数量巨大的用户终端对互联网上出现的恶意程序、危险网站有最灵敏的感知能力，因此其主要功能是及时将发现的恶意代码或系统的异常情况主动提交给服务器端和其他用户终端。

除此之外，由于同组的用户终端计算机安装了同种类型的恶意代码防御软件，因此在分发系统补丁或病毒库升级程序时可以彼此协作完成。例如，A 区的服务器集群要向其对应的用户终端组发送病毒库升级程序时，假设当前该用户终端组中共计有 t 个节点，其中 $Node_1$，$Node_2$，…，$Node_r$ 处于在线状态，但是 $Node_{r+1}$，$Node_{r+2}$，…，$Node_t$ 节点均不在线。在这种情况下，$Node_1$，$Node_2$，…，$Node_r$ 就可以立刻获得服务器集群发来病毒库升级程序，但是 $Node_{r+1}$，$Node_{r+2}$，…，$Node_t$ 不能立刻获得；在 $Node_{r+1}$，$Node_{r+2}$，…，$Node_t$ 中的节点上线时就需要服务器再次发送病毒库升级程序，而且可能需要多次发送，因为这些节点不一定同时上线，由此会无谓耗费服务器的资源。因此，这些节点可以从 $Node_1$，$Node_2$，…，$Node_r$ 节点中获取病毒库升级程序，而不是从服务器处获得，由此可以极大地减轻服务器的负载。

局部的基于云端融合计算模型的恶意代码联合防御网络系统架构如图 15.6 所示。
集群服务器上包括反病毒引擎、终端管理模块、主机状态报告处理模块、恶意代码报告处理模块、信息库和移动 Agent 系统模块。本章提出的恶意代码联合防御网络系统利用移动 Agent 技术来实现承载恶意代码解决方案的疫苗（即病毒库升级包和系统补丁）Agent，以及能够在节点间连续迁移以检测各个节点主机防御能力、更新节点信息库的巡警 Agent。

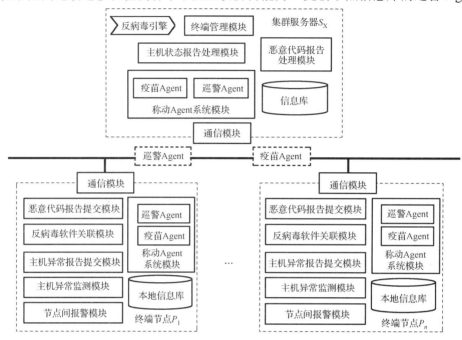

图 15.6　基于 Cloud-P2P 的恶意代码联合防御网络系统架构图

相应地，终端节点包含了恶意代码报告提交模块、反病毒软件关联模块、主机异常报告提交模块、主机异常监测模块、节点间报警模块、本地信息库和移动 Agent 系统模块。这些功能模块相互联系但又各自具有比较独立的功能，既具有代表性，也具有较强的实际应用价值。反病毒软件关联模块可以扫描节点主机安装的反病毒软件信息，根据不同的反病毒软件提取日志信息，生成恶意代码报告及样本上报给服务器，并将已上报的病毒报告存入本地信息库。主机异常监测模块可以监测本地主机的 CPU 使用率、内存使用率、当前进程运行和网络流量等信息。用户可按一定策略设定阈值，当 CPU、和内存使用率等超过阈值就会发出警报提醒用户系统出现异常，并通过主机异常报告提交模块主动向服务器端告警，同时将告警信息存入本地信息库中。客户端对报告上传病毒报告、主机异常信息、用户感知报告等信息和服务器端分发的疫苗情况等形成日志存储在本地信息库中，可供用户查看。当用户也可通过恶意代码报告提交模块手动地将用户感知的节点症状（如发现可疑文件信息等）发送给服务器恶意代码报告处理模块处理。恶意代码报告处理模块管理和分析用户上报的恶意代码报告，根据用户报告的属性进行排序；然后对经过初步处理和筛选的报告进行进一步处理，并根据处理的结果对提交报告的客户端以修改其信誉值的形式对提交报告的用户做出相应反馈。

15.2.3　场景及工作流程

场景 1：

当用户终端（特别是未在本地安装恶意代码防御软件的用户终端）通过浏览器、FTP 或

P2P 等客户端软件来获取网页、视频、软件等各种资源时，可以依赖服务器端的恶意代码防御引擎来代替自己防御恶意代码，系统可按照以下的流程工作，如图 15.7 所示。

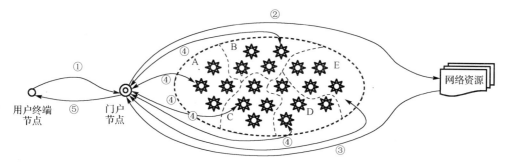

图 15.7　场景 1 的系统工作流程图

步骤 1：用户终端首先将网络资源的 URL 等资源地址发往集群服务器端的门户节点，在集群服务器端维护一个不断更新的有害资源库，包含了恶意网站、恶意文件等相关信息。如果系统发现用户希望获取的资源地址被包含在有害资源库中，立刻向用户发送一个警报信息，并询问用户是否确定要继续获取该资源。如果用户放弃则结束本次会话；如果用户选择继续获取该资源，或者该资源地址没有安全危险，则转入步骤 2。

步骤 2：系统服务器根据资源地址访问相关的站点。

步骤 3：系统服务器获取相关网络资源。

步骤 4：系统服务器在获取到网络资源后立刻对资源进行多引擎并行检测，即将资源同时调度到 A、B、C、D、E 五个防御区域的服务器节点上进行检测。

步骤 5：如果 A、B、C、D、E 五个防御区域的服务器节点都检测该资源没有任何安全问题，即将资源发送至用户接收；如果其中至少一个区域的服务器节点检测到该资源存在安全问题，如包含了病毒、木马等恶意代码，则立刻向用户发送一个警报信息，并询问用户是否确定要继续获取该资源，如果用户放弃则结束本次会话；如果用户选择继续获取该资源，则尝试清除资源中的恶意代码，若清除成功则将干净的资源发送给用户，若服务器无法清除，则立刻提交恶意代码报告至服务器端的恶意代码报告数据库中，留给相关负责解决恶意代码问题的单位进行分析解决，同时将该资源地址等信息写入有害资源库中，并再次询问用户是否确定接收该资源，如果用户放弃则结束本次会话；如果用户选择继续获取该资源，则将该资源发送给该用户，并向系统的其他用户终端发出警报。

场景 2：

当用户终端发现自己的计算机运行异常，如果没有执行繁重工作 CPU 却工作在峰值、内存被大量占用、硬盘不断工作或可用空闲空间非正常不断缩减等，或是在计算机内存中发现疑似恶意进程，或是在计算机辅助存储器上发现疑似恶意文件时，或是本地恶意代码防御软件发现某个软件非常可疑，但又不足以认定它是恶意软件时，系统可按照以下的流程工作。

步骤 1：用户终端向门户节点发送报告和相关样本。恶意代码报告格式如表 15.1 所示，包括恶意代码报告序列号（Serial Number, SN）、报告标题（title）、恶意代码的具体内容（content）内容、用户终端发现恶意代码的时间（date）、恶意代码的行为表现和主机的异常情况（behavior）、提交恶意代码报告的用户终端（provider）。

表 15.1 恶意代码报告格式

SN	title	content	date	behavior	provider

步骤 2：系统服务器收到报告后，首先将它与恶意代码报告数据库中的报告进行比对。在报告数据库中存有两类报告，一类是已经解决的报告，另一类是还未解决的报告。所谓已解决的报告，是经过分析已经有了明确解决方案的，例如通过打系统补丁或是升级病毒库已经可以查杀涉及的恶意代码。

如果该报告可以在已经解决的报告中寻找到，则后续问题可参照之前的解决方案了进行，及向用户发送系统补丁和病毒库升级程序，或是进行远程网络查杀并清除用户终端计算机上的恶意代码；如果该报告在未解决的报告中寻找到，则将之进行合并汇总；如果都没有找到，则将该报告归入未解决的报告类别并添加入报告数据库中，等待解决。

步骤 3：当某一类未解决的报告（来自不同用户终端）的数量达到一定数值时，即表明某未知恶意代码可能在网络中爆发，系统服务器立即向系统内所有用户终端节点发出警报，避免问题的进一步扩散。

15.2.4 恶意代码报告评价和排序算法

1. 问题分析

在基于云端计算架构的恶意代码联合防御体系中，服务器会收到来自各个用户终端节点的恶意代码报告。当服务器收到大批来自不同用户终端的恶意代码报告时，按照何种策略来评价并对这些恶意代码报告进行优先排序成为影响整个系统提高抵御恶意代码能力的一个关键点。

通过分析可以得出以下几点结论。

（1）在某一段时期内，相同或相似的报告来自大量不同的节点，则表明某恶意代码很可能确实在网络中传播，并感染了大量的用户终端节点，应该引起重视。

（2）如果某用户终端发来的恶意代码报告是虚假的，则该用户终端很有可能是恶意的，即希望干扰系统对有价值的恶意代码报告的分析与处理，该用户终端后续发来的恶意代码报告也很可能是虚假的；反之，如果某用户终端发来的恶意代码报告是有价值的，后续发来的恶意代码报告也常常是有价值的。

这里的有价值的恶意代码报告指的是较新的或未知的恶意代码，特别是破坏能力强、涉及面广泛的；没有价值的恶意代码报告是指用户终端真的被该恶意代码报告感染，但是该恶意代码已经是众所周知的了；而虚假的恶意代码报告是用户终端伪造的、并不存在该恶意代码，或是该恶意代码已经是众所周知的且用户终端也并没有被该恶意代码攻击。因此合理的模型应该使服务器优先选择、处理来自用户终端发来的有价值的报告。基于上述结论，本章设计服务器对恶意代码报告的评价与排序机制和运作流程。

2. 恶意代码报告评价与排序

首先对用户终端节点的信誉进行评估。本章将根据节点的历史表现来进行评价，具体而言，就是以提交有价值的恶意代码报告次数 s、提交没有价值的恶意代码报告次数 w、提交虚假恶意代码报告次数 f 作为计算和评价依据。可通过数据挖掘的相关技术来将报告进行汇总和分类，将相同和相似的报告进行归并，这方面内容本章不再赘述。如果相同或相似的报告来自于同一节点，则系统只将之计算为一次。

经过系统一段时间的运行后，由服务器汇总用户终端节点的行为表现，并更新如表 15.2 所示的、存储于服务器端的用户终端节点信誉记录矩阵。

表 15.2 终端节点信誉记录矩阵

节点 \ 报告次数	s	w	f
$Node_1$	s_1	w_1	f_1
$Node_2$	s_1	w_2	f_2
...	...	...	...
$Node_{n-1}$	s_{n-1}	w_{n-1}	f_{n-1}
$Node_n$	s_n	w_n	f_n
合计	$\sum_{i=1}^{n} s_i$	$\sum_{i=1}^{n} w_i$	$\sum_{i=1}^{n} f_i$

然后依据节点的提交有价值的恶意代码报告次数 s、提交没有价值的恶意代码报告次数 w 和提交虚假恶意代码报告次数 f 来综合得出节点 i 信誉度 T_i。

$$T_i = \frac{s_i - w_i - \mu f_i}{\sum_{k=1}^{n} s_k} \tag{15.2}$$

式中，μ 为信誉度评估调节因子，它应该是动态的，而不应该静态设置。本章用节点前一个时间窗口的节点表现，即信誉度情况来调节本段时间窗口的评估调节因子 μ。设节点 i 本段时间窗口 Δ_0 的信誉度为 T_{i,Δ_0}，上段时间窗口 Δ_{-1} 的信誉度为 $T_{i,\Delta_{-1}}$，则节点 i 的评估调节因子 μ_i 为

$$\mu_i = 1 + \frac{T_{i,\Delta_{-1}}}{\dfrac{\sum_{k=1}^{n} T_{k,\Delta_{-1}}}{n}} \tag{15.3}$$

因此，节点 i 本段时间窗口 Δ_0 的信誉度为 T_{i,Δ_0} 为

$$T_{i,\Delta_0} = \frac{s_i - w_i - \left(1 + \dfrac{T_{i,\Delta_{-1}}}{\dfrac{\sum_{k=1}^{n} T_{k,\Delta_{-1}}}{n}}\right)}{\sum_{k=1}^{n} s_k} \tag{15.4}$$

在当前一段时间内，系统共接到如表 15.3 所示的来自大量不同节点的相同或相似的报告种类共计为 m 项，系统需要对这 m 项报告设置报告优先次序等待队列。

表 15.3 当前一段时间内恶意代码报告情况

报告 \ 汇总次数	x
$Report_1$	x_1
$Report_2$	x_2
...	...
$Report_{m-1}$	x_{m-1}
$Report_m$	x_m

以报告 Report$_j$ 为例，该报告来自于 x_j 个用户终端节点，这些节点信誉度显然不一定相同，通过上述分析可以得知，报告的优先等级与报告的数量和提交报告的节点的信誉度都关系密切，设这 x_j 个节点的信誉度分别是 $T_{1,\Delta_0}, T_{2,\Delta_0}, \cdots, T_{x_j,\Delta_0}$，则该报告的优先等级 ω_j 为

$$\omega_j = \frac{\sum\limits_{i=1}^{x_j} T_{i,\Delta_0}}{\sum\limits_{i=1}^{n} T_{i,\Delta_0}} \quad (15.5)$$

系统按照 ω 的大小由高到低来对恶意代码报告进行优先排序，优先处理排在前面的报告。

3. 算法性能分析

下面对本章提出的基于云端计算架构的恶意代码联合防御机制进行仿真实验，重点验证恶意代码报告评价和排序算法，因为该算法与机制的性能关系密切，而算法用以作为排序依据的 ω_j，从式（15.5）可以看出主要受到节点的信誉度的影响。为了显示清楚，本章将 T_i 的值扩大 10^5 倍来显示。

图 15.8 中的 s_i 表示节点提交有价值的恶意代码报告数，它与节点信誉度 T_i 并没有直接线性关系，因为在本章建立的模型中，并不是因为一个节点提交了较多的有效报告就无条件信任它。但显而易见的是，随着轮转周期数得增加，信誉度 T_i 关于 s_i 的波动将大大增加，即不同节点将随着时间的推移，呈现出较大的信任度区别。

如图 15.9 所示，w_i 是节点发送错误报告的概率，和 s_i 一样，它和信誉度 T_i 之间并没有必然的线性联系，但是从图 15.9 中可以得出这样的规律：在本模型中，如果某节点得信任度过高或过低的话，随着其提交报告数的行为发生，信誉度将得到较为明显的调整，而其信誉度若处于平均水平，那么随着各项参数改变，相关曲线的波动幅度则较为平缓，这有利于以下两种情况。

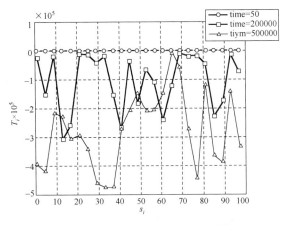

图 15.8　信任度 T_i 受 s_i 的波动影响情况

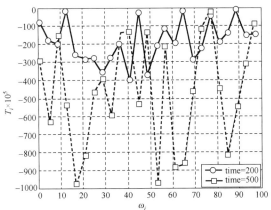

图 15.9　信任度 T_i 受 w_i 的波动影响情况

（1）某信誉度较高的节点由于被侵害而大量发送错误或恶意报告，一开始由于信誉度高，它的报告将被优先处理，但信誉度将会得到反馈而立刻做出下调，从而不会浪费过多资源。

（2）某节点因曾经受到侵害而发送了过多错误或恶意报告，导致信誉度下降，但当其发现问题并及时处理进入正常工作后，它的信誉度也会较快地恢复到正常的水平。

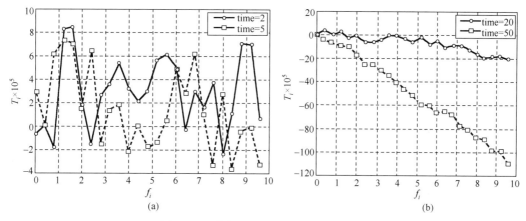

图 15.10 信任度 T_i 受 f_i 的波动影响情况

图 15.10 中横轴的 f_i 为节点提交恶意报告的数量,为了提高报告中有效信息的挖掘效率,本模型对节点采取了较为严苛的惩罚机制,若节点持续提交恶意报告,其信任度 T_i 将会迅速降低。从图 15.10(a)和(b)的对比中可以看出,若轮转周期数较少,节点的信任度波动是非常大的,不一定呈现出什么必然规律,但随着时间的推移,节点的信任度将与 f_i 的值呈现出较为明显的反相关。若某节点偶尔发送了较大量的恶意报告,虽然会降低信任度,但其行为恢复后信任度也较易恢复;但若该节点在较长的时间段持续发送恶意报告,它的信任度将以越来越大的速率递减。以上的实验结果验证了本章提出的模型符合客观实际的情况。

15.2.5 原型系统

本节中将详细阐述作者领导的项目组开发的基于云端融合计算模型的恶意代码联合防御网络原型系统,具体包括用终端、服务器端和移动 Agent 三个部分,分别包含如图 15.6 所示的相关模块。原型系统采用 Java 语言及 NetBeans 工具来开发,移动 Agent 基于 IKV++ 的 Grasshopper 开发,Grassoppper 符合 MASIF 和 FIPA 规范,系统实现了疫苗 Agent 和巡警 Agent。

疫苗 Agent 实现的方法是:由服务器节点创建一个 Agent,用这个 Agent 读取本地疫苗(病毒库升级程序与系统补丁)文件,读进内存形成字节流。然后迁移这个 Agent,当 Agent 到达目的终端节点时将内存中的文件字节流存储在节点主机,然后调用 Java 中 Runtime 类的 exec()方法自动执行疫苗文件或给节点主机打上系统补丁和升级病毒库。

疫苗 Agent 的类图如图 15.11 所示,其中内容如表 15.4 所示。

表 15.4 疫苗 Agent 的类说明

变量		方法	
fileByte	用于存储疫苗文件的二进制字节	getVaccine();	用于获取疫苗
file	对应疫苗文件	getNextLocation();	用来获得下一个节点的地址
arriveTime	记录 Agent 到达每个节点的时间	init();	用于初始化 Agent
agentState	用于描述 Agent 的状态	getName();	得到 Agent 的名称
fileLength	用于描述疫苗文件的长度	live();	Grasshopper 定义的 Agent 入口函数
location	用于描述节点地址	move();	用来使 Agent 迁移
version	用于描述疫苗版本信息	runVaccine();	当 Agent 迁移到主机时运行疫苗文件
agentType	用于表示 Agent 的类型		

巡警 Agent 可用来监控整个网络的状况，通过在网络中各个节点中循移，搜寻节点信息，然后返回服务器端供服务器分析处理，类图如图 15.12 所示。

```
        VaccineAgent
-fileByte : byte
-file : string
-arriveTime : string
-agentState : string
-fileLength : int
-location : string
-version : string
-agentType : string
+getVaccine()
+getNextLocation()
+init()
+getName()
+live()
+move()
+runVaccine()
```

```
        PatrolAgent
-agentState : int
-peerInfo : string
-agentType : string
-agentName : string
-arriveTime : string
-location : string
+getName()
+getNextLocation()
+init()
+live()
+move()
+saveInfo()
+getInfo()
```

图 15.11　疫苗 Agent 的类图　　　　图 15.12　巡警 Agent 的类图

恶意代码联合防御网络原型系统的终端主界面如图 15.13 所示，其中反病毒软件关联模块负责自动关联本地的反病毒软件，并读取其杀毒日志。由于反病毒软件的安装一般都会将其软件名写入注册表，并将其反病毒日志文件保存路径也写入注册表，因此可以通过读取注册表信息来得知节点安装的反病毒软件及其杀毒日志的存储路径。

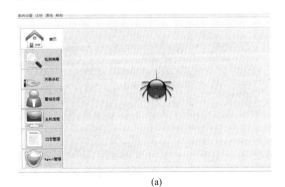 

(a)　　　　　　　　　　　　　　　　(b)

图 15.13　恶意代码联合防御网络原型系统终端主界面

用户可以通过恶意代码报告提交模块将病毒报告上报给服务器处理，如图 15.14 所示。

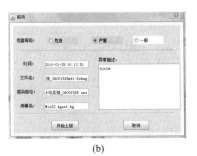

(a)　　　　　　　　　　　　　　　　(b)

图 15.14　恶意代码报告管理和提交模块界面

报警模块方便网络终端节点间、终端节点与服务器之间能够将发现的可疑恶意代码信息快速向其他节点告警,从而有效地提高了整体网络的恶意代码隔绝与预防能力,并可减轻服务器的负担,实现网络节点的联防目标,系统运行界面如图 15.15 所示。

图 15.15　报警模块界面

限于篇幅,本节不再赘述终端系统中的主机异常报告提交模块、主机异常监测模块。

相对于终端系统,服务器端系统处理各个节点上报的各种与恶意代码相关的信息,及时更新各终端节点的防御能力,从而提高整个系统的安全性。恶意代码报告处理模块的管理员操作界面如图 15.16 所示。

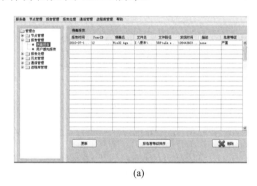
(a)

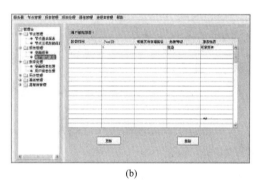
(b)

图 15.16　恶意代码报告处理模块的管理员操作界面

由于网络中存在大量终端节点,所以服务器端收到的报告数量巨大,系统中采取依照各个节点的信誉值作为默认的排序方式,也可选用危害等级来重新排序。其他的服务器端模块界面,本节不再赘述。

15.2.6　系统性能分析

下面对基于云端计算架构的恶意代码联合防御机制中的对系统的恶意代码防御的性能,以及服务器负载和网络开销情况进行分析。

1. 恶意代码防御的性能

本系统以协作联防的思想全面发挥服务器端和用户终端各自的优势,从全局的角度以网络群体来防御恶意代码，改变了以往各自为政的防御局面。反病毒系统升级更加容易，可以通过集中升级服务器端的反病毒程序来提高网络系统的病毒防御能力。与此同时，系统对网络病毒的防御更全面，系统通过在服务器端集成多个反病毒引擎，有效地形成优势互补，更有效地解决了网络中的各类恶意代码。利用规模巨大的用户终端来主动地收集和向系统处理中心提供恶意代码报告，并结合简洁的恶意代码报告评价算法来对报告进行科学排序，使整个网络系统可以快速对重大恶意代码做出反应，解决了以往恶意代码防御滞后性的不足。

2. 服务器负载情况

系统既容许具有一定恶意代码防御水平的用户自主地安装恶意代码防御软件，也可以通过云端过滤的方式照顾不安装任何恶意代码防御软件的广大用户，在减轻用户端的负担的同时，确实增加了服务器端的负载。

因此，系统采取了各种措施来降低服务器的负载，如采用安装同种恶意代码防御软件的终端彼此协作完成分发系统补丁或病毒库升级程序的方式来减轻服务器端的压力。

3. 网络开销情况

与传统反病毒系统相比，基于本章机制的系统服务器端的网络带宽的消耗明显减小，其原因是，需要直接连接服务器以获取补丁和病毒库升级程序的用户终端（特别是因为连接和下载失败而反复和服务器请求连接的终端）数量大幅减少。传统的反病毒系统往往采用网络轮询的方式来获取可能的恶意代码信息，既缺乏针对性，同时带来了额外的网络和服务器系统开销。本章采用用户在发现异常时主动地向服务器提交报告的方式，配合恶意代码报告评价和排序算法，能以较小的服务器系统和网络代价来增强系统性能。

15.3 云端流媒体系统

15.3.1 流媒体简介

随着网络的发展，用户对于媒体信息的访问量日益增长。流媒体出现的给了用户很好的体验值，但流媒体的应用对于网络带宽的要求飞速提升，传统的云存储环境已经越来越不能满足用户的体验值需求。文献[14]提出了云端架构应用于流媒体，本节将介绍云端流媒体系统。

1. 流媒体简介

流媒体（Streaming Media）是以流传输的方式在 Internet 或 Intranet 中传输的音、视频文件。流式传输方式，是指将多媒体文件经过特殊压缩变成一个个压缩包，由服务器向用户计算机连续、实时地传送。采用流式播放的系统中，用户不需要将视频文件全部下载完毕，只需要经过几秒或几十秒的下载缓存（Caching）即可在用户计算机上利用相应的解压设备（硬件或软件）对压缩后流式媒体文件解压后即可进行播放，剩余的部分将在已传输部分播放的同时在后台的服务器内继续下载，直至播放完毕[15,16]。

2. 现有的流媒体技术

目前典型的流媒体技术包括 RealNetworks 公司的 RealMedia、Microsoft 公司的 WindowsMediaTechnology 和 Apple 公司的 QuickTime 等。

随着用户数量的不断增加，以及用户对于播放质量需求的不断提升，目前的流媒体服务器的负载和带宽消耗也日益沉重，单纯地改进流媒体压缩编/解码技术、升级服务器的软硬件性能和扩容网络带宽也难以从根本上解决问题。为了能持续吸引用户以保持网站的访问量，流媒体服务提供商纷纷通过自行构建或租用大规模的数据中心（Data Center），采用基于并行或分布式处理架构云计算和与存储技术，并不断地升级和扩充硬件设备，以支持不断增加的并发请求数量，从而提供令用户满意的流媒体服务。即便如此，在用户在线数量激增的服务高峰时段，用户仍常常发现音视频文件播放不流畅的"卡壳"现象，屏幕显示出"暂停播放，等待缓存完成"的提示信息。

针对这种情况，为了提升系统的用户体验质量（Quality of Experience，QoE）[17]和用户服务质量[18]，本章提出了云端存储架构下的流媒体数据存储与共享机制，同时将副本部署策略 IARDS 和副本选择策略 RSRTP 应用于此架构中，以支持大规模用户在线使用的流媒体应用。

3．主流的流媒体解决方案

流媒体的巨大优势就在于其实时性，用户在观看媒体信息时，不必将其完全缓存，文献[19，20，21]在媒体信息分发的实时性和存储共享方面做了许多研究，简要总结了两种典型方案的优势与不足之处，如表 15.5 所示，并且进一步提出了将内容分发网络（Content Delivery Network，CDN）[22]与 P2P 进行融合的流媒体分发架构。

表 15.5　主流的流媒体系统解决方案

流媒体系统解决方案	特性、优点	缺点、不足
基于 CDN 的流媒体系统	就近原则；减轻网络流量	增加 CDN 系统容量（各代理容量、代理服务器的数量）成本昂贵
基于 P2P 的流媒体系统	整体性能的可扩展性；分为纯 P2P、混合方式、P2P 流媒体组播的视频点播系统	节点资源有限；节点加入退出随机性很强；种子问题

为了应对带宽消耗这一难题，并分担服务器负载压力，文献[23]针对带宽受限的移动用户，提出辅以 P2P 的流媒体传输环境，利用云服务器端来存储并计算所需的任务，而移动设备互相配合共享带宽协作地分担流媒体的负载，但并不考虑终端本身的辅助存储资源，仅将节点作为流媒体传输的渠道。林闯等在文献[20]中总结梳理了关于用户体验质量的影响因素、衡量计算方法，以及三类评价方法，综述了用户体验质量的模型与评价方法等方面的工作，并以视频流媒体服务为研究背景，提出了基于隐马尔可夫的用户体验质量模型。文献[24]提出了一种基于分段的网络流媒体代理缓存策略，针对大量用户访问流媒体系统时出现的响应速度慢、网络拥塞等问题，利用分段缓存和动态调整存储比例的方法，优化了 IPTV 三层结构的存储比例，提出了分段存储区的动态调整算法和 PSU 代理缓存策略。基于三类代理缓存策略提出"热度"这一概念，将视频文件分类，提高了流媒体的服务性能。文献[25]提出在流媒体播放过程中，当缓存空间已满时，使用最小的代价来替换流媒体缓存中较陈旧的内容，采用自适应的流媒体替换算法，将流媒体分为前缀片段和基本片段，将前缀片段按照由小到大的顺序进行排序，基本片段采用指数分段的方法，每一次都替换出所需代价最小的视频片段。文献[26]总结了视频缓存管理的三种策略：备份策略、预存策略、替换策略，并给出了基于视频片段相关度的预取策略，分析视频片段的相关度，用以指导节点预取方案，使用 CAP 算法，与数据块相关度计算方案，将相关度高的视频片段进行分组预取。

15.3.2 体系架构

云存储是云计算技术在分布式存储（Distributed Storage）领域的典型应用，主要是指通过大规模服务器集群，以及分布式文件系统等功能，将数据中心大量的存储设备通过系统、支撑与应用软件集合起来协同工作，共同对外提供数据存储和各种应用服务。

由于数以千万计的 Internet 网络节点很多且并不是瘦客户端，而是具有高性能 CPU 和大容量硬盘的 PC 等计算设备，这些闲置资源联合在一起就蕴含了大计算处理及海量存储能力。P2P 技术为网络系统提供聚合和利用大量网络终端节点闲置资源的能力，从而有效地减少网络核心位置的传统服务器端的负载压力。

本节提出的云端架构下的扩展云存储平台将网络核心的云存储资源和网络边缘终端的存储资源进行有效的融合，从而演化为更为广泛的大规模分布式存储池，且节点间通过 P2P 网络技术直接交换共享存储资源，这为各种应用提供高效、易扩展、灵活的数据存储与共享服务。云端扩展云存储平台自上而下分为应用服务层、数据管理层、节点管理层、覆盖网络层和存储节点层 5 个层次，体系架构如表 15.6 所示。

表 15.6 云端架构下的扩展云存储平台层次

应用服务层	应用系统	定制程序	第三方软件
数据管理层	元数据管理	数据部署	数据校验	数据定位
	数据访问	数据加密	数据销毁	数据一致性
节点管理层	可信管理	安全管理	性能监控	策略管理
覆盖网络层	网络协议	通信机制	路由机制	接入机制
存储节点层	云服务器节点		终端节点	

云端系统消除了仅用云资源造成的性能瓶颈和单点故障问题，通过 Internet 实现数据分配、控制及负载平衡，利用网络终端之间的分布式服务代替费用昂贵的数据中心的功能，从而降低成本、优化性能。只要用户接入 Internet，就可随时随地使用网络资源，即使服务器端发生瘫痪，云端系统也能实现通过可容忍的降低性能的方式以达到持续运营的目的。

15.3.3 性能优化

基于云端扩展云存储平台，流媒体数据块的副本分散存储在云服务器节点和网络终端节点上，可提供更高效、更高性价比、更具扩展性的流媒体数据存储和共享服务。在基于云端的流媒体数据存储与共享系统中主要包含了三种节点，如图 15.17 所示。主服务器节点承担了用户接入流媒体服务系统的登录门户、任务调度器及资源管理者等角色，负责用户身份验证、访问控制、任务部署、存储分配及元数据（Metadata）[27]管理等任务；云服务器节点包括 SN 和 CN，负责完成网络核心端的计算和流媒体数据存储工作；网络边缘终端节点 PN 本身既作为流媒体数据的消费用户，也负责流媒体的数据存储和服务共享。

设基于云端的流媒体数据存储与共享系统中有 N 个流媒体文件 $\{SF_1, SF_2, \cdots, SF_i, \cdots, SF_N\}$，流媒体文件之间基于其内容关联性形成网状结构；其中流媒体文件 SF_i 包含有 m 个数据块 $\{DB_1, DB_2, \cdots, DB_j, \cdots, DB_m\}$，因此可将每个数据块表示为 SF_iDB_j。

基于云端的流媒体数据存储与共享机制的典型场景如图 15.17 所示。

（1）用户 x 访问某个音、视频在线互动网站的门户服务器（由主服务器节点承担），并点击网页上流媒体文件 SF_i 的超链接（Hyperlink），存储并管理流媒体元数据的主服务器节

点查询 SF_i 的数据块部署情况。假设 SF_i 包含有 m 个数据块 $\{DB_1, DB_2, \cdots, DB_j, \cdots, DB_m\}$，将每个数据块表示为 SF_iDB_j，SF_i 数据块元数据结构如表 15.7 所示。

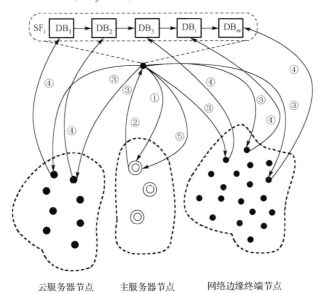

云服务器节点　　主服务器节点　　网络边缘终端节点

图 15.17　基于云端的流媒体数据存储与共享系统示意图

表 15.7　流媒体文件 SF_i 数据块元数据结构

SF_i 的数据块	副本部署地点	节点状态
SF_iDB_1	CS_1	available
	PN_1	offline
SF_iDB_2	CS_2	available
	PN_2	online
	PN_3	offline
SF_iDB_3	CS_3	unavailable
	PN_4	online
…	…	…
SF_iDB_j	CS_f	available
	PN_k	online
…	…	…
SF_iDB_m	CS_l	available
	PN_u	online
	PN_{u+1}	online

（2）依据表 15.7 所示的流媒体文件数据块元数据表，以及其他的相关信息，系统决定了用户获取数据块的副本来源，并将用户可用资源的地址信息等返回给用户 x。

（3）用户 x 根据主服务器节点提供的信息直接向流媒体文件数据块存储节点（包括云服务器节点和网络终端节点）发出服务请求。

（4）云服务器节点和网络边缘终端节点根据服务请求中描述的数据块标识信息和用户 x 的主机地址将数据块发送回给用户 x。

（5）用户 x 在下载并缓存了某个数据块后，即表明该数据块在用户 x 处增加了一个新的副本，将该数据块的新副本地址等信息登记到主服务器节点，主服务器节点将更新元数据表与该数据块相关的信息。

在上述过程中，若发生数据块 SF_iDB_j 副本访问异常的情况，特别是存储于动态的、不稳定的终端节点上的数据副本，则需要利用数据块被多个用户下载产生的多副本冗余来另选节点重新获取数据块。

表 15.7 显示了流媒体文件的数据块副本的详细信息，如目前所在位置，宿主节点目前的状态是否可用（available，unavailable）、是否在线（online，offline）。

15.3.4 原型系统

1. 功能模块

基于上述流媒体数据存储与共享模型，本节将第 14 章提出的副本部署策略与副本选择策略运用到云端流媒体系统中，并在此基础上给出系统模块图，详细介绍系统模块图中各个模块的具体功能，然后设计了具体的实现类图。

（1）副本管理模块（Replica Management Module）。此模块主要负责维护承载有流媒体数据块的节点上的所有流媒体数据块及其副本的管理工作，包括副本部署时数量的确定、副本部署时位置的确定，以及数据副本被访问时的最优副本的选择确定问题，通过这样的副本管理策略来保证整体流媒体系统的负载均衡和可靠性。此模块包括两个子模块：副本部署模块（Replica Placement Module）和副本选择模块（Replica Selection Module）。

① 副本部署模块：该模块一方面包含数量的确定，流媒体数据块的初始副本数量的确定和动态的副本数量调节；另一方面包含了宿主节点的确定。

② 副本选择模块：在用户发起数据请求时，当目标数据块的副本数量为多个时，用户进行访问时通过该模块完成最优副本的选择过程，系统中使用 RSRTP 策略选择最优副本后返回给用户供其访问。

（2）节点管理模块（Node Management Module）。流媒体存储系统中流媒体文件以数据块的形式存储，数据块的所有数据副本都部署在宿主节点上。本章提出的流媒体系统是基于云端存储架构的，包括两种节点：云节点和对等节点，宿主节点管理模块是为了有效地管理系统中数量众多的两类节点。

① 管理云节点 SN，主要用于存储云节点的元数据（Metadata）信息。

② 普通云节点 CN，既作为存储节点存储副本，也作为管理节点管理端节点的信息，其固有属性存储于 SN 中。

③ 端节点 PN，此类节点主要作为存储节点，PN 的固有属性存储于 CN 中。

（3）存储模块（Storage Module）。其实就是一个存储池，当用户提出流媒体请求后，系统中相应的模块经过计算为用户选择最优的数据副本。本系统通过存储模块缓存这些流媒体数据块或者流媒体文件，最终推送给用户。副本管理模块与节点管理模块的正常运行是此模块正常运作的保障。

（4）用户模块（User）。即用户入口，流媒体用户登进系统对流媒体进行访问，对流媒体库（Streaming Media Database）发出访问申请。

（5）管理员入口（Administrator）。即管理员入口，用于系统管理员更新媒体库。

（6）媒体库模块（Streaming Media Module）。整体系统中的媒体库用于存储所有流媒体的索引信息，不论是用户提出浏览媒体信息指令，还是管理员提出更新媒体库信息指令，均要通过媒体库模块，然后由其发送请求指令到具体的执行模块。

图 15.8 描绘的是系统模块图，包括普通用户、流媒体系统管理员、流媒体数据块副本管理模块（Replica Management Module）、数据块副本宿主节点管理模块（Node Management Module）和存储模块（Storage Module）。模块间中交互如下：

- Request 表示用户向流媒体系统发出请求；
- Trigger 表示当媒体库模块中有用户请求时，其向副本管理模块发出请求，触发系统中的副本管理模块；
- Response 表示副本管理模块处理完请求后向媒体库模块给出反馈信息；
- Response 表示媒体库模块向用户的请求给出回应；
- Request 表示系统中有新的资源时，管理员向媒体库模块提出新增媒体库文件的请求；
- Trigger 表示媒体库中有新增资源的请求，触发副本管理模块，进行流媒体数据块及其副本的放置；
- Response 表示副本管理模块处理完管理员请求后给出反馈；
- Response 表示媒体库模块向管理员给出回应；
- Service 表示副本管理模块为存储模块提供基础的副本管理服务；
- Service 表示节点管理模块为存储模块提供基础的宿主节点管理服务。

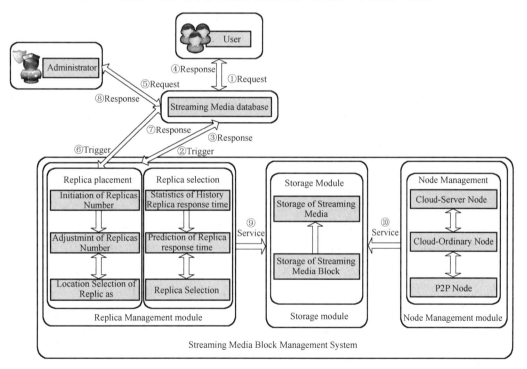

图 15.18　系统模块图

2. 类图

图 15.19 是系统的简单类图，包括的类有 cSimpleModule、Common、SNode、CNode、PNode、Replica。

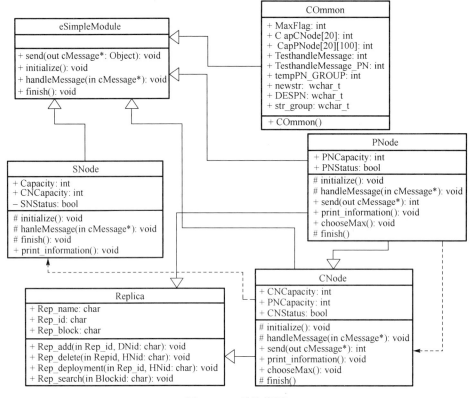

图 15.19　系统类图

  cSimpleModule：仿真系统自带类，提供消息的发送函数 send()、初始化函数 initialize()、消息处理函数 handleMessage（cMessage *）、消息终止函数 finish()。

  Common：系统全局变量存储类，提供整型数组变量，如存储 CNode 的剩余容量的一维数组 CapCNode[20]、存储 PNode 的剩余容量的二维数组 CapPNode[20][100]；同时还有一些节点分组的标记变量等。

  SNode：系统元数据存储类，其定义的对象为元数据存储节点 SN，定义的成员变量有存储 SN 的自身剩余容量的 Capacity、存储 CN 的剩余容量的 CNCapacity、SN 自身的状态信息 SNStatus；同时继承保护成员函数 initialize()、handleMessage（cMessage *）、finish()，自定义打印函数 print_information()。

  CNode：系统普通云节点存储类，其定义对象为普通云存储节点 CN，定义的成员变量有存储 CN 的自身容量的 CNCapacity、存储 PN 的剩余容量信息的 PNCapacity、自身状态信息 CNStatus；同时继承保护成员函数 initialize()、send()，handleMessage（cMessage *）、finish()，自定义打印函数 print_information()，定义最大值筛选函数 chooseMax()用来筛选宿主节点。

  PNode：系统终端节点类，其定义对象为终端节点 PN，定义的成员变量有 PNCapacity 存储 PN 自身容量、自身状态信息 PNStatus；同时继承保护成员函数 initialize()、send()，handleMessage（cMessage *）、finish()，自定义打印函数 print_information()，定义最大值筛选函数 chooseMax()用来筛选宿主节点。

  Replica：副本类，其定义对象为副本，定义的成员变量有副本名 Rep_name、副本

IDRep_id、副本所属数据块 Rep_block；定义的成员函数有副本增加 Rep_add()、副本删除 Rep_delete()、副本放置 Rep_deployment()、副本查询 Rep_search()。

15.4 本章小结

随着信息资源的迅速增加和用户访问量的不断攀升，网络知识系统的服务器端的负载沉重，用户的响应速度变慢甚至无法获取服务，导致用户的满意度下降。本章提出在 Cloud-P2P 平台上构建一种新颖的泛知识云系统，将网络中的各类文献、知识信息有序地组织在一起；充分考虑网络终端节点上可以利用的资源，在保障用户使用体验的前提下，将用户提交的知识索取任务从网络中心的服务器端迁移到网络边缘的客户端。

现在的病毒与反病毒领域之间的对抗已经从简单的技术对抗层次上升到指导思想和体系架构的对抗层面。本章以新型的云端融合计算模型为基本平台设计并构建了恶意代码联合防御网络系统，解决了现有的反病毒软件系统在应对层出不穷的恶意代码具有的滞后性问题。恶意代码联合防御网络系统中集群服务器与用户终端群体各司其职、互通有无，组成了一个高安全防御网，协同防御恶意代码，并能够快速产生群体免疫力。后续的一个研究重点是本章中提到的如何通过数据挖掘的分类与聚类等相关技术将报告进行汇总和分类，以将相同和相似的报告进行合理归并。

最后将第 14 章提出的算法应用于具体的流媒体文件系统中。对于流媒体服务而言，集群服务器的 CPU、I/O 总线、存储带宽等性能的强弱主要体现在数据流的并发输出能力方面。当前流媒体存储与共享网站最大的矛盾之一就是越来越大规模的用户访问量、数据量使得用户的体验质量降低，同时在服务器负载增加的基础上降低了服务器的响应能力。云端架构可有效应用于大规模的分布式计算和海量分布式存储系统中，相较于纯云环境，PN 节点起到了分担云服务器压力的作用。使用 IARDS 策略的副本部署策略一方面能够更加有效地控制副本的数量，在保证系统可靠性的情况下尽可能少地扩展副本的数量；另一方面，副本部署位置的确定能够保证整个系统的负载均衡，使得整个系统更加可靠。使用 RSRTP 的副本选择策略，能够以最短副本响应时间为标准的最佳副本给用户带来更好的体验。

参 考 文 献

[1] 代钰，杨雷，张斌，等. 支持组合服务选取的 QoS 模型及优化求解[J]. 计算机学报，2006，29(7):1167-1178.

[2] 胡春华，吴敏，刘国平. Web 服务工作流中基于信任关系的 QoS 调度[J]. 计算机学报，2009，32(1):42-53.

[3] 林闯，单志广，任丰原. 计算机网络的服务质量（QoS）[M]. 北京：清华大学出版社，2004.

[4] LIU YANG, NGU H, ZENG LI ZI. QoS computation and policing in dynamic web service selection[C]. Proceedings of the 13th international World Wide Web conference on Alternate track papers & posters, New York: ACM Press, 2004: 66-73.

[5] 周世杰，秦志光. 文件传输协议分析及应用[J]. 计算机应用，2001, 21(1):27-28.

[6] 张文博. eMule 系统客户端设计关键问题研究[D]. 西安：西安工业大学，2011.

[7] http://www.gxns.net/information/2010/0115/article_638.html.

[8] BitDefender: http://www.bit361.com. 2010.

[9] Kaspersky: http://www.kaba365.com. 2010.

[10] Webroot Antivirus: http://www.webroot.com. 2010.

[11] Symantec Antivirus: http://www.symantec.com. 2010.

[12] Trend Micro AntiVirus: http://cn.trendmicro.com. 2010.

[13] http://www.hudong.com/wiki/F-secure.

[14] 邵军. 云端融合计算环境中的多副本管理机制研究[D]. 南京：南京邮电大学，2015.

[15] 百度百科. 流媒体[EB/OL].（2013-5-04）[2013-07-06].http://baike.baidu.com/view/794.

[16] Li J. PeerStreaming: An On-Demand Peer-to-Peer Media Streaming Solution Based On A Receiver-Driven Streaming Protocol[C] //Proceedings of 2005 IEEE 7th Workshop on Multimedia Signal Processing. Shanghai: IEEE, 2005: 1-4.

[17] 林闯，胡杰，孔祥震. 用户体验质量（QoE）的模型与评价方法综述[J]. 计算机学报，2012, 35(1): 1-15.

[18] 王相海，丛志环，方玲玲. IPTV 体系结构及其流媒体技术研究进展[J]. 通信学报，2012, 33(4): 1-8.

[19] Xu C, Liu J C, Wang H Y, et al. Coordinate Live Streaming and Storage Sharing for Social Media Content Distribution[J]. IEEE Transactions on Mutimedia, 2012, 14(6): 1558-1565.

[20] 杨传栋，余镇危，王行刚. 结合 CDN 与 P2P 技术的混合流媒体系统研究[J]. 计算机应用，2005, 25(9): 2204-2207.

[21] Hou D L. Design of Streaming media information services architecture based on integrated CDN and P2P. 2010[C] //Proceedings of 2010 International Conference on Environmental Science and information Application Technology. Wuhan: IEEE, 2010: 308-311.

[22] Sheu S T, Huang C H. Mixed P2P-CDN system for media streaming in a mixed environment[C] //Proceedings of 2011 7th International Conference on Wireless Communications and Mobile Computing Conference. Istanbul: IEEE, 2011: 657-660.

[23] Jin X, Kwok Y K. Cloud Assited P2P Media Streaming for Bandwidth Constrained Mobile Subscribers[C] //Proceedings of 2010 IEEE 16th International Conference on Parallel and Distributed Systems. Shanghai: IEEE, 2010: 800-805.

[24] 吕冬冬，沈苏彬. 一种基于分段的网络流媒体代理缓存策略[J]. 南京邮电大学学报（自然科学版），2011, 31(1): 76-82.

[25] 张艳，牛朵朵. 基于最小代价的流媒体缓存替换算法研究[J]. 中原工学院学报，2012, 23(5): 73-75.

[26] 郭红方. 视频点播内容分发关键技术研究[D]. 郑州：郑州大学，2012.

[27] Zeng Z, Veeravalli B. Optimal metadata replications and request balancing strategy on cloud data centers[J]. JOURNAL OF PARALLEL AND DISTRIBUTED COMPUTING, 2014, 74(10): 2934-2940.